U0821030

普通高等教育“十四五”规划教材
普通高等学校动物医学类专业系列教材

兽医微生物学

胡桂学　主编
盖新娜　刘文华　邬向东　曹素芳　副主编

中国农业大学出版社
·北京·

内容简介

全书共分3篇28章。第一篇是细菌学，包括细菌的形态结构与分类命名、细菌的生理、细菌的遗传与变异、细菌的致病性与感染和细菌性传染病的微生物学诊断及防治原则等细菌学总论内容，重点介绍细菌学的一般理论和概念；细菌学各论重点阐述兽医临床上多发常见和重要传染病病原菌的形态和染色特征、培养特点、致病性及微生物学诊断和防控等内容，并突出了沙门菌、布氏杆菌、分枝杆菌等重要人兽共患病原菌特性的描述。第二篇是病毒学，亦包括总论和各论两个部分，总论介绍了病毒的基本性状与分类、增殖、遗传和进化、致病性和病毒感染的实验室诊断、免疫预防和治疗，是基础病毒学的内容；各论重点阐述了严重危害动物养殖业的动物病毒的基本特征，包括病毒的形态和结构、致病性以及微生物学诊断和防控等内容。第三篇为真菌学，简要介绍了真菌的基本特征和重要的动物病原性真菌。全书每章附有内容提要和复习思考题，便于读者掌握每章的主要内容和课后复习。本书既可作为动物医学等相关专业本科生的教科书，也可作为兽医学各学科研究生和教师的参考用书。

图书在版编目(CIP)数据

兽医微生物学/胡桂学主编. —北京：中国农业大学出版社，2018.6(2023.2重印)
ISBN 978-7-5655-2034-1

Ⅰ.①兽…　Ⅱ.①胡…　Ⅲ.①兽医学-微生物学-高等学校-教材　Ⅳ.①S852.6

中国版本图书馆CIP数据核字(2018)第104573号

书　　名　兽医微生物学
作　　者　胡桂学　主编

策划编辑　张　程　潘晓丽　　**责任编辑**　潘晓丽
封面设计　郑　川　　**责任校对**　邢永丽
出版发行　中国农业大学出版社
社　　址　北京市海淀区圆明园西路2号　　**邮政编码**　100193
电　　话　发行部 010-62818525,8625　　**读者服务部** 010-62732336
　　　　　编辑部 010-62732617,2618　　**出　版　部** 010-62733440
网　　址　http://www.caupress.cn　　**E-mail** cbsszs@cau.edu.cn
经　　销　新华书店
印　　刷　涿州市星河印刷有限公司
版　　次　2018年8月第1版　2023年2月第3次印刷
规　　格　185 mm×260 mm　16开本　26.5印张　650千字
定　　价　68.00元

图书如有质量问题本社发行部负责调换

编写人员
CONTRIBUTORS

主　编　胡桂学

副主编　盖新娜　刘文华　邬向东　曹素芳

编　者　（按姓氏笔画排序）

王金合（河南牧业经济学院）
田丽红（东北林业大学）
朱迎春（山西农业大学）
邬向东（江西农业大学）
刘　锴（内蒙古民族大学）
刘文华（青岛农业大学）
刘金玲（沈阳农业大学）
闫　芳（山西农业大学）
李静姬（吉林农业科技学院）
杨明凡（河南农业大学）
冷　雪（吉林农业大学）
陈忠杰（河南牧业经济学院）
陈培富（云南农业大学）
胡日查（海南大学）
胡东良［北里大学（日本）/西南大学］
胡桂学（吉林农业大学）
姜世金（山东农业大学）
格日勒图（内蒙古农业大学）

徐凤宇(吉林农业大学)
徐志文(四川农业大学)
曹素芳(河南牧业经济学院)
崔京春(大连民族大学)
盖新娜(中国农业大学)
蒋大伟(河南农业大学)
谢之景(山东农业大学)
翟军军(黑龙江八一农垦大学)
潘树德(沈阳农业大学)

前言
PREFACE

为深入贯彻落实《国家中长期教育改革和发展规划纲要(2010—2020年)》《国家中长期人才发展规划纲要(2010—2020年)》和《关于深化高等学校创新创业教育改革的实施意见》有关精神,推动高等学校创新创业教育,提高动物医学类专业高等教育人才培养质量,进一步提升动物医学类专业教材质量,中国农业大学出版社于2015年11月在中国农业大学组织召开了全国高等农业院校动物医学类专业"十三五"规划教材建设研讨会。经中国农业大学出版社动物医学类专业教材建设指导委员会审核推荐,决定组织全国部分高等农业高校教师新编《兽医微生物学》教材。教材立项后,各位编者对编写大纲、编排形式等方面进行了反复讨论和多次修改,力争做到重点突出,文字精练,并能体现现代兽医微生物学理论和技术的新进展。

本书分细菌学、病毒学和真菌学3篇,每篇内容包括总论和各论两个部分。细菌学总论共5章,是细菌学的基础内容,旨在使学生掌握普通细菌学的基本理论和基本概念,为动物病原菌的学习奠定基础;细菌学各论共8章,按照细菌学分类编排,在阐述重要动物病原菌的形态、染色、生理生化、培养特征的基础上,重点讲述了微生物学诊断和防控要点,为动物传染病学的学习打下良好的基础。病毒学总论共5章,重点介绍病毒的形态结构、分类、培养特性等内容,使学生了解病毒的共同特点;病毒学各论包括朊病毒共8章,主要按照病毒核酸分类编排,对严重危害和威胁动物养殖业的病毒进行了重点介绍,比较详尽地介绍了动物病毒性疾病的微生物学诊断方法和防控要点。目前我国动物养殖业仍以猪和禽为主,集约化养殖程度逐渐提高,真菌病威胁相对较小。因此,真菌学所占篇幅较少,仅由真菌概述和病原性真菌2章构成。

本书是在广泛参考国内外优秀教材的基础上,同时考虑到兽医免疫学已从微生物学中分出的现状,按照微生物学分类体系进行编排,突出了对病原微生物基因结构、蛋白功能、毒力因子和致病机制的介绍,也用较大篇幅介绍了不同病原的抗原结构和免疫学诊断及防控方法。兽医微生物学是一门理论性和实践性很强的课程,本书在细菌学和病毒学总论中,都编写了与兽医临床实践密切相关的诊断、防控的一般原则和方法,为同学们将来从事兽医临床诊疗提供基础知识。

随着现代信息化社会的到来,特别是互联网技术的快速发展,获取知识的渠道更加广泛,但是作为重要的学习工具,教材是不可或缺的。本书在语言文字方面,尽量做到言简意赅,以减少篇幅,广大教师和同学们可以在本教材的基础上,广泛收集资料,拓宽知识面;在内容安排上，突出了兽医微生物学基本理论和基本概念的重要性，集中体现在细菌学、病毒学和真菌学总论上；同时考虑到当前国内外新发和复发动物传染病的新特点，对重要病原微生物，如大肠杆菌、牛结核分枝杆菌、狂犬病病毒、猪繁殖与呼吸综合征病毒和禽流感病毒等，进行了重点讲述，这些内容在各论中有所体现。本教材各章前都归纳了内容提要，旨在使同学们对每章内容有个总体概念；章后都附有复习思考题，目的是使同学们做好复习，以及掌握关键知识点。此外，为了不占用纸质教材的篇幅，体现现代媒体技术在教学中的应用，本教材将部分非主体内容做成二维码的形式，学生可以利用课后时间阅读，以拓展知识面。

为了使本教材内容更加丰富，信息来源广泛，我们汇聚了27位从事兽医微生物学的一线教师共同编写本教材。每位作者根据研究领域，只安排编写1～2章，以更广泛地收集国内外新资料、新成果，并把自己的科研成果和教学经验融入本书，使本书更具前沿性和实用性。但是，由于编者来自全国不同省(自治区、直辖市)，各个地区动物传染病流行情况不同，使用本书授课，可根据各地域、各高校具体情况和学时安排，选择重点章节讲授。

本书编写分工如下：

胡桂学(吉林农业大学)：编写绪论、内容提要和前言，审改第九、十一、二十、二十二、二十三、二十四、二十五、二十六章，全书统稿；

李静姬(吉林农业科技学院)：编写第一章；

潘树德(沈阳农业大学)：编写第二章；

杨明凡(河南农业大学)：编写第三、四章；

刘文华(青岛农业大学)：编写第五章，审改第七、八、十、十二、二十七、二十八章；

胡东良(北里大学)(日本)/西南大学、崔京春(大连民族大学)：编写第六章；

蒋大伟(河南农业大学)：编写第七、二十一章；

田丽红(东北林业大学)：编写第八章；

胡日查(海南大学)：编写第九章；

刘金玲(沈阳农业大学)：编写第十章；

徐凤宇(吉林农业大学)：编写第十一章；

刘锴(内蒙古民族大学)：编写第十二章；

陈忠杰(河南牧业经济学院)：编写第十三章；

曹素芳(河南牧业经济学院)：编写第十四章，审改第一、二、五、六章；

格日勒图(内蒙古农业大学)：编写第十五章；

谢之景(山东农业大学)：编写第十六章；

姜世金(山东农业大学)：编写第十七章；

徐志文(四川农业大学)：编写第十八章；

王金合(河南牧业经济学院)：编写第十九章；

冷雪(吉林农业大学)：编写第二十章；

翟军军(黑龙江八一农垦大学)：编写第二十二章；

邬向东(江西农业大学)：编写第二十三章，审改第十七、十八、十九、二十一章；

盖新娜(中国农业大学)：编写第二十四章，审改第三、四、十三、十四、十五、十六章；

闫芳（山西农业大学）：编写第二十五章；

朱迎春（山西农业大学）：编写第二十六章；

陈培富（云南农业大学）：编写第二十七、二十八章。

本书引用了大量国内外文献，包括电子、网络文献、教材和期刊，但因篇幅有限，不能全部列出，在此向有关作者表示歉意和由衷感谢。该书的出版得到中国农业大学出版社和参编院校的大力支持，在此一并表示感谢。

随着科学技术的不断进步，知识积累日益增多，兽医微生物学研究领域不断扩大，研究内容日益丰富，但因学识和时间限制，本书虽经多次修改，错误和不妥之处仍在所难免，恳请广大读者和师生批评指正。

编　者

2018 年 3 月

目录 CONTENTS

第二篇　病　毒　学

第三篇　真　菌　学

绪　论

一、微生物及其主要特性

1. 微生物

微生物(microorganism)是存在于自然界中一类不能被肉眼直接观察,必须借助光学显微镜或电子显微镜将其放大几百倍、上千倍甚至数万倍才能观察到的微小生物的总称。微生物是生物的一种,不仅具有生物的生长繁殖、新陈代谢、遗传变异、对所处环境作出反应等共同特点,而且由于微生物个体微小、结构简单,还具有一些其他生物所不具备的特性。

2. 微生物的主要特性

(1)体积微小,比表面积大　该特点是微生物区别于其他生物的首要特征。微生物的个体极其微小,通常用微米(μm)或纳米(nm)为单位测量其大小。以大肠埃希菌(*Escherichia coli*)为例,其大小仅为 2 μm(长) ×1 μm(宽);人类最早发现的烟草花叶病毒(*tobacco mosaic virus*)大小仅为 300 nm(长) ×15 nm(宽)。微生物虽然体积小,但是比表面积大。比表面积是物理学上的概念,指某物体单位体积所占有的表面积,即:比表面积＝表面积/体积。物体的体积越小,其比表面积就越大。若假定人的比表面积值为 1,则大肠埃希菌的比表面积值将高达 30 万。这样一个小体积大面积系统是微生物与一切大型生物相区别的关键所在。由于微生物的比表面积大,致使其与外界环境的接触增多,进而与外界环境进行物质和能量交换的机会增大。正是因为微生物具有这样一个巨大的交换平台,才赋予了微生物其他的特点,如对营养物质吸收多转化快、生长速度快、繁殖旺盛等。

(2)生长速度快,繁殖旺盛　普通的高等动植物需要几个月或几个季度,甚至几年的时间繁殖一代,而微生物却以惊人的速度生长和繁殖,这是高等动植物无法比拟的。例如在适宜的条件下,大肠埃希菌 12.5～20 min 就可以繁殖一代,理论上 24 h 可以繁殖 72 代。由原来的 1 个细菌繁殖成 4.722×10^{21} 个细菌,重量可达 4.722×10^{6} kg,相当于 4 000 个地球的重量。但在实际生活中是不可能的,细菌的生长与营养、空间、生活条件和代谢产物等因素密切相关。由于上述条件的制约,微生物不可能无限制地繁殖,所以微生物的几何递增速度只能维持数小时。因而在液体培养中,细菌细胞的浓度一般仅能达到 $10^{8}\sim10^{9}$ 个/mL。尽管如此,微生物的繁殖速度仍比高等动植物高出千万倍。

(3)分布广,种类多　微生物的广泛分布是其重要特性之一。可以说微生物在地球上几乎无处不在,无孔不入。它们广泛分布于人和动物的体表皮肤、被毛、口腔、胃肠道、呼吸道、泌尿生殖道等部位,而且在土壤、大气、冰川、海底、盐湖、沙漠、矿泉和岩层,甚至油井下等不同的生态环境中均有微生物的存在。随机取一粒土,就是一个丰富的微生物世界。在肥沃的土壤中,每克土含有 20 亿个微生物,即便是贫瘠的土壤,每克也含有 3 亿～5 亿个微生物。但是,在广泛分布的微生物中,不乏对人和动植物有害的病原微生物。它们主要来源于医院、兽医院、动物养殖场，对周边的空气、水和土壤等自然环境造成污染。因此，加强病原微生物的监测和控制，可有效降低人和动物传染病的发生和流行。

自然界存在的微生物达数十万种。微生物除了物种多样性以外，其生理代谢类型、代谢产物、生态类型及遗传基因也呈多样性。据估计目前已知的种类仅占地球上实际存在的微生物总数的 1.0%～10.0%。因此，微生物资源极其丰富，利用微生物为人类服务的空间广阔。随着分离培养方法的改进和研究工作的不断深入，微生物新的种、属、科、目，甚至纲不断被发现，如微生物中较易培养的大型微生物——真菌，至今还以每年发现约 1 500 个新种的速度增加。

(4)吸收多，转化快　微生物的比表面积大，增加了其与外界环境的接触面，使其具备较强的与环境进行物质和能量交换的能力，为微生物能量的积累和代谢产物的生产提供了充分的物质基础。微生物能够利用的营养物质也十分广泛，一切动植物能利用的物质，微生物都能利用；对于动植物不能利用的物质，甚至剧毒的物质，微生物依然可以利用。在适宜条件下大肠埃希菌每小时可消耗其自身重量 1 000～10 000 倍的乳糖，而人体则需要 40 年之久。乳酸菌每小时可产生自身重 1 000 倍的乳酸。1 头 500 kg 的奶牛 24 h 生产的蛋白质约 1 kg，而同样重量的酵母 24 h 可生产 500 000 kg 蛋白质。微生物高效率的吸收转化能力具有极大的应用价值，可以发挥“微生物工厂”的作用，使大量基质在短时间内转化为有用的化工、医药产品或食品，为人类造福。

(5)适应性强，易变异　微生物具有极强的适应性，这是高等生物无法比拟的。微生物在长期的生物进化过程中，为了适应多变的环境条件，产生了许多灵活的代谢调控机制，可产生多种诱导酶，使之具有极强的抗逆性。微生物对环境条件尤其是对普通生命体难以生存的“极端环境”的适应能力是极为惊人的，堪称生命之最。例如，多数细菌能耐 −196～0℃ 的低温；一些嗜盐细菌甚至能在饱和盐水中正常生活；产芽胞细菌和真菌孢子在干燥条件下能存活几十年、几百年甚至上千年。嗜酸铁原体(*ferroplasma acidophilus*)可以生活在黄铁矿排出的废水环境中，其 pH 接近于 0。耐酸碱、耐缺氧、耐毒物、抗辐射、抗静水压等特性在微生物中十分常见。

微生物具有如此灵活多变的适应能力，主要是因为其个体微小、结构简单，易受环境条件影响，虽然微生物发生变异的概率较低，仅为(10^{-11}～10^{-7})，但是由于其繁殖速度快，所以在短的时间内可以产生大量的变异后代。微生物的易变异性是一把“双刃剑”，一方面对人类有利，我们可以利用其变异性选育优良菌种。例如，青霉素生产菌产黄青霉(*penicillium chrysogenum*)，在 1943 年每毫升该菌发酵液仅可产生 20 U 青霉素，经过多年的诱变育种，至今发酵能力已达到每毫升发酵液接近 10^6 U。另一方面则对人类有害，有些病原菌的易变异特性令其在人类的抗生素治疗过程中产生了极强的抗药性，给人类的健康带来较大的危害。例如，近些年比较流行的“超级细菌”就泛指临床上出现的多种耐药菌，如耐甲氧西林金黄色葡萄球菌(MR-SA)、耐多药肺炎链球菌(MDRSP)、抗万古霉素肠球菌(VRE)、多重抗药性结核杆菌(MDR-TB)以及碳青霉烯酶肺炎克雷伯菌(KPC)等，在医学上，给人类的抗生素治疗带来极大的障碍。

3. *病原微生物*

只有少数微生物能引起人类、动植物发生病害，这些微生物称为病原微生物(pathogenic microorganism)。这类微生物可能给人类带来灾难，有时甚至是毁灭性的。1347 年鼠疫耶尔森菌(*Yersinia pestis*)引起的瘟疫几乎摧毁了整个欧洲，1/3 的人(约 2 500 万人)死于这场灾难。在此后的80年间，这种疾病一再肆虐，实际上致死了大约75%的欧洲人口。一些历史学家认为，这场灾难甚至改变了欧洲文化。我国在新中国成立前也曾多次流行鼠疫，死亡率极高。今天，一种新的瘟疫——艾滋病(AIDS)也正在全球蔓延；许多已被控制的传染病，如肺结核、疟疾、霍乱等也有“卷土重来”之势。据1999年8月世界卫生组织的统计，全世界有18.6亿人患结核病。随着环境污染的日趋严重，一些以前从未见过的新的疾病，如军团病、埃博拉病毒病、霍乱弧菌O139新菌型感染、大肠埃希菌O157新菌型感染以及疯牛病等又给人类带来了新的威胁。2002年我国广东省爆发SARS疫情，到2003年上半年该病在我国大范围流行，继而波及全球32个国家和地区，造成了重大的公共卫生事件。禽流感是古老的传染性疾病，过去认为高致病性禽流感只是禽类的一种烈性传染病，但1997年香港发生人感染禽流感并致死亡的报道后，到2009年初已有15个国家和地区发生了人感染禽流感的报道。这些病原的袭击给人们敲响了警钟，也使人们得到了启发。

正确地利用有益微生物，依靠科学技术手段控制和消灭有害微生物，把损失减少到最低程度是学习和掌握微生物学的重要任务之一。

二、微生物的分类

微生物种类繁多，数量巨大，构成了形形色色的微生物世界。根据微生物有无细胞基本结构、分化程度、化学组成等特点，将其分成三大类。

第一大类为非细胞型微生物(acellular microbe)。该类微生物无细胞结构，没有产生能量的酶系统，由单一的核酸(DNA或RNA)或蛋白质构成，必须在活的细胞内增殖。包括行寄生生活的病毒和亚病毒，前者只有一种核酸(DNA或RNA)和蛋白质衣壳，如猪瘟病毒、禽流感病毒等；后者包括朊病毒(只有蛋白质无核酸)、卫星因子(只有DNA)和类病毒(只有RNA)。

第二大类为原核细胞型微生物(prokaryotic microorganism)。该类微生物的细胞核分化程度低，没有核膜和核仁的分化，只有DNA盘绕而成的拟核(nucleoid)，细胞器不是很完善。除核糖体外，无其他细胞器。该类微生物的种类很多，细菌、衣原体、支原体、立克次体、螺旋体、蓝细菌、放线菌及古细菌等均属于该类微生物。

第三大类为真核细胞型微生物(eukaryotic microbe)。该类微生物的细胞核分化程度较高，含有核膜、核仁和染色体。细胞质内含有完整的细胞器，如内质网、高尔基体、线粒体等。行有丝分裂，真菌(酵母菌、霉菌、蕈菌)、单细胞藻类和原生动物等属于该类微生物。

三、微生物学及其发展简史

(一)微生物学

微生物学(microbiology)是生物学的一个分支，它是以微生物为研究对象，从分子、细胞和群体水平上研究微生物的形态结构、生理代谢、遗传变异、生态分布和分类进化等生命活动规律的一门科学。其根本任务是发掘、利用有益微生物，控制、消灭有害微生物，为人类社会的进步服务。

(二)微生物学的分支

微生物学是研究微生物及其生命活动规律并将其应用于工业发酵、医疗卫生、环境保护和生物工程等领域的科学。微生物学的发展经历了一个多世纪，随着微生物领域研究的深入和扩大，根据研究对象、任务的不同划分，已经出现大量的分支学科，归纳起来主要有以下几类：

(1)根据研究对象　可以划分为病毒学、细菌学、真菌学、藻类学和原生动物学以及自养菌生物学和厌氧菌生物学等。

(2)根据研究微生物生命活动的基本规律　可以划分为微生物形态学、微生物生理学、微生物遗传学、微生物生物化学、微生物分类学、微生物资源学、微生物细胞生物学及分子微生物学等。

(3)根据微生物的应用领域　可以划分为农业微生物学、畜牧微生物学、兽医微生物学、医学微生物学、药用微生物学、诊断微生物学、卫生微生物学、食品微生物学、乳品微生物学、抗生素学、工业微生物学及石油微生物学等。

(4)根据微生物所处的生态环境　可以划分为环境微生物学、水生微生物学、海洋微生物学、土壤微生物学、地质微生物学、宇宙微生物学及微生态学等。

此外，微生物学与其他学科的交叉、融合，形成一些新的学科，如分析微生物学、化学微生物学、微生物化学分类学、微生物地球化学、微生物信息学、微生物基因组学、微生物数值分类学及微生物生物工程学等。

目前人们普遍认可微生物学是生物学中发展迅速且富有活力的前沿学科，像遗传学、分子生物学及生物医学工程等学科都因微生物学的发展而飞速发展，这是其他学科所不能替代的。微生物学不仅与生物化学、药理学、遗传学等学科有着密切的交叉和联系，而且微生物生产本身已经成为一个重要的支柱产业，如微生物工程、细胞工程、酶工程和基因工程等高科技领域技术。可见，微生物学在促进国民经济可持续发展的进程中将会发挥重要的作用，微生物学在21世纪仍将是领先的学科之一。

(三)微生物学的发展简史

微生物普遍存在于自然界中，人类在从事生产实践过程中，早已应用了微生物。例如在我国古代就有利用微生物酿酒、提高土壤肥力、防治农业病害、栽培食用菌及种痘防治天花等史料记载。尽管我们祖先对微生物早已有初步的应用，但作为一门科学，是18世纪以后才逐渐形成。微生物学的发展可以概括为三个主要时期。

1. 形态学时期

该时期从17世纪至19世纪中叶，是微生物学发展的第一阶段。微生物的研究离不开科学方法和仪器设备的推陈出新，大约在1600年，人类发明了显微镜，这为微生物的观察提供了可靠的手段。荷兰布商和透镜研磨爱好者安东尼·列文虎克(Antony van Leeuwenhoek，1632—1723)最大的爱好就是磨透镜，而且技术非常好。他先后制作了400多架显微镜，最高的放大倍数达到200～300倍。他利用自制的显微镜观察过雨水、污水、血液、辣椒水、腐败物质、酒、黄油、头发、精液、肌肉和牙垢等许多物质，终于在1675年，他发现了很多能够运动但是肉眼看不到的东西，他称之为“微型动物(animalcule)”。他首次记录了一些“微型动物”的结构。随后经朋友推荐，他将自己所观察到的微生物，绘图寄给英国皇家学会，使之公之于世。从列文虎克写给英国皇家学会的200多封附有图画的信里，可以断定他是全世界第一个观察到球形、杆状和螺旋形的细菌和原生动物的人，且第一次描绘了细菌的运动。从此以后，人们对微生物的形态、排列、大小等有了初步的认识。基于他的贡献，他被入选为英国皇家学会的会员，可以说列文虎克是微生物学的开拓者。

但是由于当时的科学技术水平较低，微生物的知识仅限于形态学方面，主要的原因是自然发生论(spontaneous generation)，即无生源论起着阻碍的作用。很多世纪以来，人们认为这些微小生物是不需要父母可以自然产生的，这种观点就是所谓的“自然发生论”。该观点认为腐肉自生蛆，脏衣自生虱，垃圾自生蚁。最早在古希腊和古罗马学者的著作中发现该观点，并且成为随后数个世纪的主流观点。列文虎克对微生物的观察并没有推翻“自然发生论”。在此后的两个世纪微生物的知识积累缓慢，一直停留在形态的描述。因此将这一时期称为“形态学时期”。

2. 生理学和免疫学时期

该时期从19世纪中叶至20世纪初，是微生物学发展的第二个阶段，约50年的时间。随着科学技术的进步，微生物学也有了长足的发展。在理论上、技术上、生产上都取得了不少成果。灭菌技术和纯培养技术的诞生，标志着微生物学正式成为一门学科。在这一阶段，很多科学家对微生物的生理活动进行了研究，并与生产和预防疾病联系起来，为微生物学奠定了理论和技术基础。尤其是法国伟大的科学家路易斯-巴斯德(Louis Pasteur，1822—1895)，他在微生物学方面的工作奠定了微生物学主要的科学原理和基本方法，被公认为微生物学和免疫学奠基人。巴斯德主要有以下贡献：

(1)“自然发生论”的破灭　巴斯德用著名的曲颈瓶实验，证明使肉汤浑浊的微生物来自微生物的“种子”，从而推翻了“自然发生论”。

(2)巴氏消毒法的发明和使用　19世纪，欧洲的葡萄酒工业普遍面临酒类变质的危机，经济损失严重。巴斯发现酒类变酸的主要原因是一种酵母的污染，而且这种酵母与酿酒酵母不同，它在发酵过程中产生乳酸，而不是酒精。他继而推导出发酵产生酒精和产生乳酸，都是酵母细胞复制和代谢的结果。他将酿酒原料加热至49℃，杀死其中产生乳酸的酵母，然后再在酿酒原料中加入酿酒酵母，就解决了酿酒腐败问题。这种加热消毒的方法后来衍变为著名的巴氏消毒法(pasteurization)。该法在牛奶等食品的消毒保存中得到广泛应用。

(3)液体培养基的制备和利用　巴斯德发明了含有适应某些特殊病原菌生长需求成分的液体培养基，这项技术的突破为他证明传染病的微生物病因理论(germ theory)奠定了坚实基础。巴斯德依据微生物病因理论，发明了炭疽疫苗、禽霍乱疫苗和狂犬病疫苗，奠定了今天已经成为重要科学领域的免疫学的基础。这项理论还被英国外科医生约瑟夫·李斯特(Joseph Lister，1827—1912)用于外科手术的消毒，即以苯酚作为消毒剂，用来杀死可能造成外科手术感染的微生物。巴斯德在弱毒疫苗制备的工艺和方法方面，同样为以后其他疫苗的研制提供了科学借鉴，如猪瘟兔化弱毒疫苗、牛瘟兔化弱毒疫苗、卡介苗等。

1873年，巴斯德当选为法国医学科学院院士。他的研究成果直到今天仍然给人类带来巨大的福祉。

该时期另一位重要的微生物学奠基人是德国医生罗伯特·科赫(Robert Kock，1843—1910)，可以说他是微生物学方法的奠基人，他的贡献主要有：

(1)琼脂平板培养基技术　科赫将早年应用的马铃薯固体培养技术，改进为明胶培养技术，1882年又将其改进为琼脂平板培养基技术。

(2)重要微生物学研究技术　科赫及其同事们创立了显微摄影、悬滴培养及染色等一整套微生物研究方法，1877年他首次分离出炭疽杆菌，1882—1883年间又分离出结核杆菌、链球菌和霍乱弧菌等病原微生物。

(3)科赫法则　科赫建立了某种微生物感染导致特定疾病的证明法则,即著名的科赫法则(Koch's postulates)。

巴斯德的微生物病因理论和科赫的 Koch 法则是微生物学的两大基石。没有这两大基石,微生物学就不可能得到发展。19 世纪末,由于科赫对微生物研究方法的改进和完善,很多重要传染病已被证实是由细菌引起的。科赫开创了细菌学研究的"黄金时代",被后人誉为"细菌之父"。

在该阶段除了巴斯德和科赫对微生物学所做的巨大贡献外,还有许多科学家也做出了很多贡献,详见表 1。

二维码绪 1

综上所述,生理学和免疫学时期虽然只有短短的几十年,但对微生物由表及里、由外至内进行了深入的研究,无论是在微生物知识的积累上,还是实验技术上,都取得了显著的成就,是微生物学发展史上名副其实的"奠基期"。

3. 现代微生物学时期

该时期大约是从 1920 年开始,是微生物学发展的第三个阶段,尤其是近半个世纪以来,随着物理学、生物化学、遗传学、细胞生物学和分子生物学等学科的发展,许多高新技术和仪器设备应运而生,促进了微生物学的迅速发展。电子显微镜的应用,使得人们能观察到包括细菌、病毒等在内的亚细胞结构和分子结构,除作为理论研究的方法外,还可用于病毒病的诊断;免疫荧光技术的应用,为疾病诊断及抗原抗体反应的理论研究提供了有力的工具;细胞培养、空斑技术、蛋白质及核酸的提纯,大大便利了微生物学尤其是病毒学的操作与研究;核磁共振仪应用于微生物,有助于了解微生物蛋白质、核酸等的结构和功能;分子克隆(molecular cloning)、酶联免疫吸附实验(enzyme linked immunosorbent assay,ELISA)、聚合酶链式反应(polymerase chain reaction,PCR)、DNA 测序、基因探针杂交、免疫胶体金、基因组学、蛋白质组学及电子计算机等技术的应用,为微生物的鉴定、检测、致病性和免疫学研究等方面带来了革命性的变化。该时期主要的进展包括:

(1)揭示了遗传物质的本质,使微生物学进入了分子水平　1935 年,Stanley 获得了烟草花叶病毒的结晶,该研究有力促进了病毒化学组成的分析。1937 年,Bawden 和 Pirie 证实该结晶为核蛋白,且具有感染能力。此后,证明其他许多病毒的主要成分也是核蛋白,由核酸与蛋白质组成,只有核酸具有浸染能力。这些发现不仅为病毒病的治疗指明了途径,也为探索生命的本质和起源提供了线索。1953 年,Watson 和 Crick 提出 DNA 双螺旋结构模型,是生物学革命的里程碑,从此完全改变了生物学的面貌。1956 年,他们推测包裹病毒核酸的蛋白质外壳由相同的蛋白质分子组成。20 世纪 60 年代,微生物学、遗传学与生物化学的结合产生了分子生物学,使生命科学跃进了一个崭新的阶段。1962 年,Lwoff 及其同事提出了一种通用的病毒分类方法。1970 年,Temin 和 Baltimore 发现了逆转录酶,促进了逆转录病毒的遗传研究，并提供了一种制备互补 DNA 的重组技术，引发了重组 DNA 技术的革命。20 世纪 70 年代以后，对各大类微生物进行分子生物学研究，累积了大量资料。1977 年，美国学者 Woese 利用 16S rRNA 基因序列分析技术发现了古细菌（Archaea）。它是一群生活在极端环境中的独特生命，其细胞结构、生理生化等许多特性不同于原核生物与真核生物，因而被列为第三型生物。据此，R. H. Whittaker 和 L. Margulis 在 1978 年提出了新的三原界学说。

（2）病原微生物基因组的研究取得了突破性进展　自 20 世纪 90 年代初，细菌全基因组陆续报道以来，每年获得微生物全基因组序列的数量成倍增加。人类基因组的研究工作也是建立在早期病毒全基因组研究的基础上的。近年来，微生物基因组结构和功能的研究也取得了飞速的发展，揭开了微生物学发展史的新篇章。对微生物基因的表达及调控知识的不断积累，进入了真正意义上的基因工程时代。

（3）新的抗细菌、抗病毒药物及疫苗研制有了突破性的进展，大大减少了人畜传染病的危害　1929 年，英国医生 A. Fleming 发现青霉素能抑制细菌生长，拉开了抗生素研究的序幕。此后，科学家们对抗生素展开了深入的研究，纷纷从微生物中寻找抗生素类物质。1944 年，美国土壤微生物学家 Waksman 等找到了链霉素、氯霉素、四环素、金霉素等抗生素。抗生素工业如雨后春笋迅速发展起来，形成了强大的现代化产业。除医学应用外，抗生素还广泛用于植物病害、杂草防治及食品保藏等方面。新的抗细菌和抗病毒药物研制取得的进展，对传染性疾病的防治起到了重要的作用。新型疫苗的研制工作同样发展迅速，从最初的全菌体死菌疫苗，经历了减毒活疫苗、亚单位疫苗、基因工程活载体疫苗、核酸疫苗等的发展过程。这些疫苗虽然在一定程度上能够克服传统疫苗的不足，如免疫原性弱、毒力返强、需要进行病原操作易造成病原排散等，但在技术上也需要进一步完善。

（4）新的病原微生物不断被发现和确定　从 20 世纪 70 年代以后，先后发现新的病原微生物达 40 多种，如军团菌、霍乱弧菌 O139、空肠弯曲菌、金黄色葡萄球菌产毒株（TSST-1）、埃博拉病毒、人免疫缺陷病病毒、大肠埃希菌 O157、肺炎衣原体、SARS 病毒、猪圆环病毒 2 型、猪呼吸与繁殖综合征病毒等。表 2 列举了现代微生物时期科学家们的主要贡献。

二维码绪 2

总之，微生物学的发展是永远不会停止的，它对人类的贡献将会不断延续。微生物世界是一个十分广阔的天地，微生物学不仅有辉煌的过去和现在，将会有更加灿烂的未来。

四、兽医微生物学主要研究内容和任务

兽医微生物学是在微生物学一般理论基础上研究微生物与动物疾病的关系，利用微生物学和免疫学的知识和技能来诊断、防治动物的疾病和人兽共患疾病，保障人类的食品安全和卫生，保障畜牧业生产，保障动物的健康及生态环境免于破坏。其研究的领域已不仅限于传统的家畜、家禽的微生物，还涉及家庭动物（亦称伴侣动物）、实验动物、观赏动物、水生动物、野生动

物的微生物，研究深度已涉及致病机理及与机体的相互作用，达到分子水平。

兽医微生物学的主要任务是在兽医工作实践中，应用微生物学的基本理论进行传染性病原的检测、检验和鉴定工作；兽医微生物学也是兽医及相关专业的专业基础课，为后期课程，如家畜传染病学、兽医公共卫生学、兽医卫生检验、兽医临床诊断学、外科学等课程学习打下坚实的基础，为传染病的诊断、预防和治疗以及控制和消灭动物传染病和人兽共患传染病提供重要的技术手段，以保证农业和畜牧业的健康、快速发展；兽医微生物学也肩负着保障公共卫生安全和人类健康的重要职责。事实证明，许多人类疾病的病原或是动物源性或属人兽共患，如SARS病毒、流感病毒、汉坦病毒、布鲁菌、结核分枝杆菌、沙门菌和耶尔森菌等。因此，人类传染病的控制和消灭与对动物传染病的控制和消灭密切相关。一些重要的动物源性疫病，如口蹄疫、禽流感、疯牛病的流行，震惊全球，对其病原的研究和疾病的控制得到了全社会的广泛关注。

兽医微生物学工作者任重而道远，新传染病不断出现，老疾病又广泛传播并具破坏性。此外，新的人兽共患性疾病的病原微生物陆续被发现，国际上还存在着生物武器威胁的危险。因此，我们要警惕和预防突发公共卫生事件的发生，应从分子水平上研究病原微生物的变异规律、毒力、耐药机制及其致病特点。对于传染病的治疗，病原菌的抗药性增加是治疗的一个难题，特别是多重抗药性的传播，使抗生素在治疗中失效。微生物学家们或者研究新药来对付病原体，或者寻找新的治疗途径以应对抗药性。疾病防治方面应提倡疫苗免疫，研制更多的新型抗感染疫苗。有关病原微生物的有效抗原决定簇、抗原提呈的机制、新型佐剂的开发、免疫应答的调控等基础理论还值得进一步深入研究。重组疫苗、嵌合疫苗、核酸疫苗及多联疫苗等虽然已显示出优越性，但对其作用机制、稳定性、免疫效应持续时间及不良反应等还应继续追踪。在致病机理的研究方面，我们目前所了解的只是病原体与宿主感染的表面关系，至于感染的机理和致病途径的了解才刚刚开始，我们还有很多东西需要进一步认识。

兽医微生物学理论意义重大，实践性较强，发展迅速；随着时间的推移，将对人类的健康与文明，社会的稳定与进步发挥愈来愈大的贡献。在21世纪，兽医微生物工作者必将在该领域继续作出更大的贡献。

第一篇 细 菌 学

第一章 细菌的形态结构与分类命名
第二章 细菌的生理
第三章 细菌的遗传与变异
第四章 细菌的致病性与感染
第五章 细菌性传染病的微生物学诊断及防治原则
第六章 球菌
第七章 肠道杆菌
第八章 巴氏杆菌及相似细菌
第九章 革兰阴性需氧杆菌
第十章 革兰阴性微需氧菌和厌氧菌
第十一章 革兰阳性无芽胞杆菌
第十二章 革兰阳性产芽胞杆菌
第十三章 其他类型原核细胞型病原微生物

第一章　细菌的形态结构与分类命名

【内容提要】细菌(bacterium)是一类单细胞原核微生物。各种细菌在适宜的培养条件下，具有相对稳定的形态、结构及排列方式。了解细菌的形态结构有助于鉴别细菌，对研究细菌的生理功能、致病性、免疫原性具有重要意义。细菌的分类以种为基本单位。细菌分类鉴定参照的标准主要有《伯杰氏系统细菌学手册》及《伯杰氏细菌鉴定手册》建立细菌分类的公认体系。细菌的命名遵循"国际细菌命名法规"，采用"双名法"命名。

第一节　细菌的形态

一、细菌的大小

细菌个体微小，必须借助显微镜放大才能看到。细菌大小的衡量单位是微米(micrometer，μm)。不同种类的细菌大小不同，同一种类细菌大小也因生长环境、菌龄等因素而不完全相同。在一定条件下，各种细菌的大小相对稳定且具有明显的特征，可以作为鉴定细菌的依据之一(图 1-1)。细菌的大小以生长于适宜的培养条件下的壮龄培养物为标准。

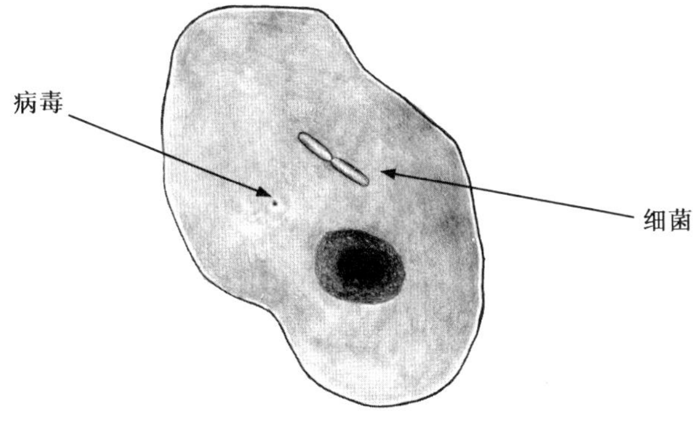

图 1-1　细菌、病毒与动物细胞大小比较(引自：张兆春)

球菌的平均直径在 0.1～1.2 μm，一般为 1 μm 左右。各种杆菌大小相差较大，大杆菌长 3～8 μm，宽 1～1.5 μm；中等大小的杆菌长 2～3 μm，宽 0.5～1.0 μm；小杆菌长 0.7～1.5 μm，宽 0.2～0.4 μm。螺旋状菌长度(两端点间距离)一般在 2～20 μm，宽 0.2～0.4 μm。

二、细菌的形态与排列

细菌在一定的条件下，常保持一定的形态和排列。根据细菌的外部形态，可将细菌分为三种基本形态，即球状、杆状和螺旋状，并据此将细菌分为球菌、杆菌和螺旋状菌三大类(图 1-2)。

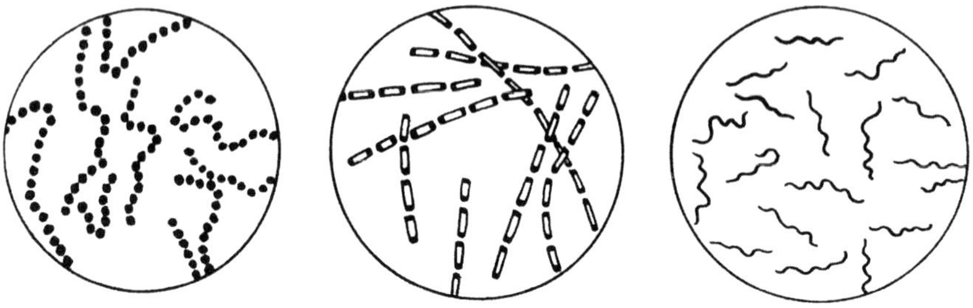

图 1-2　细菌的 3 种基本形态(引自：葛兆宏)

细菌通过裂殖方式进行繁殖，不同细菌裂殖后有多种排列方式。

1. 球菌

多数球菌(coccus)呈球形或类似球形，还有的略呈矛头状、肾状或扁豆状。根据裂殖时的细胞分裂平面以及分裂后的黏附方式有 5 种(图 1-3A)。

(1)单球菌(monococcus)　球菌在分裂后，分散单独存在，如尿素球菌。

(2)双球菌(diplococcus)　在一个平面上分裂，分裂后两两相连，其接触面扁平，菌体变成肾形或扁豆状，如脑膜炎双球菌。

(3)链球菌(*Streptococcus*)　在一个平面连续分裂，分裂后连成 3 个以上的或长或短的链状，如无乳链球菌、乳房链球菌等。

(4)葡萄球菌(*Staphylococcus*)　无定向地向多个平面分裂，分裂后多个球菌无规则地聚集在一起，似葡萄串状，如金黄色葡萄球菌。

另外，还有四联球菌(tetracoccus)、八叠球菌(sarcina)。

2. 杆菌

不同杆菌(bacillus)形态及排列方式差别很大，大多数杆菌形态呈正圆柱形，也有近似卵圆形的，菌体多数平直，少数稍弯曲，如腐败梭菌(*Cl. septicum*)；菌体多为两端钝圆，少数平齐，如炭疽杆菌(*Bacillus anthracis*)；或两端尖突，如梭杆菌；有的一端膨大呈棒球状，称为棒状杆菌(*Corynebacterium*)，如膀胱炎棒状杆菌；有的菌体短小近似球形，为球杆菌(coccobacillus)，如多杀性巴氏杆菌(*P. multocida*)；有的形成侧枝或分枝，称为分枝杆菌(*Mycobacterium*)，如结核分枝杆菌；有个别杆菌会变成长丝状，如猪丹毒丝菌(*E. rhuriopathiae*)。有的末端有分叉，如双歧杆菌。

杆菌的分裂方向均为横分裂，即分裂面与菌体长轴相互垂直。根据分裂后的黏附方式可分为单杆菌、双杆菌、链杆菌、栅栏样排列(图 1-3B)。

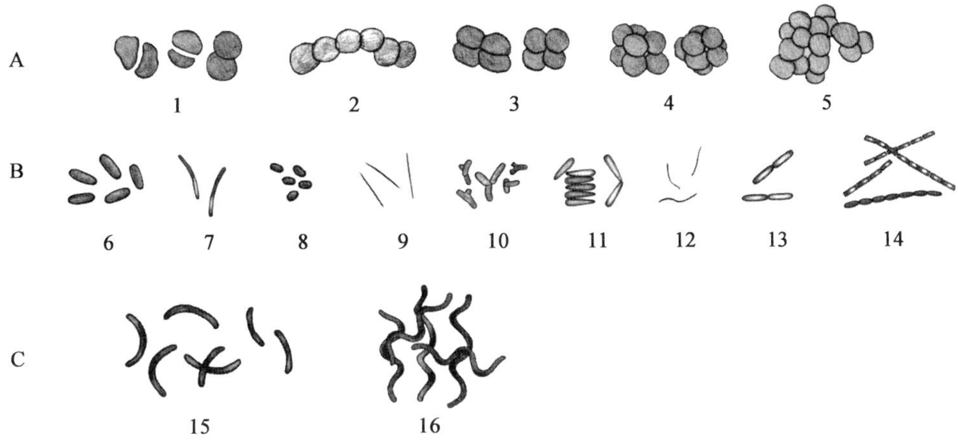

图 1-3　各种细菌的外形和排列(引自:张立春)

A.球菌:1.双球菌　2.链球菌　3.四联球菌　4.八叠球菌　5.葡萄球菌;

B.杆菌:6.单杆菌,钝圆端　7.单杆菌,菌体稍弯　8.球杆菌　9.杆菌,尖端　10.分枝杆菌及其成丛排列

11.棒状杆菌及其八字形和栅栏样排列　12.变成长丝状的杆菌　13.双杆菌　14.链杆菌,钝圆端和平齐;

C.螺旋状菌:15.弧菌　16.螺菌

(1)单杆菌(pseudomonas bacillus)　多数杆菌分裂后彼此分离单独散开,称为单杆菌,大多数杆菌以此方式排列,如大肠杆菌。

(2)双杆菌(piplobacilli)　有些杆菌分裂后两两相连,成对存在,有的呈"V"形或"八"字形,如乳杆菌(*Lactobacillus*)、李氏杆菌(*Listerilysin*)等。

(3)链杆菌(streptobacilli)　有的分裂后多个相连成链状,如炭疽杆菌。

3.螺旋状菌

菌体弯曲,只有一个弯曲,形如逗号或弧形,称为弧菌(vibrio),如霍乱弧菌(*Vibrio cholera*);菌体有数个弯曲,捻转呈螺旋状,称为螺菌(spirillum),如鼠咬热螺菌(*Spirillum minus*)(图 1-3C)。

细菌的形态受培养温度、培养时间、培养基成分、pH 等因素影响很大。通常情况下,细菌在适宜生长条件下培养 8～18 h 时(对数期)细菌形态比较典型,但在老龄培养物或不良环境时,会出现丝状、梨形等多种不规则形态,称为衰老型或退化型(involution form)。因此,观察细菌的形态应选择合适培养条件下对数期为最佳。然而有的细菌即使在适宜的环境中培养至对数生长期,细菌形态也不尽相同,这种现象称为多形性(pleomorphism),如嗜血杆菌、坏死梭杆菌。

第二节　细菌的结构

细菌结构包括基本结构和特殊结构(图 1-4),有些特殊结构必须在一些特定的条件或环境下才能形成。

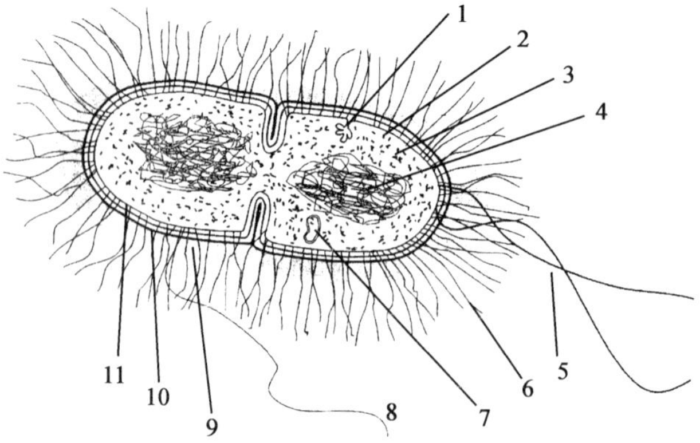

图 1-4　细菌细胞结构模式图(引自:Ryan)

1.间体　2.细胞质　3.核糖体　4.核体　5.鞭毛　6.普通菌毛
7.质粒　8.性菌毛　9.荚膜　10.细胞壁　11.细胞膜

一、细菌的基本结构

(一)细胞壁

细胞壁(cell wall)是细菌细胞最外面的一层结构,紧贴于细胞膜,是一层无色透明、坚韧而具弹性的膜,可占细菌干重的10%～40%。光学显微镜下很难辨认,经特殊染色或在电子显微镜下或细菌在高渗溶液中发生质壁分离时才能看见。细胞壁上有许多小孔,孔径为1～10 nm,可允许1 nm左右大小的可溶性物质通过。

用革兰染色法染色可将细菌分为革兰阳性菌(G^+)和革兰阴性菌(G^-)两大类。两类细菌的细胞壁的组成不同,共有成分为肽聚糖,但各自含有特有的成分。

1. 革兰阳性菌

革兰阳性菌的细胞壁较厚,20～80 nm,除含有15～50层肽聚糖(占细胞壁总成分的40%～95%)外,还含有大量的磷壁酸(teichoic acid)、少量的磷壁醛酸(teichuronic acid)、多糖及蛋白质等(图1-5)。

肽聚糖(peptidoglycan)又称黏肽(mucopeptide)、糖肽(glycopeptide),是细菌细胞壁所特有的物质。革兰阳性菌细胞壁的肽聚糖是由聚糖骨架、四肽侧链和五肽交联桥三部分组成的复杂聚合物(图1-6)。聚糖骨架是由N-乙酰葡糖胺(N-acetyl glucosamine)和N-乙酰胞壁酸(N-acetyl muramic acid)通过β-1,4糖苷键交替连接而成。四肽侧链依次由*L*-丙氨酸、*D*-谷氨酸、*L*-赖氨酸、*D*-丙氨酸所组成,并联结于N-乙酰胞壁酸上。五肽交联桥是一条含有5个甘氨酸的肽链,交联于相邻两条聚糖链支架的四肽侧链上第一条第3位*L*-赖氨酸及第二条第4位*D*-丙氨酸之间,构成十分坚韧的三维空间网格结构。青霉素能抑制四肽侧链上*D*-丙氨酸与五肽交联桥之间的连接,使细菌不能合成完整的细胞壁而导致细菌死亡。溶菌酶能水解肽聚糖链骨架中的β-1,4糖苷键,破坏肽聚糖骨架,引起细菌裂解。溶菌酶对革兰阳性菌的作用比对革兰阴性菌的作用强,而真核生物,如人和动物细胞,无细胞壁结构,亦无肽聚糖,故青霉素和溶菌酶对人和动物细胞均无毒性作用。

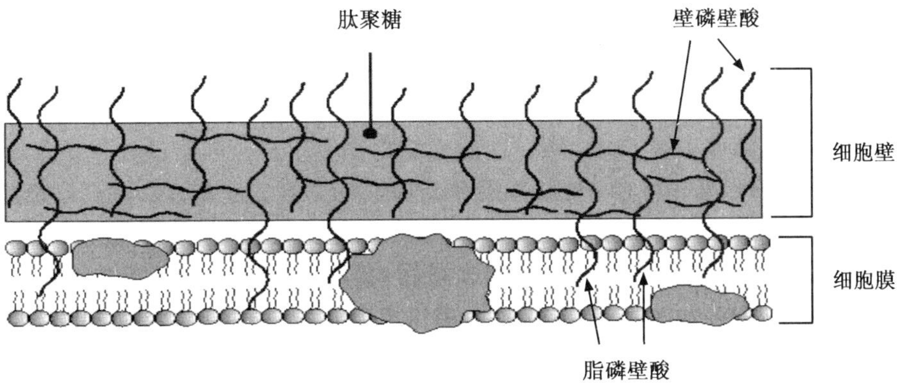

图 1-5　革兰阳性菌细胞壁组成(引自:Michael M. Madigan)

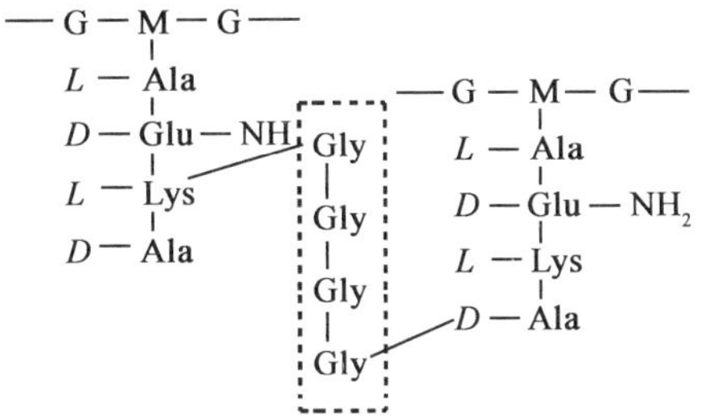

图 1-6　金黄色葡萄球菌肽聚糖(引自:董宪武)

G 代表 N-乙酰葡糖胺;M 代表 N-乙酰胞壁酸

磷壁酸(teichoic acid)又名垣酸,是一种由核糖醇(ribitol)或甘油(glycerol)残基经磷酸二酯键相互连接而成的多聚物,以多个磷壁酸分子组成长链穿插于肽聚糖层中,占细胞干重的50%。有的长链一端与肽聚糖上的胞壁酸以共价键连接,另一端游离于细胞壁外,称为壁磷壁酸(wall teichoic acid)。有的长链一端与细胞膜外层的糖脂以共价键相连,另一端穿过肽聚糖层到达细胞壁表面,称为膜磷壁酸(membrane teichoic acid)或脂磷壁酸(lipoteichoic acid,LTA)。磷壁酸是革兰阳性菌特有的成分,表面暴露的磷壁酸是革兰阳性菌的表面抗原。不同种类的革兰阳性菌其表面磷壁酸含量及排列顺序不同,决定了其表面抗原的不同。磷壁酸带有负电荷,能与镁离子结合,以维持细胞膜上一些酶的活性。此外,某些细菌的磷壁酸,如 A 群链球菌对宿主细胞具有黏附作用,与致病性有关或者是噬菌体的特异性吸附受体。

2. 革兰阴性菌

革兰阴性菌的细胞壁较薄,10～15 nm,它的化学组成比革兰阳性菌复杂,由外壁层和内壁层两部分组成(图 1-7)。

(1)外壁层　覆盖于肽聚糖层的外部,表面不规则,切面呈波浪形。外壁层可进一步分为内、中、外三层。最外层为脂多糖,中间层为磷脂层,最内层为脂蛋白层。内壁层紧贴细胞膜,厚 2～3 nm,是一单分子层或双分子层,占细胞壁干重 10%～20%,由肽聚糖组成。

脂多糖(lipopolysaccharide,LPS)为革兰阴性细菌所特有,位于外壁层的外表面,厚 8～10 nm,由类脂 A、核心多糖和侧链多糖三部分组成。类脂 A(lipid A)是一种结合有多种长链

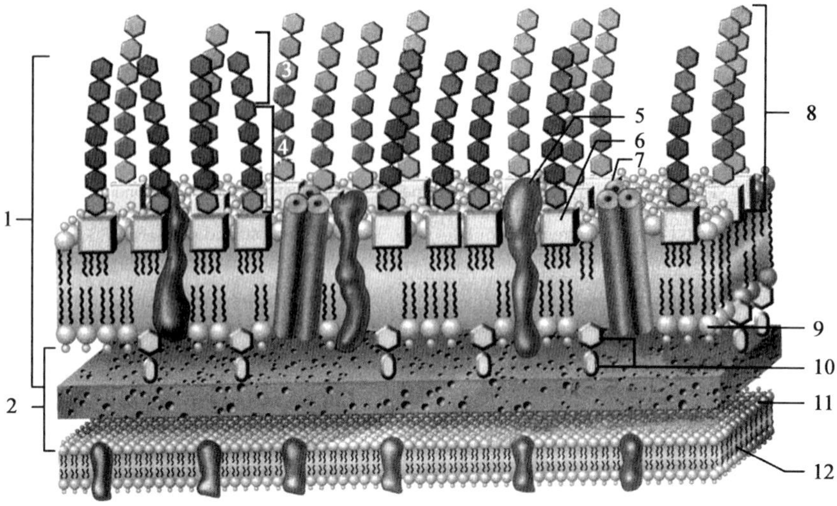

图 1-7　革兰阴性菌细胞壁结构模式图(引自:Michael M. Madigan)

1. G⁻菌外膜　2. 周质间隙　3. 侧链多糖　4. 核心多糖　5. 蛋白质　6. 类质 A
7. 微孔蛋白　8. 脂多糖　9. 脂质双层　10. 脂蛋白　11. 细胞膜　12. 肽聚糖

脂肪酸的氨基葡萄糖聚二糖链,是内毒素的主要毒性成分,发挥多种生物学效应。各种革兰阴性菌类脂 A 的结构极相似,无种属特异性。核心多糖位于类脂 A 的外层,由葡萄糖、半乳糖等组成,与类脂 A 共价联结,具有属特异性。侧链多糖在 LPS 的最外侧,即为菌体(O)抗原,由 3～5 个低聚糖单位重复构成的多糖链,其中单糖的种类、位置、排列和构型均不同,具有种、型特异性。LPS 有吸附 Mg^{2+}、Ca^{2+} 等阳离子的作用,也是噬菌体在细菌表面的特异性吸附受体。

外膜蛋白(outer membrance protein,OMP) 是外膜层中镶嵌的多种蛋白质的统称。按含量及功能的重要性可将 OMP 分为主要及次要外膜蛋白两类。主要外膜蛋白包括微孔蛋白(porin)及脂蛋白等。微孔蛋白由三个相同分子量的亚单位组成,形成跨越外膜的微小孔道,起分子筛的作用,仅允许小分子量的营养物质,如双糖、氨基酸、二肽、三肽、无机盐等通过,大分子物质不能通过,因此溶菌酶之类的物质不易作用到革兰阴性菌的肽聚糖。某些特异的微孔蛋白与细菌对宿主细胞的黏附或与某些特定物质的摄取有关,发挥受体的作用。例如嗜水气单胞菌(*Aeromonas hyrophila*)在缺铁环境下分泌载铁体(siderophore)摄取 Fe^{3+},此时菌体可产生相应 OMP 作为载铁体的受体。脂蛋白(lipoprotein)的作用是使外膜层与肽聚糖牢固地连接,可作为噬菌体的受体,或参与铁及其他营养物质的转运。

将 OMP 作电泳,呈现一定的图谱,据此可对某些革兰阴性菌及菌株进行鉴定、分型以及提供分子流行病学的信息。

(2)内壁层　由肽聚糖构成,很薄,仅 2～3 nm,由 1～2 层网状分子构成。其结构单体与革兰阳性菌有差异(图 1-8):聚糖链支架相同,但四肽侧链中第三个氨基酸是内旋二氨基庚二酸(m-diaminopimelic acid,m-DAP),没有五肽交联桥,由 m-DAP 的氨基与相邻聚糖支架上四肽侧链中 *D*-丙氨酸的羧基直接连接成二维结构,故较为疏松。

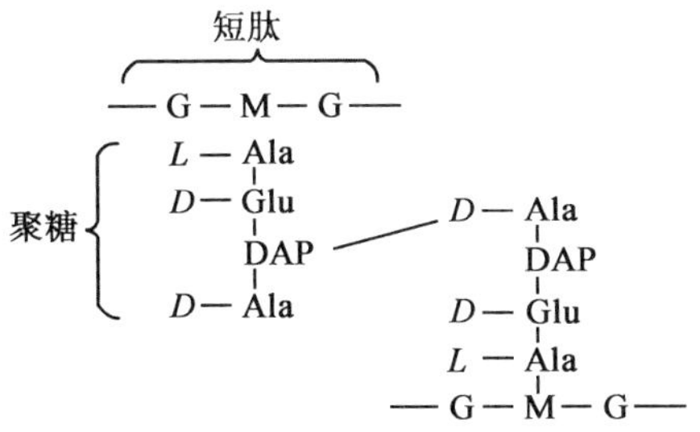

图 1-8　大肠杆菌肽聚糖(引自:董宪武)

G 代表 N-乙酰葡糖胺;M 代表 N-乙酰胞壁酸

由于革兰阴性菌细胞壁内含脂类较多,在革兰染色中易被酒精溶解,通透性加大,易脱去初色,用复红染色后为红色菌体。革兰阳性菌细胞壁脂类少,肽聚糖成分多,用酒精难以脱色,仍是蓝紫色。但细胞壁失去完整的结构时,如自溶、老龄的细菌,完整性也同时失去,革兰阳性菌就会被染成革兰阴性。

3. 细胞壁的功能

主要是维持细菌外形,保护细菌耐受低渗环境。细胞质内含有大分子营养物质和高浓度的无机盐,渗透压约为(0.5～2.5)×10^6 Pa,因有细胞壁菌体不会破裂。细胞壁还与细菌的致病性、抗原性、对噬菌体与药物的敏感性及革兰染色特性等密切相关。

4. 原生质体与原生质球

某些细菌遇到黏肽溶解酶或抑制黏肽合成的物质,大多数就会失去其细胞壁而死亡,也有一部分不会死亡而成为细胞壁缺陷型,仍保持一定的生命力,称为 L 型细菌(L 是 Lister 医学研究院的第一个字母)。革兰阳性菌经溶菌酶或青霉素处理后,可完全除去细胞壁,形成仅由细胞膜包住细胞质的菌体称为原生质体(protoplast)。原生质体内细胞质渗透压高达(2～2.5)×10^6 Pa,在等渗的普通培养基中极易胀裂死亡,必须在高渗培养基中才能维持和再生。用溶菌酶等处理革兰阴性菌,仅能去除细胞内的肽聚糖,形成仍由外膜层包裹的菌体,称为原生质球(spheroplast),以区别革兰阳性菌的原生质体(图 1-9)。革兰阴性菌细胞内渗透压较低,仅(0.5～6)×10^6 Pa,形成原生质球后对低渗仍有一定的耐受力。将两个不同的原生质体或原生质球融合并再生成一个细菌的技术,称为原生质体融合技术。该技术应用于细菌及其他微生物的遗传育种研究工作中。

(二)细胞膜

细胞膜(cell membrane)又称细胞质膜(cytoplasmic membrane),是位于细胞壁内面,包围在细胞质外面的一层富有弹性的半透性薄膜。将细菌用高渗溶液处理,使细胞质与细胞壁分离,在光学显微镜下可以观察到它的存在。用电子显微镜观察,可见细胞膜内外两层是电子稠密层,中间层是电子透明层,整个厚度 5～10 nm。重量占菌体干重的 10%左右。细胞膜的主要化学成分是磷脂和蛋白质,亦有少数碳水化合物和其他物质。磷脂占细胞膜干重的 20%～30%,蛋白质占 55%～75%,碳水化合物占 2%左右,其结构基本类似于真核细胞膜的液态镶嵌结构。

图 1-9　原生质体示意图(引自:黄青云)

1. 原来的杆菌　2. 失去细胞壁后的原生质体(或原生质球)的细菌,其中一个仍保留鞭毛

细菌细胞膜的功能也与真核细胞膜相似。膜上分布有许多酶,如β-半乳糖苷酶、ATP 酶及各种合成酶等,进行细胞内外的物质转运、交换,维持细胞内正常渗透压,合成细胞壁、荚膜的各组分,着生鞭毛并供应细菌运动所需能量等作用。细胞膜受到损伤,细菌将死亡。

(三)细胞质

细胞质(cytoplasm)通常指细菌细胞膜内包围的、除核体以外的所有物质,是一种无色透明、均质的黏稠胶体。主要成分是水、蛋白质、脂类、多糖类、核糖核酸和少量无机盐类等,具有明显的胶体性质。细胞质是细菌进行营养物质的代谢以及合成核酸和蛋白质的场所,在细胞质内含有各种酶系统,还有核糖体、质粒、间体、气泡等内含物。

1. 间体

间体(mesosome)是细胞膜凹入细胞质内形成的一种囊状、管状或层状的结构(图 1-10)。革兰阳性菌较为常见。其功能与真核细胞的线粒体相似,与呼吸有关,并有促进细胞分裂的作用。

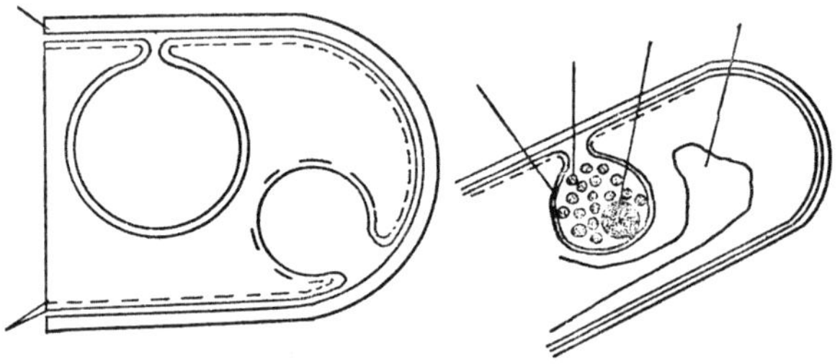

图 1-10　胞浆膜与间体示意图(引自:崔保安)

2. 核糖体

核糖体(ribosome) 核糖体又名核蛋白体,是散布在细胞质中的一种核糖核酸蛋白质小颗粒。呈小球形或不对称形,约由 2/3 的核糖核酸(RNA)和 1/3 蛋白质所组成。rRNA 有 5S、16S、23S 三种。其长 10～20 nm,沉降系数约为 70S,由 50S 和 30S 两个亚基构成(图 1-11)。真核细胞核糖体为 80S,两个亚基为 60S 和 40S。核糖体的数目随生长阶段而异,生长旺盛时最多,生长静止时减少。有些细菌的核糖体总数可达 15 000 个,占细菌细胞干重的 25%。

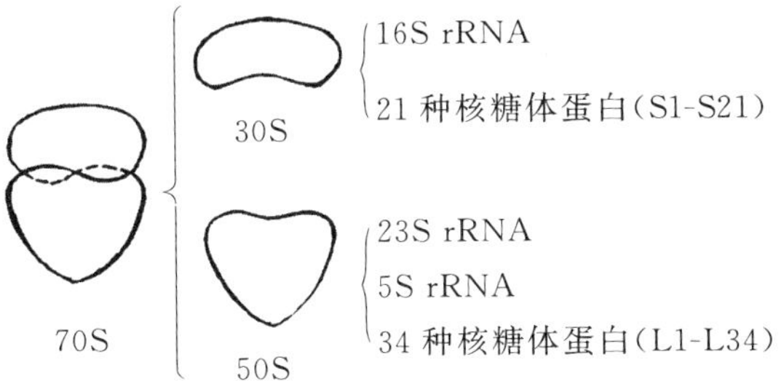

图 1-11　细菌核糖体结构模式图(引自:周德庆)

核糖体是合成蛋白质的场所。其合成蛋白质的作用与真核细胞的核糖体相同,但因细菌核糖体与人和动物细胞核糖体的两个亚基结构不同,有些药物,例如红霉素和链霉素能与细菌核糖体的两个亚基结合,干扰蛋白质合成,将细菌杀死,对人和动物细胞的核糖体则不起作用。

3. 质粒

质粒(plasmid)是在核体 DNA 以外游离的小型双股 DNA 分子,多为共价闭合环状,也发现有线状的,分子量在 10^6～10^8 之间。质粒基因组约为核体的 1%,含细菌生命非必需的基因,其功能是控制产生菌毛、毒素、耐药性和细菌素等遗传性状。质粒能独立复制,随宿主分裂传给子代菌体。有些质粒能与核体 DNA 整合或脱离,这类质粒又称为附加体(episome)。质粒具有与外来 DNA 重组的功能,在基因工程中被广泛用作载体。

4. 异染颗粒

异染颗粒(metachromatic granule)是某些细菌细胞质中一种特有的酸性小颗粒,对碱性染料的亲和性特别强,特别是用陈旧美蓝染色时,呈红紫色,而菌体其他部分则呈蓝色。异染颗粒的主要成分是 RNA 和无机多聚偏磷酸盐,其功能主要是贮存磷酸盐和能量。某些细菌,如棒状杆菌(*Corynebacterium*)等的异染颗粒非常明显,有助于细菌鉴定。

(四)核体

细菌为原核生物,其基因组 DNA 无核膜包围,分布于细胞质内,称为核体(nuclear)或拟核(nucleoid)。核体常被细胞质中大量的 RNA 掩盖,需用 RNA 酶将 RNA 水解,以特殊的 Feulgen 法染色,才可在光学显微镜下观察。核体在细胞质中心或边缘区,呈球状、哑铃状、网状等形态。细菌核体是一个共价闭合、环状的双链大型 DNA 分子。大肠杆菌的核体 DNA 分子,分子量约 3×10^9,约有 5×10^6 个碱基对,含 3 000～5 000 个基因。细菌的 DNA 无蛋白质相结合,依赖促旋酶(gyrase)形成超螺旋结构。核体仅在复制的短时间内为双倍体,其他时间均是单倍体。核体含细菌的遗传基因,控制细菌的遗传与变异。

二、细菌的特殊结构

细菌除具备基本结构外,有些细菌还有其他特殊结构,它们与细菌的致病力、抵抗力等有关,还可为细菌的鉴定提供参考依据。

(一)荚膜

有些细菌在一定的条件下,在细胞壁的表面产生一种黏液样的物质,包围在细胞壁的表面,称为荚膜(capsule)。荚膜的厚度在 200 nm 以上时,用普通光学显微镜即清晰可见。很多细菌虽无明显荚膜，在其细胞壁外面却有一层类似荚膜但很薄的物质围绕，其厚度在 20 nm 以上时，不能在光学显微镜下直接看到，称为微荚膜(microcapsule)，如化脓性链球菌的 M 蛋白、伤寒杆菌的 Vi 抗原等。荚膜和微荚膜成分具有抗原性，并具有种和型特异性，可用于细菌的鉴定。

荚膜的主要成分是水，占 90%以上，但其成分随细菌的种类及型别而异，多数细菌主要含多糖类，如肺炎双球菌、猪链球菌；有些细菌为多肽类，如炭疽杆菌；也有少数细菌两者都有，如巨大芽胞杆菌。

荚膜具有保护细菌细胞壁的功能，使细胞壁免受各种抗菌因素(如溶菌酶、大肠菌素、补体、噬菌体及其他溶解酶等)的破坏。某些具有荚膜的病原菌(如肺炎双球菌、炭疽杆菌等)，其荚膜能保护细菌免受宿主吞噬细胞的吞噬和消除抗体的作用等，有利于细菌在宿主体内繁殖扩散，发挥其致病性，增加细菌对机体的侵袭力。因此，荚膜是构成细菌毒力的重要因素，与细菌的致病力有关，没有荚膜的变异株则缺乏侵袭力，其致病力也就随之降低或消失。此外，荚膜还可以保护细菌免受干燥的影响。在营养缺乏时，还可作为碳源及能源供细菌利用。

(二)S 层

S 为 surface 之意，是某些细菌的一种特殊的结构，它完整地包裹菌体，由单一的蛋白质亚单位组成，规则排列呈类晶格结构。以嗜水气单胞菌为例，其 S 层(S-layer)覆盖了 LPS，但菌毛可从晶格的孔隙中伸出。S 层是一种最简单的生物膜，其功能除作为分子筛和离子通道外，还具有类似荚膜的保护作用，抵抗噬菌体、蛭弧菌及蛋白酶对菌体的作用。近期还发现，气单胞菌等的 S 层是一种黏附素，可介导细菌对宿主细胞的黏附以及内化(internalization)进入巨噬细胞等。许多致病菌或致病菌株具有 S 层结构，如气单胞菌、弯曲杆菌、芽胞菌、立克次体等。

(三)鞭毛

鞭毛(flagellum)是从细胞浆外层中的毛基体生长出来，穿过胞浆膜和细胞壁，向菌体外伸出的细长呈波状弯曲的丝状物。其长度一般都长于菌体本身的若干倍，直径仅有 10～20 nm，需用电子显微镜观察，或经特殊染色法，使染料沉积在鞭毛上，人为地增大其直径，才能在光学显微镜上看到。大部分弧菌、螺菌，许多的杆菌和个别的球菌均具有鞭毛。

鞭毛由一种特殊蛋白质组成，称为鞭毛蛋白素(flagellin)，类似动物的肌动蛋白，具有收缩性。鞭毛在酸性溶液内即解离成鞭毛蛋白素，恢复至中性又重新聚合成鞭毛。鞭毛的抵抗力弱，70℃加热 15 min 或经酒精处理后即被破坏。鞭毛的显微结构由基体、鞭毛钩和鞭毛丝三部分构成。

根据鞭毛的数目和着生部位，可将有鞭毛的细菌分成四种类型(图 1-12)。一端单毛菌只有一根鞭毛，位于菌体一侧顶端，如霍乱弧菌。两端单毛菌菌体两端各有一根鞭毛，如胎儿弯杆菌。丛毛菌菌体一端或两端各有一丛鞭毛，前者如产碱杆菌，后者如绿脓杆菌。周毛菌的菌体周身有数量不等的鞭毛，如伤寒杆菌、副伤寒沙门杆菌和大肠杆菌等。

鞭毛是细菌的运动器官，鞭毛有规律的收缩，引起细菌运动。细胞膜上有许多接收特异信号的受体，细菌的运动具有趋向性。运动的方式与鞭毛的排列方式有关，单毛菌和丛毛菌一般呈直线迅速运动，周毛菌则无规律地缓慢运动或者滚动。细菌运动的速度也有差别，最快的是一端单毛菌，每秒钟可达 80 nm 以上。在菌种衰老或处于不适宜的外界环境中(如过高或过

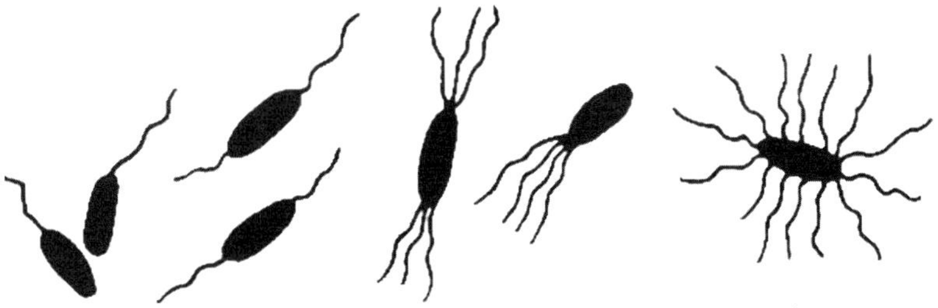

图 1-12　细菌鞭毛的类型(引自:黄青云)

1.一端单毛菌　2.两端单毛菌　3.丛毛菌　4.周毛菌

低的温度、有害的化学药物等),细菌运动不但缓滞或不能运动,甚至可以抑制细菌形成鞭毛。鞭毛与细菌的致病性也有关系。霍乱弧菌等通过鞭毛运动可穿过小肠黏膜表面的黏液层,黏附于肠黏膜上皮细胞,进而产生毒素而致病。鞭毛具有抗原性,称为鞭毛抗原或 H 抗原。不同细菌的 H 抗原具有型特异性,常作为血清学鉴定的依据之一。

(四)菌毛

大多数革兰阴性菌和少数革兰阳性菌的菌体上生长有一种较短的毛发状细丝,称为菌毛(pilus),又称纤毛或伞毛。比鞭毛数量多、直径小、长度短,只能在电子显微镜下才能看见(图 1-13)。

菌毛是一种空心的蛋白质管(图 1-14),由菌毛素(pilin)亚单位组成,每根菌毛的菌毛素多达 1 000 多个。菌毛具有良好的抗原性。根据菌毛的形态特征和作用特点不同,可将菌毛分为普通菌毛和性菌毛两大类。

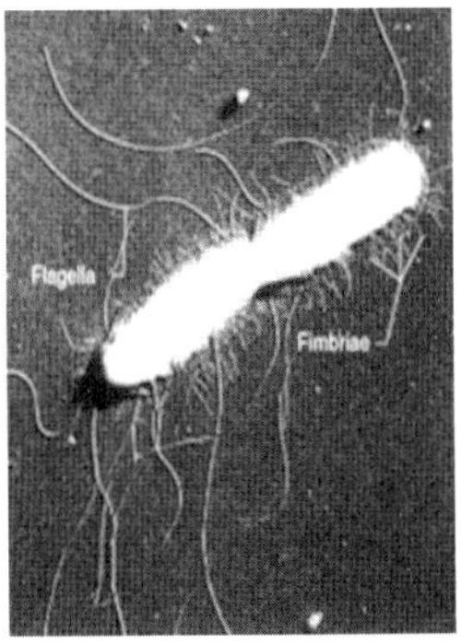

图 1-13　细菌的鞭毛与菌毛(引自:Madigan)

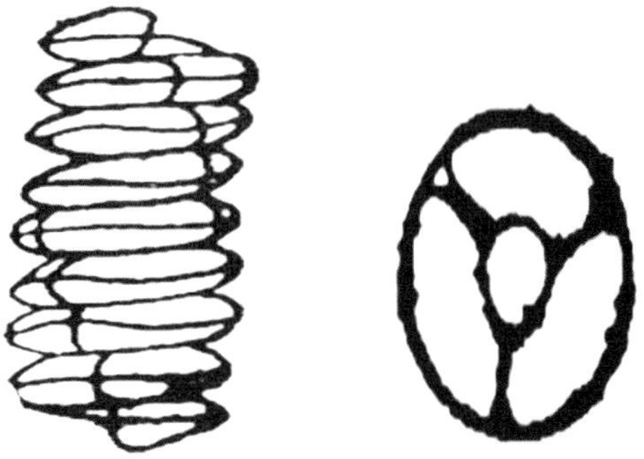

图 1-14　菌毛亚单位的排列(左)及横切面(右)

(引自:黄青云)

1. 普通菌毛

普通菌毛(pilus)较纤细,直径为 5～10 nm,数量较多,每个细菌有 100～500 个,长度约 1.5 μm 的毛发样丝状物。有普通菌毛的细菌能使细菌牢固地附着于动物消化道、呼吸道和泌尿生殖道的黏膜上皮细胞上,以利于吸取营养,也易于彼此黏着形成菌膜,与细菌的致病力有关。

2.性菌毛

数量仅1～4根的丝状物，称为性菌毛(sexfimbria)。性菌毛是由质粒携带的致育因子(F因子)编码产生的，故又称为F菌毛。当菌株间进行接合作用时，这类细菌(“雄性细菌”，F^+)，可借助性菌毛吸附于不具有性菌毛的另一个细菌细胞(“雌性细菌”，F^-)的表面上，并将菌体内具有遗传特异性的质粒传递到F^-，从而使F^-获得F^+的某些特性。

(五)芽胞

1.概念

某些革兰阳性菌在一定的环境条件下，细胞浆脱水浓缩，在菌体内形成一个折光性很强的圆形或卵圆形由多层厚膜构成的坚实小体，称为芽胞(spore)。带有芽胞的菌体为芽胞体，未形成芽胞的菌体称为繁殖体或营养体。老龄芽胞将脱离原菌体独立存在，称为游离芽胞。

2.结构及位置

成熟的芽胞结构是由核心及外层的芽胞壁及芽胞膜所组成。芽胞的核心是芽胞原生质或芯髓，含有细菌原有的核质和蛋白质、核蛋白体及酶类等。许多繁殖体的酶在芽胞内含量增加，还有一些芽胞所特有的酶。外层由内膜、芽胞壁、皮质、外膜、外衣层层包裹形成坚实的球状体(图1-15)。

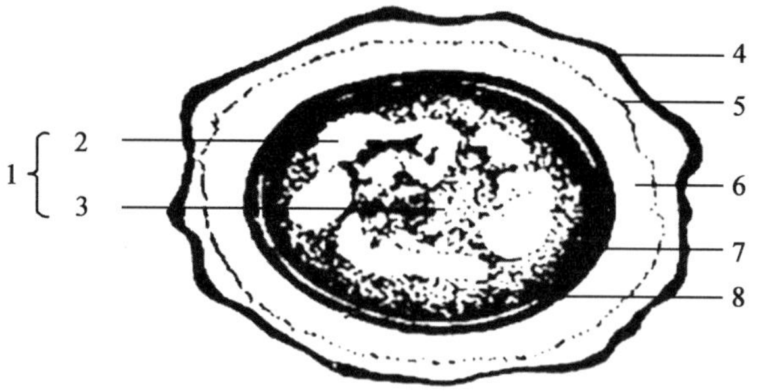

图1-15 细菌芽胞的结构(引自：黄青云)

1.芯髓 2.核体 3.细胞浆 4.外衣 5.外膜 6.皮质 7.芽胞壁 8.内膜

一个细菌只能形成一个芽胞，一个芽胞出芽也只能生成一个菌体，因此芽胞的形成不是细菌的繁殖方式，而是细菌的休眠体。芽胞大小、形态及位置因菌种的不同而有差异，可分为四种类型，即中央芽胞、偏端芽胞、顶端芽胞和游离芽胞(图1-16)，是鉴别芽胞菌的重要依据之一。

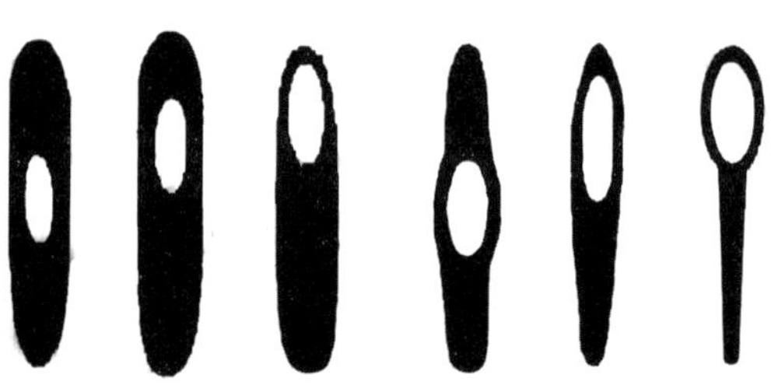

图1-16 细菌芽胞类型(引自：黄青云)

3.特点

(1)对理化因素有抵抗力,对细菌有保护作用　芽胞结构多层而且致密,芽胞含水量少(繁殖体含水80%,芽胞仅含40%),各种理化因子不易透入。

(2)芽胞的耐热性、抗氧化能力强　芽胞内含有一种特有的吡啶二羧酸,与钙结合形成的复合物能提高芽胞的耐热性和抗氧化能力。另外,芽胞中所含的水是结合水,不能溶解外部的物质,蛋白质凝固点提高,受热不易变性。

(3)抵抗辐射、干燥、高温等能力强　芽胞内含有一类特殊蛋白质称为酸溶性芽胞小蛋白,与芽胞芯髓内的DNA紧密结合,使之免受辐射、干燥、高温等破坏,在萌发时则可作为碳源和能源。一般细菌繁殖体经100℃煮沸30 min可杀死,形成芽胞后,可耐受100℃数小时。

芽胞对外界的抵抗力强,在自然环境中存活多年,某些重要传染病,如炭疽等病的病原体,形成的芽胞可在土壤中存活20～30年之久。芽胞常污染食品,引起食物中毒,也可感染易感动物引起传染病的发生,成为传染病的重要传染源,导致人兽发病和死亡,造成巨大损失。

第三节　细菌的分类命名

细菌分类学(bacterial taxonomy)是微生物分类学的一个分支,是对细菌进行分类(classi-cation)、鉴定(identification)与命名(nomenclature)的一门学科。

一、细菌的分类

(一)细菌在生物中的分类地位

细菌因在某些方面(如具有细胞壁)与植物有一定的相似之处,长期以来,在提出的各分类系统中,均将其列属于植物之内。近年来,由于生物化学、生物物理学以及电子显微镜技术的发展,已经充分证明,细菌细胞在其核体的组成结构等许多基本性状上,与真菌、原虫及动植物等细胞存在本质差别,因而被认为是原核细胞。根据这一特征,《伯杰氏细菌鉴定手册》(*Berger's Manual of Determinative Bacteriology*)第八版(1974年)按照许多学者的建议在生物分类系统的最高等级,设立了"原核界"(Procaryotae)。凡由原核细胞构成的生物,称为原核生物(Procaryote),细菌归属于原核生物界。这一分类单位,反映了人类对生物界认识的深化。

在原核生物中,细菌(bacteria,又称真细菌eubacteria),与古细菌(Archaea)是性质有别的两大类。古细菌是一个独特的系统进化类别,其成员产甲烷、极端耐盐、高度嗜热,其细胞壁组成与细菌不同,这些极端微生物被认为是生物进化过程中的早期产物,称之为古细菌。在兽医微生物学中,古细菌不占重要位置,但应了解它的概念及与细菌的关系。细菌(真细菌)作为另一个系统进化类别的原核生物,还包括对动物和人具有致病作用的放线菌、螺旋体、霉形体(支原体)、立克次体和衣原体,图1-17为细菌的系统进化树。

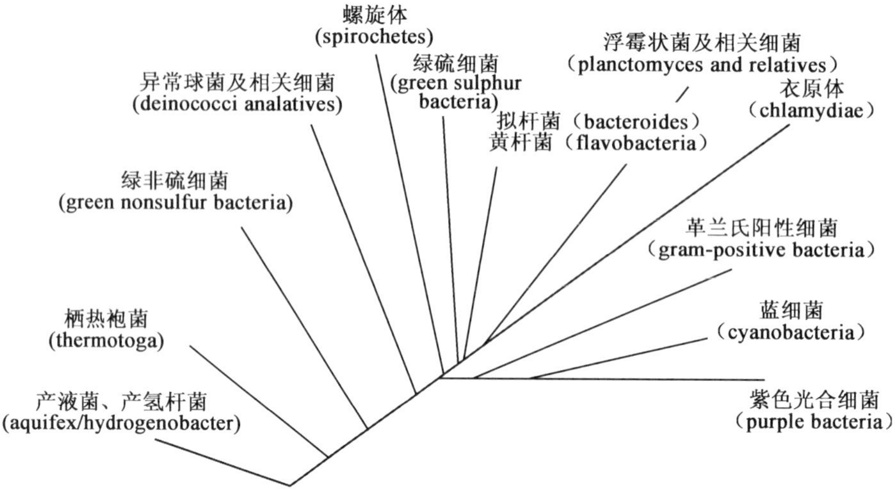

图 1-17 细菌的系统进化树(引自:Madigan)

(根据 16S rRNA 寡核苷酸编目绘制)

(二)细菌的分类原则

1. 传统分类

传统分类又称为人为分类(artificial classification)。

(1)形态分类法 是以细菌形态、生理特征等为依据的传统分类方法。

①形态学特征。包括细菌的形态、大小、结构、排列方式、染色特性和培养特性等。其中细胞壁的有无及其结构组成,目前越来越受到重视,被认为可用作分类的重要特性。结构特征是指有无荚膜、鞭毛、芽胞和菌毛等。培养特性中最重要的是菌落特征。这些表型特征对细菌的鉴定和分类具有很重要的作用,尤其是在临床微生物学的实践中,至今仍有应用价值。②生态特性。细菌的需氧要求、自主生活、共生、寄生以及其致病性等也可作为分类的依据。③生理生化特性。包括化学组成、营养类型、繁殖方式、生长条件、代谢途径和代谢产物,对温度、pH与渗透压的适应性,对抗生素及其化学物质的敏感性等。④血清学试验。不同种细菌的抗原结构不同,赋予它们不同的抗原特征。由于血清学试验具有高度特异性,在细菌分类鉴定上,常用来对未知细菌进行分型鉴定和抗原组成分析。⑤噬菌体分型。噬菌体对某种细菌的寄生有专一性,而且对同种不同型的细菌也有特异性,可用噬菌体进行菌种鉴定和分型,如可用相应的噬菌体对葡萄球菌、肺炎球菌等进行分型。

(2)数值分类法

二维码 1-1

2. 种系分类

种系分类（phylogenetic classification）又称为自然分类（natural classification），是根据组成细菌的大分子（核酸、蛋白质等）同源程度进行分类，包括 DNA 碱基组成（G+C）mol%、核酸分子杂交（DNA-DNA 同源性、DNA-rRNA 同源性）和 16S rRNA 同源性分析等。其中 16SrRNA 更为重要，因其在进化过程中保守、稳定，很少发生变异。

（1）核酸的碱基组成与核酸分子杂交

二维码 1-2

（2）16S rRNA 寡核苷酸序列分析（16S rRNA oligonucleotide array sequence analysis）其原理是分析比较细菌菌株的 16S rRNA 寡核苷酸序列，据此确定其分类地位。一般认为，16S rRNA 同源性在 90%以上的菌株定为一个种。

由于 16S rRNA 的分子量大小适中，其一级结构高度保守，又含有可变区段，可进行差异比较，被选定为公认的分类指标。目前许多细菌的分类地位都是用这一方法确定的。另外，还有一些生物也可通过检测其他寡核苷酸序列分析，如原核生物中 5S、16S、23S rRNA 相对稳定，真核生物中 5S、5.8S、18S、28S rRNA 相对稳定。

（三）细菌的分类体系

目前细菌分类体系主要有 3 个，即《伯吉氏细菌鉴定手册》《细菌和放线菌的鉴定》（克拉西尼科夫）以及《细菌分类学》（普雷沃），其中应用较广者为《伯吉氏细菌鉴定手册》的分类系统。此手册自 1923 年出版第一版以来，不断充实修改，目前（1994 年）已出到第九版，但仍以第八版（1974 年）应用较广泛。此版设置了原核生物界，并于其下分设蓝菌门（*Cyanobacteria*）和细菌门（*Bacteria*）。该书的姐妹篇《伯吉氏系统细菌学手册》，是目前国际上最具权威性的细菌分类系统专著，由美国细菌学家 Holt 主编，共 4 卷，第 1 卷于 1984 年出版，第 2 卷 1986 年出版，第 3、4 卷 1989 年出版。2004 年最新出版的《伯吉氏系统细菌学手册》第 2 版，已收集了 4 000 余种模式菌株的 16S rRNA 序列，力求细菌分类学模式和种系发育模式的一致性。

细菌门分为 19 个部分，各个部分均着重于属和种的描述和比较，但有的设目或科及属，有的不设种而仅设属，有的则除设目或科之外，又另设"关系未定的属"。在 19 个部分中，在兽医中无意义者有 6 个部分：第一部分光能营养细菌、第二部分滑动细菌、第三部分有鞘细菌、第四部分芽生或具附属物细菌、第十二部分革兰阴性无机化能营养菌、第十三部分产甲烷细菌。其余 13 个部分，均在兽医学上具有一定程度的意义。它们都是有机化能营养菌，行二分裂法繁殖，细菌非丝状无鞘，不具鞭毛和柔毛以外的附属物，不能滑动。此 13 个部分的名称、分类要点以及其中有关的主要类属列于图 1-20。

- 与兽医学有关的各部分细菌
  - 细胞非僵裹成形
    - 呈螺状，有细胞壁…………第 5 部分　螺旋体
    - 非螺状，无细胞壁…………第 19 部分　霉形体
  - 细胞僵裹成形
    - 专性细胞内寄生，革兰阴性…第 18 部分　立克次体
    - 非专性寄生
      - 革兰阴性
        - 螺旋状或弯曲形细菌…第 6 部分　螺旋状及弯曲细菌（其中较重要者有螺菌科的弯杆菌属）
        - 杆菌
          - 需氧……第 7 部分　革兰阴性需氧杆菌及球菌（重要者有假单胞菌科的假单胞菌属以及关系未定的布氏杆菌属、博代菌属和弗兰西斯菌属等）
          - 兼性厌氧…第 8 部分　革兰阴性兼性厌氧菌杆菌（重要者有肠杆菌科、弧菌科的弧菌属以及关系未定的嗜血杆菌属、巴氏杆菌属和放线杆菌属等）
          - 专性厌氧…第 9 部分　革兰阴性厌氧细菌（较重要者有拟杆菌科的拟杆菌属的梭杆菌属等）
        - 球菌
          - 需氧……第 10 部分　革兰阴性球菌及球杆菌（较重要者有奈氏菌科的奈氏球菌属和摩氏杆菌属等）
          - 厌氧……第 11 部分　革兰阴性厌氧球菌（仅有费氏球菌科，较重要者为其中的费氏杆菌属等）
      - 革兰阳性
        - 能形成芽胞……第 15 部分　形成内芽胞的杆菌及球菌（重要者有芽胞杆菌科的芽胞杆菌属和梭菌属等）
        - 不形成芽胞
          - 球菌……第 14 部分　革兰阳性球菌（重要者有微球菌科的葡萄球菌属和链球菌属等）
          - 杆菌……第 16 部分　革兰阳性无内芽胞杆状细菌（重要者有李氏杆菌属和丹毒杆菌属等）
          - 放线菌及棒形与倾向于形成丝状的细菌…第 17 部分　放线菌及有关微生物（重要者有放线菌属的放线菌科和分枝杆菌科，以及棒状类细菌的棒状杆菌属等）

（第 5、19、18 部分：此各部分的进一步分类及有关科属，将在各论中述及）

图 1-20　与兽医有关的细菌(引自:张立春)

(四)细菌的分类等级

分类等级又称为分类单元，依次为界、门、纲、目、科、属、种。其中最重要最基本的单位是“种”，其次为“属”。

1. 种

种由一个群体构成，群体中的菌株虽然主要性状基本相同，但在某些性状上也可有一定的错综复杂的相互差异。应当从构成菌种的群体当中，选定几个菌株来作为代表菌株群，以代表

该菌种所能允许的差异。对许多允许有差异的性状，可用80、70、60、…表示该性状的阳性百分率；或采用“d”这一符号来代表某一阳性百分率范围（例如21％～79％），高于此范围者才以“＋”号表示，低于此范围者以“－”号表示。这样的种别划分和性状记载方法，真实反映了客观实际。

2.种以下的单位

（1）亚种（subspecies）　种内可能存在一些在某些性状上相互差异的类别，分为不同亚种。

（2）变种（variety）　在个别主要基本性状上与种的典型特征不符的类别，被称为变种。

（3）型（type）与亚型（subtype）　型也是种以下的正式分类等级。当同种或亚种不同菌株之间的性状差异，不足以分为新的亚种时，可以细分为不同的型。

（4）株（strain）　又称品系，是指同种细菌中不同来源的纯培养物。不同的菌株可能性状完全相同，也可能有微小差异。具有典型特征的菌株称为代表株，可供鉴定对比、研究和生产等使用。

（5）菌属　性状相近、关系密切的若干菌种组成一个菌属。

（6）科　相近的属归为一科。

二、细菌的鉴定

DNA分子水平的鉴定主要限于专业实验室或作研究之用，目前通用的常规细菌鉴定手段是采用检测表型特征的方法，配有成套检测指标的快速诊断试剂盒已推广使用。此外还有其他方法，如测定细菌的脂肪酸组成，用气相—液相—质谱分析细菌的脂肪酸谱，商品化的细菌鉴定试剂盒等。常见动物致病菌的鉴定已形成固定的程序（图1-21）。

三、细菌的命名

细菌的命名依据“国际细菌命名法规”（The International Code of Nomenclature of Bacteria）的规定，采用“双名法”命名。所谓“双名法”就是用属名和种名两个名称作为一种生物的学名。属名用拉丁文或拉丁化的名词，第一个字母必须大写，其余均应小写；种名用拉丁文或拉丁化的形容词或名词所有格，放在属名之后，首字母不用大写，即使种名是以人名或地名命名的，种名第一个字母也用小写。整个属名及种名在出版物中应排成斜体。为便于在国内流通，细菌的拉丁文名称一般都译为汉语，中文译名与此相反，种名在前，属名在后。另外，由于种类繁多，有时会发生同物异名或同名异物的情况，为了避免混淆，可在种名之后，附以命名人的姓氏及命名年代。此外还有所谓转属问题，即一种生物原为某人定为某属，后来又被旁人改定为别属。在这种情况下，可将原命名人的姓氏置于括弧之内，放在学名之后；再于括弧之后，附以改定人的姓氏和年代。例如：*Salmonella cholerae-suis*（Smith）Weldin 1927这一学名，*Salmonella*（沙门菌）为属名，*cholerae-suis*（猪霍乱）为种名，中文译名则应为猪霍乱沙门菌。此菌原命名人为Smith氏（原命名为*Bacillus choleraesuis* Smith 1894），1927年定为Weldin氏，改为沙门菌属，并给予上述学名；大肠埃希菌的学名全名是：*Escherichia coli*（Migula）Castellani et Chalmers 1919，指的是原命名人（Migula）命名此菌为*Bacillus coli*，Castellani及Chalmers于1919年改为现名。但在一般兽医学及医学微生物学文献中，属名和种名之后的部分均予省略。

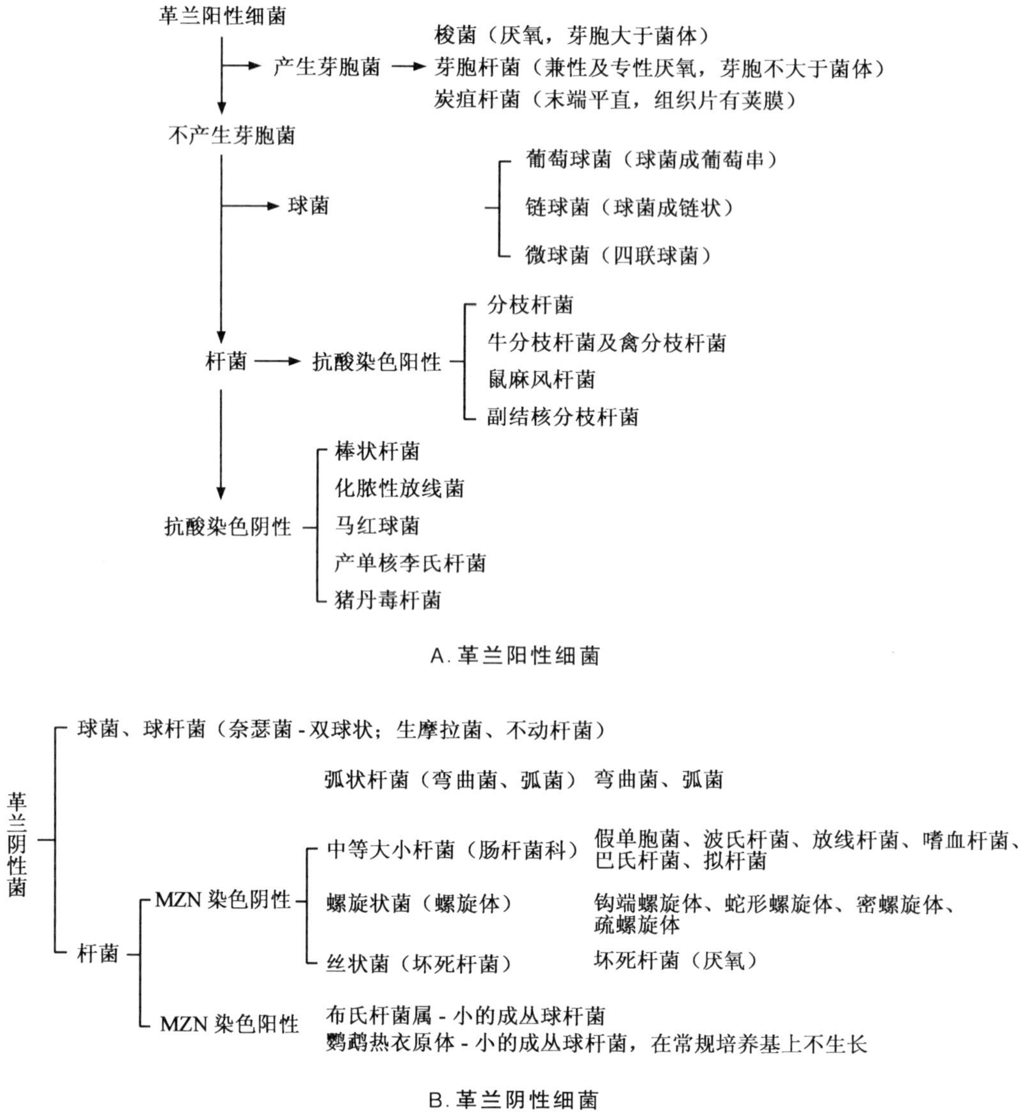

图 1-21　细菌的检测模式(引自:张立春)

当发表新种时,可于学名之后加注“sp. nov”。意为新种,nov 是 novel 的缩写。当一种生物仅定为某属,而尚无种名时,或虽有种名但不具体指出时,可在属名之后加上“sp.”。

亚种用 subsp. 表示,这是 subspecies 的缩写。例如 *Pasteurella multocida* subsp. *septica*,中译名为多杀性巴氏杆菌败血亚种。过去还用 var.(variety)表示变种,现已废止,用亚种取代。

如果同属未定种名的若干菌株,则用 spp. 取代 sp. ,spp. 为 species 复数的简写。属名重复出现时,拉丁文可缩写,用第一个字母,为避免混淆,也可用 2 个字母。

关于科以上等级的名称,则往往采用不同的拉丁文字尾来表示其分类级别。科的字尾为“-aceae”,目为“-ales”,纲为“-tes”,门为“-phyta”。

复习思考题

1.革兰阳性菌与革兰阴性菌结构和组成有哪些差别？如何用革兰染色法加以鉴别？

2.细菌有哪些特殊结构？其作用有哪些？

3.细菌种系分类有哪些方法？为什么常用16S rRNA寡核苷酸序列确定细菌的分类地位？

第二章　细菌的生理

【内容提要】研究细菌的生理，不但可从理论上分析细菌生命活动的基本规律，而且在生产实践上具有重要的意义。细菌的致病性和免疫机制、抗药性、人工培养、疫苗的制造、毒素与抗毒素的生产等方面，都与细菌生理学的研究具有极其密切的关系。研究外界因素对细菌的影响，在生产实践中，一方面可创造有利条件，促进微生物的生长繁殖，从病理材料中分离培养病原微生物，有助于传染病的诊断以及制备疫苗，来预防某些传染病；另一方面，也可利用环境对细菌不利因素，抑制或杀灭病原微生物，以达到消毒灭菌的目的。

第一节　细菌的化学组成及物理性状

一、细菌的化学组成

细菌的化学成分和其他生物细胞相似，包括水、蛋白质、无机盐、脂类、糖类及核酸等。

1. 水

水是细菌细胞的主要成分，约占菌体重量的75%～90%。其中一部分是游离水，另一部分是结合水。芽胞含水量较少，仅占芽胞重量的40%左右。

2. 蛋白质

蛋白质约占细菌菌体成分的50%～80%，其含量因菌种、菌龄及培养条件不同而异。主要为核蛋白、糖蛋白及脂蛋白等复合蛋白。

3. 糖类

糖类约占细菌菌体成分的10%～30%，主要以多糖形式存在，或与蛋白质和脂类结合成糖蛋白、脂多糖。

4. 无机盐类

无机盐类约占菌体干重的3%～10%。其中磷的含量最多，其次是钾、镁、钙、硫、钠、铁等，铜、锌、锰含量甚微。

5. 脂类

脂类细菌的含脂量因菌种不同而异，一般约占细菌菌体成分的1%～7%。分枝杆菌的脂类含量高，可达30%～50%。细菌的脂类主要包括脂肪酸、类脂和蜡质等。脂类可以游离存在，也可与蛋白质、糖类结合成脂蛋白、脂多糖。磷脂是构成细胞膜的主要成分，与细胞壁通透性有关。

6. 核酸

细菌的核酸有核糖核酸(RNA)和脱氧核糖核酸(DNA)两种。前者主要存在于细胞质和细胞膜上，约占细菌干重的10%；后者存在于核体和质粒中，约占固体成分的3%。

细菌除上述成分外，还含有一些特殊的化学组成，如肽聚糖、胞壁酸、磷壁酸、D型氨基酸、二氨基庚二酸(DAP)、吡啶二羧酸(DPA)等。除核酸相对稳定外，细菌化学成分的含量常可因菌种、菌龄、环境条件的改变而不同。

二、细菌的物理性状

1. 带电现象

细菌蛋白质同其他蛋白质一样，由多种氨基酸组成，是一种兼性离子，具有两性游离性质，在溶液中可电离成带正电荷的氨基(NH_2^+)和带负电荷的羧基(COO^-)。当溶液的pH高于细菌等电点时，羧基使细菌带负电荷；反之，氨基使细菌带正电荷。细菌的等电点在pH 2.0～5.0之间。革兰阴性菌的等电点较高，为pH 4～5；革兰阳性菌的等电点较低，为pH 2～3。通常细菌所处的环境(培养、染色、血清试验等)呈弱碱性(pH 7.2～7.6)，因此细菌常带负电荷，尤以革兰阳性菌所带负电荷较多。

细菌的带电现象与染色反应、血清学试验、抑菌和杀菌作用以及滤菌试验等有密切联系，若参与反应的溶液pH达到细菌的等电点时，可导致细菌发生自凝集。

2. 光学性质

细菌为半透明胶体。当光线照射时，不能全部透过细菌，部分被吸收，部分被折射，故细菌悬液呈混浊状态。菌数越多浊度越大，使用比浊法或光密度计可以粗略地估计细菌的数量。

3. 表面积

细菌体积微小，其单位体积的表面积远比其他生物为大。如葡萄球菌直径约1 μm，而1 cm^3 体积的表面积可达60 000 cm^2，直径为1 cm的生物体每1 cm^3 体积的表面积仅6 cm^2，二者相差1万倍。细菌的表面积大，有利于细菌的吸收、吸附及代谢，使细菌迅速繁殖。

4. 半通透性

细菌细胞膜、细胞壁都具有半通透性，允许水及部分小分子物质自由通过。细菌吸收营养物质和排出代谢产物，均依赖于自身的半通透性作用。

5. 渗透压

细菌体内含有高浓度的营养物质和多种无机盐类，其渗透压比其他生物细胞均高。革兰阴性菌为5～6个标准大气压，革兰阳性菌高达20～25个标准大气压。由于细菌具有坚韧的细胞壁，能保护细菌在低渗环境中不致膨胀破裂。如细菌处于比菌体内更高的高渗环境中，菌体内水分逸出，胞质浓缩，细菌就无法进行生长繁殖。日常生活中常用的盐腌、糖渍来保存食物即基于此原理。

第二节 细菌的生长与繁殖

一、细菌的营养与代谢

(一)营养类型

各种细菌的酶系统不同,合成和分解能力有所差异,对营养物质的需求不同。根据细菌对营养物质的需求情况,将细菌分成三种营养类型。

1. 自养菌

自养菌具有完备的酶系统,能在完全含无机物的环境中生长繁殖,能利用 CO_2、CO_3^{2-} 作为碳源,利用 N_2、NH_3、NO_2、NO_3^- 等为氮源,合成菌体成分。其能源主要来自无机化合物的氧化(化学能)或通过光合作用获得(光能)。

2. 异养菌

异养菌是指需利用有机物作为营养和能源的细菌。它们需利用糖类、有机酸为碳源,利用蛋白质、蛋白胨、各种氨基酸为氮源,合成菌体成分。这类细菌的能源来自有机物的分解。异养菌包括腐生菌和寄生菌两大类。前者以动、植物尸体,腐败食物等作为营养物质;后者寄生于活体内,从宿主体内的有机物中获取营养。所有致病菌都是异养菌,大部分属寄生菌。

3. 中间型细菌

指介于自养菌和异养菌之间的细菌,对有机物和无机物均能利用。

(二)细菌摄取营养物质的机制

1. 单纯扩散

单纯扩散是一种简单的吸收方式。水和盐分子进出细菌细胞受渗透压及溶质浓度的调节。水分子由渗透压低向渗透压高的一侧转移,而溶质分子则由浓度高向浓度低处扩散。单纯扩散不是细菌摄取营养物质的主要方式。

2. 促进扩散

促进扩散是细菌运输营养物质的一种方式。细菌经促进扩散运输营养物质时,有两个特点:一是有载体蛋白参与,营养物质顺浓度差从高向低扩散,不消耗能量;二是具有特异性,即细胞膜上的特异性蛋白(称为载体蛋白)可与一定的营养物质发生可逆性结合,像“渡船”一样把营养物质从细胞膜的一侧运到另一侧,而载体蛋白本身不变,故又将载体蛋白称为透性酶。

3. 主动运输

主动运输是生物膜的重要特性之一,也是细菌摄取营养物质的主要方式。这种方式可以逆浓度梯度进行,即营养物质由低浓度向高浓度转运,需要能量、透性酶或载体蛋白的参加。

4. 基团移位

基团移位也是需要能量的一种运输方式。这种方式主要存在于厌氧微生物中。糖类、脂肪酸等的运输以此种方式进行。

(三)细菌的能量代谢

细菌获取能量的基质(生物氧化底物)主要是糖类，通过糖的氧化释放能量，并以高能磷酸键(ADP、ATP)的形式储存能量。细菌在有氧或无氧环境下进行氧化的过程中，代谢产物和产生能量的多少不同。以有机物为受氢体的称发酵，以无机物为受氢体的称呼吸。其中，以分子氧为受氢体的称为需氧呼吸，以硝酸盐、硫酸盐为受氢体的称为厌氧呼吸。发酵和厌氧呼吸需在无氧条件下进行，需氧呼吸在有氧条件下进行。

(四)细菌的代谢产物

1. 细菌分解代谢产物及生化反应

不同种类的细菌具有不同的酶，对糖、蛋白质的分解途径不同，其代谢产物也有差异。

(1)细菌对糖和蛋白质的分解　细菌一般不能直接利用多糖，必须经胞外酶分解成单糖(葡萄糖)后才能利用。细菌分解葡萄糖可经多条途径产生丙酮酸，丙酮酸再进一步分解时需氧菌和厌氧菌则有所不同。需氧菌将丙酮酸通过三羧酸循环分解为二氧化碳和水，并在此过程中产生 ATP 及其他一些代谢产物；厌氧菌则发酵丙酮酸后产生各种酸、醛、醇、酮等多种产物。

细菌不能直接利用大分子蛋白质，必须由细菌分泌胞外酶，将蛋白质分解为短肽或氨基酸后，才能透过细胞壁和细胞膜，进入细胞后再由胞内酶分解氨基酸，可通过脱氨基生成氨和各种酸类，通过脱羧基生成胺类和二氧化碳。

(2)细菌的生化反应　采用生物化学方法，对细菌的代谢产物进行鉴定，达到鉴定细菌的目的，称为生化反应，也称生化试验。常用的生化试验有糖发酵试验、靛基质试验、硫化氢试验、甲基红试验、V-P 试验、枸橼酸盐利用试验和尿素酶试验等多种。

2. 细菌合成代谢产物

(1)热原质　是许多革兰阴性菌和少数革兰阳性菌在代谢过程中合成的，极微量注入人或动物体内即可引起发热。革兰阴性菌的热原质是细胞壁中的脂多糖，革兰阳性菌的是致热性多糖。热原质耐高温，不被高压蒸汽灭菌法所破坏。用吸附剂和特殊石棉滤板可除去液体中的大部分热原质，蒸馏法效果更好。玻璃器皿需在 250℃ 高温干烤，才能破坏热原质。因此，在制备和使用注射药剂过程中应严格遵守无菌操作，防止细菌污染。

(2)毒素和侵袭性酶　许多病原菌在代谢过程中可产生毒素。毒素有外毒素和内毒素两种。外毒素是多数革兰阳性菌和少数革兰阴性菌在代谢过程中产生并释放到菌体外的一种蛋白质。内毒素是革兰阴性菌细胞壁中的脂多糖，在细菌死亡或崩解后释放出。有些细菌还能合成一些胞外酶，这些细菌所产生的酶与该菌的毒力有关。

(3)抗生素　抗生素是某些放线菌、真菌、细菌在代谢过程中产生的一种能选择抑制或杀死某些其他微生物或肿瘤细胞的物质。如放线菌产生的链霉素、真菌产生的青霉素及头孢霉素等。抗生素已广泛用于细菌感染性疾病的治疗。

(4)细菌素　是某些细菌产生的一种具有杀菌作用的蛋白质，它只能作用于与它同种不同株的细菌以及与它亲缘关系相近的细菌。

(5)色素　某些细菌在营养丰富、氧气充足、温度适宜时可产生色素。细菌的色素有两类：一类属水溶性，能使培养基呈现一定的颜色，如绿脓杆菌产生的绿色素和荧光素，可使培养基呈蓝绿色并有荧光；另一类色素是脂溶性的，可溶于醇类、丙酮、醚和氯仿等脂溶剂中，如葡萄球菌产生的金黄色素、白色素和柠檬色素，均属此类。色素在细菌的鉴别上有重要意义。

（6）维生素　细菌能合成某些维生素，除供自身需要外，还可分泌至周围环境中。如哺乳动物肠道内的大肠埃希菌合成B族维生素和维生素K可供动物吸收利用。

二、细菌的生长繁殖

（一）细菌生长繁殖的条件

1.营养物质

营养物质供给细菌所需要的碳源和氮源，产生能量以供生命活动的需要。营养物质包括水、无机盐、碳源、氮源和生长因子。

（1）水　细菌细胞含水量较高，约占胞浆的70%～90%。水是细菌细胞的组成成分，也是良好的溶剂，营养物质的吸收、代谢产物的排泄都以水作为媒介。此外，新陈代谢过程中的生化反应也在水中进行。

（2）无机盐　细菌需要的无机盐有钾、钠、钙、镁、铁、锌、硫、磷等。无机盐参与菌体的构成、调节细胞渗透压、稳定酸碱平衡、维持酶活性等。钾、钙、镁等是菌体内酶的辅基，镁是稳定核糖体、维持细胞膜功能以及结构的完整所必需的。铁是细胞色素、细胞色素氧化酶、过氧化氢酶、过氧化物酶的组成成分，是细菌生长所必需的。硫是细菌用来制造含硫氨基酸以及其他化合物中的巯基。磷参与菌体成分如磷脂、核酸、酶等的合成，还可储存和转化能量，如ATP的高能磷酸键。

（3）碳源　碳源是指含有碳元素的营养物。细菌利用碳源合成其含碳物及骨架，并作为能量的来源。碳源分为无机碳源和有机碳源两类。糖是最易被利用的有机碳源，蛋白质的降解产物也可作为碳源。异养菌以有机含碳化合物作为碳源和能源。

（4）氮源　氮源是指含有氮元素的营养物，细菌以氮源合成含氮物，如蛋白质、核酸、酶等。氮源分为无机氮源和有机氮源两类。蛋白质及氨基酸是最易被利用的有机氮源。异养菌以有机含氮化合物作为氮源和能源。

（5）生长因子　生长因子是指细菌生长所必需的，需要量少但本身不能合成的一类营养物质，如维生素（主要是B族维生素）、嘌呤、嘧啶、氨基酸等（表2-1）。生长因子主要用来构成辅酶、提供细菌不能合成的氨基酸等，一般由血液、血清、酵母浸膏等供给。细菌天然培养基中常已包含有生长因子，若人工合成培养基，需添加生长因子。另外，还有一些特殊的生长因子，如嗜血杆菌需要的Ⅴ、Ⅹ因子（Ⅴ因子是辅酶Ⅰ或Ⅱ，Ⅹ因子是高铁血红素）。

2.酸碱度

绝大多数病原菌生长繁殖的最适pH为7.2～7.6，个别细菌，如霍乱弧菌在pH 8.4～9.2条件下生长良好，乳酸杆菌在pH 5.6中生长最佳，结核分枝杆菌生长的最适pH为6.5～6.8。酸碱度影响细菌酶的活性，酶参与营养物质吸收、代谢及能量产生过程，直接影响细菌的生长繁殖。

表 2-1　部分细菌代谢所需的生长因子

细菌名称	生长因子	需要量/(μg/mL)
肺炎球菌	胆碱	6.0
白喉棒状杆菌	β-丙氨酸	1.5
破伤风梭菌	尿嘧啶	4.0
粪链球菌	叶酸	200
炭疽芽胞杆菌	硫胺素	
流产布氏杆菌	烟酸	
乳酸杆菌	吡哆酸(维生素 B_6)	20～50

3. 温度

绝大多数病原菌生长繁殖的最适温度为 37℃。个别细菌,如耶尔森菌最适温度为 28℃,弯曲菌属为 42℃。温度也影响细菌酶的活性,不同菌的最适生长温度不同。根据细菌生长所需要的温度不同,可将细菌分为嗜冷菌(最适为 10～20℃)、嗜温菌(生长范围为 10～40℃)、嗜热菌(范围为 50～55℃),具体见表 2-2。

表 2-2　细菌的生长温度类型　℃

细菌类型	生长温度			分布
	最低	最适	最高	
嗜冷菌	−5～0	10～20	25～30	水和冷藏环境中的细菌
嗜温菌	10～20	18～28	40～45	腐生菌
	10～20	37	40～45	病原菌
嗜热菌	25～45	50～60	70～85	温泉及堆积肥中的细菌

4. 气体

细菌生长繁殖需要 O_2 和 CO_2。CO_2 与体内某些有机酸结合,参与三羧酸循环和蛋白质、核酸的合成。大部分细菌在新陈代谢过程中产生的 CO_2 可满足自身需要,有些细菌,如布氏杆菌在初次分离培养时,需提供 5%～10%的 CO_2 才能生长。O_2 是细菌用于氧化营养物质产生能量,供其生长繁殖之用。细菌根据对 O_2 的需要不同可分成下列四类:

(1)专性需氧菌　必须在有 O_2 的环境中才能生长繁殖,如结核分枝杆菌。此类细菌具有比较完善的呼吸酶系统,需要以分子氧作为受氢体。典型的需氧菌为假单胞菌属菌(如绿脓杆菌)、芽胞菌属菌。

(2)专性厌氧菌　必须在无氧的环境中才能生长繁殖,如破伤风梭菌。此类细菌缺乏完善的呼吸酶系统,其厌氧机制为:一是有的厌氧菌缺乏细胞色素与细胞色素氧化酶,不能氧化那些氧化还原电势较高的氧化型物质;在有氧条件下,营养物质均为氧化型,厌氧菌缺乏上述酶,不能氧化营养物质获得能量,即不能生长繁殖。二是有的厌氧菌缺乏过氧化氢酶、过氧化物酶和超氧化物歧化酶(SOD),不能清除有氧环境下所产生的超氧离子(O_2^-)和过氧化氢(H_2O_2),细菌因缺乏这些类酶而被杀死。三是在有氧条件下,细菌某些酶的—SH 基被氧化为 S—S 基(如琥珀酸脱氢酶等)失去活性,使细菌生长受到抑制。典型的厌氧菌是坏死杆菌、梭菌属细菌等。

(3)兼性厌氧菌　在有氧或无氧的环境中都能生长，分为两种类型：一类如大肠埃希菌，既可以 O_2 为受氢体，也可不以 O_2 为受氢体；另一类如链球菌，本身属厌氧呼吸型，不以 O_2 为受氢体，但它们的酶活性在有 O_2 的条件下也可耐受。大多数病原菌为兼性厌氧菌，代表菌为肠杆菌科各属的细菌。

(4)微需氧菌　在低氧压(5%～6%)生长最好，氧浓度大于10%对其有抑制作用，如空肠弯曲菌、幽门螺杆菌、布氏杆菌和红斑丹毒丝菌等。

(二)细菌生长繁殖的方式与速度

1.细菌的个体生长繁殖

细菌以简单的二分裂法进行无性繁殖。球菌沿赤道线分裂，杆菌一般沿横轴分裂。细菌分裂开始时，胞体增大，染色体复制。革兰阳性菌胞浆中有中介体，染色体与其相连并复制，中介体也一分为二，各自拉着染色体到细菌的两边；接着赤道附近的细胞膜由外向内陷入，形成横隔，将细菌分隔为二；最后细胞壁向内生长，成为两个子代细菌的细胞壁。

细菌每分裂一次称作一代，所需时间即为世代时间，简称代时(generation time)。在适宜的生长繁殖条件下，细菌的繁殖速度是相当快的(表2-3)，多数细菌的代时为20～30 min，个别菌如结核分枝杆菌为18～20 h。

表2-3　几种细菌增殖一代所需的时间

细菌	培养基	培养温度/℃	代时/min
嗜热芽胞杆菌	肉汤	55	13.8
大肠杆菌	肉汤	37	17
嗜酸乳酸菌	牛奶	37	66～87
结核分枝杆菌	合成培养基	37	292～932
金黄色葡萄球菌	肉汤	37	27～30
乳酸链球菌	牛奶	37	26
蕈状芽胞杆菌	肉汤	37	28

2.细菌的群体生长繁殖

将一定量的细菌接种于液体培养基中，每隔一定时间取样检查活菌数，以活菌数的对数为纵坐标，以培养时间为横坐标，绘制出的曲线即为生长曲线。生长曲线表示细菌群体生长的规律，可分为四个期(图2-1)。

(1)迟缓期　是细菌接种于培养基后适应新环境的阶段。此期细菌胞体增大，代谢活跃，胞内积聚了大量的酶、辅酶、中间代谢产物，为菌体分裂做准备，但不进行分裂繁殖。迟缓期的长短随接种细菌的数量、菌种、培养基中营养物质不同而不同，一般为数小时。在实际工作中，可以通过增加接种量、采用最适种龄(处于对数期的菌种)、选用繁殖速率快的菌种以及尽量保持接种前后所处的培养基质和条件一致等方法来缩短或消除迟缓期。

(2)对数期　也称指数期，是细菌生长最迅速的阶段。此期细菌以恒定的速度分裂，菌数呈几何级数增长，即 2^1、2^2、2^3、2^4、…。处于对数期的细菌形态、染色性、生理特性等均比较典

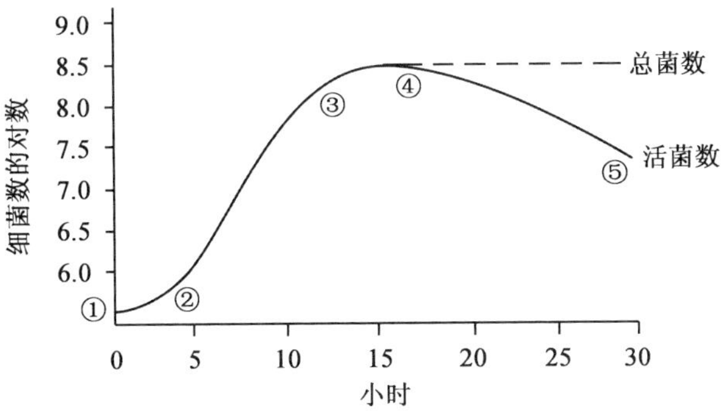

图 2-1　细菌生长曲线(引自:李明远)

①—②迟缓期;②—③对数期;③—④稳定期;④—⑤衰退期

型,对外界环境因素的作用也比较敏感,故应取对数期的细菌做形态、染色、生化反应、药物敏感试验等的研究。由于对数期细菌几乎均为活的细菌,且生命力旺盛,因此在保存菌种时也要取此期的细菌。一般细菌在培养后 12～18 h 达到对数期,个别细菌需较长时间,如布鲁菌为 28～32 h。对数期细菌的生长速率变化很大,与细菌本身的遗传特性有关,还受环境条件,如温度、培养基成分等的影响。如大肠杆菌在 20℃时其代时是 35℃条件下的 2 倍;鼠伤寒沙门菌在含 0.125%的蛋白胨水培养基中的代时为 800 min,而在含 1.0%时仅为 40 min。

(3)稳定期　是细菌繁殖数与死亡数几乎相等,活菌数保持稳定的阶段。由于培养基营养物质消耗、酸性及其他有害代谢产物积聚、pH 降低、离子强度及氧化还原电势改变等,细菌的繁殖速度逐渐下降,细菌的死亡数则逐渐增加。此期的细菌易出现形态结构、生理特性的变异。芽胞、外毒素、抗生素等也多在此期产生。

(4)衰退期　也称衰亡期,是细菌死亡数超过繁殖数,活菌数下降的阶段。此期由于培养基环境改变进一步加剧,细菌繁殖速度越来越慢,死亡菌数越来越多,以致使活菌数减少,但总菌数(包括活菌和死菌)并不下降。衰退期的细菌形态变化显著,如细菌变长、肿胀、扭曲、自溶,难以辨认,生理活动也趋于停止。因此,不宜用陈旧培养物做细菌的鉴定。这时的细菌细胞往往会出现多形性,细胞大小悬殊,革兰阳性菌染色反应会变成革兰阴性反应。

细菌生长曲线的不同时期反映的是群体而不是单个细菌的生长规律,迟缓期、对数期、稳定期、衰亡期只适用于细菌的群体而不适用于单个细菌。认识和掌握细菌的生长曲线具有重要的实践意义。

三、细菌的人工培养

(一)细菌的培养基

细菌培养基是指根据细菌生长繁殖所需要的营养物质,按照一定的比例,人工合理配制的营养基质。培养基按其营养组成和作用不同分为以下几类:

1. 基础培养基

由细菌所需要的最基本的营养物质配制而成,如营养肉汤、营养琼脂、蛋白胨水等。常用氯化钠、蛋白胨(提供碳和氮)、牛肉浸汁(提供碳、氮、生长因子等)、蒸馏水配制而成。一般的细菌在基础培养基上生长良好。基础培养基也是配制其他培养基的基础。

2.营养培养基

在基础培养基中加入某些特殊营养物质配制而成，如加入葡萄糖、血液、血清等。有些细菌营养要求较高，在基础培养基中生长不良，需加入特殊营养物质才能生长，如链球菌、脑膜炎奈瑟菌等。最常用的有血琼脂平板培养基。

3.选择培养基

是在基础培养基中加入某些化学物质，选择性地抑制某些细菌生长，有利于另一些细菌生长的培养基。如加入青霉素抑制革兰阳性菌生长，允许革兰阴性菌生长。常见的有SS培养基、麦康凯培养基、伊红美蓝培养基等。

4.鉴别培养基

是在基础培养基中加入酶的底物和指示剂，以鉴别细菌的培养基。如糖发酵管、三糖铁培养基、伊红-亚甲蓝琼脂培养基等。由于细菌含有的酶不同，对底物的分解能力也不同，根据指示剂颜色变化，判定细菌对底物的分解能力，从而区分不同的细菌。在实际应用中，有些培养基同时具有选择和鉴别细菌的作用。如在用于培养肠道致病菌的SS培养基中，胆盐能抑制革兰阳性菌，枸橼酸钠抑制病原性大肠埃希菌，乳糖是底物，指示剂为中性红，结果易于分离到致病性沙门菌和志贺菌，且菌落不带有颜色。

5.厌氧培养基

是专门用于培养厌氧菌的培养基。用物理方法使培养基与空气隔绝，造成无氧环境；也可用化学方法，如在培养基中加入还原剂(如亚甲蓝)，去除氧气后有利于厌氧菌生长；或用生物方法，如用庖肉培养基，肉渣含有的不饱和脂肪酸可吸收氧气。

6.增菌培养基

根据某种细菌的特殊营养要求，配制的适合这种细菌而抑制其他细菌生长繁殖的培养基，包括通用增菌培养基和专用增菌培养基。前者是在基础培养基中添加适宜的生长因子或某些微量元素等，以促进目的菌的生长繁殖；后者又称为选择性增菌培养基，除固定的营养成分外，再添加特殊的抑制物质，有利于目的菌生长，如沙门菌的增菌培养基中孔雀绿或煌绿即为抑制物。

培养基还可根据其物理性状分类：液体培养基，不加入琼脂(agar)；固体培养基，在液体培养基中加入1%～2%的琼脂；半固体培养基，在液体培养基中加入0.2%～0.5%的琼脂。

(二)细菌在培养基中的生长现象

1.在固体培养基中的生长现象

平板培养基一般采用分区划线法接种细菌，培养后细菌可形成菌落(colony)。菌落是单个细菌在固体培养基上生长繁殖形成的肉眼可见的细菌集团。许多菌落融合在一起时，称为菌苔。菌落的形状、大小、颜色、透明度、隆起度、表面性状、边缘性状、在血琼脂平板培养基上的溶血性等有助于细菌的鉴别。一般可将细菌菌落分为光滑型菌落(smooth colony,S)、粗糙(rough colony,R)型菌落和黏液型菌落(mucoid colony,M)三种类型。新分离菌株大多数为S型菌落，表面光滑、湿润、边缘整齐；R型菌落表面粗糙、干燥、边缘不整齐；M型菌落黏稠、有光泽，常见于有丰富黏液层细菌或厚荚膜细菌。

在培养基中生长的细菌，称为培养物。不同的细菌在同一种培养基中生长，其培养物的生长性状常表现出很大的差异。观察培养性状是鉴别细菌的方法之一。细菌培养性状的观察，必须是在细菌的纯培养物再培养后进行。

在细菌学的实验中，对单纯的一种细菌进行培养称为纯培养。从纯培养中选取由一个菌细胞在固体培养基上繁殖而来的菌落，移植至新鲜的固体培养基斜面上，长出无污染的细菌纯细胞群，即为纯培养物。

2. 在半固体培养基中的生长现象

半固体培养基一般采用穿刺法接种细菌，培养后，有鞭毛的细菌可向培养基内扩散生长，使穿刺线模糊不清，培养基出现混浊。无鞭毛的细菌只沿穿刺线生长，培养基仍然透明。

3. 在液体培养基中的生长现象

大多数细菌在液体培养基中生长繁殖后呈均匀浑浊。有的细菌生长后在液面上出现菌膜或菌环，如结核杆菌、铜绿假单胞菌、枯草芽胞杆菌等；有的在底部出现沉淀物（摇动呈絮状或烟雾状），如链球菌、炭疽杆菌等。

（三）人工培养细菌在动物医学中的用途

1. 病原菌的细菌学研究

在进行病原菌的细菌学研究时，必须首先经纯培养得到纯种细菌，才能作为研究的材料。

2. 传染病的病原学诊断和治疗

从患病动物标本中分离并鉴定出病原菌是诊断传染性疾病的最可靠指标。病原菌的药物敏感性鉴定对临床应用抗生素治疗传染病具有指导意义，这些都需要人工培养细菌。

3. 生物制品的制备

来源于细菌或其代谢产物，用于诊断、治疗和预防疾病的生物制品的制备，也需要人工培养细菌。

第三节 外界因素对细菌的影响

细菌等微生物极易受外界条件的影响，若环境适宜，生长繁殖极为迅速；若环境变化过剧，细菌则因代谢障碍而生长受到抑制，甚至死亡。根据此现象，可采用多种物理学、化学或生物学的方法来抑制或杀灭环境中的病原微生物，以切断传播途径，从而控制污染、感染或消灭传染病。另外，微生物学实验室和外科手术室等为防止微生物的污染或医源性感染，也需杀灭物品或器械上的微生物。以下术语常用于表示物理或化学方法对微生物的杀灭程度。

1. 灭菌

用理化方法杀灭物体上所有微生物的方法。包括杀灭病原微生物、非病原微生物、细菌芽胞和霉菌孢子。

2. 消毒

用理化方法杀死物体上病原微生物的方法，并不一定能杀死细菌芽胞或非病原微生物。消毒的要求比灭菌低。用以消毒的药品称为消毒剂。一般消毒剂在常用的浓度下，只对细菌的繁殖体有效，要杀死细菌芽胞则需要提高消毒剂的浓度和延长作用的时间。

3. 防腐

利用理化因素抑制体外细菌生长繁殖的方法，细菌一般不死亡。同一种化学药品在高浓度时为消毒剂，低浓度时常为防腐剂。

4. 清洁

指通过除去尘埃和污秽物减少微生物数量的过程。物品消毒、灭菌前必须清洁处理，以提高消毒、灭菌效果，如手术刀、剪等应先去除残留的血污、组织残块再灭菌。

5. 无菌

指不存在活菌的意思，只有经过灭菌后才能达到无菌。

6. 无菌操作

用于防止微生物进入动物体组织或其他无菌范围物品的操作技术称为无菌操作。如手术时防止细菌进入创口，微生物学实验中防止培养基被污染。

消毒与灭菌的方法一般可分为物理学方法和化学方法两大类。

一、物理学消毒灭菌法

用于消毒灭菌的物理学方法主要有热力、辐射、滤过和干燥等。

(一)热力消毒灭菌法

高温能使微生物的蛋白质和酶变性或凝固，新陈代谢受到阻碍而死亡，达到消毒与灭菌的目的，因此最常用于消毒和灭菌。细菌繁殖体抵抗力较弱，55～60℃湿热作用 30～60 min 后一般死亡，80℃作用 5～10 min 可杀死所有细菌繁殖体和真菌。细菌芽胞对高温抵抗力较强，如炭疽芽胞杆菌的芽胞，可耐受煮沸 5～10 min，肉毒梭菌的芽胞可耐受煮沸 3～5 h。热力灭菌法分干热法和湿热法两大类。湿热法效果更好，主要原因是：湿热环境下菌体蛋白更易变性；湿热的穿透力更强；湿热的蒸汽有潜热效应存在。因此湿热法应用也更广泛。

1. 干热消毒灭菌法

干热是通过脱水、干燥和使大分子物质变性而达到杀菌的目的(表 2-4)。

(1)焚烧　直接点燃或在焚烧炉内焚烧，是一种彻底的灭菌方法。适用于动物尸体、病理性废弃物品、无用衣物等的灭菌。

(2)烧灼　直接用火焰灭菌，适用于微生物学实验室的接种环、试管口等的灭菌。

(3)干烤　应用干烤箱，一般加热至 160～170℃作用 2 h，可达到灭菌的效果(表 2-5)。此法适用于玻璃器皿、瓷器、玻璃注射器等耐高温物品的灭菌。

(4)红外线　是利用 0.77～1 000 μm 波长的电磁波达到杀菌的目的，其中 1～10 μm 波长的热效应最强。红外线产生的热效应只能在照射到的物体表面产生，不能使物体均匀加热。

此法多用于医疗器械的灭菌。

表 2-4　几种常用的热力消毒灭菌方法

种类	方法	设备及要求	效果	用途
干热灭菌法	焚烧法	焚烧	灭菌	废弃的污物、尸体等
	烧灼法	在火焰上进行	灭菌	接种环、试管口等
	干烤法	干烤箱，160～170℃，1～2 h	灭菌	玻璃器皿等
	红外线	红外线灭菌器	灭菌	医疗器械等
湿热灭菌法	煮沸法	煮沸锅，100℃，5～10 min	消毒	手术器械、注射器，污染物需煮沸 20 min
	间歇灭菌法	流动蒸汽灭菌器或蒸笼，100℃，15～30 min，移入 37℃ 温箱中过夜，1 次/天，连续 3 次	灭菌	不耐高温的物品
	巴氏消毒法	加热 61.1～62.8℃ 30 min；71.7℃ 15～30 s；或 132℃ 1～2 s	消毒	啤酒、葡萄酒；牛奶
	高压蒸汽灭菌法	103.4 kPa（1.05 kg/cm^2） 121.3℃ 15～20 min	灭菌	耐高湿物品，如普通培养基、生理盐水、术器械、注射器等

表 2-5　干热灭菌器（干烤法）灭菌参数

温度/℃	灭菌时间/min	温度/℃	灭菌时间/min
150	150	170	60
160	120	180	30

2. 湿热消毒灭菌法

（1）巴氏消毒法　亦称低温消毒法、冷杀菌法，是一种利用较低的温度既可杀死致病菌又能保持物品中营养物质风味不变的消毒法。此法由巴斯德创立，用于牛乳、葡萄酒和果酒类等消毒。具体方法可分为三类：第一类为低温维持巴氏消毒法（low temperature holding pasteurization，LTH），在 63～65℃维持 30 min；第二类为高温瞬时巴氏消毒法（high temperature short time pasteurization，HTST），在 71～72℃保持 15 s；第三类为超高温巴氏消毒法（ultra high temperature pasteurization，UHT），在 132℃保持 1～2 s，加热消毒后应迅速冷却至 10℃以下，称为冷击法，这样可进一步促使细菌死亡，也有利于鲜乳等食品马上转入冷藏保存。超高温巴氏消毒的鲜乳在常温下保存期可长达半年。

（2）煮沸法　在 1 个大气压下，水的沸点为 100℃，一般细菌的繁殖体 5 min 能被杀死，细菌芽胞需煮沸 1～2 h 才被杀灭。此法常用于消毒食具、刀剪、注射器等。水中加入 2% 碳酸氢钠，可提高沸点达到 105℃，不仅缩短了煮沸时间，还可防止金属器皿生锈。高海拔地区因水的沸点降低，消毒时应延长时间，以海拔每升高 300 m，延长 2 min 计算。

（3）流动蒸汽消毒法　又称常压蒸汽消毒法，是利用 1 个大气压下 100℃的水蒸气进行消毒的方法。经 15～30 min 可杀灭细菌繁殖体，但杀不死全部细菌芽胞。

(4)间歇蒸汽灭菌法　利用反复多次的流动蒸汽间歇加热以达到灭菌的目的。将需灭菌物置于流通蒸汽灭菌器内，100℃加热 15～30 min，物品中残存少量活的芽胞，取出后置 37℃温箱孵育过夜，使残留的活芽胞发育成繁殖体，次日再蒸一次，如此连续 3 次以上，可达到灭菌的效果。此法适用于一些不耐高热的含糖、牛乳等培养基。若有些物质不耐 100℃，可将温度减低至 75～80℃，加热时间延长至 30～60 min，次数增加至 3 次以上，也可达到灭菌目的。

(5)高压蒸汽灭菌法　是一种最有效、使用最普遍的灭菌方法。该法使用的是密闭、耐高压的高压蒸汽灭菌器，在 103.4 kPa(1.05 kg/cm^2)蒸汽压下，温度达到 121.3℃，维持 15～20 min，可杀灭包括细菌芽胞在内的所有微生物。常用于普通培养基、生理盐水、手术敷料等耐高温、耐湿物品的灭菌。对于污染有蛋白的物品应加热至 134℃。

(二)辐射杀菌法

辐射是通过空间以波动方式传播的能源，或是微观粒子，或是电磁波。电磁辐射包括可见光、红外线、紫外线、X 射线和 γ 射线等。光量子所含能量随波长而改变，一般波长越短，所含能量越高，杀菌力也越强。

1. 紫外线

波长 200～300 nm 的紫外线(包括日光中的紫外线)具有杀菌作用，其中以 265～266 nm 的杀菌作用最强，这与 DNA 的吸收光谱范围一致。紫外线主要作用于 DNA，使一条 DNA 链上相邻的两个胸腺嘧啶共价结合形成二聚体，从而干扰 DNA 的复制与转录，导致细菌变异或死亡。紫外线穿透力较弱，普通玻璃、纸张、尘埃、水蒸气等均能阻挡紫外线，因此只能用于空间及物体表面的消毒，如手术室、孵化室、超净工作台、传染病房、细菌实验室的空气消毒，或用于不耐热物品的表面消毒。在紫外线灯(253.7 nm)下直接暴露，一般细菌繁殖体 3～5 min、芽胞约 10 min 即死亡。一般在操作前开启紫外线灯 0.5～1 h。杀菌波长的紫外线对人和动物的皮肤、眼睛有损伤作用，使用时应注意防护。

2. 电离辐射

电离辐射包括高速电子、X 射线和 γ 射线等。在足够剂量时，射线常引起 H_2O 及其他物质电离，产生的游离自由基会与细胞中敏感生物大分子作用，使之失活，而具杀菌作用。电离辐射由于穿透力强，无明显热效应，常用于一次性医用制品的消毒，如一次性注射器、导管、棉签等，亦可用于食品的消毒而不破坏其营养成分。

3. 微波

是一种波长为 1～1 000 mm 的电磁波，可穿透玻璃、塑料薄膜与陶瓷等物质，但不能穿透金属表面。消毒中常用的微波频率为 2 450 MHz 与 915 MHz，多用于检验室用品，非金属器械，无菌病室的食品餐具、药杯及其他用品的消毒。

(三)滤过除菌法

用物理阻留的方法除去液体或空气中的细菌和真菌，达到除菌的目的，但此法无法清除支原体和病毒等。所用的器具是滤菌器，其含有微细小孔，只允许液体或气体通过，而大于滤菌器孔径的细菌、真菌颗粒不能通过。滤过除菌法主要用于一些不耐高温的血清、毒素、抗菌药物、空气等的除菌。滤菌器的种类很多，目前常用的为薄膜滤菌器，滤膜孔径在 0.45 μm 以下，以 0.2 μm 孔径最有效。

（四）干燥与低温抑菌法

水是参与细胞内各种生理活动的重要成分。在干燥环境中，细胞脱水，各种酶失活或活性受到抑制，细菌很快死亡，如脑膜炎奈瑟菌、霍乱弧菌等。但有些细菌的抗干燥能力较强，如结核分枝杆菌在干燥的痰中数月不死，细菌芽胞的抗干燥能力更强。干燥抑菌法常用于保存食物。

低温条件下细菌的新陈代谢减慢，当温度回升至适宜范围时，又能恢复其生长繁殖，故低温常用作保存细菌菌种。低温保存细菌时，温度必须迅速降低，否则可致细菌死亡。冷冻时加入甘油、血清等保护剂可使细菌存活数增多。冷冻保存的细菌在解冻时，对其亦有损伤作用，为避免解冻时对细菌的损伤，可在低温状态下真空抽去水分，称为冷冻真空干燥法。该法是保存菌种、活疫苗等的最好方法之一，一般可保存微生物数年至数十年。

（五）超声波灭菌技术

超声波是不被人耳感受的、高于 20 000 Hz 的声波。超声波可裂解多数细菌，尤其是革兰阴性菌更为敏感，但往往有残存活菌。目前超声波主要用于粉碎细胞，以提取细胞组分或制备抗原等。

二、化学消毒灭菌法

化学消毒灭菌是指用化学药品来杀死或抑制微生物的生长繁殖。不同化学消毒剂的杀菌机制不同，主要分：①促进菌体蛋白质变性或凝固，如高浓度酚类、重金属盐类、醇类、酸碱类、醛类消毒剂；②干扰微生物的酶系统和代谢，如某些氧化剂、低浓度重金属盐类，能与细菌的—SH 基结合使有关酶失去活性；③损伤微生物的膜结构，例如低浓度酚类、表面活性剂、脂溶剂等，能降低细菌细胞的表面张力并增加其通透性，胞外液向菌体内渗透，致使细菌破裂。消毒剂的种类很多，分类方法也不同。

（一）根据消毒剂的杀灭能力分类

1. 高效消毒剂

在一定浓度和作用时间后，可杀灭包括细菌芽胞在内的所有微生物。这类消毒剂有戊二醛、甲醛、环氧乙烷、过氧乙酸等。

2. 中效消毒剂

不能杀灭细菌芽胞和真菌孢子，但能杀灭细菌繁殖体、真菌和大多数病毒。这类消毒剂有乙醇、含氯消毒剂、碘伏等。

3. 低效消毒剂

可杀灭多数细菌繁殖体、真菌、有囊膜病毒，但不能杀死细菌芽胞、结核分枝杆菌和无囊膜病毒。这类消毒剂有苯扎溴铵（商品名为新洁尔灭）、氯己定（商品名为洗必泰）等。

(二)根据消毒剂的化学结构和性质分类

常用的消毒剂产品主要有:含氯消毒剂、过氧化物类消毒剂、醛类消毒剂、醇类消毒剂、含碘消毒剂、酚类消毒剂、环氧乙烷和表面活性剂消毒剂等。

1.含氯消毒剂

是指溶于水能产生具有杀灭微生物活性的次氯酸的消毒剂,其杀灭微生物的有效成分常以有效氯表示。次氯酸分子量小,易扩散到细菌表面并穿透细胞膜进入菌体内,使菌体蛋白氧化导致细菌死亡。常用的有次氯酸钠、二氯异氰尿酸钠、三氯异氰尿酸、10%～20%漂白粉、84消毒液、二氧化氯等,用于厩舍、车轮、排泄物、物品表面、畜禽活体、饮水、空气、地面、设施、环境等的消毒。

2.过氧化物消毒剂

具有强氧化能力,各种微生物对其都十分敏感,可杀灭多种微生物。常用的有过氧化氢和过氧乙酸,两者可通过羟自由基氧化酶蛋白的巯基,使酶灭活,用于皮肤、物品表面消毒或畜禽舍空气蒸熏消毒。

3.醛类消毒剂

常用的有戊二醛(2%)和甲醛(4%～10%)等。此类消毒剂为烷化剂,作用于微生物蛋白质中的氨基、羧基、羟基和巯基,破坏蛋白质分子,使微生物死亡。此类消毒剂有快速、高效、广谱的特点,可用于塑料、金属、橡胶等物品消毒。福尔马林毫升数和高锰酸钾克数按2∶1混合生成甲醛,用于畜禽舍消毒。

4.环氧乙烷

又名氧化乙烯,属于高效消毒剂,可杀灭多种微生物。杀菌机制与醛类消毒剂相同,常配合环氧乙烷消毒柜或消毒袋使用。由于它的穿透力强,常用于皮革、塑料、医疗器械、医疗用品包装后的消毒或灭菌。

5.含碘消毒剂

常用的有碘酊和碘伏,两者依靠碘离子或碘聚合物沉淀蛋白质作用杀菌,可杀灭细菌繁殖体、真菌和部分病毒,多用于皮肤黏膜、物品表面消毒。碘酊对皮肤刺激性强,用后应以75%乙醇脱碘;碘伏刺激性低,应用更广泛。

6.醇类消毒剂

常用的有乙醇和异丙醇,其可凝固蛋白质,导致微生物死亡,属于中效消毒剂,可快速杀死细菌繁殖体、结核分枝杆菌和有囊膜病毒,可用于体温计、皮肤、各种医疗器械的消毒。乙醇浓度为70%～75%时杀菌力最强,使用时应注意其易燃性及易挥发性。异丙醇挥发性低,但毒性较强。

7.表面活性剂

表面活性剂具有杀菌和去污作用。由于这类化合物可改变细菌细胞膜的通透性,常将它们与其他消毒剂复配以提高其杀菌效果和杀菌速度。常用的有属季胺类消毒剂苯扎溴铵(新洁尔灭)和双胍类消毒剂氯己定(洗必泰),可用于皮肤黏膜、物品表面、环境、器皿、器械、橡胶用品、种蛋的消毒。

8. 酚类

如苯酚、来苏儿等，低浓度可破坏细菌细胞膜，高浓度可凝固菌体蛋白，但因对水污染比较严重，现在应用较少。

此外，火碱、高锰酸钾、重金属盐类和染料也有一定的杀菌活性。

(三)影响消毒灭菌效果的因素

1. 消毒剂性质、浓度和作用时间

各种消毒剂理化性质不同，作用各异。如表面活性剂阳离子型比阴离子型消毒效果好，对革兰阳性菌比对革兰阴性菌效果好，只能杀死繁殖体，无法杀死芽胞和真菌。一般来说，消毒剂浓度越高，消毒效果越好。但醇类除外，如乙醇最佳浓度是70%～75%，浓度过高，可使表层的细菌蛋白质脱水凝固形成保护层，阻碍乙醇渗入内层，效果反而降低。消毒剂作用时间越长，消毒效果越好。

2. 微生物种类和数量

不同微生物对消毒剂的敏感性不同。一般按敏感性由高到低排序为：真菌、细菌繁殖体、有囊膜病毒、无囊膜病毒、分枝杆菌、细菌芽胞。某些特定微生物并不遵从这个规律，如口蹄疫病毒对消毒剂抵抗力强于大多数细菌繁殖体。微生物数量越多，消毒的时间应越长。

3. 酸碱度

消毒剂的杀菌作用受环境酸碱度影响，如戊二醛只有在碱性环境中(加入碳酸氢钠)才有杀芽胞活性。

4. 温度

温度升高可加快消毒剂与微生物的反应速度。如2%戊二醛作用于10^4个炭疽芽胞杆菌的芽胞时，20℃时需15 min，40℃为2 min，56℃仅1 min。

5. 有机物

环境中有机物的存在，可影响大部分消毒剂的效果。在进行消毒时，应尽量去除有机物，减少其对消毒剂的影响，如创口表面的脓液、坏死组织等。无法去除有机物的物品，如垃圾、粪便等，应使用受有机物影响较小的消毒剂，如漂白粉、生石灰等。

三、生物因素对微生物的影响

自然界中能影响微生物生命活动的生物因素很多，在各种微生物之间，或是在微生物与高等动植物之间，经常存在着相互影响的作用，如寄生、共生和颉颃现象等。

(一)寄生

一种生物从另一生物获取其所需的营养，赖以为生，并往往对后者呈现伤害作用的现象，称为寄生。如病原菌寄生于动植物体引起病害。

(二)共生

两种或多种生物生活在一起时，彼此并不相互损害而是互为有利的现象，称为共生。如反刍动物瘤胃微生物与动物机体的共生现象，豆科植物与固氮菌之间也存在共生关系。

（三）颉颃

当两种微生物生活在一起时，一种微生物能产生对另一种微生物有毒害作用的物质，从而抑制或杀灭另一种微生物的现象，称为颉颃。导致颉颃现象的物质基础是抗生素、细菌素等微生物细胞的代谢产物。此外，植物中也存在杀菌物质，如黄连素等。噬菌体则是杀灭细菌的微生物。

1. 抗生素

已发现的抗生素达 2 500 多种，但其大多数对人和动物有毒性，临床上最广泛使用的抗生素只有几十种。不同的抗生素的抗菌谱是不同的，分广谱和窄谱两种。临床治疗时，应根据抗生素的抗菌谱选择使用。抗生素的抗菌作用主要是干扰细菌的代谢过程，达到抑制其生长繁殖或直接杀灭的目的。抗生素的作用机理可概括为四种类型，即干扰细菌细胞壁的合成，损伤胞浆膜而影响其通透性，影响菌体蛋白质的合成和影响核酸的合成。

2. 细菌素

细菌素常见的有三种类型，第一类是多肽细菌素，第二类是蛋白质细菌素，第三类是颗粒细菌素。

3. 植物杀菌素

某些植物中存在有杀菌物质，这种杀菌物质一般称为植物杀菌素。中草药如黄连、黄柏、黄芩、大蒜、金银花、连翘、鱼腥草、穿心莲、马齿苋、板蓝根等都含有杀菌物质，其中有的已制成注射液或其他制剂的药品。

4. 噬菌体

噬菌体是一些专门寄生于细菌、放线菌、真菌、支原体等细胞中的病毒，具有病毒的一般生物学特性。噬菌体在自然界分布很广，凡是有上述各类微生物存在的地方，都有相应种类噬菌体的存在。噬菌体可用于细菌的鉴定与分型，检测标本中未知细菌及作为分子生物学研究的工具。

四、病原微生物实验室生物安全

根据实验室对病原微生物的生物安全防护水平，并依照实验室生物安全标准的规定，目前将实验室的生物安全防护水平（biosafety level，BSL）分为 BSL-1、BSL-2、BSL-3、BSL-4 四个等级，也可分别俗称为 P1、P2、P3、P4 级实验室。P 是英文 physical protection（物理防护）的缩写。其中，BSL-1 实验室为普通建筑结构实验室；BSL-2 实验室应配备负压生物安全柜和高压蒸汽灭菌器等设备；BSL-3 实验室要求实验室房间保持负压，有独立的送排风系统，排除的空气需经高效滤器过滤；BSL-4 实验室配备生命支持系统，对实验室内部设施和外部环境都有更特殊的要求。

值得注意的是，四类病原微生物与四个等级的生物安全实验室虽有关系，但并不一一对应。一般情况下不感染人或动物的微生物，可在 BSL-1（普通）实验室进行操作。如果病原体的致病性不强，并且不形成气溶胶，可在 BSL-2 实验室操作。如果病原体的致病性强，且易通过气溶胶传播，则需在 BSL-3 实验室操作，如一类动物病原微生物和二类动物病原微生物。对于极少数致病性和传染性极强的病原体，如埃博拉病毒、尼帕病毒等，必须采用 BSL-4 实验室。简而言之，BSL-1 和 BSL-2 实验室不得从事高致病性病原微生物实验活动；BSL-3 和 BSL-4 实验室从事高致病性病原微生物实验活动，且应当通过实验室国家认可。

附：动物病原微生物分类名录（2005 年农业部令第 53 号）

二维码 2-1

复习思考题

1. 细菌的营养类型有哪些？
2. 试述细菌群体生长繁殖的生长曲线分期及特点。
3. 简述细菌生长繁殖的条件。
4. 举例说明细菌分解代谢产物在细菌鉴定中的意义。
5. 简述消毒、灭菌、无菌、防腐的概念。
6. 简述热力灭菌法的种类及其应用。

第三章　细菌的遗传与变异

【内容提要】细菌遗传变异的物质基础主要是基因组。质粒作为细菌基因组外的遗传物质，能够自我复制，控制细菌的某些次要性状。质粒可以自我复制，随宿主菌分裂传到子代菌体中，在一定条件下质粒可以发生转移或丢失。转座因子因具有可移动性，成为细菌遗传学及基因工程研究的有用工具。毒力岛是具有潜在可移动性的毒力基因群，是从基因水平认识细菌毒力因子的新概念。通过转化、转导、接合、原生质体融合和转染等方式使细菌基因发生重组变异。掌握细菌遗传变异的规律，不仅有利于动物传染病的诊断和预防，而且可推动基因工程技术的进步。

细菌和其他生物一样，具有遗传（heredity）与变异（variation）的基本生命特征。当细菌处在相对稳定的环境条件下，其形态、结构、生长繁殖、代谢、毒力、抗原性和对药物的敏感性等性状保持相对稳定，并将这些性状通过遗传基因的自身复制稳定地传给子代，维持种属的特性，称为细菌的遗传。当细菌所处的环境发生改变，引起遗传物质的变化，性状也发生改变，并将改变的性状传给子代，称为细菌的变异。对细菌遗传与变异的研究，为细菌的育种提供了理论基础。

第一节　细菌的变异现象

细菌的变异可分为自发变异（spontaneous mutation）和人工诱变（induced mutation）。自发变异在自然条件下发生，发生的概率很低，通常为 10^{-9}～10^{-6}。人工诱变是在应用诱变因素的影响下发生的变异，其变异概率高于自然变异。许多物理因素和化学因素，如 X 射线、紫外光、亚硝酸盐、烷化剂和碱基类似物等均可作为细菌的诱变剂，提高细菌的变异率。细菌常见的变异现象如下。

一、形态结构的变异

1. 形态变异

细菌在生长发育的过程中，可能发生形态、大小等方面的改变，变成与标准株有差异的菌株，如在自然条件下或人工诱变条件下产生的 L 型细菌，老龄培养物中出现的衰老型细菌等均发生了形态的变异。此外，有些细菌在动物的组织器官中也可能发生形态的变异，如从患炭疽病猪的咽喉部分离的炭疽杆菌，除观察到典型形态的炭疽杆菌外，还有许多变异形态的炭疽杆菌，如有些细菌形态不定，菌体呈扭转状或卷曲状，菌体粗细不等。

2. 荚膜变异

有荚膜的细菌在特殊条件下，可失去形成荚膜的能力，如炭疽杆菌在人和动物体内或在特殊培养基上形成荚膜，而将其移植到普通培养基上培养，则失去形成荚膜的能力。将失去荚膜的炭疽杆菌通过易感动物时，便可完全地或部分地恢复形成荚膜的能力。但有些细菌，如Ⅲ型肺炎球菌，失去产生荚膜的能力后，不能恢复产生荚膜的能力。

3. 鞭毛变异

当改变某些有鞭毛细菌的培养环境时，细菌能失去产生鞭毛的能力。如变形杆菌在固体培养基上呈蔓延、薄膜状生长，当在培养基中加入 0.1% 酚时，则变形杆菌失去产生鞭毛的能力，呈孤立的菌落，不呈薄膜状。前者称为“H”型，后者称为“O”型，故把鞭毛变异称为 H-O 变异，这种变异使 H 抗原消失。

4. 芽胞变异

改变产生芽胞菌的培养条件，使之失去产生芽胞的能力。如 1881 年 Pasteur 将炭疽杆菌在 42.5℃的高温条件下培养 24 d，使炭疽杆菌成为失去形成芽胞能力的菌株，并用此菌株制成 2 种弱毒菌苗，即临床上使用的炭疽Ⅰ号苗和炭疽Ⅱ号苗。

二、毒力的变异

细菌毒力的变异可以分为毒力增强和减弱两种情况。将细菌长期培养在人工培养基中，或者加入某些化学物质、抗菌素等，或者反复通过非易感动物传代，其往往失去或减弱产生毒力的特性。减弱毒力的细菌再次通过易感动物，有可能出现毒力返强现象。但是有些细菌的毒力减弱以后，可以稳定地遗传下去，即使反复多次通过易感动物也不会出现毒力恢复或毒力增强现象，并且这些毒力减弱的细菌仍能保持很好的免疫原性，可以用来制作弱毒疫苗。如临床上使用的预防结核病的卡介苗，就是卡、介二氏将有毒力的牛结核杆菌接种在甘油马铃薯培养基中，经过 13 年 231 代，使牛结核杆菌的毒力失去，不再出现毒力恢复或增强现象。

三、培养性状的变异

细菌若长期人工培养或在培养基内加入某些化学成分，能使培养性状发生改变。如某些细菌在固体培养基上培养，菌落性状出现 S-R 变异，即光滑型菌落在一定条件下变为粗糙型菌落。S 型菌落含有 O 抗原，光滑而闪光；R 型菌落，不含正常的 O 抗原，表面发暗而粗糙。肠道菌 S 型与 R 型菌的主要区别如表 3-1 所示。

表 3-1　肠道菌 S 型与 R 型菌的主要区别

S 型菌	R 型菌
菌落光滑、湿润、隆起、边缘整齐	菌落粗糙、暗枯、边缘不整
肉汤培养基培养呈均匀混浊生长	肉汤培养基培养呈颗粒状生长、易沉淀
菌体形态正常、一致	菌体形态不一致，呈球状或长丝状
具有特异性表面抗原	丧失 S 型菌的表面抗原
毒力强	毒力弱或丧失

续表 3-1

S 型菌	R 型菌
对噬菌体敏感	对噬菌体不敏感
来自急性病动物	来自慢性病、恢复期和带菌动物
对吞噬作用抵抗力强	对吞噬作用抵抗力弱
对正常血清的杀菌作用不敏感	对正常血清的杀菌作用敏感

四、抗性的变异

细菌对药物敏感性的变异，大多数是通过自发变异以及耐药遗传因子的传递产生的。如氟喹诺酮类(FQs)抗菌素是临床上重要的抗菌药物之一。随着它的广泛应用，耐药性菌株逐渐增加，我国大肠埃希菌对 FQs 的耐药率一直维持在 50％～60％。细菌对 FQs 耐药机制中，一般认为一方面主要由染色体介导，包括作用靶位(DNA 解旋酶和拓扑异构酶Ⅳ)的改变，主动外排系统表达增强以及孔通道蛋白的缺失；另外一方面，质粒传播引起的耐药性也发挥着重要的作用。

细菌获得抗性以后，即使在没有药物的条件下生长繁殖数代，一般也不丧失抗性。但细菌对于青霉素、氯霉素、四环素、红霉素等抗生素可出现由于诱导而产生的耐药性，并非因遗传因子的改变，而类似于诱导酶的产生，系基因所携带的遗传信息在表达的过程中发生的诱导现象，例如，培养枯草杆菌或蜡样芽胞杆菌于含少量青霉素 G 的培养基中时，可诱导这些细菌产生青霉素酶以破坏青霉素。

五、营养型的变异

细菌营养型变异主要因环境条件的改变而发生。如大肠杆菌在有乳糖的环境中，产生 β-半乳糖苷酶，分解乳糖。当环境中乳糖不存在时，则产生这种酶的能力丧失。

细菌营养型变异主要是营养缺陷型变异，即细菌丧失合成一种或几种生长因子的能力，无法在原来的培养基上正常生长繁殖的变异类型。变异株丧失对某种糖类、维生素、氨基酸或其他生长因子的合成能力，在补充这些营养物质的培养基上才能生长。这种变异对研究细菌代谢产物的生物合成途径很有用处。如大肠杆菌自身能够合成色氨酸，在缺乏色氨酸的培养基中能够正常生长繁殖。营养缺陷型大肠杆菌变异株在不加色氨酸的培养基中，则不能正常生长。

第二节　细菌的遗传物质及变异机制

一、遗传物质

1. 染色体

细菌是原核细胞型微生物，基因组位于核体中，是细菌遗传的物质基础。细菌染色体

DNA 由单个环状双链互补的脱氧核苷酸、少量的核蛋白、非组蛋白和核糖核酸（RNA）组成，能够准确地自我复制，并将遗传信息传给下一代。细菌染色体与真核生物染色体有所不同，其主要区别见表 3-2。

表 3-2　细菌和真核生物染色体的区别

细菌	真核生物
双链环状 DNA	双链线性 DNA
一般不含内含子，基因组上遗传信息具有连续性	大部分基因有内含子，基因编码区是不连续的
功能相关结构基因组成操纵子结构	基因组中有许多复制起点，非编码区远多于编码区
结构基因的单拷贝及 rRNA 基因的多拷贝	基因组远大于原核生物基因组，也比较复杂
基因组的重复序列少而短	存在重复序列，重复次数有几次、几十次，甚至高达百万次

细菌染色体的这些特点，对于细菌充分利用其遗传物质、避免浪费具有重要意义。细菌 DNA 染色体以半保留方式进行复制，新形成的 DNA 分子携带的遗传信息与亲代完全相同，故子代细菌与其亲代的性状相同。若细菌 DNA 在复制过程中出现碱基的改变，子代的性状可能出现变异。

2. 质粒

细菌质粒可以自我复制，随宿主菌分裂传到子代菌体中。在一定条件下质粒可以发生转移或丢失。根据质粒复制的性质，把质粒分为两类：一类是紧密型质粒，当细菌染色体复制一次时，质粒也复制一次，每个细菌细胞内只含有 1～2 个质粒；另一类是松弛型质粒，质粒的复制不受细菌染色体复制的影响，即当细菌染色体的复制停止时，质粒的复制仍在继续进行，每个细菌细胞内一般有 20 个左右的质粒。一般相对分子量较大的质粒属紧密型，相对分子量较小的质粒属松弛型。

细菌质粒 DNA 编码细菌重要的生物学性状，如编码性菌毛的质粒称为致育质粒或 F 质粒（fertility plasmid）。带 F 质粒的细菌能产生性菌毛，无 F 质粒的细菌无性菌毛。编码细菌各种毒力因子的质粒统称毒力质粒或 Vi 质粒（virulence plasmid），如致病性大肠杆菌在黏膜上定居及产生毒素的能力可由不同质粒编码，其中 K 质粒编码对黏膜有黏附活性的菌毛，ST 质粒与 LT 质粒分别编码耐热肠毒素和不耐热肠毒素。细菌对抗菌药物或重金属盐类的抗性则由 R 质粒（resistance plasmid）所决定。一个质粒可同时具有几种编码功能的基因。

质粒具有自我复制的特性，目前质粒已成为遗传工程的理想载体，为遗传工程的研究提供有力的工具。在遗传工程中把特定的 DNA 片段和某一质粒连接起来，并导入到宿主细菌细胞内，该 DNA 片段上的基因便随着质粒的复制而复制，随细菌的增殖而进行翻译，获得相应大量翻译的基因产物。遗传工程技术正是利用质粒的这一特性进行目的基因的转移和表达的。质粒可以自行丢失（概率为 10^{-8}～10^{-2}）或经人工处理而消除。质粒消除后，它赋予细菌的特性也将消失。质粒可以通过接合、转导和转化三种方式在细菌间转移。

3. 细菌转座因子

微生物的某些 DNA 片段作为一个独立单位可在染色体上移动，这种可移动的 DNA 片段称为转座因子（transposable element）。细菌的转座因子有三种类型：插入序列（insertion sequence，IS）、转座子（transposon，Tn）以及某些特殊的噬菌体，如 Mu 是促变噬菌体（mutator phage）的简称。IS 和 Tn 具有两个共同特点，一是都携带编码转座酶（transposase）的基因，二是在其 DNA 末端都有短的倒置重复子。重复子长 40～1 000 bp。IS 分子量较小（0.7～1.4 kb），Tn（2～2.5 kb）比 IS 大，除转座酶基因外，还含有某些重要特性，如抗性标记的基因。Tn 是当今遗传学及基因工程研究的有用工具。Mu 分子量 2～2.5 kb，与一般温和性噬菌体不同，可整合到大肠杆菌染色体的任何位置，引起插入突变。

4. 毒力岛

毒力岛（pathogenicity island，PAI）是指病原菌的某个或某些毒力基因群，分子结构与功能有别于细菌染色体，但位于细菌染色体之内，因此称之为“岛”。PAI 虽然是染色体的 DNA 片段，但两端往往具有重复序列与插入元件，其（G+C）mol % 及密码使用与细菌染色体有明显差异，分子量较大，多为 30～40 kb，也有达 100 kb 的。PAI 基因编码的产物多为分泌性蛋白或细胞表面蛋白。一种病原菌可以有一个以上的毒力岛。最早报道的致病性大肠杆菌 536 株的 PAI-Ⅰ及 PAI-Ⅱ，分子量分别为 70 kb 及 190 kb。该菌株若失去这两个毒力岛则其溶血性、血清抗性、甘露糖抗性血凝、尿道上皮细胞的黏附力以及对小鼠的毒力均大为降低。随后在鼠伤寒沙门菌、幽门螺杆菌、鼠疫耶尔森菌等均有发现。毒力岛的生物学意义尚不清楚，推测其与细菌毒力变异有关。鉴于毒力岛的结构特点，决定了它可在细菌的不同菌株甚至不同菌种之间进行 DNA 重组。有学者指出，环境中存在着致病菌株与非致病菌株，后者通过基因重组从前者获得毒力岛，从而具有了致病性，而不是通过自身固有基因的修饰导致的毒力变异。目前一些新致病菌的出现有可能是因此导致的。

二、变异机制

1. 基因突变

细菌的遗传物质（DNA 或 RNA）中的核苷酸发生了可遗传的改变，即基因突变。它是生物进化的一个重要因素。细菌与普通生物细胞一样可发生基因突变，按照基因突变改变的范围大小分为染色体畸变和点突变。染色体畸变是指染色体的一大段发生了变化，它包括染色体结构上的缺失、重复、插入、移位和倒置。点突变是相应基因 DNA 链中一个或少数几个核苷酸的改变，包括核苷酸的置换和因缺失或插入而造成的移码。基因突变可分为自发突变和人工诱变。

（1）自发突变　指细菌在正常的生长繁殖条件下，无任何外界因素的影响，自然发生的变异。其突变率随生物性状不同而有所差异，一般为 10^{-9}～10^{-6}。自发突变的发生，虽然不需人为的因素，但由于细菌所处的环境，如培养基、温度、酸碱度等都不是绝对的，是有一个变化范围。所以自发突变的概率很小，而且是作用比较长的时间而发生的。

（2）诱发突变　在细菌的环境中人为采用理化因素而诱导细菌发生突变，叫诱发突变。用于诱导细菌产生突变的这些理化因素，叫作诱变剂。使用诱变剂可使突变率提高 10～10^5 倍，平均为 1 000 倍。诱变剂的种类很多，包括物理因素和化学因素，物理因素有 X 射线、γ 射线、β 射线、快中子和紫外线等；化学因素包括某些金属离子、化学试剂、抗生素、药物、农药等。常用的诱变剂有碱基类似物、羟胺、亚硝酸、烷化剂、吖啶类、紫外线、电离辐射。

2.基因的转移与重组

细菌以二分裂方式进行无性繁殖，子代细胞从亲代细胞中获得遗传物质，在某些情况下，两个不同性状的细菌其基因可转移在一起，经过基因间的重组，产生新的遗传型个体。细菌基因转移与重组的主要形式包括转化、转导、接合、原生质体融合和转染。

（1）转化（transformation） 受体菌直接摄取了供体菌游离的DNA片段，并将它整合到自己的基因组中，从而获得了供体菌部分遗传性状的过程叫转化。1928年Griffith将大量加热杀死的肺炎球菌与活的非致死型的肺炎球菌混合，注入小鼠体内，结果小鼠死于败血症，并从小鼠体内分离出活的致死型的肺炎球菌。

转化现象无论在革兰阴性菌或革兰阳性菌都有发生，但并不是所有的细菌都有转化现象。大多数细菌不能接受外源DNA，也不能将它整合到染色体中去，只有少数细菌能够接受外源DNA，且该菌必须处于感受态才能够进行转化。

转化可受外界环境因素的影响，如实验证明，在转化过程中加入cAMP可使转化效率增加1万倍。转化的过程一般在5～10 min完成，约使1/200的供体菌遗传物质整合到受体菌的染色体。

（2）转导（transduction） 以温和噬菌体为媒介，将供体菌中的DNA片段通过交换整合到受体菌中，从而使受体菌获得供体菌的部分遗传性状的过程叫作转导。根据噬菌体转导的范围，可分为普遍性转导和局限性转导。普遍性转导与温和噬菌体的裂解期有关，局限性转导则与温和噬菌体的溶原期有关。

普遍性转导是通过噬菌体将供体菌染色体上的一个或几个呈紧密连锁的基因转导给受体菌。属于此类噬菌体的有鼠伤寒沙门菌的P22，大肠杆菌的P1，枯草杆菌的PBS1、PBS2、SP10。大肠杆菌的P1还可将染色体外的遗传物质——质粒上的F因子、R因子、Col因子转导给受体菌。局限性转导指噬菌体只能转导供体菌染色体上某些特定的基因，该基因能与噬菌体染色体发生特定基因的交换，并整合到噬菌体的基因组上。该噬菌体重新感染受体菌时，使受体菌获得特定的遗传性状，此种现象为局限性转导。如大肠杆菌K12溶原菌携带的λ噬菌体，只能转导半乳糖发酵这一性状基因，而伤寒沙门菌P22或大肠杆菌P1噬菌体可转导任何性状基因。

局限性转导的发生是由于转导噬菌体DNA侵入宿主细菌细胞后，整合于宿主细菌细胞的染色体上，称为前噬菌体。在某些情况下，噬菌体DNA从宿主菌染色体上脱出，部分噬菌体携带有宿主DNA片段，当其感染受体菌时，将脱出宿主菌DNA片段转导给受体菌，使受体菌获得宿主菌（供体菌）的某一性状。

（3）接合（conjugation） 接合是两个完整的细菌细胞通过性菌毛直接接触，由供体细菌将质粒DNA转移给受体细菌的过程。接合性质粒有F质粒、R质粒、Col质粒等。

F质粒的接合：F质粒通过性菌毛从雄性菌（F^+）转移给雌性菌（F^-）的过程，称为F质粒的接合。像有性繁殖一样，当F^+菌与F^-菌接触时，F^+菌的性菌毛末端可与F^-菌表面上的受体结合，结合后性菌毛渐渐缩短，使菌体紧靠在一起。F^+菌中F质粒的一股DNA链断开，逐渐由细胞连接处伸入F^-菌，继而以滚环模式进行复制。所以在受体菌获得F质粒时，供体菌并不失去F质粒。F^-受体菌在获得F质粒后即变为F^+菌，也长出性菌毛（图3-1）。

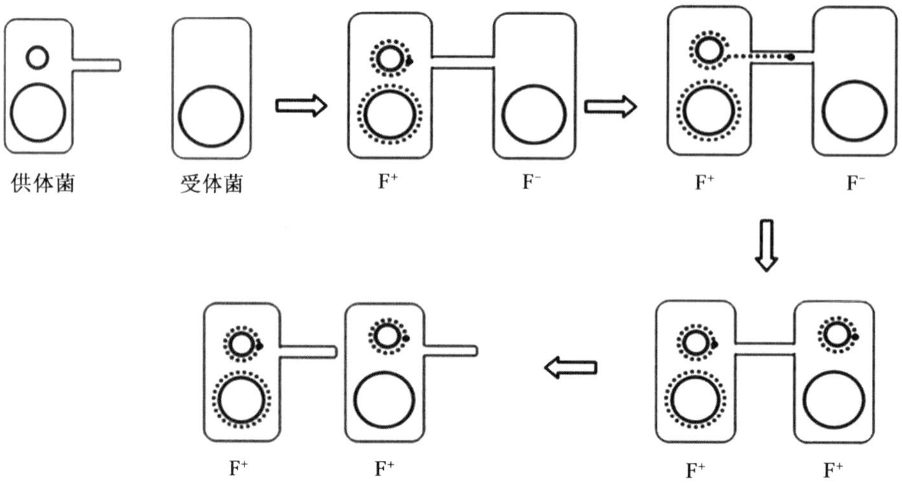

图 3-1　F 质粒通过接合方式转移与复制

R 质粒的接合：细菌耐药性的产生主要是由于 R 质粒在菌株间的迅速转移和快速复制并表达所致。R 质粒由两种功能不同的部分组成，一是耐药转移因子（resistance transfer factor，RTF），其作用方式类似 F 因子；另一种是耐药因子（RF），它决定耐药性。RTF 和 RF 均能自主复制，但是只有两者一起存在时，这个细菌才能将耐药性转移给另一个细菌。R 质粒的接合方式类似 F 因子转移，先由 RTF 控制，耐药菌（R^+）长出菌毛，和敏感菌（R^-）相接触，RF 即由 R^+ 菌转移至 R^- 菌内。当 RF 与 F 因子一起共存于某个细菌细胞时，有些 RF 可以阻止 F 因子的转移，称为 fi^+（fertility inhibition）因子，常见于大肠杆菌和痢疾杆菌；而另一些不阻止 F 因子转移的 RF，称为 fi^- R 因子，常见于沙门菌。R 质粒不能整合到宿主染色体基因组上，所以它不是附加体，是一种稳定的质粒。

Col 质粒的接合：Col 质粒控制细菌素的合成，这类质粒很多，有的可以产生性菌毛，在细菌间进行接合转移，称为转移性质粒；有的不能进行在细菌间接合转移，称为非转移性质粒。当细菌细胞同时具有可转移的质粒，如 F 因子时，两者可同时发生接合转移。

（4）原生质体融合（protoplast fusion）　通过人为的方法，使遗传性状不同的两细菌细胞的原生质体发生融合，进而发生遗传重组，以产生同时带有双亲性状、遗传性稳定的融合子的过程，称为原生质体融合。原生质体融合技术是继转化、转导和接合之后一种更加有效的转移遗传物质的手段。

能进行原生质体融合的细胞极其广泛，不仅包括原核生物中的细菌和放线菌，还包括真核生物的细胞。当前有关原生质体融合在育种工作中的研究甚多，成绩显著，除不同菌株间或种间进行融合外，还能做到属间、科间甚至更远亲缘关系的微生物细胞间的融合。

（5）转染（transfection）　受体菌获得从噬菌体而非从它的供体菌摄取 DNA 的过程，称为转染。因为噬菌体基因组较小，其 DNA 分离比较方便，因此转染成为研究细菌转化及重组机制的有用工具。另一方面转染一词更广泛地用于真核生物细胞，其含义有差别，指真核细胞通过病毒感染，获得某一片段 DNA 或 RNA 的过程。与原生质体融合一样，转染也是一种人为手段，通常多用于哺乳动物细胞，往往为了获得重组病毒而设计。

第三节　细菌遗传变异的应用

细菌和其他生物一样，其性状是由其遗传物质决定的，在一定环境条件下细菌的形态结构、生理生化特性、致病性和抗原性等相对保持稳定。用细菌进行的一系列遗传学实验，不仅揭示了细菌本身的遗传规律，而且推进了整个分子遗传学的迅速发展。在畜牧兽医实践方面，细菌遗传变异的研究在疾病诊断、治疗和预防等方面发挥重要作用。

一、在传染病诊断中的应用

在临床细菌学检验中不仅要熟悉细菌的典型特性，还要了解细菌的变异规律，只有这样才能做出正确的判断。如炭疽杆菌在猪的咽喉部位不呈典型的竹节状，其菌体通常弯曲且粗细不均；猪丹毒杆菌在慢性发病猪的心脏中不呈杆状，而为长丝状；新分离的肠道菌株菌落通常为S型，经人工培养后菌落则变为R型(S-R变异)。少数细菌，如炭疽杆菌、结核分枝杆菌，新分离菌的菌落正常为R型，在一定条件下则变为S型(R-S变异)。通过对这些菌株变异的认识有利于临床上对分离菌的鉴定和传染病的诊断。

二、在传染病预防中的应用

临床上经常使用弱毒疫苗给动物进行免疫接种，预防一些传染性疾病。有些弱毒疫苗是应用遗传变异的原理使其诱变成保留原有免疫原性的减毒株或无毒株。获得弱毒疫苗菌株，可通过人工致弱的方法制得。如布氏杆菌羊型5号菌苗，是将强毒马耳他布氏杆菌通过鸡育成弱毒菌株。目前采用基因工程技术获得新的变异株，用以制备更理想的疫苗。

三、在传染病治疗中的应用

由于抗生素的长期广泛使用，临床上的耐药菌株越来越多，有些菌株的生长甚至对药物产生了依赖性。产生耐药变异的菌株有时通过菌毛转移，使不耐药的菌株也产生耐药性。因此，临床上治疗细菌性疾病时，应选择敏感性高的抗菌药物进行治疗，同时应注意防止耐药菌株的产生和扩散。

四、在流行病学调查中的应用

近年来分子生物学分析的方法已被用于流行病学调查。如用核酸分子杂交、质粒指纹图(plasmid finger printing，PFP)、生物芯片技术等方法来检测不同来源细菌遗传物质的不同，根据其基因片段的数目、大小、位置等，区别引起某一传染病爆发的流行菌株与非流行菌株的差异，也可用于调查实际生产中所感染的各种细菌的某种耐药质粒的传播扩散情况。另外，可以通过对噬菌体敏感性、溶原性及细菌素敏感性的分析，进一步研究流行菌株的同源性。

五、在基因工程中的应用

基因工程(genetic engineering)，又称基因拼接技术和DNA重组技术，是以分子遗传学为理论基础，以分子生物学和微生物学的现代方法为手段，将不同来源的基因按预先设计的蓝图，在体外构建杂交DNA分子，然后导入活细胞，以改变生物原有的遗传特性，获得新品种，生产新产品。基因工程应用广泛，主要应用在转基因动植物、环境保护、基因工程药品的生产、基因治疗。采用基因工程技术做成的“超级细菌”，能吞食和分解多种污染环境的物质。另外，近年来应用基因工程技术将细菌或病毒的抗原成分在原核细胞或真核细胞系统中进行表达，用表达的产物制备新型诊断试剂或疫苗，已经得到广泛的应用。

复习思考题

1. 细菌常见的变异现象有哪些？
2. 试述毒力岛的概念及其遗传意义。
3. 细菌基因转移与重组主要形式有哪些？
4. 试述细菌遗传变异的主要应用。
5. 试述研究细菌遗传变异在理论上有何重要意义。

第四章　细菌的致病性与感染

【内容提要】自然界中的绝大多数微生物对人类和动植物是有益的，只有少数微生物能够引起人类和动植物发病，这一类微生物称为病原微生物。正常微生物群对其宿主非但无害，而且有益，甚至是必需的。临床上应用益生菌来预防和治疗动物疾病。科赫法则是判断细菌致病性的依据。细菌的毒力包括侵袭力和毒素，前者包括细菌的附着力、抗吞噬和定居、扩散和转移，后者包括外毒素和内毒素。引起病原菌传染的条件包括病原菌的毒力和数量、侵入门户、易感动物、环境条件等。掌握病原微生物与机体之间的相互作用，认识病原微生物引起传染的条件，为预防和控制传染病的发生提供理论基础。

细菌在自然界中的分布极其广泛，土壤、空气、水、人和动植物体内、外以及食品中都有数量不等的细菌存在。绝大多数细菌对人类和动植物有益，它们或参与自然界各种物质的转化，或为工业生产提供生物学动力，或有助于人、动物消化食物，或生产对其他微生物有拮抗作用的物质；少部分微生物则能够引起人和动植物不同的疫病。凡能引起人和动植物发病的微生物称为病原菌，不能使人和动植物致病的细菌称为非病原菌。

病原菌和非病原菌之间的界限不是绝对的。有些细菌，在正常情况下不引起动物疾病，而在一定条件下，如动物机体抵抗力降低的时候才能引起动物疾病，这类细菌称为条件性致病菌。如普通大肠杆菌，在肠道内正常定居，不引起宿主发病，但当它离开原来的寄居部位，侵入其他部位时，就能引起感染，如侵入伤口引起的化脓感染等。那些在任何条件下都不能引起动物疾病的细菌称为非病原性细菌。但应指出，近些年来，随着广谱抗生素等的广泛应用，过去被认为不致病的细菌也能引起疾病，甚至导致致命性的败血症和其他感染。

第一节　正常菌群及其作用

细菌种类繁多，繁殖迅速，适应能力强，在自然界的分布比较广泛。在自然条件下，各个种属的细菌根据与环境(包括自然环境和动物机体环境)的不同作用组成不同的生态系统。

微生态学(microecology)即指微观生态学，是研究正常微生物群与其宿主相互关系的生命科学分支。正常微生物群(normal microbiota)是指微生物与其宿主在共同的历史进化过程中形成的生态系(ecosystem)。这个生态系由微生物与其宿主共同组成，其中的微生物群称为正常微生物群或正常菌群。正常菌群对其宿主非但无害，而且有益，甚至是必需的。

在长期的进化过程中，微生物通过适应和自然选择，微生物与其宿主之间，微生物与微生物之间，以及微生物与宿主、环境之间呈现动态平衡状态，形成一个相互依存、相互制约的生态系。保持这种生态学平衡是维持宿主健康状态必不可少的条件。

一、正常动物体的细菌分布

马、猪、兔等在胚胎时期是无菌的，但在出生后不久，随着与空气接触，呼吸、吸乳和采食等过程，就有细菌在体表和体内存在并定居下来，经过生长繁殖逐渐形成一个微生物群体。

动物体表的细菌很多。据对马的检查统计，共分离出 170 个菌群，其中球菌最多，包括葡萄球菌、链球菌、细球菌和八叠球菌等；杆菌有大肠杆菌、绿脓杆菌、棒状杆菌和枯草杆菌等。在皮脂腺和汗腺中，常发现金黄色葡萄球菌和化脓性球菌，是引起外伤化脓的主要病原菌。

呼吸道以鼻腔细菌数量最多，气管黏膜上也有细菌，气管分支越深细菌越少，支气管末梢和肺泡内一般是无菌的，只有在病理情况下才有细菌存在。呼吸道黏膜上主要是葡萄球菌。

二维码 4-1

粪便中含有大量的没有吸收利用的有机物及一定的水分，是各种微生物生长繁殖的良好场所。粪便中微生物的数量相当高，每克含百亿个以上的活细菌。粪便中的微生物有的是宿主肠道排出来的，有的是后来接触环境污染的，主要有腐败菌、嗜热菌以及引起各种发酵的细菌和霉菌、酵母菌、放线菌等，有时还含有病原菌，故要做粪便无害化处理。

二、正常菌群与其宿主的相互关系

广义而言，正常菌群与其宿主之间形成一种共生关系，具体表现在营养、免疫和生物拮抗三个方面。

1. 营养

正常菌群的代谢产物除供给细菌自身利用外，一部分可以被宿主吸收利用，如肠道正常菌群中的大肠埃希菌能合成 B 族维生素和维生素 K。另外，正常菌群能够产生分解纤维素、蛋白质、淀粉和脂肪的酶，帮助动物消化。肠道内的细菌能够利用非蛋白氮化合物合成蛋白质。消化道中的正常菌群还能够破坏某些有害物质并阻止其被吸收。

2. 免疫

正常菌群对其宿主的体液免疫、细胞免疫和局部免疫均有一定的影响，尤其是对局部免疫影响更大。失去正常菌群后，宿主的细胞免疫和体液免疫功能下降。无菌动物的脾脏不发达，浆细胞减少，免疫球蛋白水平低。动物的肠道、呼吸道、泌尿生殖道等黏膜的固有层中有广泛散在的淋巴细胞，这些淋巴细胞可在原籍菌的刺激下转化为浆细胞，产生分泌型 Ig A，宿主对原籍菌和外籍菌的免疫反应有一定区别。宿主对原籍菌一般不产生抗体或即使产生也是低水平；对外籍菌的反应很强，侵入动物体内的外籍菌很易刺激宿主产生抗体和致敏的免疫活性细胞。

3. 生物拮抗

正常菌群对包括致病菌在内的外来菌入侵动物体有一定程度的拮抗作用。如将活的鼠伤寒沙门菌(*Salmonella typhimurium*)喂给小鼠,如果要使小鼠发病死亡,需要10万个细菌;如果先给小鼠口服链霉素,把小鼠肠道中的正常菌群都杀死,则只要10个活菌就可致试验鼠死亡。两者菌量竟相差1万倍,表明正常菌群有拮抗病原菌的作用。生物拮抗作用的原因是厌氧菌的作用、细菌素的作用、免疫与生物拮抗相结合作用以及特殊的生物物理与生物化学环境的作用。因此,外籍菌入侵必须具备三个条件,即排他性、定居性和繁殖性,否则将被排除于体外。

三、菌群失调与菌群失调的调整

正常情况下,正常菌群与宿主、环境间处于一种动态的平衡状态,对动物健康是有利的。如果宿主患病、环境改变和滥用抗菌药物等,宿主机体某个部位的正常菌群中微生物的种类、数量和栖居处将会发生改变,即菌群失调。当长期连续或短期大量口服抗菌药物时,正常菌群的生态平衡被破坏,那些数量极少又对抗菌药物不敏感的肠道致病菌借机大量增殖,成为新的优势菌,引起菌群失调症。菌群失调的概念是指正常微生物群之间或正常微生物群与其宿主之间的微生态平衡,在外界环境影响下,由生理性组合转变为病理性组合的状态。菌群失调必将导致机体一系列的不良反应。为了纠正菌群失调,应该采取以下措施:

1. 调整营养

饮水和饲料调整。动物表现为排带恶臭味粪便,可能是因为饲料中碳水化合物的含量过高,应减少碳水化合物的进食量;动物出现腐败性腹泻,应限制蛋白质饲料的摄入量。

2. 合理使用抗生素

临床上合理使用抗生素,根据药敏试验结果选择敏感药控制过剩菌,间接扶植不足菌。

3. 菌群促进物质的应用

口服一些菌群促进物质可达到扶植正常菌群的作用。如临床上应用乳糖扶植大肠杆菌,应用棉籽糖及半乳糖扶植双歧杆菌,用叶酸扶植肠球菌都取得了一定的效果。另外,临床上使用益生元也能选择性促进宿主消化道有益微生物的生长繁殖。

4. 微生态制剂的应用

用已知的有益微生物经过培养、发酵、干燥等特殊工艺可制成含有活菌并用于动物的生物制品或活菌制剂。被用于益生素的有益菌有乳酸杆菌、双歧杆菌、粪链球菌、酵母菌、芽胞杆菌、真菌、光合菌等。微生态制剂的使用可弥补动物消化道有益菌的不足,使宿主恢复对疾病的抵抗力。此外,应用微生态制剂还可以改善动物机体内外的生态环境,减少氨、胺、吲哚、硫化氢等有害物质的产生,促进动物生理机能成熟,提高生产性能及生长速度。

第二节　细菌的致病性及毒力

细菌致病性(pathogenicity)是指一定种类的细菌在一定条件下对一定宿主致病的能力。细菌致病性有"种"的特征,由种属遗传性决定。绝大多数病原菌能寄生在宿主体内获取生长繁殖所需要的营养和环境条件,并以各种方式损伤或毒害机体。不同病原菌对宿主有一定的嗜性,有的仅对人致病,如霍乱弧菌;有的则仅对某些动物致病,如雏鸡沙门菌;而有的则兼而有之,如炭疽杆菌等。不同病原菌可引起宿主不同的疾病,如炭疽杆菌引起炭疽,而霍乱弧菌则引起霍乱。

病原菌致病能力的强弱程度称为毒力(virulence)。毒力是菌株个体的特征,同一种病原菌的不同菌株其毒力大小也不相同。根据毒力大小可将不同菌株分为强毒株、弱毒株和无毒株。一般来说,菌株毒力愈强致病性愈强。

一、细菌致病性的确定

科赫法则是德国细菌学家罗伯特·科赫(Robert Koch)提出的一套科学的验证方法,是验证某种细菌是否具有致病性的主要依据。其要点是:第一,在相同的病例中都出现相同的微生物,且在健康者体内不存在;第二,能够从宿主体内分离出这种病原菌并在培养基中得到纯培养(pure culture);第三,用这种病原菌的纯培养物接种健康而敏感的宿主,同样的疾病会重复发生;第四,从试验发病的宿主体内能再次分离培养出这种病原菌。如果进行了上述 4 个步骤,并得到确实的证明,就可以确认该病原菌为致病性病原菌。

科赫法则在确定细菌致病性方面具有重要意义,特别是在鉴定一种新的病原体时非常重要。但是,它也具有一定的局限性,某些情况并不符合该法则。如健康带菌或隐性感染,有些病原菌迄今仍无法在体外进行人工培养,有的则没有可用的易感动物。另外,该法则只强调了病原微生物一方面,忽略了它与宿主的相互作用。

近年来,随着分子生物学的发展,"基因水平的科赫法则"(Koch's postulates for genes)应运而生。由美国斯坦福大学医学及微生物学与免疫学教授戴维·雷尔曼(David Relman)和同事提出了基因组时代的科赫法则,取得共识的有以下几点:第一,属于假定病原菌的核酸序列应该出现在特定传染病的大多数病例中。在已知的患病器官或明显的解剖学部位,应能发现该病原菌的核酸,而在与疾病无关的器官中则不会发现。第二,如毒力菌株的某个基因被破坏,则该菌株的毒力应减弱或消除;或者将此基因克隆到无毒菌株内,后者能够成为有毒力的菌株。第三,将致病菌接种动物时,这个基因应在感染的过程中表达。第四,在接种动物体内检测到这个基因产物的抗体,或产生免疫保护。这些以序列分析为基础获得的上述证据应当是可重复获得的。该法则也适用于细菌以外的微生物,如病毒。

二、细菌的毒力

构成细菌毒力的物质称为毒力因子(virulent factor),主要有侵袭力和毒素。侵袭力的大小、毒素的性质和数量决定着病原菌毒力的强弱。

1. 侵袭力

侵袭力(invasiveness)是指病原菌突破机体的防御屏障,在体内生长、繁殖、扩散的能力。在病原菌侵袭过程中,有些侵袭因子可造成机体组织细胞的损伤,有些对机体无毒害作用,只是协助细菌侵入机体,抵抗机体的防卫功能,便于细菌向机体的深部组织迅速扩散并进行繁殖,发生传染。病原菌侵袭动物机体的过程主要有以下几个方面:

(1)细菌的附着力　细菌的附着力主要依靠黏附素发挥作用。黏附素是菌体表面具有黏附功能的结构成分，主要有细菌普通菌毛、某些外膜蛋白和膜磷壁酸等。某些病原菌通过黏附素与宿主易感细胞表面的特异性受体结合，附着在组织细胞表面。这种黏附性与病原菌的致病性密切相关。如产毒素大肠杆菌，借助菌毛附着于仔猪结肠黏膜上皮，得以停留在肠管内，生长繁殖，致使肠道发生炎症，引起严重腹泻；溶血性链球菌可依靠菌体表面 M 蛋白附着于咽黏膜上皮细胞，引起传染。如果细菌缺乏附着力，将被机体防卫功能，如气管纤毛运动或肠道蠕动排出体外。

(2)抗吞噬和定居　当细菌突破机体防卫屏障侵入体内后，必然会受到吞噬细胞的吞噬与体液抗体等介导的免疫应答反应的清除。如果病原菌能克服这些免疫因素的影响，便可能在机体内定居下来。某些病原菌的抗吞噬、抗清除作用可通过自身结构成分或合成代谢产物来实现。如炭疽杆菌、肺炎球菌等具有荚膜，这种细菌结构好似保护菌体的“盔甲”，能抵抗吞噬细胞的吞噬消化作用，而无荚膜的细菌则易被吞噬细胞吞噬杀灭；A 群链球菌的 M 蛋白、病原性大肠杆菌的 K 抗原和沙门菌 Vi 抗原等不仅能抗细胞吞噬，而且具有抵抗抗体或补体的作用；金黄色葡萄球菌和化脓性链球菌产生溶血素和杀白细胞素等，这些物质能够抑制粒细胞趋化，杀伤粒细胞，对吞噬细胞也有毒害作用。总之，细菌的抗吞噬等作用可以抵制机体防卫功能使病原菌在体内定居下来。

(3)扩散和转移　有些细菌侵入机体后，在体内生长繁殖，破坏组织结构，并扩散转移。如溶血性链球菌、肺炎球菌能产生透明质酸酶，可分解破坏细胞间结缔组织中的透明质酸，使结缔组织的通透性增强，甚至形成细胞间隙，造成病原菌在细胞间的扩散与蔓延。A 群链球菌能产生 DNA 酶，分解细胞中的 DNA，使细胞死亡，降低坏死组织的黏度。产气荚膜梭菌能产生蛋白分解酶(胶原酶)，分解肌肉和皮下结缔组织，使组织崩解，有利于病原菌在组织中扩散。

2.毒素

毒素(toxin)是某些细菌在新陈代谢过程中产生的一类对机体有毒害作用的物质。毒素是病原菌的主要致病因子。根据毒素的产生方式、性质和致病特点等，可将细菌毒素分为两类：内毒素和外毒素。

(1)外毒素(exotoxin)　外毒素是由某些病原菌在新陈代谢过程中产生并分泌到菌体外的一类毒性代谢产物。许多革兰阳性菌及部分革兰阴性菌均能产生外毒素。革兰阳性菌主要有破伤风梭菌、肉毒梭菌、炭疽杆菌、产气荚膜梭菌、金黄色葡萄球菌、溶血性链球菌等；革兰阴性菌中有大肠杆菌、痢疾志贺菌、鼠疫耶尔森菌、霍乱弧菌、多杀性巴氏杆菌等。

外毒素的主要特点有：①具有种属特异性，如破伤风梭菌产生破伤风毒素，肉毒梭菌产生肉毒梭菌毒素，霍乱弧菌产生霍乱毒素等。②毒性作用极强，如 1 mg 纯化的 A 型肉毒梭菌毒素可杀死 2 000 万只小鼠，是已知的生物毒和化学毒中毒性最强的一种毒素，对人的致死量仅为 0.1 μg，其毒性比氰化钾强 1 万倍。③毒性具有高度的特异性。不同细菌产生的外毒素对机体组织器官有一定的选择性作用，会引起特征性的病症。如破伤风梭菌毒素主要作用于脊髓运动神经中枢，使之兴奋性增强，引起骨骼肌强直性痉挛；肉毒梭菌毒素主要阻断胆碱能刺激神经释放乙酰胆碱传递介质，使运动神经末梢麻痹，导致眼肌和咽肌麻痹。④具有良好的免疫原性，可刺激机体产生特异性的抗体(抗毒素)，对机体具有免疫保护作用。外毒素经 0.3%～0.4%甲醛溶液、37℃保温处理 3～7 d 会丧失毒性(脱毒)，但仍保持良好的抗原性，成为类毒素。类毒素和抗毒素可用于预防和治疗外毒素中毒症。⑤多数外毒素不耐热，一般在 60～80℃作用 10～30 min 即减弱或失去毒性，但也有少数例外，如葡萄球菌肠毒素及大肠杆菌热稳定肠毒素能耐100℃作用30 min。⑥易失活变性。外毒素和酶都是蛋白质，许多性质相似，易被蛋白酶、氧化剂、紫外线破坏和被热、酸、金属盐类灭活。

(2)内毒素(endotoxin)　内毒素是一类由革兰阴性菌及其他一些微生物(衣原体、立克次体、螺旋体)在正常代谢过程中产生的一种脂多糖(LPS)，在细菌生活状态下不释放或不分泌到外界环境中去，只有菌体细胞自溶、死亡崩解或用人工方法(超声波处理、反复冻融、研磨等)破坏其细胞完整性时，才释放出来的毒素。

内毒素的主要特点有：①较稳定，耐热，100℃作用1 h不被破坏，160℃处理2～4 h才被破坏，或用强酸、强碱、强氧化剂煮沸30 min才能被灭活。②不能用甲醛溶液脱毒成为类毒素。但是，紫外线和超声波可使内毒素的毒性降低，抗原性仍然保存，成为减毒的内毒素。③免疫原性较弱。内毒素进入机体后，机体可产生针对其多糖抗原的相应抗体，但此抗体并无中和内毒素毒性的作用。④毒性作用无特异性。各种病原菌内毒素的作用大致相同，均可引起发热、血液循环中白细胞减少、组织损伤、弥散性血管内凝血、休克等，严重时也可导致机体死亡。

外毒素和内毒素的主要区别见表4-1。

表4-1　外毒素与内毒素的主要区别

特性	外毒素	内毒素
化学性状	蛋白质	脂多糖
来源	多数革兰阳性菌，少数革兰阴性菌	革兰阴性菌
耐热性	通常不耐热	耐热
毒性	毒性强，致死剂量微克级	中等毒性
毒性作用特点	特异性强，对组织有选择性毒性作用	全身性，引起发热、腹泻、呕吐
免疫原性	免疫原性强，抗毒素提供宿主的免疫力	免疫原性弱，产生少量抗体
类毒素	抗原性不改变，毒性丧失，用于免疫接种	不能制成类毒素
产生方式	通常分泌到细胞外	革兰阴性菌细胞壁外膜部分
检测方法	中和试验	鲎血试验

三、细菌毒力的测定

病原毒力的测定，在微生物实验研究中特别重要。疫苗效价测定、血清效价测定、药物筛选研究等都必须预先测定试验用细菌(病毒或毒素)的毒力。通常表示毒力大小的单位有最小致死量、半数致死量、最小感染量和半数感染量。

1. 最小致死量

最小致死量(minimal lethal dose，MLD)指在一定时限内使特定实验动物感染并全部发生死亡的最小活菌量或毒素量。这种测定毒力的方法比较简便，但由于实验动物个体差异，如免疫抵抗力不同而产生不确切的结果。

2. 半数致死量

半数致死量(median lethal dose，LD_{50})指在一定时间内使半数实验动物感染后发生死亡的活菌量或毒素量。检测中应注意实验动物的种别、年龄与体重,实验材料的剂量,感染途径等。其中,感染途径与动物体重尤为重要,会直接影响毒力测定的结果,一般要特别规定。测定 LD_{50} 采用递减稀释剂量的病原材料,感染特定易感动物,使其发病死亡,根据发病死亡情况以生物统计学方法计算出 LD_{50}。半数致死量采用了生物统计学方法对数据进行处理,避免动物个体差异造成的误差。

3. 最小感染量

最小感染量(minimal infectious dose,MID)指能引起特定实验动物、鸡胚或细胞发生感染的最小活菌量。某些病原微生物只能感染实验动物、鸡胚或细胞,不引起死亡,可用 LID_{50} 来表示其毒力。

4. 半数感染量

半数感染量(median infectious dose,ID_{50})指能使半数实验动物、鸡胚或细胞发生感染的活微生物量。测定方法与测定 LD_{50} 相似,只是在最小感染统计结果时用感染者代替死亡者。

四、细菌毒力的增强与减弱

在自然条件下,不仅不同菌株的毒力不同,就是同一菌株在不同条件下也会表现出不同的毒力。一般情况下,在某种传染病发病初期,从患病动物体内分离出来的菌株毒力较强,而在流行末期分离到的细菌的毒力大大减弱。毒力强的菌株改变培养条件,在体外连续传代,毒力往往减弱。但是再次通过易感动物又能使毒力减弱的菌株恢复毒力。

1. 细菌毒力减弱的方法

(1)在体外长时间连续培养传代　病原菌在人工培养基上长时间连续多次传代后,毒力逐渐减弱乃至失去毒力。

(2)在高于最适生长温度的条件下培养　如临床上使用的炭疽Ⅰ和Ⅱ号疫苗,均是将炭疽杆菌在 42～43℃下进行培养制成的(炭疽杆菌最适培养温度为 37℃)。

(3)在含有特殊化学物质的培养基中培养　如临床上使用的预防结核病的卡介苗(BCG),是将牛结核杆菌接种在含有胆汁马铃薯的培养基上传代培养,经过 13 年传了 231 代后育成。

(4)在特殊气体条件下培养　如无荚膜炭疽杆菌芽胞苗是将中强毒菌株在含 50%的动物血清培养基上 50% CO_2 的环境下选育而成的。

(5)通过非易感动物　如猪丹毒弱毒苗(GC_{42})是将强致病菌株通过豚鼠传 370 代后,又将其通过鸡传 42 代选育而成。

(6)通过基因工程的方法　通过基因重组、基因敲除或点突变的方法使毒力基因失活,可获得无毒力菌株或弱毒菌株。如临床上使用的伪狂犬病毒弱毒疫苗是通过基因重组的方式破坏其致病基因 TK、gE 和 gI 等基因,其毒力大大减弱或丧失,制成弱毒疫苗,这样大大缩短了研制弱毒疫苗的时间。

2. 细菌毒力增强的方法

(1)回归易感动物　易感动物既可是本动物,也可是实验动物。如多杀性巴氏杆菌通过小鼠,猪丹毒杆菌通过鸽子等。

(2)与其他微生物协调作用　有的细菌与其他微生物共生或被温和性噬菌体感染也可增

强其毒力。如魏氏梭菌与八叠球菌共生时毒力增强，携带毒力基因的β-棒状杆菌噬菌体感染无毒白喉杆菌时，可以使无毒白喉杆菌获得毒力。

(3)利用抗生素促使耐药性细菌发生基因突变　在抗生素选择压力下，会产生一些毒力很强且耐受大多数高效抗生素的超级细菌。

(4)增加相关毒力因子的表达量　肺炎链球菌具有自然转化的能力，有助于其毒力的表达，也可能通过黏附因子 PsaA 等相关因子表达量的增加而增加其毒力。

(5)改变环境条件调节毒力因子　许多细菌的毒力因子受环境因素的调节，仅在某些特定的条件下才能表达。对细菌毒力有调节作用的环境条件包括：温度、铁离子及钙离子、渗透压、pH、氧含量等。

(6)改变饲养管理等外部条件，降低带菌机体的抵抗力　如饲养管理不当，营养不良等因素可导致机体抵抗力减弱，细菌毒力增强。

第三节　细菌的感染

一、细菌感染的概念

病原菌侵入动物机体，并在一定的部位生长、繁殖，引起机体不同程度的病理过程，称为感染(infection)，又称传染。在感染过程中，一方面是病原菌的侵入、生长繁殖、产生有毒物质，破坏机体生理平衡；另一方面是动物机体为了维护自身的生理平衡，对病原菌产生一系列的防御反应。因此，感染是病原菌与动物机体之间相互作用、相互斗争的复杂的一种生物学过程。

二、传染源

传染源是指不断向外界环境排出病原体的动物机体。这种动物机体是病原微生物寄居、生长繁殖和向外排毒的场所，包括患传染病的动物、人和带菌者、传播媒介等。动物和人在患病期间，其分泌物、排泄物等均含有病原微生物。在其病死后病原微生物仍可随尸体向外界散播。带菌者指表面正常，但体内有某种病原微生物生长繁殖并不断排出体外的动物机体。主要包括隐性感染者和患传染病的临床康复者。

三、传染病发生的条件

病原菌与传染过程的发生、发展密切相关，没有病原菌的存在，就不会发生传染。但不是说有病原菌的存在，就必然要发生传染。因为传染的发生是有条件的，由以下 4 个方面的因素决定。

1. 病原微生物的毒力和数量

病原菌毒力的强弱决定了它们能否突破机体防御屏障，深入扩散，生长繁殖。病原菌若没有相当强的毒力就不能引起传染。除此以外，侵入动物体内的病原菌还必须有足够的数量。因为机体针对侵入体内的病原菌，绝不像装有培养基的试管，允许它们任意繁殖，少量的病原菌侵入体内后很可能被机体的免疫防御系统消灭，而不能引起传染。侵入宿主的病原菌数量的多少与该致病菌的毒力强弱和宿主免疫力的强弱有关。致病菌毒力越强，引起感染所需的菌量越少；反之则需菌量越大。

2. 侵入门户

具有一定毒力和数量的病原微生物要有适当的侵入门户，才能引起感染。病原菌在一种组织器官中可能要比侵入另一种组织器官更适宜其生长繁殖。所以对具有感受性的机体而言，病原菌必须经适当途径侵入一定部位，才能生长繁殖，引起传染；若未经适当侵入门户，一般不能引起传染。如破伤风梭菌，必须侵入较深的、闭合创伤的组织中，才能生长繁殖，产生毒素，侵害神经，引起感染。口服破伤风梭菌不能引起传染。伤寒杆菌只有经消化道才能感染动物。大多数病原菌可以经多种途径侵入动物体，如炭疽杆菌、结核杆菌、布氏杆菌等既能通过皮肤、黏膜，又能经消化道、呼吸道和生殖道等侵入体内，引起感染。

3. 易感动物

对病原微生物具有感受性的动物称为易感动物。动物种类不同，对各种病原微生物的易感性也不同。如草食动物对炭疽杆菌非常易感，但禽类在正常情况下对炭疽杆菌无感受性。这说明病原菌对被传染动物的种属特征具有选择性。因为不同种属动物的生物学特性有明显差异，它决定着一种动物对某种病原菌传染的易感性，这是动物长期进化的结果。同种动物的不同品种对病原菌的易感性也有差异，动物的年龄、性别、营养状况的不同对同种病原菌的感受性也有差异。

4. 环境条件

环境条件是引起传染的非常重要的因素。环境条件的改变，一方面可能会增强某些病原菌的生长繁殖、毒力以及接触或侵入动物体的可能性，降低动物机体抵抗力，促进传染的发生；另一方面也可能抑制某些病原体的活性，增强动物机体抵抗力，遏止传染。影响感染发生的环境条件主要有气候、温度、湿度、饲养管理、兽医卫生防疫措施等。如呼吸道传染多发生在寒冷的冬季，肠道传染容易发生在炎热的夏季。不良的环境条件可降低机体的防御能力，有利于病原微生物的生存繁殖，促进易感动物与病原微生物的接触。

四、传染的表现形式

在传染过程中，动物机体与病原菌之间的相互作用是错综复杂的，其结果取决于双方力量的对比和各种因素的影响，形成不同的表现形式。

1. 显性传染

侵入动物机体的病原菌毒力强、数量多，机体免疫防御功能相对较弱，病原菌在体内生长繁殖，产生毒性物质，导致机体的严重病理损伤，呈现出明显临床症状的传染过程。显性传染即传染病。主要有下列类型：

(1)外源性传染和内源性传染　外源性传染是指外界病原菌侵入动物机体引起的传染，大多数传染病属于此类。内源性传染是由寄生在动物体内的条件性病原菌在机体抵抗力下降时引起的传染。

(2)单纯传染、混合传染和继发传染　单纯传染是由一种病原菌引起的传染。混合传染是由两种或两种以上的病原菌同时引起的传染，如牛同时患结核病和布氏杆菌病。继发传染是动物感染了一种病原微生物后，由于机体抵抗能力降低，另一种病原微生物趁机而入引起的传染。继发传染常为条件性病原微生物引起，如猪副伤寒常继发在猪瘟病毒感染之后。混合传染和继发传染往往使传染过程趋于严重，给临床诊断、预防和治疗带来困难。

(3)局部传染和全身传染　局部传染是指动物机体的免疫防御功能较强，侵入的病原微生物毒力较弱或数量较少，病原体被限定在一定部位生长繁殖并发生病理变化的过程。如化脓性葡萄球菌、链球菌等引起的局部发炎症状。倘若局部传染未能被机体防御系统有效控制，病原微生物就会向全身扩散并造成相应组织器官的病理损伤，则为全身传染。全身传染的表现形式有：①菌血症：指病原菌自局部病灶不断侵入血液，但不能在其中生长繁殖，可通过血流转移到其他组织、器官，在血流中呈一过性存在；②败血症：是指病原菌从局部侵入血流，并在其中生长繁殖，造成机体全身性中毒或严重损害，如炭疽杆菌感染等；③脓毒败血症：专指化脓性病原菌侵入血流，不仅在其中生长繁殖，而且还随血流转移到其他脏器，形成化脓性病灶，如肝脓肿、肾脓肿等常见的化脓性葡萄球菌感染；④毒血症：是病原菌产生的毒素进入血流引起的全身中毒性疾病，如破伤风毒血症、肉毒梭菌毒血症等。

(4)最急性、急性、亚急性和慢性传染　最急性传染指动物突然发病，病程短促，发病动物常在数小时或 1 d 内死亡，无明显症状和病变。该病型多见于传染病流行初期。急性传染发病急，病程短，伴有明显的典型症状。亚急性传染发病较缓和，病程稍长，临床症状不如急性传染显著。慢性传染发病缓慢，病程长，常数月至数年不愈，症状不典型或无明显症状，一些细胞内寄生菌引起的感染属于此类，如结核杆菌感染。

(5)典型传染和非典型传染　典型传染是指被感染动物具有某种传染病特征性临床症状或病变，易于诊断，如典型马腺疫有颌下淋巴结化脓性肿胀等特征性症状。非典型传染则为病症轻重不一，无特征性，不易为临床诊断，如非典型马腺疫有时仅有鼻黏膜卡他症状。

2. 隐性感染

侵入动物机体的病原菌毒力较弱、数量少，机体免疫防御功能较强，病原体只能在体内有限地生长繁殖，造成轻微的病理损伤，不出现或仅出现轻微临床症状的传染过程。隐性传染亦称亚临床传染。隐性传染的动物在机体抵抗力下降时也可转变成显性传染。

动物患某种传染病痊愈或处于隐性传染时，病原菌在动物体内持续存在，并不断排出体外，这种呈带菌状态的动物称带菌者。伴随动物传染病痊愈恢复期出现的带菌动物称恢复期带菌者；伴随隐性传染过程的带菌动物称健康带菌者。无论何种带菌者因其在病原感染状态下不呈现临床症状，往往不易被察觉和防范，是传染病发生与流行中重要而且危险的传染源，在制定防疫措施时应予密切关注。

五、病原菌的排出途径

病原菌除了在动物体内生长繁殖导致寄主发病外，还可以不断排泄到机体外。在局部传染时由于病灶崩溃，随同分泌物或脓汁流出；呼吸道传染时由咳嗽分泌物和鼻液咳出；消化道传染则由粪便排出。所以传染病流行时，动物的鼻漏、痰、眼泪、尿、粪、乳汁等排泄物均为危险的传染源，务必予以重视，阻断病原传播和传染的蔓延。

复习思考题

1. 试述正常菌群的概念及其与宿主的相互关系。
2. 什么是菌群失调？如何进行调整？
3. 如何确定某种细菌具有致病性？
4. 构成细菌的毒力因素有哪些？
5. 试述细菌内毒素和外毒素的概念、主要特征及组成。
6. 试述构成细菌传染的条件。
7. 试述细菌传染的主要表现形式。

第五章　细菌性传染病的微生物学诊断及防治原则

【内容提要】 细菌性传染病的微生物学诊断的目的是通过病原的分离鉴定，成分、产物和机体的特异性抗体的检测等，最终对疾病做出的诊断。正确采样是可靠检测的前提，采样应遵循无菌、适时、适量和采集适当部位的原则。细菌病实验室诊断常用方法包括：细菌的形态检查、分离培养、生化实验、动物实验、血清学实验、分子生物学检测等。细菌的免疫预防包括人工主动免疫和被动免疫两个方面，主动免疫包括传统菌苗和新型菌苗，被动免疫包括抗血清、细胞因子等。细菌病的治疗包括针对病原的药物疗法、血清疗法、新型抗菌制剂疗法以及针对动物体的疗法。

第一节　细菌性传染病的微生物学检查程序与方法

在兽医临床中，细菌性感染占有很大比重，往往给养殖业带来不可估量的经济损失，进行早期、快速、准确诊断，对合理的药物治疗和免疫预防具有重要意义。细菌性传染病，除少数如破伤风等可根据流行病学、临床症状做出诊断外，多数只能作为初步诊断的依据，确诊则需要进行实验室诊断，以确定病原菌的类型或检出特异性抗体。从事病原微生物检测的实验室必须具备相应级别微生物检测的生物安全防护设施，杜绝引起实验室污染和病原微生物扩散。WHO的《实验室生物安全手册(第3版)》(2004)可作为借鉴和执行的标准。细菌病的实验室诊断需要建立在正确采样的基础上。

一、病料的采集、保存及运送

(一)病料的采集

1. 病料的采集原则

(1)无菌病料的采集尽量进行无菌操作　所用器械、容器及其他物品均需事先灭菌。同时在采集病料时也要防止病原菌污染环境及造成采样人员的感染。剖检场地应选择易于消毒、不渗水的地面或台面，最好有专门的剖检场所和剖检台。剖检前，动物尸体应在消毒液中浸泡消毒，打开胸腹腔后，先取病料以备细菌学检验，然后再进行病理学检查，最后将剖检的尸体焚烧，或经过彻底消毒后作深埋处理。剖检后的用具及场地都要进行消毒或灭菌处理。在整个采样过程中，特别是对可疑人兽共患病的病例，应注意做好个人防护。

(2)适时采集病料　一般采集于濒死或刚刚死亡的动物，最好不超过6 h。时间过长，肠内细菌易扩散入其他脏器，影响病原菌的检出。所取病料应立即送检。如不能立刻检验，应低温存放，可疑细菌感染病料宜4℃冷藏保存。若需要采集血清样品，最好采发病初期和恢复期两个阶段的血清。

(3)采样部位要适当　根据疾病的类型和表现，采集病变最典型的部位。呼吸道感染可采集鼻、咽拭子、痰液和肺组织，如鸡传染性鼻炎病例会出现鼻炎、眼结膜炎、眶下窦炎，可采集其鼻腔内容物；消化道感染可采集呕吐物、粪便，如对疑似仔猪黄白痢的死亡病例应采集其小肠前段黏膜刮取物；全身败血症疾病应采集血液、实质器官，如出现心包炎、肝周炎的疑似大肠杆菌感染病死鸡可采集其心血、肝脏等；神经系统疾病宜采集脑脊液、脑组织；创伤感染采集深部伤口炎性组织或渗出物等。一般不采集正在使用或刚使用过抗生素治疗的病例，必须采集的应标明使用过抗生素的种类，以便于实验室检查时采取适当措施进行处理。

(4)采样要适量　采集的病料不宜过少，以免在送检过程中细菌因干燥而死亡。病料量至少是检测量的4倍。

(5)做好标记，详细填写与疾病发生相关的有临床诊断价值的资料，包括发病时间、蔓延情况、发病率、病死率、饲料、用药、发病后诊治情况等。

2.采集病料的方法

(1)液体材料　鼻腔分泌物、咽部黏液、痰液、脓汁、胸腹水等，一般用灭菌棉拭蘸取或吸管吸取放入无菌试管内，密封。全血样品可无菌操作从静脉或心脏采血，放入加抗凝剂的无菌管中混合均匀。若需分离血清，则采血后不加抗凝剂，直接放在灭菌管中，摆成斜面，待血液凝固析出血清后，再将血清吸出。方便时可直接无菌操作取液体涂片或接种适宜培养基，如大肠杆菌感染有时可见腹腔积液，可直接取腹腔液进行检测。

(2)实质脏器　应在解剖尸体后立即采集。若剖检过程中被检器官被污染或剖开胸腹腔时间过久，应先烧烙表面，在烧烙的深部取实质脏器，放在灭菌管或平皿内。若剖检现场有细菌检测条件，可在剖检后直接做触片染色和细菌分离。多杀性巴氏杆菌能引起动物败血症，可采集肝脏、脾脏、淋巴结等实质脏器进行检测。对死于炭疽的病畜尸体严禁剖检，以防形成芽胞污染环境，可自耳根部采血，或切开肋间采取脾脏。

(3)肠道及其内容物　肠道采集只需选择病变最明显的部分，去除肠内容物，用灭菌水轻轻冲洗后放入平皿内。粪便应采取新鲜的带有脓、血、黏液的部分。亦可将胃肠两端扎紧剪下，保存送检。对大肠杆菌所致的仔猪腹泻病例，可采集小肠前段黏膜刮取物进行检测。

(4)皮肤及羽毛　皮肤采集要取病变明显部位，如病灶水肿液或渗出液等。被毛或羽毛采集病变部位时，要带毛根一起放入灭菌平皿内。

(5)胎儿　可将流产胎儿及胎盘、羊水、胎儿胃内容物等作为送检材料。如布氏杆菌常引起动物流产，可采集流产胎儿的胃内容物，肺、肝、脾等进行检测。

(6)脑、脊髓　可将脑、脊髓浸入50%的甘油盐水中，或将整个头部用浸过0.1%氯化汞溶液的纱布或油布包裹，装入密封箱送检。鸭疫里氏杆菌感染鸭易于从脑组织中分离获得纯菌，因此可采集鸭头送检。

(二)病料的保存与运送

采集病料应遵循低温保存、尽快送检的原则。如不能立即检测，最好加入适当保护剂(液体石蜡或50%甘油缓冲盐水)，在－20℃或－70℃冻存，并避免反复冻融。

供检验的病料，最好由专人送检，并附病料送检单，内容包括送检单位、地址、动物品种、性别、日龄、送检的病料种类和数量、检验目的、保存方法、死亡日期、送检日期、送检者姓名，并附临床病例摘要（发病时间、死亡情况、临床表现、免疫和用药情况等）。病料包装容器要牢固。对于危险材料、怕热或怕冻的材料要分别采取相应措施。

二、细菌病的微生物学诊断程序

细菌性传染病的微生物学诊断包括病原学检测和机体对感染的反应性检测两个方面，前者包括细菌的形态、培养特性和生化特性等的检查；后者包括病原菌对机体损伤所进行的病理学检查、病原菌成分的检测和刺激机体所产生的抗体检测（图 5-1）。需要说明的是，并不是所有细菌学检查都必须进行上述所有检测内容，其基本原则是用尽可能少的检测项目来获得针对目的菌有鉴别意义的性状特征。

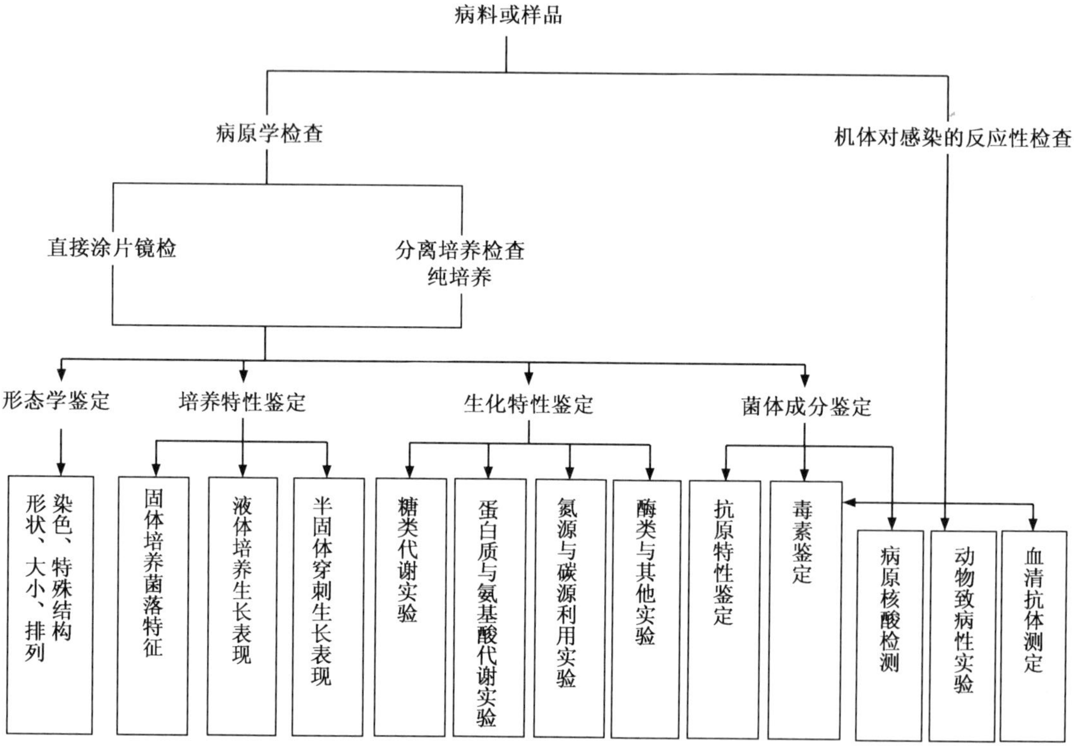

图 5-1　细菌学检查的一般程序（引自：李一经主编《兽医微生物学》）

（一）细菌的形态检查

细菌的形状、大小、排列、染色特性、有无特殊结构等是形态检查的主要内容。细菌形态检查包括病料的直接涂片检查和细菌人工培养后的形态观察。前者有助于对细菌的初步认识，有些形态较为典型的病原菌，如炭疽杆菌、葡萄球菌、多杀性巴氏杆菌等通过病料组织触片、染色、镜检，结合流行病学特征即可确诊；后者是在细菌分离培养后，将细菌纯培养物涂片染色，观察细菌的形态、排列及染色特性，这是鉴定分离菌的基本方法之一，也是进一步进行生化实验和血清学鉴定的基础。

常用染色方法包括单染色法和复染色法，应根据实际情况选择适当染色方法。对病料中的细菌进行检查，常选择单染色法，如美蓝染色或瑞氏染色；对培养物中的细菌进行染色检查时，多采用可以鉴别细菌的复染色法，如革兰染色。不染色标本主要用于细菌运动性的检查。

在对病料直接进行细菌形态检查时，有时能观察到细菌，有时观察不到。若所取病料含菌量少，观察不到细菌是正常的。直接镜检观察到细菌，可为进一步鉴定提供依据；若未观察到细菌，也不能排除细菌感染的可能，还需要对采集病料进行细菌的分离培养以及结合流行病学、临床症状和病理变化等方面进行综合判定。

（二）细菌的分离培养

细菌的分离培养是将病料中存在的细菌通过在平板培养基表面划线接种的方法分离可疑病原菌，然后再挑取可疑菌落转接新的培养基以获得纯培养物。不同细菌在培养基中的生长现象各有不同，在液体培养基中可出现均匀混浊、沉淀、菌环或菌膜等；在固体培养基上形成的菌落形状、大小、色泽、气味、透明度、黏稠度、边缘结构等，均因细菌种类不同而异。需要注意的是，在分离时应满足不同细菌对营养、生长条件（如需氧、厌氧等）的要求，避免因培养条件不适宜而导致细菌分离失败。大多数细菌不能根据菌落特征确定细菌种类，需接种特殊培养基进行生化实验或根据其抗原性与致病性等进一步鉴定。

（三）细菌的生化实验

挑取单个菌落转接于新的固体或液体培养基中培养，可获得细菌的纯培养物。只有纯培养的细菌才能用于生化实验。生化实验可对所鉴定的细菌可能归属的科属进行鉴别，尤其对革兰染色反应、菌体形态以及菌落特征相同或相似的细菌的鉴别具有重要意义。生化实验的选择原则是，先选择对科或属有重要鉴定意义的，在确定了科或属的前提下，再进行属内种的鉴别。目前已有商品化生化实验试剂盒用于细菌的鉴定。

（四）动物实验

动物实验常用于确定细菌的致病性。可选择本体动物或实验动物进行。常用的实验动物有小鼠、豚鼠、兔、鸡、犬等。动物实验也可以作为纯化细菌的一种方法，当病料被污染，可先接种易感动物进行增菌，再从死亡动物体内分离，易于获得病原菌。此外，亦可通过易感动物进行菌株的复壮。进行动物实验应力求标准化，同时注意动物福利和动物保护。

（五）菌体抗原成分及代谢产物的检测与分析

利用一般的生化实验难以区分性状相似的细菌，而根据菌体特有的抗原成分，通过免疫学方法可达到确诊的目的。常用的免疫学方法有凝集反应、沉淀反应、荧光或酶标记技术等。另外，利用液相、气相色谱等技术还可以测定细菌的组分或代谢产物。抗原成分检测的优点是，当细菌死亡或应用抗生素治疗后，细菌生长被抑制，但仍有抗原物质存在，在短时间内仍可应用免疫学方法检出。

（六）毒素检测

毒素既是细菌特有的代谢产物或组分，也是细菌毒力因子的重要指标。在微生物学检查中，主要测定细菌的外毒素。毒素测定前，先通过离心去除菌体。检测时，首先测定对实验动物的致病性，可通过 100℃加热和不加热处理，来判定是否为蛋白质毒素。通过抗毒素与毒素的中和试验，可确定毒素的类型。

（七）细菌遗传物质的检测

通过检测细菌的遗传物质可直接对细菌进行鉴定，目前比较成熟的技术有聚合酶链式反应(polymerase chain reaction，PCR)、基因探针杂交等。常规的细菌学检测需要几天时间，而PCR可将检测时间缩短至几小时以内。

1. PCR技术

根据病原体基因的保守序列设计引物，细菌标本经过裂解释放出DNA作为模板，然后加入特异性引物、核苷酸、DNA聚合酶及缓冲液，即可在PCR仪上进行扩增反应。经过30个左右的循环后，扩增产物可通过琼脂糖凝胶电泳观察扩增结果，从而判定病原的有无。PCR简便、快速，尤其适用于一些生长缓慢(如结核分枝杆菌、支原体等)和难于培养的细菌。后来发展的实时荧光定量PCR进一步提高了检测的灵敏度。

2. 基因探针技术

利用核酸碱基配对的严格特异性和核酸标记物的敏感性而建立的检测核酸的方法。首先用标记物标记细菌基因组或质粒DNA上的特异性片段制备核酸探针，待检标本经一定处理后，可使细菌DNA固定于固相表面，经裂解变性、预杂交和杂交后，DNA探针可与同源靶DNA发生特异性结合。利用探针上标记物产生的信号进行判断。近年来发展起来的地高辛标记、生物素标记以及荧光素标记等非同位素探针解决了同位素标记探针的污染和不能保存的缺陷，从探针标记到杂交都很方便。

（八）细菌的抗体检测

动物受病原菌感染后，经一定时间产生抗体。用已知细菌或其成分作为抗原，检测患病动物或康复动物体内有无相应抗体，可辅助诊断。如生产中用到的鸡白痢平板凝集抗原、检测布氏杆菌的虎红平板凝集抗原等。正常动物机体如已经受过某些病原菌隐性感染或进行过疫苗接种，血清中可能含有针对该病原菌的抗体，因此一般要有抗体效价升高或随病程递增才有参考价值。有些患病动物因早期使用抗生素治疗，细菌在体内繁殖不多，机体可不产生抗体，因而并非每一个个体均有抗体效价升高的表现。然而当病原菌未被检出时，有些患病动物仍可通过血清抗体效价的升高予以诊断，因此细菌检测与抗体检测是相互辅助的诊断方法。

第二节　细菌性传染病的特异性免疫预防

控制动物传染病最主要的手段是预防，而接种疫苗被认为是最行之有效的预防措施。目前疫苗在病毒性传染病的预防上应用非常广泛。对于细菌性感染，首先考虑的还是抗菌药物。随着细菌耐药性的增强以及国家对兽医临床用药的管控，抗生素的选择范围越来越窄，细菌疫苗开始受到关注。细菌的很多成分具有抗原性，其结构抗原主要存在于细胞壁、鞭毛、菌毛和荚膜等，这些成分可以刺激机体产生保护性免疫应答。菌苗就是将病原菌及其代谢产物，经过人工致弱、灭活或利用基因工程方法，制成用于预防传染病的生物制剂。根据技术特点可分为传统菌苗和新型菌苗。传统菌苗主要包括减毒活菌苗和灭活菌苗，新型菌苗则以基因工程菌苗为主。

一、传统菌苗

(一)减毒活菌苗

除自然分离的弱毒株外,大多数弱毒株是通过人工致弱强毒制成的。虽然弱毒苗的毒力已经减弱,但仍然具有抗原性,并能在体内增殖,较少的免疫剂量就能诱导产生坚实的免疫力,并能诱导产生细胞免疫。弱毒苗不需使用佐剂,不影响动物产品品质,免疫期较长。弱毒苗虽具有上述优点,但在保存和运输过程中都需要冷链,这会带来诸多不便,生产中也会出现因为保存运输不当而影响疫苗免疫效果的情况。制成冻干苗可大大延长其保存期。

(二)灭活菌苗

经过物理方法或化学方法处理而杀死细菌制备的疫苗。1886 年,Salmon 和 Theobald Smith 证明了用加热灭活的鸡霍乱菌也同样具有免疫力,首创了灭活菌苗。由于灭活菌苗接种后病原菌不能在动物体内繁殖,因此接种剂量较大,需多次注射,需要加入佐剂来提高免疫效果。但灭活菌苗免疫不产生细胞免疫,且只能通过注射途径。灭活菌苗的优点是研制周期短、安全无毒,便于制备多价苗和多联苗,易于保存运输。目前使用的灭活菌苗包括以下几类。

1. 油乳剂灭活菌苗

是以矿物油为佐剂与灭活的菌体抗原液混合乳化制成。

2. 氢氧化铝胶灭活菌苗

是将灭活的菌体抗原液加入氢氧化铝胶制成。铝胶苗制备比较方便,免疫效果良好,但容易在体内形成结节,影响肉品质量。生产中用到的铝胶苗,如禽出败铝胶苗、鸡传染性鼻炎铝胶苗等都具有良好的免疫效果。

3. 蜂胶灭活菌苗

以蜂胶为佐剂与灭活菌体抗原混合制成。蜂胶能增强机体免疫功能和促进组织再生,注射部位不会形成肿胀、坏死和残留。如兔病毒性出血症病毒与多杀性巴氏杆菌二联蜂胶灭活苗。

4. 组织灭活菌苗

有病变组织灭活苗和鸡胚组织灭活苗两种。病变组织灭活苗是用患病死亡动物的典型病变组织,经研磨、过滤、按一定比例稀释并灭活后制备而成。这种苗多为自家苗,即用于发病本场。此类疫苗因病原目的性明确,往往会对疾病起到良好的控制效果,但多为未经注册批准的正式产品,只能在非常情况下经相关部门批准使用。

5. 菌影疫苗

革兰阴性菌可通过基因工程手段或理化方法处理,在菌体细胞膜形成跨膜通道,将胞质内容物排出而形成菌影。由于菌影仍然保持细胞表面结构的完整性,并且不存在返强的风险,可作为疫苗使用。目前已有幽门螺杆菌、李氏杆菌、鼠伤寒沙门菌、弗氏志贺菌和肠出血性大肠杆菌等菌影制备成功的报道,其中幽门螺杆菌菌影作为疫苗在临床应用中已显示出良好的免疫效果。

(三)代谢产物和亚单位菌苗

1. 代谢产物疫苗

代谢产物疫苗是利用细菌代谢产物，如毒素、酶等制成的疫苗。通常用0.3%～0.4%的福尔马林处理外毒素，使其失去毒性但仍然保留免疫原性。如预防破伤风的破伤风类毒素就是用外毒素制备类毒素的成功例子。

2. 亚单位疫苗

是分离、纯化细菌表面的有效免疫原成分制备的疫苗。细菌亚单位疫苗可用外膜蛋白、菌毛抗原来制备，如临床控制大肠杆菌引起的仔猪腹泻就是利用大肠杆菌K88、K99、987P菌毛制备的油乳剂亚单位疫苗。亚单位疫苗由于制备困难，价格昂贵，在生产中难以推广。探索更简便的方法生产亚单位疫苗，降低成本是推广该疫苗的关键。

(四)多价苗和联苗

多价苗是指将同种细菌的不同血清型混合制成的疫苗，如副猪嗜血杆菌二价灭活苗、鸭传染性浆膜炎三价灭活苗等。联苗是指将两种或两种以上的细菌组合制成的疫苗，如两三种死菌苗混合使用，也有的将病毒株与细菌株混合制苗，如猪瘟-猪丹毒-猪肺疫三联灭活苗。多价苗和联苗的使用可减少接种次数，减少接种动物的应激反应。

二、新型菌苗

新型菌苗是指利用生物技术手段制备的分子水平的疫苗。

(一)基因工程减毒菌苗

其基本思路是逐步缺失主要毒力因子基因，保留保护性抗原基因，在毒力和保护力之间达到平衡。基本操作程序是：①克隆毒力因子基因；②根据DNA序列和基因功能，构建基因缺失突变子；③将突变子克隆入自杀质粒；④将带有基因缺失突变子的自杀质粒转入野生株；⑤选择发生了同源重组、毒力基因缺失的菌株。利用此技术构建的霍乱弧菌系列菌株，已证明是安全有效的。美国学者通过缺失鼠伤寒沙门菌的环磷酸腺苷(cAMP)和cAMP受体蛋白(CRP)发现，缺乏这些基因的菌株生长良好，完全无毒力，克服了突变株难以在培养基中生长的缺陷。

(二)基因工程重组活菌苗

基本思路是分离、克隆主要保护性抗原基因，使其在合适载体中高效表达。要求所选择的保护性抗原单独具有较强的保护作用，如将编码霍乱弧菌LPS菌体抗原与霍乱毒素B亚单位基因分别克隆，导入大肠杆菌与伤寒杆菌中，显示具有较好的保护作用。

(三)基因工程亚单位菌苗

利用DNA重组技术，将编码病原微生物保护性抗原的基因导入受体菌，使其在受体细胞中高效表达，分泌保护性抗原多肽，提取后加入佐剂即制成基因工程亚单位疫苗。有试验证明，用分泌毒素的胸膜肺炎放线杆菌的3个毒素基因的重组表达产物免疫动物，对于猪传染性胸膜肺炎有显著的保护力，能明显减轻临床症状和降低肺部损伤，效果优于商品化细菌灭活苗。

(四)嵌合鞭毛或菌毛

利用基因工程技术,将保护性抗原编码抗原表位的 DNA 序列插入鞭毛基因,人工构建嵌合鞭毛。嵌合鞭毛既可刺激机体产生抗鞭毛抗体,也可刺激机体产生抗外源表位的抗体。嵌合菌毛的构建原理与嵌合鞭毛类似。已有利用大肠杆菌 CS3 菌毛为载体,插入 CFB 亚单位抗原表位的报道。上述设计,应考虑到插入位置和插入成分对菌毛亚单位或鞭毛蛋白高级构象的影响。

(五)菌苗的载体菌

1. 大肠杆菌

大肠杆菌的遗传背景研究得比较清楚,几乎所有的抗原基因都可以用大肠杆菌为载体菌表达各种抗原。但使用大肠杆菌作为载体菌苗也有缺陷:①大肠杆菌的转录和翻译装置只能识别部分病原体基因表达信号;②一些生物合成途径复杂的抗原在大肠杆菌中不能合成;③大肠杆菌只能将表达蛋白分泌到周质间隙;④常用的大肠杆菌菌株仅在肠道定居比较短的时间,不足以刺激有效免疫反应。

2. 沙门菌

沙门菌作为菌苗载体的优点是它能通过消化道将特异性抗原带到肠道淋巴组织,刺激黏膜免疫、体液免疫和细胞免疫。通常以小鼠作为研究沙门菌菌苗载体的动物模型。已有在沙门菌建立鞭毛表达系统的报道。

3. 卡介苗

卡介苗可作为多价菌苗载体菌,具有并发症少、单次免疫可诱导 3～5 年细胞免疫的特点。已在卡介苗中建立了多种基因转移系统,如分枝杆菌噬菌体衍生的基因转移系统、分枝杆菌质粒衍生的基因转移系统、同源重组基因转化系统等。

4. 其他细菌

某些生理性细菌,如乳酸杆菌能在肠道中定植,并具有调节肠道微生态平衡的作用。如果用此类细菌为载体菌,更加安全,但由于对这些菌的遗传背景研究的不充分,尚待进一步研究。

三、菌苗效果的评价

菌苗效果评价的内容包括安全性、抗原性、保护性、稳定性等。常选择免疫学方法测定菌苗效果。有的菌苗免疫后可测得较高抗体,但并不代表可以抵抗再感染。菌苗考核最准确的指标应是对敏感动物、本体动物的免疫保护力。真正的效果要在疾病发生时,在现场对动物群体进行观察。理想的菌苗应具备以下特点:①安全,副作用小;②能产生良好和持久的免疫保护;③活菌苗应采用与自然感染相似的途径;④肠道菌苗应能在肠道定居足够时间,诱导局部黏膜免疫反应;⑤对抗生素敏感。

传染病的预防除了用疫苗进行人工主动免疫外,尚可通过人工被动免疫进行紧急预防和治疗。人工被动免疫的方式包括以下几种:

（一）母源抗体的抗感染保护作用

幼龄动物免疫系统不健全，对病原微生物感染的抵抗力较弱，可通过获取母源抗体来增强自身抵抗力，以保证早期的生长发育。例如，给产前怀孕母猪接种大肠杆菌 K88 疫苗，可使新生仔猪避免致病性大肠杆菌引起的仔猪黄痢。

母源抗体虽然在抗感染免疫中发挥重要作用，但对疫苗免疫存在干扰作用，尤其是对弱毒苗的干扰更严重。因此，在制定免疫程序时，应当考虑母源抗体的影响。

（二）免疫治疗剂

1. 免疫血清

利用某种抗原对同一动物进行多次接种，使之产生高效价抗体，经采血分离血清制备而成。抗菌和抗毒素血清多为免疫异种动物制备的异种血清。通常用马、牛等大动物制备，如破伤风抗毒素多用健壮的青年马制备，猪丹毒抗血清多用牛制备。临床应用中，以抗毒素进行紧急预防和治疗的效果最为显著。破伤风抗毒素、白喉抗毒素等在病初症状尚不明显时使用疗效十分显著。临床上也有使用康复动物血清进行治疗的方法，因血清中可能有病原存在，有散毒危险，故应慎重使用。

高免血清使用时应注意：①尽早使用，以便毒素在未达到侵害部位之前，就被中和而失去毒性；②多次足量，免疫血清治疗维持时间短，因此必须多次足量注射才能获得良好效果；③途径适当，只能注射，不能口服，通常皮下或肌肉注射；④防止过敏，异种动物免疫血清使用时可能会引起过敏反应，要注意预防，最好事先脱敏，使用提纯制品可减少过敏风险。

2. 细胞因子

细胞因子是近年来研制的新型免疫治疗剂和免疫佐剂，是由多种细胞分泌的一大类有生物活性物质的统称。主要有白细胞介素、干扰素、肿瘤坏死因子等。细胞因子作为细胞间相互作用的介质，对免疫应答的发生、调节及效应均起重要作用。在非特异性免疫疗法中，细胞因子作为效果最好的免疫佐剂可提高机体的免疫活性水平。IFN-α 可显著提高感染动物的存活率，活化巨噬细胞的杀菌能力，促进沙门菌的清除。

第三节　细菌性传染病的治疗

在畜禽传染病的治疗过程中，既要考虑病原体因素，消除其致病作用，又要帮助动物机体增强抗病力和调整、恢复生理功能。因而细菌性传染病的治疗可分为针对病原的治疗和针对动物的治疗两大方面。针对病原的治疗可分为化学疗法、特异性疗法和新型抗菌制剂疗法。

一、化学疗法

使用有效的化学药物帮助动物机体消灭或抑制病原的治疗方法，称为化学疗法。在畜牧业生产中，抗生素使用非常普遍。一些临床常见抗菌药物的特性见表 5-1。

表 5-1　兽医临床常见抗菌药物的特性

药物	基本效应	抗菌谱	副作用
氨苄青霉素	杀菌	广谱(G^+菌和部分G^-菌)	变态反应(腹泻、贫血)
氟苯尼考	抑菌	广谱(G^+菌和G^-菌、立克次体和衣原体)	抑制骨髓功能、变态反应
环丙沙星	杀菌	广谱(G^+菌和部分G^-菌)	胃肠不适、变态反应
林可霉素	抑菌	窄谱(G^+厌氧菌)	腹泻
红霉素	抑菌	窄谱(G^+菌,支原体)	胃肠不适、肝损害
庆大霉素	杀菌	窄谱(G^-菌)	变态反应、听力受损、肾损害
青霉素	杀菌	窄谱(G^+菌)	变态反应
多黏菌素 B	杀菌	窄谱(G^-菌)	肾损害、神经中毒性反应
链霉素	杀菌	广谱(G^+菌和G^-菌,分枝杆菌)	变态反应、听力受损
多西环素	抑菌	广谱(G^+菌和G^-菌、立克次体和衣原体)	胃肠道不适和肝损害
磺胺	抑菌	广谱(G^+菌和G^-菌)	变态反应(肾和肝损害、贫血)
三甲氧苄氨嘧啶	杀菌	广谱(G^+菌和G^-菌)	变态反应、皮疹、血细胞减少
万古霉素	杀菌	窄谱(G^+菌)	中性粒细胞减少症、肾损害、变态反应

注:G^+表示革兰阳性;G^-表示革兰阴性。

用抗菌药物治疗细菌性感染时,药物并非迅速扩散至全身各处,多种因素会影响到药物的疗效。首先,药物必须能够到达感染部位,适宜的给药途径至关重要,如氨基糖苷类抗菌素不能很好地从肠道吸收,不适合饮水途径给药治疗全身性感染;其次,对药物敏感期的细菌效果显著,如青霉素类药物只影响生长和分裂活跃的细菌,对休眠状态的细菌没有很好的治疗效果(抗菌药物的作用机理见图 5-2);最后,给药剂量必须大于细菌的 MIC 值时方能有效。体内药物所达到的浓度有赖于给药剂量、途径、摄入速度、药物从体内清除和排泄的速率等,如药物在吸收的长时间内缓慢排泄,则能维持更长时间的高浓度,对细菌感染的治疗更有意义。综上所

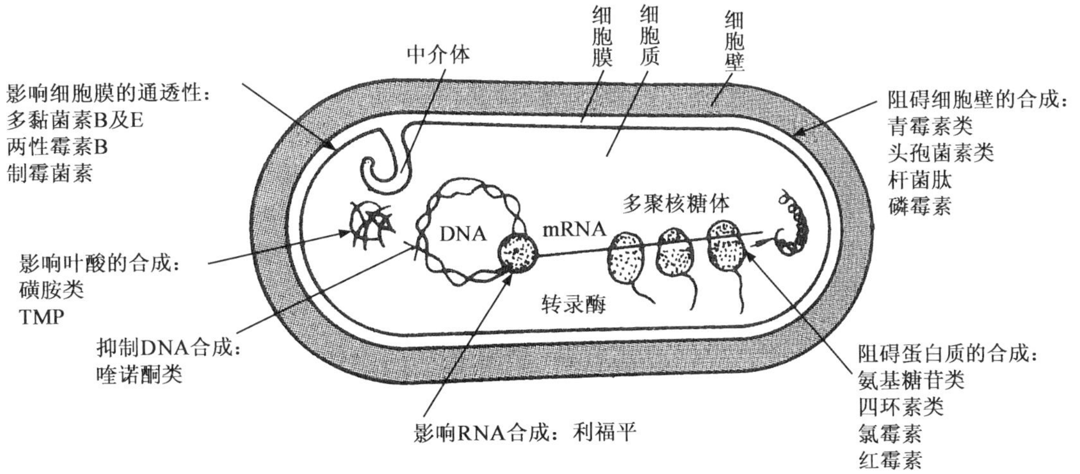

图 5-2　抗菌药物的作用机理(引自:陈杖榴主编《药理学》)

述，抗菌药物使用时应注意以下几点：①掌握抗生素的适应症：最好以病原菌进行药敏试验，选择敏感药物应用；②考虑药物的用量、疗程、给药途径、不良反应、经济价值；③适宜情况下可联合用药。联合应用抗菌药的目的主要在于扩大抗菌谱，增强疗效，降低或避免毒副作用，减少或延缓耐药菌株的产生。联合用药可考虑在下列情况下应用：用一种药物不能控制的严重感染或混合感染；病因不明而又危及生命的严重感染；容易出现耐药性的细菌感染；需要长期治疗的慢性疾病。

二、细菌的耐药性

细菌对抗菌药物的耐药性除了固有耐药外，还可因多次接触抗菌药物，产生结构、生理及生化功能的改变，形成具有抗药性的变异株而对药物的敏感性下降或消失。病原菌对一种药物产生耐药性后，往往对同一类的其他药物也具有耐药性。耐药性不但可以遗传给子代，而且还可以交叉传递给其他敏感菌，导致敏感菌演变为耐药菌。

耐药性的产生是抗菌药物在兽医临床应用中的一个严重问题。临床上最为常见的耐药性是通过质粒介导的。耐药质粒在微生物之间可通过转化、转导、接合、转座等方式转移。不同细菌的耐药性传递方式有所不同。多数细菌耐药基因的转移方式不止一种，导致耐药性可在不同种属细菌间传播，扩大了耐药性传播的范围。除质粒转移耐药性外，近年还发现基因盒—整合子转移机制，这是造成多重耐药性的重要原因。细菌产生耐药性的机制主要有以下几种(图 5-3)。

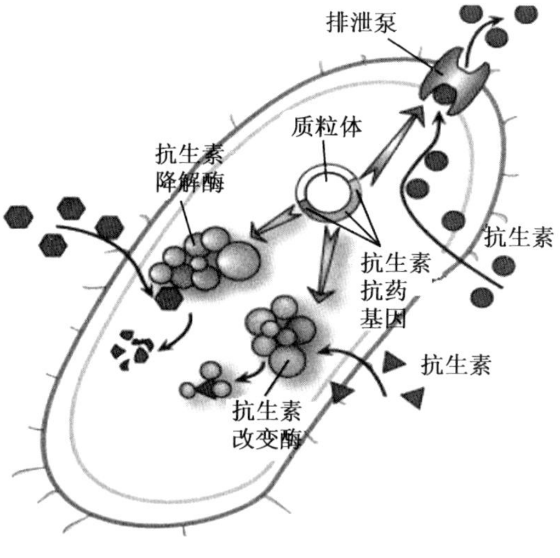

图 5-3　细菌抗药性常见的产生机制(引自：http://www.thepigsite.com)

1. 细菌产生灭活酶使药物失活

很多耐药菌株对细菌具有灭活或钝化作用，主要是细菌产生水解酶和合成酶所致。最重要的水解酶是 β-内酰胺酶类，它们能使青霉素或头孢菌素的 β-内酰胺环断裂而使药物失效。红霉素酯化酶亦为水解酶，可通过水解红霉素结构中的内酯环而使之失去抗菌活性。

合成酶又称钝化酶，位于革兰阴性细菌的周质间隙中，其功能是把相应的化学基团结合到药物分子上，钝化后的药物不能进入膜内与核糖体结合，丧失蛋白合成能力。目前发现的钝化酶主要有三大类，即磷酸转移酶、腺苷转移酶和乙酰转移酶。磷酸化酶、腺苷化酶等作用于氨基糖苷类，可使其失去抗菌活性；乙酰化酶作用于氨基糖苷类及酰胺醇类，使其乙酰化而失效。

2. 改变细菌细胞膜的通透性

药物要发挥抗菌活性，必须透过细胞壁、细胞膜才能进入菌体内，作用于特定的活性区。一些 G^- 菌对四环素类及氨基糖苷类产生耐药性主要是由于耐药菌在所携带的质粒诱导下产生膜孔蛋白，阻塞了外膜亲水性通道，使药物不能进入菌体而形成耐药性。G^- 菌如铜绿假单胞菌细胞外膜亲水通道功能的改变也会使细菌对某些广谱青霉素和第三代头孢菌素产生耐药性。

3. 作用靶位结构的改变

细菌对很多抗生素，如红霉素、链霉素、利福平、氯霉素、磷霉素等产生耐药性，均与菌体细胞的药物作用点的改变有关。由于药物作用点的结构或位置发生变化，使药物与细菌不能结合而丧失抗菌活性。已证实，耐甲氧西林金黄色葡萄球菌对 β-内酰胺类抗生素产生耐药的主要机制是由于金黄色葡萄球菌细胞膜产生了一种特殊的青霉素结合蛋白，导致与 β-内酰胺类药物的亲和力降低，可取代其功能而不被药物作用；耐红霉素的细菌，系红霉素的结合靶点——细菌核蛋白体的 50S 亚基结构发生改变导致红霉素无效；核蛋白体的 30S 亚基结构发生改变，则会导致链霉素无效。

4. 主动外排作用

细菌的外输泵构成了细菌主动外排系统。外排系统是细菌细胞膜上的一类蛋白质，在能量的支持下，可将药物选择性或非选择性排出细胞。到目前为止，按能量依赖形式可将外排系统分为两种：一种是由质子偶联交换产生的质子驱动力所介导的次级药物转运系统，细菌多通过此型表达对不同药物和金属离子的耐药性；另一种是膜转运系统与 ATP 结合，利用 ATP 水解释放的自由能排出细胞毒物质。能被细菌主动外排机制泵出菌体外引起耐药的抗菌药物有四环素类、喹诺酮类、大环内酯类、β-内酰胺类等。

5. 改变代谢途径

某些菌株产生耐药性，主要是由于形成旁路代谢。磺胺药通过与对氨基苯甲酸（PABA）竞争二氢叶酸合成酶而产生抑菌作用。对磺胺药产生耐药性，系由于有新的代谢途径产生二氢叶酸合成酶或二氢叶酸还原酶，而这些酶不为磺胺所抑制。金黄色葡萄球菌多次接触磺胺药后，其自身的 PABA 产量增加，可达原敏感菌产量的 20～100 倍，后者与磺胺药竞争，使磺胺药的作用下降或消失。

三、特异性治疗

应用针对某种传染病的高免血清、康复动物血清等特异性生物制品进行治疗，由于这些制品只对某种特定的传染病有效，而对他种病无效，故称为特异性疗法。具体内容见本章第二节。

四、新型抗菌制剂疗法

随着细菌耐药性愈演愈烈，现有抗菌药物对一些细菌性感染已经无能为力。所以人们正在以全新的视角研究和开发新型抗菌制剂，其中比较活跃的有抗菌肽、治疗性噬菌体、微生态制剂和植物源抗菌剂。

(一)抗菌肽

抗菌肽，又称防御素，是存在于动物体液系统中的一类重要的天然抗感染活性多肽，其抗菌谱广泛，不仅对许多 G^+ 菌、G^- 菌、酵母菌和一些有囊膜的病毒有杀灭作用，还对支原体、衣原体及一些肿瘤细胞具有杀伤作用。抗菌肽耐热，100℃ 30 min 不破坏抗菌活性；对原核细胞具有很高的杀菌活性，而对真核生物的正常细胞则无明显毒副作用。抗菌肽是通过物理作用破坏细胞膜结构，导致细胞内含物泄漏和瓦解跨膜电势造成细胞膜穿孔而达到抗菌效果，所以抗菌肽不易诱导耐药菌株的产生。

从天然资源中提取抗菌肽成本高、得率低、提取工艺繁琐。目前，研究者们寄希望于通过基因工程技术生产抗菌肽，以满足科研及临床前试验的需要。已有报道关于抗菌肽通过大肠杆菌和酵母菌进行表达的研究，并在某些动物实验中显示出良好的作用效果。抗菌肽一般是小分子肽，很容易进入体内发挥作用，但抗菌肽的效果也会受到半衰期、起效剂量、给药次数等因素影响。为解决抗菌肽容易被蛋白酶降解的问题，目前有各种各样的修饰形式，如连接上脂肪酸、氨基酸，氟化、酰化以及用 D 型氨基酸代替 L 型氨基酸等。此外，抗菌肽提取纯化技术的提高、稳定性和免疫反应性等问题的解决将为更多的抗菌肽进入临床应用提供机会。

(二)治疗性噬菌体

噬菌体属于细菌病毒，可特异性通过菌体表面受体侵入细菌内，在菌体细胞内大量增殖后，通过溶菌酶作用破坏细胞壁使细菌裂解。因而，可利用噬菌体特异性杀死细菌的特性，进行细菌性感染的治疗。第一次公开报道的噬菌体治疗是在 1921 年治疗葡萄球菌性皮肤感染。在波兰，医生用噬菌体治疗金黄色葡萄球菌、铜绿假单胞菌、肺炎球菌、大肠杆菌的成功率可达 90%。尽管如此，由于噬菌体治疗中仍存在很多问题，包括宿主谱狭窄、纯度不高、稳定性差等，这一治疗方法一度被搁置，直到近年来细菌出现的严重耐药性才鼓励人们继续研究。2006 年，美国食品和药物管理局首次批准李氏杆菌的噬菌体作为肉类食品添加剂。也有一些噬菌体产品显示出良好的治疗效果，如格鲁吉亚医学研究中心开发的 PhageBioDerm 创可贴、Coladerm 喷剂；美国 ContraFect 公司开发的治疗金黄色葡萄球菌感染的裂解酶产品，已完成 I 期临床；国内有针对仔猪黄白痢等肠道感染的噬菌体口服制剂出售。噬菌体只破坏目的菌，高度的特异性可以说是噬菌体治疗的局限，为解决这一问题，很多学者进行了宽裂解谱噬菌体的筛选和鸡尾酒疗法的尝试。目前的研究热点主要集中在强裂解噬菌体的筛选和纯化、分离纯化噬菌体自身产生的裂解酶用于治疗、筛选可在体内存活时间长的噬菌体、研究裂解酶结合位点为新药研发提供依据等方面。

(三)植物源抗菌剂

植物源抗菌剂就是指天然具有抗菌作用的植物或从天然植物中提取的抗菌制剂。具有天然抗菌作用的植物有很多，如芦荟、茶叶、鱼腥草、甘草等。还有一些具有天然抗菌作用的中草药，如黄芩、连翘、金银花、穿心莲、艾叶、马齿苋、大蒜等都含有杀菌物质，其中有的已制成注射液或方剂。近年来，植物精油作为天然抗菌物质受到广泛关注。许多植物精油具有抗菌活性强，毒副作用小，安全性高，提高饲料利用率并能改善肠道正常菌群等功效，因而有望开发为一类具有抗菌功能的新型治疗剂或饲料添加剂。其中研究较多的有牛至油、大蒜素、肉桂醛、薄荷油、丁香油、桉树油等。目前在国家允许使用的饲料添加剂品种中的植物精油只有牛至油和大蒜素。植物精油从天然植物中提取，成本高、产率低，目前多是通过人工合成获得，合成方法包括水蒸气蒸馏法、溶剂提取法、超临界 CO_2 流体提取法、亚临界水提取法以及一些辅助提取技术等。但人工合成又存在与天然构象差异的问题，所以目前的研究热点主要集中在植物精油的提取方法和使用剂型上。如何保证植物精油的抗菌效果，又能解决动物适口性问题是植物精油推广应用的关键。

（四）微生态制剂

微生态制剂是指具有广谱、非特异性抗菌、杀菌及促进机体生长代谢的作用，并能快速构建肠道微生态平衡的一类制剂。目前微生态制剂已被广泛应用于饲料、农业、医药保健和食品等领域。在未来，微生态制剂作为遵循生态环境自然循环法则的无公害制剂，将是添加剂行业的一种发展趋势。

微生态制剂种类繁多，根据作用不同可分为生长促进剂、微生态治疗剂、微生态多功能制剂及降低环境污染四大类。其中作为治疗剂的微生态制剂多以乳杆菌、蜡样芽胞杆菌、枯草杆菌、地衣芽胞杆菌和巨大芽胞杆菌等需氧菌为主，可替代抗生素治疗细菌性疾病，减少药物残留和富集。目前，微生态制剂已在生产中有广泛应用，比如作为发酵床菌种用于动物的环保养殖。微生态制剂有其他药物不可替代的优点，即“患病治病，未病防病，无病保健”的效果。目前需要解决的主要问题是如何降低成本，而菌株的优选和搭配是影响其发挥作用的关键。

五、针对动物体的疗法

（一）加强护理

护理是治疗的基础。动物传染病的治疗，应在严格隔离的畜禽舍中进行；注意防寒、防暑；隔离舍光线充足，安静，干燥，通风良好，随时消毒；供给充足的清洁饮水和易于消化的高质量饲料，少喂勤添，必要时可人工灌服；根据病情可应用葡萄糖、维生素或其他营养物质。

（二）对症治疗

在传染病治疗中，为了缓解或消除某些严重症状，调节或恢复机体的生理机能而进行的内外科疗法，均为对症治疗。如使用退热、止痛、止血、镇静、兴奋、强心、利尿、轻泻、止泻、防止酸中毒和碱中毒、调节电解质平衡等药物以及某些急救手术和局部治疗等，都属于对症治疗的范畴。

复习思考题

1. 病料采集应注意哪些事项？
2. 以兽医临床常见细菌为例，说明细菌病实验室诊断的一般程序。
3. 简述新型细菌疫苗的种类及原理。
4. 抗菌药物使用过程中有哪些注意事项？
5. 阐述细菌产生耐药的机理。
6. 试述新型抗菌制剂的种类及原理。

第六章 球 菌

【内容提要】球菌种类繁多，能引起动物疾病的重要球菌为葡萄球菌属和链球菌属的细菌。致病性金黄色葡萄球菌在血琼脂培养基上能形成β溶血环，在卵黄甘露醇食盐琼脂培养基上能产生晕环，致病因子包括荚膜、黏附因子、SPA蛋白、葡萄球菌溶血素、杀白细胞素、葡萄球菌肠毒素等。其中SPA蛋白还可用于免疫诊断。引起的动物疾病常见有牛葡萄球菌性乳腺炎、猪渗出性皮炎、禽葡萄球菌病、犬脓皮症等。链球菌可根据溶血特性、抗原特性及基因结构进行分类。在血琼脂培养基上产生β溶血环的链球菌致病力强。链球菌常见的致病因子有溶血素、外毒素、M蛋白、透明质酸酶及链激酶等。链球菌属中能引起动物疾病的主要有猪链球菌、无乳链球菌、化脓性链球菌、肺炎链球菌等。猪无乳链球菌、链球菌2型均可感染人。可通过形态特性观察、培养特性对两属细菌进行鉴定。肠球菌为人和动物肠道正常菌群的组成成员，但可引起鸡的败血症和心内膜炎。

第一节 葡萄球菌属

葡萄球菌属（*Staphylococcus*）细菌在显微镜下常成葡萄串状排列，故而得名。该属细菌广泛分布于人和动物的皮肤、被毛、鼻咽黏膜、肠道等部位，是引起化脓性疾病有代表性的病原菌。

一、分类

根据细菌的16S rRNA分类，葡萄球菌属现在分为45个种21个亚种。其中，金黄色葡萄球菌（*Staphylococcus aureus*）等部分菌的染色体DNA的全部碱基序列已经完成测定。其DNA的（G+C）含量为30～39 mol%。根据葡萄球菌对兔血浆凝固能力的不同，葡萄球菌可分为血浆凝固酶阴性葡萄球菌（coagulase negative *Staphylococcus*，CNS）和血浆凝固酶阳性葡萄球菌（coagulase positive *Staphylococcus*，CPS）。此外，根据葡萄球菌对噬菌体的易感性可将其分为Ⅰ～Ⅴ个噬菌体群。葡萄球菌属的代表菌种有金黄色葡萄球菌（*S. aureus*）、表皮葡萄球菌（*S. epidermidis*）和腐生葡萄球菌（*S. saprophyticus*）3种。

二、形态结构

葡萄球菌为球形或稍呈椭圆形，直径0.5～2.0 μm（多在1.5 μm以下）的革兰阳性球菌。但其衰老、死亡或被白细胞吞噬后，以及耐药的某些菌株可被染成革兰阴性，易被常用的碱性染料着色。细胞壁含90%的肽聚糖和10%的磷壁酸。葡萄球菌无鞭毛，不能运动，不形成芽胞。部分菌株形成荚膜，根据荚膜抗原的不同可进行细菌分型。在显微镜下常排列成葡萄串状，也有呈单球、双球或短链状排列(图 6-1)。

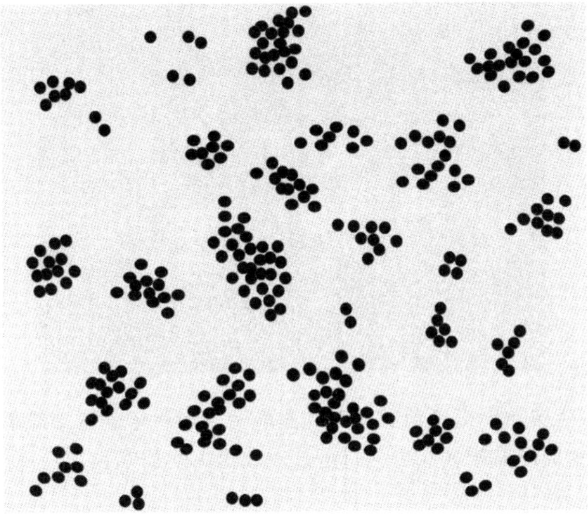

图 6-1 金黄色葡萄球菌的形态和排列(引自：日本北里大学胡东良博士原图)

三、培养性状

金黄色葡萄球菌营养要求不高，在普通培养基上生长良好，需氧或兼性厌氧。生长温度范围 5～48℃，最适生长温度 35～40℃，生长 pH 范围 4～10，最适生长 pH 为 6.5～7.5。在肉汤培养基中培养 24 h 后呈均匀混浊生长。在琼脂平板上形成圆形凸起、边缘整齐、表面光滑、湿润、有光泽、不透明的菌落，直径 0.5～1.0 mm。在含有血液和葡萄糖的培养基中生长更佳，在血琼脂平板培养基上形成较大菌落，有的菌株在菌落周围形成明显的完全透明溶血环，也有不发生溶血者。溶血性菌株大多具有致病性。

金黄色葡萄球菌有高度的耐盐性，可在含有 5%～7% NaCl 的肉汤或琼脂培养基中生长。在卵黄甘露醇食盐琼脂培养基上呈黄色菌落，菌落周围有卵黄阳性反应环，分解培养基中的甘露醇，使菌落周围培养基由红变黄(图 6-2)。因此，可用于金黄色葡萄球菌的选择性分离培养。根据细菌种类不同可产生不同的色素，使菌落呈现黄色、白色、柠檬色。色素为脂溶性。

葡萄球菌可分解葡萄糖、麦芽糖、乳糖、蔗糖，产酸不产气。金黄色葡萄球菌分解甘露醇产酸(表 6-1)。过氧化氢酶阳性，甲基红反应阳性，V-P 反应弱阳性。许多菌株可分解精氨酸，水解尿素，还原硝酸盐，液化明胶。金黄色葡萄球菌产生血浆凝固酶使血浆凝固(图 6-3)。产生分解明胶的蛋白水解酶、降解吐温 80 的脂肪酶。

金黄色葡萄球菌有很强的耐干燥性，在低水活度(A_w 0.86)的食品和环境中亦可生长，在干燥环境下可存活数周。该菌具有较强的抵抗力，对一些抗菌素易产生耐药性。由于细胞壁具有甘氨酸肽聚糖的特殊结构，一般的溶菌酶不能裂解葡萄球菌细胞壁。但溶葡球菌酶可通过切割胞壁中的甘氨酸结合键，裂解细胞壁使其溶菌。葡萄球菌对碱性染料敏感，十万分之一的龙胆紫溶液即可抑制生长。

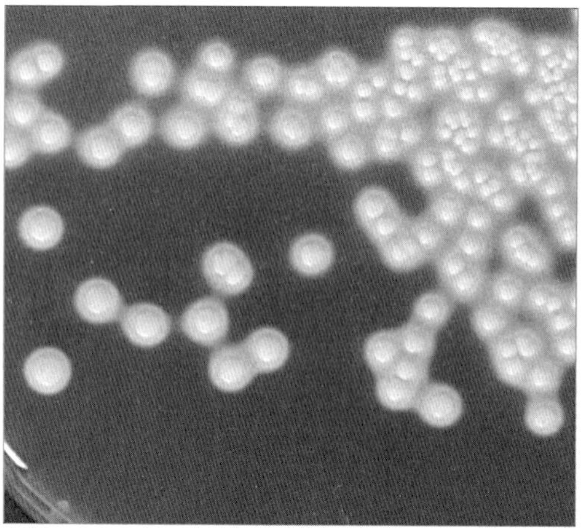

图 6-2 金黄色葡萄球菌在卵黄甘露醇食盐琼脂培养基上的菌落及其周围的卵黄阳性反应(引自:日本北里大学胡东良博士原图)

表 6-1 血浆凝固酶阳性葡萄球菌及其主要生物化学特性

菌种名	触酶	溶血	碱性磷酸酶	甘露醇	耐热核酸酶	脲酶	氨基酸	VP	耐新生霉素
金黄色葡萄球菌金黄色亚种	+	+	+	+	+	V	+	+	−
金黄色葡萄球菌厌氧亚种	−	+	+	ND	+	ND	ND	−	−
海豚葡萄球菌	+	V	+	(+)	−	+	+	−	−
中间葡萄球菌	+	V	+	d	+	+	V	−	−
水獭葡萄球菌	+	+	+	d	(+)	+	−	−	−
假中间葡萄球菌	+	V	(+)	(+)	+	+	V	−	−
猪葡萄球菌	+	−	+	−	+	V	+	−	−
施氏葡萄球菌	+	(+)	+	d	+	+	+	+	−

图 6-3 金黄色葡萄球菌的血浆凝固酶试验
(引自:日本北里大学胡东良博士原图)

四、致病因子

金黄色葡萄球菌的致病因子，包括细菌细胞表面的荚膜、黏附因子及分泌到细菌胞外的各种毒素和酶类等。

1. 荚膜

金黄色葡萄球菌的临床分离菌株绝大多数具有荚膜，尤其是从败血症中分离的菌株及耐甲氧西林菌株具有较高的荚膜保有率。荚膜多糖具有抗原性，现分为 11 个荚膜抗原型。从临床分离的菌株大多属于荚膜抗原 5 型或 8 型。细菌荚膜具有抵抗宿主吞噬细胞的捕捉和吞噬作用。

2. 葡萄球菌 A 蛋白

葡萄球菌 A 蛋白(staphylococcal protein A，SPA)是存在于金黄色葡萄球菌细胞壁表面的一种单链蛋白，分子量为 42 ku，与细胞壁肽聚糖呈共价结合。SPA 可与人及多种哺乳动物血清中 IgG 的 Fc 段结合，从而抑制抗体的生物活性，妨碍机体免疫系统对细菌的排除。SPA 也有抗吞噬作用。此外，还能激活补体替代途径。在临床试验诊断上，可利用 A 蛋白能与抗体 Fc 段结合这一特性，将含 A 蛋白的金黄色葡萄球菌作为载体，进行协同凝集试验，来检测相应的特异性抗原。

3. 黏附因子

黏附因子(fixation factor)是指存在于金黄色葡萄球菌细胞壁上的部分蛋白质和脂磷壁酸。如细胞壁上的分子量为 210 ku 的纤连蛋白结合因子。该因子通过结合宿主细胞表面的纤连蛋白和血液中游离的纤连蛋白，协助并促进细菌进入宿主细胞，增强细菌的致病性。

4. 葡萄球菌溶血素

葡萄球菌溶血素(staphyolysin)的化学成分为蛋白质，主要分为 α、β、γ、δ 4 种。其中，α 溶血素对人和动物有较强的致病作用，其分子量为 36 ku，不耐热，65℃ 30 min 即可破坏。对兔和绵羊红细胞有强烈的溶血破坏作用，也可破坏白细胞、血小板和干细胞。α 溶血素还能使小血管收缩，导致局部缺血和坏死，并能引起平滑肌痉挛。α 溶血素具有良好的抗原性，经甲醛处理可制成类毒素。β 溶血素是一种磷脂降解酶，在 37℃ 时吸附红细胞，在 4℃ 引起红细胞溶血。γ 溶血素为 F 和 S 两个碱性蛋白质组成的双成分毒素，可使兔、人和羊的血细胞溶血。由于琼脂和脂质可阻碍 γ 溶血素的溶血作用，所以在血琼脂平板培养基上看不到溶血环。δ 毒素是一种分子量为 1.6 kDa 的低分子、耐热性蛋白质毒素，是一种磷脂酶。通过表面活性剂样的作用，使大部分哺乳类动物的红细胞溶血、白细胞溶解。

5. 杀白细胞素

杀白细胞素(leukocidin)是一种破坏白细胞的毒素，类似于 γ 溶血素，也是一种由 F 和 S 组成的双成分毒素。Panton-Valentine leukocidin (PVL)是杀白细胞素的一种类型，作用于人和兔的多形核粒细胞和巨噬细胞。来自牛乳腺炎菌株的杀白细胞素(LukM/ LukF'-PV)对牛吞噬细胞具有很高的膜成孔能力和细胞毒性作用。该毒素有抗原性，不耐热，产生的抗体能抑制葡萄球菌的再感染。

6. 葡萄球菌肠毒素

葡萄球菌肠毒素(staphylococcal enterotoxin,SE)为分子量 19～29 ku 的胞外蛋白毒素。根据其抗原特异性的差异,曾分为 A、B、C、D、E 型(SEA～SEE)。近年通过对葡萄球菌基因解析和生物学活性实验,发现并公认有 19 个新型肠毒素(SEG～SEY),共有 24 个型。其中 C 型又进一步分为 SEC1、SEC2、SEC3 亚型。这些都是引起人类食物中毒的毒素。葡萄球菌肠毒素具有很强的耐热性和耐酸性,经 100℃煮沸 30 min 不被破坏。在食品中产生的肠毒素,一般不被常规的杀菌处理或烹饪过程所灭活。葡萄球菌肠毒素还具有强烈的超抗原活性,不需要抗原递呈细胞加工就能直接与宿主的抗原呈递细胞上的主要组织相容性复合物 MHC Ⅱ类分子和 T 细胞上的 TCR 结合,在短时间内激活大量的 T 细胞,然后释放出过量的炎性细胞因子,引起体内平衡失调,导致高烧,发红,休克和多器官衰竭等。

7. 毒性休克综合征毒素-1

毒性休克综合征毒素是金黄色葡萄球菌分泌的分子量为 22 ku 的胞外蛋白毒素。其物理和化学性质与肠毒素非常相似,故曾被称为 SEF,但因它不具有呕吐活性,后被更名为毒性休克综合征毒素-1(toxic shock syndrome toxin-1,TSST-1)。TSST-1 也是典型的细菌性超抗原毒素,引起人和动物的发热、皮疹、多器官衰竭等。

8. 表皮剥脱毒素

表皮剥脱毒素(exfoliatin)是主要由猪葡萄球菌(*S. hyicus*)和金黄色葡萄球菌产生的分子量为 27 ku 的蛋白毒素,又称表皮溶解毒素(epidermolytic toxin)。可分 A、B 两个血清型。许多毒素产生菌株可同时产生 A、B 两型毒素。其中 A 型毒素具有耐热性,可耐受 100℃ 20 min 加热,其基因位于染色体上。而 B 型毒素不耐热,可在 60℃加热 30 min 后失活,其基因位于质粒上。表皮剥脱毒素是引起猪渗出性皮炎的原因毒素,也是引起人的葡萄球菌性烫伤样皮肤综合征(staphylococcal scalded skin syndrome,SSSS)的毒素,主要发生于新生儿和婴幼儿。

9. 血浆凝固酶

血浆凝固酶(coagulase)是分子量为 64 ku、可凝固血浆的蛋白酶。能使含有枸橼酸钠或肝素抗凝剂的人或兔血浆发生凝固。可根据其抗原差异分为Ⅰ～Ⅷ个血清型。血浆凝固酶耐热,粗制品 100℃ 30 min 或高压灭菌后仍保持部分活性,但易被蛋白分解酶破坏。血浆凝固酶与血浆中的凝血酶原结合,改变其构象,使其形成凝血酶样物质。凝固酶有两种,一种是分泌至菌体外的,称为游离凝固酶(free coagulase)。其作用类似凝血酶原,可被人或兔血浆中的协同因子(cofactor)激活,变成凝血酶样物质后,使液态的纤维蛋白原变成固态的纤维蛋白,从而使血浆凝固。另一种凝固酶是结合于菌体表面的,称为结合凝固酶(bound coagulase)或凝聚因子(clumping factor)。在细菌表面起纤维蛋白原的特异受体作用,当细菌混悬于人或兔血浆时,纤维蛋白原与菌体受体交联而使细菌凝聚。游离凝固酶采用试管法检测,结合凝固酶则以玻片法测试。

10. 耐药性质粒

葡萄球菌属的细菌可从质粒的水平传播中获得对 β-内酰胺类抗生素具有耐药性的基因

*mec*A 和 *mec*C。该基因位于葡萄球菌盒式染色体(SCC*mec*)上,具有可移动性。当金黄色葡萄球菌获得 SCC*mec* 后,即可成为耐甲氧西林金黄色葡萄球菌(methicillin-resistant *S. aureus*, MRSA)。由于 MRSA 可产生比甲氧西林结合蛋白(PBP2)分子大的变异体蛋白(PBP2'),该变异蛋白 PBP2'对甲氧西林的结合亲和力明显降低,使甲氧西林不能结合菌体,丧失其抗菌作用。

11. 其他致病因子

金黄色葡萄球菌还可产生葡激酶(staphylokinase),可激活血清中的纤溶酶原,形成纤溶酶,导致纤维蛋白溶解。葡激酶可使血浆凝固酶引起的血浆凝聚块溶解,并使细菌凝块分解,从而使细菌扩散感染。金黄色葡萄球菌还可产生耐热性核酸降解酶(DNA 酶和 RNA 酶),其中 DNA 酶能耐受高温,可作为鉴定金黄色葡萄球菌的依据之一。金黄色葡萄球菌还产生脂肪酶,在卵黄甘露醇食盐琼脂平板上,使菌落周围形成晕环,称为卵黄反应(图 6-2)。此外,还产生其他一些磷酸酶、蛋白酶和脂肪酶等,参与宿主蛋白质、核酸或脂质的分解过程,破坏周围组织,使细菌在机体内扩散。

五、病原性及致疾病

金黄色葡萄球菌分布在动物的皮肤和黏膜上,通常与宿主为共生状态。但是,当机体的体表和黏膜层屏障被破坏,细菌侵入体内发挥其潜在的病原性,引起各种动物和人的急性或慢性疾病(表 6-2)。

表 6-2　兽医学及医学上重要的葡萄球菌及其引起的疾病

<table>
<tr><th>血浆凝固酶</th><th>菌种</th><th>学名</th><th>感染(分离)宿主</th><th>所致疾病</th></tr>
<tr><td rowspan="7">阳性</td><td rowspan="3">金黄色葡萄球菌</td><td rowspan="3">S. aureus</td><td>人</td><td>中耳炎、脑膜炎、骨髓炎、尿路感染、败血症、剥脱性皮炎、食物中毒、中毒性休克综合征</td></tr>
<tr><td>牛、猪、羊、犬和猫等</td><td>各种化脓性疾病、乳腺炎(牛、羊)</td></tr>
<tr><td>鸡</td><td>水肿性皮炎、骨髓炎、关节炎、腱鞘炎、脚垫肿</td></tr>
<tr><td>海豚葡萄球菌</td><td>S. delphini</td><td>海豚、马、骆驼、黄鼠狼</td><td>化脓性皮肤病灶</td></tr>
<tr><td>中间葡萄球菌</td><td>S. intermedius</td><td>犬、牛</td><td>脓皮症、皮肤及耳感染(犬)、乳腺炎(牛)</td></tr>
<tr><td>水獭葡萄球菌</td><td>S. lutrae</td><td>水獭</td><td>皮肤感染</td></tr>
<tr><td>假中间葡萄球菌</td><td>S. pseudintermedius</td><td>马、猫、犬、鹦鹉</td><td>宠物的皮肤黏膜感染、耳感染</td></tr>
<tr><td rowspan="4">阳性/阴性</td><td rowspan="3">猪葡萄球菌</td><td rowspan="3">S. hyicus</td><td>猪</td><td>渗出性皮炎或关节炎</td></tr>
<tr><td>牛</td><td>黄牛乳腺炎(罕见)</td></tr>
<tr><td>禽</td><td>关节炎</td></tr>
<tr><td>施氏葡萄球菌</td><td>S. schleiferi</td><td>犬</td><td>外耳炎</td></tr>
</table>

续表 6-2

血浆凝固酶	菌种	学名	感染(分离)宿主	所致疾病
阴性	阿尔莱特葡萄球菌	*S. arlettae*	马	皮肤及黏膜正常菌群
	山羊葡萄球菌	*S. caprae*	山羊	皮肤及黏膜正常菌群
	产色葡萄球菌	*S. chromogenes*	牛	乳腺炎,牛皮肤及黏膜正常菌群
			猪	皮肤可检出
	表皮葡萄球菌	*S. epidermidis*	牛	乳腺炎
			人	心内膜炎、尿路感染
	马葡萄球菌	*S. equorum*	马	皮肤及黏膜正常菌群
	猫葡萄球菌	*S. felis*	猫	外耳炎、膀胱炎、伤口脓肿
	鸡葡萄球菌	*S. gallinarum*	火鸡	皮肤及黏膜正常菌群
	克氏葡萄球菌	*S. kloosii*	松鼠等	皮肤及黏膜正常菌群
	缓慢葡萄球菌	*S. lentus*	绵羊、山羊	皮肤及黏膜正常菌群
	腐生葡萄球菌	*S. saprophyticus*	猫	尿道机会感染
	松鼠葡萄球菌	*S. sciuri*	松鼠	皮肤及黏膜正常菌群
	沃氏葡萄球菌	*S. warneri*	小鹦鹉	败血症

1. 牛葡萄球菌性乳腺炎

牛葡萄球菌性乳腺炎(bovine staphylococcal mastitis)是由葡萄球菌感染引起乳腺炎的总称,其中,金黄色葡萄球菌是主要的致病菌。此外,表皮葡萄球菌(*S. epidermidis*)、产色葡萄球菌(*S. chromogenes*)等血浆凝固酶阴性葡萄球菌(CNS)也可引起奶牛乳腺炎。由于从同一牧场的不同个体牛中,可检测出相同基因型的金黄色葡萄球菌,又被称为传染性乳腺炎。细菌通常从乳头开口侵入,经过乳窦、乳导管,到达乳腺细胞。有时从乳房和乳头的受损部位进入。感染后的乳房,其乳汁产生能力和分泌功能发生障碍,乳汁中的体细胞(特别是白细胞)数增加,引起产奶量下降和牛奶质量降低。金黄色葡萄球菌所引起的乳腺炎,具有发生频率高、对抗生素治疗效果反应差的特点,是畜牧养殖业中最难防控的疾病之一。

2. 猪渗出性皮炎

猪渗出性皮炎(exudative epidermitis in pigs)是由猪葡萄球菌(*S. hyicus*)从皮肤的损伤部位感染而引起的全身性、渗出性、坏死性皮肤感染症。此外,金黄色葡萄球菌和产色葡萄球菌也能引起感染发病。细菌产生的表皮剥脱毒素与疾病发生相关。本病多发生在出生后1个月龄以内的乳猪。在感染的早期阶段出现红斑,此后可见油脂性渗出物覆盖在身体表面,皮肤呈现出汗样的外观。粪便或灰尘会黏附到渗出物上,使皮肤成为黑褐色,并散发异臭味。由于外观类似于烟灰污染,故被称为“煤烟病”。

3. 禽葡萄球菌病

禽葡萄球菌病(avian staphylococcosis)是由葡萄球菌引起禽类化脓性疾病的总称。该菌既存在于健康禽类的皮肤、羽毛、眼睑、黏膜、肠道等部位，也是家禽孵化、饲养、加工环境中的常在菌。引起感染的主要为金黄色葡萄球菌。感染鸡发生水肿性皮炎、骨髓炎、关节炎、腱鞘炎、脚垫肿、脐炎、败血症等多种疾病。其中水肿性皮炎引起的危害最为严重，大多数感染病鸡表现沉郁、腹泻、翼下部的皮肤和皮下肿胀糜烂、从皮肤流出恶臭的红色浆液性渗出液，1～2 d内死亡。患有骨髓炎、关节炎、趾底脓肿的病鸡，出现明显的跛行、下肢麻痹等症状。出现败血症的病鸡，可见实质器官的变性、坏死和伪嗜酸性粒细胞的浸润。本病在世界各地发生，尤其是水肿性皮炎和骨髓炎发生较多。

4. 犬脓皮疹症

犬脓皮疹症(canine pyoderma)是葡萄球菌在皮肤毛囊异常增殖所致的皮肤化脓性疾病。其主要病原菌为中间葡萄球菌(*S. intermedius*)和假中间葡萄球菌(*S. pseudintermedius*)。此外，施氏葡萄球菌(*S. schleiferi*)也常常能从病变部位分离到。脓皮疹症状主要是由细菌产生的表皮剥脱毒素引起的。中间葡萄球菌除引起犬脓皮疹外，还可引起犬的外耳炎。

5. 人葡萄球菌病

金黄色葡萄球菌可引起人的各种化脓性疾病，包括肺炎、心内膜炎、脓胸、中耳炎、脑膜炎、骨髓炎、剥脱性皮炎、尿路感染、败血症等多种严重的感染性疾病，称为人葡萄球菌病(human staphylococcosis)。

6. 葡萄球菌食物中毒

葡萄球菌食物中毒(staphylococcal food poisoning)是由该菌在食品中生长繁殖时产生的葡萄球菌肠毒素所引起，是一种典型的毒素型食物中毒。葡萄球菌肠毒素除引起人的食物中毒外，也可引起猫、猴、雪貂和麝香鼠等动物发生呕吐。

六、微生物学诊断

从不同感染动物和不同疾病类型采取不同检验材料，如脓汁、血液、奶牛乳汁、可疑食物、呕吐物及粪便等。

1. 涂片染色镜检

直接取标本涂片，革兰染色后镜检。金黄色葡萄球菌为革兰阳性球菌，显微镜下呈葡萄状排列，无芽胞。可根据细菌的染色性、形态和排列作出初步诊断。

2. 分离培养

将临床标本接种于血琼脂平板、卵黄甘露醇食盐琼脂平板或 Baird-Parker 琼脂平板培养基中，置 37℃培养 24～48 h。致病性葡萄球菌的主要特点：在血琼脂平板培养基上菌落呈金黄色或白色，大而凸起，表面光滑，周围有溶血圈；在卵黄甘露醇食盐琼脂平板上，发酵甘露醇使培养基由红变黄，在菌落周围出现卵黄反应环；在 Baird-Parker 琼脂平板上，菌落呈灰色或黑色、周围有浑浊带。

3. 血浆凝固酶试验

取已培养 24 h 的肉汤培养液 0.5 mL，与 0.5 mL 兔血浆充分混匀，置(36 ±1)℃培养，同时做阴阳性对照，定时观察至 24 h。观察时将小试管倾斜或倒置，如内容物变黏稠、不流动，出现凝固，则判为阳性(图 6-3)。

4. 耐热核酸酶试验

将 24 h 肉汤培养物沸水浴处理 15 min，用接种环将其划线接种于甲苯胺蓝-DNA 平板，36℃培养 24 h，在刺种线周围出现淡粉色者为阳性。金黄色葡萄球菌耐热核酸酶试验为阳性。

5. 肠毒素检测

由于葡萄球菌食物中毒是由该菌在食品中生长繁殖时产生的肠毒素引起的，而不是由细菌本身的感染所致，因此，在确诊葡萄球菌食物中毒时，必须检测食品等相关检样中是否有肠毒素蛋白的存在。在食品卫生检验中，目前可采用免疫琼脂扩散法、反向间接凝集试验、免疫荧光法和酶联免疫吸附法。目前，国内利用这些方法只能检测 SEA～SEE 这 5 种古典肠毒素，对新发现的肠毒素尚无法检测。近年，日本北里大学开发了可检测包括 5 种古典肠毒素和 19 种新发现的肠毒素(SEG～SElY)的免疫学检测方法。

第二节　链球菌属

链球菌属(Genus *Streptococcus*)是另一类常见的致病性球菌。细菌在增殖时沿一个平面分裂，经常排列成直线状，在光学显微镜下观察多呈链状排列。该属细菌广泛存在于自然界、人和动物的鼻咽部及粪便里。在兽医学和医学上重要的链球菌主要有猪链球菌、无乳链球菌、化脓性链球菌、肺炎链球菌等。

一、分类

(一) 溶血性分类

根据链球菌在血琼脂培养基上的溶血特征，分为 α 溶血、β 溶血和 γ 溶血 3 种不同类型。溶血性在鉴定链球菌的致病性上有重要意义。

1. α 溶血链球菌

α 溶血链球菌(*α-hemolytic streptococcus*)菌落周围形成 1～2 mm 宽的不透明的草绿色溶血环，血红蛋白变成绿色，红细胞未完全溶解，称 α 溶血或甲型溶血。

2. β 溶血链球菌

β 溶血链球菌(*β-hemolytic streptococcus*)产生强烈的溶血毒素，在血琼脂培养基上，可使菌落周围出现 2～4 mm 宽、界限分明、完全透明的溶血环，称 β 溶血或乙型溶血。这类细菌又通称溶血性链球菌(*Streptococcus hemolyticus*)。

3. γ 溶血链球菌

γ 溶血链球菌(*γ-hemolytic streptococcus*)不产生溶血素，菌落周围无溶血环，故又称不溶血性链球菌(*Streptococcus non-hemolyticus*)，一般无致病作用。

(二) 抗原特性分类

链球菌抗原结构复杂，包括属特异、群特异和型特异 3 种抗原。

1. 属特异抗原

为链球菌的核蛋白抗原，又称 P 抗原，该抗原与葡萄球菌属细菌抗原有交叉。

2. 群特异抗原

为链球菌细胞壁中的多糖抗原，又称 C 抗原，其抗原决定簇为氨基糖类。按照兰氏(Lancefield)分群法，根据其多糖抗原结构和特异性的不同，可分成 A、B、C、D、E、F、G、H、K、L、M、N、O、P、Q、R、S、T、U、V 20 个群(缺 I 和 J 群)，在各群中又可分成若干亚群。对人类有致病性的绝大多数属于 A 群链球菌(Group A *Streptococcus*，GAS)，如化脓性链球菌(pyogenic *Streptococcus*)，对动物有致病性的多为 B 群和 C 群，其他群少见有致病性。

3. 型特异抗原

位于多糖抗原之外的蛋白质抗原，又称表面抗原。如 A 群链球菌具有 M、R、T 等蛋白质抗原，M 抗原与致病性和免疫原性有关。近年发现链球菌细胞壁中有一种蛋白，称链球菌 G 蛋白(streptococcal protein G，SPG)，能与人、猪、马、绵羊、山羊、兔、豚鼠、小鼠、大鼠和仓鼠等多种哺乳动物的 IgG 的 Fc 段结合，但不与禽类的 Ig 结合。链球菌 SPG 的这一特性与葡萄球菌 A 蛋白(SPA)同样在免疫学研究中具有应用价值。

(三) 基因结构分类

在《伯杰氏系统细菌学鉴定手册》2012 年版中，根据链球菌基因组 DNA 和 16S rRNA 结构进行分类，将链球菌属分为 6 大群：即化脓性链球菌群(pyogenic group)、缓症链球菌群(mitis group)、咽峡炎链球菌群(anginosus group)、变形链球菌群(mutans group)、唾液链球菌群(salivarius group)、牛链球菌群(bovis group)和其他链球菌(如猪链球菌 *S. suis*)等。链球菌属中的主要致病菌及其理化特性见表 6-3。

表 6-3 主要病原性链球菌的溶血与生化特性

菌种名	溶血性	6.5% NaCl 生长	马尿酸钠	七叶苷	水杨苷	甘露醇	山梨醇	乳糖	菊糖	棉籽糖	海藻糖
猪链球菌(*S. suis*)	α(β)	—	—	d	+	—	—	+	(+)	(+)	+
牛链球菌(*S. bovis*)	α	—	—	+	+	d	—	+	+	+	d
乳房链球菌(*S. uberis*)	α(γ)	(+)	+	+	+	+	+	+	+	—	+
无乳链球菌(*S. agalactiae*)	β(α,γ)	—	+	—	(+)	—	—	+	—	—	+
停乳链球菌(*S. dysgalactiae*)	α(β,γ)	—	—	—	—	—	—	+	—	—	+
停乳链球菌类马亚种(*S. dysgalactiae* ssp. *equisimilis*)	β	—	—	—	(+)	—	—	d	—	—	+
马链球菌马亚种(*S. equi* ssp. *equi*)	β	—	—	—	+	—	—	—	—	—	—
马链球菌兽疫亚种(*S. equi* ssp. *zooepidemicus*)	β	—	—	—	+	—	+	+	—	—	—
类马链球菌(*S. equinus*)	α	—	—	+	(+)	—	—	—	+	+	d
犬链球菌(*S. canis*)	β	—	—	d	?	—	—	(+)	—	—	(+)
肺炎链球菌(*S. pneumoniae*)	α	—	—	(+)	d	—	—	+	+	+	+
化脓链球菌(*S. pyogenes*)	β	—	—	—	+	d	—	+	—	—	+

二、形态结构与染色

链球菌为革兰阳性、球形或卵圆形、直径 0.6～2.0 μm 的球菌。多数呈链状排列，短者 4～8 个，长者由 20 个以上细菌组成(图 6-4)。链的长短与菌种及其生长环境有关，在液体培养基中比在固体培养基中形成的链长。无芽胞，无鞭毛(除个别 D 群菌外)，有菌毛样结构，含 M 蛋白。幼龄菌大多可见到透明质酸形成的荚膜，如延长培养时间，荚膜可被细菌自身产生的透明质酸酶分解而消失。荚膜是重要的致病因子之一。

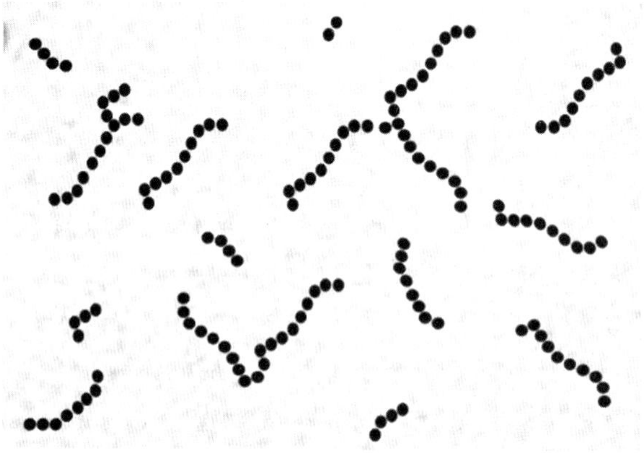

图 6-4　链球菌的形态细菌排列特征(引自：日本北里大学胡东良博士原图)

三、培养与生化特性

链球菌多为兼性厌氧菌或厌氧菌。通常在厌氧条件下生长更好。营养要求较高，普通培养基中需加有血液、血清、葡萄糖等才能良好生长。因此，在分离培养该菌时，一般使用血琼脂平板培养基。最适生长温度为 37℃，最适生长 pH 为 7.4～7.6。在血琼脂平板培养基上形成灰白色、有乳光、表面光滑、边缘整齐、直径 0.5～1.0 mm 的细小菌落。溶血现象可用 5%的马或羊的脱纤维血液琼脂平板培养基培养观察。不同菌株有不同溶血现象。猪链球菌、牛链球菌、乳房链球菌、类马链球菌和肺炎链球菌产生 α 溶血环。肺炎链球菌可产生自溶酶，平板培养基培养 48 h，菌体可自溶，菌落中央下陷呈脐状。若在液体培养基中培养，液体初期呈浑浊状态，继而逐渐变澄清。自溶酶在细菌生长的稳定期可被激活，也可被胆汁或胆盐激活。无乳链球菌、停乳链球菌马亚种、马链球菌、犬链球菌和化脓链球菌产生 β 溶血环。链球菌在液体培养基中易形成长链，管底有絮状沉淀。

链球菌能发酵葡萄糖等简单的糖类，产酸不产气。不被胆汁或 1%去氧胆酸钠所溶解。链球菌不产生过氧化氢酶，触酶阴性，可以此来鉴别链球菌与葡萄球菌。链球菌的抵抗力不强，60℃ 30 min 可杀死大部分链球菌。对一般消毒剂敏感，在干燥尘埃中可存活数日。对青霉素、红霉素、氯霉素、四环素等均敏感，耐药性低。

四、致病因子

链球菌能产生多种致病因子，特别是 A 群链球菌可产生多种侵袭性酶和外毒素，有较强的侵袭力。

(一)链球菌溶血素

链球菌溶血素(streptolysin)能破坏红细胞,是对细胞和组织具有毒性的外毒素。通过破坏组织,抵抗免疫细胞的清除作用,使感染病灶扩大。根据链球菌溶血素对 O_2 的稳定性不同,可分为两种,即链球菌溶血素 O 和链球菌溶血素 S。

1. 链球菌溶血素 O

链球菌溶血素 O(streptolysin O,SLO)是分子量为 69 ku、含—SH 基的蛋白质。对氧敏感,遇氧时—SH 基被氧化为—SS—基,失去溶血能力;若加入 0.5%亚硫酸钠和半胱氨酸等还原剂,又可恢复溶血能力。溶血素 O 能破坏白细胞和血小板。动物试验证实,对心脏有急性毒害作用,能使心脏骤停,具有很强的抗原性。感染后 2～3 周,85%以上动物产生抗溶血素 O 抗体,病愈后可持续数月甚至数年。在 A 群链球菌感染恢复期的患者或动物的血液中,抗链球菌溶血素 O 抗体滴度显著增加,故可作为早期链球菌感染,或活动期风湿病的辅助诊断。

2. 链球菌溶血素 S

链球菌溶血素 S(streptolysin S,SLS)是分子量为 8 ku 的小分子糖肽,无抗原性,对氧稳定,对热和酸敏感。多数 A 群、C 群和 G 群链球菌产生 SLS。链球菌在血琼脂平板培养基上菌落周围的 β 溶血环,是由这种对氧稳定的 SLS 所引起。SLS 还能破坏白细胞和血小板。给小鼠腹腔注射,引起肾小管坏死。给动物(兔)静脉注射可迅速致死。

(二) 致热外毒素

致热外毒素(pyrogenic exotoxin)又称红疹毒素(erythrotoxin)或猩红热毒素(scarlet fevertoxin),是一种对热稳定的外毒素蛋白。由带有溶原性噬菌体的 A 群链球菌产生。具有抗原性,可分为 A、B、C 3 种不同抗原性的毒素。致热外毒素具有超抗原活性,引起免疫细胞机能的过度增强,导致发烧、炎症和全身性休克,也是引起猩红热中所见的全身性红斑(红斑毒素)和毒性休克综合征的主要病因毒素。

(三) M 蛋白

M 蛋白(M protein)是链球菌细胞壁中的表面蛋白,可黏附到皮肤角质层细胞起到黏附因子作用。通过结合补体激活因子和纤维蛋白原,具有抗吞噬和抗吞噬细胞内的杀菌作用。纯化的 M 蛋白能使纤维蛋白原沉淀,凝集血小板、白细胞,溶解多形核细胞,并抑制毛细血管中的细胞移动。M 蛋白还具有与人的心肌蛋白及肾小球基底膜相同的抗原,诱导机体产生抗自身抗体,引起类风湿等自身免疫性疾病,与变态反应疾病有关。

(四)脂磷壁酸

脂磷壁酸(lipoteichoic acid,LTD)是结合在细胞壁上的多糖类,人和动物口腔黏膜和皮肤上皮细胞、血细胞等细胞膜上有脂磷壁酸的结合位点。脂磷壁酸黏附于宿主黏膜细胞表面,可促进细菌在感染部位的定殖。

(五)透明质酸酶

链球菌的透明质酸酶(hyaluronidase)能分解宿主细胞间质的透明质酸,使病菌易于在组织中扩散,又称为扩散因子。

（六）链激酶

链激酶（streptokinase，SK）又称链球菌溶纤维蛋白酶（streptococcal fibrinolysin），能激活血液中的血浆纤维蛋白酶原，转化为血浆纤维蛋白酶，故可溶解血块或阻止血浆凝固，有利于细菌在组织中的扩散。

（七）链球菌脱氧核糖核酸酶

链球菌脱氧核糖核酸酶（streptococcal deoxyribonuclease，SD）能分解脓液中具有高度黏性的 DNA，使脓汁稀薄，易于细菌扩散。主要由 A 群、C 群和 G 群链球菌产生。

五、病原性与致疾病

链球菌所致疾病具有复杂而多样的特点，由于细菌类型多，不同种类的链球菌会有不同的侵袭力、产生不同的毒素，从而引起不同类型的疾病（表 6-4）。

表 6-4　兽医学及医学上重要的链球菌及其引起的疾病

菌种名	溶血类型	兰氏分群	感染宿主	所致疾病
猪链球菌 1 型	α(β)	S(D)	猪（2 至 4 周龄）	脑膜炎、心内膜炎、肺炎、关节炎、败血症
猪链球菌 2 型	α	R(D)	猪（断奶至 6 月龄）	脑膜炎、关节炎、败血症
			人	脑膜炎、败血症、心内膜炎
类猪链球菌	β	E(P，U)	猪	下颌脓肿、淋巴腺炎
牛链球菌	α	D	多种动物	机会感染
乳房链球菌	α(γ)	未定	牛	乳腺炎
无乳链球菌	β(α，γ)	B	牛、绵羊、山羊	急性、慢性乳腺炎
			猫	肾及尿路感染
			人、犬	新生儿败血症、新生犬败血症
停乳链球菌	α(β，γ)	C	牛	急性乳腺炎
			羔羊	多发性关节炎
停乳链球菌类马亚种	β	C	马	脓肿、乳腺炎、心内膜炎
			猪、牛、犬、禽	各种化脓性疾病
马链球菌马亚种	β	C	马	马腺疫、乳腺炎、出血性紫癜
马链球菌兽疫亚种	β	C	马	乳腺炎、流产、继发性肺炎
			牛	乳腺炎、子宫炎
			绵羊、山羊	败血症、心包炎、肺炎
			猪	败血症、关节炎
			禽	败血症、心内膜炎
			人	败血症
类马链球菌	α	D	多种动物	机会感染

续表 6-4

菌种名	溶血类型	兰氏分群	感染宿主	所致疾病
犬链球菌	β	G	肉食动物	新生兽败血症、生殖道、皮肤及伤口感染
肺炎链球菌	α	未定	人及其他灵长类	败血症、肺炎、脑膜炎
			鼠类	肺炎
化脓链球菌	β	A	牛	乳腺炎
			犬	淋巴腺炎
			人	化脓性感染、猩红热、风湿热、急性肾小球肾炎

(一)猪链球菌

1. 主要特征

链球菌在血琼脂平板培养基上呈α溶血或β溶血，有抵抗白细胞吞噬的荚膜。根据荚膜的抗原性不同，至少可分为35个荚膜血清型，其中1、2、7、9、14型是猪的重要致病菌。如血清1型引起哺乳仔猪败血症和肺炎，血清2型引起脑膜炎，血清14型引起关节炎等。

2. 致病性

猪链球菌(*S. suis*)多导致感染猪在几小时内发生败血症，引起致命性脑膜炎、关节炎，在大多数情况下引起感染猪的死亡。血清1型猪链球菌主要感染10～14日龄仔猪。感染仔猪生长停止、皮毛粗糙，并出现协调障碍、震颤、瘫痪、游泳式运动、强直发作等神经症状；发热至40.6～41.1℃，关节肿胀僵直，共济失调，肌肉痉挛，导致死亡。引起心内膜炎时可导致仔猪猝死。血清2型猪链球菌则感染3～12周龄仔猪。感染仔猪出现眼神呆滞、皮肤潮热、斜颈、步态异常等脑膜炎和关节炎症状，死亡率在1%～50%之间。该菌广泛存在于猪的呼吸道及扁桃体中。妊娠母猪的子宫和阴道中可带菌，常发生垂直感染。

3. 猪链球菌对人的感染

猪链球菌是重要的人兽共患病病原。猪链球菌病多发生在屠宰场、养殖场工人、生肉加工和销售人员中，也有盗猎野猪者发病的报道。病人发病前均和猪或猪肉有密切接触史。人感染猪链球菌后，视细菌侵入部位不同而有不同的临床表现。多数病例发病初期均出现高热、全身不适，眩晕等症状。临床上主要分败血型和脑膜炎型两个类型。

(二)无乳链球菌、停乳链球菌及乳房链球菌

三者均是牛链球菌性乳腺炎的病原体。无乳链球菌(*S. agalactiae*)呈β溶血或α溶血，停乳链球菌(*S. dysgalactiae*)及乳房链球菌(*S. uberis*)多呈α溶血。马尿酸水解试验，甘露醇、三梨醇、七叶苷等发酵试验，是鉴别3种链球菌的重要指标。其他生化特性见表6-3。3种链球菌均可引起牛、山羊和绵羊的急性、慢性乳腺炎。其中，无乳链球菌引起的乳腺炎最为常见，乳房链球菌引起的乳腺炎尤其难以治疗。无乳链球菌还能引起人的新生儿败血症。

(三)马链球菌马亚种及马链球菌兽疫亚种

马链球菌马亚种(*S. equi* subsp. *equi*)是引起马腺疫的病原体，过去曾称为马腺疫链球

菌。该菌在血琼脂培养基上显示β溶血。上呼吸道被认为是马腺疫链球菌的主要侵入门户。潜伏期在3～14 d左右，马驹呈急性经过，发热至39～41℃，食欲和饮欲减退。1～2 d后，干性咳嗽，流出水样鼻液。感染马在鼻、咽喉等上呼吸道黏膜处有大量的黏液和渗出液流出，之后变成脓性鼻液。其后，相邻的淋巴结肿胀、溃烂。有时通过淋巴管蔓延到前肢、胸部、腹部，转移到内脏器官附属淋巴结，导致严重的全身性感染。

马链球菌兽疫亚种（*S. equi* subsp. *zooepidemicus*）主要引起马和牛的乳腺炎、子宫炎及流产，绵羊和山羊的肺炎、心包炎及败血症，猪的败血症和关节炎，禽的心内膜炎和败血症以及人的败血症等疾病。

（四）化脓链球菌

化脓链球菌（*S. pyogenes*）为β溶血性链球菌，主要引起牛的乳腺炎和人的多种化脓性疾病及变态反应性疾病。

（五）肺炎链球菌

肺炎链球菌（*S. pneumonia*）旧称肺炎双球菌或肺炎球菌，在人和动物体内可产生荚膜。在血液平板培养基上呈α溶血。肺炎链球菌易发生变异，主要表现在菌落类型和菌体形态的改变，以及溶血现象的消失、毒力减弱或消失等。在抗生素等因素影响下，可以变为L型。菌落一般可分为3种类型，即黏液型（M）、光滑型（S）及粗糙型（R）。新分离的肺炎链球菌，因其荚膜多糖丰富，多为M型。在普通培养基上多次移植后，失去荚膜而变为无毒力的R型。如果在R型菌培养物中加入M型及S型菌株的DNA，可使R型菌株变为S型。

该菌的致病性与荚膜有密切关系，因荚膜能抵抗人体内吞噬细胞的吞噬作用而大量繁殖，引起疾病。肺炎链球菌常引起犊牛、羔羊、仔猪的肺炎或败血症，尤其出生后数日内的仔畜，死亡率极高。

（六）鸡（鸟类）链球菌感染症

鸡（鸟类）链球菌感染症（avian streptococcosis）是由*S. gallolyticus*、*S. gallinaceus*、*S. equi*等感染引起的鸡（鸟类）的急性、败血性感染症。表现为细菌性心内膜炎、关节炎、骨髓炎、腱滑膜炎等症状和病变。

六、微生物学检查与诊断

（一）检料采集

根据链球菌所致疾病不同，可采取脓汁、咽拭子、血液、乳汁、组织等标本做检查。对可疑为B群溶血链球菌的检查，要用无菌棉签采集，置于含多黏菌素（10 μg/mL）和萘啶酸（15 μg/mL）选择性培养肉汤中，孵育18～24 h，再作分离培养。

（二）直接涂片染色镜检

可采取脓汁、乳汁、血液等标本，涂片、革兰染色、镜检。根据菌落形态、排列及染色特性，如发现革兰阳性呈链状排列的球菌，可初步诊断。荚膜肿胀试验用于检查肺炎链球菌。

（三）抗原检测

先将标本放于含亚硝酸或提取酶溶液中，孵育片刻，即可用凝集试验或用ELISA方法，检测标本中的A群链球菌和B群链球菌特异性抗原，但当标本所含的菌数太少时可能出现假阴性。

(四)分离培养

脓汁或棉拭子直接划线接种在血琼脂平板培养基上，孵育后观察有无链球菌菌落。菌落周围呈现透明溶血环的为β溶血性链球菌，出现草绿色溶血环的为α溶血性链球菌。有些菌落灰白色不出现溶血环。取分离平板培养基上生长的单个菌落作涂片，革兰染色镜检，如为革兰阳性球菌，呈链状或短链状排列，再进一步作生化试验，如触酶阴性、在6.5% NaCl培养基上不生长者，可鉴定为链球菌属细菌。

(五)菌种鉴定

1.β溶血性链球菌的鉴定

(1)兰氏分群特异抗原鉴定　根据Lancefield分群的要求，提取各菌落的抗原，与相应的分群血清进行凝集试验。与B群抗血清凝集的菌株可鉴定为无乳链球菌，与F群抗血清凝集并且菌落直径<0.5 mm的可鉴定为米勒链球菌。

(2)CAMP试验　无乳链球能产生CAMP因子，它可促进金黄色葡萄球菌溶血能力，使其产生显著的协同溶血作用。试验时先将金黄色葡萄球菌(产生葡萄球菌溶血素β的菌株)，沿直径划线接种，再沿该线垂直方向接种乳汁或分离培养物，两线不得相接，间隔约3～4 mm，35℃孵育过夜，如两种划线交界处出现箭头状溶血，为CAMP试验阳性反应。

(3)吡咯烷酮(PYR)酶试验　化脓性链球菌产生的吡咯烷酮芳基酰胺酶，水解吡咯烷酮β-萘基酰胺，加入N,N-二甲氧基肉桂醛试剂后产生桃红色，呈阳性反应。

(4)乙酰甲基甲醇(VP)试验　挑取平板培养基上孵育过夜菌落，置于2 mL葡萄糖蛋白胨肉汤中，孵育6 h后加入VP试剂，摇匀30 s，出现桃红色者为阳性。该试验可鉴别A、C、G群β溶血的大小两种不同菌落。

(5)杆菌肽(bacitracin)敏感试验　将0.04 U杆菌肽药敏纸片贴在涂布有待测菌的羊血琼脂平板培养基上，35℃孵育过夜后，观察抑菌环以判断是否为敏感。化脓性链球菌为阳性，有别于其他PYR阳性的β溶血性细菌(猪链球菌、海豚链球菌)和A群小菌落β溶血性链球菌(米勒链球菌)。可作为筛选试验。

2.非β溶血性链球菌的鉴定

通过血清学测定抗原群，可将B群链球菌、非β溶血的菌株和肺炎链球菌得以鉴定。兰氏D群抗原可以存在于牛链球菌、肠球菌属和片球菌属，因此需要进行生化反应予以鉴别。不溶血和α溶血的C、G群链球菌，其生化特征见表6-3。

(1)奥普托欣(Optochin)试验　将含5 μg的奥普托欣直径为6 mm纸片贴于涂布有待测菌的平板上，35℃孵育过夜，抑菌圈直径大于14 mm为敏感。肺炎链球菌对奥普托欣试验敏感，而其他链球菌对奥普托欣试验不敏感，无抑制作用。

(2)胆汁溶菌试验　将0.5 mL 0.5～1麦氏浊度的细菌悬液和等量的2%去氧胆酸盐置于试管内，35℃孵育2 h后，菌液消失或变清为阳性。或将10%去氧胆酸盐滴于待测菌落上，35℃孵育15 min，菌落消失或变平即为阳性。肺炎链球菌为阳性。

(3)胆汁七叶苷试验(BE)　将待测菌落接种于胆汁七叶苷斜面培养基，35℃孵育48 h，斜面黑色为阳性。牛链球菌呈阳性反应。

(六)基因 PCR 鉴定

基因的 PCR 鉴定与细菌培养和生化试验方法相比，敏感性高，能够扩增很多与链球菌相关的基因序列，可以从死亡的微生物或污染的样本中检测出细菌 DNA。可按照链球菌各菌种的特异性基因设计引物，通过单一或多联 PCR 来鉴定链球菌以及链球菌属内的各菌种。

第三节　其他病原性球菌

在球菌中，还有一些其他致病性球菌。如肠球菌(*Enterococcus*)、乳球菌(*Lactococcus*)、黏球菌(*Melissococcus*)和气球菌(*Aerococcus*)等(表 6-5)。

表 6-5　球菌及其他病原性球菌引起的疾病

属名	菌种名	感染宿主	所致疾病
肠球菌属	禽肠球菌(*E. avium*)	禽	心内膜炎、败血症
	坚忍肠球菌(*E. durans*)	禽、畜	败血症(禽)、新生畜腹泻(牛犊、驹、猪、犬)
	粪肠球菌(*E. faecalis*)	禽	败血症及腹泻
		畜	慢性气管炎(食肉兽)、尿道感染(犬)、乳腺炎(牛)
	屎肠球菌(*E. faecium*)	禽	败血症
	鸡肠球菌(*E. gallinarum*)	禽	败血症
	肠道肠球菌(*E. hirae*)	禽、畜	败血症(鹦鹉)、脑感染及败血症(鸡)、肝感染(猫仔)
	猪肠球菌(*E. porcimus*)	新生仔猪	腹泻
	绒毛肠球菌(*E. villorum*)	新生仔猪	肠炎
乳球菌属	格氏乳球菌(*L. garvieae*)	鱼类	鱼感染、死亡
黏球菌属	稠黏球菌(*M. plutonius*)	蜜蜂	蜜蜂幼虫腐臭病
气球菌属	草绿气球菌(*A. viridans*)	人、猪	脑膜炎、关节炎
		牛	潜在性乳腺炎

肠球菌为圆形或椭圆形，呈单个、成对或短链状排列，为需氧或兼性厌氧菌。本菌对营养要求较高，要求高盐(6.5% NaCl)、高碱(pH 9.6)，可在 40%胆汁培养基和 10～45℃环境下生长。在血平板培养基上经 37℃培养 18 h 后，可形成灰白色、不透明、表面光滑、直径 0.5～1 mm 的圆形菌落，不同的菌株表现为不同的溶血现象。与同科链球菌的显著不同在于，本菌能耐受高盐和胆汁培养基，并对许多抗菌药物表现为固有耐药性。肠球菌属现有 30 多个菌种，表 6-5 所列为常见的病原性细菌。

肠球菌广泛分布于自然环境、人和动物消化道内，是人和动物肠道正常菌群的一部分。肠球菌不仅可引起人的尿路感染、皮肤软组织感染，还可引起危及生命的腹腔感染、败血症、心内膜炎和脑膜炎。在兽医学领域，可引起鸡的败血症和心内膜炎。由于该类细菌具有固有耐药性和获得性耐药特性，所致感染治疗困难。对人和动物致病的主要为粪肠球菌和屎肠球菌。肠球菌可通过细菌表面的黏附素，吸附至肠道、尿路上皮细胞及心脏细胞，引起尿路感染、心内膜炎、脑膜炎和败血症等。肠球菌也可产生多种与宿主病理发生有关的因子，如粪肠球菌产生的多形核白细胞趋化因子、质粒编码的溶血素等，可介导与肠球菌感染有关的炎症反应或增加感染严重程度。

复习思考题

1. 葡萄球菌的哪些形态特征、生化特性和培养性状可用于该属细菌的分离鉴定？如何鉴定金黄色葡萄球菌？

2. 葡萄球菌的致病因子主要包括存在于菌体上的物质、产生到菌体外的毒素、分泌到菌体外的酶 3 类。请分别简要论述它们包括哪些致病因子及各致病因子的主要特性。

3. 链球菌的分类方法有哪些？它们分别各有哪些特点和意义？

4. 链球菌的致病因子有哪些？简述各类致病因子的生化特性和病原性特征。

5. 猪链球菌为人兽共患病原菌，试述该细菌分别在感染猪和感染人时的致病性、所致疾病症状及诊断方法。

6. 引起奶牛乳腺炎的主要链球菌有哪些？化脓链球菌除引起化脓性感染外，还可引起哪些疾病？

第七章 肠道杆菌

【内容提要】肠道杆菌是一大群需氧或兼性厌氧，中等大小的革兰阴性杆菌，营养要求不高，生化反应活泼，抗原结构复杂，分布广泛。该科共分为28个属，细菌种类繁多，血清型复杂。有些属于肠道常在菌，有些细菌可引起人和动物的肠道疾病，如大肠杆菌、沙门菌、志贺菌等。致病菌主要依靠自身产生的毒素、黏附性菌毛等毒力因子发挥致病作用。肠道杆菌的微生物学诊断包括细菌的形态染色、分离培养、生化试验、致病性试验和血清学试验等，其中生化反应是鉴定细菌种的主要方法，细菌的血清型主要是用单因子血清进行平板凝集试验来确定。免疫预防有常规疫苗和基因工程疫苗，临床治疗可选用敏感药物进行。

第一节 肠道杆菌科细菌的共同生物学特性

肠道杆菌科是由一大群生化和遗传上相关的中等大小杆菌所组成。DNA中(G+C)mol%为38～60。

一、形态、染色与结构

中等大小的革兰阴性杆菌，长1～6 μm，宽0.3～1.0 μm。无芽胞，多数有菌毛，少数有荚膜。

二、培养特性

兼性厌氧或需氧。营养要求不高，在普通琼脂平板培养基上生长繁殖后形成湿润、光滑、灰白色的直径2～3 mm中等大小S型菌落。绝大多数在普通培养基上生长良好，一般都能在麦康凯培养基上生长。有机化能营养，呼吸型和发酵型代谢，不嗜盐。某些致病菌株具有溶血性。在液体培养基中，呈均匀混浊生长。

三、生化特性

肠道杆菌科细菌生化反应活泼，分解多种糖类和蛋白质，形成不同代谢产物，常用以区别不同菌属和菌种。乳糖发酵实验在初步鉴别肠道杆菌科中致病菌和非致病菌上有重要价值。发酵D葡萄糖、其他碳水化合物及多羟基醇时产酸或兼产气。除志贺菌属的1个血清型外，都产生过氧化氢酶，氧化酶均为阴性。除某些欧文菌及少数耶尔森菌的菌株外，均能还原硝酸盐。肠杆菌科中与兽医有关的主要菌属的生化特性见表7-1。

表 7-1 肠杆菌科中与兽医有关的主要菌属的生化反应

实验或培养基	埃希菌属	志贺菌属	沙门菌属	克雷伯菌属	肠杆菌属	变形杆菌属	耶尔森菌属
TSI 反应 模式[a]	A(K) /A +(—);—	K/A —;—	K(A)/A +(—);(—)	A/A +;—	A/A +;—	A(K) /A +;+	A/A —;—
吲哚	+	V	—	—	—	V	V
甲基红	+	+	+	V	—	+	+
V-P	—	—	—	V	+	V	—
枸橼酸盐利用(西蒙氏)	—	—	+	V	+	V	—
葡萄糖产气(37℃)	+	—	+	V	+	V	—
乳糖	+/—	—	—(b)	V	+	—	—
麦芽糖	+	V	+	+	+	V	+
甘露糖	+	V	+	+	+	V	+
蔗糖	V	V	—	+	+	V	V
H_2S(TSI)	—	—	+/—	—	—	+	—
尿素酶	—	—	—	V	V	V	V
动力	+/—	—	+	—	+	+	—
苯丙氨酸脱氨酶	—	—	—	—	—	V	—
赖氨酸脱羧酶	V	—	+	+/—	+/—	V	—
鸟氨酸脱羧酶	V	—/+	+	—	+/—	V	V
精氨酸双水解酶	—	—	+/—		V	—	—
明胶液化(22℃)	—	—	—	—	—	+/—	—
KCN 抵抗力	—	—	V	+	V	+	—
丙二酸盐利用	—/+	—	+/—	+/—	+	—	—
水杨苷	V	—	—	+	+	V	V
侧金盏花醇	—/+	—	—	+	—/+	—	—
卫矛醇	+/—	—	+/—	V	—	—	—
间肌醇	—	—	V	+	—/+	—	V
D-山梨醇	V	+/—	+	V	+	—	V
L-阿拉伯糖	+	+/—	+	+	+	—	+
棉籽糖	V	—/+	—	+	+	—	+
L-鼠李糖	+	V	+	+	+	—	+/—
D-木糖	+	—	+	+	+	V	+
海藻糖	+	+	+	+	+	+	+

续表 7-1

实验或培养基	埃希菌属	志贺菌属	沙门菌属	克雷伯菌属	肠杆菌属	变形杆菌属	耶尔森菌属
七叶苷水解	V	－	－	＋	＋	－	V
黏液酸盐	＋/－	－	＋	V	V	－	－
氧化酶	－	－	－	－	－	－	－
ONPG 实验	＋/－	V	V	＋	＋	－	＋
(G＋C) mol%	48～52	49～53	50～53	53～58	52～56	38～41	46～50

注：(a)TSI(三糖铁培养基)上反应情况：$\frac{\text{斜面/底层}}{\text{产气};H_2S}$，A＝产酸(黄色)，K＝产碱(红色)，＋为阳性，－为阴性，()偶尔可见的反应。(b)亚利桑那沙门菌发酵乳糖。＋：90%～100%阳性；－：0%～10%阳性；＋/－：大多数菌株阳性/少数阴性；－/＋：大多数阴性/少数阳性；V：种间有不同反应；ONPG：β-D－半乳糖苷酶。

四、抗原结构

抗原结构复杂，主要有菌体(O)抗原、鞭毛(H)抗原和荚膜(K)抗原。有些细菌尚有菌毛抗原。除菊欧文菌(*Erwinia chrysanthemi*)外，均具有本科细菌的共同抗原(ECA)。

1. O 抗原

存在于细胞壁脂多糖(LPS)层，具有属、种特异性。其特异性取决于 LPS 分子末端重复结构多糖链的糖残基种类的排列。O 抗原耐热，100℃不被破坏。新分离菌株的菌落大多呈光滑型(S)，在人工培养基上多次传代移种保存时间较长，LPS 失去外层 O 特异性侧链，此时菌落变成粗糙型(R)，是为 S-R 型变异。R 型菌株的毒力显著低于 S 型菌株。

2. H 抗原

存在于鞭毛蛋白。不耐热，60℃ 30 min 即被破坏。H 抗原的特异性决定于多肽链上氨基酸的排列顺序和空间结构。细菌失去鞭毛后，运动随之消失；同时 O 抗原外露，是为 H-O 变异。

3. 荚膜抗原

荚膜抗原为多糖，位于 O 抗原外围，能阻止 O 凝集现象，经 60℃ 30 min 可被破坏。重要的有伤寒沙门菌的 Vi 抗原，大肠埃希菌的 K 抗原等。

五、细菌素

许多革兰阴性细菌产生细菌素受质粒控制。例如，大肠埃希菌产生的细菌素称大肠菌素，沙门菌产生黏质沙雷菌素。产细菌素的菌株本身对所产生的细菌素具有耐性。

六、毒素与酶

绝大多数革兰阴性细菌的细胞壁上含有复杂的脂多糖(LPS)，LPS 具有多种病理作用。很多革兰阴性肠杆菌亦产生外毒素。有关细菌毒素的致病作用将在相关章节中介绍。

七、分布

本科细菌广泛分布于自然界，包括腐生菌、寄生菌和人及动物的病原菌。许多种属寄居于人和动物的肠道内，成为正常肠道菌群的重要成员之一，只有少数生活在植物及水和土壤中。

八、致病性

埃希菌属、沙门菌属以及志贺菌属和耶尔森菌属的部分成员对人和动物或二者之一具有广泛的致病性，在公共卫生和兽医临床诊断上都具有重要意义。

九、分类

根据生化反应、血清学实验、DNA 同源性，本科至少包括 28 个菌属，110 个以上的菌种。对属内各菌种或菌型鉴定，除按生化特性区别之外，有时可根据其致病性、抗原结构或对某些噬菌体的敏感性等项来决定。对埃希菌、沙门菌属等各菌株的鉴定，常用血清凝集反应来分型。肠杆菌科的 28 个菌属及属中的菌种数见表 7-2。

表 7-2 肠杆菌科属及属中的菌种数

属	菌种数	属	菌种数
布德维斯菌属 *Budvicia*	1	布特奥克斯菌属 *Buttiauxella*	1
西地西菌属 *Cedecea*	5	枸橼酸杆菌属 *Citrobacter*	2
爱德华菌属 *Edwardsiella*	3	杆菌属 *Enterobacter*	12
欧文菌属 *Erwinia*	15	埃希菌属 *Escherichia*	5
爱文菌属 *Ewingella*	1	哈夫尼菌属 *Hafinia*	1
克雷伯菌属 *Klebsiella*	7	克鲁依弗菌属 *Kluyuera*	2
柯色菌属 *Koserella*	1	勒克莱菌属 *Lecleria*	2
勒米诺菌属 *Leminorella*	3	莫勒菌属 *Moellerella*	1
摩根菌属 *Morganella*	1	肥杆菌属 *Obesumbacterium*	1
布拉格菌属 *Pragia*	1	变形杆菌属 *Proteus*	4
普罗菲登斯菌属 *Providencia*	5	拉恩菌属 *Rhanella*	1
沙门菌属 *Salmonella*	7	沙雷菌属 *Serratia*	7
志贺菌属 *Shigella*	4	塔特姆菌属 *Tatumella*	1
耶尔森菌属 *Yersinia*	11	致病杆菌属 *Xenorhabdus*	5

十、鉴定原则

肠道杆菌科及其不同属是从菌体形态、培养特性、生化特性、血清学实验、DNA 同源性等方面进行鉴定的。在实际鉴定时，首先要与肠道杆菌科外的兼性厌氧、革兰阴性杆菌相区别。

确定肠杆菌科后,再通过相关生化实验进行属的鉴定(表 7-1),同一属内不同种或血清型可通过相关的生化实验和血清学实验进行鉴定。

第二节 埃希菌属

埃希菌属(*Escherichia*)有 5 个种,其中最重要的种是大肠埃希菌(*E. coli*),俗称大肠杆菌,系人和温血动物肠道内正常菌群成员之一。人和动物出生后数小时即可经口进入消化道后段,大量繁殖定居,终生存在并具有重要的生理功能,经粪便不断散播于周围环境。大肠杆菌在环境卫生和食品卫生学上常被用作粪便直接或间接污染的检测指标。其中一部分大肠杆菌在漫长的进化过程中获得了致病力,可引起人和动物的传染性疾病。本菌属是分子生物学和基因工程中重要的实验材料和研究对象。

一、主要生物学特性

(一)形态及染色特性

大肠杆菌为革兰阴性无芽胞的直杆菌,大小为(0.4～0.7) μm×(2～3) μm,两端钝圆,散在或成对,大多数菌株以周生鞭毛运动(图 7-1),但也有无鞭毛或丢失鞭毛的无动力变异株。一般均有Ⅰ型菌毛,少数菌株兼具性菌毛和鞭毛。多数对人和动物致病的菌株还常有与毒力相关的特殊菌毛。除少数菌株外,通常无可见荚膜,但常有微荚膜。碱性染料对本菌有良好着色性,菌体两端偶尔略深染(图 7-2)。

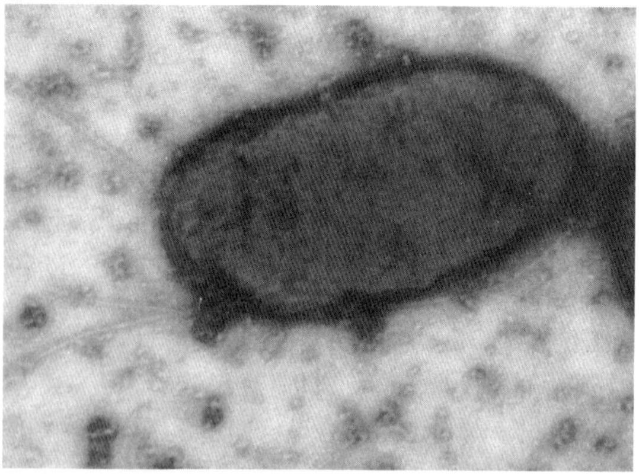

图 7-1 大肠杆菌透射电镜图(显示菌毛和鞭毛)
(引自:徐建国主编《现场细菌学》)

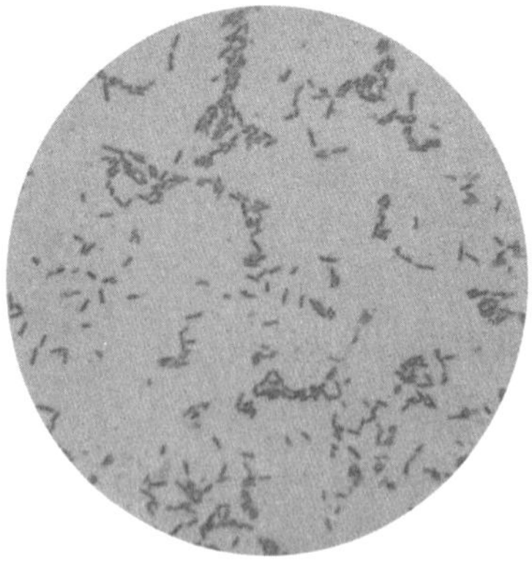

图 7-2 大肠杆菌革兰染色图(×1 500)
(引自:河南农业大学蒋大为博士原图)

(二)生长要求与培养特性

本菌为兼性厌氧菌,在普通培养基上生长良好,最适生长温度为 37℃,最适生长 pH 为 7.2～7.4。无特殊营养需求,在普通琼脂平板培养基上为无色、透明或半透明状、中等大小的光滑型菌落。S 型菌株在肉汤中培养 18～24 h,呈均匀浑浊,管底有黏性沉淀,液面管壁有菌环。在营养琼脂上生长 24 h 后,形成圆形凸起、光滑、湿润、半透明、灰白色菌落,直径 2～

3 mm；在肠道鉴别培养基中可形成有色菌落：麦康凯琼脂上因乳糖发酵形成紫红色不透明菌落，在伊红美蓝琼脂上产生黑色带金属光泽或粉红色、中心颜色较深的圆形菌落，在SS琼脂上生长呈红色菌落，在大肠杆菌显色培养基上形成蓝色菌落，在BTB乳糖培养基上可形成黄色菌落。一些致病性菌株在绵羊血平板培养基呈β溶血。

(三)生化特性

本菌能发酵多种碳水化合物产酸产气。大多数菌株可迅速发酵乳糖，仅极少数迟发酵或不发酵。山梨醇和β-葡萄糖醛酸酶无活性。不能分解4-甲基伞形酮-β-葡糖糖醛酸苷(MUG)产生荧光(MUG阴性)。其他生化反应也不完全一致。约半数菌株不分解蔗糖。几乎均不产生硫化氢，不分解尿素。吲哚和甲基红实验均为阳性，V-P实验和枸橼酸盐利用实验均为阴性，氧化酶实验阴性，赖氨酸脱羧酶阴性，其余生化反应见表7-1。

(四)抗原构造及血清型

根据大肠杆菌的表面抗原特征，可分为菌体抗原(O抗原)、鞭毛抗原(H抗原)和荚膜抗原(K抗原)。它们是本菌血清型鉴定的物质基础。目前，已确定的大肠杆菌O抗原有173种，K抗原有80种，H抗原有56种。理论上，3种抗原组合就是一个完整的血清型。因此，有人认为自然界中可能存在的大肠杆菌血清型可高达数万种，但致病性大肠杆菌的血清型数量是有限的。血清学凝集试验时，可先用多价血清，阳性者再用单价血清做进一步鉴定。需要注意的是，血清型可以作为一个重要的参考，同时结合临床、流行病学资料以及毒力因子检测等综合判断。

O抗原又称菌体抗原，是S型菌的一种耐热抗原，121℃加热2 h不破坏其抗原性。它的抗原特异性决定于LPS的特异多糖侧链的结构。当S型菌体丢失该部分结构时，即变成R型菌，O抗原也随之丢失。这种菌株无法作分型鉴定。每个菌株只含有一种O抗原，其种类以阿拉伯数字表示，可用单因子抗O血清做玻板或试管凝集实验鉴定。

K抗原是菌体表面的一种热不稳定抗原，多存在于荚膜中，个别位于菌毛中。因K抗原位于O抗原的外面，所以K抗原的菌株不会被其相应的抗O血清凝集，称为O不凝集性。根据耐热性不同，K抗原又分成L、A和B 3型。L型K抗原对热敏感，100℃加热1 h即可破坏其抗原性，并使其丢失与相应抗体的结合力和凝集性，多位于被膜中，偶见于荚膜或菌毛(K88和K99)中。A型K抗原能耐100℃ 1 h，121℃即可破坏其抗原性和O不凝集性，保留与相应抗体的结合力。B型K抗原，100℃加热1 h即可破坏其抗原性和相应抗体的凝集性，保留其与相应抗体的结合力。一个细菌可含1～2种不同K抗原，也有无K抗原的菌株。在80种K抗原中，除K88和K99是蛋白质外，其余均为多糖。

H抗原是一类不耐热的鞭毛蛋白抗原，加热至80℃或经乙醇处理后即可破坏其抗原性。有动力的菌株仅含有一种H抗原，且无两相变异。无鞭毛菌株或丢失鞭毛的变种则不含H抗原。H抗原能刺激机体产生高效价凝集抗体。

大肠埃希菌的O、K、H抗原鉴定均可用相应的单因子抗血清进行凝集反应来进行。根据对大肠杆菌抗原的鉴定，可用O∶K∶H排列表示其血清型。如O_8∶K_{23}(L)∶H_{19}，即表示该菌具有O抗原8，L型K抗原23，H抗原为19。致人和幼畜腹泻的产肠毒素大肠杆菌(ETEC)，除含酸性多糖K抗原外，还可含有蛋白质黏附素抗原。故这类菌株的黏附素抗原应并列写于酸性多糖K抗原之后。如O_8∶K_{87}，K_{88}∶H_{19}中K_{88}即为黏附素抗原F4。

(五)抵抗力

抵抗力中等。60℃ 30 min 可被杀死。在室温下可生存 1～2 个月，在土壤和水中可达数月之久。对氯十分敏感，水中若有 0.2 ppm 游离氯存在，即能杀死本菌与各种肠道致病菌，所以常用漂白粉做饮水消毒。5%石炭酸、3%来苏儿等 5 min 内可将其杀死。对多种抗生素敏感，但易产生耐药性，故作临床治疗时，为提高疗效，应先进行药敏实验，选择敏感药物治疗。通过耐药谱的筛查，可以重点选择一些抗生素进行 MIC 的检测。某些化学药品，如胆酸盐、亚硒酸盐、煌绿等对大肠杆菌的生长有较强的抑制作用，因此，常用这些药品制备分离其他肠道致病菌的选择培养基。

二、致病性

大肠杆菌在人和动物的肠道内，正常条件下多数是不致病的共栖菌，在特定条件下(如移位侵入肠外组织或器官)可致大肠杆菌病(colibacilosis)。少数大肠杆菌与人和动物的大肠杆菌病密切相关，它们是病原性大肠杆菌，正常情况下极少存在于健康机体内。根据毒力因子与发病机制的不同，与动物疾病有关的病原性大肠杆菌可分为 5 类：产肠毒素大肠杆菌(*Enterotoxigenic E. coli*，ETEC)，产类志贺毒素大肠杆菌(*Shiga-like toxigenic E. coli*，SLTEC)，肠致病性大肠杆菌(*Enteropathogenic E. coli*，EPEC)，败血性大肠杆菌(*Septicaemic E. coli*，SEPEC)及尿道致病性大肠杆菌(*Uropathogenic E. coli*，UPEC)。其中至少有 3 种类型的致病性大肠杆菌在动物中较为多见，分别是可导致幼畜腹泻的 ETEC，引起猪水肿病的 SLTEC 及引起犊牛、仔猪和羔羊败血性大肠杆菌病的 SEPEC。这些病原性大肠杆菌所致的动物疾病以及主要毒力因子和 O 抗原群之间的相关性见表 7-3。

表 7-3 动物的病原性大肠杆菌及其毒力因子与 O 抗原群的关系

大肠杆菌类型	疾病名称	最常见 O 抗原	毒力因子	
			特殊菌毛或黏附因子	毒素或其他毒力因子
ETEC	初生仔猪腹泻(仔猪黄痢)	8，45，60，138，141，147，149，157，9，20，141，64，101	F4(K88) F6(987P) F5(K99) F41	LT 和(或)ST ST ST ST
	初生犊牛(羔羊)腹泻	8，9，20，101	F5(K99) F41 F17(FY)	ST ST ST
	断奶仔猪腹泻	8，138，139，141，147，149，157	F4(K88)或 F5(K99)或其他，如“8813”菌毛等	部分菌株产生 LT 和(或)STa
SLTEC	猪水肿病	139(最多见)，138，141，45，8	F18(F107)	SLT-2e(VTe 或 SLT-2v)
	犊牛出血性肠炎	5，26，111，103	黏附消除性因子	SLT-1(VT1) SLT-2(VT2)

续表 7-3

大肠杆菌类型	疾病名称	最常见 O 抗原	毒力因子	
			特殊菌毛或黏附因子	毒素或其他毒力因子
SEPEC	猪败血症(以多浆膜炎为主)	20,165		血清抵抗因子,铁离子清除因子
	犊牛羔羊败血症	78(最多见),15,35,115,117,137	Vir 菌毛	细胞毒性坏死因子(CNF2)
	鸡的大肠杆菌败血症、气囊炎、脑膜炎、肠炎、肉芽肿	1,2,78,35	F11 和 F1	血清抵抗侵袭力(对 HeLa 细胞),产生大肠菌素 V,具有铁离子清除因子,LPS
EPEC	兔腹泻*	2, 15, 26, 49, 92, 103,128	黏附消除性因子	已报道有的菌株可产生 SLT,但也有报道可产生 LT 或 STa
	猪腹泻	O45:K"E65"	黏附消除性因子	
UPEC	犬和猫尿道感染(膀胱炎、尿道炎、输尿管炎、前列腺炎、肾盂肾炎)	2,4,6,83	F1,F12 和 F13 相关菌毛	铁离子清除因子,α 溶血素,LPS
	鹅生殖器官大肠杆菌感染	141,1,7		
	牛乳腺炎	2,8,21,81,86	Curli 菌毛	

注:* 表示引起兔腹泻的大肠杆菌病原性类型尚有争议,本表根据其具有黏附-清除因子和有的菌株可产 SLT,暂归于 EPEC 中。

(一)产肠毒素大肠杆菌

ETEC 系一类致人和幼畜(初生仔猪、犊牛、羔羊及断奶仔猪)腹泻最常见的病原性大肠杆菌,其致病力主要由黏附素性菌毛和肠毒素两类毒力因子构成,二者密切相关且缺一不可。初生幼畜被 ETEC 感染后常因剧烈水样腹泻和迅速脱水死亡,发病率和死亡率均很高。

1. 毒力因子

(1)黏附素 黏附素系人和动物 ETEC 的一类特有菌毛,因其能黏附于宿主的小肠上皮细胞,故又称为黏附素(adhesin)或定居因子(colonization factor)。迄今,在动物 ETEC 中已发现的黏附素主要有 F4(K88)、F5(K99)、F6(987P)和 F41。黏附素虽然不是导致宿主腹泻的直接致病因子,但它是构成 ETEC 感染的首要毒力因子。ETEC 必须首先黏附于小肠上皮细胞,才能在肠内定居和繁殖,进而发挥致病作用。

ETEC 的各种黏附素都是蛋白质,有良好的抗原性,能刺激机体产生特异性抗体。不耐热,100℃即可破坏其生物学和免疫学活性,但 60℃加温 20～30 min 能使其从菌体表面大量脱离下来而不失活。

黏附素对一定种类的细胞和相应宿主的肠上皮细胞具有黏附作用。除 F6 无血凝性外,其余各种黏附素均具有甘露糖抗性血凝(MRHA)且具有一定的血凝谱。这与大肠杆菌 1 型菌毛(F1)的甘露糖敏感性血凝(MSHA)特性不同,详见表 7-4。MRHA 或 MSHA 均可被相应的抗体抑制,故可根据血清反应谱,用 MRHA 及其抗体抑制实验(MRHI)来鉴别 ETEC 的不同黏附素。

表 7-4 大肠杆菌部分菌毛抗原的血凝谱

菌株类别	菌毛	血凝特性	能凝集的红细胞种类(血凝谱)
ETEC	F1(Ⅰ型编码)	MSHA	强凝:恒河猴、猪、犬、马、小鼠、大鼠、兔、豚鼠
			中等凝:人各型红细胞
			弱凝:山羊和绵羊
	CFA/Ⅰ(F2)	MRHA	人、牛、鸡(凝集强度依次递减)
	CFA/Ⅱ(F3)	MRHA	牛、鸡(纯化菌毛无血凝性)
	CFA/Ⅲ	MRHA	人、牛、鸡(凝集强度依次递减)
	E8775	MRHA	人、牛、鸡(凝集强度依次递减)
	F4(K88)	MRHA	豚鼠、鸡(仅凝)
	F5(K99)	MRHA	绵羊(弱凝)、马(强凝)
	F6(987P)		
	F17(FY 或 Att25)	MRHA	兔
	F41	MRHA	豚鼠、人、绵羊、马
	F42	MRHA	人、豚鼠、马、绵羊、鸡
UPEC	P	MRHA	人
	X	MRHA	人

注:MRHA(mannose-resistant hemagglutination)甘露糖抵抗血凝反应;MSHA(mannose-sensitive hemagglutination)甘露糖敏感血凝反应。

ETEC 的黏附素必须在 37℃、有氧培养时才产生或表达。1 株动物源 ETEC 一般只表达一种黏附素,但有的菌株可同时表达两种或更多黏附素。ETEC 黏附素与其菌体 O 抗原及肠毒素种类 3 者间存在一种相对稳定关系(表 7-3)。

(2)肠毒素　肠毒素是 ETEC 在体内或体外生长时产生并分泌到细胞外的一种蛋白质毒素,按其对热的耐受性不同可分为不耐热肠毒素(heat-labile enterotoxin,LT)和耐热肠毒素(heat-stable enterotoxin,ST)两种。LT 对热敏感,65℃加热 30 min 即被灭活,福尔马林可将其变为类毒素,作用于宿主小肠和兔回肠可引起肠液蓄积。ST 耐 100℃加热 30 min 而不失活,通常无免疫原性,对乳猪和乳鼠肠道能引起肠液蓄积,对断奶猪和兔回肠可致肠积液。

2. 致病机制

ETEC 通过口腔进入易感宿主的小肠,以其菌毛黏附素与小肠上皮细胞的微绒毛和细胞表面的受体结合,牢固地黏附于肠黏膜上,以抵御肠蠕动和流动肠液的冲刷作用,定居在肠内大量繁殖产生并释放肠毒素,对其靶细胞产生毒性作用。

(二)产类志贺毒素大肠杆菌

又称产 Vero 细胞毒素大肠杆菌(VTEC),是一类在体内或体外生长时可产生类志贺毒素

(Shiga-like toxin,SLT)的病原性大肠杆菌。引起婴、幼儿腹泻的 EPEC 以及引起人出血性结肠炎和溶血性尿毒综合征的肠出血性大肠杆菌(*Enterohemorrhagic E. coli*,EHEC)都产生这类毒素。动物 SLTEC 可致猪的水肿病,以头部、肠系膜和胃壁浆液性水肿为特征,常伴有共济失调、麻痹或惊厥等神经症状,发病率较低但致死率很高。现已发现 SLTEC 与犊牛出血性结肠炎有密切关系,在致幼兔腹泻的大肠杆菌菌株中也有发现。

1. 毒力因子

(1)黏附性菌毛 1990 年 Bertsching 等首次报道,从致猪水肿病的大肠杆菌分离,现统一命名为 F18。F18 菌毛是猪水肿病的 SLTEC 菌株的一个重要毒力因子,有助于细菌在猪肠道上皮细胞定居和繁殖。

(2)2 型类志贺毒素(SLT-2e 或 SLT-2v) 是引起猪水肿病的 SLTEC 所产生的一种蛋白质性细胞毒素。SLT-2e 是直接导致该病发生的主要毒力因子。

2. 致病机制

现已证明该病是一种肠毒血症,其发病机制为:大肠杆菌以其菌毛(如 F18)黏附于小肠上皮细胞,定居和繁殖的细菌在肠内产生 SLT-2e 并被吸收。毒素的吸收首先是通过该毒素的 B 亚单位与肠上皮细胞的 Gb4 的受体发生特异性结合,随后 A 亚单位进入细胞内并发挥上述毒性作用造成细胞死亡和组织病变。

除上述一些主要毒力因子外,与大肠杆菌致病性有关的其他毒力因子,如内毒素(LPS)、具有抗吞噬作用的 K 抗原、溶血素、大肠菌素 V、血清抵抗因子、铁载体等,在不同动物大肠杆菌病的发生中可能起到不同的致病作用。

三、微生物学诊断

(一) 微生物学检验程序

动物致病性大肠杆菌的分离与鉴定程序可参见图 7-3。

(二)常规检验方法

1. 病料采集及分离培养

对败血症病例可无菌采集其病变的内脏组织,直接在血琼脂或麦康凯平板培养基划线分离培养。对幼畜腹泻及猪水肿病病例应取其各段小肠内容物或黏膜刮取物以及相应肠段的肠系膜淋巴结,分别在麦康凯平板和血平板培养基上划线分离培养。

2. 直接镜检

可用病料直接抹片或分离菌落抹片染色镜检,因本菌形态和染色性没有特征,与其他革兰阴性小杆菌没有明显区别,故直接镜检对确定大肠埃希菌的意义不大,仅供综合诊断参考。

3. 生化实验

挑取麦康凯平板培养基上的红色菌落或血平板上呈 β 溶血(仔猪黄痢与水肿病菌株)的典型菌落几个,分别接种三糖铁(TSI)培养基和普通琼脂斜面做纯培养。将 TSI 琼脂反应模式符合埃希菌属的生长物或其相应的普通斜面纯培养物做 O 抗原鉴定,与此同时,按表 7-1 所列的常规项目进行生化实验,其中吲哚实验、甲基红实验、V-P 实验和枸橼酸盐利用实验这 4 项

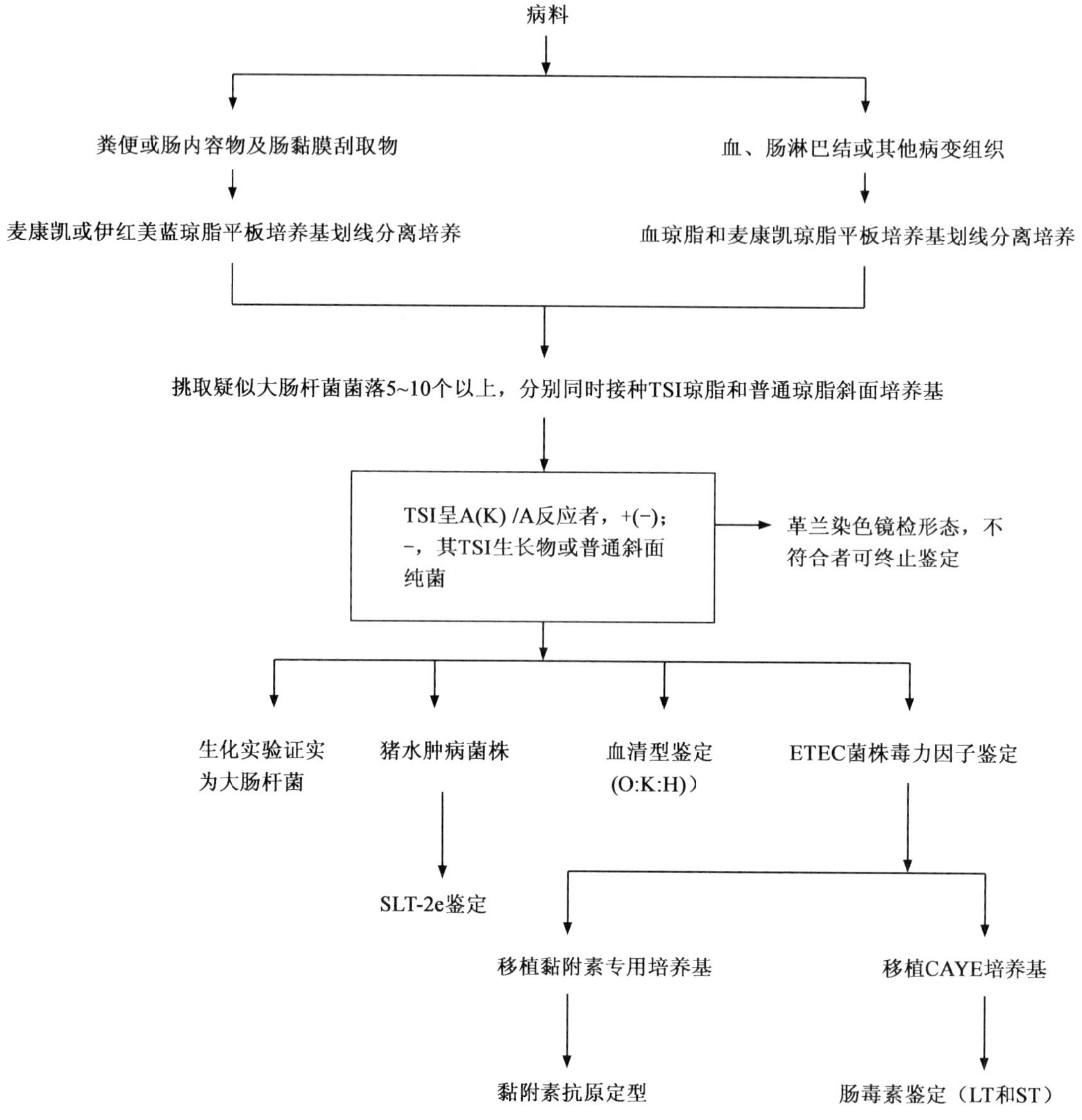

图 7-3　大肠杆菌分离鉴定程序

统称为 IMViC 实验，是肠杆菌科细菌鉴定的常规项目。大肠杆菌这四项的结果为＋＋－－。在此基础上，通过对毒力因子的检测便可确定其属于何种致病性大肠杆菌。

4. 血清型鉴定

如需作血清型鉴定，可将培养物用 0.5% NaCl 溶液洗下制成浓菌液并分成 2 份。1 份经 100℃加热 1 h(如仍有 O 不凝集性则可用 121℃处理 2 h)，另一份加 0.5%的福尔马林 37℃加温 24～48 h，分别用各种抗 O 血清和抗 O、K 血清对上述菌液作玻板凝集实验。如该菌株含有 K 抗原，则各种抗 O 血清不能使经福尔马林处理的菌液凝集，但可被各种抗 K 血清中的一种凝集。经 100℃或 121℃加热的菌液可被一种抗 O 血清凝集，但可能与别的抗 O 血清发生交叉凝集反应，可用试管凝集法按凝集效价来排除。若能使用单因子抗 O 血清则可避免 O 抗原间的交叉凝集现象。在对动物致病性大肠杆菌O抗原鉴定时,应首先按表7-3所列与各种疾病相关的常见O抗原群逐一加以鉴定,这可大大缩小O抗原鉴定范围和工作量。H抗原一般不作鉴定。如有必要,应将分离所得的纯菌先经半固体培养基传代2代以上,再制成肉汤培养物(37℃,18~24 h),加等量含有0.6%福尔马林的0.5% NaCl溶液,37℃水浴4~6 h即可用各种抗H血清加以鉴定。

5.黏附素和肠毒素检测

(1)ETEC黏附素性抗原的鉴定　先将待检菌株于黏附素专用培养基上37℃培养24 h(F4培养基为TSA,F5和F41为Minca,F6为Slanetz),培养物用已知的各种黏附素单因子血清或单克隆抗体,作玻板凝集试验,或用免疫荧光、ELISA等其他血清学方法鉴定之,也可用MRHA及其抑制实验(MRHI)以及体外肠上皮细胞吸附与吸附抑制实验加以鉴定。

(2)ETEC肠毒素检测方法　实验室常用检测LT方法包括Y1小鼠肾上腺细胞或中国仓鼠卵巢细胞(CHO)培养法、平板免疫溶血试验、夹心红细胞免疫试验、夹心ELISA、兔回肠结扎肠试验、兔皮肤蓝斑试验法等;检测ST常用方法有乳鼠胃内投服试验、GM1-ELISA等。这些操作方法可参见相关书籍。

(3)SLT-2e的检测方法　目前主要用该毒素的粗提或纯化物做Vero细胞毒性试验和小鼠神经毒性试验,并以抗SLT-2e血清或单克隆抗体做中和试验鉴定。

6.毒力基因检测

(1)一般对可疑菌株进行O抗原、H抗原编码基因,以及志贺毒素(*stx*)、溶血素(*hly*)、黏附抹平因子(*eae*)基因检测,判断细菌毒力。典型的造成人类感染的大肠杆菌O_{157}:H_7,携带志贺毒素、溶血素与黏附抹平因子,即*stx*1+、*stx*2+、*hly*+、*eae*+。

(2)对于分离自腹泻患者的霍乱样水样便、呕吐物等样本,经革兰染色镜检和生化反应符合大肠杆菌特征,血清学鉴定符合ETEC的O抗原群,通过PCR检测大肠杆菌不耐热肠毒素LT和耐热肠毒素ST基因*elt*和*est*。PCR检测*elt*基因,扩增片段长度为322 bp。

(3)对于水样便、呕吐物等采集的样本,经革兰染色镜检和生化反应符合大肠杆菌特征,Hep-2细胞黏附实验表现为细菌对细胞的聚集性黏附,可用PCR方法检测特异性基因*aggR*,用于检测肠集聚性大肠杆菌。

(4)对于分离自细菌性痢疾样便、呕吐物等的样本经革兰染色镜检为革兰阴性杆菌,生化反应表现为不发酵或迟缓发酵乳糖,不产气,除O_{124}外无动力,酒石酸盐阴性,赖氨酸脱羧酶阴性;血清学鉴定符合EIEC的O抗原群;豚鼠角膜结膜实验(Sereny实验)阳性或对Hep-2细胞的侵袭阳性。可用PCR检测侵袭基因*ipaH*,用于检测肠侵袭性大肠杆菌。

(5)对于分离黄色水样便、呕吐物等样本,经革兰染色镜检和生化反应符合大肠杆菌特征,血清学鉴定符合EPEC的O抗原群,可用PCR方法检测*eae*基因,用于检测致病性大肠杆菌。

四、免疫防治

目前国内外已有多种多样预防幼畜腹泻的实验性或商品化菌苗。大体上可包括:以抗黏附素免疫为基础的含单价或多价菌毛抗原的灭活全菌苗或亚单位苗,以抗肠毒素免疫为主的类毒素苗或LT-B亚单位苗,表达一种或两种黏附素以及同时表达一种黏附素和LT-B的基因工程菌苗等。用这些菌苗免疫怀孕母畜后，均能使其后代从初乳中获得抗 ETEC 感染的被动保护力。虽然免疫力因菌苗组成不同有所差异，但保护力均较强或很强。一般地说，多价黏附素菌苗的免疫效果优于单价黏附素菌苗；肠毒素苗虽然可使免疫动物同时抵抗众多黏附素型 ETEC 攻击，但效果似乎不及黏附素菌苗。

近年来，国内不少单位均研制成含多种常见 O 抗原的鸡大肠杆菌灭活油佐剂或氢氧化铝佐剂菌苗，给各种日龄鸡注射后可获得较好的预防效果，免疫力可达 3～5 个月不等。国内对猪水肿病的预防已开始试用由 3～4 种常见 O 抗原的野毒菌株制成的灭活菌苗。此外，近年国内外多家研究报道，用大肠杆菌野毒菌株制成菌影（菌蜕）疫苗具有较好的免疫效果。

多年实践证明，在已发生仔猪黄痢的猪群中，仔猪出生后立即口服或肌注抗血清，可获满意预防效果。发病初期仔猪用此血清也可取得较好的治疗效果。

抗菌药物虽然可减轻患病畜禽病情或暂时控制疫情发展，停药后常可复发。由于本菌的耐药菌株大量出现，昔日有效的许多药物渐成无效或低效。所以最好选用经药敏试验确证为高效的抗生素用于治疗，方能取得良好效果。

第三节　沙门菌属

沙门菌属（*Salmonella*）是一群寄生于人和动物肠道内的无芽胞杆菌，革兰阴性，生化特性和抗原结构相似，兼性厌氧。除极少数外，通常都以周生鞭毛运动。根据新近的沙门菌的分类方案，本属菌现可分为：肠道沙门菌（*S. enterica*）、邦戈尔沙门菌（*S. bongori*）两个种。肠道沙门菌又分为 6 个亚种：肠道亚种（*enterica*），萨拉姆亚种（*salamae*）、亚利桑那亚种（*arizonae*）、双相亚利桑那亚种（*diarizonae*）、豪顿沙门菌（*houtenae*）以及因迪卡沙门菌（*indica*）。这些种和亚种均属于对应的 DNA 同源群。沙门菌属细菌种类繁多，抗原复杂，2002 年的抗原表中共收录 2 541 个血清型，其中肠道亚种占整个沙门菌血清型的绝大部分，几乎包括了所有对人和温血动物致病的各种血清型菌株，并具有属的典型生化特性。只有 10 个以内的罕见血清型属于邦戈尔沙门菌。

虽然对沙门菌已规定新的命名法，但通常仍惯用简单的通用命名，即以该菌所致疾病、或最初分离地名、或抗原式 3 种方式来命名。肠道亚种全部血清型或以引起人或动物的某种疾病命名，如肠炎沙门菌；或以第一次分离出该菌株的城镇、地区或国家来命名。目前，对沙门菌或各亚种成员的鉴定主要根据生化实验，而血清分型可作为一项亚种水平上的鉴定内容。

绝大多数沙门菌发酵葡萄糖产酸产气，也偶尔有不产气的。在三糖铁琼脂培养基上常产生 H_2S。一般能利用枸橼酸盐。能使赖氨酸和鸟氨酸脱羧基，但对苯丙氨酸和色氨酸均不脱氨基。除亚利桑那沙门菌外，大部分沙门菌都不发酵乳糖。通常不利用杨苷、肌醇、蔗糖、侧金盏花醇和棉籽糖，也不产生 α 甲基葡萄糖苷。不产生吲哚，不分解尿素，甲基红实验阳性，但 V-P 实验阴性。DNA 中（G+C）mol％为 50～53。

沙门菌分布广泛，常寄生于各种动物体内和存在于多种环境中。在人、家畜、家禽、野生动物、啮齿动物体内常分离到沙门菌，本属菌也常存在于水、乳、肉、蛋中及其他食品和饲料中。某些沙门菌是重要的人兽共患病病原，有些是动物疾病病原，能引起人和动物的多种不同临床表现，有些是人和动物食物中毒或饲料中毒常见病原性细菌。因而，本属细菌在人畜疾病、公共卫生、食品卫生和外贸出口中均十分重要。

一、主要生物学特性

(一)形态及染色特性

沙门菌的形态和染色特性与同科的大多数其他菌属相似，呈直杆状，(0.7～1.5) μm×(2.0～5.0) μm，无芽胞，革兰阴性。除鸡白痢沙门菌和鸡伤寒沙门菌无鞭毛不运动外，其余各菌均以周生鞭毛运动，且绝大多数具有Ⅰ型鞭毛。新分离的伤寒沙门菌和一些丙型副伤寒沙门菌有荚膜。

(二)生长要求与培养特性

本属细菌为需氧或兼性厌氧菌，除极个别菌株需要在加有血液的培养基上才能生长外，多数菌株对营养的要求不高。生长温度 10～42℃，最适生长温度为 37℃，最适生长 pH 为 7.2～7.4。本属大多数细菌的培养特性与埃希菌属相似。在液体培养基中，呈均匀浑浊生长。只有鸡白痢、鸡伤寒、羊流产和甲型副伤寒等沙门菌在肉汤琼脂上生长贫瘠，形成较小的菌落。在营养琼脂平板培养基上 37℃培养 24 h，可形成直径 2～3 mm、中等大小、无色半透明、圆形凸起的光滑菌落。培养基中加入胆汁、胆盐、煌绿或亚硒酸盐，可以选择性地抑制大肠杆菌的生长，有利于伤寒沙门菌及副伤寒沙门菌的生长。在肠道杆菌鉴别或选择性培养基上，大多数菌株因不发酵乳糖而形成无色菌落，如在伊红亚甲蓝鉴别培养基上的菌落呈无色，在 BTB 乳糖培养基上呈蓝色菌落，在 SS 琼脂培养基上为无色。本菌属在培养基上也有 S-R 变异。培养基中加入硫代硫酸钠、胱氨酸、血清、葡萄糖、脑心浸液和甘油等均有助于本菌生长。

(三)生化特性

本菌属与其他主要菌属的生化鉴别见表 7-1。与肠道亚种相比，其余各亚种的生化反应虽然不太典型，但同一亚种各菌间的生化特性相当一致。有时极个别分离菌株在某一特性上可能有所不同，如发酵蔗糖或产生吲哚等，只要它们仍具有本菌属典型的 O 和 H 抗原，就不应将其排除在本菌属外。

绝大多数沙门菌发酵糖类时均产气，但伤寒和鸡伤寒沙门菌不产气。正常产气的血清型也可能有不产气的变型，尤其在都柏林和鸡白痢沙门菌中更多见。大部分沙门菌产生硫化氢，但甲型副伤寒、猪伤寒仙台和巴布亚等菌型不产生，猪霍乱、伤寒和鸡伤寒沙门菌的反应则不定。本菌属通常不发酵阿拉伯糖、卫矛醇、鼠李糖、蕈糖和木糖。不发酵肌醇的有甲型副伤寒、乙型副伤寒、猪霍乱、仙台、伤寒、肠炎、纽波特、山夫顿堡、斯坦利和迈阿密等沙门菌。多数鸡白痢沙门菌菌株不发酵麦芽糖。猪伤寒沙门菌不发酵甘露糖。本属菌通常能在西蒙氏枸橼酸盐琼脂上生长，但甲型副伤寒、猪伤寒、伤寒、都柏林、仙台、鸡伤寒、鸡白痢以及猪霍乱孔成道夫变种等沙门菌不利用。肠炎沙门菌的生化反应较有规律，该菌能发酵葡萄糖、甘露醇、山梨醇、麦芽糖以及阿拉伯糖，不发酵乳糖及蔗糖；能产生精氨酸脱氢酶，鸟氨酸脱羧酶及 H_2S 气体。除甲型副伤寒血清型外，其余各菌均有赖氨酸脱羧酶。大部分沙门菌的鸟氨酸脱羧酶呈阳性，但伤寒沙门菌为阴性。肠道亚种中常见沙门菌的生化特性见表 7-5。肠道沙门菌种的 6 个亚种和邦戈尔沙门菌的简明生化特性鉴别见表 7-6。

表 7-5　常见沙门菌的生化特性及其抗原结构表

组别	血清型	O 抗原	H 抗原	
			第 1 相	第 2 相
A	甲型副伤寒沙门菌 *S. paratyphi A*	$\underline{1}$,2,12	a	[1,5]
B	鼠伤寒沙门菌 *S. typhimurium*	$\underline{1}$,4,[5],12	i	1,2
B	德尔卑沙门菌 *S. derby*	$\underline{1}$,4,[5],12	f,g	[1,2]
B	安果勒沙门菌 *S. agona*	4,12	f,g,s	—
B	圣保罗沙门菌 *S. saint paul*	$\underline{1}$,4,[5],12	e,h	1,2
B	海德堡沙门菌 *S. heidelberg*	$\underline{1}$,4,[5],12	r	1,2
B	羊流产沙门菌 *S. abortus ovis*	4,12	c	1,6
B	马流产沙门菌 *S. abortus equi*	4,12	—	e,n,x
C_1	猪伤寒沙门菌 *S. typhisuis*	6,7	c	1,5
C_1	猪霍乱沙门菌 *S. choleraesuis*	6,7	c	1,5
C_1	猪霍乱沙门菌孔成道夫生物型 *S. choleraesuis biotype* Kunzendors	6,7	[c]	1,5
C_1	蒙得维沙门菌 *S. montevideo*	6,7,$\underline{14}$	g,m,[p],s	—
C_1	奥兰尼堡沙门菌 *S. oranienburg*	6,7	m,t	—
C_2	纽波特沙门菌 *S. newport*	6,8	e,h	1,2
C_2	牛病沙门菌 *S. bovismorbificans*	6,8	r	1,5
C_3	肯塔基沙门菌 *S. kentucky*	8,$\underline{20}$	i	z6
D_1	伤寒沙门菌 *S. typhi*	9,12,[Vi]	d	—
D_1	肠炎沙门菌 *S. enteritidis*	$\underline{1}$,9,12	g,m	[1,7]
D_1	都柏林沙门菌 *S. dublin*	$\underline{1}$,9,12,[Vi]	g,p	—
D_1	鸡沙门菌(鸡伤寒沙门菌)*S. gallinarum*	$\underline{1}$,9,12	—	—
D_1	雏沙门菌(鸡白痢沙门菌)*S. pullorum*	9,12	—	—
E_1	鸭沙门菌 *S. anatis*	3,10	e,h	1,6
E_2	纽因顿沙门菌 *S. newington*	3,$\underline{15}$	e,h	1,6
E_4	山夫顿堡沙门菌 *S. senftenberg*	1,3,19	g,[s],t	—
G_2	沃丁登沙门菌 *S. worthington*	$\underline{1}$,13,23	z	l,w

注:[]表示可能有可能无,$\underline{1}$ 由于位于相变异而出现。

表 7-6　肠道沙门菌 6 个亚种和邦戈尔沙门菌的生化特性

项目	肠道沙门菌的亚种						邦戈尔沙门菌
	肠道	萨拉姆	亚利桑那	双相亚利桑那	豪顿	因迪卡	
卫矛醇	+	+	—	—	—	—	+
山梨醇	+	+	+	+	+	—	+
水杨苷	—	—	—	—	+	—	—
ONPG	—	—	+	+	—	—	+
KCN	—	—	—	—	+	—	+

续表 7-6

项目	肠道沙门菌的亚种						邦戈尔沙门菌
	肠道	萨拉姆	亚利桑那	双相亚利桑那	豪顿	因迪卡	
丙二酸盐	−	+	+	+	−	−	−
(L+)酒石酸盐	+	−	−	−	−	−	−
黏液酸	+	+	+	−	−	+	+
明胶	−	+	+	(70%)	+	+	−
β葡萄糖苷酸酶	d	d	−	+	−	−	−
半乳糖醛酸酶	−	+	−	+	+	+	+
O-I噬菌体裂酶	+	+	−	+	−	+	d
γ谷酰氨转移酶	+	+	−	+	+	+	+

注：+表示90%以上阳性；−表示9%以下阳性；d表示不同血清型有不同反应。

肠杆菌科细菌各属之间，在生化特性方面有类似之处，抗原方面也有交叉反应，有时可出现不典型菌株。因此，要做出正确结论，除了做一般生化反应和血清型鉴定，还应该做系统的生化反应鉴定。生化管可自配或选用符合国内或国际质量标准的市售生化反应板或鉴定卡。目前多采用API 20E生化鉴定系统，该方法操作简便、结果重复性好、携带方便，特别适合现场疫情处理的标本检测。根据生化结果，对照API 20E的反应鉴定表判定被检菌株。

(四) 抗原及变异

沙门菌具有复杂的抗原结构，一般包括菌体(O)抗原、鞭毛(H)抗原、荚膜或包膜(K)抗原和菌毛抗原4种。O和H抗原是其主要抗原，构成绝大部分沙门菌血清型鉴定的物质基础，其中O抗原又是每个菌株必有的成分。目前已发现并鉴定的血清型有2 500种以上，几乎包括了所有对人和温血动物致病的各种血清型菌株，并具有属的典型生化特性。

O抗原是沙门菌细胞壁表面的耐热多糖抗原，为脂多糖，性质稳定。能耐100℃ 2.5 h不被破坏，不被乙醇或0.1%石炭酸破坏。它的特异性依赖于LPS多糖侧链的组成，而其决定簇又由该侧链上末端单糖及多糖链上单糖的排列顺序所决定，以1、2、3等阿拉伯数字表示，如乙型副伤寒杆菌有4、5、12 3个，鼠伤寒杆菌有1、4、5、12 4个，猪霍乱杆菌有6、7 2个。有些O抗原是几种菌所共有，如4、5为乙型副伤寒杆菌和鼠伤寒杆菌共有，将具有共同O抗原(群因子)的各个血清群菌归入一群，以大写英文字母表示。因此目前已发现的全部沙门菌可分为A、B、C1～C4、D1～D3、E1～E4、F、G1～G2、H、…、Z和O51～O63以及O65～O67计51个O群，包括58种O抗原。O抗原刺激机体主要产生IgM抗体。

H抗原是本菌属的鞭毛蛋白抗原，对热不稳定，抗原性在60℃经15～60 min乙醇处理后被破坏，但甲醛不能将其破坏。具有鞭毛的细菌经甲醇液固定后，其O抗原全部被H抗原遮盖，而不能与相应抗O抗体反应。H抗原的特异性取决于多肽链上氨基酸的排列顺序和空间构型。H抗原可分为第1相和第2相两种。第1相H抗原以小写英文字母表示，其特异性高，常为一部分血清型菌株所具有，故曾称为特异相。第2相抗原用阿拉伯数字表示，但少数是用小写英文字母表示的，其特异性低，常为许多沙门菌所共有，曾称为非特异相。多数沙门菌具有第1和第2两相抗原，称为双相菌，常发生位相变异。少数沙门菌只有其中一相H抗原，称为单相菌。每一组沙门杆菌根据H抗原不同，可进一步分种或型。H抗原刺激机体主要产生 IgG 抗体。

K 抗原是伤寒、丙型副伤寒和部分都柏林沙门菌表面包膜抗原，功能上相当于大肠杆菌 K 抗原，但一般认为其与毒力有关，故称为 Vi 抗原。Vi 抗原系一种 N-乙酰-D-半乳糖胺糖醛酸聚合物，不稳定，经 60℃ 1 h 加热或石碳酸处理即破坏其凝集性和免疫原性。新从患病动物标本中分离出的伤寒杆菌、丙型副伤寒杆菌等有此抗原。有 Vi 抗原的菌株不被相应的抗 O 血清凝集，将 Vi 抗原加热破坏后则能。在普通培养基上多次传代后易丢失此抗原。Vi 抗原存在于细菌表面，可阻止 O 抗原与其相应抗体的反应。Vi 抗原的抗原性弱。当体内菌存在时可产生一定量抗体，细菌被清除后，抗体也随之消失。故测定 Vi 抗体有助于对伤寒带菌者的检出。

沙门菌的抗原有时可发生变异，除 H-O 和 S-R 变异外，在菌型鉴定中最多见的是 H 抗原的位相变异。将一个双相沙门菌菌株在琼脂平板培养基上划线分离，在所得的菌落中，有的有第 1 相 H 抗原，有的则有第 2 相 H 抗原。若任意挑取一个菌落在培养基上多次传代，其后代又可出现部分是第 1 相而另一部分是第 2 相的菌落。这种两个相的 H 抗原可以交相产生的现象称为位相变异。所以两相菌初次分离时，单个菌落的纯培养物往往只有一个相 H 抗原，鉴别时常只能检出一个相，而测不出另一相。此时，可用已知相血清诱导的位相变异实验来获得未知的另一个相 H 抗原。

用已知的沙门菌 H 和 O 单因子血清作玻板凝集试验，可确定一个沙门菌分离物的血清型或抗原式，对可能有 Vi 抗原的菌株还须用 Vi 抗血清鉴定之。本属菌的血清型表示方法是 O 抗原:第 1 相 H 抗原:第 2 相 H 抗原。例如鼠伤寒沙门菌血清型为 1,4,[5],12:i:1,2，即表示该菌具有 O 抗原 1,4,[5],12，第一相 H 抗原为 i，第二相 H 抗原为 1,2，括号中抗原表示该抗原可能无。如有 Vi 抗原可写在 O 抗原之后，如伤寒沙门菌血清型为 9,12,Vi:d:－。对人和温血动物致病的沙门菌血清型绝大多数分属于 A～F 群，在疾病中经常出现的却不足 50 种。人和畜禽的常见沙门菌血清型可见表 7-5。

(五)抵抗力

此菌对热、消毒药品和外界环境的抵抗力与大肠杆菌相似，在水中生存 2～3 周，在粪便中可活 1～2 个月，在冰冻土中能过冬，在－25℃能存活 10 个月，在干燥的垫草中可存活 8～20 周之久。60℃ 15 min 可杀死该菌。对 5%石炭酸、0.2%升汞 5 min 敏感。磺胺类药物一般作用甚弱，土霉素、青霉素、链霉素一般浓度只能抑菌，对氯霉素则极敏感。目前已发现了链霉素、四环素、先锋霉素、氨苄青霉素、庆大霉素、复方新诺明、洛美沙星、头孢噻肟、环丙沙星、氧氟沙星、诺氟沙星、头孢唑林等抗生素的耐药株。胆盐、煌绿及其他染料对本属细菌的抑菌作用较大肠杆菌小，可用于制备选择培养基，以利于分离粪便中的沙门菌。

二、致病性

本属菌均有致病性，可产生较强毒力的内毒素，引起机体发热、黏膜出血、白细胞减少之后增多和中毒性休克，甚至死亡。动物感染后常导致严重的疾病，并成为人类沙门菌病的传染源之一。因此，沙门菌病是一种重要的人兽共患病。本菌具有广泛的动物宿主，最常侵害幼、青年动物，使之发生败血症、胃肠炎及其他组织局部炎症。感染沙门菌的人或带菌者的粪便污染食品，可使人发生食物中毒。据统计，在世界各种细菌性食物中毒中，沙门菌引起的食物中毒常列榜首。沙门菌很容易在动物与动物、动物与人、人与人之间通过直接或间接的途径传播，没有中间宿主。主要传染途径是通过消化道。许多环境条件，如卫生不良、过度拥挤、气候恶劣、内服皮质类激素、分娩、长途运输以及发生其他病毒或寄生虫感染，均可增加易感动物发生沙门菌病的可能性。许多带菌的野鸟和啮齿动物以及蜱和一些昆虫也能成为畜禽的一种传染来源。在某种条件下，也可呈现急性流行性。

(一)致病类型

根据对宿主适应性或嗜性不同，可将沙门菌分成3群。第一群具有高度适应性或专嗜性，只在特定条件下对人或某种动物产生特定的疾病。属于这一类型沙门菌的不多，如鸡白痢和鸡伤寒沙门菌仅使鸡和火鸡发病，马流产、牛流产和羊流产等沙门菌分别致马、牛、羊的流产等，猪伤寒沙门菌仅侵害猪，伤寒与甲、乙、丙3型副伤寒以及仙台沙门菌等是高度适应于人类的沙门菌，伤寒、副伤寒患者和带菌者及伤寒、副伤寒感染的家禽、家畜均可成为传染源。第二群是对宿主具有偏嗜性的沙门菌，只适应于特定动物引起疾病，仅个别血清型，如猪霍乱和都柏林沙门菌，分别是猪和牛羊的强适应性菌型，多在各自宿主中致病，但也能感染其他动物。常可从羔羊腹泻病例中分离到亚利桑那沙门菌，并认为这型菌正在适应羊的机体环境。第三群是非适应性或泛嗜性沙门菌，具有广泛感染的宿主谱，能对各种动物及人类致病。该型占本属细菌的大多数，可占分离菌株的一半以上，具有重要的公共卫生意义。鼠伤寒和肠炎沙门菌是其中的重要代表。常见的危害人和动物的泛嗜性沙门菌约20余种，加上专嗜性和偏嗜性菌型共30余种(表7-5)。

人类由于食用患病动物的肉、乳、蛋或被患病动物污染的食物，常引起肠热症、胃肠炎和败血症3种类型的疾病。鼠伤寒沙门菌感染的潜伏期可长可短，多数为12～72 h，临床表现可分胃肠炎型、败血症型、病灶感染类型和无症状带菌型。

(二)毒力因子

沙门菌的毒力因子有多种，其中主要的有脂多糖、肠毒素、细胞毒素及毒力基因等。

1. 脂多糖

是沙门菌外胞壁的基本成分，构成细菌的O抗原和内毒素，是本菌一个重要的毒力因子，在防止宿主吞噬细胞的吞噬和杀伤作用上起重要作用。可引起宿主发热、黏膜出血、白细胞减少、弥散性血管内凝血、循环衰竭等中毒症状以及休克死亡。

2. 肠毒素

有些沙门菌血清型可产生肠毒素。在鼠伤寒沙门菌中发现一种热敏的、细胞结合型的霍乱毒素(CT)样肠毒素。它在结构、功能和抗原性上与CT和ETEC的LT1相似，即可引起CHO细胞伸长，在兔结扎肠中诱导液体分泌，与GM1神经节苷酯结合，可提高兔肠细胞内cAMP和前列腺素E2水平。

3. 细胞毒素

自然的和实验性沙门菌肠炎的一个重要特征是肠上皮细胞的损伤，造成这种损伤的因素可能是3种细胞毒素。第一种可阻止Vero细胞的蛋白质合成。第二种与其他一些菌之间存在高度相关性。第三种对Vero等细胞系均有致死作用，可引起细胞快速崩解。

4. 侵袭力和毒力基因

在不同血清型沙门菌的毒力质粒(spv)中存在一个含毒力基因的高度保守的10 kb左右

区域。该毒力区域内基因功能包括抵抗血清补体介导的杀菌作用、免疫抑制、细胞内生存和生长以及刺激脾脏肿大。

三、微生物学诊断

对未污染的被检组织可直接在普通琼脂、血琼脂或鉴别培养基平板上划线分离，但已污染的被检材料，如饮水、粪便、饲料、肠内容物和已败坏组织等，因含杂菌数远超过沙门菌，故需要增菌培养基增菌后再行分离。

（一）微生物学分离鉴定程序

微生物学分离鉴定程序如图 7-4 所示：

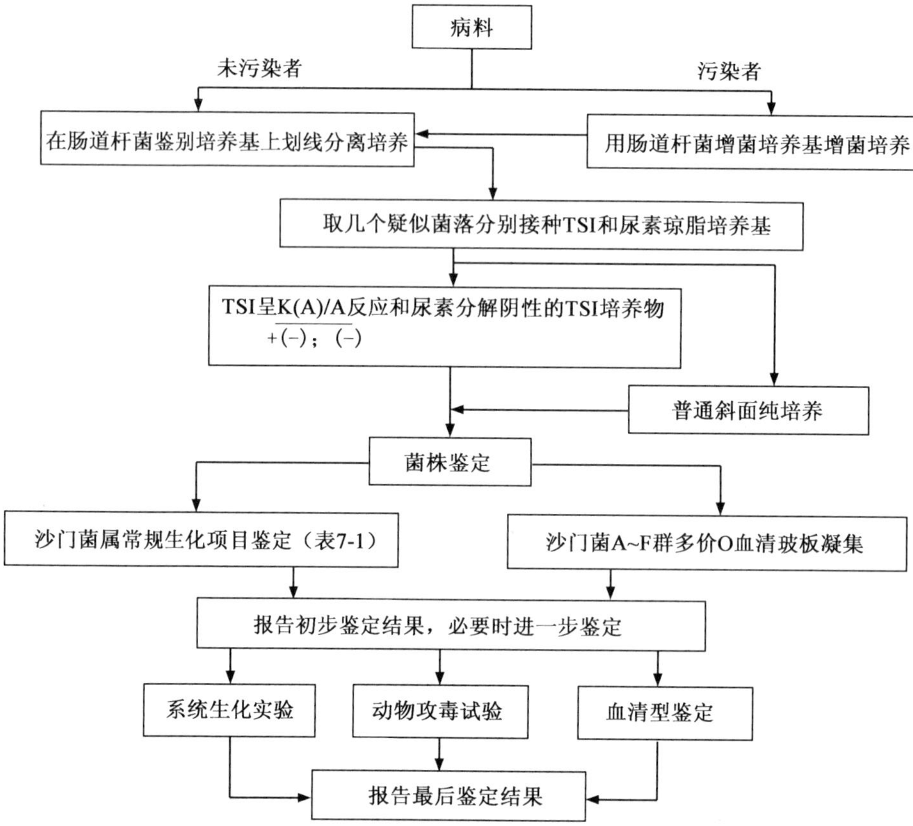

图 7-4　沙门菌属的分离鉴定程序

（二）鉴定方法

1. 细菌学鉴定

增菌培养基最常用的有亮绿-胆盐-四硫磺酸钠肉汤、四硫磺酸盐增菌液、亚硒酸盐增菌液以及亮绿-胱氨酸-亚硒酸氢钠增菌液等。这些培养基能抑制其他杂菌生长而有利于沙门菌大量繁殖。接种量为培养基量的 1/10。接种后于 37℃ 培养 12～24 h，如未出现疑似本菌菌落，则需从已培养 48 h 的增菌培养物中重新划线分离 1 次。

挑取鉴别培养基上的几个可疑菌落，分别进行纯培养，并同时分别接种三糖铁（TSI）琼脂和尿素琼脂培养基，37℃培养 24 h。若有二者反应结果均符合沙门菌者，则取其 TSI 琼脂的培养物或与其相应菌落的纯培养物，按图 7-4 所示程序做沙门菌 O 抗原群和生化特性的进一步鉴定试验。必要时可做血清型分型。

鉴别培养基常用麦康凯、伊红美蓝、SS、去氧胆盐钠-枸橼酸盐和 HE 等琼脂培养基，必要时还可用亚硫酸铋和亮绿中性红等琼脂培养基。沙门菌在不同鉴别培养基上呈现不同的菌落颜色，在麦康凯（MacConkey，MaC）培养基上为无色菌落，在 HE（Hektoen Enteric，HE）琼脂培养基上为蓝绿色菌落，在 SS（*Salmonella-Shigella*，SS）琼脂、胆硫乳琼脂（deoxycholate hydrogen sulfide lacto，DHL）及 XLD（Xylose Lysine Desoxycholate，XLD）培养基上均呈无色菌落且产 H_2S 均呈现黑色菌落，在科马嘉沙门菌显色培养基上为紫色菌落。绝大多数沙门菌因不发酵乳糖，在这类培养基上其菌落颜色与大肠杆菌不同。如能在增菌培养的同时，又直接在上述鉴别培养基上作浓厚涂布及划线分离，也可能有一次获得纯培养的机会。

二维码 7-1

2. 血清学检验

如需进一步鉴定分离菌株的血清型则可应用分群抗 O 血清（A～F 群）作凝集实验，以判定其群别；使用 O 抗原单因子血清来测定待检菌的 O 抗原组成，再查沙门菌抗原表，取可能的第一或第二相 H 血清以测定其单相 H 抗原；用含该相 H 抗血清的半固体培养基做成 U 形管培养基，在一端接种被检菌，经 37℃培养后，于另一端挑取培养物作成纯培养，就能获得有另一相鞭毛的菌种，用抗 H 血清测出另一相 H 抗原。至此，便鉴定出该菌的血清型。如只作一般性鉴定，则只需用可疑菌落的纯培养或 TSI 琼脂培养物与 A～F 群多价抗 O 血清作玻板凝集，即可判明该菌是否属于 A～F 群中的沙门菌。此外，用酶标记的属特异性单抗和 O9 单抗建立了单抗竞争 ELISA，几乎能检出现有已知的各种血清型沙门菌。这为沙门菌的检验提供了一种简单、快速的血清学诊断方法。国外学者也研究出多种快速鉴定沙门菌属的方法，如 PG 琼脂推断性鉴定法、免疫磁力分离法、核酸探针、抗体包被的有色乳胶颗粒凝集实验、PCR 和磁性 PCR 以及 C8 脂酶快速法等方法。

3. 毒力基因检测

1999 年欧洲标准委员会建立了食品中沙门菌感染 PCR 检测的标准程序，目前还没有针对不同沙门菌检测的独立靶基因，只有报道用侵袭性基因（*inv*）、编码产物与上皮细胞侵袭相关的 *prgK* 基因和编码新分离的伤寒沙门菌、丙型副伤寒沙门菌 Vi 抗原的 *viaB* 基因作为检测沙门菌的靶基因。

四、免疫防治

体液免疫与细胞免疫在抗沙门菌感染中都很重要。动物接触环境中沙门菌或在注射疫苗后，其体液免疫应答的抗体主要是 IgM 抗体。在疾病康复或口服弱毒苗感染的动物肠道中，可出现特异性分泌型 IgA。沙门菌免疫母牛的初乳和奶中含有特异性抗体，阻断了细菌对肠道上皮细胞的吸附和穿入，可为其后代提供肠道中抗沙门菌的能力。用无毒性的沙门菌突变株或热灭活的菌体免疫动物后，其血清抗体水平与动物抗人工感染的保护力之间并无相关性。如用灭活菌苗免疫犊牛，尽管其有高滴度的特异抗体，但仍可免疫失败。血清中抗 O 抗原的 IgG 抗体能够为动物提供抗沙门菌病的保护力。细胞免疫反应性与大剂量沙门菌攻击动物的保护性通常呈现很好的相关性，因此细胞免疫在抗沙门菌感染中具有重要作用。目前应用的兽用疫苗多限于预防各种家畜特有的沙门菌病，例如猪副伤寒、马流产以及牛、羊的都柏林等沙门菌的灭活菌苗，在国内外均已应用，两次接种即可预防孕畜流产或幼畜感染。据报道，用减毒或无毒活菌注射或口服免疫动物，效果优于灭活菌苗，但有些国家禁用。

防治沙门菌病主要应严格执行卫生检验和检疫，并采取防止饲料和环境污染等一系列规程性措施，净化鸡群。一些国家自实行规程以来，已消灭或控制了鸡白痢和鸡伤寒。现阶段有效的治疗抗生素主要有庆大霉素、卡那霉素、呋喃唑酮、TMP-SMZ 以及诺氟沙星或环丙沙星等。但因本属菌的耐药菌株不断在增加，故最好使用之前应作药敏实验。

五、畜禽常见的沙门菌

1. 鼠伤寒沙门菌(1,4,[5],12:i:1,2)

本菌第一相 H 抗原“1”是由转导噬菌体 Iota 或 PIT_{22}溶原化后所形成的。它有极广泛的致病性，是当前世界各国分离率最高的菌型之一，能致各种畜禽、犬、猫及实验动物的副伤寒，表现胃肠炎或败血症，也可引起人类的食物中毒。在牛、羊和马中所致的流产及急性胃肠炎的频率已超过都柏林和马流产沙门菌。在鸡白痢已控制的地区，本菌是鸡群中最多见的一种沙门菌感染菌型，并经卵巢传染。

2. 猪霍乱沙门菌(6,7:c:1,5)

抗原式中的 6,7 可经溶原化后转为 6_1,7 或 6_2,7,14。本菌主要引起幼猪和架子猪的败血症以及肠炎，对成年猪多呈隐性带菌或为猪瘟的继发感染菌，也可引起人类的食物中毒以及侵害其他动物。本菌不发酵阿拉伯糖和海藻糖(蕈糖)，也不利用卫矛醇和肌醇。具有第一相 H 抗原“C”的菌株不产生 H_2S，而缺少“C”抗原的菌株产生 H_2S，称其为猪霍乱沙门菌孔成道夫变种。

3. 猪伤寒沙门菌(6,7:c:1,5)

本菌抗原式与猪霍乱沙门菌血清型一致，但只侵害猪。已发现的 Voldagsen 变种缺少“C”抗原。本菌与猪霍乱沙门菌的主要区别在于它生长贫瘠，能发酵阿拉伯糖和海藻糖，产少量气，不产生 H_2S，也不利用酒石酸盐。

4. 都柏林沙门菌(1,9,12[Vi]:g,p:—)

近年来本菌在许多地区具有较高的分离率，主要致怀孕牛流产及犊牛肠炎或败血症，还能引起绵羊、山羊的流产或羔羊腹泻，且对羊的适应性有增强趋势，曾有过致人食物中毒及马驹感染报道。根据其对阿拉伯糖和鼠李糖发酵反应，可分成 3 个生化变异型。

5. 肠炎沙门菌(1,9,12:m:g:[1,7])

本菌有广泛的寄主谱，对家畜的感染率不高，而从人和禽体内分离率较高，主要引起畜禽的胃肠炎及人类肠炎和食物中毒。根据卫矛醇发酵、甘油品红试验和各种酒石酸盐反应，已将本菌分为 4 个生化变异型。

6. 鸭沙门菌(3,10:e,h:1,6)

本菌最初分离于雏鸭急性病例，但它具有广泛寄主种类，能致多种畜禽和人发病。分布较广，在一些国家其分离率仅次于鼠伤寒、都柏林、猪霍乱等沙门菌。初次分离的菌株多数不发酵木胶糖。

7. 雏沙门菌(1,9,12:—:—)

又称鸡白痢沙门菌，引起雏鸡急性败血症，多侵害 20 日龄以内幼雏，日龄较大的雏鸡可表现白痢，发病率和致死率相当高。对成年鸡主要感染生殖器官，呈慢性局部炎症，常导致母鸡产蛋量明显下降，并经卵传染，所产蛋的孵化率和出雏率也明显降低。还可感染火鸡，对其他禽和鸟类偶能感染。

8. 鸡沙门菌(1,9,12:—:—)

又称鸡伤寒沙门菌，血清型与雏沙门菌一致，均无鞭毛，但在培养基上生长较雏沙门菌略丰。在鸡群中出现率不及雏沙门菌。二者在生化上的区别主要是本菌能发酵卫矛醇与麦芽糖，但不对鸟氨酸脱羧基，而雏沙门菌则恰好相反。鸡与火鸡都感染，可致产蛋前各种日龄鸡的败血性伤寒症，也致成年母鸡卵巢炎症。

第四节 其他致病性肠道杆菌

一、志贺菌属

志贺菌属(*Shigella*)又称痢疾杆菌(*dysentery bacterium*)，是人类细菌性痢疾最为常见的病原菌。现已证实，该菌不但感染人，还可引起鸡、猪、牛等多种动物腹泻性常见肠道传染病，故称为动物的志贺菌病。目前，鸡志贺菌病的研究较为深入。有资料显示，该菌还可引发人和动物的交叉感染。因此，该菌在医学和兽医学上具有重要的公共卫生学意义。

二维码 7-2

二、耶尔森菌属

耶尔森菌属(*Yersinia*)于 1980 年被正式归入肠杆菌科，在此之前，鼠疫和假结核这两种菌曾属于巴氏杆菌属。本菌属由革兰阴性、运动或不运动的多形性短小杆菌组成。除鼠疫耶尔森菌无鞭毛外，其余成员在 22～28℃培养时都有动力，但 37℃培养则无。氧化酶阴性，过氧化氢酶阳性。发酵葡萄糖和一些其他糖醇时产酸，但不产气或只产微量气。一些生理生化表型特征有温度依赖性。本菌属广泛存在于从有生命到无生命的环境中，一些种具有宿主特异性。DNA 中(G+C) mol%为 46～50。代表菌种为鼠疫耶尔森菌，简称鼠疫杆菌(*Y. pestis*)。

二维码 7-3

三、克雷伯菌属

克雷伯菌属(*Klebsiella*)由无运动力、有荚膜的肠道杆菌所组成，为一类较短粗的革兰阴性菌，大小为(0.3～1.5) μm×(0.6～6) μm，单独、成双或短链状排列。无芽胞，无鞭毛，有较厚的荚膜，多数细菌有菌毛。克雷伯菌属对营养要求不高，在普通琼脂培养基中形成较大的灰白色黏液状菌落，易成拉丝状。在肠道杆菌选择性培养基中能发酵乳糖，呈现有色菌落。克雷伯菌属可分成 5 个种和 3 个亚种：肺炎克雷伯菌(*K. pneumoniae*)、产酸克雷伯菌(*K. oxytoca*)、土生克雷伯菌(*K. terrigena*)、植生克雷伯菌(*K. planticola*)和变形克雷伯菌(*K. preteus*) 5 个种，肺炎克雷伯菌又可分为肺炎、臭鼻和鼻硬结 3 个亚种。存在于人和动物肠道、呼吸道以及水、土壤和谷物中。

肺炎克雷伯菌是动物呼吸道和肠道内的寄生性条件致病菌。正常条件下极少侵害家畜，只在特殊情况下，如免疫功能低下或长期使用抗菌药时，肺炎亚种菌能致动物的肺炎、子宫炎、乳腺炎及其他化脓性炎症，偶尔能引起败血症。肺炎克雷伯菌具有 O 抗原与 K 抗原，后者用以分型。根据荚膜肿胀实验，K 抗原可分为 82 个型。肺炎克雷伯菌肺炎亚种大多属 3 型和 12 型；臭鼻亚种主要为 4 型，少数为 5 型或 6 型。本菌属细菌 55℃、30 min 可被杀灭，在培养基中可存活数周至数月。

四、变形杆菌属

二维码 7-4

复习思考题

1. 试述肠杆菌科的基本特性及其分类概况。

2. 埃希菌属、沙门菌属、志贺菌属及耶尔森菌属各有什么共同特点？它们的鉴别要点是什么？

3. 概述动物致病性大肠杆菌的分类以及毒力因子基本特征和致病机制。

4. 畜禽致病性大肠杆菌的主要抗原型与其毒力因子相关性如何？

5. 试述沙门菌的毒力因子的种类及其基本特点和致病作用。

6. 大肠杆菌、沙门菌和志贺菌的抗原组成结构如何，怎样进行鉴定？

7. 大肠杆菌和沙门菌的实验室诊断程序及其鉴定依据是什么？

第八章　巴氏杆菌及相似细菌

【内容提要】多杀性巴氏杆菌是重要的畜禽病原菌，可导致多种动物的急、慢性感染，不同血清型有不同的致病性。两极浓染、无溶血性、对小鼠等有致病性是微生物学鉴定要点。溶血性曼氏杆菌，有溶血性，仅对反刍动物致病；鸭疫里氏杆菌，可致鸭传染性浆膜炎；胸膜肺炎放线杆菌，有很强的致病性，血清型复杂，产生 Apx 毒素，猪是专一宿主；嗜血杆菌缺乏酶系统，生长需要 X 因子和(或)V 因子，一般用巧克力琼脂培养，副猪嗜血杆菌是代表成员；副鸡嗜血杆菌、昏睡嗜血杆菌现已分别划入新建的禽杆菌属和嗜组织杆菌属。

巴氏杆菌科细菌是一类革兰阴性球杆菌，无芽胞，绝大多数无鞭毛，兼性厌氧，氧化酶阳性。对营养要求严格，普通培养基不容易生长，需要血液或血清才能生长。本科细菌大多数存在于健康动物上呼吸道和消化道黏膜表面，与健康动物共生，相关因素导致条件性致病。有些致病性很强，感染动物可引起严重的疾病。

应用 DNA 杂交、16S rRNA 序列分析等分子生物学技术，目前确认的有 16 个属，包括放线杆菌属（*Actinobacillus*）、凝聚杆菌属（*Aggregatibacter*）、禽杆菌属（*Avibacterium*）、巴斯夫杆菌属（*Basfia*）、比伯斯坦杆菌属（*Bibersteinia*）、陆龟杆菌属（*Chelonobacter*）、鸡杆菌属（*Gallibacterium*）、嗜血杆菌属（*Haemophilus*）、嗜组织杆菌属（*Histophilus*）、隆派恩杆菌属（*Lonepinella*）、曼氏杆菌属（*Mannheimia*）、拟尸杆菌属（*Necropsobacter*）、尼科莱杆菌属（*Nicoletella*）、巴氏杆菌属（*Pasteurella*）、海豚杆菌属（*Phocoenobacter*）和鹦鹉杆菌属（*Volucribacter*）。里氏杆菌属成员为巴氏杆菌相似细菌黄杆菌科（Flavobacteiaceae）成员。兽医上重要的菌属包括巴氏杆菌属、曼氏杆菌属、里氏杆菌属、放线杆菌属和嗜血杆菌属等。

第一节　巴氏杆菌属

巴氏杆菌是一群菌体呈卵圆或球杆状，无芽胞，无鞭毛的革兰阴性小杆菌。普通培养基可以生长，但在含有血液或血清的培养基生长良好。兼性厌氧，分解糖类产酸不产气，属发酵型微生物，氧化酶和接触酶均为阳性。还原硝酸盐，MR 和 V-P 实验均为阴性。

巴氏杆菌属细菌的分类地位不断在修订，过去确认的 20 多种成员中，鸭巴氏杆菌已划入新建立的鸡杆菌属，更名为鸭鸡杆菌（*G. anatis*）；鸡巴氏杆菌、禽巴氏杆菌、禽源巴氏杆菌被划入禽杆菌属，分别更名为鸡禽杆菌（*A. gallinarum*）、禽禽杆菌（*A. avium*）及禽源禽杆菌（*A. volantium*）；海藻糖巴氏杆菌被划入比伯斯坦杆菌属，更名为海藻糖比伯斯坦杆菌（*Bibersteinia trehalosi*）；马巴氏杆菌（*P. caballi*）及嗜肺巴氏杆菌（*P. pneumotropica*）的最新分类地位尚不明确。目前，本属严格意义上包括多杀性巴氏杆菌、犬巴氏杆菌、咽巴氏杆菌和咬伤巴氏杆菌等，可引起人的各种脓肿、败血症和牛、羊、猪、禽、兔、野生哺乳动物、野生鸟类等多种动物的呼吸道和败血性疾病。多杀性巴氏杆菌是本属最重要的动物致病菌。

一、多杀性巴氏杆菌

多杀性巴氏杆菌（*Pasteurella multocida*）是引起多种畜禽及野生动物发生出血性败血症或传染性肺炎的病原体，首次发现于1878年的禽霍乱病例，因由 Louis Pasteur 于1880年分离获得，并以其名字命名。本菌广泛分布于世界各地，在同种或不同种动物间通过呼吸道和消化道或损伤的皮肤、黏膜传染，蜱和蚤等昆虫也可自然传递该菌。过去按照感染动物的名称，曾命名该菌为牛巴氏杆菌、羊巴氏杆菌、猪巴氏杆菌、禽巴氏杆菌、马巴氏杆菌、兔巴氏杆菌，后统称为多杀性巴氏杆菌。1994年《伯吉细菌鉴定手册》第九版列有3个亚种，即多杀亚种（*P. multocida* ssp. *multicida*）、败血亚种（*P. multocida* ssp. *septica*）、杀禽亚种（*P. multocida* ssp. *gallicida*）。

（一）形态与染色特征

呈球杆状或短杆状，大小为（0.25～0.4）μm ×（0.5～2.5）μm。单个存在，有时成双排列。不形成芽胞，无鞭毛，不能运动，某些菌株有周身菌毛。从动物体内新分离的强毒株或在营养丰富的培养基上生长的菌株具有肥厚的荚膜，但经过人工传代培养，毒力致弱的菌株荚膜变窄或消失。该菌典型的菌体形态是将败血性自然病例组织或体液直接涂片，甲醇固定，瑞氏染色或美兰染色，菌体具有两端着色深而中央部分着色较浅的两极浓染特点。陈旧培养物或多次继代培养物涂片检查时，两极浓染现象不显著或消失。革兰染色阴性。

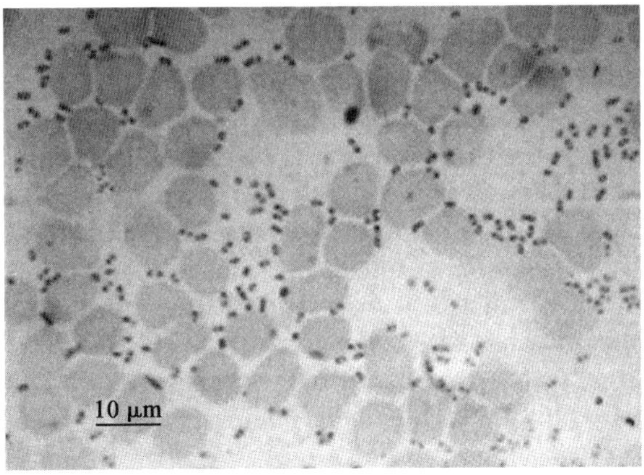

图 8-1　牛血涂片中的多杀性巴氏杆菌

（引自：Clinical Veterinary Microbiology，Second Edition）

（二）生长要求和培养特性

需氧或兼性厌氧菌，生长最适温度为37℃。对营养要求比较严格，在普通培养基上生长贫瘠，在加胆盐的培养基以及麦康凯琼脂培养基上不生长。在加有血液、血清或微量血红素的培养基上生长良好。常用培养基是牛血或羊血琼脂培养基。不同菌株在血琼脂平板上可形成黏液型（M）、光滑型（S）和粗糙型（R）3种类型菌落。从慢性病例中分离的菌株多形成黏液型菌落，菌落大而黏稠，边缘呈流动状，并带有甜味。从急性病例中分离的毒力较强菌株多形成中等大小、灰白色、不溶血的光滑型菌落。在血清琼脂平板上培养 24 h，可形成淡灰白色、闪光的露珠状小菌落，且菌落对着光线观察呈明显的荧光性。不同来源的巴氏杆菌在加有血清和血红素的马丁平板培养基上培养不超过 24 h，在 45℃折射光线下观察，菌落呈现 3 种不同的荧光特征。Fg 型(green fluorescence)菌落表面呈绿色带金光，边缘有狭窄的红黄光带，此型菌落的细菌对牛、羊、猪是强毒，但对家禽是弱毒；Fo 型(orange fluorescence)菌落呈橘红色带金光，边缘呈乳白色光带，此型菌落的细菌对家禽和兔是强毒，而对牛、羊、猪是弱毒；Nf 型(no fluorescence)菌落无荧光，此型细菌对小鼠毒力很强，而对其他动物和家禽毒力弱。

(三)生化特性

本菌可以发酵多种糖类，产酸不产气。可分解葡萄糖、蔗糖、果糖、甘露糖和半乳糖；不分解肌醇、菊糖、水杨苷、鼠李糖、侧金盏花醇；多数菌株分解甘露醇、山梨醇、木糖，不分解阿拉伯糖、卫矛醇、乳糖、麦芽糖等。碳水化合物的发酵实验可用于区分多杀性巴氏杆菌的 3 个亚种(表 8-1)。对特定亚种的鉴别通常只在流行病学调查研究中应用，而在常规诊断中不进行。

本属氧化酶和触酶均为阳性，靛基质实验阳性，硫化氢产生实验阳性，硝酸盐还原实验阳性，鸟氨酸脱羧酶阳性。V-P 和 MR 实验均为阴性，柠檬酸盐利用实验阴性，赖氨酸脱羧酶阴性，尿素酶阴性，ONPG(*β-D*-半乳糖苷酶)实验阴性，不液化明胶，石蕊牛乳无变化。

表 8-1　多杀性巴氏杆菌 3 个亚种的区别

亚种名称	致病对象	山梨醇	卫矛醇
多杀亚种	家畜	+	−
败血亚种	犬、猫、禽、人	−	−
杀禽亚种	禽	+	+

(四)抗原构造和血清学分型

本菌具有菌体、荚膜、外膜蛋白和菌毛 4 种抗原。荚膜抗原和菌体抗原是其主要抗原，是构成本菌血清型鉴定的物质基础。外膜蛋白是存在于细菌菌体表面的一种蛋白质，是本菌各血清型间交叉保护应答中的主要抗原，被称为交叉保护因子(CPF)，是细菌在体内繁殖时产生、在体外人工培养时不产生的抗原。1960 年 Carter 等根据不同菌株间荚膜抗原的差别，将多杀性巴氏杆菌分为 A、B、C、D、E 和 F 6 个血清型。1972 年 Heddleston 根据菌体的耐热抗原不同，利用琼脂扩散实验将该菌分为 16 个血清型，分别用阿拉伯数字 1～16 表示。

由于不同的分型者所用的分型抗原不同，分型方法不同，使得巴氏杆菌血清学分型无法统一。多数学者认为将菌体抗原和荚膜抗原血清分型结合起来命名一个特定的血清型，并用荚膜抗原群∶菌体抗原型排列来表示血清型的分型方法较为适用。我国分离的禽多杀性巴氏杆菌以 5∶A 为多，其次为 8∶A；猪的以 5∶A 和 6∶B 为主，8∶A 和 2∶D 其次；羊的以 6∶B 为多；家兔的以 7∶A 为主，其次是 5∶A。C 型菌是犬、猫的正常栖居菌，E 型主要引发牛、水牛的流行性出血性败血症(仅见于非洲)，F 型主要发现于火鸡。

分子分型方法如 16S rRNA 基因序列分析、扩增片段长度多态性和其他以 PCR 为基础的方法，可对本菌进行基因分型，但血清型和基因型特征之间的相关性仍未确定。

(五)抵抗力

本菌抵抗力不强。在无菌蒸馏水和生理盐水中很快死亡。在直射日光和高温下迅速死亡。在干燥空气中 2～3 d 可死亡。56℃加热 15 min 或 60℃加热 10 min 均可杀死。平板或肉汤中的培养物,4℃冷藏放置不超过 20 d 即自溶死亡。厩肥中可存活 1 个月,埋入地下的病死鸡尸,经 4 个月仍残留活菌。冻干菌种在低温中可保存长达 26 年。3%福尔马林、10%石灰乳或 0.5%～1% NaOH 3～4 min 可以杀灭细菌。本菌对链霉素、磺胺类药物及许多抗菌药物敏感。

(六)致病性

本菌的致病物质与多种因素有关。主要的毒力因子有黏附素、荚膜、摄铁因子、内毒素和外毒素等。已知的黏附素包括菌毛、表面纤维和丝状凝集素等,可增强细菌的定殖。荚膜具有抗吞噬作用,且在某些菌株中还起黏附作用。强毒株失去荚膜就会导致毒力的丧失。本菌含有多个摄铁系统,铁的有效利用对细菌的定殖和繁殖有重要作用。内毒素是一种含氮的磷酸脂多糖,可引起内毒素血症和弥散性血管内凝血,在禽霍乱及牛出血性败血症等败血性巴氏杆菌病中起重要作用,但本菌引起出血性败血症的机理尚不明确。外毒素 PMT 是一种耐热的细胞毒性蛋白,由 A 和 D 血清型的某些菌株产生,是 D 血清型菌株引起猪萎缩性鼻炎的主要毒力因子。该毒素可抑制成骨细胞功能,增强破骨细胞活性及增加破骨细胞数量,致使鼻甲骨缺失。除此外,PMT 可作为强烈的有丝分裂原,影响免疫细胞的分化和功能,破坏宿主免疫系统。

大多数多杀性巴氏杆菌感染是内源性感染。该菌是呼吸道正常菌群,通常可侵入因饲养管理不好,气候剧变或动物患有其他疾病而致使免疫抑制的动物组织,引起多杀性巴氏杆菌病的爆发。外源感染可通过直接接触或气溶胶传播。目前仍不能确定共生菌和致病菌是否原本就存在区别。本菌对多种家畜、家禽、野生哺乳动物、野生鸟类及人均有致病性。动物感染本菌后常呈急性、亚急性和慢性经过。

A 型和 D 型菌株可引起猪肺疫,临床分为最急性型、急性型和慢性型。最急性型又称"锁喉风",以发病突然、死亡迅速为特征;急性型较为常见,突出特征是胸膜肺炎;慢性型主要表现慢性肺炎和慢性胃肠炎症状。D 型或 A 型产毒菌株可引起猪慢性萎缩性鼻炎,被称为萎缩性鼻炎阳性菌株。感染支气管败血波氏菌可诱发动物感染多杀性巴氏杆菌萎缩性鼻炎阳性菌株,引起易感猪群慢性萎缩性鼻炎的暴发。

B 型和 E 型菌株可引起牛出血性败血症,简称"牛出败(barbone)"。劳累过度、身体虚弱和季节性降雨均可诱发该病。在临床可分为败血型、水肿型和肺炎型。多杀性巴氏杆菌单独或与溶血性曼氏杆菌混合感染可引起犊牛"航运热"。虽然在感染牛的肺中分离出多杀性巴氏杆菌,但这些症状通常与溶血性曼氏杆菌更有关。多杀性巴氏杆菌是否是牛呼吸系统的原发性病原或只是与其他病原一样的机会入侵仍存在争议。

A 型和 F 型菌株可感染家禽和野生禽类引起禽霍乱。该病具有高度传染性,常表现为急性致死性败血症。鸡的禽霍乱最急性型常见病鸡往往无明显的先期症状突然死亡,致死率约为 60%。急性型具有明显的全身症状,腹泻,鼻和眼睛分泌物增多,呼吸困难,最后衰竭死亡,致死率约为 30%。慢性型主要表现为慢性肺炎、慢性呼吸道炎症和慢性胃肠炎。野生禽类常为出血性败血症,其中野生鸭类多为急性暴发。

A 型菌株可引起兔化脓性鼻炎，简称“鼻漏(snuffles)”。应激因素，如种群密度过高、寒冷、运输、混合感染和通风不良导致空气中氨含量增加，可引发该病。并发症包括支气管肺炎、中耳炎和内耳炎、结膜炎、皮下脓肿和败血症等多种病症，是引起 9 周龄和 6 月龄兔死亡的最主要原因。另外，该菌可引起兔生殖系统的睾丸炎、阴茎包皮炎和子宫积脓等病症。

该病多见于哺乳羔羊和幼龄绵羊，山羊很少发病。最急性者突然发病，全身症状不典型，往往出现症状几小时内死亡。急性型主要表现为发热，呼吸道症状和消化道症状，在颈部、胸部皮下发生水肿，常在腹泻后虚脱死亡。慢性型，病程长，病畜消瘦，食欲不好，有脓性鼻液、咳嗽、呼吸困难和角膜炎。

(七)微生物学检验

1. 病料采集

病料采集的部位应依据患病动物种类和疾病症状的不同而有所侧重。败血症死亡动物可采集心血、肝、脾、肺、肾和淋巴结。活体动物可采集脓汁、渗出液、鼻拭子、气管支气管分泌物和患乳腺炎奶牛的牛奶。

2. 涂片镜检

感染组织新鲜病料直接涂片或触片，革兰染色，可见革兰阴性短杆或球杆菌；美兰或瑞氏染色，明显可见典型两极浓染的短杆菌。结合疾病流行病学特点、患病动物生前临床症状和剖检大体病理变化可作出初步诊断。但在慢性病例、腐败材料或材料内细菌数量过少等情况均不易发现典型菌体，需进行分离培养和动物实验。

3. 分离培养

病料可同时接种羊或牛血液琼脂平板和麦康凯琼脂平板培养基，在麦康凯培养基上不生长，在血液琼脂平板上形成灰白色、圆形、湿润、露珠状且无溶血特征的菌落，为可疑菌落。鼻拭子等污染材料可接种含有克林霉素(clindamycin)(2 μg/mL)的血琼脂培养基来分离细菌；对于严重污染杂菌的材料，可腹腔接种小鼠，再从死亡小鼠体内分离细菌。

4. 理化特性鉴定

多杀性巴氏杆菌与属内其他细菌和其他革兰阴性小杆菌在理化特性上的区别见表 8-2 和表 8-3。

表 8-2　巴氏杆菌属内各菌的区别

性状	多杀性巴氏杆菌 (*P. multocida*)	犬巴氏杆菌 (*P. canis*)	咬伤巴氏杆菌 (*P. dagmatis*)	马巴氏杆菌 (*P. caballi*)
β 溶血	−	−	−	−
NAD	−	−	−	−
麦康凯培养基生长	−	−	−	−
吲哚	+	v	+	−
脲酶	−	−	+	−
鸟氨酸脱羧酶	+	+	−	v

续表 8-2

性状	多杀性巴氏杆菌（*P. multocida*）	犬巴氏杆菌（*P. canis*）	咬伤巴氏杆菌（*P. dagmatis*）	马巴氏杆菌（*P. caballi*）
葡萄糖	+	+	+，产气	+，产气
乳糖	−	−	−	+
蔗糖	+	NA	−	NA
麦芽糖	−	−	+	+
甘露醇	+	−	−	+
海藻糖	v	v	+	−

注：+表示 90%以上阳性；−表示 90%以上阴性；v 表示 11%～89%阳性；NA 表示不确定。

表 8-3　多杀性巴氏杆菌与其他革兰阴性小杆菌的理化特性区别

菌株	氧化酶	吲哚	H_2S 产生	乳糖	运动性
多杀性巴氏杆菌（*P. multocida*）	+	+	+	−	−
大肠埃希菌（*E. coli*）	−	+	−	+	+
沙门菌属（*Salmonella*）	−	−	+/−	−	+
鼠疫耶尔森菌（*Y. pestis*）	−	−		−	−
土拉热弗朗西菌（*F. tularensis*）	−	−		−	−
假结核耶尔森菌（*Y. pseudotuberculosis*）	−	−		−	+
嗜血杆菌属（*Haemophilus*）	+/−	−		−	−

5. 动物实验

病料组织加灭菌生理盐水研磨制成 1∶10 乳剂或 24 h 肉汤培养液，皮下注射，小鼠 0.2 mL、家兔 0.5 mL、鸽子胸肌 0.3 mL，动物多于 24～48 h 死亡。死亡动物取血液或脏器进行涂片检查或分离培养。

6. 血清学实验

血清学检测一般对巴氏杆菌病的诊断作用不大。若要鉴定荚膜抗原和菌体抗原，则要用抗血清或单克隆抗体进行血清学实验。

7. 分子生物学检验

多重 PCR 方法可同时对多杀性巴氏杆菌的 *kmt*1 基因、产毒素多杀性巴氏杆菌的 *tox*A 基因及支气管败血波氏菌的 *fla*A 基因进行检测，实现猪萎缩性鼻炎和支气管肺炎的快速检测。实时荧光定量 PCR 可对产毒素多杀性巴氏杆菌 *tox*A 基因进行更为敏感的快速检测。

8. 免疫防治

已研制出多种灭活、弱毒菌苗及荚膜亚单位疫苗。该菌的多价高免血清具有良好的紧急预防和治疗作用。本病主要的传染方式是内源性感染，因此加强饲养管理，增强机体非特异性抵抗力是重要的防治措施。治疗药物可通过药敏实验结果选择。

二、其他巴氏杆菌

嗜肺巴氏杆菌(*P. pneumotropica*)正常存在于小鼠、豚鼠、大鼠、田鼠的鼻咽部,犬的口喉部,有时也在人的呼吸道中发现。本菌致病性低,偶尔使感染病毒的小鼠等实验动物继发感染,发生肺炎,也可引起脓肿,被认为是实验动物的潜在病原。人可因带菌动物咬伤而感染,引起局部炎症。

犬巴氏杆菌、产气巴氏杆菌、咬伤巴氏杆菌分别存在于犬的口腔、猪消化道及患病器官、犬猫口腔及消化道等,均可感染人,主要由动物咬伤、抓伤引起伤口化脓性炎症或全身感染。

第二节　曼氏杆菌和里氏杆菌

曼氏杆菌属(*Mannheimia*)和里氏杆菌属(*Riemerella*)成员原均归属于巴氏杆菌属。Angen 等(1999)根据 DNA 杂交及 16S rRNA 序列分析结果,建议建立曼氏杆菌新属,归于巴氏杆菌科。目前该属至少有 6 个种(表 8-4),代表种为溶血性曼氏杆菌,其中溶血性曼氏杆菌、肉芽肿曼氏杆菌及多源曼氏杆菌在兽医上具有重要意义。里氏杆菌属成员因与巴氏杆菌属 rRNA 不同源,而与黄杆菌(*Flavobacterium*)更相近,建议建立里氏杆菌新属,归于黄杆菌科(Flavobacteriaceae),代表菌种为鸭疫里氏杆菌。

表 8-4　曼氏杆菌属主要成员所致疾病

菌名	宿主	所致疾病
溶血性曼氏杆菌(*M. haemolytica*)	牛、绵羊	肺炎、败血症、乳腺炎
肉芽肿曼氏杆菌(*M. granulomatis*)	牛、鹿、野兔	脂膜炎、支气管炎、结膜炎
葡萄糖苷曼氏杆菌(*M. glucoside*)	绵羊	呼吸道正常菌群
反刍动物曼氏杆菌(*M. ruminalis*)	牛、绵羊	反刍动物正常菌群
多源曼氏杆菌(*M. varigena*)	猪、牛	败血症、肠炎、肺炎、乳腺炎
产琥珀酸曼氏杆菌(*M. succiniciproducens*)	牛	瘤胃正常菌群

一、溶血性曼氏杆菌

溶血性曼氏杆菌(*M. haemolytica*)原名溶血性巴氏杆菌,是引起牛、绵羊、山羊等反刍动物发生肺炎、新生羔羊发生急性败血症的病原菌。

1. 形态与染色特征

形态与多杀性巴氏杆菌相似,菌体略大于多杀性巴氏杆菌,有荚膜和菌毛,无芽胞和鞭毛,不运动。病料涂片,瑞氏染色呈两极浓染。陈旧培养物或多次继代培养物涂片检查时,两极着色现象不显著或消失,多呈多形性。革兰染色阴性。

2. 生长要求和培养特性

本菌对营养要求不高,普通培养基可生长,常用牛或绵羊血琼脂平板分离培养,24 h 后长成光滑、半透明，直径 1～2 mm，无特殊气味的菌落。大多数菌株在牛血平板培养基上出现 β 溶血。在含有胆盐的麦康凯培养基能够生长呈针尖大小、红色菌落。

3. 生化特性和血清型

本属细菌可以发酵多种糖类，但产酸不产气。一般可分解葡萄糖、蔗糖、乳糖、麦芽糖、甘露糖、*D*-木糖；不分解 *L*-阿拉伯糖、海藻糖、甘露醇；氧化酶、触酶阳性，尿素酶、鸟氨酸脱羧酶阴性，吲哚产生实验阴性。原名溶血性巴氏杆菌的细菌按生化特性差异分为 A、T 两个生物型。A 生物型发酵阿拉伯糖和木糖，不发酵海藻糖和水杨素，不被小麦胚芽植物血凝素凝集；T 生物型发酵海藻糖，不发酵阿拉伯糖和木糖，可被小麦胚芽植物血凝素凝集。根据菌体表面蛋白抗原的差异，通过血凝试验，又分为 17 个血清型。T 生物型含 3、4、10 和 15 共 4 个血清型，其余血清型均为 A 生物型。A 生物型除血清型 11 已重新划为葡萄糖苷曼氏杆菌外，其他均为溶血性曼氏杆菌，而 T 生物型被重新分类为海藻糖比伯斯坦杆菌，归为比伯斯坦杆菌属（*Bibersteinia*）。

4. 致病性与免疫性

已确定的毒力因子有黏附素、荚膜、内毒素和外毒素等。黏附素除菌毛和外膜蛋白外，唾液酸糖蛋白和神经氨酸酶也参与细菌在呼吸道内的定殖；荚膜可抑制血清中补体介导的对细菌的破坏；内毒素能改变牛的白细胞功能，对牛血管内皮细胞直接发挥毒性作用；已知所有血清型菌株都产生白细胞毒素，主要成分是分子质量 105 000 u 的多肽。该毒素属于 RTX 的穿孔毒素，低浓度时可对白细胞和血小板的功能造成影响，高浓度能特异性溶解反刍动物的白细胞和血小板，受损细胞释放炎症介质，导致严重的组织损伤。

本菌存在于牛、羊鼻咽部等，可致牛和绵羊的肺炎、羔羊的败血症、羊乳腺炎等。以严重支气管炎和胸膜炎为特征的犊牛“航运热”（shipping fever）为溶血性曼氏杆菌和多杀性巴氏杆菌单独或混合感染，但症状通常与溶血性曼氏杆菌更有关。运输、聚集在养殖场和封闭式分娩等严重应激因素会促使动物在几周内感染。

灭活菌苗有一定的免疫效果。本菌产生的白细胞毒素能诱导机体产生高效价中和抗体。尽可能减少应激因素。去势、去角、烙印和驱虫等治疗程序应在犊牛运输前几个月完成。针对呼吸道病原体疫苗的接种至少应在运输前 3 周完成。

5. 微生物学诊断

从患病死亡动物的肺、水肿液等病料中分离细菌。根据细菌形态、培养及生化特性进行鉴定。必要时可用间接血凝试验、ELISA 等测定细菌的血清型。

二、鸭疫里氏杆菌

鸭疫里氏杆菌（*R. anatipestifer*）原名鸭疫巴氏杆菌，因与巴氏杆菌属的 16S rRNA 不同源而被划出，单独建立里氏杆菌新属，更名为鸭疫里氏杆菌。本菌感染鸭、鹅、火鸡等多种禽类。

1. 形态与染色特征

菌体呈短杆状和椭圆形，大小为（0.3～0.5）μm×（0.7～6.5）μm，在液体培养基中可见丝状，长 11～24 μm，无芽胞，无鞭毛，不运动，可形成荚膜。单个或成对排列。瑞氏染色呈典型的两极浓染特征。革兰染色阴性。

2. 生长要求和培养特征

本菌对营养要求较高，在普通琼脂和麦康凯琼脂培养基上不生长，在血液琼脂、巧克力琼脂和胰蛋白胨大豆琼脂（TSA）培养基上生长良好，初次分离培养需要供给 5%～10% CO_2。最适生长温度 37℃，某些菌株可在 45℃生长，但在 4℃和 55℃不生长。菌落呈圆形、隆起、表面光滑，闪光，边缘整齐，大小为 1.0～2.0 mm，无色素。在含有血清或胰蛋白胨酵母的肉汤培养基中，37℃培养 48 h，呈上下一致的轻微混浊，管底有少量沉淀。

3. 生化特性

本菌不发酵葡萄糖、蔗糖，可与多杀性巴氏杆菌区别。但也有少数菌株发酵麦芽糖、果糖、肌醇。氧化酶、接触酶、磷酸酶均为阳性。靛基质、硫化氢产生、柠檬酸盐利用、V-P 实验、甲基红实验、尿素分解等均为阴性，不能还原硝酸盐。多不溶血，多液化明胶。

4. 血清型

国际公认的血清型至少有 21 个，以阿拉伯数字表示，新的血清型不断被发现。目前最常见的为 1、2、3、5 及 15 型，各血清型间缺乏交叉免疫保护力。因地理位置和时间变化而异，可在同一群体出现一种以上的血清型。不同血清型及同型不同菌株的毒力有差异。

5. 抵抗力

本菌对外界的抵抗力较差。37℃或室温固体培养物存活不超过 3～4 d，4℃保存的固体培养物存活不超过 1 周，肉汤培养物可保存 2～3 周，－20℃冻干保存可达 10 年以上。本菌对多种抗生素敏感，但易形成抗药性。

6. 致病性与免疫性

该菌可能的毒力因子包括 *vap*1 基因的编码产物、OmpA 和明胶酶等。*vap*1 基因的编码产物为 CAMP 协同溶血素（cohemolysin），存在于 1、2、3、5、6、19 型菌株中。OmpA 为该菌主要免疫原性外膜蛋白，与细菌的黏附与侵袭力有关。明胶酶可能与鸭血脑屏障机能障碍有关。

本菌可感染 1～8 周龄鸭，尤其 2～3 周龄雏鸭，易发生大批发病、死亡，生长发育严重受阻。也可感染老龄水禽、雏火鸡和雉鸡，引起败血症。卫生条件差，饲养密度高，缺乏维生素和微量元素，以及其他病原感染为常见发病诱因。鸭发病后的临床症状与巴氏杆菌感染相似，剖解可见纤维素渗出性浆膜炎症。因此，本菌感染引起的传染病称为雏鸭传染性浆膜炎。已研制某些血清型的灭活菌苗和弱毒苗，具有良好的免疫效果，但各血清型之间缺乏交叉保护力。不同血清型菌株存在共同的外膜蛋白组分，为研制各血清型通用的亚单位疫苗提供了物质基础。

7. 微生物学检查

无菌采取发病初期病鸭心血、脑、肝脏等病料直接涂片，瑞氏染色镜检可见菌体两极着色。病料划线接种巧克力培养基和麦康凯培养基，分离菌在巧克力培养基上生长，而在麦康凯培养基上不生长。分离菌不发酵葡萄糖和蔗糖，与多杀性巴氏杆菌相区别。利用标准定型血清，采用玻片凝集或琼脂扩散实验可对分离菌血清型进行鉴定，PCR 法可用作快速诊断。

第三节 放线杆菌属和嗜血杆菌属

一、放线杆菌属

放线杆菌属(*Actinobacillus*)是一群形态为卵圆形、球杆状到杆状,大小为 0.4 μm×1.0 μm,不形成芽孢,不运动的革兰阴性菌。目前该属细菌有 21 个种及相似种,其生物学特性见表 8-5。放线杆菌在外界环境中无法生存,通常寄生于动物上呼吸道和口腔黏膜表面,成为黏膜共生菌,一些与多种特征性动物疾病密切相关,是动物的重要病原。其中胸膜肺炎放线杆菌、林氏放线杆菌、驹放线杆菌、猪放线杆菌为兽医学上重要的病原性放线菌。

表 8-5 放线杆菌属成员的生物学特性及所致疾病

菌名	溶血	葡萄球菌CAMP	荚膜	触酶	麦康凯琼脂生长	脲酶	水解七叶苷	产酸					所致疾病
								水杨苷	甘露醇	肌醇	阿拉伯糖	海藻糖	
关节炎放线杆菌(*A. arthritis*)	−	ND	ND	+	−	+	+	−	+	−	V	−	马关节炎、败血症
荚膜放线杆菌(*A. capsulatus*)	−	−	+	+	+	+	+*	+	+	+	+	+	兔关节炎、败血症
豚放线杆菌(*A. delphinicola*)	−	ND	ND	−	−	−	ND	−	+	−	ND	−	海洋哺乳动物感染
驹放线杆菌马亚种(*A. equuli* ssp. *equuli*)	V	−	−	V	+	+	−	+	+	+	−	+	马、猪关节炎、流产、子宫炎、败血症
驹放线杆菌溶血亚种(*A. equuli* ssp. *haemolyticus*)	+	+	ND	+	V	+	(−)	(+)	(−)	−	(−)	+	马多种疾病
放线杆菌基因种 1 型(*A. genomospecies* 1)	−	ND	ND	(+)	V	+	−	−	+	−	(−)	−	马口炎
放线杆菌基因种 2 型(*A. genomospecies* 2)	−	ND	ND	+	V	+	−	−	+	−	V	−	马败血症
人放线杆菌(*A. hominis*)	−	ND	ND	−	−	−	V	+	+	+	−	+	人呼吸道疾病
吲哚放线杆菌(*A. indolicus*)	−	ND	ND	+	−	−	ND	−	−	+	−	V	从健康猪呼吸道分离到
林氏放线杆菌(*A. lignieresi*)	−	−	−	+	+	+	−	+*	+	+	+*	−	牛"木舌病",羊皮肤及肺、猪乳房等处脓肿

续表 8-5

菌名	溶血	葡萄球菌CAMP	荚膜	触酶	麦康凯琼脂生长	脲酶	水解七叶苷	产酸						所致疾病
								水杨苷	甘露醇	肌醇	阿拉伯糖	海藻糖		
少数放线杆菌(*A. minor*)	—	ND	ND	—	—	+	ND	+	—	+	—	V		从健康猪呼吸道分离到，旧称猪呼吸道正常菌的少数族(minor group)
鼠放线杆菌(*A. muris*)	—	ND	ND	+	—	+	+*	—	+	+	—	+		从小鼠分离到
胸膜肺炎放线杆菌(*A. pleuropneumoniae*)	+	+	+	V	—	+	—	—	—	+	—	—		猪传染性胸膜肺炎
豚放线杆菌(*A. porcinus*)	—	ND	ND	—	—	—	ND	V	V	V	ND	V		从猪正常呼吸道分离到
猪扁桃体放线杆菌(*A. porcitonsillarum*)	+	ND	ND	—	—	+	ND	ND	—	—	ND	ND		猪扁桃体正常菌，与胸膜肺炎放线杆菌不易区别
罗氏放线杆菌(*A. rossi*)	V	ND	ND	+	(+)	+	—	V	+	—	+	—		猪流产及子宫炎
苏格兰放线杆菌(*A. scotiae*)	—	ND	ND	—	—	+	ND	+	+	—	—	—		可能引起鼠、海豚败血症(苏格兰)
精液放线杆菌(*A. seminis*)	—	ND	ND	+	—	—	V	—	—	—	V	—		绵羊附睾炎及睾丸炎
产琥珀酸放线杆菌(*A. succinogenes*)	—	ND	ND	+	ND	—	ND	ND	+	—	ND	—		牛瘤胃正常菌
猪放线杆菌(*A. suis*)	+	ND	ND	+	V	+	+	+	—	+	(+)	—		猪败血症
脲放线杆菌(*A. ureae*)	+	ND	ND	V	V	+	—	—	+	+	—	—		存在于健康人鼻部，原名脲巴氏杆菌，脲酶强阳性

注：V 表示变化不定；(　)表示大多数菌株；* 表示迟缓反应；ND 表示无资料。

(一)胸膜肺炎放线杆菌

胸膜肺炎放线杆菌(*A. pleuropneumomiae*)是放线杆菌属最重要的病原，旧称胸膜肺炎嗜血杆菌(*Haemophilus pleuropneumomiae*)或副溶血嗜血杆菌(*Haemophilus parahaemolyticus*)。与林氏杆菌 DNA 同源性很高，归为放线杆菌属。本菌是引起猪胸膜肺炎的病原体，常与巴氏杆菌混合感染，是猪呼吸道疾病的重要病原。

1. 形态与染色特征

中等大小的杆菌[(0.3～0.5) μm×(0.6～1.4) μm],具多形性。在固体培养基上生长常呈球形,在含有血清和糖的肉汤培养基中生长常呈长杆状。新鲜病料中的菌体呈明显的两极着色。无鞭毛,无芽胞,致病性菌株有荚膜。革兰染色阴性。

2. 营养要求和培养特征

兼性厌氧菌,因生长需V因子(NAD),常用巧克力培养基或葡萄球菌条纹接种的血琼脂培养基培养,麦康凯琼脂平板培养基上不生长。接种于巧克力培养基上的细菌在5%～10% CO_2 气体条件下,经24～48 h的培养,形成直径1～1.2 mm的半透明菌落。初次分离也可用5%绵羊红细胞琼脂平板培养基,但需在其上以"十"字条形接种金黄色葡萄球菌。24 h培养后,分离菌在近葡萄球菌条状生长线附近生长茂盛,菌落较大,并呈β溶血,呈现典型的"卫星"现象。葡萄球菌可增强其溶血环,此即为CAMP实验。

3. 生化特性

该菌发酵糖类产酸不产气,能够发酵葡萄糖、麦芽糖、甘露糖、甘露醇、蔗糖、木糖和果糖,不能分解棉籽糖和阿拉伯胶糖、山梨醇。H_2S 产生实验阳性,V-P和MR实验阴性,尿素酶阳性。

4. 生物型和血清型

已确认有2个生物型和16个血清型。根据本菌对辅酶I(NAD)的依赖性,分为生物Ⅰ型和Ⅱ型,Ⅰ型依赖NAD,Ⅱ型不依赖NAD。根据荚膜多糖(CPS)和脂多糖(LPS)抗原性的不同,目前将本菌又分为16个血清型。其中血清型1～12和15属于生物Ⅰ型,血清型13和14属于生物Ⅱ型。血清型1和5又分别分为1a、1b和5a、5b两个亚型。我国以血清型1、3、4、5和7为主。血清型的毒力有差异,其中1、5、9及11型毒力最强,3和6型毒力低。由于LPS侧链及结构的相似性,血清型1、9和11,6和8,4和7之间存在强烈的交叉反应,致使本菌血清型鉴定较为复杂。可采用分子生物学方法对菌株进行基因分型。

5. 抵抗力

本菌对外界环境抵抗力不强,60℃ 15 min就可杀死,在干燥的环境下极易死亡,对常用消毒剂也较为敏感。对链霉素、氯霉素、四环素、红霉素和磺胺类等药物敏感。

6. 致病性与免疫性

本菌毒力因子有黏附素、摄铁因子、荚膜、Apx毒素和脂多糖(LPS)等。本菌借助菌毛和外膜蛋白等黏附素黏附到扁桃体和下呼吸道的上皮细胞上,通过溶血释放的血红素和在限铁条件下表达的摄铁因子,如与猪转铁蛋白结合蛋白(TbpA和TbpB)等来获取铁离子,进行快速繁殖。荚膜具有抗吞噬作用,荚膜缺失突变株具有免疫原性但不再有致病性。荚膜、LPS和超氧化物歧化酶使猪胸膜肺炎放线杆菌能在巨噬细胞内生存。本菌产生4种属于含重复子毒素(repeats in toxin,RTX)家族的细胞毒素,分别命名ApxI至ApxIV。这些毒素又称为溶血素,可在细胞膜上产生小孔,具有杀死巨噬细胞,溶解猪红细胞的作用,是猪胸膜肺炎放线杆菌重要的毒力因子。这4种毒素的效力不同,其中ApxI和ApxII致病性更强。不同的血清型具有不同组合的毒素,但都有ApxIV,因此,不同血清型菌株毒力各不相同。除了直接损害细胞,这些毒素还会刺激释放炎症介质,通过趋化作用吸引受感染的肺组织周围中性粒细胞,使之破坏并释放水解酶。LPS 可作为黏附素使本菌黏附到呼吸道上皮细胞上，还可增强溶血素对巨噬细胞的毒性作用。内皮细胞的损伤和由 LPS 激活的因子 XII 启动的凝血和纤维蛋白溶解系统，可导致微血栓的形成、局部缺血性坏死和急性胸膜肺炎的特征性病变。

本菌引致猪传染性胸膜肺炎，各年龄段猪均可感染，但以 6 月龄以下的猪最易感。通风不良、拥挤和环境温度突然下降等会导致本病的爆发，如并发多杀性巴氏杆菌及支原体感染可能会导致病情恶化。早先使用的胸膜肺炎放线杆菌多价菌苗可诱导保护性免疫，但不能防止传播，也不能阻止隐性带毒。大多商品化的亚单位疫苗含有 Apx 毒素，并结合其他毒力因子，如荚膜抗原或外膜蛋白。

7. 微生物学诊断

(1)采取病料　病死猪坏死肺组织、胸腔积液、鼻和气管分泌物。

(2)直接镜检　病料直接涂片，显微镜检查是否有革兰阴性两极染色的球杆菌。

(3)分离培养及生化鉴定　上述病料接种巧克力琼脂和绵羊血琼脂培养基上，同时接种麦康凯琼脂平板培养基，置 5%～10% CO_2 环境 37℃ 培养 24 h 后观察，在普通琼脂、麦康凯琼脂和伊红亚甲蓝培养基上均不生长，在巧克力琼脂平板培养基生长良好，在血琼脂培养基上长成细小、圆形、蓝灰色、半透明、黏稠菌落，且在菌落周围有清晰的 β 溶血环，应进一步做 CAMP 实验，必要时进行生化试验与嗜血杆菌相区别。

(4)血清学诊断　琼脂扩散试验或试管凝集试验可对胸膜肺炎放线杆菌血清型进行鉴定。免疫扩散试验采用经酚-水法提取的 6 h 培养菌多糖抗原进行试验，效果较好。凝集试验如用二巯基乙醇处理血清，可增加结果的特异性。针对 Apx Ⅳ 毒素建立的 ELISA 可用于常规流行病学调查。

(5)分子生物学鉴定　已建立的检测荚膜合成相关基因和毒素基因的 PCR 法可快速诊断和定型该菌。基于 16S rRNA 基因序列同源性分析方法可对该菌进行快速检测。但有报道称该方法不能很好地区分林氏放线菌、胸膜肺炎放线杆菌、驹放线菌马亚种、驹放线菌溶血亚种和猪放线菌。

(二)林氏放线杆菌

1. 形态与染色特征

林氏放线杆菌(*A. lignieresi*)菌体呈短杆状或球状，大小为 0.4 μm × 1.5 μm。在含葡萄糖琼脂上生长的菌体呈长杆状，在肉汤中生长的菌体呈链状或丝状。无鞭毛、芽胞和荚膜。以石碳酸复红染色，无抗酸性，但有两极着色性。革兰阴性。

2. 生长要求与培养特性

需氧和兼性厌氧，最适生长温度 37℃，最适生长 pH 7.6。营养要求较高，在含有 5%血液或 10%血清的培养基中才能生长。在血琼脂平板培养基经 37℃ 培养 24 h 后，长成直径 1.5 mm 左右，圆形、黏稠菌落，不溶血。在含血清肉汤培养基中生长呈均匀浑浊，可形成菌膜和少量沉淀。

本菌在牛、羊放线杆菌病的肉芽肿和慢性化脓病灶中，可长成灰白色小颗粒，无显著放射性菌丝，革兰阴性，其中心和周围均呈红色。

在 24 h 内能发酵葡萄糖、麦芽糖、甘露醇和糊精，产酸不产气。硝酸盐还原、脲酶实验显阳性，靛基质实验为阴性，甲基红实验为阴性(表 8-6)。

表 8-6　林氏放线杆菌与牛放线菌的鉴别要点

菌名	主要侵害部位	革兰染色	明胶液化	凝固血液化	靛基质试验	硝酸盐还原	石蕊牛乳	甘露醇	水杨苷
林氏放线杆菌 (*A. lignieresii*)	舌、颊、头、颈、皮肤	−	+	−	−	+	产酸，不胨化	+	−
牛放线菌 (*Actinomyces bovis*)	骨、肺	+	−	+	−	+	慢胨化	−	+

3. 抵抗力

细菌对外界环境抵抗力不强，60℃经 15 min、常用消毒剂、日光、干燥等均可杀死本菌。对链霉素、氯霉素、四环素、红霉素和磺胺药等敏感。

4. 致病性与免疫性

致牛、羊的放线菌病（actinobacillosis），主要侵害皮肤和软组织，引起化脓及肉芽肿，尤其致下颌淋巴结的脓肿，牛舌肉芽肿，使舌肿大，称为“木舌病”。也可致绵羊的皮肤、肺脏及猪的乳房脓肿。还可感染人和犬。

给雄豚鼠腹腔注射含本菌的培养物或脓汁，可致腹膜炎和睾丸炎，5～7 d 内死亡。皮下接种豚鼠，则引起局部脓肿。静脉接种家兔可致死亡。皮下接种大鼠或小鼠可引起小化脓灶。本菌所致疫病呈散发性，尚未研制出疫苗。

5. 微生物学诊断

根据临床症状特点，结合显微镜检查，如查出细菌，即可诊断。必要时做细菌分离培养，并进行生化试验，与牛放线菌鉴别。两种细菌的鉴别要点见表 8-6。

(三)猪放线杆菌

猪放线杆菌(*A. suis*)为小杆菌，无荚膜。单个或呈链状、成丛排列。印度墨汁员染色涂片可见菌体外层黏液。可在麦康凯培养基上生长。血琼脂培养基上形成β溶血。存在于健康猪的扁桃体、上呼吸道和生殖道，属机会致病菌，可引致 2～30 日龄仔猪急性败血症。近年来在发达国家的高健康养殖系统的猪群，本菌所致的病例明显增多，一般为散发。传播途径为气溶胶、密切接触及皮肤损伤。虽可用抗生素防控感染，但往往因病程太急来不及用药。用自家分离株制备的疫苗有较好的防控效果。

二、嗜血杆菌属

嗜血杆菌属（*Haemophilus*）是一群形态常呈球杆状，偶尔会形成短丝状，大小 1 μm×(1.0～3.0)μm，能运动的革兰阴性杆菌。这些细菌酶系统不完备，需要血液中的热稳定 X 因子（氯化血红素，haemin）和热不稳定 V 因子（烟酰胺腺嘌呤二核苷酸，NAD）才能生长。近年来，嗜血杆菌属成员有很大变化，原名昏睡嗜血杆菌（*H. somnus*）、绵羊嗜血杆菌（*H. ovis*）和羔羊嗜血杆菌（*H. agni*）均划归新建立的嗜组织杆菌属（*Histophilus*），禽嗜血杆菌（*H. avium*）更名为禽巴氏杆菌（*P. avium*），副鸡嗜血杆菌（*H. paragallinarum*）更名为副鸡禽杆菌（*Avibacterium paragallinarum*），胸膜肺炎嗜血杆菌（*H. pleuropneumomiae*）更名为胸膜肺炎放线杆菌(*A. pleuropneumomiae*),马生殖道嗜血杆菌(*H. equigenitalis*)更名为马生殖道泰勒菌(*Taylorella equigenitalis*)等。常见动物源嗜血杆菌的生物学特性见表 8-7。

表 8-7 常见动物源嗜血杆菌的生物学特性

菌株	需 X 因子	需 V 因子	触酶	氧化酶	CO_2 促生长	溶血性	吲哚	脲酶	葡萄糖	硝酸盐还原	蔗糖	乳糖	*D*-木糖	甘露醇	鸟氨酸脱羧酶	精氨酸水解酶
血红蛋白嗜血杆菌(*H. haemoglobinophilus*)	+	−	+	+	−	−	+	−	+	+	+	−	+	+	−	−
鼠流感嗜血杆菌(*H. influenzaemurium*)	+	−	+	−	−	−	−	−	+	+	+	−	−	−	ND	ND
副兔嗜血杆菌(*H. paracuniculus*)	−	+	+	+	+	−	+	+	+	+	+	−	−	−	+	+
副猪嗜血杆菌(*H. parasuis*)	−	+	+	−	V	−	−	−	+	+	+	V	−	−	−	−

注:V 表示变化不定;ND 表示无资料。

大多数嗜血杆菌存在于人和动物上呼吸道和下生殖道黏膜,成为黏膜共生菌,当动物抵抗力降低时,引起呼吸道疾病或全身性感染。环境和其他应激因素,如运输、断奶和病毒感染可促进感染的发展,尤以副猪嗜血杆菌引起的猪格氏病(Glaesser's disease)最为重要。

(一)形态与染色特征

多为小杆菌或短杆菌,也有呈球状、长丝状等多形性。革兰染色阴性,单在排列,也有呈短链状,无鞭毛和芽胞,新分离的菌株有荚膜。病料涂片,美兰染色呈两极浓染。

(二)生长要求与培养特性

本属菌生长需供给 X 因子和 V 因子,常用巧克力培养基。需氧或兼性厌氧,初次分离时需供给 5%~10% CO_2,37℃培养 24~48 h 后,呈无色透明,边缘整齐的 S 型小菌落。菌落大小可因菌种和培养基的营养程度不同而异,从针尖大直至绿豆大小。

(三)生化特性

本属细菌生化反应较弱,对糖的发酵多不稳定,常见嗜血杆菌生化特性见表 8-7。

(四)抵抗力

本属菌对外界抵抗力不强,对干燥极为敏感,离开宿主不能长期存活。60℃ 5~20 min 被杀死,4℃一般只能存活 7~10 d。新分离的嗜血杆菌要及时移植或冻干保存。常用消毒剂很容易杀灭本属菌。

(五)抗原构造和分型

有荚膜多糖抗原和菌体结构抗原。荚膜抗原成分主要是多糖,具有型特异性。菌体结构抗原包括脂多糖抗原和外膜蛋白抗原。脂多糖抗原在种内和属内均有交叉反应。同型细菌的外膜蛋白抗原有所不同,可用于本属细菌区分亚型及进行流行病学调查。

(六)致病性及免疫性

目前认为其致病的主要物质是细菌的内毒素、荚膜、菌毛和摄铁系统等。嗜血杆菌借助于铁调节外膜蛋白结合在转铁蛋白复合物上，并从该复合物中获得铁，使其在宿主细胞内更好地存活。耐过嗜血杆菌所致疫病的畜禽具有较强的免疫力，以体液免疫为主。

1. 副猪嗜血杆菌

副猪嗜血杆菌（*H. parasuis*）可引起猪的格氏病，特点为高热、关节肿胀、呼吸道紊乱及中枢神经症状，也可在没有表现疾病症状之前突然死亡。剖检可见多发性浆膜炎，包括心包炎、胸膜炎、脑膜炎及多发性关节炎等，通常影响从断奶到12周龄的仔猪。

本菌存在于猪上呼吸道，构成其正常菌群。仔猪出生后，通过直接接触或气溶胶获得该菌。母源抗体的存在能够阻止仔猪发病或控制其临床症状的发展。仔猪断奶后，因母源抗体水平下降，易发病。应激因素是发病的诱因。猪繁殖与呼吸综合征病毒等感染造成的免疫抑制可能加剧本菌的感染。本菌常与猪流感病毒联合感染引起猪流感。毒力因子包括荚膜多糖、脂多糖和外膜蛋白等，但确切的致病作用尚不清楚。荚膜在体外培养不易产生；菌毛只有特殊培养条件下才产生，但黏附的意义不明；超氧化物歧化酶有助于抗吞噬；神经氨酸酶有助于获取营养、暴露受体和干扰黏膜免疫。不同菌株毒力存在较大的可变性，有些菌株无致病性，有些菌株具备大量的毒力因子而表现出很强的致病性，通常在病理标本中才能分离到。

根据荚膜抗原的差异可将本菌分为至少15个血清型，约25%的分离株无法定型，目前的优势菌型为4型和5型。不同血清型毒力存在差异，1、5、10、12、13、14型为高毒力，2、4、15型为中毒力，其他血清型视为无毒力。但同一血清型的不同菌株毒力可不同，血清型与致病性之间没有绝对的相关性。

从关节液、心脏血液、脑脊液或新近死亡猪的尸体组织中分离并鉴定出该菌具有诊断意义。分离细菌可用TSA平板培养基，结合PCR法，可快速检出病料中100 CFU的细菌。副猪嗜血杆菌不溶血，脲酶实验阴性，触酶实验阳性，发酵阿拉伯糖，不发酵甘露醇，可与胸膜肺炎放线杆菌相区别。

2. 其他嗜血杆菌

血红蛋白嗜血杆菌是犬泌尿道中的正常栖居菌，致病力弱，在一定条件下可引起犬泌尿系统炎症；副兔嗜血杆菌分离自黏液性肠炎，意义不明；鼠流感嗜血杆菌可引致小鼠呼吸道感染及结膜炎。

（七）微生物学检查

1. 采取病料

应根据临床症状和疾病类型，采取血液、脑脊液、咽、喉、鼻腔分泌物及肺和浆膜表面等样品。由于细菌非常脆弱，既不能冷藏也不能在运输用培养基内保持活性。样品应在低于−60℃条件下冷冻，24 h内送到实验室进行检测。

2. 直接镜检

病料直接涂片，美兰染色呈两极浓染的小杆菌。革兰阴性。

3. 分离培养

病料直接划线接种巧克力琼脂和鲜血琼脂平板培养基，置于含5%～10% CO_2环境，经37℃培养24～48 h。如分离菌在血琼脂平板培养基上不生长，而在巧克力琼脂平板培养基上生长良好，呈细小透明露滴状菌落即为嗜血杆菌可疑菌落。

4.V 因子生长需要实验

又称为卫星实验。取巧克力琼脂培养基上的可疑菌落，平行划线接种于兔血清或 2% 蛋白胨琼脂平板培养基，再将金黄色葡萄球菌垂直平行划线接种，置于含 5%～10% CO_2 环境，37℃培养 24～48 h。在靠近金黄色葡萄球菌菌落或菌苔的周围处，嗜血杆菌生长茂盛，菌落较大，远离金黄色葡萄球菌菌落或菌苔的地方，嗜血杆菌生长贫瘠，菌落较小，甚至不见菌落生长，这种现象称为"卫星现象"。其原因是葡萄球菌在生长繁殖过程中可合成 V 因子并在培养基中向周围扩散，其扩散浓度随着与葡萄球菌距离的加大而逐渐减少，故出现此现象。

复习思考题

1. 多杀性巴氏杆菌有几个亚种？各有何特征？
2. 试述多杀性巴氏杆菌的致病对象及毒力因子。
3. 如何进行多杀性巴氏杆菌病的微生物学诊断？
4. 鸭疫里氏杆菌的名称和分类与过去有何变化？对动物的致病性如何？微生物学诊断要点有哪些？
5. 试述胸膜肺炎放线杆菌的致病对象及毒力因子。
6. 引致猪格氏病的病原菌有何特点？

第九章　革兰阴性需氧杆菌

【内容提要】布氏杆菌是动物布氏杆菌病的病原菌，有8个种，其中，牛种布氏杆菌、羊种布氏杆菌及猪种布氏杆菌等是重要的人兽共患病的病原菌。假单胞菌属包括铜绿假单胞菌等7种细菌，代表种为铜绿假单胞菌，可导致多种动物机会性感染，具有兽医学意义。伯氏菌属包括能引起马鼻疽的鼻疽伯氏菌和引起类鼻疽的类鼻疽伯氏菌，这两种病都是人兽共患病。波氏菌属包括8个种，其中支气管败血波氏杆菌、禽波氏杆菌和副百日咳波氏杆菌对动物有致病性。

第一节　布氏杆菌属

布鲁菌病又名布氏杆菌病，简称布病。因1887年英国军医 Bruce 从死亡士兵脾脏中分到病原而得名。该菌可引起人和多种动物发生慢性感染，是目前世界上流行最广、危害最大的人兽共患传染病之一。布氏杆菌经由直接或间接接触传播。公畜感染多引起睾丸炎和附睾炎，母畜感染多发生流产、早产、死胎等，人感染后引发关节炎、脑膜炎等。

1. 分类

从 Sir David Bruce 于1887年发现布氏杆菌至今，基于宿主的优先性，布氏杆菌属被分为8个种，即羊种布氏杆菌（*Brucella melitensis*，*B. melitensis*）、牛种布氏杆菌（*Brucella abortus*，*B. abortus*）、猪种布氏杆菌（*Brucella suis*，*B. suis*）、犬种布氏杆菌（*Brucella canis*，*B. canis*）、绵羊种布氏杆菌（*Brucella ovis*，*B. ovis*）、沙林鼠种布氏杆菌（*Brucella neotomae*，*B. neotomae*）、鲸类布氏杆菌（*Brucella cetacea*，*B. cetacea*）和鳍脚类布氏杆菌（*Brucella pinnipediae*，*B. pinnipediae*）。基于抗原的差异，羊种布氏杆菌、牛种布氏杆菌、猪种布氏杆菌等布氏杆菌又可分为多个生物型。羊种布氏杆菌、猪种布氏杆菌等的全基因组测序的完成为布氏杆菌的分类提供了更多信息。

2. 形态和染色

布氏杆菌是一组胞内寄生的球杆状的革兰阴性菌，无鞭毛，形态易受外界环境影响呈现多态性。大小为（0.6～1.5）μm×（0.5～0.7）μm。布氏杆菌可被碱性染料着色，革兰染色为阴性，姬姆萨染色呈红色。瑞氏染色可见布氏杆菌着色较背景深，可见较多散在的球杆状菌体，非常容易看到细菌。用改良的抗酸（MZN）染色法可将细菌染为红色（图9-1）。

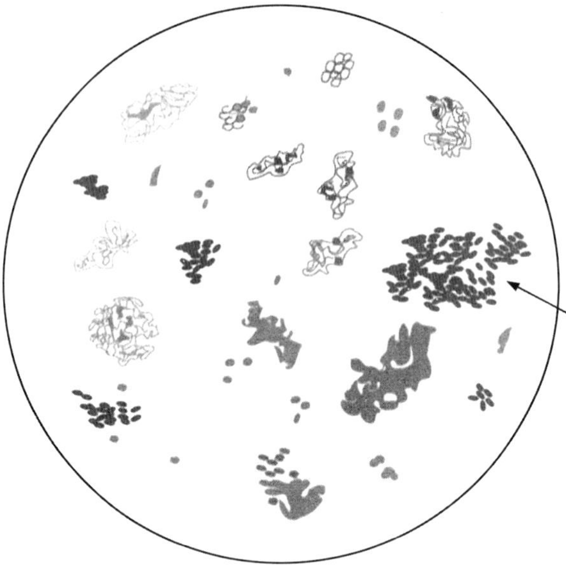

图 9-1 改良抗酸(MZN)染色后成簇的布氏杆菌

(引自:陈继明等主译《兽医微生物学所致传染病》第 2 版)

3. 培养和生化特性

最初的分离物生长缓慢,10～14 d 可发现多数明显菌落,有的要长达 20～30 d。在实验室保存的菌株培养 48～72 h 即可生长良好。在 37℃ pH 6.6～7.4 有氧条件下生长最佳。有些型的菌株分离培养时需要 5%～10% CO_2。很少发酵糖类。

在固体培养基上生长的菌落的形态主要可分为:光滑型(smooth,S)菌落、粗糙型(rough,R)菌落和黏液型(mucoid,M)菌落。S 型菌落无色透明、表面光滑、菌落直径在 0.5～ 1.0 mm 之间。R 型菌落为暗黄色,呈多颗粒状。除了具有黏性质地的特点外,M 型菌落和 R 型菌落相似。是否存在脂多糖的多糖侧链,决定了菌落具有平滑或非平滑的形态。

该菌氧化酶、硝酸盐还原酶、脲酶反应阳性,不液化明胶,不溶解红细胞,甲基红、吲哚和 VP 试验阴性,不利用柠檬酸盐。不同种的布氏杆菌的生化特性也会存在一些差异。

4. 抗原性

布氏杆菌的抗原结构非常复杂。主要包括 A(流产型)抗原、M(马耳他型)抗原和 R(粗糙型)抗原。一般牛种布氏杆菌以 A 抗原为主,羊种布氏杆菌以 M 抗原为主,猪种布氏杆菌的 A 抗原和 M 抗原的含量相近。A 抗原和 M 抗原的抗原决定簇位于脂多糖蛋白复合物的多糖侧链部分。

5. 抵抗力

本菌对外界环境的抵抗力较强,在污染的土壤和水中可存活 1～4 个月,皮毛上 2～4 个月,鲜乳中 8 d,乳、肉食品中约 2 个月,粪便中 120 d,流产胎儿中至少 75 d,子宫渗出物中

200 d。在直射阳光下可存活 4 h。但对湿热的抵抗力不强，60℃加热 30 min 或 70℃加热 5 min 即杀死，煮沸立即死亡。对消毒剂的抵抗力也不强，2%石炭酸、来苏儿、烧碱溶液或 0.1%的氧化汞，可于 1 h 内杀死本菌；5%新鲜石灰乳 2 h 或 1%～2%福尔马林 3 h 可将其杀死；0.5%洗必泰或 0.01%度米芬、消毒净或新洁尔灭，5 min 内即可杀死本菌。在 pH 3.5 或更低情况下迅速死亡。

6. 致病性

布氏杆菌的致病机制极为特殊，胞内存活和复制是其主要的毒力特征。布氏杆菌缺乏荚膜、菌毛等典型的毒力因子，其致病力体现在其协调脂多糖、Ⅳ 型分泌系统、环(1～2)葡聚糖等毒力因子的作用以及成功侵入、增殖和慢性感染的能力。细菌死亡或裂解后释放的内毒素是致病的重要物质。

细菌侵入黏膜屏障后，被巨噬细胞吞噬，发生内化，并在局部淋巴结生长繁殖形成感染灶。细菌通过血液散播，定位于网状内皮系统和生殖器官。在妊娠子宫内，赤藻糖醇等会刺激该菌的繁殖，引起坏死性胎盘炎，致使母畜流产。由于在细菌感染过程中，会反复形成菌血症，使发热呈波浪式，容易使布氏杆菌病成为慢性疾病，反复发作。感染公畜最普遍的症状是附睾炎和睾丸炎。感染 *B. canis* 的狗会由于液体集聚发展为阴囊肿胀，或由于舔食阴囊而发生阴囊皮炎。人感染布氏杆菌病后，会出现肝、脾肿大，临床症状包括波浪热、肌肉和关节痛、背痛。人的特异性临床表现包括关节炎、骨髓炎和心内膜炎。不同种和生物型细菌的毒力存在着一定的差异。对于对豚鼠的致病性从强到弱的顺序为：羊种布氏杆菌、猪种布氏杆菌、牛种布氏杆菌、沙林属种布氏杆菌、犬种布氏杆菌、绵羊种布氏杆菌。

7. 流行病学

牛布氏杆菌病是由牛种布氏杆菌引起的，该病在世界各地均有分布，很多国家通过实施国家根除计划降低了其流行甚至已根除。一些国家的野生动物已出现来自家牛的布氏杆菌感染。虽然大多数感染是因为摄入感染牛流产的胎儿组织和体液而引起，但也可以通过交配、穿透擦伤的皮肤、吸入或胎盘等途径感染(图 9-2)。

人类容易感染牛种布氏杆菌、羊种布氏杆菌及猪种布氏杆菌，很少感染犬种及来源于海洋的布氏杆菌。感染的来源主要是接触流产的胎儿、胎盘及排泄物和分泌物等，故接触感染组织的兽医和屠宰人员被感染的风险要引起足够的重视。感染动物的乳中也有该菌的存在。吞食被感染的食物也是最主要的感染途径。食用未经加工处理的奶或奶制品会导致人的感染。羊种布氏杆菌、牛种布氏杆菌和犬种布氏杆菌分别会在动物交配过程中传播。犬种布氏杆菌还会通过带菌的尿液传播。

尽管每种布氏杆菌均有它们的自然宿主，但牛种布氏杆菌、羊种布氏杆菌及猪种布氏杆菌的各生物型也可以感染自然宿主外的其他动物。

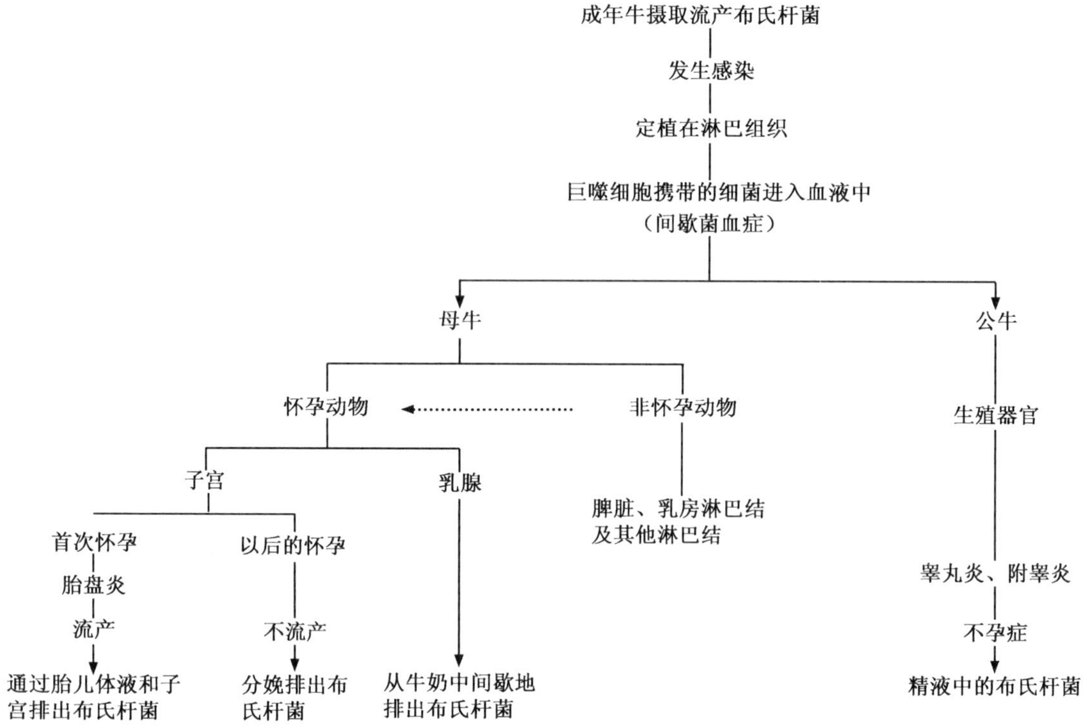

图 9-2　成年易感奶牛感染布氏杆菌的过程

（引自：陈继明等主译《兽医微生物学所致传染病》第 2 版）

8. 微生物学诊断

布氏杆菌病的确诊需要实验室检查。目前布氏杆菌病的实验室检查主要分 3 类：第一类为检测血清中的抗布氏杆菌抗体。其中又分为基于抗原抗体凝集反应的实验室检查方法，包括试管凝集试验（SAT）、虎红平板凝集试验（RBT）、半脱氨酸凝集试验、Coombs 氏试验、免疫捕获凝集试验（Brucellacapt）等；基于抗原抗体复合物与补体结合的补体结合试验（CFT）；通过酶、荧光、胶体金标记抗原抗体复合物的标记抗体技术，包括酶联免疫吸附试验（ELISA）、荧光偏振试验（FPA）、胶体金等。第二类为布氏杆菌的培养鉴定。从病畜的临床样本（血液、组织或体液）中检测到病原体。第三类为核酸诊断。通过聚合酶链式反应、荧光定量聚合酶链式反应等核酸检测技术检测到布氏杆菌在机体中的载量。

（1）试管凝集试验（SAT. Wright）　该试验是布氏杆菌病诊断中应用最广且最古老、最经典的试验。通常以出现 50%凝集（++）以上的血清最大稀释度为该血清的凝集效价。牛、马和骆驼凝集价在 1∶100 以上，猪、山羊、绵羊和犬的凝集价在 1∶50 以上判断为阳性；牛、马和骆驼凝集价在 1∶50，猪、羊等在 1∶25 为可疑。由于该试验易出现假阳性，应与其他方法结合使用。

（2）虎红平板凝集试验（RBPT）　虎红平板凝集反应最为简单实用，主要用于布氏杆菌病的初筛。由于其特异性不高，不易准确判定结果，故对虎红平板凝集试验阳性者还必须经试管凝集试验或补体结合试验检测。

(3)补体结合试验(CFT)　补体结合试验检测未免疫过的成年牛或只在犊牛时免疫过的成年牛相当准确。该试验特异性较好,但敏感性较差,不适于大面积检疫。同时,也因为操作复杂,所需试剂较多,影响其广泛应用。此方法对接种疫苗后和自然感染所引起的血清反应的鉴别很有价值。

(4)全乳环状试验(MRT)　该法将染色的布氏杆菌抗原加入奶中,若奶中存在抗体,试管顶部会产生紫环。全乳环状试验在牛奶的布氏杆菌检测中已得到成功应用,但在山羊奶的布氏杆菌检测中应用不是很成功。乳汁环状试验在检查不稀释的乳、初乳、泌乳后期的乳、乳房炎乳及腐败变质的乳时,可出现假阳性反应。

(5)变态反应法(DTH)　该法是用布氏杆菌素作皮内注射来检测患病动物变态反应情况的一种诊断布氏杆菌病的常用方法,在临床上与布氏杆菌病的血清学检验具有同等价值。变态反应法试验操作简便,判断直观,标准易于掌握。但山羊的变态反应不如绵羊容易读取和判断结果。通常采用变态反应法与补体结合试验来诊断猪布氏杆菌病。

(6)酶联免疫吸附试验(ELISA)　该试验是一种新型快速检测技术,其敏感性比试管凝集反应要高 10～100 倍。常用方法包括:间接法、双抗体夹心法、竞争法等。其中间接法多用于检测抗体,双抗体夹心法多用于检测大分子抗原,竞争法多用于检测小分子抗原。在生产中,ELISA 法可检测血清及乳中的布氏杆菌抗体,不仅可用于个体乳的检测,还可用于混合乳样的检测。因此,生产中对正常泌乳期奶牛布氏杆菌病的检疫,可以采用牛乳布氏杆菌抗体 ELISA 检测试剂盒对多头奶牛的混合乳样进行初筛,发现阳性者,再对混合乳样中的奶牛逐头采乳进行个体乳检测,以降低检疫成本。

(7)布氏杆菌的培养鉴定　除了血清学诊断,实验室还可以进行布氏杆菌的培养鉴定。对于发生流产的动物,可采集流产胎儿的胃内容物、胎盘和羊水等病料直接进行涂片、染色和镜检。并进一步从污染病料分离该菌进行细菌学鉴定。鉴定时,可在培养基中添加放线菌酮(0.1 mg/mL)、杆菌肽(25 IU/mL)和多链丝霉素(1 800 U/L)以抑制杂菌的生长。

(8)布氏杆菌的核酸鉴定　即将 PCR 技术用于布氏杆菌病的检测与鉴定。用 PCR 技术可以特异地检测到很少量的布氏杆菌,最低可检测到 1 pg 的布氏杆菌 DNA。

布氏杆菌病有多种临床表现及病程,而每种方法都各具优劣,在做出诊断时需要全面的综合考虑。动物感染布氏杆菌后,凝集反应出现最早,且很快消失。然后出现补体结合反应,且持续时间较长。变态反应最后出现,持续时间也比较长。因此,在检测布氏杆菌感染时,要注意感染后的不同阶段。

9.控制和预防

近年来,伴随着牛、羊养殖规模的迅速扩大,布氏杆菌病在畜群和人间的感染率又出现逐年上升的态势。布氏杆菌病目前并没有非常有效的治疗措施,因此除非是特别昂贵的种畜,一般不建议进行治疗。也正是因为如此,做好疾病的预防比治疗更加重要。

由于布氏杆菌病是人兽共患病,几乎所有人群普遍易感,所以要加强自我保护意识。布氏杆菌病预防的关键措施是消灭病原,主要从以下几方面入手。

(1)搞好环境卫生,根除动物传染源　布氏杆菌病的预防,要坚持科学的饲养和卫生防疫制度,采取免疫和净化等措施消灭动物传染源,预防动物疫病的发生。国外预防布氏杆菌病的疫苗主要有两种:牛型 S19 弱毒活疫苗和羊型 Rev.1 弱毒活疫苗。我国自主研制的布氏杆菌病疫苗有 S2 弱毒活疫苗、M5 弱毒活疫苗。S2 弱毒活疫苗可免疫接种任何年龄的动物。猪的免疫期为1年,牛、羊和山羊为2年。哈尔滨兽医研究所已研制出毒力稳定、免疫原性良好的M5-90疫苗株。目前,M5-90疫苗株被广泛应用于牛、羊布氏杆菌病的免疫预防。但是,M5-90疫苗株仍存在引起怀孕动物流产、常规血清学检测不能区分疫苗免疫和自然感染等缺点。

(2)严格动物检疫,切断传播途径　许多人兽共患病疫情的暴发,都是由于患病动物或产品流动引起的。养殖场布氏杆菌病的防控除了疫苗免疫,还需要做好以下工作:首先,畜禽饲养最好是自繁自养,如需要引种,注意不能从疫区引种,同时要进行严格的检疫,检疫合格之后,方可引进。引种的种畜到场后要进行一段时间的隔离饲养与观察,确认没有问题之后,才能进行同群饲养;其次,畜群中一旦有家畜确诊为布氏杆菌病,需通过试管凝集反应或者是平板凝集反应对畜群进行检疫,如果发现阳性或者疑似阳性,要立刻进行隔离,确诊后及时淘汰屠宰,严禁其与其他健康家畜接触。最后,对被污染过的用具和养殖场所进行全面、彻底消毒,对流产胎儿、胎衣或者是羊水以及产道的分泌物等要进行深埋或焚烧处理。生鲜乳需经巴氏消毒后出售。

(3)对易感人群提高防范意识,做好个人防护与消毒　工作人员要经常用肥皂水洗手,接触病畜后用来苏儿或新洁尔灭消毒。畜圈和污染场地用10%石灰乳或10%漂白粉抛洒。夏季每周消毒2～3次,冬季每月消毒2～3次。

第二节　假单胞菌属

1. 分类

假单胞菌科细菌根据rRNA-DNA同源性分为5个群,其中只有RNA Ⅰ群属于假单胞菌属,包括铜绿假单胞菌(*Pseudomonas aeruginosa*)、荧光假单胞菌(*Pseudomonas fluorescens*)、恶臭假单胞菌(*Pseudomonas putida*)、斯氏假单胞菌(*Pseudomonas stutzeri*)、曼多辛假单胞菌(*Pseudomonas mendocina*)、产碱假单胞菌(*Pseudomonas alcaligenes*)、假产碱假单胞菌(*Pseudomonas pseudoalcaligenes*)7种细菌,代表种为铜绿假单胞菌,又称绿脓杆菌(*Bacillus pyocyaners*)。

假单胞菌属细菌为革兰阴性,需氧杆菌。在假单胞菌属内,只有铜绿假单胞菌具有兽医学意义。尽管在临床医学上,铜绿假单胞菌极其重要,但不是主要的致病菌。对于普遍使用的抗生素,大部分菌株具有抗性。因此,当它们污染了一个位点,清除起来非常困难。

铜绿假单胞菌由Gersard氏1882年首先从伤口脓液中分离到。该菌在自然界中分布广泛,存在于水、和植物表面,也在皮肤黏膜和粪便中被发现。可引起多种动物的脏器脓肿,如奶牛的子宫炎和乳房炎等。近年来,随着集约化养殖的发展加速,该菌导致的疾病表现为群体的急性暴发,死亡率增高。

2. 形态和染色特点

铜绿假单胞菌为革兰阴性杆菌,专性需氧、菌体细长,且长短不一,有时呈球杆状或线状,成对或短链状排列,大小为(0.5～1) μm×1.0 μm。具有典型的革兰阴性菌的细胞壁,由含糖的荚膜包围。该菌通过鞭毛运动,有菌毛黏附素。

3. 培养和生化特性

铜绿假单胞菌为专性需氧菌，营养要求不高，能在普通固体培养基上生长，25～41℃生长良好，形成圆形、光滑带蓝绿色荧光的菌落。菌落有两种类型，一种为大而光滑、边缘平坦、中间凸起的菌落（多见于临床材料）；另一种为小而粗糙、隆起的菌落（多见于环境分离）。大菌落易变为小菌落，但极少发生回变。此外呼吸道和尿道排泄物中还可见到黏液型菌落细菌，最适生长温度 35℃，该菌在 4℃不生长而在 42℃可以生长的特点可用以鉴别。

大多数菌株能分泌两种色素，一种为绿脓素（pyocyanin），另一种为荧光素（fluorescein）。铜绿假单胞菌的某些菌株不产生色素，或只在特定的培养基上才产生色素。在血琼脂培养基上能产生明显的β-溶血。在 NAC 鉴别培养基上产生绿色光，能在含 50 g/L NaCl 的培养基中生长。

铜绿假单胞菌在三糖铁琼脂培养基上生长，不产生 H_2S，底部也不变黄。触酶阳性，发酵糖的能力不强。可分解葡萄糖、木糖和半乳糖。分解葡萄糖产酸不产气，属氧化型糖代谢，分解缓慢。对其他糖类一般不分解。能利用柠檬酸盐，能还原硝酸盐为亚硫酸盐，能液化明胶。

4. 抗原性

铜绿假单胞菌具有菌体 O 抗原、鞭毛 H 抗原及黏液抗原等成分。其 O 抗原含有内毒素和原内毒素蛋白质两种成分。原内毒素蛋白质是一种高分子、低毒性、免疫原性强的保护性抗原，不仅存在于不同血清型铜绿假单胞菌中，而且广泛存在于假单胞菌属的其他细菌以及肺炎杆菌、大肠杆菌、霍乱弧菌等革兰阴性细菌中，是一种良好的交叉保护抗原。H 抗原分为 H1 和 H2 两个不同的主要成分。黏液抗原又称荚膜抗原，存在于黏液型菌落，位于菌体表面，具有免疫原性。

5. 抵抗力

铜绿假单胞菌对外界环境抵抗力较强，湿热 55℃ 1 h 方能杀灭，对干燥、紫外线的抵抗力也较强。本菌对多种抗生素不敏感，但对庆大霉素、多黏菌素和羧苄青霉素敏感。铜绿假单胞菌各菌株的药物敏感性存在差异。

6. 致病性

铜绿假单胞菌广泛存在环境中，是一种条件致病菌，所以入侵宿主之前需要宿主的防御系统存在某种缺陷。该菌可引起皮肤感染、呼吸道感染、泌尿道感染、烧伤感染、囊性纤维变性等。研究表明，铜绿假单胞菌是鹌鹑化脓性肝炎、水貂出血性肺炎、獐子麝囊化脓、长臂猿化脓性角膜炎等病的原发性或并发性病原。该菌还可以感染牛、羊、兔、大熊猫、鸭等动物。

铜绿假单胞菌能产生多种与毒力有关的物质，如内毒素、外毒素 A、弹性蛋白酶、胶原酶、胰肽酶等。内毒素毒力较弱。外毒素有两种，一种为毒力很强的外毒素 A，是一种致死性外毒素，是铜绿假单胞菌最主要的致病因子。外毒素 A 在食品上的残留会导致人的食物中毒。另一种外毒素为磷酯酶（phospholipase）C，是一种溶血毒素，可为入侵的细菌提供营养，增强铜绿假单胞菌的毒力，还能破坏肺组织表面成分，造成出血、萎缩和坏死，也常引起脓胸。铜绿假单胞菌分泌的色素也是毒素之一，可抑制机体吞噬细胞的吞噬作用，也有抑菌的能力，是一种抗菌素样物质。一般来说，分泌色素较少的菌株其毒力较强，反之，大量分泌色素的菌株则毒力较弱。

7. 流行病学

人和各种动物对铜绿假单胞菌都有易感性。由于该菌在自然界中分布广泛，因此在烧伤、外科创伤以及术后，或其他疾病如奶牛脑膜炎、奶牛乳房炎、子宫炎、鸡霉形体病、黏膜型鸡痘，往往都会为该菌的继发感染创造条件。应激因素使机体对本菌的入侵缺乏足够的抵抗力，从而导致发病。注射污染、环境恶劣、营养不良、疲劳运输等应激因素是造成该病暴发的原因所在。铜绿假单胞菌病的发生不分季节，一年四季都可发生。

8. 微生物学诊断

根据铜绿假单胞菌病的流行病学特点、临床症状表现及其病理变化，再进行细菌学检验、血清学定型等才能作出完整的诊断报告。细菌学检验是诊断铜绿假单胞菌病最可靠的方法。挑取单个可疑菌落接种于 NAC 鉴别培养基上培养 18 h，置室温下逐渐产生明显的色素，此种色素渗透入培养基中。涂片镜检为革兰阴性杆菌，即可判定为铜绿假单胞菌。少数菌株在 NAC 培养基上不产生色素，但如果在 42℃ 和 50 g/L NaCl 溶液中能够生长，氧化酶、乙酰胺酶和精氨酸阳性者亦可判定为铜绿假单胞菌。血清学分型鉴定方法是用分离菌株的活菌液与诊断血清进行玻片凝集试验判出其型别。

9. 控制和预防

应确定诱因和传染源，并尽可能消除或降低这些因素。消除各种应激因素，结合清洁卫生、消毒及抗菌素注射，是防治该菌感染不可缺少的工作。疫苗接种可预防该病的发生。目前已经研制出单价苗、7 价 LPS 苗、16 价苗、绿脓菌素及外毒素 A 等多种疫苗，并用于生产中。人工被动免疫可用多价免疫血清。值得注意的是，由于铜绿假单胞菌抗原型繁多、致病因素不同、感染机制复杂，因此接种疫苗应有针对性。

治疗包括提高患者抵抗力，必要时使用抗生素。首先根据药敏实验，选用敏感药物。多数报道认为，铜绿假单胞菌对庆大霉素、多黏霉素、羧苄青霉素和磺胺嘧啶敏感，用于治疗本病有效。

第三节　伯氏菌属和波氏杆菌属

一、伯氏菌属

伯氏菌属（*Burkholderia*）的成员是革兰阴性需氧杆菌，包括 24 个种。本属成员原先归于假单胞菌属。本属的表型特点与假单胞菌属相似，对动物有致病性的主要有两种：鼻疽伯氏菌（*Burkholderia mallei*）及类鼻疽伯氏菌（*Burkholderia pseudomallei*），均可经气溶胶传播，生物安全风险较大。鼻疽伯氏菌（主要是马科动物“鼻疽病”的病原）和类鼻疽伯氏菌（多种动物类鼻疽的病原）引起的鼻疽（Glanders）和类鼻疽（Melioidosis）是人兽共患的严重传染病。

（一）鼻疽伯氏菌

鼻疽伯氏菌（*Burkholderia mallei*）是一种革兰阴性需氧杆菌，旧名鼻疽假单胞菌（*P. mallei*），惯称鼻疽杆菌，为马、骡、驴等单蹄兽鼻疽的病原，也能感染人、其他家畜和多种野生动物，为人兽共患病的重要病原。

鼻疽伯氏菌引起的“鼻疽病”曾经是马科动物广泛传播的疾病。鼻疽病是一种在剧烈程度和严重程度上存在差异的全身性化脓性肉芽肿病，呈全球分布。鼻疽伯氏菌是一种专性哺乳动物病原菌。到目前为止，从未在环境中分离到鼻疽伯氏菌。

1. 形态和染色特点

鼻疽伯氏菌是革兰阴性胞内寄生杆菌。其长短不一，大小（0.5～1.0）μm×1.0 μm。鼻疽伯氏菌无芽胞、有多糖荚膜，无鞭毛，不运动。一般苯胺染料易于着色，但在组织中及老龄培养菌中常着色不均。

2. 培养和生化特性

鼻疽伯氏菌是专性需氧菌，大多数在麦康凯琼脂培养基上生长良好，在含有甘油的培养基上生长最佳。最适生长温度为37℃，可生长范围为20～41℃，4℃和42℃不生长。最适pH 6.4～6.8，在pH 4.5不生长。普通培养基中生长缓慢，加5%绵羊血或1%甘油可促进生长。具有从黏液型（M）到粗糙（R）型的5种可能的菌落形态。正常菌落为光滑型（S），变异的菌落最常见的为粗糙型（R）。

鼻疽伯氏菌对糖类的分解能力很弱，能利用葡萄糖，不能利用乳糖和果糖。能还原硝酸盐和液化明胶，产生H_2S，不产生吲哚，VP及甲基红试验阴性。氧化酶部分（75%）阳性，部分菌株脂酶阴性，脲酶阴性。

3. 抗原性

鼻疽伯氏菌有两种抗原，一种为特异性抗原，另一种为与类鼻疽杆菌有交叉反应抗原。其内毒素有一种引起变态反应的蛋白质，名为鼻疽菌素，可以用于诊断鼻疽病。用凝集反应、荧光抗体反应、ELISA及变态反应等均证明，鼻疽伯氏菌与类鼻疽伯氏菌之间存在着血清学交叉关系，两菌之间至少有一种共同的耐热抗原，存在于脂多糖之中。

4. 抵抗力

本菌对干燥、热及化学药品的抵抗力均不强，易被热灭活，对紫外线和常用消毒剂敏感。阳光直射24 h，干燥1～2周，煮沸数分钟、74℃ 10 min、50℃ 30 min、55℃ 5～20 min，均能将该菌杀死。一般消毒剂，如0.01%新洁尔灭可在5 min内杀死本菌，1%苛性钠、2%福尔马林及5%～10%石灰水均可在1 h内杀死本菌。鼻疽伯氏菌可在环境中存活6周，其储存宿主是受感染的马。但也有报道称该菌在温水中可存活1个月，在潮湿厩舍中存活20～30 d、腐败物中存活14～24 d。

5. 致病性

鼻疽伯氏菌不产生外毒素，但具有极其耐热的内毒素。此内毒素对健康动物毒性不强，但将其注射给已经感染鼻疽的动物，则会引起剧烈的病灶激发反应。

本菌在自然条件下主要感染马、驴、骡等马属动物，表现为鼻疽。引入健康马群的带菌动物将成为传染源。肉食兽可因采食感染动物的肉而致败血症，猫科动物较犬科动物更为易感。绵羊、山羊及骆驼偶亦感染。禽、猪及牛则不易感。实验动物中猫和仓鼠最易感，豚鼠次之。雄性豚鼠腹腔感染后，表现为施特劳斯反应：可见典型的睾丸炎和睾丸周围炎，睾丸肿胀化脓而后破溃，具有一定诊断价值。

本菌可在人类之间传播,但很少发生。人鼻疽的传播途径通常是经过感染材料(如感染马的鼻分泌物)进入皮肤擦伤或伤口,引起慢性形式的疾病。但通过蓄意释放或气溶胶浓缩获得的感染常引起急性鼻疽,如不及时治疗,几天内死亡。

对本菌的毒力因子长期以来缺乏了解。在马属动物的动物模型,荚膜多糖为重要毒力因子,无荚膜变异株不致病。此外卵磷脂酶、胶原酶和脂酶等也有致病作用。

6. 微生物学诊断

在鼻疽病流行地区,依据临床症状可以诊断。鼻疽的诊断和检疫主要采用变态反应检查和血清学检查,而细菌学检查只有在特殊病例才被应用,仅允许在生物安全3级实验室进行。

(1)变态反应检查　是鼻疽诊断和检疫最常用的方法,所用反应原为鼻疽菌素。马匹感染鼻疽后2~3周呈现阳性反应,以后随着病程的发展,反应逐渐增强。鼻疽病马保持变态反应的时间较长,有的可达8~10年,甚至终生。

变态反应有点眼反应、眼睑试验、皮下试验、皮肤试验和喷雾诊断5种方法,其中以点眼反应简便易行而且检出率高,为我国检疫规定的主要方法。

(2)血清学检查　血清学上,用水相细菌提取物作为抗原,通过补体固定试验检测鼻疽病,即补体结合试验来诊断,该试验已列入检疫规程。此法特异性很高,但是敏感性不高。因此本法只能作为对鼻疽菌素点眼试验阳性动物的附加诊断方法。

近年来研究出许多新的血清学诊断方法,如间接荧光抗体法,可检测临床病料。PCR 法可直接从全血白细胞层中检出细菌。利用针对鼻疽伯氏菌设计的特异性引物进行 PCR 检查,可以对鼻疽伯氏菌进行检测和鉴定。

(3)细菌学检查　取病变部的渗出物等样本,在含有甘油的培养基上,37℃培养2~3 d,根据菌落特征及生化特性进行鉴别。此操作只允许在生物安全3级实验室进行。

7. 控制和预防

鼻疽病尚无可供实用的有效菌苗。此病为外来病的国家必须强制执行检疫和屠宰政策。从流行地区引进的马要做鼻疽菌素试验,剔除阳性马。防控措施是采用全面检疫,将检出的开放性鼻疽病马予以扑杀,非开放性阳性病马划地隔离,并培养健康幼驹以更新马群。

在此病流行的地区,抗生素治疗后的动物往往会成为隐性携带者,感染人和其他动物。因此,通常不建议对病马进行治疗。同时,必须对所有受污染的地区进行彻底有效地清洁和消毒。

(二)类鼻疽伯氏菌

类鼻疽伯氏菌(*Burkholderia pseudomallei*,*B. pseudomallei*)又名伪鼻疽杆菌,旧名伪鼻疽假单胞菌(*P. pseudomallei*)。类鼻疽菌是人兽共患病类鼻疽的病原体。1911年 Whitmore 首先在缅甸仰光发现了该病。直到20世纪70年代初,美军在越南战争中因该病遭受严重损失后,才引起重视。

类鼻疽病是一种与鼻疽相似的疾病。重要的区别是:类鼻疽影响广泛的宿主,该病病原是一种流行性不受感染动物消除影响的腐生菌。

1. 形态和染色特性

类鼻疽伯氏菌为两端钝圆、短而直、无芽胞的革兰阴性需氧杆菌。宽0.5 μm,长度各异。在组织涂片上呈细长的杆状,具两极染色性的特点。该菌产生多糖荚膜。细胞壁由典型的革兰阴性细菌的脂多糖和蛋白组成。有鞭毛,能运动。

2. 培养和生化特性

类鼻疽伯氏菌对营养要求不高，在普通琼脂培养基上生长良好。在胰酶大豆培养基平板上培养 24 h，出现表面光滑、圆形隆起、半透明的菌落，直径约 1 mm；培养 48 h 后，呈黄褐色、表面褶皱、粗糙型菌落，直径达 1.5 mm 以上。在血琼脂培养基上缓慢溶血，菌落周围有溶血环，培养物有特殊霉臭味。在肉汤培养基中，表面形成坚韧的菌膜，4～5 d 之后变为厚的皱褶，并形成黏稠的沉淀。类鼻疽伯氏菌能在含有 2%氯化钠的麦康凯琼脂培养基上生长，在 42℃下也能生长。

类鼻疽伯氏菌与鼻疽伯氏杆菌不仅各种表型性状相似，且 DNA 杂交试验也证明二者具有密切关系，主要区别如表 9-1 所示。

表 9-1　类鼻疽伯氏菌与鼻疽伯氏菌的主要鉴别特征

性质	鼻疽伯氏杆菌	类鼻疽伯氏杆菌
菌落形态	白色、光滑，长时间培养呈褐色粒状	从光滑黏液型到粗糙型，长时间培养呈黄褐色
生长速度	慢	较快
溶血性	−	V
菌落气味	无	发霉味
麦康凯培养基上生长	+[a]	+
42℃生长	−	+
游动性	−	+
氧化酶产生	−[b]	+
发酵葡萄糖	+	+
发酵乳糖	−	+
发酵果糖	−	+[a]

注：a 表示 75%的菌株为阳性；b 表示 25%的菌株为阳性；V 表示可变。

3. 抗原性

本菌含有两种主要抗原，一种为特异性耐热多糖抗原，另一种为与鼻疽伯氏杆菌相同的不耐热蛋白质共同抗原，其次还有鞭毛抗原。类鼻疽伯氏菌可根据热敏感性抗原的有无，分为血清Ⅰ型和Ⅱ型。血清Ⅰ型具有热敏感性抗原和耐热抗原，主要分布于亚洲。Ⅱ型仅有耐热抗原，主要分布于澳大利亚和非洲。类鼻疽伯氏菌还可根据其是否能够利用阿拉伯糖（Arabinose，Ara），将其分为 Ara^- 和 Ara^+ 菌株。不能利用 Ara 者为 Ara^-，一般为有毒株，几乎所有临床分离株和大部分动物分离株均属 Ara^-。反之为 Ara^+，一般为无毒株，主要分离于环境和部分动物中，现称为泰国伯氏菌（*B. thailandensis*）。

4. 抵抗力

类鼻疽伯氏菌在外界环境中的抵抗力较强，在粪便、尿液及腐尸中分别能存活 27 d、17 d 及 8 d，在水和土壤中可存活 1 年以上。在 25℃的蒸馏水中可存活 16 年，在自来水中也可存活 28～44 d。据观察该菌在约含 40%水的土壤中经 726 d 仍存活。56℃加热 10 min 可将其杀死。各种消毒剂常用浓度能迅速杀灭本菌，但苯酚和甲酚皂溶液的杀菌效果不理想。一般选用5%的氯胺T(chloramines-T)作为常规的消毒剂。

类鼻疽伯氏菌在生物样本中不耐冷冻。在体外，对氟苯尼考、四环素、氯霉素、甲氧苄氨嘧啶、磺胺噻唑和新生霉素敏感性高。

5.致病性

类鼻疽伯氏菌有包括荚膜、Ⅲ型和Ⅳ型分泌系统在内的毒力因子。另外其胞外产物，如外毒素、皮肤坏死蛋白酶、卵磷脂酶等都与疾病的发生相关。

类鼻疽菌对动物的感染谱较为广泛，与人有密切关系的动物，如马、牛、羊、猪、犬、猫、鸟类等均有病例报道。人群对该病普遍易感，主要经口、鼻和皮肤、黏膜的伤口或吸入气溶胶而感染。一般认为吸入10～100个细菌就足以使人发病。

动物类鼻疽一般为散发或长期潜伏和隐性感染，绵羊、山羊和猪均曾出现暴发流行，表现为关节炎和肺炎。牛感染本菌主要为胎盘炎及子宫内膜炎。人类可引起高度致死性的类鼻疽，临床表现与鼻疽颇为相似。该菌为条件致病菌，应激因素或免疫抑制可导致疾病的发生。

6.流行病学

类鼻疽菌为腐生菌，广泛分布于东南亚和澳大利亚的热带和亚热带地区的土壤和水域中。人和动物通过接触环境中的类鼻疽菌，经由消化道摄取、呼吸道吸入、开放的伤口或皮肤擦伤而感染。临床疾病通常为散发。哺乳动物的宿主范围实际上是没有限制的，已经报道了禽类感染的病例。人的感染表现为迅速致命型到亚临床型。

7.诊断

类鼻疽的诊断可以通过细菌培养、血清学方法、分子生物学方法等进行。优选的诊断方法是从体液或组织中分离病原进行细菌培养。

8.控制和预防

目前尚无可用的类鼻疽伯氏菌疫苗，灭活的类鼻疽菌无法使动物产生免疫力。抗类鼻疽菌鞭毛蛋白抗体可明显降低菌体活力并能提供被动免疫保护作用，LPS或荚膜多糖亚单位疫苗在小鼠模型中可起部分免疫保护作用。

二、波氏杆菌属

波氏菌杆属(*Bordetella*)也译作博特菌，属产碱杆菌科(*Alcaligenaceae*)。波氏杆菌属为纪念*Jules Bordetella*培养百日咳波氏杆菌(*Bordetella pertussis*)成功而命名。目前，波氏杆菌属包括8个种，其中3个种对动物有致病性，分别是支气管败血波氏杆菌(*B. bronchiseptica*)、禽波氏杆菌(*B. avium*)和副百日咳波氏杆菌(*B. parapertussis*)。波氏杆菌属中百日咳波氏杆菌、副百日咳波氏杆菌、支气管败血波氏杆菌三者的亲缘关系很近。百日咳波氏杆菌会引发人的百日咳，副百日咳波氏杆菌会感染人和绵羊。派氏波氏杆菌(*B. petrii*)是寄生于纤毛状呼吸上皮的需氧菌，也是生存在环境中的兼性需氧菌，尚未发现其与疾病相关。支气管败血波氏杆菌广泛感染哺乳动物（特别是猪），有时也感染人，涉及猪的萎缩性鼻炎、狗的狗舍咳和许多动物的支气管肺炎等，具有兽医学意义。禽波氏杆菌，则是鸟鼻气管炎的病原。表9-2列出了波氏杆菌属的8个菌种及其相关疾病。

表 9-2　波氏杆菌属菌种及其相关疾病

种	来源或者相关疾病
支气管败血波氏杆菌	与猪的萎缩性鼻炎相关，多种动物的呼吸道疾病
百日咳波氏杆菌	人的喘息性咳嗽
副百日咳波氏杆菌	人的喘息性咳嗽样疾病，绵羊肺炎（绵羊株与人株不同）
禽波氏杆菌	禽鼻气管炎（尤其是火鸡）
欣氏波氏杆菌	禽的正常菌群
霍氏波氏杆菌	与上呼吸道疾病相关，人的败血病
孔洞波氏杆菌	与人的耳和伤口感染相关
派氏波氏杆菌	环境

波氏杆菌属小的革兰阴性菌，严格需氧。本属菌能在营养不丰富的培养基上生长，大多数动物病原菌能生长在麦康凯琼脂培养基上。波氏杆菌多数具有运动性，触酶及氧化酶阳性，可利用氨基酸产能。毒力强的菌株能凝集哺乳动物的红细胞。波氏杆菌属于上呼吸道共生菌，其中一些菌株是条件致病菌，在哺乳动物和禽类可引起呼吸道疾病。本属菌在鲍-姜（Border-Gengou）氏培养基上菌落光滑、凸起、珍珠状、闪光、近乎透明和围绕无明显周边的溶血环。表 9-3 列出了波氏杆菌属各种的鉴别特征。

表 9-3　波氏杆菌属各种的鉴别特征

种名	宿主	分离部位	血琼脂	麦康凯	氧化酶	脲酶	利用柠檬酸	还原硝酸盐	运动性
百日咳波氏杆菌 (*B. pertussis*)	人	呼吸道	－	－	＋	－	＋	－	－
副百日咳波氏杆菌 (*B. parapertussis*)	人、绵羊	呼吸道	＋	V	－	＋(24 h)	＋	－	－
支气管败血波氏杆菌 (*B. bronchiseptica*)	哺乳动物	呼吸道	＋	＋	＋	＋(24 h)	＋	＋	＋
禽波氏杆菌 (*B. avium*)	禽	呼吸道	＋	＋	＋	－	＋	－	＋
欣氏波氏杆菌 (*B. hinzii*)	禽、人	呼吸道、血液	＋	＋	＋	－	＋	－	＋
霍氏波氏杆菌 (*B. holmesii*)	人	呼吸道、血液	＋	(＋)	－	－	＋	－	－
孔洞波氏杆菌 (*B. trematum*)	人	伤口、耳	＋	＋	－	－	＋	V	＋
派氏波氏杆菌 (*B. petri*)	环境	生物反应器的沉淀	＋	＋	＋	－	ND	－	－

注：V 表示变化不定；ND 表示未测；（　）表示延时产生。

(一)支气管败血波氏杆菌

支气管败血波氏杆菌（*Bordetella bronchiseptica*，*Bb*）广泛寄生于哺乳动物，是引起呼吸道的隐性感染或是急、慢性炎症的病原菌。支气管败血波氏杆菌于1910年由Ferry首次从患有犬瘟热的犬呼吸道中分离出，被列入芽胞杆菌属。随后，他又分别在1912年和1913年先后从豚鼠、猴子和人的呼吸道中分离出特征一致的病原菌。这种病原菌由于生长形态和生化特点和其他种属相似，先后更名过4次，最后Moreno lopez才将支气管败血波氏杆菌划为波氏杆菌属。

1.形态和染色特点

支气管败血波氏杆菌较小，(0.2～0.3) μm×(0.5～1.0) μm，单个或成双排列，呈细小球杆状。有鞭毛，可游动。革兰染色为阴性，常呈两极着色。

2.培养和生化特性

支气管败血波氏杆菌在各种普通培养基上均易生长，但易发生菌相变异。典型的Ⅰ相菌呈珍珠状或半圆形、直径约小于1 mm、白色、光滑致密、周边界限有β-溶血环。产生Ⅰ相菌要在鲍-姜氏培养基中加入5%～10%的血液或裂解红细胞液及优质混合蛋白胨，并在无凝集水的琼脂表面上于潮湿空气中培养。在培养条件不适或多次传代后出现Ⅱ相或Ⅲ相菌落，Ⅲ相菌落灰白、扁平、光滑、大于Ⅰ相菌落、质地稀软、不溶血。

本菌在鲍-姜氏培养基上，菌落光滑、凸起、湿润、半透明、珍珠状。呼吸型代谢，不发酵任何糖类。不分解碳水化合物，MR、VP和吲哚试验阴性，氧化酶、触酶阳性，脲酶阳性。

3.抗原性

该菌具有菌体抗原(O抗原)、荚膜抗原(K抗原)和鞭毛抗原(H抗原)。O抗原耐热，为特异性抗原。K抗原由荚膜抗原和菌毛抗原组成，不耐热。另有少量细胞结合性耐热K抗原。H抗原有的菌有，有的菌没有。

4.抵抗力

支气管败血波氏杆菌抵抗力不强，加热和常用消毒剂均可被杀死。在液体中，经58℃ 15 min可将其杀灭。它们对广谱的抗生素和多黏菌素敏感，但对青霉素不敏感。

5.致病性

支气管败血波氏杆菌有1～14个毒力因子，包括黏附素及毒素两大类。黏附素有菌毛血凝素(filamentous hemagglutinin，FHA)、菌毛(fimbriae，Fim)、百日咳杆菌黏附素(pertactin，Prn)，不产生百日咳毒素(pertussis toxin)。毒素有腺苷酸环化酶溶血素(adenylate cyclase-hemolysin，AC-HIy)、皮肤坏死毒素(dermonecrotic toxin，DNT)、支气管细胞毒素(trachea cytotoxin)以及LPS。主要毒力因子是皮肤坏死性毒素，可引起外周血管收缩、局部贫血和出血。该毒素在细胞浆内，细胞裂解后释放，不耐热，56℃ 30 min完全失活，0.3%甲醛37℃处理20 h完全失去毒性但保留免疫原性。支气管细胞毒素对支气管上皮细胞有特异亲和力，致纤毛静滞。该菌还可表达Ⅲ型分泌系统。

在自然状态下，支气管败血波氏杆菌通过菌毛黏附于哺乳动物鼻腔黏膜细胞上，并在此繁殖，形成一个微菌丛，使该区的纤毛脱落。此后细菌一方面产生毒素，引起炎症反应，造成感染；另一方面入侵的细菌侵入血液，黏附于一些免疫细胞，增殖、释放毒素，进而引起不同后果。

本菌经气溶胶传播，遍布全世界，广泛感染哺乳动物，包括家畜、实验动物、野生动物及海洋哺乳动物，引起呼吸道的不显性感染及急、慢性炎症，被统称为波氏杆菌病(bordetellosis)。

波氏杆菌病中代表性的是犬传染性气管支气管炎和兔传染性鼻炎。该菌也是猪传染性萎缩性鼻炎的病原菌之一。在冬季可致3～4日龄仔猪原发性支气管肺炎。幼猫易感并可致支气管肺炎。豚鼠可发生流行性呼吸道病，死亡率高，并致流产和死胎。人类也偶有感染的报道，多数情况下是小孩、有免疫力缺陷的病人和免疫抑制患者易感发病。

支气管败血波氏杆菌感染小动物和实验动物，可导致犬传染性支气管炎、兔传染性鼻炎等疾病。急性感染造成动物的死亡，带来巨大的损失；慢性感染病情持续不断，生长发育受阻，影响毛、肉产量，造成较大的经济损失；潜伏感染不易查出，使得动物带菌四处传播，扩大细菌的感染范围。从感染动物的中耳炎性产物、生殖道、腹腔脏器、脓肿中可分离出本菌。

6. 微生物学诊断

(1)细菌分离培养　细菌的分离培养是经典和常用的方法。细菌培养可采鼻腔后部分泌物(适于猪萎缩性鼻炎)、气管内洗液沉淀物(适于犬支气管炎)、气管分泌物(禽鼻炎)或病变组织(如气管、支气管和肺等)，接种麦康凯琼脂或血琼脂平板培养基上，37℃需氧培养40～48 h，挑选可疑菌落进行革兰染色镜检，并进一步做生化实验进行鉴定。但容易发生假阴性结果，且费时费力。国外文献推荐用Smith和Baskerville培养基，可从呼吸道菌群中选择培养。

(2)血清学检查　有Dot-ELISA、间接ELISA、微量凝集、免疫荧光技术等血清学检测方法。常规应用试管凝集试验，主要用于猪萎缩性鼻炎的诊断，也可用于兔、豚鼠、犬、猫、马、猴等动物波氏杆菌感染的诊断。

(3)分子生物学诊断　利用扩增种特异DNA片段的引物，进行PCR反应，确定支气管波氏杆菌的存在，可以快速准确的鉴定该菌。

7. 控制和预防

支气管波氏杆菌病的预防和控制主要通过免疫接种疫苗、药物预防及综合防治等措施。主要养猪国家防控猪萎缩性鼻炎多用支气管败血波氏杆菌与产毒素多杀性巴氏杆菌全菌或毒素的联合疫苗，一般在母猪产前接种2次。药物添加预防波氏杆菌病时需考虑细菌的耐药性，用药应有计划地定期轮换使用，有条件的养殖场最好通过药敏试验选择敏感药物。早期报道支气管败血波氏杆菌对磺胺类药物敏感，此类药物也曾经有效地控制过感染的发生。但后来发现从很多猪场分离出的该菌的菌株对磺胺类药物产生了抗性，并且有些菌株对氨苄青霉素和链霉素有交叉耐药现象。

支气管败血波氏杆菌是一种鼻腔常在菌，从机体中根除的可能性不大。生产中除了免疫接种和药物预防外，还应该配合以最佳的管理措施、合理的营养搭配、合适的环境条件及减少应激因素等才能产生最大效果。

(二)禽波氏杆菌

1. 形态和染色特点

禽波氏杆菌较小，大小(0.4～0.5) μm×(1.0～2.0) μm，单个或成双，有荚膜，有鞭毛，能运动，是革兰阴性球杆菌。

2. 培养和生化特性

本菌为严格需氧菌，在血琼脂和犊牛肉浸汁琼脂培养基上，于潮湿空气中 35～37℃ 培养 24 h，可生出两种菌落。一种菌落直径≤1 mm，呈珠状，光滑致密，边缘整齐，表面闪光，称Ⅰ相菌落。培养至 48 h，菌落直径增至 1～2 mm。犊牛肉浸汁琼脂及麦康凯琼脂培养基上的菌落中心往往呈浅棕色，于蛋白胨琼脂培养基上生长不产生棕色色素。Ⅱ相菌落较大，低隆起。在犊牛肉浸汁琼脂培养基上还见有Ⅲ相菌落，边缘呈锯齿状，不规则，较Ⅱ相菌落大。

本菌不发酵乳糖，触酶阳性。迟氧化酶反应，48～72 h 后 kovacs 试剂检查为阳性。仅在培养基中加入辅酶和血清时，硝酸盐还原试验呈阳性。在低蛋白胨培养基开放培养 5 d，可分解甲酰胺和乙酰胺产碱，对萘啶酸敏感。表 9-4 列出了支气管波氏杆菌和禽波氏杆菌的鉴别特征。

表 9-4　支气管波氏杆菌和禽波氏杆菌的鉴别特征

特点	支气管败血波氏杆菌	禽波氏杆菌
麦康凯培养基菌落特征	白色、粉红色菌落	白色、粉红色菌落
选择性培养基[a] 菌落特征	蓝色小菌落	蓝色小菌落
绵羊血培养基菌落特征	溶血	不溶血
氧化酶	+	+
脲酶	+	−
触酶	+	+
以柠檬酸盐为唯一碳源	+	+
以丙二酸盐为唯一碳源	−	−
硝酸盐还原	+	−
游动性	+	+
毒力株的血凝性	可以凝集牛、羊红细胞[b]	可凝集豚鼠红细胞[b]

a：Smith 和 Baskerville(1979)；b：用洗涤过的 3% 的红细胞悬液作玻片凝集试验。

3. 抵抗力

禽波氏杆菌对外界环境抵抗力不强，可被大多数常用消毒剂杀死，低温、低湿、中性 pH 等条件可延长本菌存活时间。体外试验证实，大多数菌株对多种抗生素敏感，但在临床治疗时，通过饮水、注射、气雾途径用抗生素治疗时，疗效不佳。

4. 致病性

禽波氏杆菌有 6 种表面抗原，Ⅰ相菌具有血凝活性，有致病力。Ⅱ相菌无血凝性，无致病力或致病力很弱。此外该菌还具有组胺敏感因子(HSF)、淋巴细胞增多促进因子(CPF)、皮肤坏死毒素(HLF)、热稳定毒素、骨毒素和气管细胞毒素等。

禽波氏杆菌为火鸡鼻炎的病原菌，也侵害鸡，特别是肉鸡，还在鸭、鹅、麻雀等 5 种鸟类中分离到，但从未从哺乳动物分离到。由火鸡及其他禽类分离到的菌株，滴鼻感染雏火鸡，均可引起呼吸道持续感染及炎症。小鼠腹腔接种致死试验及火鸡和豚鼠皮肤试验均为阳性。

5. 微生物学诊断

可根据鸡群的临床症状及明显的病理特征做出初步诊断，再通过实验室诊断进行确诊。细菌培养可从患禽鼻窦和气管分泌物中分离及鉴定禽波氏杆菌。还可以通过毒力菌株的豚鼠红细胞凝集实验、微量凝集及 ELISA 实验等进行确诊。

6. 控制和预防

禽波氏杆菌具有高度传染性，应采取严格的生物安全措施和清洁消毒措施，清除环境中污染的病原体。目前，用于预防火鸡波氏杆菌病的商品疫苗包括禽波氏杆菌温度敏感变异株活菌苗和全细胞菌素。治疗禽波氏杆菌病，通过饮水、注射、气雾途径，用抗生素治疗本病时收效甚微，但对并发和继发感染效果明显。

复习思考题

1. 布氏杆菌分为哪几个种？其培养特点如何？
2. 布氏杆菌的主要抗原有哪些？
3. 布氏杆菌病的传播途径有哪些？如何预防和控制？
4. 试述鼻疽及类鼻疽的微生物学诊断方法。
5. 波氏杆菌属中有哪些可以导致动物疾病的菌种，其致病性如何？
6. 假单胞菌属包括哪几个菌种？代表菌种是哪一个菌种？其致病性如何？

第十章　革兰阴性微需氧菌和厌氧菌

【内容提要】本章节中与兽医学和人类公共卫生学相关的重要属是弯曲杆菌属、梭杆菌属、偶蹄杆菌属和蛭弧菌属。弯曲杆菌属的成员为革兰阴性无芽胞微需氧杆菌，其重要成员空肠弯曲菌寄生在多种动物的肠道，是重要的人兽共患菌，引起人类和动物的腹泻。胎儿弯曲菌亦是机会致病菌，可引起动物和人的流产及败血症。梭杆菌属和偶蹄杆菌属的成员为革兰阴性无芽胞厌氧菌，均与动物的腐蹄病有关。梭杆菌属的代表成员坏死杆菌，能引起人和动物的各种化脓性或坏死性感染。蛭弧菌属成员是一类主要以捕食革兰阴性菌为生的小型寄生性细菌，广泛应用于畜禽养殖、生态防治、水产养殖、海水净化等方面。

第一节　弯曲杆菌属

弯曲杆菌属(*Campylobacter*)成员广泛存在于畜禽肠道内，某些成员是人和动物的致病菌，可随粪便排出体外污染食物和水源，引起母畜流产、不孕、乳房炎、幼畜腹泻以及人的急性胃肠炎与食物中毒。弯曲杆菌属过去曾隶属于弧菌属，但其某些性状与弧菌属的成员不同。弧菌属细菌为需氧或兼性厌氧，DNA (G+C)mol%为 40～50，故将其自弧菌属分出，组成弯曲杆菌属。

本属细菌是一类对营养和培养条件要求较高的革兰阴性菌。处于对数生长期的菌体弯曲纤细，呈S形、逗点状或海鸥展翅状，在陈旧培养物或大气中可呈球形或长丝状；从微需氧到厌氧，致病菌多为微需氧，营养要求高，需加血液、血清才能生长；常用的选择培养基有 Butzler，Skirrow，Campy-BAP，Preston 等琼脂培养基；生长缓慢，一般需要培养约 48 h，甚至更长时间；该菌属最适生长温度随菌种而异，空肠弯曲菌、大肠弯曲菌 42℃生长，25℃不生长，胎儿弯曲菌在 25℃生长，而 42℃不生长，简明弯曲菌在 25℃和 42℃均不生长，但各种菌在 37℃皆可生长，生长温度的差异可用于菌种的鉴别。

弯曲杆菌属目前包括：空肠弯曲菌、结肠弯曲菌、胎儿弯曲菌、红嘴鸥弯曲菌、简明弯曲菌、屈曲弯曲菌、纤细弯曲菌、瑞士弯曲菌、人弯曲菌、猪(豚)肠弯曲菌、鼻黏膜弯曲菌、直肠弯曲菌、昭和弯曲菌、唾液弯曲菌、乌普萨拉弯曲菌、卡纳登西斯弯曲菌及 *C. insulaenigrae* 和 *C. Lanienae* 18 个种若干个亚种，其中空肠弯曲菌(*C. jejuni*)和结肠弯曲菌(*C. coli*)为嗜热型弯曲菌。

弯曲杆菌生化反应不活泼，不分解糖类，不液化明胶，甲基红、V-P 和吲哚试验皆为阴性。除空肠弯曲菌德莱亚种外，其余均可还原硝酸盐。大多数弯曲杆菌氧化酶和触酶试验为阳性，尿素酶阴性。嗜热型弯曲菌中的 *C. jejuni* 为马尿酸酶试验阳性，而 *C. coli* 为阴性，此特性可用来鉴别形态和生化反应都十分相似的 *C. jejuni* 和 *C. coli*。弯曲杆菌对万古霉素、两性霉素

B、甲氧苄啶、头孢菌素类等药物天然耐药。初次分离时在弯曲杆菌选择性培养基加入这些抗菌药物，可提高空肠弯曲菌和结肠弯曲菌的分离率。

弯曲杆菌病(Campylobacteriosis)是由弯曲杆菌属成员引起的一类人兽共患病的总称。空肠弯曲菌与结肠弯曲菌是主要的病原菌，90%～95%的弯曲杆菌感染由 *C. jejuni* 引起，5%～10%由 *C. coli* 所致。禽类是弯曲杆菌的主要宿主，其次是牛、绵羊，猪的比例最低。弯曲杆菌病多为散发性感染，已成为公共卫生关注的新焦点。造成动物和人类感染的其他弯曲杆菌情况见表 10-1。

表 10-1 弯曲杆菌感染源及相应致病特征

弯曲杆菌种类	常见感染来源	致病类型
空肠弯曲菌(*C. jejuni*)	禽类	肠炎、败血症、皮肤和软组织感染、心肌炎、脑膜炎、肠出血
结肠弯曲菌(*C. coli*)	猪	脓肿、肝炎、胰腺炎、流产、迟发型并发症、感染后遗症
简明弯曲菌(*C. concisus*)	人	牙周疾病、肠炎、败血症
胎儿弯曲菌胎儿亚种(*C. fetus* subsp. *fetus*)	牛、羊	败血症、肠炎、流产、脑膜炎
胎儿弯曲菌性病亚种(*C. fetus* subsp. *veneralis*)	牛	败血症
豚肠弯曲菌豚肠亚种(*C. hyointestinalis* subsp. *hyointestinalis*)	猪、牛、仓鼠	肠炎、败血症
空肠弯曲菌德莱亚种(*Campylobacter jejuni* subsp. *dudley*)	人	肠炎、败血症
红嘴鸥弯曲菌(*C. gongzuiou*)	猫、犬、鸡、猴	肠炎、败血症
唾液弯曲菌(*C. sputorum*)	人、牛、猪、羊	脓肿
乌普萨拉弯曲菌(*C. uppsala*)	猫、犬、鸭、猴	肠炎、败血症

注：引自 Blaser 等和 Lastonvica 等。

一、空肠弯曲杆菌

空肠弯曲杆菌(*Campylobacter jejuni*)作为一种食源性人兽共患病病原菌，广泛存在于各种野生和家养动物的肠道内，高达 50%～100%。禽类是其天然宿主之一，作为禽肠道内的正常寄生菌，在禽类粪便中的含量最高可达 10^9 cfu/g。被感染的禽类没有明显的症状，但可长期携带该菌并通过粪便污染环境、食品和水源。

(一)主要生物学特性

1. 形态及染色特性

本菌细长，呈弧形、S 形或海鸥状。运动活泼，一端或两端有单鞭毛。无芽胞，无荚膜，革兰染色阴性。见图 10-1。

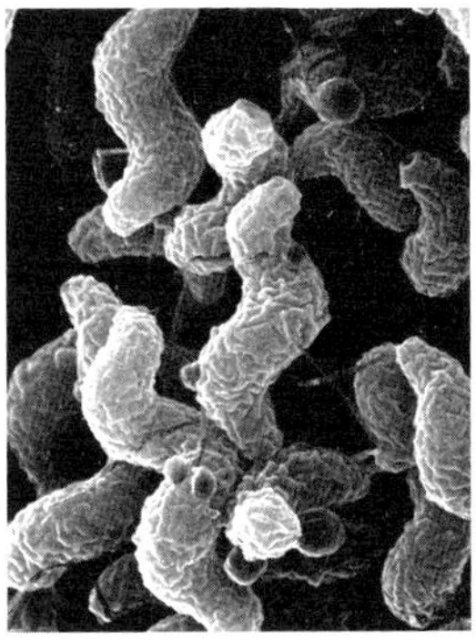

图 10-1 空肠弯曲杆菌(*Campylobacter jejuni*)和鞭毛

(引自：https://en.wikipedia.org)

2. 生长要求及培养特性

微需氧，初次培养在5% O_2、10% CO_2和85% N_2的环境中生长，传代培养时能在10% CO_2环境中生长。36～37℃生长良好，42℃可抑制粪便中其他细菌的生长。30℃以下不生长。生长pH范围为7.0～9.0，最适生长pH为7.2。在pH较低的酸性环境下，空肠弯曲菌极易进入活的不可培养(Viable but non-culture，VBNC)状态，处于VBNC状态的细菌在特定的条件下可以复苏且具有致病性。用含血清的培养基培养48 h后，出现两种菌落，一种为灰白、湿润、扁平、边缘不整的菌落；另一种为半透明、圆形、凸起、有光泽的细小菌落。在含1.0%胆汁或1.5% NaCl的培养基中生长，麦康凯培养基上不生长或生长微弱，血平板培养基上不溶血，布氏肉汤培养基中形成奶油状沉淀。

3. 生化特性

空肠弯曲菌约有90%～95%的菌株具有碱性磷酸酶活性，40%的菌株可水解酪蛋白、核糖核酸和脱氧核糖核酸，60%的菌株芳香基硫酸脂酶阳性，因而该菌可被过氧化氢酶和氧化酶催化，还原硝酸盐。马尿酸试验阳性，MR、吲哚、甲基红、V-P和柠檬酸盐利用试验均为阴性，对萘啶酸敏感，甘氨酸耐受阳性，氯化三苯基四氮唑(TTC)试验菌苔为紫色。

4. 抗原性

有菌体(O)抗原、鞭毛(H)抗原和热不稳定抗原。O抗原是血清分型的基础，目前根据O抗原采用间接血凝法将空肠弯曲菌至少分为60个血清型，根据不耐热的H抗原，采用玻片凝集法将其至少分为56个血清型。

5. 抵抗力

该菌抵抗力较弱。培养物放置4℃冰箱中很快死亡，室温可存活2～24周，56℃ 5 min即被杀死。干燥环境中仅存活3 h。不耐酸、不耐碱，易被直射日光或消毒剂杀灭。另外，该菌对氧气敏感，长时间暴露于空气中会造成其死亡。在潮湿少氧的情况下，空肠弯曲菌可以在4℃存活3～4周，在水、牛奶和粪便中的存活时间更久，为感染创造了条件。

(二)致病性

空肠弯曲菌污染的饮食、牛奶、水源等被食入或通过与动物直接接触造成感染。可引起家畜流产以及犊牛、仔猪、犬、雏鸡等多种动物水样型肠炎或伴血型腹泻，幼龄动物可导致死亡。该菌对胃酸敏感，至少食入10^4个细菌方可在小肠内繁殖，侵入肠上皮引起炎症。许多毒力因子参与空肠弯曲菌的致病过程，如吸附和定植毒力因子Fla、Pebl、CadF、CheY，侵入毒力因子CiaB、PldA、virBⅡ以及脂多糖、细胞致死性膨胀毒素、细胞紧张性毒素等外毒素和内毒素。机体感染空肠弯曲菌后可产生特异性抗体，通过调理和活化补体等作用增强吞噬细胞的吞噬功能杀灭细菌。

(三)微生物学诊断

采取粪便标本涂片、染色、镜检，查找革兰阴性弧形或海鸥状弯曲菌，或用悬滴法可观察鱼群样运动或螺旋式运动细菌。分离培养可直接用选择性培养基，于42℃和37℃微需氧环境下培养，可见两种类型的菌落。鉴定空肠弯曲菌用马尿酸水解试验、醋酸吲哚酚水解等试验以及PCR法。

(四)免疫与防治

目前尚无特异性疫苗。预防主要是注意饮水和食品卫生，加强畜禽粪便管理。治疗可用痢特灵、红霉素、氯霉素、氨基糖苷类等抗生素。

二、胎儿弯曲菌

胎儿弯曲菌(*Campylobacter fetus*)包括胎儿弯曲菌胎儿亚种(*C. fetus* subsp. *fetus*)和胎儿弯曲菌性病亚种(*C. fetus* subsp. *veneralis*)。性病亚种常导致牛羊不育、流产和生殖道炎症，胎儿亚种也可导致牛羊早产、流产，但与性病亚种所致疾病相比，症状较轻。

(一)主要生物学特性

1. 形态及染色特性

胎儿弯曲菌呈弧形或S形，有鞭毛，革兰阴性。大小为(0.2～0.5) μm×(1.5～5) μm，老龄培养物中形成8 μm以上疏松弯曲螺旋丝状体，见图10-2。

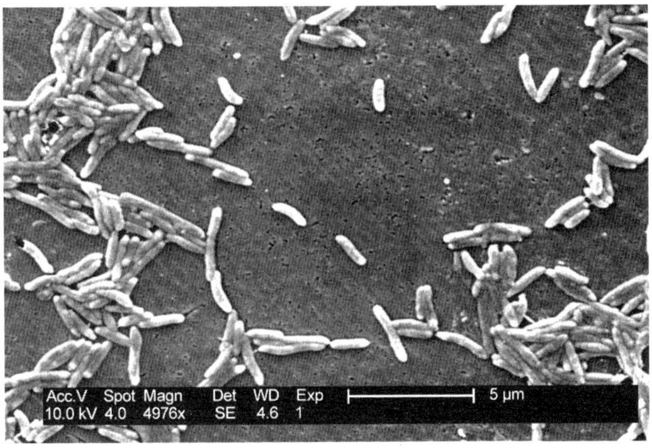

图10-2　胎儿弯曲菌(*Campylobacter fetus*)的S形菌体

(引自:https://en.wikipedia.org)

2. 生长要求与培养特性

微需氧菌，最佳培养条件为5% O_2、10% CO_2和85% N_2的混合环境。最适生长温度25～37℃，42℃一般不生长。生长缓慢，在培养基上需要培养2～3 d。最适pH为7.0。营养要求高，常用血琼脂和布氏培养基培养。初次分离可生成光滑型、雕花玻璃型、粗糙型及黏液型菌落，无色略半透明，直径0.5 mm。血琼脂培养基上不溶血，麦康凯琼脂培养基上生长微弱，肉汤中呈轻度浑浊。

3. 生化特性

本菌不水解七叶苷、酪蛋白、核糖核酸和脱氧核糖核酸，不利用丙二酸盐。在石蕊牛乳中不生长。胎儿亚种磷酸酶阴性、25%的菌株芳香基硫酸脂酶阳性，性病亚种均为阴性。前者可还原亚硝酸盐，后者不还原亚硝酸盐。

4. 抗原性

根据是否含有热稳定的菌体表面抗原、脂多糖及S层蛋白可将该菌分型，胎儿亚种分为A和B两个血清型，性病亚种血清型为A型。

5. 抵抗力

本菌抵抗力不强，58℃ 5 min可杀死，对干燥、阳光及一般的消毒剂敏感。在干草、马厩和土壤中的胎儿弯曲菌，20～27℃可存活10 d，对多种抗生素敏感。

(二)致病性

胎儿弯曲菌通过污染的水源、精液、粪便、流产的胎儿及交配等途径进行传播。母畜在育成期或非怀孕期感染可致不育，孕牛感染后发生流产。带菌牛是主要的传染源，公畜常带菌而无病状。对豚鼠、仓鼠和鸡胚有致病性，但经腹腔注射对兔、小鼠和大鼠不致病。此菌不在人和动物的肠道中繁殖。S层蛋白是本菌的毒力因子，能抑制补体C3b成分与其结合，抵抗吞噬，在全身及肠道外感染中起重要作用。性病亚种的S层蛋白可因编码基因的重配或*sap*A启动子对S蛋白基因盒的调控而发生抗原性转移。若干*sap*A同源基因位于54 kb的*sap*毒力岛，编码S层蛋白。

(三)微生物学诊断

采集流产动物的胎盘、胎儿胃内容物，不孕母畜可采阴道黏液，公畜采集精液、包皮黏液进行细菌学检查或采集血清进行血清学检查。

1. 细菌学检查

常以流产胎膜制备涂片或压片染色镜检，发现弧形、螺旋状或海鸥状细菌后可将病料接种于含有头孢类抗生素的选择性琼脂培养基，置微需氧条件下，37℃分离培养3～9 d。若镜检发现疑似菌，可通过PCR法进一步鉴定。

2. 血清学检查

凝集实验、酶免疫法和免疫荧光实验均可用于诊断。凝集实验应用最广泛，但对绵羊的诊断意义不大。有些菌株与流产布氏杆菌、鸡白痢沙门菌以及胎儿滴虫，在血清学上有交叉反应性，需鉴别诊断。试管凝集实验，血清凝集价达1∶100者可判为阳性。

(四)免疫防治

用胎儿弯曲菌性病亚种的无菌提取物制成灭活苗接种小母牛，可有效地预防和扑灭胎儿弯曲菌病。与流产母羊接触的其他羊可以获得免疫，一般不进行预防接种。

第二节　梭杆菌属

梭杆菌属(*Fusobacterium*)细菌为革兰阴性无芽胞专性厌氧菌，寄生在人和动物的腔道。在培养基中加入血清、瘤胃过滤物或腹水能促进其在有氧条件下生长。通常为细长梭形，有些具有周身鞭毛能运动，有些不运动。可从人或动物的口腔、消化道和土壤中分离，在37℃和pH7左右时生长最佳。大多数细菌DNA(G+C)mol%含量为26～34，而普氏梭杆菌(*F. prausnitzii*) DNA (G+C)mol%含量为52～57。对人和动物致病的有16种以上，主要是坏死梭杆菌（*Fusobacterium necrophorum*，*FN*）、马梭杆菌（*F. equinum*）和具核梭杆菌（*F. nucleatum*）。后者又分为6个亚种：核亚种（*ssp. nucleatum*）、多形亚种（ssp. *polymorphum*）、文氏亚种（ssp. *vincentii*）、梭形亚种（ssp. *usiforme*）、动物亚种（ssp. *animalis*）以及犬猫亚种（ssp. *cani elium*）。

一、坏死梭杆菌

坏死梭杆菌是一种广泛存在于人和动物胃肠道、呼吸道和女性生殖道的专性厌氧菌，被认为是反刍动物坏死性化脓感染的主要病原。该菌还是一种条件性致病菌，能与其他细菌，如化脓性棒状杆菌、金黄色葡萄球菌等致病菌协同作用，导致宿主形成坏死性病变。

（一）主要生物学特性

1. 形态及染色特性

本菌具有多形性。感染的组织中常呈长丝状，宽0.5～1.75 μm，长为100～300 μm，但有的菌体呈现短杆状、梭状甚至球杆状。某些培养物中还可见到较一般形态粗两倍的杆状菌体。培养24 h以内的细菌菌体着色均匀，超过24 h以上的菌丝内常形成空泡，染色时被淡染或被无色的部分隔开，宛如佛珠样。无鞭毛，不能运动，不形成芽胞和荚膜。革兰染色阴性。见图10-3。

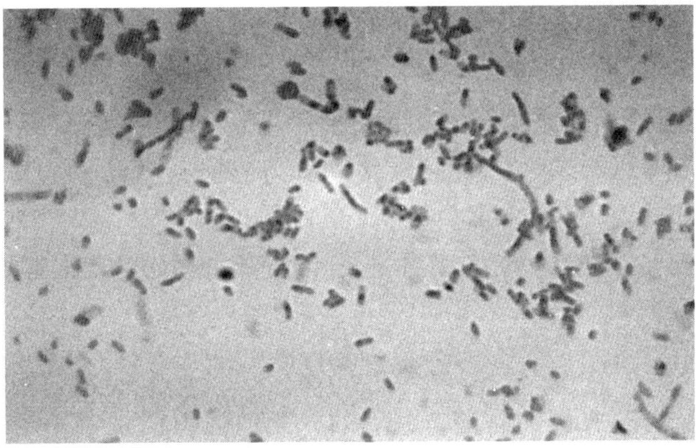

图 10-3　坏死梭杆菌（*Fusobacterium necrophorum*）

（引自：https://en.wikipedia.org）

2. 生长要求与培养特性

坏死梭杆菌是一种严格厌氧菌。最适培养温度为37℃，适宜pH为7.0，营养琼脂、肉汤培养基不适于该菌生长，加入血清、血液、葡萄糖或肝块后易生长。在固体培养基上培养48～72 h后，可以形成直径1～2 mm、边缘呈波状的圆环形菌落。有些坏死梭杆菌还能形成特征性α-溶血和β-溶血。

3. 生化特性

坏死梭杆菌缺乏完整的代谢酶系统。通过发酵乳酸生成乙酸、丙酸和丁酸盐以获得所需的能量，产生吲哚，不还原硝酸盐。

4. 抗原性

根据其溶血性及产生血凝素的特性将坏死梭杆菌分成A、B和C 3种生物型。A型菌溶血，产生血凝素，致病性最强；B型菌溶血，不产生血凝素，致病性微弱；C型菌既不溶血，也不产生血凝素，无致病性。在青霉素抗性(500 IU/mL)的变异实验中，会出现A型到C型的转变。A型菌在牛肝脓肿病灶中常见，B型菌和C型菌多从人体分离。A型和B型坏死梭杆菌常引起偶蹄动物腐蹄病和肝脓肿。

5. 抵抗力

本菌对理化因素抵抗力不强。1%高锰酸钾、2%氢氧化钠、1%福尔马林、5%来苏儿或4%醋酸，15 min内可将其杀死。60℃加温15 min或煮沸1 min即可死亡。在污染的土壤中能存活10～30 d，粪便中50 d，尿液中15 d。

(二)致病性

在正常情况下，坏死梭杆菌侵袭力不强，当宿主的组织由于外伤、坏死或被其他微生物感染受损时，坏死梭杆菌入侵宿主，引起坏死性皮炎和口炎、肝脓肿及腐蹄病等多种坏死性化脓疾病，形成坏死灶，散发恶臭。有时还伴有菌血症，严重威胁宿主生命。致病性坏死梭杆菌能产生白细胞毒素、脂多糖、溶血素、血凝素、皮肤坏死素在内的多种毒力因子，逃避宿主自身免疫系统识别和吞噬，并对宿主组织造成损伤。一些细胞外酶，如DNA酶、蛋白酶、磷酸酶、脂肪酶等也参与该菌的感染。

(三)微生物学诊断

初次分离时从病、健交界处采取病料，制成涂片，用石炭酸复红或碱性美蓝染色，观察有无着色不均匀的长丝状菌体；取未被污染的肝、脾和肺等接种于葡萄糖血琼脂培养基进行分离培养。病变的皮肤病料，取一小块埋入家兔皮下，会在接种部位产生皮下坏死，4～7 d家兔由于极度消瘦而死亡。取死亡家兔的内脏接种熟肉培养基或肝脑培养基可分离到本菌的纯培养物。

(四)免疫防治

坏死梭杆菌病目前尚无有效的防治方法，但以A型强毒菌株制造的灭活疫苗具有一定的免疫力。坏死梭杆菌的OMP具有很好的免疫保护性，有望成为研制致病菌疫苗或药物的潜在靶点。

第三节　偶蹄杆菌属

节瘤偶蹄杆菌(*Dichelobacter nodosus*)目前是偶蹄杆菌属(*Dichelobacter*)的唯一成员，其在细胞成分、RNA-DNA同源性和16S rRNA等方面与拟杆菌属的成员不同，故Dewhirs等于1990年将节瘤拟杆菌(*B. nodosus*)更名为节瘤偶蹄杆菌并建立了偶蹄杆菌属。节瘤偶蹄杆菌是引起牛、鹿等反刍动物腐蹄病的原发性病菌。其分泌的毒性蛋白可软化蹄角质，可导致其他细菌的继发感染。菌株的毒性越强，分泌毒性蛋白的能力就越强。

一、主要生物学特性

1. 形态及染色特性

本菌为一种大杆菌，宽 0.6～0.8 μm，长 3～10 μm，菌体平直或稍弯曲，一端或两端膨大，组织涂片中的菌体两端膨大明显。培养物中的菌体较短，老龄培养物中的菌体更短，接近球状。本菌不能运动，不形成芽胞和荚膜。致病力强的菌株形成大量菌毛。革兰染色阴性，美蓝染色常见菌体末端有异染颗粒。

2. 生长要求与培养特性

本菌在含有胰酶解酪胨(Trypticase)的培养基中培养，加入 0.02～0.05 mol/L 精氨酸、10%马血清和 10% CO_2 可促进生长，加入吐温-80 能够刺激生长，而绵羊血清抑制其生长。节瘤偶蹄杆菌能够形成极生菌毛的菌落，即培养基的下部常被刻蚀，使菌落陷入培养基中。不形成菌毛的变异菌落不刻蚀琼脂。液体培养基中呈轻度混浊，有时有颗粒状沉淀物。疱肉培养基中可部分分解肉渣，培养 4～6 周后产生酪氨酸结晶。最适培养温度为 37～45℃，最适 pH 6.4～7.6。

3. 生化特性

本菌不发酵任何碳水化合物，能消化牛乳、明胶及蹄角质粉等。在蛋白胨、酵母浸液、葡萄糖肉汤中可产生琥珀酸、醋酸，有些菌株产生乳酸、蚁酸和丙酸。七叶苷、靛基质和尿素酶试验阴性，还原硝酸盐试验阴性。

4. 抗原性

本菌含特异性 K 抗原和菌体 O 抗原。K 抗原是一种与菌毛结构有关的蛋白，是本菌的保护性抗原，至少有 9 个血清型。目前节瘤偶蹄杆菌有 10 个血清群(A-I，M)18 个血清型。O 抗原的脂多糖具有耐热性，且在生物学、化学和超微结构上与肠杆菌相似。

二、致病性

本菌寄生在绵羊、山羊和牛的蹄部，离开动物组织以后不能在自然界长期生存。草地中的节瘤偶蹄杆菌能保持数天毒力。本菌主要致病因子是Ⅳ型极性纤毛和细胞外蛋白酶，能消化角质，使蹄的表皮及基层易受侵害，在坏死梭杆菌的协同作用下产生腐蹄病。

三、微生物学诊断

取上皮基质下的病变组织涂片、革兰染色，观察节瘤偶蹄杆菌的典型形状。含 1%～2% 无菌蹄角质粉的琼脂平板培养基可做简单的分离培养。在含有胰酪蛋白、盐酸 L-精氨酸、PL-丝氨酸的血琼脂培养基及 10% CO_2 气体中培养 3～4 d，分离效果良好，可见典型菌落，中心呈乳头状。

四、免疫防治

菌毛为保护性免疫原，典型菌株灭活苗及重组菌毛蛋白疫苗效果良好。自然发病康复后可产生低度免疫。健康绵羊接种菌苗后,有免疫预防作用。

第四节 蛭弧菌属

蛭弧菌是1962年由Stolp和Petzold首次发现于菜豆叶烧病假单胞菌体中,是一类主要以捕食革兰阴性菌为生的小型寄生菌,能通过细菌滤器。普遍存在于土壤、水体等环境中。《伯杰氏细菌鉴定手册》第九版,将蛭弧菌列入薄壁菌门蛭弧菌属(*Bdellovibrio*),分为噬菌蛭弧菌(*Bdellovibrio bacteriovorus*)、斯托普蛭弧菌(*Bdellovibrio stolpii*)、斯塔尔蛭弧菌(*Bdellovibrio starrii*)以及尚未确定分类地位的海洋蛭弧菌。但此后发现该属成员16S rRNA差异较大,而且基于16S rRNA分类方法与通过形态、生活史等分类方法得出的某些结果相反。Davidov(2004)建议改称为"蛭弧菌及其类似微生物"(*Bdellovibrio-and-like organisms*,*BALOs*),目前仍缺乏对BALOs分类的标准生化鉴定方法,所有具有这种相似的寄生生活方式和形态特征的细菌均被归为蛭弧菌属。

一、主要生物学特性

1. 形态及染色特性

蛭弧菌的菌体较小,大小为(1.0～1.4) μm×(0.2～0.5) μm,呈逗点状、螺旋状或杆状,革兰阴性菌。一端生一束纤毛,另一端生一根长鞭毛;有的鞭毛包被鞘膜,为细胞壁的衍生物,因此比其他鞭毛粗3～4倍(图10-4)。

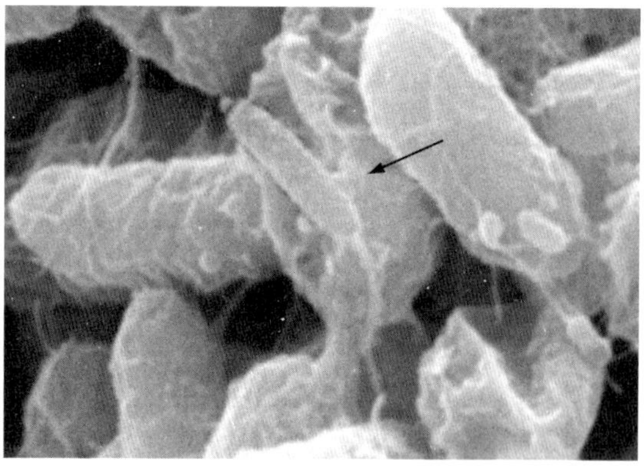

图10-4 蛭弧菌(引自:www.fishfist.cn)

2. 生长要求与培养特性

绝大部分菌株为寄生菌,也有非寄生和兼性寄生的菌株。寄生菌在无宿主菌时,接种营养琼脂培养基不形成菌落,在含有宿主菌或某些非宿主菌提取物的双层琼脂平板培养基上培养48～72 h后,可形成肉眼可见的噬菌斑。此特性可追踪蛭弧菌的增殖过程、寄生潜伏时间、新产生蛭弧菌的数量及其活性。个别含有质粒的专性寄生蛭弧菌,在不含宿主菌的培养基上能连续传代,其生长能力随质粒的逐渐消失而消失。兼性或非寄生菌株均能在含有酵母膏或蛋白胨培养基上生长，形成针尖大小、淡黄或橙黄色菌落。蛭弧菌的生长温度为10～37℃，最适温度为28～30℃，最适pH为6.0～8.5。培养基中加入一定浓度的Ca^{2+}、Mg^{2+}有利于生长，其海洋菌株需要75 mmol/L或者更高浓度的Na^{+}。

3. 生化特性

寄生型蛭弧菌能通过分解蛋白质，利用寄主细胞内的氨基酸生长繁殖，可产生多种酶类；液化明胶，不利用多糖。蛭弧菌蛋白质含量丰富，达干重的60%～65%，DNA含量为5%。噬菌蛭弧菌的G+C比例较高，为(50.4±0.9)mol%，斯塔尔蛭弧菌的G+C比例为42%～43%。二者触酶试验均阳性，对弧菌抑制剂0/129敏感。前者蛋白酶活性较低，依赖于寄主繁殖，特殊条件下可转化为兼性腐生菌。后者蛋白酶活性较高，兼性寄生或依赖寄主菌而生活。斯托普蛭弧菌，触酶阴性，对0/129呈抗药性，蛋白酶活性相对较高，寄主仅限于假单胞菌。

4. 分布与寄主范围

土壤、河水、近岸海水及污水中都有蛭弧菌的分布，洁净的自来水中分布较少，牛、马、猪和鸭等动物体内能分离到蛭弧菌，并且夏季含量较高而在冬季含量较低。蛭弧菌对大多数革兰阴性细菌，如志贺菌属、沙门菌属、埃希菌属等细菌均有较强的裂解活性，但不裂解猪丹毒杆菌、猪巴氏杆菌及枯草杆菌。裂解少数的革兰阳性细菌，如粪链球菌、乳酸菌等。蛭弧菌对某些真菌也有一定的裂解活性。

二、蛭弧菌裂解寄主菌的作用机制

寄生型的蛭弧菌DNA合成的前体物质全部来自宿主细胞，其生活周期分两阶段，即不生长的捕食阶段和细胞内的繁殖阶段，两者相互交替(图10-5)。其依靠鞭毛快速运动，与寄主菌相遇后，蛭弧菌高速旋转的同时释放胞壁质酶，使其迅速侵入寄主菌胞壁和膜之间即周质间隙，继而失去鞭毛，分裂成3～4个子代细胞，同时产生溶菌酶使寄主菌胞壁分解。子代游出进入下一繁殖周期，此过程需要4 h。蛭弧菌穿入寄主菌胞壁时可改变寄主菌胞壁成分，如改变脂多糖结构，使其失去毒性，从而可治疗内毒素血症。

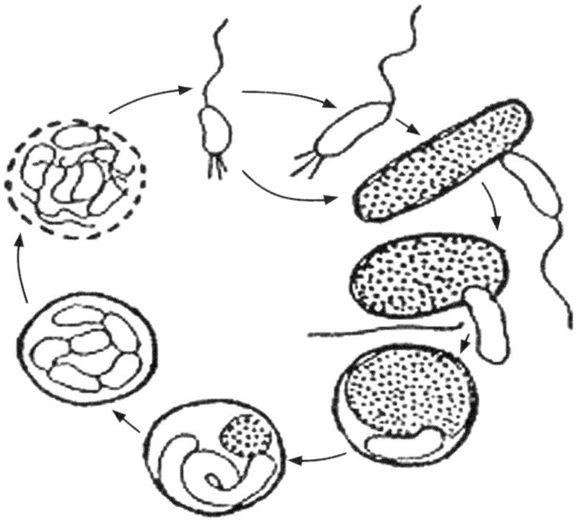

图10-5　蛭弧菌的生活周期(引自：https://en.wikipedia.org)

(三)应用

蛭弧菌不仅能降低静止状态下水体中的细菌数量,还对水中不断增加的细菌有连续净化作用,目前已广泛应用于改善水体环境。肉鸡后期饲养阶段添加噬菌蛭弧菌类微生态制剂,可有效预防肉鸡多种疾病,改善肉鸡肠道内环境,提高其生产性能,降低细菌耐药性。以噬菌蛭弧菌为主要成分的非药品类的全新微生态制剂在预防和治疗畜禽疾病等方面具有广阔的应用前景。

复习思考题

1. 简述空肠弯曲菌的 VBNC 特性及其他主要的生物学特性。
2. 简述胎儿弯曲菌对动物的致病性和微生物学诊断方法。
3. 简述革兰阴性微需氧菌中能够引起人兽共患病的细菌及其致病性。
4. 简述革兰阴性厌氧菌能够引起动物坏死性脓肿的细菌及其致病性。
5. 简述革兰阴性厌氧菌能够引起动物腐蹄病的细菌及其致病性。
6. 简述蛭弧菌的寄生机制及其应用。

第十一章　革兰阳性无芽胞杆菌

【内容提要】李氏杆菌属、丹毒丝菌属和分枝杆菌属是重要的革兰阳性无芽胞杆菌。前两者的代表种分别为产单核细胞李氏杆菌、猪丹毒丝菌。产单核细胞李氏杆菌为兼性胞内寄生菌，可致动物和人的流产等疾病，产生内化素、溶血素O等毒力因子，可在4℃下进行冷增菌分离培养；猪丹毒丝菌是猪丹毒的病原，火鸡和绵羊也易感，明胶穿刺培养呈试管刷状，血清型鉴定可采用琼扩试验。分枝杆菌具有明显抗酸染色特性，细胞壁的糖脂成分可有效刺激哺乳动物的免疫系统，培养营养要求高，部分菌生长缓慢，牛分枝杆菌禽亚种可致人和动物的结核病，禽分枝杆菌禽亚科可致小鼠、家禽、马的结核病，禽分枝杆菌副结核亚种主要引起反刍动物慢性消耗性传染病，迟发型变态反应可用于检测动物是否感染分枝杆菌。

第一节　李氏杆菌属

一、概述

李氏杆菌是为纪念近代外科消毒方法的创始人英国学者 Joseph Lister(1827—1912)于1940年命名的。本属菌为革兰阳性无芽胞杆菌，需氧或兼性厌氧，20～25℃培养可产生鞭毛，37℃培养很少产生鞭毛。过氧化氢酶阳性，DNA的(G+C)mol%为36～42。

李氏杆菌属(*Listeria*)归于李氏杆菌科(*Listeriaceae*)，现有17个种，分别为：*L. aquatica*、*L. booriae*、*L. cornellensis*、*L. fleischmannii*、*L. floridensis*、*L. grandensis*、格氏李氏杆菌(*L. grayi*)、无害李氏杆菌(*L. innocua*)、伊氏李氏杆菌(*L. ivanovii*)、*L. marthii*、产单核细胞李氏杆菌(*L. monocytogenes*)、*L. newyorkensis*、*L. riparia*、*L. rocourtiae*、塞氏李氏杆菌(*L. seeligeri*)、*L. weihenstephanensis* 和韦氏李氏杆菌(*L. welshimeri*)。其中产单核细胞李氏杆菌能引起人和动物的李氏杆菌病；伊氏李氏杆菌也是哺乳动物尤其是反刍动物的病原；无害李氏杆菌也有一定致病性。病原性李氏杆菌的部分生化特性及所致疾病见表11-1。

表 11-1　病原性李氏杆菌的部分特性

菌种	在绵羊血琼脂表面的溶血性	CAMP 试验		分解糖类产酸			所致疾病
		用马红球菌	用金黄色葡萄球菌	*D*-甘露醇	*L*-鼠李糖	*D*-木糖	
产单核细胞李氏杆菌	+	−	+	−	+	−	绵羊、山羊、牛：脑炎、流产、败血症、眼炎 牛：乳腺炎（罕见） 犬、猫、马：流产、脑炎（罕见） 猪：流产、败血症、脑炎 鸟：败血症
伊氏李氏杆菌	+	+	−	−	−	+	绵羊、牛：流产
无害李氏杆菌	−	−	−	−	v	−	绵羊：脑膜脑炎（罕见）

注：v 表示变化不定。

二、产单核细胞李氏杆菌

本菌发现于土壤中，在蔬菜和水果表面、未消毒的牛奶中和未烹饪的肉表面也可发现本菌，还可寄生在鱼、甲壳动物、昆虫体内。污染的饲料是主要感染来源。

（一）形态与染色特性

本菌呈短杆状，(0.4～0.5) μm×(0.5～2.0) μm（图 11-1）。有时排列成 V 形或短链。老龄培养物或粗糙型菌落的菌体长达 50～100 μm。20～25℃培养可产生周鞭毛，有运动性。

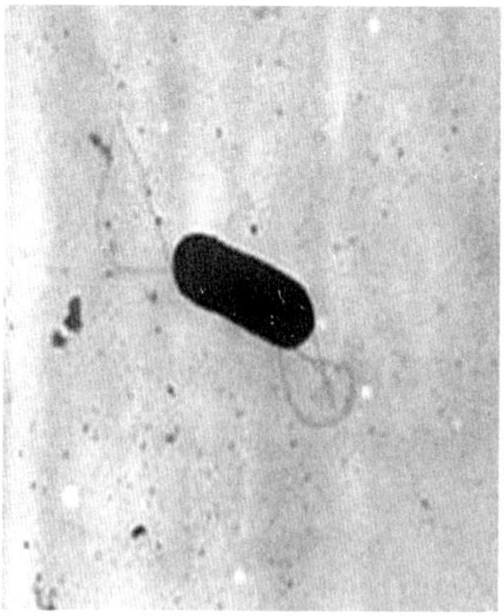

图 11-1　产单核细胞李氏杆菌扫描电镜图
（4 1250×，引自：Wikipedia）

（二）培养与生化特性

本菌在 4℃时可缓慢增殖，最适生长温度为 30～37℃，能耐受的 pH 范围为 5.5～9.5。普通琼脂培养基中可生长，在血清或全血琼脂培养基中生长良好，加入 0.2%～1%的葡萄糖或 2%～3%的甘油生长更佳。培养 24 h 可长出光滑、透明的小菌落。在含有七叶苷的培养基上菌落呈黑色。在血琼脂培养基上，移去菌落可见其周围狭窄的 β 溶血环。在液体培养基中，不形成菌膜和菌环。V-P 及甲基红试验阳性。

（三）抵抗力

本菌抗干燥能力强，在干粪中能存活 2 年以上，在培养基上可存活几个月，50%的湿度可提高其存活率。在 55℃湿热 40 min 或 73℃烹饪条件下被杀死。在饲料中，夏季可存活 1 个月，冬季可存活 3～4 个月。常用消毒药 5～10 min 可杀死本菌，季铵盐与酒精联用可起到很好的消毒效果。

(四)抗原结构和血清型

本菌有 O 抗原和 H 抗原。O 抗原为细菌细胞壁的多糖成分,用阿拉伯数字表示。目前有 1/2、3、4、5、6、7 共 6 种,其中 1/2 型菌的胞壁酸为葡糖胺及鼠李糖,3 型在此基础上多了半乳糖成分,4 型含有葡萄糖和半乳糖;H 抗原为鞭毛成分,用小写英文字母表示。目前已知的产单核细胞血清型有 16 种,分别为 1/2a、1/2b、1/2c、3a、3b、3c、4a、4ab、4b、4c、4d、4e、5、6a、6b 和 7。4b、1/2a、1/2b、1/2c 是较常见血清型。对人致病的主要血清型是 4b,其次是 1/2a 和 1/2b。

(五)致病机理

本菌可通过损伤的口腔、鼻腔或者眼结膜进入机体,经过外周神经,尤其是三叉神经末梢的神经鞘,引起中枢神经系统的感染,也可引起败血症、流产等疾病(表 11-1)。诱发临床疾病的应激因素包括营养缺乏、环境条件、潜在的疾病、妊娠等。实验动物中,家兔和小鼠易感性最高。健康动物往往带菌,经粪排菌污染环境。可经食物感染人。可穿越宿主肠道屏障、血脑屏障、胎盘屏障。

作为兼性胞内寄生菌,其感染主要机制有两个方面:一是逃逸吞噬体,李氏杆菌溶血素 O (listeriolysin O,LLO)和磷脂酰肌醇特异性磷脂酶(PLC)参与溶解吞噬体膜,使细菌逃离吞噬体进入宿主细胞浆。其中 LLO 可直接与细胞膜表面分子结合后插入细胞膜中,形成直径约 20 nm 的通道。该溶血素由 529 个氨基酸组成,可溶解多种动物的红细胞,是一种胆固醇结合的穿孔毒素,与链球菌溶血素 O 有 40%～50%的氨基酸同源性。磷脂酶有两种,分别为 *plc*B 编码的广谱磷脂酶 PC-PLC 和 *plc*A 编码的卵磷脂特异的磷脂酶 PI-PLC。二是在细胞间扩散,该菌通过细胞壁的磷壁酸的 D-半乳糖与巨噬细胞的多聚糖结合,被巨噬细胞摄入,以拉链形式进入非吞噬细胞,该形式与内化素(internalin)和肌动蛋白聚合蛋白(ActA)有关。内化素作为表面黏附配体,与组织细胞的表面受体结合。内化素 A(InlA)连接钙黏蛋白,内化素 B (InlB)连接细胞的蛋氨酸受体。如果两个受体与内化素均有很高的亲和力,细菌能通过间接的拉链形式侵入细胞。进入宿主细胞质时,ActA 可以催化宿主细胞肌动蛋白纤维素的聚合,引起肌动蛋白聚集在细菌尾部,为细菌运动提供动力,使细菌推进细胞膜形成丝足,引导相邻的细胞连接,利于向相邻细胞扩散。此过程不断重复,导致感染的发生(图 11-2)。

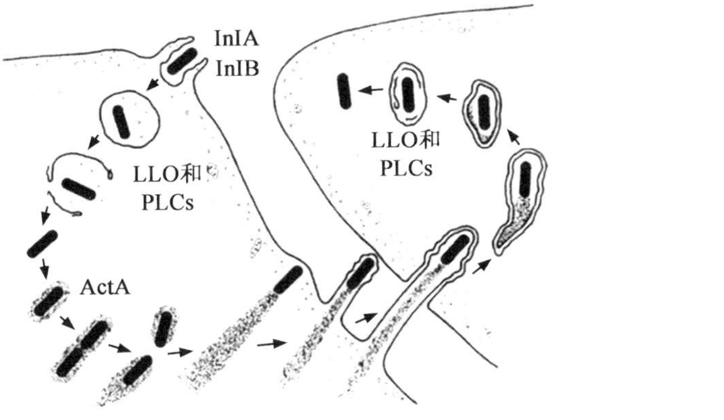

图 11-2　产单核细胞李氏杆菌感染宿主细胞示意图

(引自:https://en.wikipedia.org/wiki/Listeria_monocytogenes#Pathogenesis)

(六)微生物学诊断

1. 直接镜检

出现败血症的动物，可以取血液、肝、脾，流产动物可以取胎尿或胎便，直接涂片，革兰染色后观察是否有革兰阳性的短杆菌。

2. 分离培养

无菌采取患畜的血液、脑组织研磨液，加入 50 mL 胰蛋白胨肉汤中，经 37℃ 增菌 24 h 后，移植到胰蛋白胨琼脂培养基及绵羊血胰蛋白胨培养基表面，37℃ 培养 48 h 以上，观察是否有狭窄的 β 溶血现象。污染的饲料、组织、粪便等可用增菌液增菌，再用商品化的李氏杆菌选择培养基 PALCAM 等划线培养后，挑取黑色菌落进行鉴定。由于本菌一般在中枢神经系统中含量较低，所以需先进行冷增菌，即取组织研磨液加入 9 倍营养肉汤，于 4℃ 下培养，每周用绵羊血琼脂平板分离 1 次，至 12 周。

3. 鉴定与分型

获得纯培养物后，可做革兰染色、室温下运动性检查、生化试验，用金黄色葡萄球菌与本菌做 CAMP 试验进行初步鉴定，用 PCR 等方法进行鉴定，还可用多位点序列分型、脉冲场凝胶电泳、扩增片段长度多态性等方法进行基因分型。

4. 动物试验

将纯培养物悬液滴入家兔或小鼠的结膜囊内，观察在 24～38 h 内是否发生明显的脓性结膜炎。也可进行小鼠腹腔注射，濒死时剖检，观察肝和脾等是否有坏死灶，并进行细菌的分离和鉴定。

(七)防治

灭活的强毒株接种小鼠可产生坚强的免疫力，持续数月。预防本病的关键是控制细菌对饲料和环境的污染，减少动物的应激反应。患病初期可筛选敏感药物治疗。

第二节　丹毒丝菌属

一、概述

丹毒丝菌属(*Erysipelothrix*)归于丹毒丝菌目(Erysipelotrichales)、丹毒丝菌科(Erysipelotrichaceae)。目前本属主要有 3 个种，即扁桃体丹毒丝菌(E. tonsillarum)、意外丹毒丝菌(E. inopinata)和猪丹毒丝菌(E. rhusiopathiae)。扁桃体丹毒丝菌分离自健康猪的扁桃体，可引起犬心内膜炎；意外丹毒丝菌分离自植物蛋白胨肉汤或健康猪扁桃体。猪丹毒丝菌也称猪丹毒杆菌，是猪丹毒的病原，火鸡和绵羊也易感。人作为偶然宿主，可由外伤感染，称为“类丹毒”，是皮肤自限性感染。猪丹毒丝菌是该属的代表种，也是该属中最重要的病原。

二、猪丹毒丝菌

本菌于 1882 年由 Pasteur 首次分离，1886 年 Loffler 首次精确描述了其特征。

(一)形态与染色特性

本菌呈纤细的杆状，直或略弯，(0.2～0.4) μm×(0.8～2.5) μm，在慢性病例中或培养时也可形成长 20 μm 的长丝状。一般单个存在，也可呈 V 型成对或短链排列(图 11-3)。革兰染色阳性，在老龄培养物中常呈阴性。无运动性，可产生多糖荚膜。

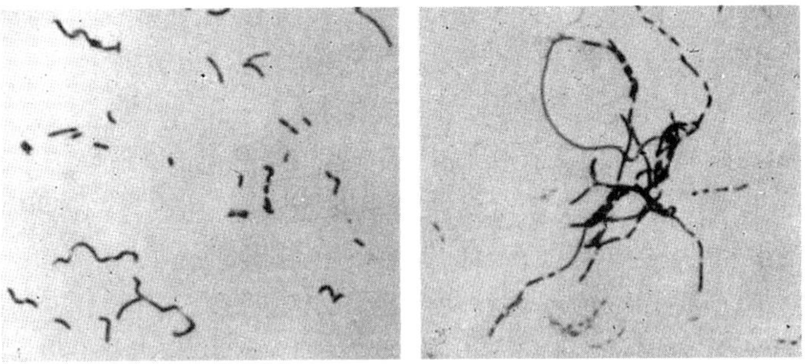

图 11-3　猪丹毒丝菌形态(引自：https://en.wikipedia.org/wiki/Erysipelothrix_rhusiopathiae 1200X)

(二)培养与生化特性

本菌为微需氧菌，实验室培养时兼性厌氧。生长温度范围为 5～42℃，最适生长温度为 30～37℃。pH 在 6.7～9.2 范围内均可生长，最适 pH 为 7.2～7.6。肉汤中培养呈轻度浑浊，有少量白色黏稠沉淀。麦康凯培养基上不生长。培养基中加血液或血清、葡萄糖会促进本菌生长。在血琼脂培养基表面培养 24 h 时可见针尖大小的菌落，培养 48 h 后在菌落周围可见狭窄的绿色不完全溶血区域。光滑型菌落呈圆形、隆起，大小约 1.5 mm；粗糙型菌落略大，平坦，不透明，边缘不整齐。粗糙型分离株在营养明胶中 22℃穿刺培养 5 d 呈“试管刷”样，但不液化明胶。

过氧化氢酶阴性。可分解葡萄糖、果糖、半乳糖、乳糖产酸，不分解麦芽糖、木糖、甘露醇。三糖铁琼脂高层培养基穿刺接种时，室温培养 3～5 d 可沿穿刺线形成一条细细的黑色 H_2S 产物，表现“烟斗通条”型生长。

(三)抵抗力

本菌对干燥有抗性，用病死猪熏制的火腿在 3 个月后仍可在深部分离出活菌。在饮水中可存活 5 d，在污水中可存活 15 d，在深埋的尸体中可存活 9 个月。在土壤中存活不超过 35 d，在猪粪便中可存活 1～5 个月。70℃ 15 min 可以杀死。对直射阳光敏感。对常用消毒剂较敏感，在 0.5%的石炭酸中可存活 99 d，0.5%甲醛数十分钟可被杀死，10%生石灰乳或 0.1%过氧乙酸是较好的消毒剂。在 0.05%亚碲酸钾、0.001%结晶紫、0.2%酚、0.1%叠氮钠存在时可以生长。一般对青霉素、头孢类药物敏感。

(四)抗原结构与血清型

1940 年证实猪丹毒丝菌有不同的血清型。现用阿拉伯数字表示型、用英文小写字母表示亚型，已发现有 1a、1b、2、4、5、6、8、9、11、12、15、16、17、19、21、23 及 N 型等血清型或亚型，我国主要有 1a 和 2 型。其中，1 型菌株多从急性败血型猪丹毒病例中分离，毒力较强；2 型菌株多从疹块型或关节炎病猪中分离，毒力较弱，免疫原性好。从健康猪扁桃体中分离的菌株一般不具有型特异性抗原，通称为 N 型。

(五)致病性

本菌可从绵羊、猪、牛、马、犬、猫、家禽以及50多种野生哺乳动物及超过30种野生鸟类分离到,也可感染鱼类。自然条件下,猪是本菌最敏感动物。估计30%～50%的健康猪扁桃体中携带本菌。带菌率和发病率与饲养条件、气候变化及猪年龄有密切关系,为“自源性传染病”。

强毒菌株可致3～18月龄猪菌血症,死亡率较高;慢性病猪可在皮肤表面出现红疹斑块,因此称为“丹毒”;也可致3～4岁龄羔羊出现多发性关节炎、火鸡的败血症;实验动物中小鼠和鸽最易感,皮下接种2～5 d内败血死亡。

本菌可通过接触污染物、伤口或节肢动物叮咬感染入血,定殖于局部或引起全身感染。神经氨酸酶(neuraminidase)是本菌致急性败血症的重要毒力因子,具有黏附内皮细胞作用,也可降解上皮细胞表面的神经氨酸,有助于细菌侵入机体,导致血管损伤和透明血栓的形成,形成败血症。荚膜在本菌抵抗吞噬细胞的吞噬中发挥重要作用。当动物全身状况好转时,猪丹毒丝菌可较长时间存留于某部位,如关节、心脏瓣膜,使这些部位产生慢性病变;长期的关节破坏可能源自持续的抗原免疫应答,从慢性感染的关节或心脏瓣膜中很少能分离到活的猪丹毒丝菌。

(六)微生物学诊断

皮肤的菱形、淡粉红色或紫色突起或疹块具有特征性。病死猪可采取心血、新鲜肝、脾、肾、淋巴结,高热期发病猪可采耳静脉血。

1. 直接镜检

将样品制成涂片后镜检,如发现少量典型革兰阳性杆菌,可初步诊断。

2. 分离培养

无菌材料可用血琼脂或血清琼脂培养基分离培养,培养基中可加入0.2%(*W*/*V*)的葡萄糖;对于污染材料或欲提高分离率,可在培养基中加入0.001%结晶紫、0.1%叠氮钠,也可在马丁肉汤培养基中加入终浓度为400 μg/mL的新霉素或70 μg/mL的万古霉素。

3. 鉴定

分离到的纯培养物可进行染色镜检及生化试验或核酸检测。本菌与李氏杆菌的区别见表11-2。可用鸽子或小鼠肌肉注射纯培养物,死后再取心血和脾脏,涂片,染色镜检,并同时分离细菌。试验表明,近年分离的菌株毒力较参考菌株低。可用生长凝集试验鉴定,即在含有抗猪丹毒血清的培养基中接种被检组织液或纯培养物,置37℃培养18～24 h,观察有无凝集,有凝集者判为阳性。如做血清型鉴定,可将待测菌株的纯培养物加入0.5%～1%的甲醛灭活,经洗涤、高压、离心处理制成沉淀原,与标准株的高免血清做琼脂扩散试验。

表11-2 产单核细胞李氏杆菌与猪丹毒杆菌的鉴别要点

菌名	溶血型	4℃生长	运动性(25℃)	过氧化氢酶	七叶苷水解	马尿酸钠	VP及甲基红试验	新生霉素	明胶穿刺	感染试验	
										鸽	豚鼠
产单核细胞李氏杆菌	β	+	+	+	+	+	+	敏感	沿穿刺线生长	−	+
猪丹毒杆菌	α	−	−	−	−	−	−	抵抗	试管刷状	+	−

(七)免疫与治疗

目前我国主要应用猪丹毒 GC_{42} 或 $C_4T(10)$ 弱毒菌株制成的冻干苗，用20%铝胶生理盐水稀释后，在仔猪断奶后接种5亿～7亿活菌，有良好的免疫力。GC_{42} 加倍口服也有效。灭活苗也有较好的保护效果。本菌的细胞壁提取物P64是有效的免疫原。猪体免疫试验表明，它与弱毒疫苗具有同样有效的保护力。应注意弱毒苗导致的慢性丹毒。

OIE提出的猪丹毒灭活苗的标准为：以干燥菌苗0.8 mg接种小鼠，免疫2～3周后，攻击强毒菌50%以上获得保护，为1个单位。有效菌苗每毫升须含20个单位，猪接种60个单位以上，免疫期6个月。

用牛或马制备的抗猪丹毒血清可用于紧急防治。也可用敏感药物治疗病猪。

第三节　分枝杆菌属

一、概述

分枝杆菌属(*Mycobacterium*)为需氧、平直或微弯的杆菌，(0.2～0.6) μm×(1.0～10) μm，有时分枝。革兰染色阳性，但常不易着色。因细胞壁含有特殊的糖脂，在生长的某个阶段能抵抗3%盐酸酒精的脱色作用，齐-尼二氏(Ziehl-Neelsen，ZN)染色法可将本属菌染成红色，故称为抗酸杆菌(acid-fast bacilli)。DNA的(G+C)mol%为62～70。

Bergey系统细菌学手册将分枝杆菌属列入放线菌纲(*Actinobacteria*)、放线菌目(*Actinomycetales*)、棒状杆菌亚目(*Corynebacterineae*)、分枝杆菌科(*Mycobacteriaceae*)。

目前发现的本属成员有150多种，根据致病特点，可分为结核分枝杆菌复合群(*M. tuberculous complex*)、非结核分枝杆菌(*Nontuberculous mycobacteria*)和麻风分枝杆菌(*M. leprae*)。根据生长速度和产类胡萝卜素性质，Runyon氏分类法将分枝杆菌分为4群，其中Ⅰ、Ⅱ、Ⅲ群生长缓慢，Ⅰ群为见光产色群，Ⅱ群为非见光产色群，Ⅲ群不产色，Ⅳ群生长快速、产色或不产色。

分枝杆菌在自然界分布广泛，大多数为环境腐生菌，许多是人和多种动物的病原，可引起正常或有缺陷的哺乳动物、禽鸟、爬行动物、鱼类的疾病。其中对动物危害较严重的有结核分枝杆菌(*M. tuberculosis*，也称结核杆菌)、牛分枝杆菌(*M. bovis*)、禽分枝杆菌禽亚种(*M. avium* ssp. *avium*，也称禽分枝杆菌)和禽分枝杆菌副结核亚种(*M. avium* ssp. *paratuberculosis*，也称副结核分枝杆菌)。

二、牛分枝杆菌、结核分枝杆菌和禽分枝杆菌禽亚种

牛分枝杆菌与结核分枝杆菌、禽分枝杆菌禽亚种均为动物结核病的病原，有许多相似特性。

(一)形态与染色特性

典型的结核杆菌形态细长、稍有弯曲，多单在、少数成丛，有时呈索状或短链排列；衰老或

应用抗结核药物等情况下可出现多形性。与副结核分枝杆菌(图 11-4 右)相比,牛分枝杆菌(图 11-4 左)和禽分枝杆菌副结核亚种更细长,可达 4.0 μm。电镜下观察发现,结核杆菌细胞壁外有一层类似荚膜的物质,主要为糖类,部分为脂类和蛋白质,实际为某些突出于细胞壁组分末端结构。

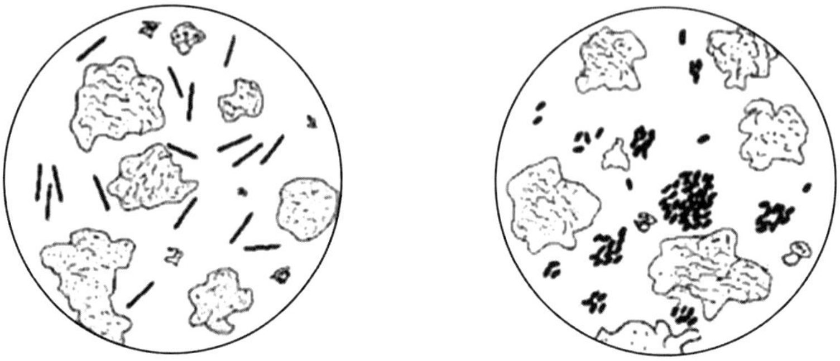

图 11-4 病变中的分枝杆菌形态图(引自:P. J. Quinn 和 B. K. Markey)
左:牛分枝杆菌;右:禽分枝杆菌副结核亚种

本菌细胞壁厚约 12.5～15 nm,外膜层约 8 nm,主要为分枝菌酸,在其表层有海藻糖分枝菌酸酯、酰基海藻糖等成分;内层为肽聚糖,外膜层与内层间为阿拉伯半乳糖,分枝菌酸、阿拉伯半乳糖、肽聚糖构成了分枝杆菌细胞壁的核心(图 11-5)。分枝菌酸为含 60～90 个碳原子的分枝长链 β-羟基脂肪酸,与脂阿拉伯甘露聚糖、阿拉伯半乳糖脂复合物等构成的糖脂含量远超过其他细菌类脂的含量,占菌体重量的 10%以上,能有效刺激哺乳动物的免疫系统。因此,分枝杆菌可以作为免疫调节剂。

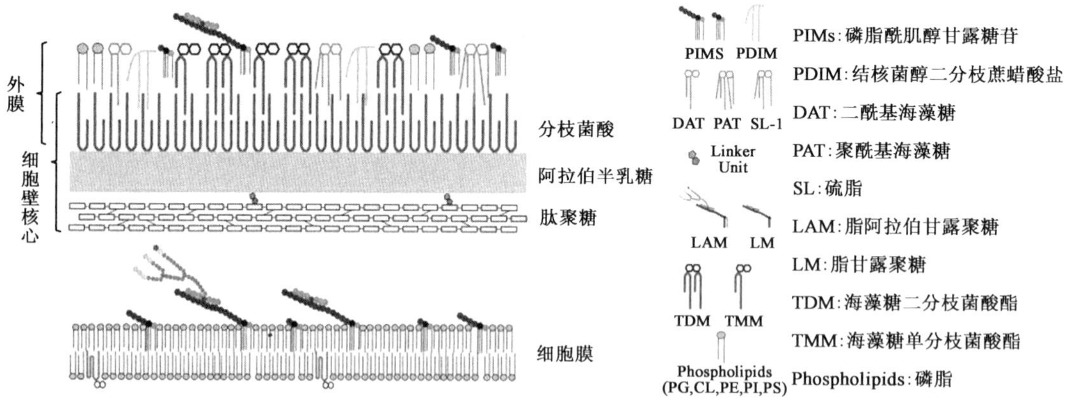

图 11-5 分枝杆菌细胞壁结构(引自:Angala S. K.)

(二)培养特性

牛分枝杆菌、结核杆菌和禽分枝杆菌禽亚种均为专性需氧菌,前二者培养的最适温度为 37℃,低于 30℃或高于 42℃均不生长。禽分枝杆菌禽亚种可在 37～43℃条件下生长,最适 pH 为 6.4～7.0。

本属菌对营养要求严格，在复合有机培养基上生长良好，如罗杰二氏（Löwenstein-Jensen）培养基。该培养基含有蛋黄、马铃薯、孔雀绿等成分，其中孔雀绿可抑制杂菌生长，蛋黄含脂质生长因子，能刺激生长。含甘油的培养基支持结核杆菌和禽分枝杆菌禽亚种的增殖，不支持牛分枝杆菌的增殖。Tween80 可加快结核杆菌在液体培养基中的增殖。透明的油酸白蛋白琼脂培养基（如 Middle brook 7H10）有利于较早观察到菌落的形成。其他常用的培养基还有改良罗杰二氏培养基、小川培养基、丙酮酸培养基。在液体培养基中，结核杆菌先在管底形成颗粒状沉淀，继之沿管壁延展上升生长，最后在液体表面形成菌膜。有毒菌株在液体培养基内呈索状生长，无毒菌株无此现象。分枝杆菌细胞壁的脂质含量较高，影响营养物质的吸收，生长繁殖缓慢。在上述培养基中世代间隔为 12 h 以上，尤其是初代培养，一般需 10～30 d 方可见菌落。生长速度由快到慢依次为禽分枝杆菌禽亚种、结核杆菌、牛分枝杆菌。菌落表面粗糙、干燥、不透明、隆起、边缘不整齐，呈颗粒、结节或菜花状，乳白色或米黄色（图 11-6），哺乳动物源性分枝杆菌的菌落干燥易碎，禽分枝杆菌禽亚种的菌落呈圆屋顶形。

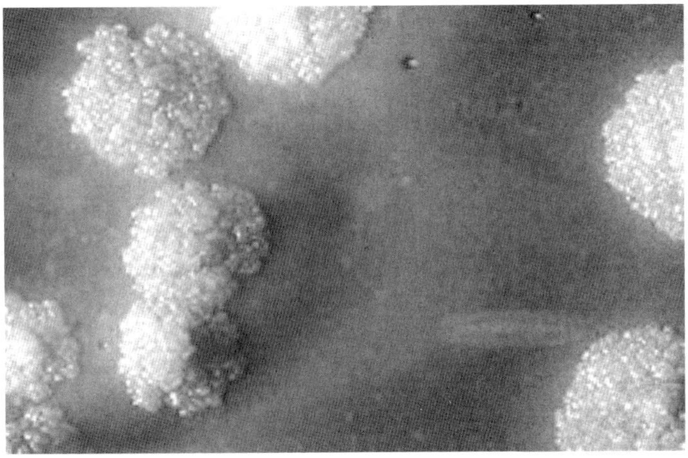

图 11-6　Löwenstein-Jensen 培养基上培养的结核杆菌菌落（引自：https//en. wikipedia. org/wiki）

（三）生化特性

在核苷酸水平上，牛分枝杆菌与结核杆菌基因组相比，其同源性大于 99.95%。二者生化特性相近，生物活性低，不发酵糖类，部分生化特性见表 11-3。

表 11-3　牛分枝杆菌、结核杆菌、禽分枝杆菌禽亚种的部分生化特性

项目	结核杆菌	牛分枝杆菌	禽分枝杆菌禽亚种
脲酶	+	+	−
吡嗪酰胺酶	+	−	+
硝酸盐还原	+	−	−
过氧化氢酶（68℃）	−	+	+
烟酸产生	+	−	−

(四)免疫性及变态反应

结核病的免疫是传染性免疫(infection immunity),即带菌免疫或有菌免疫。结核杆菌或其组分存在于体内时,机体才有免疫力,一旦菌体或其成分在体内完全消失,免疫力也随之消失。

结核杆菌为胞内菌,机体抵抗其感染以细胞免疫为主。针对其产生的抗体无法接触到细胞内的菌体,只能对释放到细胞外的菌体发挥作用,因此,体液免疫只起到辅助抗感染作用。另外,结核病的细胞免疫和体液免疫还存在分离现象,即细胞免疫随病情的加重而减弱,体液免疫则随病情的加重而增强。

结核杆菌在激发机体免疫应答的同时,迟发型变态反应也随之产生,但诱导机体产生免疫和迟发型变态反应的物质有区别。将结核菌素与其胞壁成分同时注入机体,可产生变态反应,但不产生免疫;注射结核杆菌核蛋白体 RNA,则使机体产生免疫,不产生变态反应。产生以上现象的机理在于不同的抗原激活不同克隆的 T 细胞,如产生巨噬细胞移动抑制因子(MIF)则致变态反应性炎症;如产生结核杆菌生长抑制因子(MycoIF)则可特异性地抑制巨噬细胞内结核杆菌的增殖。完整的结核杆菌既可诱发机体产生免疫又可诱发迟发型变态反应,这也是结核菌素试验检测动物结核患病情况的基础。

目前已知分枝杆菌有 800 多种分泌蛋白,已克隆出 24 种结核杆菌分泌蛋白的基因,综合评价已经研究的基因疫苗免疫效果,其中表现出高度保护性的有 Hsp65、Ag85A、Ag85B、ESAT-6、PstS3 和 MPB83。这 6 种蛋白中,除了 MPB83 未发现能引起细胞免疫外,其余均可以引起体液免疫和细胞免疫。另外,已从牛分枝杆菌纯化蛋白衍生物中检测到 356 种蛋白,其中 92 种与迟发型变态反应有关。

(五)抵抗力

分枝杆菌细胞壁含有大量脂质成分,使其对理化因素的抵抗力较一般致病菌强,特别是对干燥的抵抗力更强。在干燥的环境中可存活 6～8 个月,附着于灰尘、飘浮在空气中可保持传染性 8～10 d;在 0℃中可存活 4～5 个月;在 6% H_2SO_4、3% HCl、4% NaOH 中 30 min 内可不受影响,对 1∶75 000 的结晶紫、1∶13 000 的孔雀绿有抵抗力;加热至 62～63℃ 15 min 或煮沸即可杀死;对紫外线敏感,直射日光 2 h 内可杀死纯培养物。

(六)变异性

结核杆菌易发生菌落、毒力和耐药性等方面的变异。在不良环境中,特别是受药物(如 1～10 μg/mL 异烟肼)的影响,可形成 L 型,此时菌体的形态可变为颗粒状或丝状,抗酸性减弱或消失,并产生耐药性。在陈旧培养基上菌落由粗糙型变为光滑型,这种变异也可导致毒力减弱。卡氏(Calmette)和介氏(Güerin)将牛分枝杆菌培养在含有甘油、胆汁的马铃薯培养基上经 13 年 230 代次传代,使有毒菌株变为减毒菌株,对人、牛无致病性,成为现在广泛使用的卡介苗(Bacillus of Calmette-Güerin,BCG)。

(七)致病性

1. 发病机制

结核杆菌引起人和反刍动物的病理过程多为慢性增生性,感染过程起始于结核杆菌在肺、咽或肠黏膜的定殖，然后细菌的 LAM 识别巨噬细胞表面的甘露糖受体侵入巨噬细胞。活化的巨噬细胞分泌多种促炎性细胞因子，其中最重要的 IL-12 可引起 IFN-γ、粒细胞、单核细胞集落刺激因子(GM-CSF)和移动抑制因子的产生，继续吸附和活化巨噬细胞，杀灭分枝杆菌。IFN-γ 也可上调巨噬细胞内反应性氧（过氧化物酶、过氧化物）和氮（一氧化氮）中间体的表达，有助于杀灭被吞噬的分枝杆菌。

细菌分泌的酸性磷酸酶(SapM)、蛋白激酶 G(PKG)等干扰吞噬体的酸化，抑制吞噬溶酶体的形成，从而抵抗巨噬细胞的杀灭作用，使细菌在细胞内或细胞外持续增殖。细菌细胞壁的索状因子可以破坏细胞线粒体膜，影响细胞呼吸，抑制中性粒细胞游走和吞噬。活化的巨噬细胞也可产生 IL-8，趋化免疫细胞到感染部位，干酪样坏死灶被巨噬细胞、中性粒细胞、树突状细胞、T 淋巴细胞、B 淋巴细胞等包围形成结核肉芽肿，病变组织处于超敏状态，或者进一步钙化而痊愈。

当机体免疫力低下时，细菌又会增殖，病灶可能破溃，干酪样坏死灶液化，菌体进入支气管、血管或内脏将感染扩散到新区域。如扩散到造血系统，或许引起粟粒性结核，即整个感染器官出现多灶性结核结节。“再感染结核病”常常是内源性感染，即由以前存在的潜伏病灶活化扩散引起。

2. 所致疾病

牛通常感染牛分枝杆菌，感染部位集中于呼吸道、邻近的淋巴结及浆膜腔。造血系统感染可引起肝、肾的病变，子宫为胎内感染的入口。存活的小牛通常在肝、脾出现病变。乳房的病变虽然罕见，但具有重要的公共卫生意义。奶牛的流行率高于肉牛，公牛的流行率低于母牛，可能与产奶应激等因素有关。结核杆菌可引起牛轻微的非病理性损伤。禽分枝杆菌禽亚种一般为亚临床感染，但其在子宫壁定殖可引起流产。

绵羊和山羊对牛分枝杆菌易感，对禽分枝杆菌禽亚种的易感性稍差，对结核杆菌的进行性感染有抵抗力。

对于猪，牛分枝杆菌可引起进行性疾病，并出现典型病变。结核杆菌感染不能突破局部淋巴结。在许多国家，禽分枝杆菌禽亚种的感染是最主要的，感染后可扩散到内脏、骨和脑膜。

犬和猫易感染牛分枝杆菌，犬也对结核杆菌易感。同犬相比，猫的肠和腹部感染更为常见，表明可能经消化道感染。患结核病的犬和猫可发生增生性肺骨关节病。该病是一种非特异性的骨膜炎，最显著的特征是长骨发生病变。猫感染后的溃疡性皮肤损伤较为常见，也可发生于眼部，引起结核性脉络膜炎并导致失明。犬的病变常常不形成结核结节，病变处不出现干酪化、钙化和液化。

灵长类动物对两种哺乳动物结核分枝杆菌敏感，对禽分枝杆菌禽亚种有一定抵抗力。如果发生严重的免疫缺陷或曾经患有支气管肺病，也可以感染禽分枝杆菌禽亚种。在这些情况下，灵长类动物也可感染非结核分枝杆菌。

在自然情况下，禽鸟主要对禽分枝杆菌禽亚种易感。多数禽类经消化道感染，并可扩散到肝和脾，骨髓、肺和腹膜也可受到侵害。尽管可从禽蛋中分离到病原，但经卵传播的现象比较罕见。禽分枝杆菌禽亚种能感染多种禽鸟，但鹦鹉对其有抵抗力，而对结核杆菌易感，金丝雀也对哺乳动物的分枝杆菌易感。

(八)微生物学诊断

1.显微镜检查

取气管、支气管灌洗液,淋巴结、胸腔、腹腔及其他脏器的吸出物,或尸体剖检时采集的结核结节或病变与非病变交界处的组织样品。液体样品可离心浓缩,得到的沉淀物或组织涂片进行抗酸染色。镜检在蓝色视野内发现有红色的杆菌时,结合典型的组织学病变(干酪样坏死、钙化等),可做出初步诊断。也可用荧光抗酸染色和免疫过氧化物酶技术进行检测。

2.分离培养与鉴定

向病料(固体样品先匀浆)中加入6% H_2SO_4 或4% NaOH、5%草酸处理15 min后,经中和、离心,取少许沉淀物接种在培养基斜面上,每份病料接4~6管,置37℃培养8周,或用快速变色液体培养基培养1~4周,每周观察1次。培养阳性时,进行培养特性、生化特性、动物试验和DNA特异性探针及PCR、间隔寡核苷酸分型(Spoligotyping)等方法鉴定。

另外,可应用BACTEC MGIT 960系统分离培养分枝杆菌,据报道可以明显提高分离的阳性率和减少污染。PCR扩增分枝杆菌的特异性DNA片段是对该属成员进行鉴定的重要手段,还广泛用于结核病临床样品的检测,特异性强而快速。

3.动物试验

对于致病性菌株,可将培养物0.5 mL皮下或腹腔接种给动物,结核杆菌在注射后3~5周引起明显病变。牛分枝杆菌接种兔后3周至3个月致兔死亡。禽分枝杆菌禽亚种对鸡有致病性。

4.变态反应

该法即结核菌素试验在临床上应用广泛。经皮下、点眼或皮内接种结核菌素或纯化蛋白衍生物(PPD)时,感染动物会表现全身发热、结膜炎或局部皮肤肿胀。

按照我国《动物检疫操作规程》规定,牛颈部皮内注射0.1 mL(10万IU/mL)PPD,72 h后局部炎症反应明显,皮肤肿胀厚度差≥4 mm为阳性;如局部炎症不明显,皮肤肿胀厚度差在2~4 mm间,为疑似;如无炎症反应,皮肤肿胀厚度差在2 mm以下,为阴性。疑似反应牛,30 d后需复检一次,如仍为疑似,经30~45 d再次复检,如仍为疑似则判为阳性。结核菌素试验也可用于猪和禽。猪在耳根外侧注射,左右分别注射牛、禽分枝杆菌禽亚种纯化蛋白衍生物。禽用禽分枝杆菌禽亚种PPD在肉髯注射。

结核菌素试验阳性仅表示在过去某一时间曾经发生过结核杆菌感染或接种过BCG,无法证明目前有无活动性感染。结核菌素与非结核分枝杆菌、某些寄生虫的蛋白组分有一定的抗原交叉,降低了结核菌素感染试验的特异性。

5.血清学检查

检测特异性抗体可诊断结核病。研究者建立了酶联免疫吸附试验(ELISA)等血清学检测技术。决定ELISA特异性的关键是选择特异性的诊断抗原,如对牛结核非常特异的MPB70。为防止其他分枝杆菌的干扰,用草分枝杆菌作为吸收抗原吸收待检血清,排除血清的非特异性反应,能提高牛结核ELISA的特异性。

另外,在感染牛分枝杆菌的动物中,有回忆性升高的报道。因此,在常规结核菌素皮试后

2～8 周，进行 ELISA 检测结果会更好。检测肺组织中可溶性肿瘤坏死因子受体（sTNFRs）、分枝杆菌特异性 IgA 有助于结核病的诊断。

6. 其他方法

环介导恒温扩增（loop-mediated isothermal amplification，LAMP）技术能从几种常见的致病分枝杆菌中快速、特异地检测出结核杆菌。

以结核杆菌分泌的特异蛋白 MPB64 建立的胶体金快速鉴别试剂盒与传统菌种鉴定试验和结核杆菌直接检测法有良好的符合性，能检出 98%结核杆菌，并能从结核与非结核分枝杆菌混合生长的培养基中检出结核杆菌的存在。

噬菌体生物扩增法（PhaB 法）能鉴别结核杆菌与呼吸道常见的其他致病菌，可检测出微量结核杆菌。

IFN-γ 释放试验可测定全血培养系统中细胞因子的释放。用特异性抗原培育 16～24 h 期间内，致敏淋巴细胞释放出 IFN-γ，用针对 IFN-γ 的两种 McAb 做夹心 ELISA，其敏感性和特异性较高，能区别于 BCG 接种，也能鉴别出早期感染牛分枝杆菌的牛，降低传染的风险。Esat-6、CFP10 蛋白是主要存在于致病性结核杆菌的分泌蛋白，含有多个 T 淋巴细胞表位，刺激机体的淋巴细胞增殖，诱导机体产生迟发型变态反应，使淋巴细胞有效释放 IFN-γ。

对禽（尤其是水禽）结核病的检测可以应用全血染色抗原凝集试验，结果可靠，试验在几分钟内可完成，试验用禽可继续饲养。但对笼养禽类不适用。

（九）免疫防治

人类广泛采用卡介苗免疫接种，免疫期 4～5 年。犊牛在 1 月龄时也可皮下接种卡介苗，20 d 产生免疫，可维持 12～18 个月。接种卡介苗的牛 1 年后仍维持变态反应阳性，再用结核菌素检疫时无法与自然感染牛区别，因而不宜推广应用。按国家规定，饲养牛群不接种卡介苗，每年春、秋检疫。结核菌素变态反应检测阳性者，需无害化处理。鉴于抗体产生与结核病的正相关性，在检疫时如能将变态反应与 ELISA 结合进行，可提高检出率。

治疗人结核病可以应用链霉素、异烟肼、利福平、环丝氨酸、乙胺丁醇、卡那霉素、对氨基水杨酸、左氧氟沙星等药物。近年研究也表明 IFN-γ 和 TNF 联合诱导巨噬细胞产生 NO，促进 Th1 细胞反应，抑制 Th2 细胞反应，对小鼠结核杆菌感染产生保护效应。但该病为人兽共患病，除珍稀或观赏动物外，不提倡药物治疗。

三、其他分枝杆菌

二维码 11-1

复习思考题

1. 产单核细胞李氏杆菌的毒力因子有哪些？如何发挥作用？
2. 如何进行猪丹毒丝菌感染的微生物学诊断？
3. 如何鉴别产单核细胞李氏杆菌与猪丹毒丝菌？
4. 分枝杆菌细胞壁结构有哪些特殊性？
5. 分枝杆菌免疫有何特点？
6. 如何检测动物是否感染牛分枝杆菌？
7. 结核病的发病机制如何？

第十二章　革兰阳性产芽胞杆菌

【内容提要】芽胞杆菌属和梭菌属是具有重要兽医学和公共卫生学意义的革兰阳性产芽胞杆菌。炭疽杆菌是芽胞杆菌属最重要的代表，可以使动物和人发生炭疽，荚膜和毒素是主要的毒力因子。炭疽芽胞抵抗力极强，死亡动物严禁解剖；梭菌属的大多数成员为专性厌氧，毒素是其主要致病因子。产气荚膜梭菌和肉毒梭菌是有代表性的致病性梭菌，因其可以产生毒素引起人和动物致病，诊断应以检测毒素为主。

第一节　芽胞杆菌属

芽胞杆菌属（*Bacillus*）种类繁多，广泛分布于自然界中。菌体杆状，两端钝圆或平截，可形成芽胞，对不良环境抵抗力极强，大多有周鞭毛，某些种在一定条件下会形成荚膜。多为革兰阳性，少数为革兰阴性。需氧或兼性厌氧。菌落形态和大小多变，在某些培养基上可产生色素。大多数种产生触酶，氧化酶阳性或阴性。DNA 的（G＋C）mol％为 32～69。

一、炭疽芽胞杆菌

炭疽芽胞杆菌（*B. anthracis*）惯称炭疽杆菌，是引起人类、各种家畜和野生动物炭疽（Anthrax）的病原，在兽医学和医学上均占有相当重要的地位。

（一）形态及染色特性

本菌为革兰阳性大杆菌（图 12-1），（1.0～1.2）μm×（3～5）μm，菌体矢直，相连的菌端平截而呈竹节状，无鞭毛，不运动。芽胞椭圆形，位于菌体中央，芽胞不大于菌体。可形成荚膜。DNA 的（G＋C）mol％为 32.2～33.9。

在病料中常单在或 2～3 个相连，菌体周围围绕以丰厚的荚膜（图 12-2）。此荚膜因动物种类不同而有所差异，在牛、绵羊体内形成的荚膜，经染色后镜检最明显（图 12-3），马、骡次之，猪则更次之。荚膜具有较强的抗腐败能力，当菌体因腐败而消失后，仍有残留荚膜显示，称为“菌影”。在猪体内的此菌形态较为特殊，菌体弯曲或部分膨大，轮廓不清。动物体内的炭疽杆菌只有当暴露接触空气中的氧气之后，方能形成芽胞。

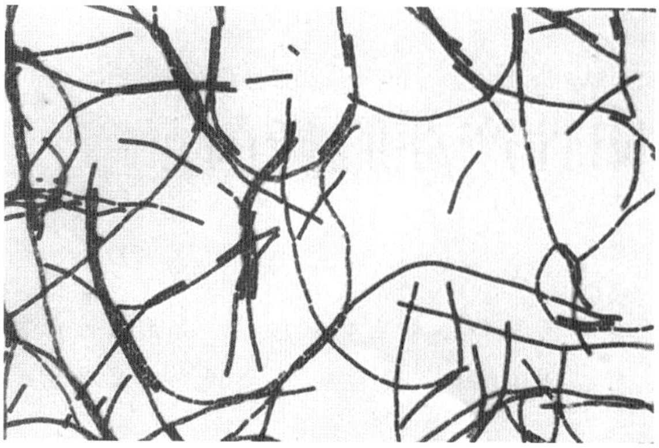

图 12-1　炭疽杆菌的形态(引自:D. Scott Mcvey)

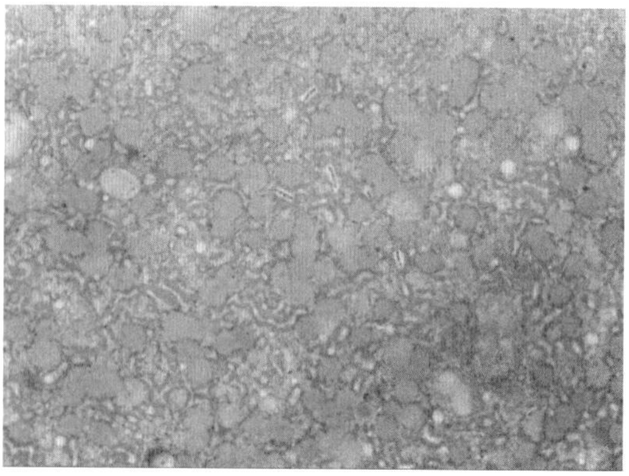

图 12-2　炭疽杆菌的荚膜
(引自:内蒙古民族大学刘锴博士原图)

在培养基中,此菌常形成长链,并于培养 18～24 h 后开始形成芽胞。在普通培养基中不形成荚膜,但若在血液、血清琼脂上或在碳酸氢钠琼脂培养基上,于 10%～20% CO_2 环境中培养则形成荚膜。在葡萄糖琼脂培养基上生长的此菌,细胞内有不能被复红着染的球状小体。

(二)培养特性

此菌为需氧菌,但在厌氧条件下也可生长。生长温度范围为 15～40℃,最适生长温度 30～37℃。最适 pH 为 7.2～7.6。

普通琼脂培养 18～24 h 后,强毒菌株形成灰白色不透明、大而扁平、表面干燥、边缘呈卷发状的粗糙型菌落,无毒或弱毒菌株形成稍小而隆起、表面较为光滑湿润、边缘比较整齐的光滑型菌落。

血琼脂平板、血清琼脂平板培养基上或在碳酸氢钠琼脂培养基上,置于 5% CO_2 环境中培养,强毒菌株可形成圆形凸起、光滑湿润、有光泽的黏液(M)型菌落(图 12-4),无毒菌株和类炭疽菌仍保持其粗糙型特点。在血琼脂培养基上一般不溶血,但个别菌株也有轻微溶血。

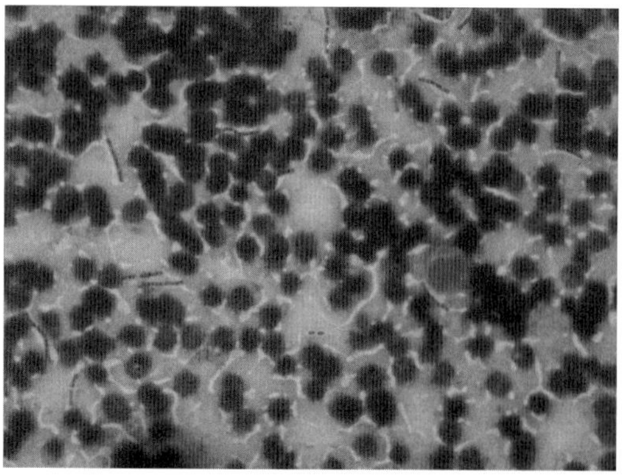

图 12-3　炭疽杆菌组织触片形态
(引自:内蒙古民族大学刘锴博士原图)

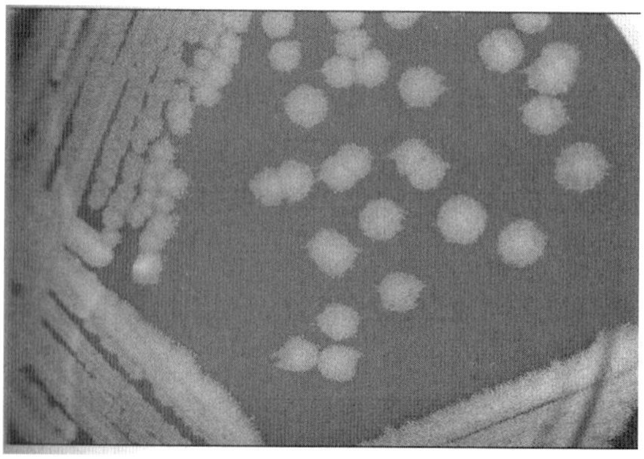

图 12-4　炭疽杆菌在血琼脂平板上形成边缘不规则的菌落(引自:D. Scott Mcvey)

普通肉汤培养 18～24 h 后，上部液体仍清朗透明，液面无菌膜或菌环形成，管底有白色絮状沉淀，若轻摇试管，则沉淀物徐徐上升，卷绕成团不消散。

高层明胶穿刺培养，细菌除沿穿刺线生长外，四周呈直角放射状生长，整个生长物好似倒立的雪松状(图 12-5)。经培养 2～3 d 后，明胶上部逐渐液化呈漏斗状。

在含青霉素 0.5 IU/mL 的培养基中，幼龄炭疽杆菌因细胞壁的肽聚糖合成受到抑制，形成原生质体相互连接成串，称为"串珠反应"。若培养基中青霉素含量加至 10 IU/mL，则完全不能生长或轻微生长。这是炭疽杆菌所特有的，可与其他需氧芽胞杆菌鉴别。

图 12-5　炭疽杆菌在明胶穿刺培养生成倒立雪松状(引自：D. Scott Mcvey)

(三) 生化特性

发酵葡萄糖、麦芽糖、蔗糖、蕈糖、果糖、淀粉和甘油，产酸不产气，不发酵阿拉伯糖、木糖、乳糖、水杨苷和甘露醇。能水解淀粉、明胶和酪蛋白。V-P 试验阳性，不产生吲哚和 H_2S，能还原硝酸盐。牛乳经 2～4 d 凝固，然后缓慢液化。卵磷脂酶阳性或弱反应，苯丙氨酸脱氨酶和磷酸脂酶阴性，触酶阳性。不能或微弱还原美蓝。

(四) 抵抗力

本菌繁殖体的抵抗力不强，60℃ 30～60 min 或 75℃ 5～15 min 即可杀死。常用消毒剂均能于短时间内将其杀死。对青霉素、链霉素等多种抗生素及磺胺类药物高度敏感，可用于临床治疗。在未解剖的尸体中，细菌可随腐败而迅速崩解死亡。炭疽杆菌接触空气后，迅速形成芽胞。芽胞的抵抗力特别强大，在干燥状态下可长期存活，需经煮沸 15～25 min、121℃ 灭菌 5～10 min 或 160℃ 干热灭菌 1 h 方被杀死。

(五) 抗原结构

菌体相关抗原包括荚膜抗原、菌体抗原及芽胞抗原。荚膜抗原仅见于强毒菌株，与毒力有关。菌体抗原是存在于本菌细胞壁及菌体内的半抗原，为 D 葡萄糖胺、D 半乳糖及乙酸所组成的多糖成分。该抗原性质稳定，即使在腐败的尸体中经过较长时间，或经加热煮沸甚至高压蒸汽处理，抗原性不被破坏。常用的 Ascoli 氏反应，加热处理抗原依据在此。芽胞抗原由芽胞的外膜层与皮质一起组成炭疽芽胞的特异性抗原，具有免疫原性和血清学诊断价值。

(六) 致病性

本菌可引致各种家畜、野兽和人类的炭疽病，牛、绵羊、鹿等易感性最强，马、骆驼、猪、山羊等次之，犬、猫、食肉兽等则有相当大的抵抗力，禽类一般不感染。此菌主要通过消化道传染，但也可经呼吸道及皮肤创伤或通过吸血昆虫传播。食草动物炭疽常表现为急性败血症，菌体通常要在死前数小时才出现于血流。猪炭疽多表现为慢性的咽部局限感染，犬、猫和食肉兽则多表现为肠炭疽。实验动物中小鼠、豚鼠、家兔和仓鼠均极易感，大鼠则有抵抗力。

(七) 微生物学诊断

死于炭疽的病畜尸体严禁剖检，只能自耳根部采取血液，必要时可切开肋间采取脾脏。皮肤炭疽可采取病灶水肿液或渗出物，肠炭疽可采取粪便。若已错剖畜尸，则可采取脾、肝等进行检验。

1. 染色镜检

病料涂片以碱性美蓝、瑞氏染色法或姬姆萨染色法染色镜检，如发现有荚膜的竹节状大杆菌，即可作出初步诊断。材料不新鲜时菌体易于消失，仅能看到"菌影"。检查猪的局部炭疽时，常出现菌体着色不良、形态不典型的现象。

2. 分离培养

细菌分离可用普通琼脂或血琼脂平板培养基。为了抑制杂菌生长，可采用含 0.04%戊烷脒(可抑制炭疽杆菌以外的其他需氧芽胞杆菌生长)琼脂、溶菌酶-正铁血红素琼脂或 Knisely 培养基等炭疽选择性培养基。经 37℃培养 16～20 h 后，即可获得纯培养物。

3. 动物实验

将检验材料制成 1∶5 乳悬液，皮下注射小鼠 0.1 mL 或豚鼠、家兔 0.2～0.3 mL。动物通常于注射后 24～36 h(小鼠)或 2～4 d(豚鼠、家兔)死于败血症，剖检可见注射部位胶样浸润及脾脏肿大等病理变化。取血液、脏器涂片镜检，当发现竹节状有荚膜的大杆菌时，即可诊断。

动物实验通常在以下几种情况应用：临床怀疑炭疽，镜检阴性时；原材料被污染时；有必要做最终确定时，确定病原体的毒力及难于确诊的情况下等。

4. 血清学检查

有多种血清学方法，多以已知抗体来检查被检的抗原。实验室常用 Ascoli 氏沉淀反应、间接血凝试验、协同凝集试验、串珠荧光抗体检查、琼脂扩散试验、酶联免疫吸附试验及分子生物学技术进行检测。

(八)免疫防治

炭疽痊愈动物可获得坚强的免疫，再次感染者很少。抗炭疽血清也可用于治疗和紧急预防，我国目前应用的菌苗有两种。

1. 第Ⅱ号炭疽芽胞苗

系著名微生物学家巴斯德首创，后经改进。此菌苗系将培养产生的炭疽芽胞，用 30%甘油蒸馏水混悬制成，有效期 2 年。适用于牛、马、驴、骡、骆驼、绵羊、山羊和猪，一般不引起接种反应。注射后 14 d 即可产生坚强免疫力，免疫期 1 年。

2. 无毒炭疽芽胞苗

是南非兽医研究所选育的 1 株弱毒变种，失去了形成荚膜的能力。其残余毒力较第Ⅱ号炭疽芽胞苗强，可杀死小鼠及部分豚鼠，使豚鼠及家兔发生明显水肿，但不致死家兔。适用于牛、马、驴、骡、绵羊和猪，免疫期 1 年。但是必须注意，此菌苗对山羊反应强烈，可引起严重局部反应，有的甚至发生死亡，故禁用于山羊。

近些年来正在研制炭疽亚单位苗，即以不含活菌的炭疽保护性抗原作为免疫原。此苗不但反应轻，而且能抵抗强毒炭疽杆菌芽胞经呼吸道的攻击。

3. 抗炭疽血清

以弱毒菌苗对马或牛先进行基础免疫后，再用强毒炭疽杆菌多次注射而制成。此血清可用于治疗，或在发生炭疽的疫区用作紧急预防。

二、蜡样芽胞杆菌

蜡样芽胞杆菌(*B. cereus*)在自然界分布很广，存在于土壤、水、空气、植物、饲料和各类食品中。在一定的条件下，可引起疾病。

(一)主要生物学特性

本菌为正直或略弯曲，末端稍钝圆的革兰阳性大杆菌(图 12-6)，宽 1.0～1.2 μm，长 3～5 μm，成短链条或长链条排列，无荚膜，有鞭毛，能运动。芽胞呈椭圆形，位于菌体中央或近端。芽胞形成后，菌体迅速崩解。DNA 的(G+C)mol%为 31.7～40.1。

该菌兼性厌氧，生长温度为 30～32℃，可适 pH 4.9～9.3。在普通培养基上，经 35℃培养 18～24 h，形成圆形、凸起、乳白色、浑浊、边缘不整齐的大菌落。形成的菌落往往沿划线向周围扩散，呈片状生长，对光观察好似白蜡状，故名蜡样芽胞杆菌。在血平板培养基上形成 α 溶血，少数形成 β 溶血(图 12-7)；在甘露醇卵黄多黏菌素平板培养基上，菌落扁平、表面粗糙、灰白色或微红色，周围有紫红色背景的白色环。可分解葡萄糖、麦芽糖、蔗糖、水杨苷、七叶苷和海藻糖产酸不产气，不水解乳糖、甘露醇、鼠李糖和木胶糖；能迅速液化明胶，柠檬酸盐利用、吲哚试验阳性。可产生触酶、卵磷脂酶、酪蛋白酶、淀粉酶和青霉素酶，V-P 试验阳性、MR 试验阴性。能迅速胨化牛奶，还原美兰。

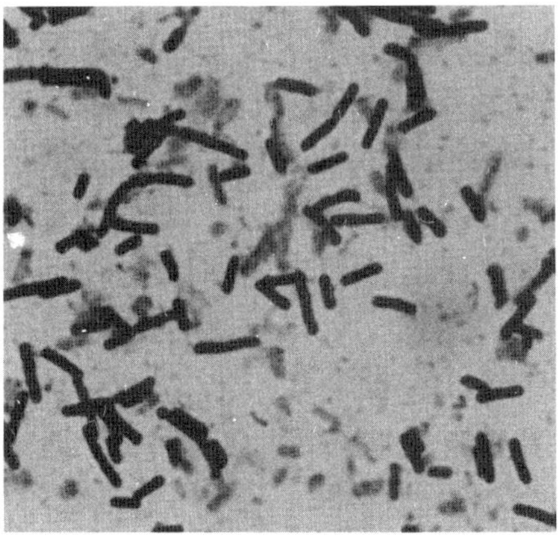

图 12-6　蜡样芽胞杆菌革兰染色(引自:周庭银)

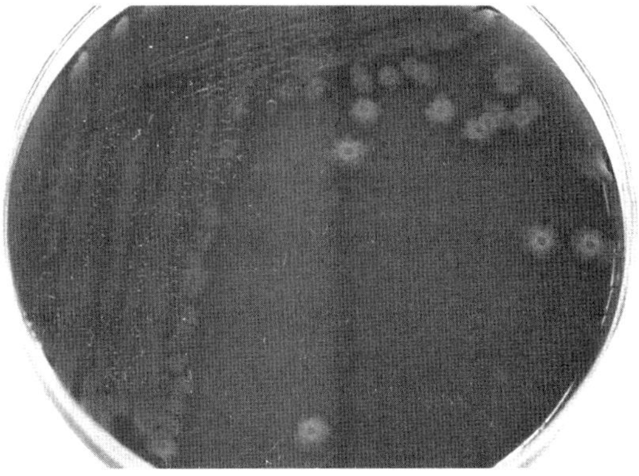

图 12-7　蜡样芽胞杆菌在血琼脂培养基上的菌落特征(引自:周庭银)

本菌芽胞能耐受 100℃加热 30 min，在 10～45℃能繁殖。芽胞发芽温度为 1～59℃。本菌对卡那霉素、庆大霉素、氯霉素敏感，对青霉素、土霉素及四环素耐药。

(二)致病性

本菌绝大多数为机会致病菌，可引起人的食物中毒，少数为致病菌。发生食物中毒时因食品的性质产生的毒素类型不一样。在富含碳水化合物的食品上，大量生长繁殖时，可产生耐热性呕吐型肠毒素；在富含蛋白质的食品上大量繁殖时，易产生不耐热的腹泻型肠毒素。前者耐热无抗原性，后者不耐热有抗原性。在一定的条件下，能使牛患乳腺炎，引起驴的皮下水肿，犬猫腹泻等。毒素可致小鼠、豚鼠、家兔和猫中毒死亡。

(三)微生物学诊断

食物中毒时需进行分离培养、小鼠肠毒素试验及媒介食物活菌计数。培养可用甘露醇卵黄多黏菌素 B 选择性琼脂培养基。胨化牛奶、液化明胶、卵磷脂酶阳性为主要生化反应特征。只有每克食物达到(1.3～3.6)$\times 10^7$ CFU 以上时，才有可能导致人食物中毒。

第二节　梭　菌　属

梭菌在自然界中分布十分广泛，存在于土壤、空气、尘埃、粪肥、饲料、蔬菜、污水、腐败的动物和植物中。某些梭菌也常常寄居于人和其他脊椎动物及昆虫的肠道中，有时也见于人和动物伤口及软组织感染灶。

梭菌都是厌氧或微需氧的大杆菌，菌体杆状或略弯，两端钝圆或尖锐，有些种可呈长丝状。细胞常单在、成双，短链或长链。一般革兰染色阳性，在陈旧的培养物中往往变为阴性。除产气荚膜梭菌有荚膜、无鞭毛无运动性之外，其他都有鞭毛。所有的梭菌均可形成卵圆形或圆形的芽胞，常使菌体膨大。由于芽胞的形状和位置不同，芽胞体可表现为各种不同的形状。当芽胞位于菌体中央而膨大时，则芽胞体形如梭状，梭菌的名称即由此而来，但并非梭菌属的细菌均为梭形。大多数的梭菌会形成游离芽胞。产气荚膜梭菌在人工培养基中培养时，很难形成芽胞，需要用产芽胞的培养基，才有利于芽胞的形成。梭菌芽胞一般均耐热，但抵抗力不同，如产气荚膜梭菌芽胞 100℃ 5 min 被杀死，而肉毒梭菌芽胞则需 5 h。一般同一个种的耐热性芽胞菌产毒素比较弱，因此在分离梭菌时，如利用芽胞耐热性加热除去其他杂菌时，应考虑到这一点，否则有可能把产毒素的致病性菌除掉。DNA 的(G+C)mol%含量，模式种丁酸梭菌为 27～28，其他种的为 22～55。

绝大多数种专性厌氧，对氧的耐受差异很大，有的种在大气中可生长但不形成芽胞。大多数种在 30～37℃和 pH 6.5～7.0 生长迅速，生长温度范围为 15～69℃。可分解碳水化合物或蛋白胨产生有机酸和醇类，有些种发酵糖类，有些是分解蛋白，有的两者皆可分解或都不分解。发酵糖类产生醛类和酸以及 CO_2、H_2、CH_4 等气体，分解蛋白则产生靛基质、H_2S、硫醇、NH_3 和 H_2 等，使培养基中的肉渣变黑，产生腐臭味。

本属现有 74 个正式种，100 多个位置不定种。多为非病原菌，约 30 种具有弱致病性，约 10 种具有强致病性，多为人兽共患病病原，本节主要介绍 6 种，见表 12-1、表 12-2。

表 12-1　常见病原梭菌及其所致疾病

细菌种型	所致疾病
产气荚膜梭菌 A 型	恶性水肿、人食物中毒
产气荚膜梭菌 B 型	羔羊痢疾、驹、绵羊、山羊肠毒血症
产气荚膜梭菌 C 型	羊猝狙、犊、羔、仔猪肠毒血症，人、禽坏死性肠炎
产气荚膜梭菌 D 型	绵羊、山羊、牛肠毒血症
产气荚膜梭菌 E 型	犊牛痢疾、羔羊痢疾
气肿疽梭菌	气肿疽
腐败梭菌	恶性水肿、羊快疫
诺维梭菌 A 型	恶性水肿
诺维梭菌 B 型	黑疫
诺维梭菌 C 型	水牛脊髓炎
溶血梭菌	牛、羊细菌性血红蛋白尿
肉毒梭菌	动物和人肉毒中毒症
破伤风梭菌	破伤风
艰难梭菌	人、仓鼠、兔及豚鼠的抗生素相关腹泻，犬、驹、猪腹泻

表 12-2　主要病原梭菌的基本生化特性

细　菌	消化酪蛋白	水解明胶	脂肪	卵磷脂酶	发酵反应				产生吲哚
					葡萄糖	麦芽糖	乳糖	蔗糖	
气肿疽梭菌	−	+	−	−	+	+	+	+	−
腐败梭菌	+	+	−	−	+	+	+	−	−
产气荚膜梭菌	+	+	−	+	+	+	+	+	−
诺维梭菌 A 型	−	+	+	+	+	+	−	−	−
诺维梭菌 B 型	+	+	−	+	+	+	−	−	V
诺维梭菌 C 型	−	+	−	−	+	−	−	−	+
溶血梭菌	+	+	−	+	+	−	−	−	+
肉毒梭菌 C、D 型	−	+	+	V	+	V	−	−	V
肉毒梭菌 B、E、F(分解糖)	−	+	+	−	+	+	−	−	−
肉毒梭菌 A、B、F(分解蛋白质)	+	+	+	−	+	+	−	−	−
破伤风梭菌	−	+	−	−	−	−	−	−	V
艰难梭菌	−	+	−	−	+	−	−	−	−

一、产气荚膜梭菌

产气荚膜梭菌(*C. perfringens*)旧名魏氏梭菌(*C. welchii*)或产气荚膜杆菌(*Bacillus perfringens*),因 perfringens 含有突破或边饰之意,故有些文献称其为突破梭菌或镶边梭菌。在自然界分布极广,可见于土壤、污水、饲料、食物、粪便以及人、畜肠道等中,在一定条件下,也可引起多种严重疾病。因分解肌肉和结缔组织中的糖,产生大量气体导致组织严重气肿,又在体内形成荚膜,故名产气荚膜梭菌。

(一)形态及染色特征

菌体直杆状,两端钝圆,(0.6～2.5) μm×(1.3～19.0) μm,单个或成双,短链很少出现,革兰染色阳性(图 12-8)。无鞭毛,不运动。芽胞大而卵圆,位于菌体中央或近端,使菌体膨胀,但在一般条件下罕见形成芽胞。在动物体内或含血清培养基内可形成荚膜,荚膜多糖的组成可因菌株不同而有变化(图 12-9)。DNA 的(G+C)mol%为 24～27。

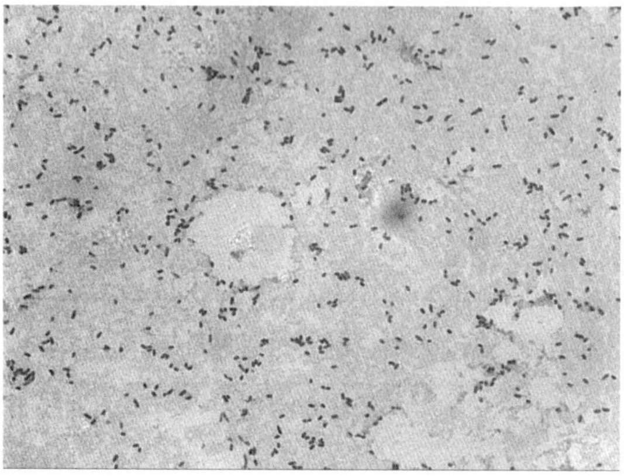

图 12-8 产气荚膜梭菌的形态
(引自:内蒙古民族大学刘锴博士原图)

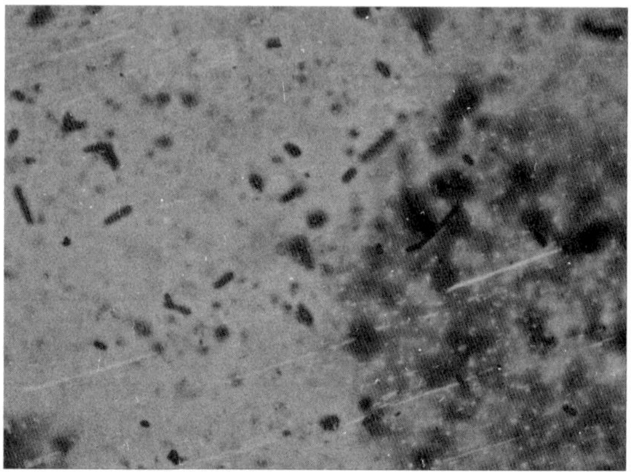

图 12-9 产气荚膜梭菌在猪肠道触片的革兰染色形态

(二)培养特性

本菌对厌氧程度的要求并不严。对营养要求不苛刻,在普通培养基上可生长,若加葡萄糖、血液,则生长更好。A、D 和 E 型菌株的最适生长温度为 45℃,B 和 C 型为 37～45℃,多数菌株的可生长温度范围为 20～50℃,偶有菌株于 6℃有一定的繁殖力。此菌生长非常迅速,在适宜的条件下代时仅为 8 min。据此特性,可用高温快速培养法进行选择分离,即在 45℃下每培养 3～4 h 传代 1 次,可较易获得纯培养物。

在绵羊血琼脂平板培养基上,可形成直径 2～5 mm、圆形、边缘整齐、灰色至灰黄色、表面光滑半透明、圆屋顶状的菌落,偶尔出现裂叶状边缘的粗糙菌落及丝状边缘的不规则扁平菌落等。菌落周围有溶血环,在兔、绵羊、牛、马或人血琼脂平板培养基上,大多数菌株可产生双环溶血(图 12-10),内环为由 θ 毒素所引起的完全溶血,外围由 α 毒素产生的不完全溶血环。一些 B 型和 C 型菌株在绵羊或牛血琼脂平板培养基上,可由 δ 毒素产生较宽的溶血环。

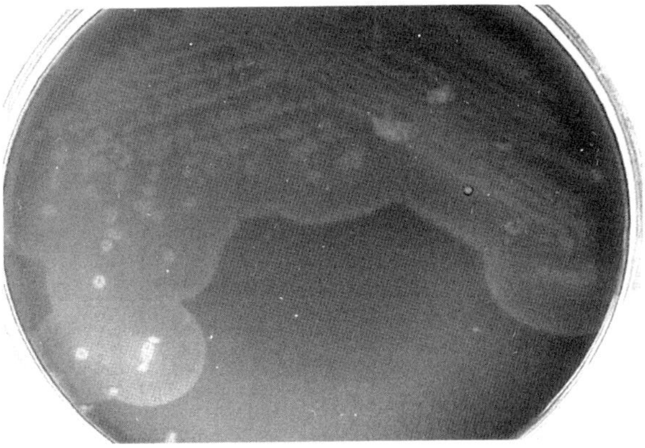

图 12-10　产气荚膜梭菌在血琼脂上形成的双圈溶血环(引自:周庭银)

在乳糖牛奶卵黄琼脂平板培养基上,菌落周围出现乳白色浑浊圈,是因所产生的 α 毒素分解卵黄中的卵磷脂所致,此反应可被 α 抗毒素抑制。由于发酵乳糖,菌落周围的培养基颜色发生变化(中性红指示剂呈粉红色)。不消化牛奶,不分解游离脂肪,菌落周围不出现透明环及虹彩层。

在 PYG(含蛋白胨、酵母浸膏及葡萄糖各 1%)肉汤中培养,呈均匀浑浊,或有黏稠沉淀物。在 PYG 深层琼脂培养基中培养可大量产气。

在牛乳培养基中,于接种培养 8～10 h 后,发酵牛乳中的乳糖,使牛乳酸凝,同时产生大量气体,使凝块破裂成多孔海绵状,严重时被冲成数段,甚至喷出管外,称为牛乳培养基的"暴烈发酵",这是本菌最为突出的生化特性(图 12-11)。也有例外的菌株。

在厌氧肉肝汤中生长迅速,如种子新鲜适量时,于 37℃ 培养 3～4 h,便会生长旺盛,培养基浑浊,产生大量气体。在普通肉汤中也可生长,但在琼脂斜面培养基好气培养时不生长,只在试管底部或背面产气。

在疱肉培养基中培养数小时即可见到生长,产生大量气体,肉渣或肉块变为略带粉色,但不被消化(图 12-12)。

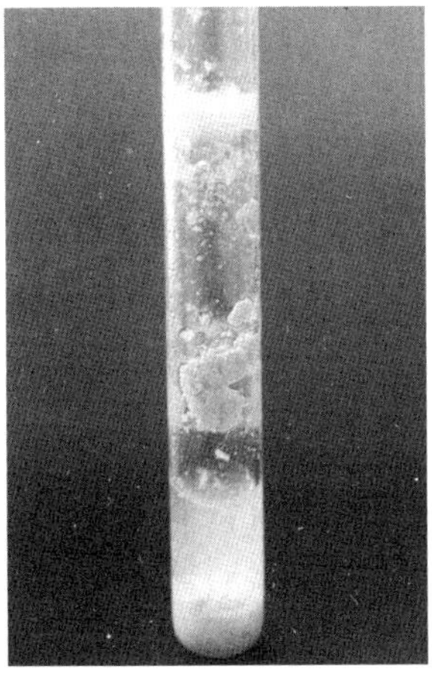

图 12-11　产气荚膜梭菌在牛乳培养基上形成的"暴烈发酵"(引自:周庭银)

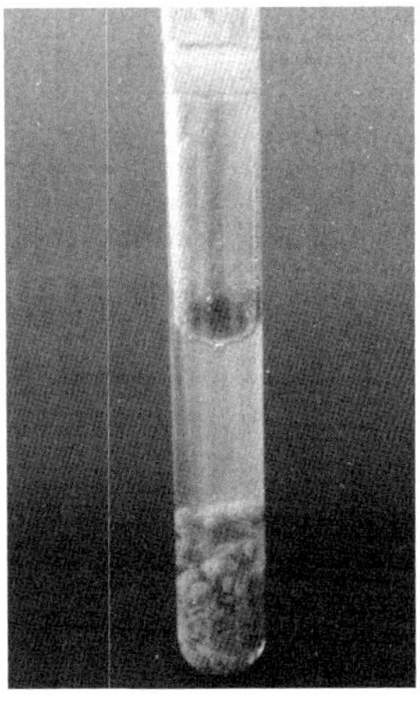

图 12-12　产气荚膜梭菌在庖肉培养基上的生长特征(引自:周庭银)

(三)生化特性

发酵葡萄糖、半乳糖、麦芽糖、乳糖、蔗糖和果糖，产酸产气；不发酵水杨酸、卫矛醇、甘露醇和鼠李糖；甘油和菊糖不定；液化明胶，靛基质阴性，还原硝酸盐、中性红和树脂天青。

(四)抵抗力

本菌在含糖的厌氧肉肝汤中，因产酸于几周内即可死亡，而在无糖厌氧肉肝汤中能生存几个月。芽胞在 90℃ 30 min 或 100℃ 5 min 死亡，而食物中毒型菌株的芽胞可耐煮沸 1～3 h。

(五)抗原性及菌型

以菌体抗原进行血清型分类意义不大，而且菌体抗原与以毒素分型之间没有明显关系。毒素以小写希腊字母表示，有 20 种，均为蛋白质，分子量约在 40 000 u 以上，其中，α、β、δ 和 ι 是主要致死毒素。依据主要致死性毒素与其抗毒素的中和试验，可将此菌分为 A、B、C、D 和 E 5 个型。

(六)致病性

本菌致病作用主要在于它所产生的毒素。很多菌株可产生产气荚膜梭菌肠毒素(*C. perfringens* enterotoxin，CPE)、β_2 毒素、产气荚膜梭菌溶血素(PFO)、坏死性肠炎毒素(NetB)和产气荚膜梭菌大分子细胞毒素(tpeL)。毒素对宿主细胞的作用机理有细胞膜损伤及细胞穿孔和细胞内活性作用。α 毒素属损伤细胞膜型；β、β_2、ε、PFO、CPE 和 NetB 属穿孔毒素；ι 和 tpeL 具细胞内活性作用。α 毒素在各型菌都产生，是最基本最重要的毒力因子。β_2、CPE、NetB 和 tpeL 是肠道疾病和食物中毒的重要毒力因子。

A 型菌主要是引起人气性坏疽和食物中毒的病原，也引起动物的气性坏疽，还可引起牛、羔羊、新生羊驼、野山羊、驯鹿、仔猪、家兔等的肠毒血症；B 型菌主要引起羔羊痢疾，还可引起驹、犊牛、羔羊、绵羊和山羊的肠毒血症或坏死性肠炎；C 型菌主要是绵羊猝狙 (struck)的病原，也能引起羔羊、犊牛、仔猪、绵羊的肠毒血症和坏死性肠炎以及人的坏死性肠炎；D 型菌引起羔羊、绵羊、山羊、牛以及灰鼠的肠毒血症；E 型菌可致犊牛、羔羊肠毒血症，但很少发生。禽坏死性肠炎我国少有报道。实验动物以豚鼠、小鼠、鸽和幼猫最易感，家兔次之。以液体培养物 0.1～10 mL 肌肉或皮下注射豚鼠，或胸肌注射鸽，常于 12～24 h 引起死亡。

(七)微生物学诊断

本菌 A 型所致气性坏疽及人食物中毒的微生物学诊断，主要依靠细菌分离鉴定。其余各型所致的各种疾病，均系细菌在肠道内产生毒素所致，细菌本身不一定侵入机体。可采空肠后段或结肠前段内容物，加适量灭菌生理盐水稀释，经离心沉淀后取上清液分成两份。一份不加热，一份加热 (60℃ 30 min)，分别静脉注射家兔 (1～3 mL)或小鼠(0.1～0.3 mL)。如有毒素存在，不加热组动物常于数分钟至数十小时内死亡，而加热组动物不死亡。

为确定致死动物的毒素类别及其细菌型别，须进一步做毒素中和保护试验。其方法为将前述上清液分为 6 份，分别加入适量此菌各型抗毒素及生理盐水(对照)，混合均匀后，37℃ 作用 40 min，然后各静脉注射小鼠或家兔 1 组，观察 24 h，记录各组动物的死亡及存活情况，判定菌型。由于 B 型毒素与 D 型毒素都是毒素前体，只有经过胰酶激活后才显示出毒力。故不经胰酶处理时，A 型血清也能保护 D、E 型毒素，B 型血清可保护 E 型毒素，C 型血清能保护 B、D、E 型毒素。然而，胰酶处理后再进行中和试验，可因 α 毒素及 β 毒素遭到破坏或部分破坏，实验结果有时可能不确切。

(八) 免疫防治

预防羔羊痢疾、猝狙、肠毒血症以及仔猪肠毒血症等，可用三联菌苗或五联菌苗，可参见腐败梭菌病的免疫防治。

二、肉毒梭菌

二维码 12-1

三、破伤风梭菌

破伤风梭菌(*C. tetani*)又名破伤风杆菌(*Bacillus tetani*)，是引起人兽破伤风的病原。本病以骨骼肌发生强直性痉挛的症状为特征，故又称为强直症(tetanus)，此菌也因之称为强直梭菌。

(一)主要生物学特性

本菌为两端钝圆、细长、正直或略弯曲的杆菌(图 12-13)，为(0.5～1.7) μm×(2.1～18.1) μm，长度变化很大。多单个，有时成双，偶有短链，在湿润琼脂培养基表面上，可形成较长的丝状。无荚膜，多具周鞭毛而能运动。在动物体内外均能形成圆形芽胞，位于菌体一端，偶尔也有卵圆形或次端生者，横径显著大于菌体，而使芽胞体呈鼓槌状。革兰阳性，培养 24 h 以后常常出现阴性染色者。DNA 的(G+C)mol%为 25～26。

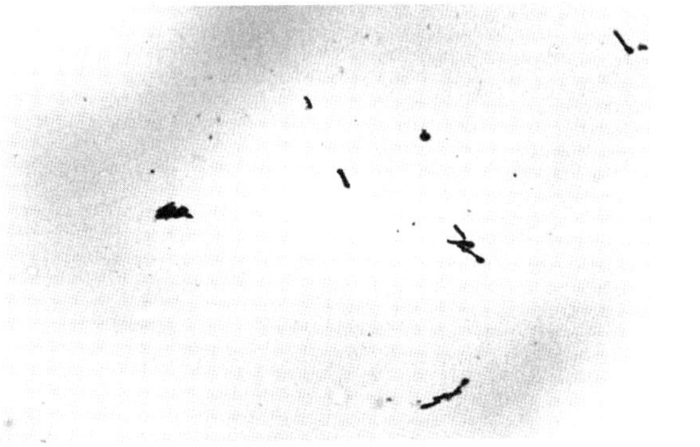

图 12-13　破伤风梭菌的形态

(引自:内蒙古民族大学刘错博士原图)

此菌为严格厌氧菌，接触氧后很快死亡。最适生长温度为 37℃，在 25℃和 45℃生长微弱或不生长。最适 pH 7.0～7.5。营养要求不高，在普通培养基中即能生长。在血琼脂平板培养基上生长，可形成直径 4～6 mm 的菌落，常常伴有狭窄的 β 溶血环(图 12-14)。在一般琼脂表面不易获得单个菌落，尤其是在培养基湿润的情况下，扩散成薄膜状覆盖整个平板表面，边缘呈卷曲细丝状。用高浓度琼脂可抑制其扩散生长。在乳糖牛奶卵黄琼脂平板培养基上，不形成乳浊沉淀与虹彩层，菌落周围培养基不呈现颜色变化及透明圈。

图 12-14　破伤风梭菌在血琼脂培养基的特征(引自：周庭银)

在厌氧肉肝汤、庖肉和 PYG 肉汤培养基中，轻微浑浊生长，有细颗粒状或黏稠状沉淀，肉渣部分消化且微变黑，产生气体并散发特殊臭味。

本菌脱氧核糖核酸酶阳性，神经氨酸苷酶阴性。20％胆汁或 6.5％ NaCl 抑制其生长。

此菌繁殖体抵抗力不强，但其芽胞的抵抗力极强。芽胞在土壤中可存活数十年不死，湿热 80℃ 6 h、90℃ 2～3 h、105℃ 25 min 及 120℃ 20 min 可杀死，煮沸 10～90 min 致死。干热 150℃在 1 h 以上致死芽胞，5％石炭酸、0.1％升汞作用 15 h 杀死芽胞。

(二)抗原性

本菌具有不耐热的鞭毛抗原，用凝集实验可分为 10 个血清型，其中第Ⅳ型为无鞭毛不运动的菌株，我国最常见的是第Ⅴ型。各型细菌都具有一个共同的耐热性菌体抗原，而Ⅱ、Ⅳ、Ⅴ和Ⅸ型还有共同的第二菌体抗原。各型细菌均产生抗原性相同的外毒素，能被任何一个型的抗毒素所中和。

(三)致病性

此菌芽胞常存在于土壤、健康人和动物肠道及粪便中，常污染于各种物品。当芽胞随土壤、污物通过适宜的皮肤黏膜伤口(自然外伤、分娩损伤或断脐、去势、断尾、剪毛及其他外科手术等的人工伤口)侵入机体时，即可在其中发育繁殖，产生强烈毒素，引发破伤风。造成此病发生的创伤必须具有厌氧环境。当创伤内发生组织坏死时，坏死组织能吸收游离氧而形成良好的厌氧环境，其他需氧菌的混合感染，也有利于厌氧形成。

在自然情况下，本菌可感染很多动物。除人易感外，马属动物的易感性最高，其次是牛、羊、猪、犬、猫，禽类和冷血动物不敏感。幼龄动物比成年动物更敏感。实验动物中，家兔、小鼠、大鼠、豚鼠和猴对破伤风痉挛毒素易感。

(四)微生物学诊断

破伤风有特征性临床症状，一般不需微生物学诊断。如有特殊需要，可采取创伤部的分泌物或坏死组织进行细菌学检查。另外还可用患病动物血清或所分得的细菌培养滤液进行毒素检查，其方法为小鼠尾根皮下注射 0.5～1.0 mL，观察 24 h，是否出现尾部和后腿强直或全身肌肉痉挛等症状，且不久死亡。进一步还可用破伤风抗毒素血清进行毒素保护实验。

（五）免疫防治

主动免疫预防可用明矾沉淀破伤风类毒素，注射后 1 个月产生免疫力，免疫期 1 年。若第 2 年再注射 1 次，则免疫力可持续 4 年。破伤风抗毒素血清可用于紧急预防（例如发生严重创伤时或进行大手术之前）及破伤风治疗，效果不错。此被动免疫力产生迅速，但仅能维持 14～21 d。

四、诺维梭菌

（一）形态和染色特征

诺维梭菌（*C. septicμm*）是革兰阳性大杆菌，（0.6～1.4）μm×（1.6～17）μm，是梭菌中菌形最大的一种，粗细一致，两端钝圆，多单个，有时成双或短链。容易形成芽胞，芽胞呈卵圆形，比菌体宽，位于近端。无荚膜。有周围鞭毛能运动，但只在严格厌氧条件下才易观察到。DNA 的（G+C）mol%为 29。

（二）培养特性

本菌对厌氧条件要求非常苛刻，最好使用预还原的培养基，最适温度为 45℃，大多数菌株在 37℃生长得也很好。在血液琼脂培养基表面的菌落周围有 β 溶血环，菌落直径 1～5 mm，圆形或不规则型，灰白色，半透明或不透明，边缘呈波浪型、叶状或根状。有时在平皿表面弥漫性生长，扩展成薄膜。在 PYG 肉汤培养基中呈浑浊生长，絮状沉淀，在 PYG 琼脂培养基中产生大量气体。

（三）生化特性

本菌发酵糖类的结果，各研究者的报告不一致。一般均发酵葡萄糖，产酸产气。麦芽糖和甘油不定，不发酵甘露醇、乳糖、蔗糖或水杨素糖。D 型菌只发酵葡萄糖，很少发酵麦芽糖。产生靛基质。A、B 和 C 型不产生靛基质。产生 H_2S，凝固牛乳，硝酸盐还原阴性。液化明胶。产生大量丁酸和丙酸，小量乙酸和戊酸。产生大量 H_2。

（四）抵抗力

大多数的菌株芽胞 95℃可存活 15 min，湿热 105～120℃经 5～6 min 可将其杀死，在 5%石碳酸、1%福尔马林或 0.1%硫柳汞中能存活 1 h。次氯酸盐可迅速杀死芽胞。

（五）毒素及分型

根据 α 和 β 毒素的产生情况，将本菌分为 A、B、C、D 型。A 型主要产生 α、β、γ、δ 4 种外毒素；B 型菌产生 α、β、η、ξ、θ 5 种外毒素；C 型菌不产生毒素；D 型又称溶血梭菌，产生较多 β 毒素。

（六）致病性

A 型菌引起人的气性坏疽、动物的恶性水肿以及绵羊的“大头病”，后者由公羊相斗创伤感染，严重的可导致死亡。死后变化包括水肿液黄色、澄清、呈胶冻样，并伴有轻微的出血。

B 型菌是绵羊黑疫的病原，感染动物可能突然死亡，或在出现临床症状后的两天内死亡。

皮下的静脉淤血和心包积水使皮肤呈现暗黑色，故被称为“黑疫”。

C型菌是水牛骨髓炎的病原，引起水牛骨髓渐进性坏死与化脓，仅见于印度尼西亚。该菌不产生毒素，也不引起实验动物发病。

D型菌引起杆菌血红素尿病，主要是牛，绵羊偶发，我国尚未见相关报道。

（七）微生物学诊断

采取心血和肝脏立即接种或放厌氧条件送至实验室。本菌厌氧条件苛刻，较难生长，接触氧容易死亡，因此材料应该立即接种，并需要使用新配制的培养基，或预还原培养基。将较大量的材料接种到厌气肉肝汤中，加热80℃ 15～20 min有利于分离。用硫酸新霉素血液琼脂培养基，可抑制需氧菌生长，也可用新霉素-乳糖-卵黄-牛乳培养基作为选择性培养基。

也可将检样混悬液肌肉注射豚鼠，A、B型菌常致豚鼠1～3 d内死亡，注射部位出现血性水肿，腹部皮下组织胶样水肿，厚度可达1 cm，向前可延伸至颈部。此病变及其特征，具有诊断意义。

（八）防控

在黑疫流行地区，可用甲醛灭活疫苗对羊只进行预防注射，也可用我国试制的羊厌氧菌五联菌苗。免疫预防和羊群寄生虫防控相结合，可收到更好的预防效果。

五、气肿疽梭菌

气肿疽梭菌（*C. chauvoei*）可音译为肖氏梭菌，又名费氏梭菌（*C. feseri*），俗称黑腿病杆菌，为气肿疽的病原。此病主要发生于青壮年牛、羊，非反刍动物偶发，症状主要是肌肉丰满部位气性水肿，与恶性水肿相似。受害肌肉暗红棕色到黑色，故又称为黑腿病。该菌芽胞存在于土壤中，经消化道或创伤感染。16S rRNA与腐败梭菌同源性高达99.3%。DNA的（G+C）mol%为27。

（一）形态与染色

本菌为菌端圆形的杆菌，（0.5～1.7）μm×（1.6～9.7）μm，有时出现多形性菌，如柠檬型。在组织中和新鲜培养物中为革兰阳性，在陈旧培养物中可染成阴性。不形成荚膜。有周鞭毛能运动，偶然出现不运动的变种。芽胞卵圆形，比菌体宽，位于菌体中心或偏端，呈梭状或汤勺状。在液体和固体培养基中很快形成芽胞。

（二）培养特性

气肿疽梭菌是专性厌氧菌，最适生长温度为37℃，最适生长pH 7.2～7.4。在普通培养基上生长不良，加入肝浸液或葡萄糖能促进生长。用厌氧肉肝汤培养基，培养12～24 h呈均匀浑浊并产气。在PYG琼脂培养基深层中可产生大量气体。

（三）生化特性

本菌发酵葡萄糖、乳糖、麦芽糖、蔗糖和果糖产酸产气；不发酵鼠李糖、卫矛醇、水杨素、甘油和甘露醇；硝酸盐还原阳性，产硫化氢；石蕊牛乳不定，有时无变化，有时微产酸。还原中性红。

（四）抵抗力

芽胞抵抗力强，在腐败尸体中可存活6个月，病料中存活8年，土壤中存活25年。煮沸

40～50 min、121℃高压 20 min 可杀死本菌。0.2%升汞溶液经 10 min 或 3%福尔马林经 15 min 均可存活。

(五)抗原性

所有菌株共有 O 抗原，且与腐败梭菌还共有芽胞抗原。菌体及毒素均具有免疫原性。鞭毛有相变，有抗原性。鞭毛免疫和鞭毛独特型抗体均能提供保护。

(六)致病性

本菌对人没有致病性，牛最易感，6 个月至 2 岁牛最易感，公牛比母牛易感。绵羊比牛抵抗力强，绵羊患气肿疽几乎都是创伤感染。由绵羊分离的气肿疽梭菌毒力一般比由牛分离的菌株毒力强。不论绵羊还是牛，膘情好的易感。水牛、鹿、猪、貂、鲸鱼、淡水鱼和蛙也可以感染该菌，犬、猫、兔及禽类自然情况下均不感染。实验动物中以豚鼠易感性最强，仓鼠也易感，小鼠次之，一般剂量不能感染家兔。

(七)微生物学诊断

气肿疽死亡的动物，不仅在肿胀部位的中心和水肿液中含菌，而且心血、肝和脾脏中也有菌，因此从尸体采取心血和脏器比较适合。动物死亡时间较长时，可采取骨髓，易分出纯菌。动物死亡后取病变组织涂片镜检，若发现较大的梭状芽胞杆菌只具有参考意义，尚需进行分离鉴定。在鉴定气肿疽梭菌时，应注意与腐败梭菌鉴别。现有针对 16S rDNA、16S～23S rRNA 间隔区的 PCR 方法可准确诊断，对检样要求不严，但还不能同时对多种梭菌进行区别。

(八)防控

现有氢氧化铝甲醛苗和明矾甲醛苗，注射后 14 d 可产生可靠免疫力，免疫期均为半年。抗免血清在早期治疗效果明显，后期则效力不大。

在常发生该菌感染的地区，在妊娠母羊分娩前 3 周，进行免疫接种。对于羔羊，在出生后的第 1 年内，进行免疫接种。如果是首次发现该病例，建议更换牧场。

六、腐败梭菌

腐败梭菌(*C. septicum*)为动物和人恶性水肿的主要病原菌，故也称为恶性水肿杆菌。还可引起羊快疫。

(一)主要生物学特性

与气肿疽梭菌颇为相似。革兰阳性，直或弯曲杆菌，大小为(0.6～1.9) μm×(1.9～35) μm，在动物体内尤其是在肝被膜和腹膜上可形成长达数百微米的长丝。发酵或弱发酵纤维二糖、果糖，部分菌株能分解水杨苷，水解七叶苷，可使牛乳凝固并能消化。DNA 的(G+C)mol%为 24。

(二)致病性

致病范围包括人、马、牛、绵羊、猪、犬、猫、鸡等。实验动物中豚鼠和小鼠最易感。经创伤感染可致人的气性坏疽，马、牛、羊、猪等家畜的恶性水肿及鸡气性水肿。消化道内源性感染致牛、绵羊及山羊快疫。羊断脐时容易感染。

(三)微生物学诊断

动物死亡后由肠道侵入其他部位，注意区别诊断。对恶性水肿，水肿液或组织直接涂片镜检无多大诊断意义。羊快疫用羊的肝脏被膜触片染色镜检，若发现长丝状细菌，则具有诊断价值。确诊需要做细菌的分离鉴定。豚鼠肌肉感染有诊断意义，注射部位肌肉鲜红色，有大量血色水肿液并产生许多气泡。死亡豚鼠的肝脏被膜触片亦可发现长丝状细菌。

腐败梭菌的 α 毒素基因，可以用 PCR 快速准确做出诊断。尤其是腐败梭菌和气肿梭菌，二者在致病症状、细菌理化特性、细胞表面蛋白表达谱都相似，甚至 16S rRNA 序列都无法区别的情况下，是目前唯一能鉴别的方法。

(四)防控

羊快疫的免疫预防，我国现用快疫、猝疽、肠毒血症三联苗，或羊快疫、猝疽、肠毒血症、羔羊痢疾、黑疫五联苗。五联苗免疫期，除对羊快疫较短外，对其他四种病可达 1 年。

复习思考题

1. 在兽医学上有重要意义的革兰产芽胞杆菌包括哪些菌属？其特征如何？
2. 炭疽杆菌主要的生物学特征有哪些？
3. 炭疽杆菌的致病性及其毒素作用的机制有哪些？
4. 如何进行炭疽杆菌的微生物学诊断？采取检验材料时应注意哪些问题？
5. 简述病原性梭菌及其所致疾病。
6. 产气荚膜梭菌各血清型是如何划分的？临床上都能引起哪些疾病？
7. 产气荚膜梭菌的公共卫生学意义有哪些？
8. 试述诺维梭菌的微生物学诊断及其引起的动物疾病。

第十三章　其他类型原核细胞型病原微生物

【内容提要】支原体、螺旋体、立克次体和衣原体基本结构与细菌类似，但代谢能力差。支原体是一类无细胞壁的细菌，兽医学研究的主要对象为支原体属及脲原体属。螺旋体是细长、柔软、弯曲呈螺旋状运动活泼的单细胞原核生物。具有重要致病意义的有疏螺旋体属、蛇形螺旋体属、密螺旋体属及细螺旋体属。立克次体是一类专性寄生于真核细胞内的革兰阴性原核细胞型微生物，细胞较大不能通过细菌滤器，是人类斑疹伤寒、Q热和恙虫热的病原体。衣原体是一类在真核细胞内营专性寄生的小型革兰阴性原核细胞型微生物，具有独特的发育周期。

第一节　支　原　体

支原体（*mycoplasma*）又称霉形体，1898年由Nocard等发现，类似细菌，但无细胞壁，是目前已知的能在无生命人工培养基上生长繁殖的最小的微生物。过去曾称之为类胸膜肺炎微生物（pleuropneumonia like organism，PPLO），1967年正式命名为支原体。支原体在分类上归为柔膜体纲（*Mollicutes*），下设4目、5科、8个属。兽医学研究的主要对象为支原体属（*Mycoplasma*）及脲原体属（*Ureaplasma*）。

支原体广泛分布于污水、土壤、植物、动物和人体中，有30多种是人和动物的致病菌，感染严重程度从亚临床感染到重症衰弱性疾病，有时可导致致命性疾病。临床可发生呼吸道感染和尿生殖道感染、关节炎、乳房炎和败血病。有些支原体还能侵染植物，被称为类支原体（mycoplasma like organisms，MLO）。

一、形态及生理生化特性

（一）细胞形态及结构

支原体细胞柔软，形态多样，有球形、环形、梨形、螺旋形和细丝形等多种形状（图13-1）。球形支原体的直径为0.3～0.8 μm，丝状细胞大小为（0.3～0.4）μm×（2～150）μm不等，能通过细菌滤器。常污染培养细胞。通常着色不良，革兰染色阴性，姬姆萨、卡斯特尼达或新亚甲基蓝染色较好。

支原体没有细胞壁。细胞膜有3层结构，主要由蛋白质、糖蛋白、脂蛋白、磷脂和固醇组成。细胞膜脂质中含有约36%的胆固醇，细胞膜含甾醇。凡能作用于胆固醇的物质，如两性霉素B、皂素等均可引起支原体膜的破坏，使支原体死亡。有些种的支原体还具有荚膜。肺炎支原体的一端有一种特殊的末端结构，与致病性有关。

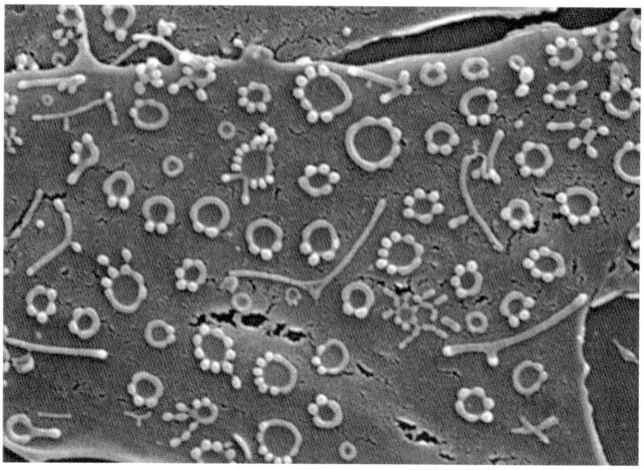

图 13-1　支原体细胞形态(引自:https://www.duitang.com/blog/?id=96059429)

支原体基因组为环状双链 DNA,同其他原核细胞型微生物相比,支原体的基因组较小,为 0.6～1.4 kb,为大肠杆菌的 1/5。

(二)培养及生理生化特征

1. 菌落特征

支原体在固体培养基表面呈现特有的“油煎蛋”状菌落(图 13-2)。凸起的表面是由于菌落中心深入到琼脂培养基中的结果,并在表面形成一个圆形的区带(图 13-3)。在有些种的菌落表面可形成一个由胆固醇和磷脂组成的薄膜,使菌落外观如同覆盖着一层有皱褶的膜。猪肺炎支原体的菌落不规则,无中心生长点。

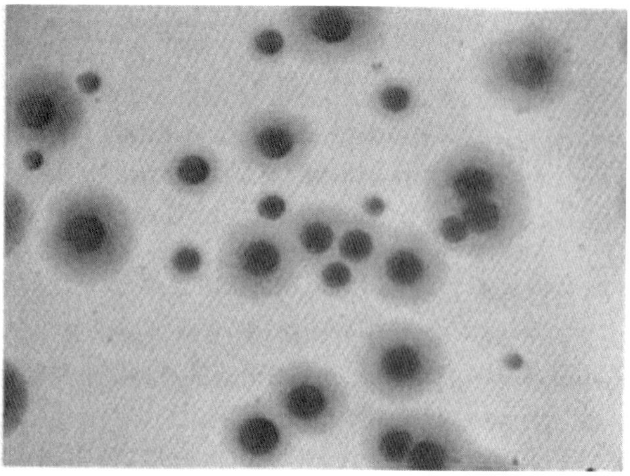

图 13-2　典型的支原体菌落形态(引自:http://www.foodmate.net/4images/3/1/6451.html)

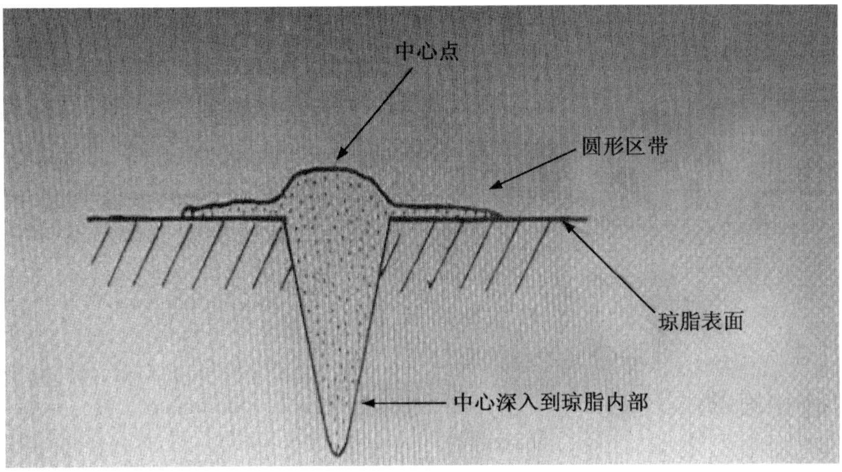

图 13-3　支原体菌落中心深入到培养基中

（引自：http://baike.sogou.com/v5620572.htm;jsessionid=1B9E9E60949A57D76C018E8A300D73CA）

2. 培养特征

支原体的繁殖以二分裂为主，也有芽生、分支等繁殖方式。支原体生长缓慢，对营养的要求较高，需要培养 3～7 d 才能长出微小菌落。培养支原体的培养基除基础营养成分外，还需要添加牛心浸液、酵母膏、辅酶Ⅰ、氨基酸等。需要甾醇的支原体还需添加 10%～20%的动物血清。脲原体和支原体由于全部和部分失去了合成脂肪酸的能力，生长时需要添加外源性固醇，但无胆甾原体，不需要添加。为抑制细菌生长，培养时还常加入青霉素、醋酸铊、叠氮钠等药物。

支原体可用鸡胚培养，在鸡胚卵黄囊或绒毛尿囊膜上生长，有些株可致鸡胚死亡。也可用细胞培养，不一定引起细胞病变但可影响细胞中的病毒增殖。

与兽医学有关的支原体均兼性厌氧。脲原体最适 pH 6.0，其他支原体可在 pH 7.5 下生长。最适培养温度为 37℃。

3. 生理生化特征

由于支原体缺乏细胞壁，使得支原体能抵抗那些作用于细菌细胞壁或影响细胞壁合成的抗菌药物，但对那些干扰蛋白质和核酸合成的药物敏感。凡能作用于胆固醇的物质，如皂素、洋地黄苷、两性霉素 B 等，可破坏支原体的细胞膜使之死亡。一般来说，在潮湿寒冷的环境中支原体能存活一定时期，但对热和大多数的去污剂和消毒剂敏感。

有的支原体能够分解葡萄糖及其他多种糖类，产酸不产气，不能利用精氨酸，称发酵型；有些种不能分解糖，但能利用精氨酸，称为非发酵型。仅有少数几种支原体例外，二者兼而有之或均不能利用。某些糖发酵株能产生 H_2O_2，在含血液的培养基中菌落周围可形成β型或α型溶血。少数菌株还能液化明胶、分解凝固血清或酪蛋白。

二、兽医临床常见的支原体种属

(一)猪的支原体

猪的许多临床疾病与支原体感染有关。以猪为宿主的支原体有猪肺炎支原体(*M. hyopneumoniae*)、猪鼻支原体(*M. hyorhinis*)、猪滑液支原体(*M. hyosynoviae*)、絮状支原体(*M. flocculare*)、猪腹支原体(*M. sualvi*)。对猪具有致病性的猪肺炎支原体可引起猪的一种慢性呼吸道疾病,称为猪地方流行性肺炎。根据初步统计,该病阳性率大概为70%～90%,发病率至少40%以上。患猪生长不良,饲料转化率降低13.8%,生产率下降15.9%,极大增加了养猪成本。估计我国每年由此病造成的损失达100亿元以上。

(二)禽的支原体

感染禽的支原体有多种,如禽败血支原体、滑液囊支原体、火鸡支原体、惰性支原体、鸭支原体、鸽支原体、鸽口支原体等。具有明显致病性的是禽败血支原体(*M. gallisepticum*)、滑液囊支原体(*M. synoviae*)和火鸡支原体(*M. meleagridis*)。

三、鉴定及支原体病的治疗

(一)实验室鉴定

支原体的实验室鉴定方法有形态学检查、支原体培养、抗原检测、血清学方法和分子生物学方法。

1. 分离培养

支原体形态多样,直接镜检意义不大。应取病料进行分离培养,并结合形态学、生理生化及血清学鉴定。

将无菌病料用液体培养基稀释成乳剂,10倍梯度稀释至10^{-5}～10^{-6},37℃培养2～7 d。污染的病料可过滤除菌后接种。有时也可直接将组织块无菌接入液体培养基中,37℃培养20～24 h,再及时传入液体培养基和固体培养基。初代培养未发生颜色变化时,可再传代2～3次。多种支原体初代分离时,在含有5%～10%的CO_2或5% CO_2加95% N_2的环境中生长更佳。固体培养基接种后必须置于高湿环境中培养。新分离株在鉴定前必须先进行细菌L型鉴别,并进行2～3次克隆、纯化。

培养支原体常使用配方相对复杂的复合培养基。血清含有多数支原体所需的固醇,因此一般需要在培养基中添加。对于不同种的支原体添加不同来源的血清生长情况也不同。无胆甾原体属的成员由于自身可以合成所需的脂肪酸,因此不需要在培养基中添加外源性固醇。酵母提取物可提供支原体生长所需的一些生长因子,培养基中一般还需加入酵母提取物。某些种的支原体培养时,还需加入一些特定的成分,以促进其生长。某些山羊种支原体可在绵羊血琼脂培养基上生长,形成小菌落,并产生α溶血。此外,通常还在培养基中加入青霉素、醋酸铊和两性霉素B,抑制污染的细菌和真菌的生长。

2. 菌落及生理生化鉴定

可借助解剖显微镜,观察培养基上是否有菌落形成。对于培养基表面凸起的典型菌落,可直接采用达恩斯(Dienes)染色,以便与其他细菌形成的菌落区别。由于支原体不能还原染料中的亚甲基蓝，因此，染色后菌落呈蓝色；其他细菌用达恩斯染色时，亚甲基蓝可作为麦芽糖氧化时的氢受体而被还原，菌落呈无色。L 型细菌与支原体菌有相似的菌落形态和染色反应。但 L 型细菌能够恢复为有细胞壁的细菌形式，可以此来鉴别 L 型细菌与支原体。

可根据支原体对洋地黄皂苷的敏感性，把支原体、脲原体与无胆甾原体区别开来。支原体和脲原体可在浸有 1.5%洋地黄苷溶液的纸片周围形成大的抑菌圈，无胆甾原体仅能观察到小的抑菌圈，甚至没有抑菌圈。再做葡萄糖、精氨酸分解试验将其分为发酵葡萄糖和水解精氨酸两类，以缩小选用抗血清的范围。种的鉴定必须用血清学方法最后确定。

3. 血清学鉴定

确切鉴定需要用特异性抗血清进行试验。根据特异性抗血清对细菌生长或代谢的抑制，以及基于特异性抗血清的免疫荧光或其他显色反应系统，已经建立了许多用于检测支原体的方法。

支原体在固体培养基上生长可被相应的抗血清所抑制，常用圆纸片法。在接种被检支原体的平板培养基上，贴上含已知种支原体抗血清的圆纸片，培养后观察圆纸片周围有无抑菌圈的形成。抑菌圈直径达 2 mm 以上时为同种，无抑菌圈为异种。在液体培养基中进行生长抑制试验，并采用随 pH 变化而发生颜色改变的指示系统，称为代谢抑制试验。另外用已知抗血清制成荧光抗体，直接染色琼脂块上的支原体菌落，在入射式光源荧光显微镜下观察菌落的特异性荧光。也可用抗血清与菌落反应后再用荧光标记的抗体染色，此法简单、省时且特异性和敏感性高。

4. 其他检测方法

通过采用 PCR 扩增特定的 DNA 片段，并对 PCR 产物进行限制性内切核酸酶分析，可用于对分离物的鉴定。采用随机扩增多态 DNA 分析，可用于菌株的鉴别。应用 PCR 的敏感性和探针杂交的特异性合二为一，是目前公认的准确性和重复性最好的检测方法。此外，限制性内切核酸酶分析、蛋白质电泳和核糖体分型方法也可用于对菌株的进一步鉴定。特别是对编码 16S rRNA 的基因进行序列分析，是确定各种支原体分类地位的重要手段。目前已经报道了大量采用 PCR 直接对临床样品中的致病菌种进行鉴定的方法。采用 PCR 直接检测某些禽致病性支原体，已经有商品化的试剂盒出售。

(二)支原体病的治疗及预防

治疗效果取决于支原体的种类、机体被侵害的部位和发病的时段。尽管体外试验结果表明，支原体对许多抗生素敏感，但在实际治疗时却常常治疗无效。常用的抗生素包括四环素、泰乐菌素、红霉素、林可霉素、壮观霉素及替米考星。支原体对某些抗生素特别是大环内酯类抗生素可产生耐药性。治疗后好转的动物往往成为病原的携带者。

国内尚没有商品化的疫苗预防牛支原体感染。目前主要通过日常管理和综合预防措施来防治牛支原体病。为消除感染，可培育无支原体的鸡群特别是种鸡群。采取的措施包括血清学检测、扑灭阳性鸡只以及用抗生素处理孵化的鸡胚。对集装奶罐进行常规培养的方法，常用于监测母牛群和山羊群的支原体乳房感染，通常要剔除可从乳汁中排菌的动物。

预防措施应执行严格的生物安全程序，防止将感染动物引入无支原体的畜群。对于支原体感染呈地方流行的地区，应做好卫生消毒工作，加强饲养管理。

第二节 螺 旋 体

螺旋体(*Spirochaeta*)是细长、柔软、弯曲呈螺旋状的单细胞原核生物,运动活泼,全长 3～500 μm,不能通过细菌滤器。在生物学上介于细菌与原虫之间。它与细菌的相似之处在于:具有与细菌相似的细胞壁,内含脂多糖和胞壁酸;以二分裂方式繁殖;无定型核;对抗生素敏感。与原虫的相似之处有:体态柔软;细胞壁与细胞膜之间绕有弹性轴丝,借助它的屈曲和收缩能活泼运动;易被胆汁或胆盐溶解。在分类学上由于更接近于细菌而归属在细菌的范畴。

一、疏螺旋体属

疏螺旋体属(*Borrelia*)主要通过蜱虱传播,感染引起血相变化,会伴随全身性和局部性的感染。有 19 个种对人、哺乳动物和禽类有致病性。对人致病的有伯氏疏螺旋体(*B. burgdorferi*)和各种回归热螺旋体。在兽医上有重要意义的有鹅疏螺旋体(*B. anserina*)和色勒疏螺旋体(*B. theilei*)。

(一)形态与结构

疏螺旋体属细胞呈螺旋状(图 13-4),长 3～20 μm,宽 0.2～0.5 μm,每条菌体有 3～10 个不规则的疏松螺旋,每端有 15～20 根轴丝缠绕于原生质柱并在细胞中部重叠。以螺旋状推进方式实现运动。

革兰染色阴性但着色不佳,银染、姬姆萨染色、瑞氏染色效果最好。疏螺旋体属因种的不同具有由 15～20 根内鞭毛组成的轴丝,被外鞘所包围。疏螺旋体属成员的独特之处在于,除具有一种接近 900 kb 的线形双链染色体以外,还有环状和线状质粒。

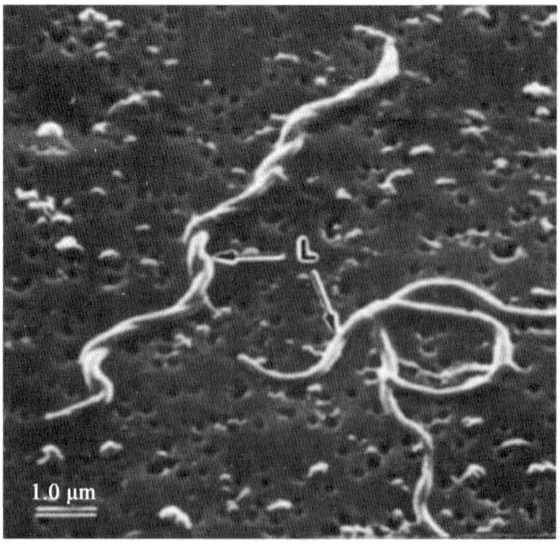

图 13-4 伯氏疏螺旋体(引自:http://mobile.medlive.cn/android/index.php? ac=show&cat=classical&contentid=85778&mdl=case)

(二)培养及生理生化特性

鹅疏螺旋体可以在鸡胚中繁殖传代。伯氏疏螺旋体可在 33℃条件下,在含有卡那霉素和5′-氟尿嘧啶以及富含血清的改良 Kelly 选择性培养基(BSK)上培养。疏螺旋体生长缓慢,能发酵葡萄糖也能发酵其他糖。室温条件下,在血凝块中螺旋体可以存活大约 1 周,4℃存活几个月。

(三)兽医学上重要的疏螺旋体

1. 鹅疏螺旋体

鹅疏螺旋体可感染鸡、火鸡、鹅、鸭、孔雀、鸽、金丝雀和野生鸟类,是本属中唯一的禽类致病性螺旋体。1891 年由 Sacharoff 在苏联高加索地区的病鸡血液中首次发现,现已分布于世界许多国家。国内于 1983 年发现此病。

2. 伯氏疏螺旋体

伯氏疏螺旋体是莱姆病(Lyme disease)的病原体。莱姆病最早于 1775 年在美国的康妮狄克州的莱姆镇发现因而得名,现已遍布全世界。此病以硬蜱为传播媒介,感染人和犬、牛、马等动物,致关节炎等多种疾病。病人出现的第一个病症是被蜱叮咬的部位呈圆环状疹块。

(四)微生物学诊断及防治

1. 微生物学诊断

微生物学诊断包括用暗视野显微镜和免疫荧光显微镜观察组织和液体中的螺旋体,利用间接免疫荧光实验、ELISA 检测血清或其他液体内的抗体,应用属特异性引物对组织和液体样本进行螺旋体的 PCR 检查。

分离培养出病原体是诊断莱姆病的重要指标。美国疾病控制中心提出一个方案,即二步血清法。第一步,血清标本用 ELISA 或 IFA 检查,呈现阳性或可疑的标本再用蛋白印迹来检验。病程在一个月内可检查出 IgM、IgG 抗体,病程在一个月以上 IgG 抗体应出现阳性。

近年来伯氏疏螺旋体的分子诊断逐渐普及,PCR 和实时荧光定量 PCR 技术应用日趋广泛。国内有学者建立的狭义伯氏疏螺旋体单重实时荧光定量 PCR 方法,具有很好的敏感性,最低检测值为 3.78 拷贝/μL,并可对伯氏疏螺旋体 3 种致病基因型,即伽氏疏螺旋体、阿氏疏螺旋体和狭义伯氏疏螺旋体检测并同时分型。

2. 治疗和控制

在控制鹅疏螺旋体方面,发病禽群可用土霉素拌饲料口服治疗,同时环境应使用有效杀虫剂灭蜱和虱。预防本病可用鹅疏螺旋体灭活苗。

莱姆病的预防对策主要是保护易感人群。个体防护对在疫区野外工作或旅行人员很重要。应用安全有效的菌苗是重要措施。选用适当的抗生素,及时治疗早期莱姆病可迅速控制症状和防止晚期病变。四环素、强力霉素、恩诺沙星、红霉素和青霉素 G 普遍有效。

二、蛇形螺旋体属

蛇形螺旋体属(*Serpulina*)现有 6 个种,分别是猪痢蛇形螺旋体(*S. hyodysenteriae*)、无害蛇形螺旋体(*S. innocens*)、大肠毛状蛇形螺旋体(*S. pilosicoli*)、中间蛇形螺旋体(*S. intermedia*)、墨多齐蛇形螺旋体(*S. murdochii*)、鸡痢蛇形螺旋体(*S. alvinipulli*)。猪痢蛇形螺旋体和无害蛇形螺旋体原归于密螺旋体属，曾分别称为猪痢密螺旋体和无害密螺旋体。该属是Stanton等(1991,1992)建议确立的螺旋体科的一个新属。

猪痢蛇形螺旋体是猪痢疾的致病因子。大肠毛状蛇形螺旋体与断乳期仔猪、犬、鸟和人的肠道螺旋体病相关。具有不确切致病潜力的螺旋体包括中间蛇形螺旋体和墨多齐蛇形螺旋体。

二维码 13-1

三、细螺旋体属

细螺旋体属(*Leptospira*)包括在形态和生理学上一致但血清学和流行病学特征不同的螺旋菌。因其一端或两端弯曲呈钩状，故又称其为钩端螺旋体。大部分营腐生生活，广泛分布于自然界，尤其存活于各种水生环境中，多无致病性。少数寄生性螺旋体可使人和动物患细螺旋体病。

普遍感染的家养动物包括狗、牛、猪和马。细螺旋体病表现为败血病、肝炎和肾病。犊牛和仔猪常表现为败血症，成年动物主要表现为流产。加利福尼亚海狮对于急性败血钩端螺旋体易感。其他宿主种类尽管敏感但临床症状较少。人的钩端螺旋体病是一种典型的急性发热性疾病。基于DNA分析的分类研究，将钩端螺旋体分为8个种：博氏钩端螺旋体、稻田钩端螺旋体、狭义问号钩端螺旋体、科氏钩端螺旋体、迈氏钩端螺旋体、野口钩端螺旋体、圣他罗西亚钩端螺旋体和韦氏钩端螺旋体。

(一)形态与结构组成

二维码 13-2

(二)培养及生理生化特性

二维码 13-3

(三)微生物学诊断和防治

1. 直接检查

通过暗视野(或相差)显微镜、免疫荧光染色和固定组织的银染,直接观察样本。病料经差速离心集菌后,清除样本中的干扰颗粒,取沉淀物制成悬液的压滴标本片镜检。如在暗视野中见有钩端螺旋体的典型形态与运动方式,即可确诊。

2. 分离培养和鉴定

用于钩端螺旋体培养的培养基很多,常用的有柯氏培养基、弗氏培养基等。无菌肝素抗凝血可直接接种培养基,每份血样应同时接种 6 支,接种量分别为 1、2、3 滴,各接种 2 管培养基。尿样可用原尿液直接接种。为防止尿样中杂菌污染,可预先在培养基中加 5-氟尿嘧啶或新霉素。未污染组织病料可取一小块,于培养基管壁上轻压磨成糊状,再洗入培养基液体中。污染组织病料应接种于含上述抗生素的培养基内,病料接种后,充分混匀,置 28～30℃温箱内培养,每 5～7 d 观察 1 次生长情况,连续 4 周或 3 个月内未检出钩端螺旋体者可作阴性处理。如病料中含钩端螺旋体,常在培养 7～10 d 后用肉眼观察到培养基略呈乳白色混浊。此时取培养物做暗视野检查,可见多量的钩端螺旋体。

进行动物接种(仓鼠或者豚鼠),可消除来自最初接种物的少量污染。从接种 5～8 d 开始,定期抽出血液用于培养。3～4 周后动物被处死,取肾脏进行钩端螺旋体的检查和培养。

常用的血清学鉴定方法有显微镜凝集试验(MAT)、酶联免疫吸附试验(ELISA)、玻片凝集试验(SAT)等。此外,ELISA 法检测血清中的 IgM 抗体可用于钩端螺旋体病的早期诊断。PCR 技术也常用于钩端螺旋体的鉴定。

3. 防治

钩端螺旋体对青霉素 G、氟化喹诺酸、四环素、氯霉素、链霉素和红霉素敏感,但应及早治疗。强力霉素可用于人的预防性治疗。注射疫苗有良好的免疫预防效果。初次免疫 2 d 后,应进行再次接种,以后可每年接种 1 次。

第三节　立克次体和衣原体

一、立克次体

立克次体(*Rickettsiaceae*)是一类严格细胞内寄生的小型革兰阴性原核单细胞微生物,均寄生于节肢动物体内。1909 年,美国病理学 Howard Taylor Ricketts(1871—1910)首次发现洛基山斑疹伤寒的独特病原体并被它夺去生命,故名立克次体。此类微生物是引起人和动物 Q 热、斑疹伤寒、恙虫病等的病原体。它在形态结构和繁殖方式等特性上与细菌相似,在生长要求上又酷似病毒,是一类介于细菌和病毒之间的微生物。

寄生于血管内皮的立克次体属、贝氏柯克斯体属和东方体属成员,通常被称为立克次体科。寄生于吞噬细胞内的埃利希体属和新立克次体属成员,通常被称为埃利希体科。

(一)形态及结构

立克次体科成员的细胞多形,可呈球形、球杆形、杆形,甚至哑铃形或丝状等(图 13-7),以球杆状为主。大小介于细菌和病毒之间，球状菌直径 0.2～0.7 μm，杆状菌大小 0.3～6 μm。除贝氏柯克斯体外，均不能通过细菌滤器。

革兰染色阴性，姬姆萨染色呈紫或蓝色，马基维洛法染成红色。从电镜下观察的形态和菌体化学组成来看，立克次体科成员与其他革兰阴性细菌相似，细胞壁中含肽聚糖、脂多糖和蛋白质。菌体可产生内毒素，不能运动。贝氏柯克斯体的生命周期中存在一个内芽胞样阶段。

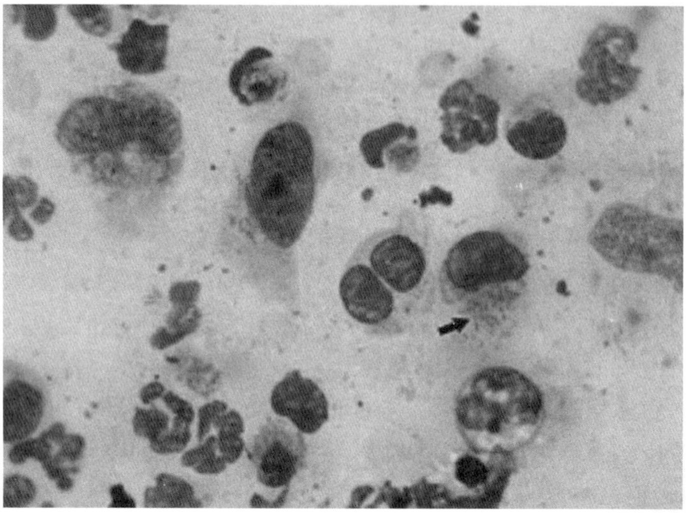

图 13-7　立克次体细胞形态

（引自：http://tupian.baike.com/a1_65_52_01300000199940122139527933647_jpg.html）

(二)培养及生理生化特性

立克次体为专性细胞内寄生，虽然有一些酶系统，但不够完整。谷氨酸盐是立克次体生长的关键营养物质。菌体在转氨酶、脱氢酶和柠檬酸循环过程中各种酶的作用下，分解利用此营养物质。不能利用葡萄糖产能。因此，立克次体在真核细胞内营专性寄生（除个别外），并依赖于宿主细胞提供 ATP、辅酶Ⅰ和辅酶 A 等才能生长，并以二等分裂方式繁殖。除罗沙利马体外，均不能在人工培养基上生长繁殖。

立克次体可在鸡胚卵黄囊、培养细胞和试验动物体内增殖，尤其是可在豚鼠和小鼠体内增殖。最适生长温度为 33～35℃，在此温度范围内菌体繁殖 1 代约为 9 h。细胞培养时一般需要培养几周，才能使该类细菌良好生长。

立克次体对热敏感，一般在 56℃ 30 min 即被灭活。对一些广谱抗生素，如氯霉素、金霉素敏感。对磺胺不敏感，且有促进立克次体生长作用。

(三)兽医学上重要的立克次体属

1. 立克次体属

(1)致病性　立克次体属（*Rickettsia*）是落基山斑点热（RMSF）的病原体，可感染犬和人。约 20 种硬蜱可携带该病原。RMSF 局限于美洲，北美洲东部的病例最为常见。该病的季节性发生与成虫蜱的活动性相一致。该属的贮存宿主为小型哺乳动物，与未完全发育成熟的蜱一起，共同构成了主要的动物宿主循环圈。

立克次体产生的磷脂酶和蛋白酶可损伤宿主的内皮细胞膜，导致组织坏死、脉管炎、出血、水肿、血灌流不足、血栓形成和呼吸困难。临床上，致死病例很罕见，发病犬可表现高热(40℃)、厌食、呕吐、腹泻、黏膜表面出现瘀点或瘀斑，全身淋巴结、关节和肌肉变软。发病晚期可出现紫癜和中枢神经紊乱。

(2)微生物学诊断　将所采病料制成血涂片或组织抹片，经适当方法染色后镜检。间接免疫荧光抗体试验(IFA)和 ELISA 常用于立克次体特异性 IgG 的检测，但在发病早期，检测结果为阴性或者抗体滴度低。直接免疫荧光染色可用于细胞中立克次体的检测和鉴定。PCR 适用于检测蜱和犬体内的立克次体的 DNA。将病料处理后接种鸡胚卵黄囊或适宜的易感动物，培养出立克次体后，再用荧光抗体技术、血清中和试验或补体结合试验法进行鉴定。一些立克次体抗原与某些变形杆菌(OX)菌株的菌体抗原存在交叉反应性，此现象(Weil-Felix 反应)被用于诊断立克次体感染，但该方法一般缺乏种特异性。

(3)防治　立克次体对氯霉素、四环素和氟喹诺酮类药物敏感。对于发病犬，必须采用积极的支持疗法和适当使用一些类固醇药物。犬 RMSF 的传播取决于蜱的持续叮咬，其预防措施要求对蜱进行控制，及时消灭蜱能减少病原的传播和扩散。

2. 贝氏柯克斯体

二维码 13-4

二、衣原体

衣原体(*Chlamydia*)为革兰阴性病原体，是一类能通过细菌滤器、在细胞内寄生、有独特发育周期的原核微生物。该科成员不能通过自身代谢活动获取能量。能引起人和家畜的衣原体病，曾被认为是一种“大型病毒”，后确定这类微生物与立克次体很相似，在许多特性上与病毒截然不同。因此，衣原体是一类介于立克次体和病毒之间的微生物。

衣原体广泛寄生于人类、鸟类及哺乳动物。该科包括两个属——衣原体属和嗜性衣原体属。

(一)形态及发育周期

衣原体在宿主细胞内生长繁殖时，可表现独特的发育周期(图 13-8)。不同发育阶段的衣原体在形态、大小和染色性上有差异。在形态上可分为个体形态和集团形态两类。个体形态又有大、小两种。一种是小而致密的，称为原体(elementary body，EB)，另一种是大而疏松的，称作网体(reticulate body，RB)。

原体(EB)呈球状、椭圆形或梨形，大小为 200～400 nm。电镜下可见其内含大量核物质和核糖体，中央致密，有细胞壁，是发育成熟的衣原体。存在于细胞外，较为稳定。对人和动物具有高度传染性但无繁殖能力。衣原体的感染即由原体引起。姬姆萨染色呈紫色，马基维洛染色呈红色。当原体吸附于易感细胞表面后，经受体介导的细胞内吞作用进入易感细胞，此时宿主细胞的胞浆膜围于原体外面形成空泡。原体即在空泡中逐渐增大，演变成网体(RB)。

网体又称始体(Initial body)，形体较大，大小为600～1 500 nm。其电子密度较低，无细胞壁薄而脆。在细胞空泡中以二等分裂方式繁殖，直到整个空泡中充满许多中间体。由中间体成熟后变小即成子代原体。成熟的子代原体从破裂的感染细胞中释出，再感染新的易感细胞，开始新的发育周期。每一发育周期约需要30～40 h。所以，网体是衣原体在细胞内发育周期中的一种繁殖型个体形态，无感染性。姬姆萨和马基维洛染色均呈蓝色。

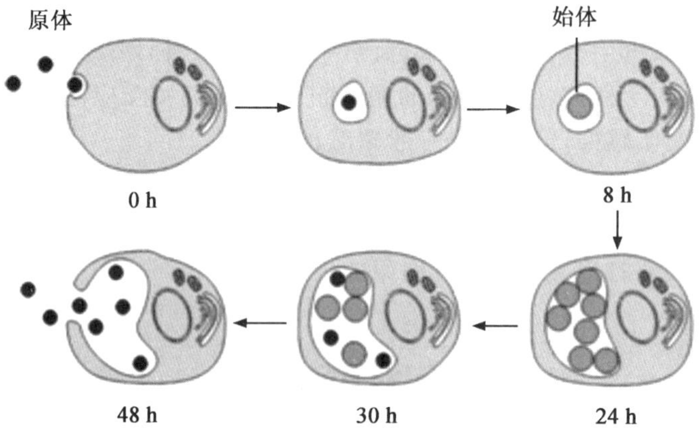

图 13-8　衣原体发育周期(引自：http://jbk.jiankang.com/jiancha/411/)

原体和网体的细胞壁同革兰阴性菌的细胞壁相似，但不含有肽聚糖。三层的外膜由蛋白质和脂多糖组成。其中，蛋白质具有种特异性和型特异性，可能作为黏附素发挥作用。此外通过与宿主细胞表面的肝素结合受体相互作用，衣原体产生的肝素样衍生物也可发挥黏附素作用。具有内毒素特性的脂多糖是衣原体科成员的特异性脂多糖。

基因组大小为1.04～1.23 Mb之间，是基因组最小的原核生物。网体中富含RNA，但原体中含量很少。对于网体，电子密度高的物质散布于整个细胞内。对于生长中的原体，则主要集中于紧密的核体；而对于成熟的原体，则占据了细胞的大部分区域。

(二)培养及生理生化特征

在无细胞的培养基中，衣原体不能生长。可在鸡胚卵黄囊和组织细胞上增殖，形成胞浆内菌落。网体可将三磷酸腺苷(ATP)转运到胞内，并将二磷酸腺苷(ADP)运到胞外，存在ATP的情况下，可发生肽的合成。

衣原体对热、脂溶剂和去污剂以及常用的消毒药剂均十分敏感。但对煤酚类化合物及石炭酸的抵抗力较强。原体在水中可存活数天，在干燥的动物分泌物中，可存活很长时间。青霉素、金霉素、红霉素、四环素、氯霉素及多黏菌素B等可抑制衣原体生长繁殖，而链霉素、庆大霉素、卡那霉素及新霉素等不能抑制。

(三)微生物学诊断及防治

1. 微生物学诊断

衣原体的鉴定可以用直接染色法。将死亡鸡胚的卵黄囊膜涂片，染色鉴定包涵体。典型包涵体的特点是生长在胞质内，多呈帽状、卵圆形等。成熟的鹦鹉热衣原体包涵体的体积大于细胞核，几乎占满整个宿主细胞胞浆，将细胞核挤到一边，结构致密。

也可通过进一步培养的方法进行鉴定。绝大多数衣原体可在5～7日龄鸡胚或8～10日龄鸭胚卵黄囊内生长繁殖。接种用的病料应预先用灭菌肉汤或Hank's液制成10%组织悬液。如有杂菌污染，需在悬液中加入链霉素和卡那霉素各1 000 U/mL，4℃下作用4～12 h后，离心取上清液接种鸡胚（鸭胚）卵黄囊，每胚接种0.3～0.5 mL。一般在接种3～5 d后死亡。取死胚卵黄囊膜制成染色涂片，镜检可见有包涵体、原体和网状体颗粒。这种卵黄囊膜可用于制备衣原体的各种诊断抗原和免疫材料。衣原体属成员可使用HeLa和McCoy细胞系培养，嗜性衣原体属成员可使用Hep-2、HL、BGM和Mccoy细胞系来分离衣原体。无论采取哪一种培养方法，都需要对培养物进行连续传代检测。对于可疑分离物，可采用血清学方法或分子生物学方法进行鉴定。

应用特定的引物扩增16S rRNA、23S rRNA以及外膜蛋白OMp2基因的PCR方法目前已经建立。不仅能检出感染组织及排出物中的衣原体，还可用于鉴定。

2.治疗及预防

可选择四环素治疗衣原体感染。对于禽类，可将药物拌入饲料中进行群体治疗；对于火鸡，中等剂量的药物（200 g/t）就足以控制该病。彻底清除组织中的病原体则需要更高的剂量（2 800 g/t）。为了防止母羊的流产，可肌肉注射长效剂型（20 mg/kg），给药间隔时间为2周。给羔羊口服四环素，可预防关节炎（150～200 mg/kg）。

通过免疫接种预防衣原体感染，效果不确定。国内外均已用鸡胚卵黄囊灭活油佐剂进行免疫接种，预防羊衣原体性流产。若制苗株与发病地区分离株在抗原性上有明显差异，会影响免疫效果。用当地分离株制成灭活苗效果较好。猫的衣原体疫苗包括修饰活疫苗和灭活苗，但这两种疫苗不能治疗或预防感染（猫嗜性衣原体），只能减轻发病时的临床症状。

复习思考题

1.什么是支原体？支原体的细胞膜具有什么特点？

2.怎样进行支原体的诊断及鉴定？

3.什么是螺旋体？它的主要生物学特性有哪些？目前分类概况如何？

4.蛇形螺旋体属现有几个种？如何分离鉴定猪痢蛇形螺旋体？

5.什么是立克次体？兽医学上重要的立克次体属有哪些？

6.什么是衣原体？试述衣原体的独特繁殖周期。

第二篇 病 毒 学

第十四章　病毒的基本性状与分类

【内容提要】病毒是一类个体极小，必须借助电子显微镜才能观察到的非细胞型微生物；分布广泛，几乎可以感染所有的生命体；只含有一种核酸，严格的活细胞内寄生，以复制的形式增殖，只对干扰素敏感。完整成熟的病毒以病毒颗粒存在。不同病毒形态各异，大多数病毒呈球形，少数病毒呈杆状、丝状、弹状、砖形、多形性等。其结构由芯髓、衣壳构成，有的还含有囊膜和纤突，个别病毒还有被膜、芯纤维等结构。衣壳是由壳粒按一定顺序排列，呈现螺旋对称、20面体对称及复合对称3种形式。病毒核酸为DNA或RNA，携带病毒的遗传信息，有线状、环状、双股、单股、分节段、不分节段。病毒蛋白质包括结构蛋白和非结构蛋白，结构蛋白决定着病毒的组织嗜性。另外，病毒还含有脂类和糖类物质，主要为囊膜的组成成分。亚病毒有类病毒、卫星病毒和朊病毒。病毒没有统一的分类标准，现以其核酸类型为主要分类依据，其分类的权威机构为ICTV。

第一节　病毒的主要特征

一、病毒的概念

病毒（virus）是指一种形态最微小、结构最简单、能够自我复制、严格细胞内寄生的非细胞型微生物（acellular microorganism）。由于病毒体积微小，普通光学显微镜无法观察到，必须借助于电子显微镜放大几万甚至几十万倍才能观察到。病毒无细胞结构，其遗传物质仅为RNA或DNA，缺乏酶系统，没有能量代谢或蛋白质合成所需的线粒体和核糖体，因此只有借助活细胞才能完成自身的复制。病毒进入活细胞后，根据自身核酸的指令，改变细胞的生命活动，复制产生大量的子代病毒，同时导致宿主细胞发生变化。

二、病毒的发现

早在公元前300年左右，我国就有天花病毒的记载。1885年巴斯德（Louis Pasteur）发明了狂犬病疫苗，提出了“virus”一词。1892年，俄国人伊万诺夫斯基于克里米亚发现烟草花叶病病原能够通过细菌滤器。1898年，荷兰人贝杰林克（Beijerinck）证明烟草花叶病是由滤过性病原所引起，并采用了“virus”一词。同年，德国科学家勒夫勒（Loeffler）和费罗施（Frosh）发现口蹄疫病毒，揭开了动物病毒学新篇章。1971年，美国植物病理学家Diener及其同事在研究马铃薯纺锤块茎病（potato spindle tuber disease）病原时发现类病毒。1981年，发现了拟病毒。1982年，美国生物化学家斯坦利·普鲁辛纳（Stanley B. Prusiner）发现了朊病毒（prion），并于1997年获得了诺贝尔生理学和医学奖。

三、病毒的主要特点

与其他微生物相比，病毒的主要特点：①无细胞结构：病毒粒子没有细胞膜、细胞质、细胞核等细胞结构。一般由核酸和蛋白质衣壳构成。亚病毒只有核酸或蛋白质侵染因子。②个体微小：测量病毒大小的单位为纳米(nanometer，nm)，不同的病毒粒子大小不同，最大的脊椎动物病毒大约为 300 nm，如痘病毒；最小的大约为 17 nm，如圆环病毒。病毒与其他微生物的比较见表 14-1。③只含一种核酸：病毒核酸是 DNA 或 RNA，含有复制、装配子代病毒所必须的遗传信息。④无核糖体和 tRNA，没有酶系统，缺乏独立代谢能力，严格细胞内寄生。⑤增殖方式为复制：病毒以自身的核酸为模板进行复制。⑥一般对抗生素不敏感，对干扰素敏感。⑦某些病毒核酸可以整合于宿主细胞的染色体上，引起潜伏感染。

第二节　病毒的形态与结构

一、病毒的形态

完整成熟的病毒以病毒颗粒形式存在，因此，病毒和其他微生物一样具有一定的形态。不同病毒形态不同，人和动物的病毒大多数呈球形或类似球形，如流感病毒、脊髓灰质炎病毒、疱疹病毒及腺病毒等；少数为弹状，如狂犬病病毒；丝状，如埃博拉病毒；砖形，如禽痘病毒、牛痘病毒等；纺锤形，如口疮病毒等；有的病毒呈多形性，如副黏病毒和冠状病毒等；噬菌体形态多数呈蝌蚪形，如 T2 噬菌体。亚病毒(类病毒、拟病毒、朊病毒)没有形成完整的病毒粒子，因此没有一定的形态。病毒与其他微生物大小与形态的比较见图 14-1。

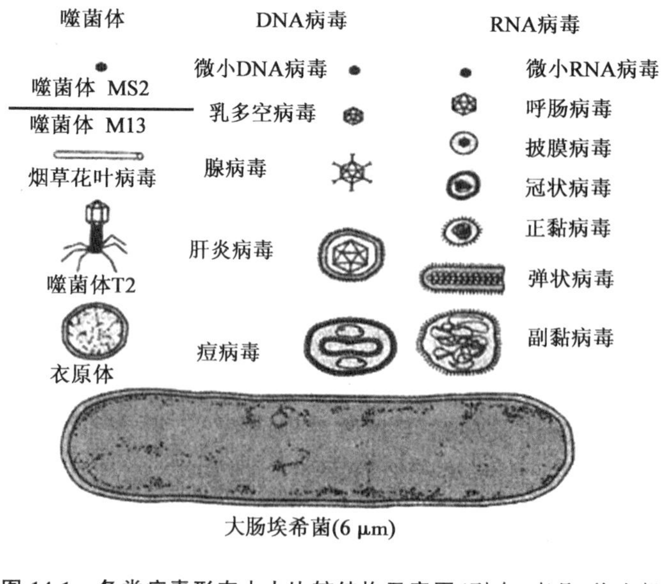

图 14-1　各类病毒形态大小比较结构示意图(引自：李凡，徐志凯)

表 14-1　病毒与其他微生物的比较

特点	病毒	细菌	支原体	衣原体	立克次体	真菌
结构	非细胞	原核细胞	原核细胞	原核细胞	原核细胞	真核细胞
有无细胞壁	－	＋	－	＋	＋	＋
核酸类型	DNA 或 RNA	DNA＋ RNA	DNA＋ RNA	DNA＋ RNA	DNA＋ RNA	DNA＋ RNA
人工培养基中生长	－	＋	＋	－	－	＋
细胞培养	＋	不用	不用	＋	＋	不用
滤过性	＋	－	＋	－	＋	－
增殖方式	复制	二分裂	二分裂	二分裂	二分裂	有性或无性
抗生素敏感性	－	＋	＋	＋	＋	＋
干扰素敏感性	＋	－	－	－	－	－

二、病毒的结构

完整的病毒结构有两种，一是基本结构，为所有病毒所必备；二是辅助结构，为某些病毒所特有。它们各有特殊的生物学功能。

(一)核衣壳

病毒的基本结构是由芯髓(core)和衣壳(capsid)构成的核衣壳(nucleocapsid)。有的病毒的核衣壳外面包有囊膜(envelope)。囊膜是病毒在成熟释放过程中获得的宿主细胞细胞膜或核膜成分。有的囊膜上还有纤突(spike)(图 14-2)。有囊膜的病毒称为囊膜病毒(enveloped virus)，无囊膜的病毒称为裸露病毒(naked virus)。

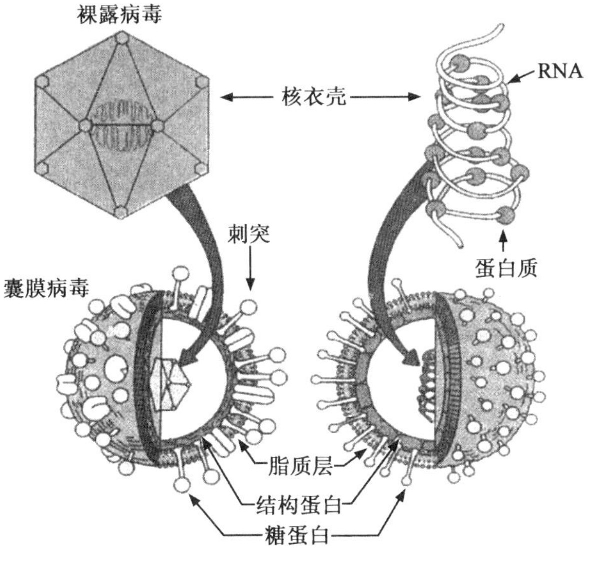

图 14-2　囊膜病毒、裸露病毒 20 面体对称和螺旋对称结构示意图(引自：李凡，徐志凯)

1. 芯髓

位于病毒的中心，为病毒的基因组，携带遗传信息，主导病毒的生命活动，控制病毒的遗传、变异等特性。由一种类型的核酸构成（DNA 或 RNA），含 DNA 的称为 DNA 病毒，含 RNA 的称为 RNA 病毒。DNA 病毒的核酸多为双股，RNA 病毒的核酸多为单股。除核酸外，有的还有少量病毒的非结构蛋白，如病毒核酸多聚酶、转录酶或逆转录酶等。

2. 衣壳

衣壳是病毒核酸外面紧密包绕着的一层蛋白质外衣，由一定数量的“壳粒（capsomere）”按一定几何构型集结而成，在电镜下可见。每个壳粒又被称为形态亚单位（morphologic subunit），由一个或多个多肽分子组成。壳粒呈对称性排列。不同的病毒衣壳所含的壳粒数和对称形式不同，可作为病毒鉴别和分类的依据之一。根据衣壳的对称形式，病毒可分为以下几种对称类型：

（1）螺旋对称（helical symmetry）型　壳粒沿着螺旋形盘旋的病毒核酸对称排列，如弹状病毒、正黏病毒和副黏病毒及多数杆状病毒。

（2）20 面体对称（icosahedral symmetry）型　核酸浓集呈球形或近似球形，外周的壳粒排列成 20 面体对称型。20 面体的每个面都呈等边三角形，由许多壳粒镶嵌而成。大多数病毒顶端由 5 个相同的壳粒构成，称为五邻体（penton）；在三角形上的壳粒，周围都是 6 个相同的壳粒构成，称为六邻体（hexon）。大多数球状病毒，如逆转录病毒、微 RNA 病毒等均呈此种对称型。20 面体对称型的病毒大多数是衣壳包裹核酸形成的，少数是先形成空衣壳，然后再灌装核酸。

（3）复合对称（complex symmetry）型　这种病毒的结构比较复杂，既含有螺旋对称又含有 20 面体对称。主要见于痘病毒和噬菌体。研究发现，20 面体构成的外壳很坚固，内部容积达到最大，而螺旋对称型衣壳坚固度较差些，因此常需囊膜包裹。

衣壳的主要功能：具有抗原性，是病毒的主要抗原成分；维持病毒固有形状；保护内部核酸免遭外环境核酸酶或其他影响因素的破坏；介导病毒进入宿主细胞内。

（二）囊膜

包裹于病毒核衣壳外的一层含脂蛋白的双层膜，称为囊膜（envelope）或包膜。虫媒病毒、疱疹病毒等都含有囊膜。囊膜是某些病毒在成熟过程中，以出芽的方式释放时从宿主细胞获得的。有的病毒的囊膜含有宿主的细胞膜成分，有的病毒的囊膜含有宿主细胞的核膜成分。有囊膜病毒对脂溶剂和其他有机溶剂敏感，失去囊膜后便丧失了感染性。

（三）纤突

囊膜表面常有不同形状的突起，称为纤突（spike）、刺突或膜粒（peplomer）。主要成分为糖蛋白（glycoprotein，gp）。禽流感病毒囊膜上有血凝素和神经氨酸酶两种纤突。纤突主要构成病毒的表面抗原，与对宿主细胞的亲嗜性、致病性和免疫原性有密切关系。有的裸露病毒，如腺病毒在其 20 面体衣壳的各个顶上有触须样纤维（antennal fiber），亦为纤突，是病毒感染细胞时结合于细胞受体的部分，导致宿主细胞损伤，且能凝集某些动物的红细胞。

（四）其他结构

有的病毒还有其他结构，如大多数痘病毒粒子有管状外层结构，还有芯髓内膜和芯纤维及侧体。某些有囊膜病毒在核衣壳外层与囊膜内层间还有基质蛋白，其主要功能是连接核衣壳与囊膜，也称被膜。不同病毒被膜厚度不尽相同，也可作为病毒鉴定的参考。

亚病毒不是真正意义的病毒，包括类病毒、拟病毒和朊病毒，结构非常简单。前两者主要由核酸构成，分别为RNA和DNA；后者是一种具有传染性的蛋白质，引起动物和人类的传染性海绵状脑病。

三、病毒的化学组成与功能

病毒的基本化学组成是核酸和蛋白质。有囊膜的病毒和某些无囊膜的病毒除核酸和蛋白质外，还含有脂类和糖类。

(一)核酸

1. 类型

一种病毒只含有一种核酸，DNA或RNA。根据核酸类型将病毒分为DNA病毒和RNA病毒。核酸具有多样性，有线状(linear)、环状(circular)、双股(double stranded)、单股(single stranded)、分节段(segmented)、不分节段。大多数DNA病毒核酸为双股线状，少数为单股线状，如细小病毒；单股环状，如圆环病毒、嗜肝病毒；双股环状，如乳头瘤病毒、多瘤病毒。大多数RNA病毒的核酸为单股线状、不分节段，少数为单股线状、分节段，如正黏病毒、布尼亚病毒、砂粒病毒；少数为双股线状，分节段，如呼肠孤病毒和双RNA病毒。

根据病毒学原则，以mRNA的碱基序列为标准，凡是与之相同的核酸称为正链(positive sense)，与之互补的则称为负链(negative sense)。单股RNA有正链和负链之分。冠状病毒、动脉炎病毒、披膜病毒、微RNA病毒、嵌杯病毒、黄病毒、戊肝病毒等的核酸为正链；核酸为单股负链RNA的病毒有副黏病毒、弹状病毒、丝状病毒和波纳病毒等。双股DNA或RNA也有正链和负链之分。

2. 感染性核酸

部分动物病毒去除囊膜和衣壳，裸露的DNA或RNA也能感染细胞，这样的核酸称为感染性核酸。感染性核酸是不分节段的正链RNA，可直接作为mRNA或可利用宿主细胞的RNA聚合酶转录本身的mRNA，可合成完整的病毒粒子。如冠状病毒、微RNA病毒、疱疹病毒等都具有感染性核酸。感染性核酸不受衣壳蛋白和宿主细胞表面受体的限制，易感细胞范围广，但易被宿主体内的核酸酶等破坏，故其感染性比完整的病毒粒子要低。

利用感染性核酸的特点，建立了病毒的感染性克隆技术。该技术是利用PCR或RT-PCR及反向遗传学技术获得病毒的基因组全长cDNA，将其所有cDNA连接到质粒载体中，构建病毒基因组全长cDNA克隆，通过体外转录或表达，获得完整的具有感染性的病毒粒子。该技术为病毒基因组的结构和功能研究提供有效的方法。目前已成为病毒学研究的重要工具之一。

3. 大小

不同病毒的核酸大小差异较大。DNA病毒中，圆环病毒仅有1 760 nt组成，而最大的痘病毒则有4 000 000 bp组成。RNA病毒的核酸比DNA病毒要小，最大的为冠状病毒，为20 000～32 000 nt，最小的为丁型肝炎病毒，含有1 700 nt。

4. 功能

核酸是病毒的遗传物质，是病毒遗传、变异和增殖的物质基础。其主要功能为：

（1）指导病毒复制　以基因组为模板，经转录、翻译合成子代病毒的核酸、结构蛋白后组装成完整的子代病毒。

（2）决定病毒的特性　病毒核酸是由碱基构成，携带着病毒的全部遗传信息。因此，以此为模板复制的子代病毒保留着亲代病毒的特性。

（二）蛋白质

蛋白质是病毒的另一类主要成分，由病毒基因组编码。组成蛋白质的氨基酸及顺序决定着病毒毒株的差异。病毒的蛋白质根据是否存在于病毒颗粒中，分为结构蛋白（structural protein）和非结构蛋白（nonstructural protein）。

1. 结构蛋白

病毒的结构蛋白是指成熟病毒粒子的所有蛋白质，约占病毒总重量的 70%，少数低至 30%～40%。主要分布于衣壳、囊膜或纤突、基质中，具有良好的抗原性。病毒的衣壳蛋白、囊膜或纤突蛋白可特异性与宿主细胞表面受体结合，这种蛋白质称为病毒吸附蛋白（viral attachment protein，VAP），如禽流感病毒的血凝素、神经氨酸酶等。基质蛋白是连接衣壳蛋白和囊膜蛋白的部分，具有跨膜和锚定（anchor）功能。

结构蛋白的功能包括：①保护核酸。衣壳蛋白包裹病毒的核酸，保护核酸免受环境中核酸酶和其他理化因素的破坏。②参与病毒感染宿主细胞。VAP 能与易感细胞表面受体特异性结合，介导病毒核酸进入宿主细胞内部，引起感染。③决定病毒对宿主细胞的嗜性。④具有良好的抗原性，可刺激机体产生免疫应答。

2. 非结构蛋白

病毒的非结构蛋白是指由病毒基因组编码，但不参与病毒构成的蛋白质。包括病毒编码的酶类以及特殊功能的蛋白质，如蛋白水解酶、DNA 聚合酶、逆转录酶、胸腺嘧啶核苷激酶、抑制宿主细胞生物合成的蛋白质等。病毒的非结构蛋白也可是在病毒复制过程中的某些中间产物，并可存在于被感染的宿主细胞中。如口蹄疫病毒的非结构蛋白 3ABC 仅存在于感染动物中，故检测其抗体可用于区分野毒感染和疫苗接种。

病毒的非结构蛋白具有酶的活性或其他功能。如冠状病毒和流感病毒的非结构蛋白具有一定的抗宿主免疫功能，有助于病毒在宿主体内的复制；黄病毒的非结构蛋白 NS3 具有丝氨酸蛋白酶和 RNA 解旋酶的功能。

（三）脂类和糖

病毒的脂类存在于囊膜中，来源于宿主细胞，主要成分有磷脂、胆固醇及中性脂肪等。病毒的囊膜有的来自宿主细胞膜，其脂类与宿主细胞膜成分相同，彼此易于融合，因此囊膜可辅助病毒感染。另外，囊膜具有病毒种、型特异性，也是病毒鉴定和分型的依据之一。

由于囊膜中含有大量的脂类物质，可用脂溶剂去除囊膜中的脂质，使病毒失活。常用乙醚或氯仿处理病毒，再检测其活性，以确定病毒是否有囊膜。

病毒的糖类一般是以糖蛋白的形式存在，是某些病毒纤突的组成成分，如禽流感病毒的血凝素（HA）、神经氨酸酶（NA）等，这些糖蛋白与病毒吸附宿主细胞表面受体有关。

第三节　病毒的分类及兽医学上重要的病毒

病毒种类繁多，宿主范围极广，几乎感染所有的生命体，为了更好地探索病毒的结构、功能、遗传、变异、感染及与外界环境的关系等，必须对病毒进行分类。

一、病毒分类与命名的历史沿革

病毒的分类研究起步较晚，真正开始于1961年。1961年前，各自研究领域的科学家提出或建立了一些分类系统，但进展缓慢，缺乏国际间协作。病毒的分类多采用其所导致的疾病及其组织嗜性等进行，没有系统的分类方法。

1966年，莫斯科国际微生物学术会议建立了国际病毒命名委员会(International Committee for Nomenclature of Virus，ICNV)，开启了病毒分类命名的历程，制定了4项基本方针，即必须明确列出病毒的组(或属)、提出这些组的代表成员(种)、提出各组(或属)的名称、探讨利用密码进行分类。但此次分类存在很多问题。

从1968年开始，ICNV每隔2～3年召开一次学术会议，交流国际病毒学研究的成果与进展，专门讨论病毒的分类与命名。在Wildy担任ICNV主席期间，组织国际间相互协作，1971年发表了ICNV的病毒分类与命名的第1次报告。该报告中采用了密码对病毒进行分类，描述并划定了43个属(或相当于属的组、群)及其他成员，汇集出版了《病毒学论文集》第5卷，通过了“国际病毒命名法则”。

1971年以后，病毒分类与命名的工作得到了巩固和发展。1973年，ICNV改为国际病毒分类委员会(International Committee on Taxonomy of Viruses，ICTV)，制定了《国际病毒分类与命名原则》(The International Code of Virus Classification and Nomenclature)。1976年发表了第2次报告，确定了病毒的47个科和组；1979年召开了第三届国际病毒学代表大会，发表了第3次报告，确定了病毒的50个科和组。该报告从实际工作出发，首选按宿主将病毒分为五大类，以病毒的化学组成、形态结构、生理生化为重要依据，增加了科、属、种、群名词的词源，设立了7个小组委员会。1982年发表了第4次报告，确定了病毒的54个科和组。1991年发表了第5次报告，确定了病毒的73个科或组，包括了2 420株病毒。1995年发表了第6次报告，确定了1个病毒目、50个科、9个亚科和164个属，囊括了3 600多种病毒。2000年发表了第7次报告，确定了3个目、63个科、9个亚科和240个属，1 550个种。2005年发表了第8次报告，确定了3个目、73个科、11个亚科和289个属，1 898个种。2011年发表了第9次报告，确定了6个目、94个科、19个亚科和349个属，2 284个种。2012年修订后确定了7个目、96个科、22个亚科和420个属，2 617个种。2013年确定了7个目、103个科、22个亚科和455个属，2 827个种。2014年确定的病毒仍为7个目。2015年病毒目没变，设111个科、27个亚科和609个属，3 704个种。2017年确定了9个目、131个科、46个亚科、803个属和4 853个种。随着网络技术的发展，病毒分类命名也得到推进，ICTV网站上(https://talk.ictvonline.org/)公布的病毒分类系统更新时间为1～2年。

二、病毒的分类依据

随着病毒学研究的不断深入，尤其是病毒基因和基因组测序研究的发展，病毒分类已从单一基因上升到全基因水平。病毒分类一般采用非系统的、多原则、分等级的分类方法。病毒分类的依据有：①病毒的特点：病毒颗粒大小、形状、囊膜有无、衣壳对称性及壳粒数；②基因组特征：核酸类型(DNA 或 RNA)、股数(双股或单股)、片段数、分子量、全基因序列、形状、极性等；③蛋白质特征：数目、大小、功能、氨基酸序列；④核酸复制特征：复制类型、转录特征、蛋白质装配、成熟、释放部位、包涵体形态(细胞病理学)；⑤理化特征：pH 稳定性、离子强度(Mg^{2+}、Ca^{2+})、沉降系数、体外存活期；⑥生物学特征：繁殖方式、血清学关系、宿主范围、致病性、传播途径、组织嗜性、病理学、媒介关系、地理分布。

三、病毒的分类阶元

ICTV 认定，病毒的分类系统不使用界、门、纲的分类阶元(taxon)，只采用目、科、亚科、属、种分类阶元。病毒的名称采用英文或英文化的拉丁文，只用单名。第 7 次分类报告规定，凡是被 ICTV 正式命名的病毒，其名称用斜体书写；凡是作为某科或某属暂定成员的病毒用正体书写。目、科、亚科、属也用斜体表示。名称的第一个字母大写，种的名称也用斜体，第一个词的首字母大写，除专有名词或专有名词的一部分外，其余词首字母一律小写，如 *Canine parvovirus*。

(1)目　病毒的目以“-病毒目”(*-virales*)为词尾；

(2)科　是一群具有某些统一特征的属(无论这些属是否构成亚科)。病毒的科以”-病毒科”(*-viridae*)为词尾，类病毒的科以“-类病毒科”(*-viroidae*)为词尾；

(3)亚科　是一群具有某些共同特征的属，这一分类阶元在需要解决复杂分类阶元时使用。病毒的亚科以“-病毒亚科”(*-virinae*)为词尾；

(4)属　是一群具有某些共同特性的种。病毒的属以“-病毒属”(*-virus*)为词尾，类病毒的属以“-类病毒属”(*-viroid*)为词尾；

(5)种　病毒种是指构成一个复制谱系，占据一个特定小生境，具有多原则分类特性的病毒。种名由少数几个有实际意义的词组成，但不应该只是宿主名加“virus”构成，种名必须赋予种恰如其分的鉴别特征。

四、病毒的分类

(一)根据病毒的核酸类型及复制方式

1. 病毒

(1)DNA 病毒(DNA viruses)　包括双链 DNA 病毒(dsDNA viruses)、单链 DNA 病毒(ssDNA viruses)；

(2)RNA 病毒(RNA viruses)　包括双链 RNA 病毒(dsRNA viruses)、单股正链 RNA 病毒(+ssRNA viruses)和单股负链 RNA 病毒(-ssRNA viruses)；

(3)DNA 与 RNA 逆转录病毒(DNA and RNA reverse transcribing viruses)　包括 DNA 逆转录病毒(DNA reverse transcribing viruses)和 RNA 逆转录病毒(RNA reverse transcribing viruses)。

2. 亚病毒

自然界中还有比病毒更小，结构更为简单的微生物，称为亚病毒(subviruses)。包括类病毒(viroid)、卫星病毒(satellites virus)和朊病毒(prion)，它们具有致病性。

(1)类病毒　为植物病毒,1971年由美国Diener发现命名。类病毒由250～400个核苷酸组成,为单链杆状RNA,无囊膜和衣壳,不含蛋白质。在宿主细胞核内增殖,利用宿主细胞的RNA聚合酶Ⅱ进行复制。对核酸酶敏感,对热、有机溶剂有抵抗力。

(2)卫星病毒　也是植物病毒。有两类,一类可编码自身的衣壳蛋白,另一类为卫星病毒RNA分子,需辅助病毒才能复制。

(3)朊病毒　又称为朊粒,为传染性蛋白质,没有核酸,能引起人和多种动物疾病,如人的库鲁斯病、克雅斯病、新克雅斯病、致死性家族失眠症等。动物疾病如羊瘙痒病、牛海绵状脑病、猫海绵状脑病、貂海绵状脑病等。

(二)根据感染宿主类型

病毒可分为植物病毒、动物病毒、细菌病毒、昆虫病毒等。

五、兽医学上重要的病毒

几乎所有的动物均可被病毒感染,引起严重的疾病,甚至导致死亡,给养殖业带来了巨大的损失。有的病毒(如高致病性禽流感病毒)还能够突破种间障碍,感染人引起死亡,给人类健康带来威胁。导致动物疾病的病毒种类很多,重要的病毒见表14-2。

表14-2　兽医学重要的病毒

科	属	有无囊膜	重要病毒
双股DNA病毒(dsDNA)线状			
痘病毒科(*Poxviridae*) 哺乳动物痘病毒亚科	正痘病毒属	有囊膜	牛痘病毒
	副痘病毒属	有囊膜	口疮病毒
	山羊痘病毒属	有囊膜	绵羊痘病毒、山羊痘病毒
	禽痘病毒属	有囊膜	鸡痘病毒
非洲猪瘟病毒科 (*Asfarviridae*)	非洲猪瘟病毒属	有囊膜	非洲猪瘟病毒
腺病毒科 (*Adenoviridae*)	哺乳动物腺病毒属	无囊膜	犬传染性肝炎病毒
	禽类腺病毒属	无囊膜	减蛋综合征病毒
疱疹病毒目(*Herpesvirales*)(dsDNA)线状			
疱疹病毒科(*Herpesviridae*) 甲型疱疹病毒亚科	传喉病毒属	有囊膜	鸡传染性喉气管炎病毒
	马立克病毒属	有囊膜	鸡马立克病毒、鸭瘟病毒
	水痘病毒属	有囊膜	牛传染性鼻气管炎病毒、伪狂犬病毒、马鼻肺炎病毒
单股DNA病毒(ssDNA)			
细小病毒科(*Parvoviridae*) 线状	细小病毒属	无囊膜	犬细小病毒、猪细小病毒、猫泛白细胞减少症病毒
	依赖病毒属	无囊膜	鹅细小病毒、鸭细小病毒
	阿留申病毒属	无囊膜	貂阿留申病毒

续表 14-2

科	属	有无囊膜	重要病毒
圆环病毒科(*Circoviridae*)环状	圆环病毒属	无囊膜	猪圆环病毒、长尾鹦鹉啄羽病病毒、鹅、鸽、金丝雀圆环病毒
	圆圈病毒属	无囊膜	鸡贫血病毒
具有转录过程的病毒			
反转录病毒科(*Retroviridae*) 二倍体 线状			
正逆转录病毒亚科(*Orthoretrovirinae*)	甲型逆转录病毒属	有囊膜	禽白血病病毒、禽肉瘤病毒
	丙型逆转录病毒属	有囊膜	猫白血病病毒
	丁型逆转录病毒属	有囊膜	牛白血病病毒
	慢病毒属	有囊膜	维士纳/梅迪病毒、山羊关节炎/脑脊髓炎病毒、马传染性贫血病毒、猫免疫缺陷病毒
嗜肝病毒科(*Hepadnaviridae*)环状 DNA,核酸部分双链,部分单链	禽嗜肝病毒属	有囊膜	鸭乙型肝炎病毒
双股 RNA 病毒(dsRNA)			
呼肠孤病毒科(*Reociridae*)	环状病毒属	无囊膜	蓝舌病毒、非洲马瘟病毒
	轮状病毒属	无囊膜	轮状病毒
	水生呼肠孤病毒属	无囊膜	草鱼出血病病毒
	正呼肠孤病毒属	无囊膜	禽呼肠孤病毒
双 RNA 病毒科(*Birnaviridae*)	禽双 RNA 病毒属	无囊膜	传染性法氏囊病毒
	水生双RNA病毒属	无囊膜	传染性胰坏死病毒
单股负链 RNA 病毒(—)ssRNA			
副黏病科(*Paramyxoviridae*)副黏病毒亚科	禽腮腺炎病毒属	有囊膜	新城疫病毒、禽副流感病毒
	麻疹病毒属	有囊膜	犬瘟热病毒、牛瘟病毒
弹状病毒科(*Rhabdoviridae*)	狂犬病毒属	有囊膜	狂犬病病毒
	暂时热病毒属	有囊膜	牛暂时热病毒
波纳病毒科(*Bornaviridae*)	波纳病毒属	有囊膜	波纳病毒
分节段的负链 RNA 病毒　分节段(—)ssRNA viruses			
正黏病毒科(*Orthomyxoviridae*)(6～8 节段)	甲型流感病毒属	有囊膜	禽流感病毒、猪流感病毒
布尼亚病毒科(*Bunyaviridae*)(3 节段)环状	白蛉病毒属	有囊膜	裂谷热病毒
砂粒病毒科(*Arenaviridae*)(2 节段)环状	旧大陆砂粒病毒群	有囊膜	淋巴细胞脉络丛脑膜炎病毒

续表 14-2

科	属	有无囊膜	重要病毒
套式病毒目(*Nidovirales*)(＋)ssRNA			
冠状病毒科(*Coronaviridae*)不分节段　线状　感染性核酸	甲型冠状病毒属	有囊膜	猪传染性胃肠炎病毒、猫冠状病毒、猪流行性腹泻病毒、犬冠状病毒
	乙型冠状病毒属	有囊膜	牛冠状病毒、SARS 冠状病毒
	丙型冠状病毒属	有囊膜	传染性支气管炎病毒
动脉炎病毒科(*Arteriviridae*)不分节段　线状　感染性核酸	动脉炎病毒属	有囊膜	马动脉炎病毒、猪繁殖与呼吸综合征病毒、小鼠乳酸脱氢酶病毒、猴出血热病毒
微 RNA 病毒目(*Picornavirales*)(＋)ssRNA			
微 RNA 病毒科(*Picornaviridae*)线状　感染性核酸	口蹄疫病毒属	无囊膜	口蹄疫病毒、马鼻炎病毒
	肠病毒属	无囊膜	猪水疱病病毒、禽脑脊髓灰质炎病毒
	禽肝炎病毒属	无囊膜	鸭甲型肝炎病毒
其他正链 RNA 病毒			
嵌杯病毒科(*Caliciviridae*)(＋)ssRNA　线状	水疱疹病毒属	无囊膜	猪水疱疹病毒、猫嵌杯病毒
	兔病毒属	无囊膜	兔出血症病毒
黄病毒科(*Flaviviridae*)(＋)ssRNA　线状　感染性核酸	黄病毒属	无囊膜	日本脑炎病毒、鸭坦布苏病毒
	瘟病毒属	无囊膜	猪瘟病毒、牛病毒性腹泻病毒
朊病毒(PrP^{Sc})蛋白质，具有感染性，引起多种动物朊病毒病			

复习思考题

1. 简述病毒的概念及特点。
2. 简述病毒与其他微生物的区别。
3. 简述病毒的结构及其功能，并画出模式图。
4. 病毒核酸与蛋白质的主要特点有哪些？
5. 简述病毒的分类机构及分类阶元。
6. 举例说明动物重要的病毒有哪些。

第十五章　病毒的增殖

【内容提要】病毒是严格在细胞内寄生的微生物，培养时必须依靠活细胞或适宜的实验动物。根据病毒增殖的生长曲线，病毒的复制周期可分为吸附、穿入和脱壳、生物合成、组装和释放等步骤。无囊膜20面体病毒的衣壳蛋白可自我组装。大多数无囊膜病毒在细胞裂解后释放出病毒粒子；有囊膜的病毒则以出芽的方式成熟并释放，分为细胞膜出芽和胞吐两种方式。

第一节　病毒的培养与鉴定

病毒是严格在细胞内寄生的微生物，可用活细胞、实验动物、鸡胚进行病毒的培养。如SPF动物(specific pathogen free，SPF)或SPF鸡胚，常用于病毒培养。目前发展最快的是细胞培养技术。

一、病毒的培养

(一)细胞培养

1.细胞培养的特点

体外培养动物组织在100多年前已获成功，直到20世纪50年代采用将组织细胞分散的技术，使组织培养变为细胞培养，得以应用于病毒学研究，包括诊断及疫苗制备等方面。细胞培养的重要用途之一是从感染的动物组织内分离病毒以及病毒克隆。其优点有：①细胞培养中每个细胞的生理特性基本一致，对病毒的易感性相同；②无个体差异，不涉及动物保护问题；③用于试验的数量可以根据需要增加，可控性好；④可进行标准化试验，重复性好；⑤感染病毒的细胞可通过观察细胞产生的变化，如细胞病变(cytopathic effect，CPE)等来判定结果，也可结合免疫学技术或核酸检测技术检测细胞内是否含有所培养的靶病毒。

2.细胞培养的类型

(1)原代细胞(primary cell)　动物组织经胰蛋白酶等消化、分散，获得单个细胞，再移至培养器皿中培养。大多数组织均可制备原代细胞，其中肾和睾丸最为常用。原代细胞一般对病毒较易感，尤其是来源于胚胎或幼畜组织的细胞。但是最好用SPF动物的组织，以免携带潜在的病毒。

(2)二倍体细胞株(diploid cell strain)　将长成的原代细胞消化分散成单个细胞，继续培养传代，其细胞染色体数与原代细胞一样，仍为二倍体。此种细胞数量可扩大，对病毒的易感性基本不变。从样本中分离培养病毒，通常采用该种细胞，缺点是其传代次数有限。

(3)传代细胞系(established cell line)　与上述两类细胞不同，这类细胞理论上在体外可无限制分裂。大多来源于肿瘤组织或转化的细胞，染色体数目不正常，为异倍体。此类细胞易于培养和传代，缺点是有的细胞对分离野毒不敏感。由于具有引致肿瘤的潜在危险，传代细胞系一般不用于制备疫苗。传代细胞系均有通用的名称，如 Hela(人子宫癌细胞)、Vero(非洲绿猴肾细胞)和 BHK-21(乳仓鼠肾细胞)等，并由专门机构负责鉴定和保管(如 ATCC 等)，常用细胞株及所能分离的主要病毒种类详见表 15-1。

表 15-1　常用细胞株及所分离的病毒种类

种类	细胞	来源	分离主要病毒种类
原代细胞	MK 细胞	猴肾脏	流感病毒、副流感病毒、肠道病毒
2 倍体细胞	HEE 细胞 MRC-5 细胞 WI-38 细胞	人胎儿肺成纤维细胞	细胞包涵体病毒、鼻病毒、水痘病毒、疱疹病毒、肠道病毒、腺病毒、RS 病毒等
传代细胞	A549 细胞	人肺癌细胞	疱疹病毒、腺病毒、肠道病毒、腮腺炎病毒
	CaCo-2 细胞	人大肠癌细胞	流感病毒
	HeLa 细胞	人子宫颈癌细胞	腺病毒、RS 病毒
	HEp-2 细胞	人喉头癌细胞	RS 病毒、腺病毒、疱疹病毒、肠道病毒
	LLC-MK2 细胞	赤毛猿肾脏	副流感病毒、人偏肺病毒、肠道病毒
	MDCK 细胞	犬肾脏	流感病毒
	RD 细胞	人横纹肌肉芽肿组织	肠道病毒、疱疹病毒
	Vero 细胞	非洲绿猴肾细胞	腺病毒、肠道病毒、疱疹病毒、腮腺炎病毒
	Slam/Vero 细胞	Vero 细胞来源麻疹病毒受体重组细胞	麻疹病毒
	L20B 细胞	L 细胞来源脊髓灰质炎病毒受体重组细胞	脊髓灰质炎病毒(小儿麻痹症病毒)

3. 细胞培养的方法

最常用的方法为静置培养和旋转培养。为满足某些特定的需要，还可采用悬浮培养或微载体培养技术等。

(1)静置培养(stationary culture)　消化分散的细胞悬液分装于培养瓶或培养板，封闭，静置于恒温箱内，数天后细胞生成贴壁的单层细胞。细胞培养板一般需在含 5%的 CO_2 条件下培养。哺乳动物及禽类细胞的培养温度一般为 37℃，鱼类等变温动物则视其生存环境的温度而定，温水鱼细胞一般 25～28℃，冷水鱼细胞 15～20℃。昆虫细胞培养需特殊的培养条件。

(2)旋转培养(roller culture)　基本方法与静置培养相同，差别在于培养的细胞不是静置，而是不断缓慢旋转，经过一段时间，细胞可在培养瓶上长满单层细胞。此方法的产量高，适用于疫苗工业化生产。某些病毒如轮状病毒、冠状病毒，用旋转培养比静置培养分离野毒株更易成功。

(3)悬浮培养(suspension culture)　通过搅拌使细胞处于悬浮状态，并补充营养和校正 pH，使之生长或维持存活。此方法适用于某些不需要贴壁生长的细胞系，如淋巴细胞系不易贴壁。

(4)微载体培养(microcarrier culture)　微载体是直径为 100～200 μm 的微小颗粒，对细

胞无毒性，细胞可贴附其上长成单层，是在悬浮培养的基础上结合微载体的细胞培养技术。微载体培养技术已日趋成熟，是目前公认的最有发展前途的一种动物细胞大规模培养技术，广泛用于培养各种类型细胞，生产疫苗、蛋白质产品，如 293 细胞、成肌细胞和 Vero 细胞等。该技术还适用于某些不能悬浮培养的细胞，如二倍体细胞。微载体有若干型号，已商品化。

(二)鸡胚培养

很早已经开始用鸡胚进行病毒的增殖。即便是细胞培养技术已普及的今天，如禽流感病毒等禽类病毒的分离和培养依旧采用该方法，常用 SPF 鸡胚。很多病毒都能在鸡胚中生长，但是接种部位、鸡胚日龄及增殖指标因病毒种类而不同。如绒毛尿囊腔内接种病毒需要选择 10～11 日龄鸡胚，卵黄囊内接种则选择 5～8 日龄鸡胚，羊膜腔内接种则选择 7～15 日龄鸡胚，绒毛尿囊膜上接种则选择 10～13 日龄鸡胚(图 15-1)。表示病毒增殖指标包括尿囊膜上是否长痘斑，尿囊液和羊水是否能够凝集红细胞，鸡胚是否发生出血、死亡或畸形。

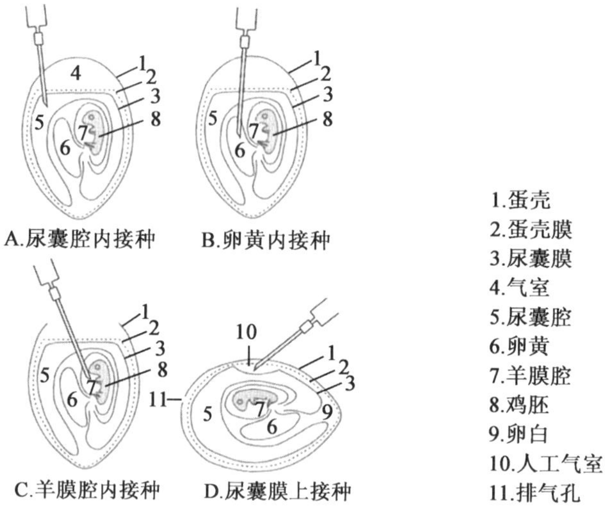

图 15-1　鸡胚接种部位(引自：Yukinobu Tohya)

(三)动物培养

鸡胚培养法和细胞培养法开始应用之前，病毒学实验只能采取动物培养法。其难易程度、劳力和经费方面远不如上述两种培养病毒的方法。在兽医学领域，经常用病毒感染天然宿主动物，进行动物免疫应答、病毒致病性和强毒株的传代培养等研究，并且个别病毒的分离只能在实验动物体内进行。根据病毒种类的不同，所用动物的种、品系、年龄以及接种方法也不尽相同。

二、病毒的分离与鉴定

病毒检测有助于病毒病的诊断，特别是对于新发病毒性传染病尤其重要。病毒的分离与鉴定可为病毒感染提供最为直接的病原学证据，同时也可为进一步的病毒学研究提供材料。

病毒的分离与鉴定包括：病料的采集和准备、病毒的分离和培养、形态学观察、理化特性鉴定、血清学鉴定及分子生物学鉴定等基本过程(图 15-2)。病毒的形态学观察主要是采用电子显微镜。

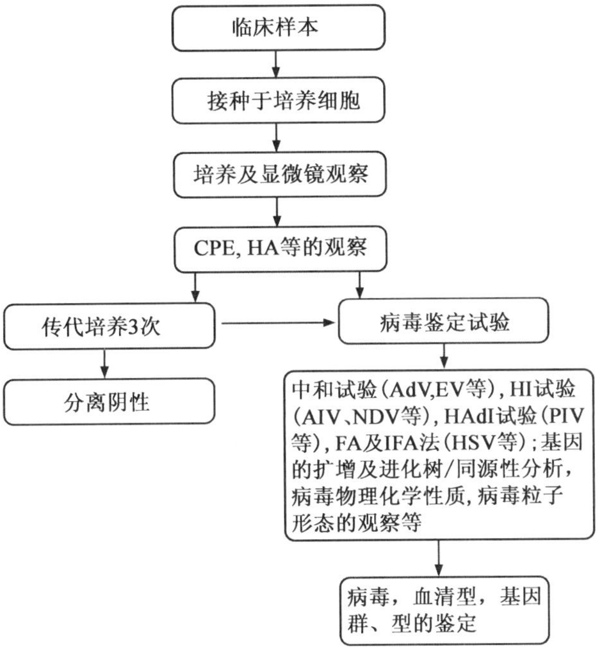

图 15-2　病毒分离培养与鉴定的一般流程图

CPE:细胞病变效应；HA:血凝试验；AdV:腺病毒；EV:肠道病毒；HI:血凝抑制试验；Ⅳ:流感病毒；NDV:新城疫病毒；HAdI:血吸附抑制试验；PIV:副流感病毒；FA 及 IFA:直接和间接荧光试验；HSV:疱疹病毒

(一)病料的采集和准备

病料采集的适当与否,直接影响病毒的检测结果。一般可采集发病或死亡动物的组织、分泌物或粪便等,采样因动物及病毒的种类而异。由犬细小病毒或轮状病毒引致腹泻的幼犬或犊牛,一般应采其粪便;疑似为口蹄疫的猪或牛,则应采其口腔和蹄部水疱液及水疱皮送检;牛病毒性腹泻病毒、猪瘟病毒、犬瘟热病毒等,在高热期病毒的检出率高。

采集的样本在接种细胞、鸡胚或动物之前,需适当处理(如研磨和反复冻融含病毒的器官和组织),以保证病毒分离的成功率。

(二)病毒的分离培养

细胞培养是分离培养病毒最常用的方法。一般来说,本动物的原代细胞最为敏感,但不如传代细胞方便易得。例如猪传染性胃肠炎病毒初次分离最好用猪甲状腺原代或二倍体细胞。培养方法常用静置培养法,但有的病毒如轮状病毒,初次分离时旋转培养成功率要比静置培养高。一般选择生长旺盛的敏感细胞用于病毒分离。但少数病毒例外,如犬、猪等细小病毒,病毒的复制依赖于分裂旺盛的细胞,因此需将病毒接种与细胞培养同步进行。

引起禽类疫病的病毒一般可用 10～11 日龄的 SPF 鸡胚进行病毒的分离和培养。依据病毒种类选择适当的接种途径,通常接种尿囊腔,如新城疫病毒等。特殊情况可接种卵黄囊、绒毛尿囊膜和羊膜腔等,如鸡痘病毒接种绒毛尿囊膜。

某些非禽类病毒,如蓝舌病病毒,一般用 BHK-21 等细胞培养,但若用病畜红细胞裂解上清液静脉接种于 11 日龄鸡胚,可获更好的分离效果。

(三)病毒的鉴定

1.病毒的理化特性测定

病毒的理化特性是病毒鉴定的重要依据,一般应进行病毒核酸型的鉴定、耐酸性试验和脂溶剂敏感性试验等,通常以细胞或鸡胚培养为观察体系,应设立已知病毒对照。

(1)病毒核酸型的鉴定　是病毒理化特性测定的主要指标。经典的方法是用代谢抑制法,即氟脱氧尿核苷或类似物添加于病毒培养物中,病毒复制被抑制者即为DNA病毒,否则为RNA病毒。也可加DNA酶或RNA酶分别作用,以判定核酸的型。绿豆芽酶(mung bean nuclease)可降解单股核酸,用它可进一步鉴定核酸是单股或双股。

(2)脂溶性试验和耐酸性试验　是最常用的两项指标。前者用乙醚或氯仿处理待检病毒液,然后与未处理者比较其$TCID_{50}$的变化,判断是否敏感。后者方法也类似,应设置缓冲液pH 3及pH 7的病毒对照。

2.病毒粒子的检测

尽管病毒粒子的数量与感染单位常常不一致,但病毒粒子数量的测定常用于估计样本中存在的病毒量。电子显微镜技术常用于直接观察病毒粒子。此外,还可用血凝试验和病毒酶活性的测定。

(1)电子显微镜技术　电子显微镜(EM)简称电镜,是观察病毒粒子最直观的方法。如果样本中含有多种病毒,亦可同时检测。但EM检测的样本中必须有一定量的病毒粒子,如小于10^7个/mL则不易检出。某些病毒病料中含毒量较高,如轮状病毒,通过EM较易发现病毒;口蹄疫病毒或猪瘟病毒在病料中的含量一般较低,EM不作为常规的检测手段。

(2)免疫电镜(immunoelectron microcopy,IEM)　是应用病毒特异性抗体的电镜技术,借以检出某些形态特点较难区分的病毒。由于抗体与病毒粒子相结合,凝聚了样本当中的病毒,提高检出率。高滴度的抗血清或单克隆抗体是决定IEM成败的关键材料。

3.病毒感染单位的测定

测定样本中病毒的浓度,即病毒的滴度(titer)是病毒学中最重要的技术之一。病毒滴度可以通过用系列稀释的病毒接种细胞、鸡胚或实验动物,检测病毒增殖的情况而确定。常用病毒滴度测定的有空斑试验、荧光-斑点试验、终点稀释法等,其中前二者最为常用。

(1)空斑试验(plaque assay)　将10倍梯度稀释的病毒样本接种于单层细胞,在细胞上覆盖一层含营养液的琼脂,以防止游离的病毒扩散,但病毒可在细胞间传递。经过一段时间培养,感染病毒的细胞及病毒扩散的周围细胞会形成一个近似圆形的斑点,类似固体培养基上的菌落形态,称为空斑(plaque)、噬斑或蚀斑(图15-3)。空斑是细胞病变的一种特殊表现形式,一个空斑可能由一个以上病毒粒子感染所致,因此可将获得的单个空斑制作悬液,梯度稀释后再做空斑试验,最终可获得只含一个病毒粒子及其子代的空斑,这就是病毒克隆。借助空斑技术不仅可以纯化病毒和鉴定病毒,还可以对病毒定量,定量单位称为空斑形成单位(plaque forming unit,PFU)。通过PFU的计数及PFU减数试验,可滴定血清的效价、测定干扰素的活性等。空斑试验是纯化和滴定病毒的一个重要手段,但并非所有病毒或毒株都能形成空斑。

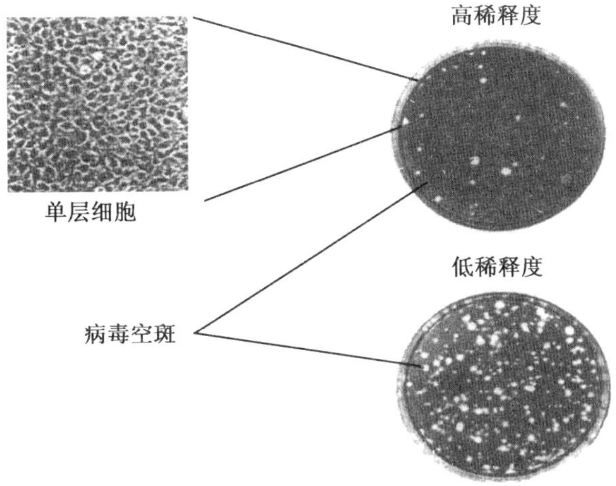

图 15-3 病毒的空斑形成（引自：Madigan 等）

(2)荧光-斑点试验(fluorescent-focus assay) 是空斑试验的一种改良方法，用于测定细胞培养时不会引致 CPE 病毒的滴度，如猪瘟病毒。该方法的起始步骤与空斑试验一致。在病毒充分吸附和基因表达之后，用甲醇或丙酮固定细胞，用针对病毒蛋白的特异性抗体进行处理，然后加入荧光素标记的二抗。将此细胞置于荧光显微镜下观察，病毒感染的细胞形成荧光斑点，病毒的滴度以每毫升荧光斑点形成单位(fluorescent focus forming unit)表示。

(3)终点稀释法(endpoint dilution assay) 可用于测定几乎所有种类的病毒滴度，包括某些不能形成空斑的病毒，并用以确定病毒对动物的毒力或毒价。将病毒做系列稀释，选择 4～6 个稀释度，接种一定数量的细胞、鸡胚或动物，每个稀释度做 3～6 个重复。使用细胞培养，可通过 CPE 来判定组织培养半数感染量($TCID_{50}$)。鸡胚或动物以死亡或发病来测定。以感染发病作为指标时，可计算半数感染量(ID_{50})；体温反应作为指标时，可计算半数反应量(RD_{50})；用鸡胚测定时，可计算鸡胚半数致死量(ELD_{50})或鸡胚半数感染量(EID_{50})。

4. 病毒的血清学鉴定

病毒分离后，可用已知的抗病毒血清或单克隆抗体，对分离毒株进行血清学鉴定，确定病毒的种类、血清型及其亚型。此外，可用血清学技术，如免疫沉淀技术和免疫转印技术分析病毒的结构蛋白成分。

(1)血凝与血凝抑制试验(hemagglutination and hemagglutination inhibition assay, HA-HI) 许多动物病毒，如正黏病毒科、副黏病毒科、腺病毒科的成员，能凝集某些种类动物(如鸡、小鼠、豚鼠、人)的红细胞。这些病毒含有可与红细胞结合的蛋白质，如禽流感病毒囊膜上的血凝素糖蛋白，可与红细胞结合而引起红细胞凝集，但相应的抗体可阻断病毒与红细胞的结合。根据病毒的这种特性，可设计血凝试验来检测该病毒的存在；将特异性抗体与病毒作用，观察血凝抑制现象，来鉴定具有血凝特性的病毒。该方法敏感、简单、费用低，操作简便。

(2)病毒中和试验(virus neutralization, VN) 病毒的一些蛋白质抗原或抗原表位与相应抗体结合后可中和病毒的感染性。病毒中和试验可以在细胞、鸡胚或动物上进行，一般将抗体做稀释，与一定量的病毒混合，然后检测其在细胞、鸡胚或动物上的感染性。最终以抑制细胞病变（细胞培养）或病毒复制（鸡胚或动物）的抗体最高稀释度来表示。中和试验具有特异性，是检测病毒和新分离病毒毒株鉴定的最经典的方法，也可用于检测感染动物血清中的抗体水平。

（3）补体结合试验（complement fixation test，CFT） 可以用于检测动物血清中的病毒抗体。病毒抗原与抗体的结合引起补体结合，最终导致细胞膜溶解。在补体结合试验中，因红细胞膜溶解易于观察，常利用红细胞作为靶细胞，溶血系统作为指示系统。只要存在抗原抗体反应，补体结合就将发生，后者利用加入结合红细胞抗体（溶血素）的绵羊红细胞进行检测。如果补体完全被病毒抗原抗体复合物结合，则红细胞仍然是完整的；相反，如果补体未被结合或不完全结合，红细胞将在游离补体的作用下被溶解。因补体结合试验中不确定因素多，因此特异性不高。

（4）免疫沉淀（immunoprecipitation） 该技术基于病毒特异性抗体与感染细胞或组织的可溶性提取物中的病毒蛋白的相互作用而建立。病毒蛋白预先经放射性同位素标记的氨基酸进行代谢标记，将病毒与抗体作用，分离抗体-病毒蛋白复合物，将病毒蛋白从复合物中解离，再经聚丙烯酰胺凝胶电泳，最后经放射自显影，观察病毒蛋白带条。该技术可用于分析病毒蛋白的许多特性，如存在于病毒粒子和感染细胞内的病毒蛋白种类，蛋白的分子质量，蛋白的合成动态，亚细胞定位，病毒蛋白与其他病毒或细胞蛋白的结合情况等。

（5）酶联免疫吸附试验（enzyme-linked immunosorbent assay，ELISA） 可用于病毒或其相关蛋白质抗原的检测和血清中病毒抗体的检测。检测病毒抗原可采用竞争 ELISA 方法，夹心法 ELISA 或双夹心法 ELISA。检测抗体可采用直接或间接法 ELISA。该方法的优点是敏感性高，但是假阳性率高。操作时，应尽量排除影响实验结果的各种因素。

5. 病毒蛋白质的检测

（1）免疫染色（immunol staining）技术 病毒抗体可以用于检测感染细胞或组织中的病毒蛋白。可采用免疫染色技术，如免疫荧光染色技术、免疫酶染色技术。主要有直接免疫染色和间接免疫染色方法。直接免疫染色法是利用荧光素或酶标记的可识别病毒抗原的特异性抗体，与感染细胞或组织样本作用。间接免疫染色法是利用荧光素或酶标记抗抗体，用病毒特异性抗体与感染细胞或组织样本作用后，再加入荧光素或酶标记的抗抗体作用。免疫染色技术已广泛用于细胞中病毒蛋白的亚细胞定位，监测病毒蛋白的合成过程，分析变异对病毒蛋白合成的影响，研究病毒在动物宿主中的复制部位，病毒病的临床诊断等。

（2）免疫转印（immunoblotting） 免疫转印技术是基于抗体与固定在滤膜上的病毒蛋白的相互作用。病毒蛋白经凝胶电泳，然后转印到滤膜上。经免疫染色（如酶标记的第一抗体或第二抗体相互作用）检测结合在膜上的蛋白质位置。该方法优点在于不需要进行病毒蛋白的标记，因此适用于组织、器官或培养细胞中病毒蛋白的检测。但是结合到膜上的蛋白质是变性的，因此不适合用识别非线性抗原表位的抗体进行检测。

6. 病毒核酸的鉴定

分子生物学技术已应用于病毒的鉴定，包括病毒基因的 PCR 扩增及其序列分析、核酸杂交技术、病毒全基因组序列测定与分析，酶切图谱分析、寡核苷酸指纹图、DNA 芯片技术等，可获得分离毒株的基因组信息。依据基因组序列绘制遗传进化树，分析比较分离毒株的遗传变异情况，确定其基因类型。目前，PCR 技术已广泛用于病毒的检测和病毒病的诊断。

（1）聚合酶链式反应（polymerase chain reaction，PCR）　目前广泛用于病毒核酸检测。根据 GenBank 中病毒保守序列设计 PCR 引物，以待检病毒核酸为模板，在 DNA 聚合酶作用下，最后获得目的基因片段。扩增的片段经过 DNA 测序，与已知病毒序列比对，可得出结论。为了确保 PCR 反应的特异性扩增结果，往往采用套式 PCR（nested PCR）或套式 RT-PCR 的方法，即设计两套相关的引物，第一套引物扩增片段又作为第二套引物扩增的模板，最终扩增出的则为特异性的目的片段。

从 PCR 技术基础上发展起来的原位 PCR 和 Real time PCR（或称为 qPCR），近年来也逐渐用于动物病毒的检测和病毒病的诊断。qPCR 技术结合荧光标记的 TaqMan 探针的高特异性，不仅提高了病毒核酸的检测敏感性，通过高通量测序技术和电脑生物软件计算技术相结合，对变异性强的病毒（如流感病毒和蓝舌病病毒）进行血清型和基因型鉴别诊断，还可对不同来源的病毒同时检测，还可对混合感染病毒病进行诊断等。

PCR 结合序列测定，不仅可用于病毒核酸的检测，还可用于病毒的分子流行病学研究等，特别适用于那些需要尽量减少散毒风险、不宜进行培养的高致病性病毒，或不能适应细胞培养的病毒。但是 PCR 结合序列测定方法是基于已知基因序列设计特异性引物而实现的，对于一些变异病毒，甚至对未知病毒的检出显得力不从心。病毒的基因不像细菌 16S RNA 基因有共有序列，病毒基因组多种多样，长短也不一致，DNA 病毒有环状结构和线状结构，RNA 病毒也有正链和负链的区别。因此，建立和开发一种适合于病毒基因组检测的系统非常有必要。现在检测未知病毒的技术主要有以下几种：

①序列非依赖性单引物扩增法（sequence independent single primer amplification，SISPA）：Reyes 和 Kim 等在 1991 年开发的检测未知病毒的方法，只用单一引物随机扩增的产物进行克隆测序。②差异展示-PCR 方法（differential display，DD-PCR）：是一种感染细胞和非感染细胞来源的核酸进行 PCR 扩增后，电泳条带图案中获得病毒特异性序列的方法。这种方法是根据软件工具比较感染细胞的 mRNA 变化而设计的，所以无法检测出 3′末端不带有 poly A 尾巴结构的 RNA 病毒。③高通量测序法：能够一次性测序数百万个基因序列，排除感染细胞的基因序列后可获得新病毒的基因序列。但是需特殊仪器装置，造价高，一般研究室难以承受，因此普及使用有难度。④病毒 RNA/DNA 序列快速测定方法（rapid determination system of viral RNA/DNA sequences，RDV）：这是日本学者首次研制出的一种检测新病毒基因序列的方法。首先，将病毒基因组核酸一并使用长距离 Taq 聚合酶及随机引物的扩增构建第一个文库；其次，用 Hae Ⅲ 酶消化接头构建第二个文库；最后，采用直接测序方法（direct sequencing）获得病毒基因序列，不需要克隆化等过程，约在 2 d 内检测出新病毒的基因序列。该方法既可以从血清、培养上清样品中检测出病毒的核酸，也可以在蝙蝠、蚊子等宿主以及临床组织样品中检测出新病毒基因序列。关键是要用核酸酶（包括 DNase Ⅰ 和 RNase A）充分消化处理细胞来源的核酸成分，保障文库的质量，从而提高长距离 PCR 反应的敏感性。目前已经成功检测出小鼠肝炎病毒、SARS 病毒、西尼罗病毒、日本脑炎病毒及登革热病毒等。

（2）核酸杂交（nucleic acid hybridization）　核酸杂交包括 DNA 杂交（southern blot hybridization）和 RNA 杂交（northern blot hybridization）。DNA 杂交用于检测病毒 DNA。DNA 样本经限制性内切酶消化、凝胶电泳、变性、转移到滤膜上，然后用已标记（如生物素标

记)的病毒核酸序列作为探针,检测结合到固相滤膜上的 DNA。RNA 杂交用于病毒 RNA 的检测,基本过程与 DNA 杂交相似。核酸杂交技术的特点为特异性强。还有一种改良的方法,称斑点杂交,可用于样本中病毒核酸的快速检测。核酸杂交技术可用于细胞、组织中病毒基因组或转录产物的定位检测,称原位杂交(in situ hybridization),可准确定位感染病毒在组织或细胞当中的具体位置。

(3)DNA 芯片(DNA microarray chip)　DNA 芯片技术是一类新型的分子生物学技术,为研究细胞中病毒感染的基因表达谱提供了新的手段,近年来也开始应用于病毒的检测和病毒感染的诊断。首先将病毒 DNA 片段有序地固化于支持物(如玻片、硅片)的表面,组成密集二维分子排列,然后与已标记的待测样品中的靶分子杂交,通过特定的仪器(如激光共聚焦扫描或电荷偶联摄影像机)对杂交信号的强度进行检测分析,从而可检测样品中靶分子的数量和相关信息。该技术一次检测样品的容量大,并通过电脑技术在线数据库中进行比对数据和分析,有效的鉴别诊断不同来源的病毒,甚至同源不同基因型和血清型的病毒。

第二节　病毒的复制机制

根据病毒的一步生长曲线的规律,观察到病毒具有复制周期,可分为吸附、穿入和脱壳、生物合成、组装和释放等步骤(图 15-4)。特异性吸附是病毒表面分子与细胞上受体结合的结果,病毒血凝作用的本质也是病毒与细胞受体的结合。穿入和脱壳可发生在细胞膜,内吞小体和核膜上,因病毒种类而异。在隐蔽期病毒进行活跃的生物合成,此时完成 mRNA 的转录及蛋白质的合成。病毒转录的方式各不相同,有许多值得注意的特点。翻译的蛋白质有的尚需后期加工,如糖基化、酶裂解等。结构简单的无囊膜 20 面体病毒的衣壳蛋白可自我组装。大多数无囊膜病毒在细胞裂解后释放出病毒粒子。有囊膜的病毒则以出芽的方式成熟并释放,有细胞膜出芽及胞吐两种形式。

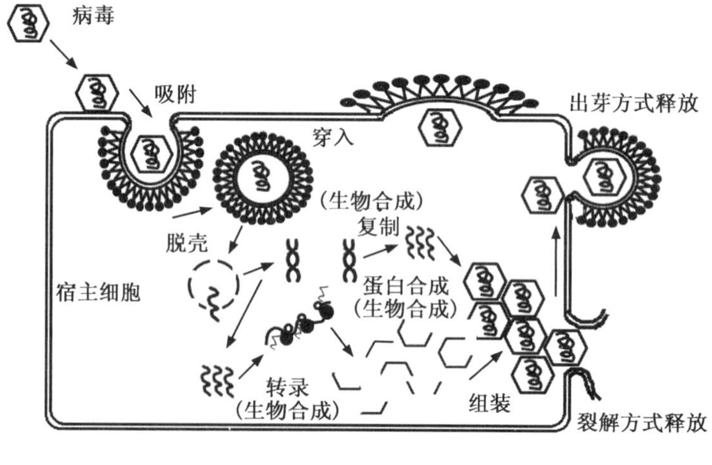

图 15-4　病毒的复制周期(引自:Murray P. R. 等)

一、病毒增殖

病毒增殖(multiplication)只在活细胞内进行,其方式有别于其他微生物,是以病毒基因为模板,在宿主细胞酶的作用下,分别合成其基因及蛋白质,再组装成完整的病毒粒子,这种方式称为复制(replication)。

(一)病毒的一步生长曲线

感染比(multiplicity of infection,MOI)指系统中感染性病毒颗粒数与细胞总数之比。在人工培养的细胞中,若接种高 MOI 的病毒,使所有细胞几乎同时感染病毒,按所经历时间分析该培养系统中细胞内病毒和培养液中的病毒含量或生长情况,可获得病毒的一步生长曲线(one-step growth curve)(图 15-5)。在病毒感染细胞之后的一个短时间内,病毒完全消失,甚至在细胞内也找不到感染性的病毒粒子,直至感染数小时后子代病毒出现为止,此阶段称为隐蔽期(eclipse period)。不同病毒此期长短不一致,一般持续 2~13 h。病毒此期主要进行基因复制。病毒释放到细胞外的时间称为潜伏期(latent period)。复制周期的长短因病毒不同而各异,如微 RNA 病毒为 6~8 h,而有的病毒长达 48 h,如细胞包涵体病毒(cytomegaoviyns,CMV)。

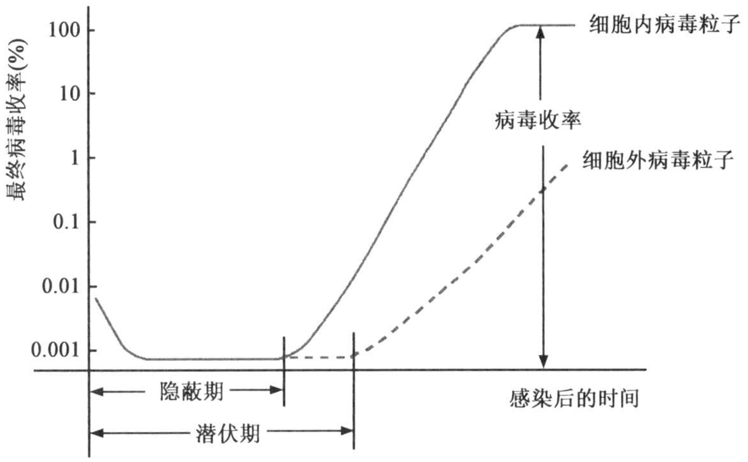

图 15-5 病毒一步生长曲线(引自:Yukinobu Tohya)

1. 吸附

吸附(adsorption)是病毒感染宿主细胞的第一步。这个过程包含静电吸附及特异性受体吸附两个阶段。细胞及病毒粒子表面都带负电荷,Ca^{2+}、Mg^{2+} 等阳离子能降低负电荷,促进静电吸附。静电吸附是可逆的,非特异的。特异性吸附对于病毒感染细胞至关重要。某些病毒表面的分子吸附敏感细胞表面的受体,这种结合是特异的。如禽流感病毒的凝集素(HA)能凝集红细胞,称为病毒的血凝作用,其本质也是病毒与细胞受体的结合。病毒受体(receptor)是宿主细胞表面的特殊结构,多为糖蛋白,例如新城疫病毒、甲型流感病毒等的 CD169(唾液酸)和小鼠肝炎病毒的 CEA 等。有些病毒粒子吸附除需受体外还需要辅受体(coreceptor),如腺病毒和口蹄疫病毒野毒株,还需要整合素(integrin)作为受体,而口蹄疫病毒的细胞适应株则是硫酸乙酰肝素聚糖(heparan sulfate proteoglycan),其他病毒受体详见表 15-2。病毒与受体的这种特异结合反映了病毒的细胞亲嗜性(cell tropism)。

血吸附(hemadsorption)是一种特殊形式的血凝作用,是将红细胞吸附于病毒感染的宿主细胞表面,也可用于病毒的检测,例如非洲猪瘟病毒。

表 15-2 主要的动物病毒与其细胞受体

病毒	主要的受体
甲型流感病毒	2,3 结合和 2,6 结合唾液酸(Sialic acids)
狂犬病病毒	乙酰胆碱受体(acetylcholine receptor,AchR)
口蹄疫病毒	整合素 (integrin)
疱疹病毒	硫酸乙酰肝素聚糖(heparan sulfate proteoglycan)
轮状病毒	唾液酸,神经节糖苷(ganglioside)
痘苗病毒	表皮生长因子受体(epidermal growth factor receptor,EGFR)
犬瘟热病毒	CD150(SLAM)
犬和猫的细小病毒	转铁蛋白受体 (transferrin receptor)
Alpha 冠状病毒 1	氨基肽酶(aminopeptidase)
猫免疫缺陷病毒	CD134
猫杯状病毒	junctional adhesion molecule 1 (JAM-1) 2,6 结合唾液酸

2. 穿入和脱壳

最早了解的是某些噬菌体的穿入(penetration)和脱壳(uncoating)。它们依靠尾端的溶菌酶在细菌细胞壁开一个小孔,尾鞘收缩,尾髓刺入,注入头部的核酸,衣壳则留在细胞外。动物病毒穿入宿主细胞并脱壳的过程有所不同,可发生在细胞膜、内吞小体及核膜上。

(1)在细胞膜穿入并脱壳　病毒吸附宿主细胞后,在中性 pH 条件下,其表面的融合蛋白(F)的前体 F_0 被宿主细胞的酶裂解为 F_1 和 F_2 两个亚单位。F_1 亚单位的 N 端具高度疏水性,为融合多肽区。该区段插入宿主细胞膜,导致病毒粒子囊膜与细胞膜融合,核衣壳逸出,进入胞浆(如副黏病毒属成员的新城疫病毒等)。

(2)在内吞小体脱壳　某些病毒在吸附细胞后,细胞将其吞饮(pinocytosis),又称为病毒胞饮(viropexis),形成内吞小体(endosome)。此时 H^+(低 pH)作为脱壳信号进入内吞小体,病毒血凝素发生构型变化,暴露融合多肽,贴近内吞小体的细胞膜,融合发生。H^+ 进而注入病毒颗粒,使核衣壳与病毒膜蛋白解离,释放到胞浆内(如禽流感病毒等)。

(3)在核膜脱壳　某些无囊膜的病毒在吸附细胞后,被细胞吞饮,形成内吞小体。此时 H^+ 进入内吞小体,当 $pH<6.5$ 时,病毒颗粒从内吞小体中释放,进入细胞质,进而向细胞核膜的核孔复合物(pore complex)贴近,病毒基因组及部分衣壳蛋白从衣壳中逸出,通过核孔复合物进入核内(如腺病毒等)。

3. 生物合成

病毒的生物合成(biosynthesis)发生在隐蔽期,非常活跃,包括 mRNA 的转录、蛋白质及 DNA 或 RNA 的合成等。生物合成发生的部位因病毒种类而异,多数 DNA 病毒及逆转录病毒发生在细胞核,少数如痘病毒、非洲猪瘟病毒发生在细胞浆,也有二者兼有的情况(如虹彩病毒及嗜肝病毒)。

病毒基因组转录 mRNA 是复制过程的最关键步骤。DNA 病毒特别是双股 DNA 病毒的复制机制与真核细胞有相似之处,但 RNA 病毒差别较大。如果是单股正链 RNA 病毒,其 RNA 基因组本身即可作为 mRNA,单股负链或双股 RNA 病毒则必须携带 RNA 依赖的 RNA 聚合酶,以供转录 mRNA 之用。病毒的 mRNA 是多顺反子 mRNA (polycistronic mRNA),通过各种方式翻译产生各种蛋白质。DNA 病毒将其多顺反子 mRNA 转录产物裂解或剪接为单顺反子 mRNA 分子。RNA 病毒大多在胞浆内复制,没有 RNA 加工通道及剪接酶,因此只能通过其他途径,或者是基因组分节段,一般每个节段分子即为一个基因;或者是其多顺反子基因组通过转录的终止及再起始,产生单顺反子 RNA 转录物;或者是采用重叠的套式系列(nested set)RNA,每个转录分子再翻译为单个蛋白分子;或者是多顺反子病毒 RNA 翻译为多聚蛋白,然后裂解为所需要的多个蛋白分子。

尽管各种病毒的复制过程千差万别,但其基因组的组成及转录 mRNA 的途径有一定的相似性。Baltimore (1978)归纳了动物病毒合成的 mRNA 的 6 种方式,此后发展为 7 种(图 15-6),有助于对复杂的病毒复制做概念性的理解。

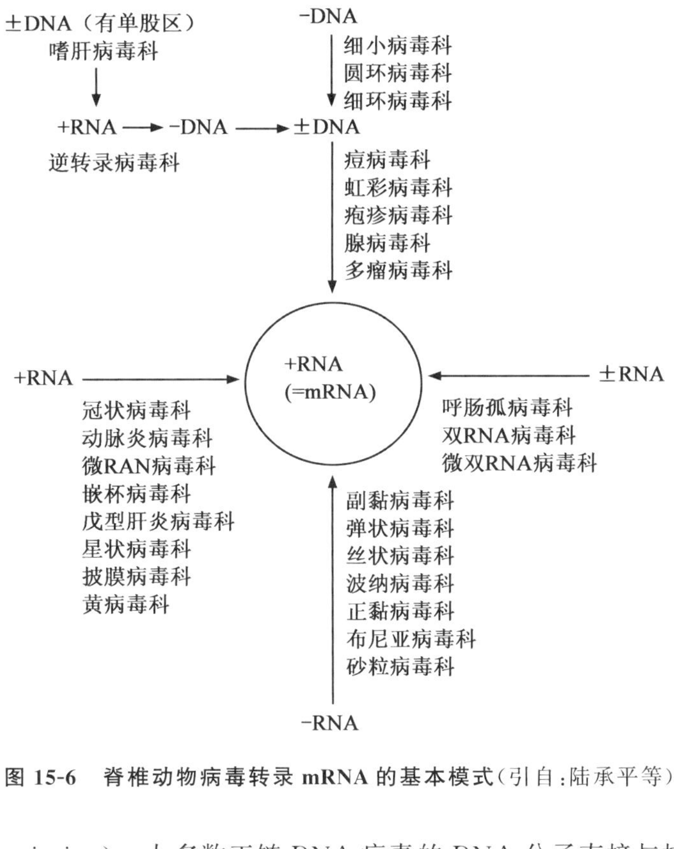

图 15-6　脊椎动物病毒转录 mRNA 的基本模式(引自:陆承平等)

(1)转录(transcription)　大多数正链 RNA 病毒的 RNA 分子直接与核糖体结合,全长或部分进行翻译,无须任何事先转录步骤。但除此之外的其他病毒基因组均需转录为 mRNA,然后再进行蛋白表达。在细胞核内复制的 DNA 病毒通过细胞 DNA 依赖的 RNA 聚合酶Ⅱ执行转录功能。其他病毒则需由病毒编码独特的转录酶,作为病毒的中间产物。在细胞质复制的双股 DNA 病毒携带 DNA 依赖的 RNA 聚合酶,而双股 RNA 病毒有双股 RNA 依赖的

RNA 聚合酶,负链 RNA 病毒则有单股 RNA 依赖的 RNA 聚合酶。腺病毒是病毒基因组表达调控机制研究的范例,其转录调控有两个特点:一是其转录单位分早期(E)、中期及晚期(L)转录单位,在复制周期的不同阶段按时序序列(temporal sequence)转录,早期转录单位 ElA 编码的蛋白质诱导 ElB 等其他早期转录单位相继转录。另一个关键是调控转录的终止位点,在感染早期产生具有某个当初终止位点的转录物,在感染晚期则可产生一组具有不同聚腺苷酸化终止位点的转录物。这一机制再次表明,病毒基因组的核苷酸序列虽然极为有限,但能得到最有效地利用。

RNA 病毒转录的调控一般没有 DNA 病毒那么复杂,特别是按时序序列划分的早期基因、晚期基因并不很明确。不分节段的负链 RNA 病毒的调控机制为:一旦病毒在感染细胞质中脱壳,其 RNA 聚合酶即从基因组的 3′端开始转录,由于只有一个启动子,因此只获得全长正链转录物。每个基因的 mRNA 分割成具有相同序列的若干片段,此种序列包括终止信号、起始信号以及具有 U 残基的短的基因间序列,后者可通过转录酶使每个 mRNA 产生一个长的聚 A 尾,机制是通过一个重复拷贝,即停-开转录(stop-start transcription)过程,又名打滑(stuttering)。

真核 DNA 的原始 RNA 转录物作为 mRNA 运送至细胞质之前,在细胞核内将发生一系列转录后的变化,称之为转录后加工(posttranscriptional processing)。首先是将 7-甲基鸟苷(m^7Gppp)帽加到原始转录物的 5′端,从而与 40S 核糖体亚单位形成稳定的复合物;其次,50～200 个腺苷残基加到 3′端,这个聚 A 尾可作为加工及 mRNA 转运的识别信号,并增加 mRNA 在胞浆的稳定性;第三是甲基化,即约 1%的腺苷酸加上甲基;第四是剪接,即原始转录物的内含子移去,外显子连到一起。对细胞核内增殖的 DNA 病毒而言,剪接是调控基因表达的重要机制。某个 RNA 转录物具有多个剪接位点,从而产生多种 mRNA,编码多种蛋白。

(2)翻译(translation)　经加工的病毒单顺反子 mRNA 与细胞核糖体结合,然后采用与细胞 mRNA 同样的方式翻译蛋白质。呼肠孤病毒的这一过程研究最为充分,首先是每个单顺反子 mRNA 分子通过加帽的 5′端与 40S 核糖体亚单位结合,后者沿 mRNA 分子读码直至起始密码。接着与 60S 核糖体亚单位结合完成翻译过程。

除少数例外,哺乳动物细胞的 mRNA 分子是单顺反子,仅能编码一种蛋白,并且在 5′端起始密码开始翻译。但是感染细胞的某些病毒,如反录病毒,其多顺反子能翻译多种蛋白,在中间的 AUG 密码能够起始或再起始。为了选择翻译起始的中间 AUG,可发生移码。当核糖体沿 RNA 分子向前或向后滑行一个核苷酸时,产生一种核糖体移码机制。编码反转录酶就利用了这种机制。

一般而言,病毒早期转录翻译的是病毒复制需要的蛋白,包括聚合酶等。晚期的病毒蛋白为子代病毒的结构蛋白。除此之外,还有些病毒蛋白作为调控蛋白,调控细胞基因或早期病毒基因的转录和翻译。大多数病毒蛋白需要各种翻译后加工,诸如磷酸化(以便与核酸结合)、脂肪酸酰化(以便膜插入)、糖基化、十四烷基化或溶蛋白裂解。刚合成的病毒蛋白必须转运到细胞相应的部位,转运的信号是一些有多肽链的蛋白(分子伴侣),它们调控蛋白的折叠、转运以及组装。

病毒可根据基因组的特点,分为单股 DNA 病毒、双股 DNA 病毒、正链单股 RNA 病毒、负链单股 RNA 病毒、双股 RNA 病毒及具有反转录过程的病毒。各类病毒的生物合成的过程如图 15-7 至图 15-12 所示。

(3)DNA 病毒　痘病毒、非洲猪瘟病毒及虹彩病毒等双股 DNA 病毒在细胞浆内复制。它们不仅携带自备的转录酶、DNA 依赖的 RNA 聚合酶，而且基因组较大，不依赖细胞核能编码多种酶。病毒 DNA 直接两次转录和翻译后，组装为子代病毒粒子(图 15-7)。

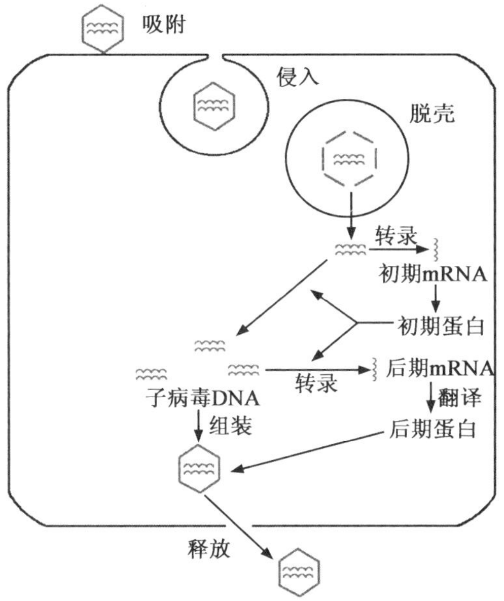

图 15-7　双链 DNA 病毒的生物合成(引自：Yukinobu Tohya)

细小病毒及圆环病毒单股 DNA，利用细胞的 DNA 聚合酶合成复制型 DNA(即双股 DNA)，然后在细胞核内的 DNA 依赖的 RNA 聚合酶Ⅱ的催化下转录，经剪接产生 mRNA 并翻译成病毒结构蛋白，最后组装成子代病毒粒子(图 15-8)。

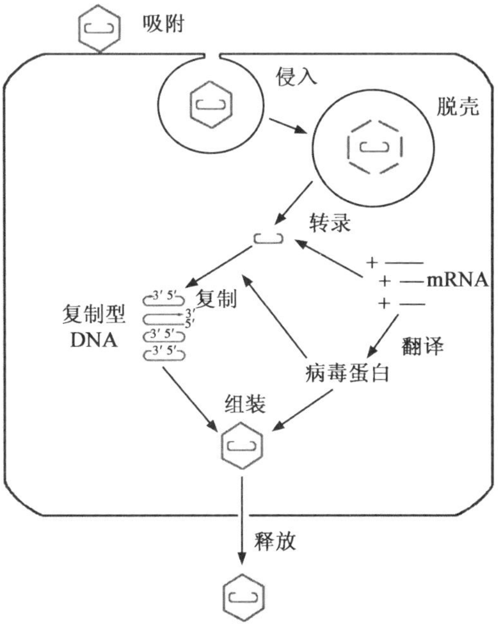

图 15-8　单链 DNA 病毒的生物合成(引自：Yukinobu Tohya)

(4)具有反转录过程的病毒

二维码 15-1

(5)RNA 病毒　呼肠孤病毒、双 RNA 病毒及微双 RNA 病毒具有分节段的双股 RNA 基因组,在病毒相关的转录酶的作用下,每个节段的负链在细胞质内各自转录产生 mRNA。每个节段正链 RNA 同时也作为合成互补链的模板,进而产生双股 RNA。子代双股 RNA 又继续用于转录 mRNA(图 15-10)。

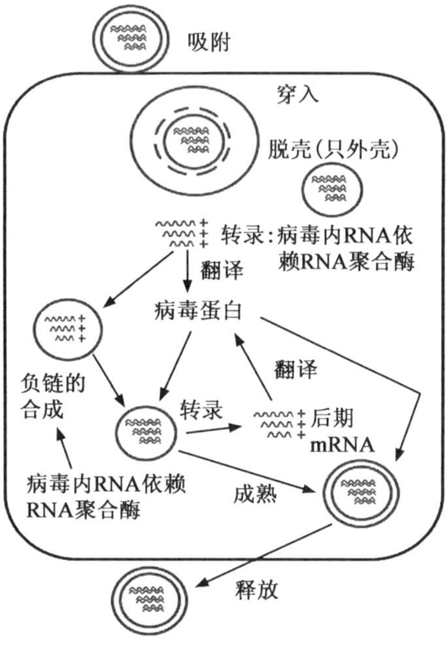

图 15-10　双链 RNA 病毒的生物合成(引自:Yukinobu Tohya)

副黏病毒、弹状病毒、丝状病毒及波纳病毒均具有单股负链不分节段的 RNA,携带 RNA 依赖的 RNA 聚合酶(即转录酶),可转录 3 个或更多的亚基因组正链 RNA。一部分用于翻译病毒蛋白,其余部分在复制酶作用下,转录产生全长正链 RNA 作为模板,合成子代病毒负链 RNA(图 15-11)。

正黏病毒、布尼亚病毒及砂粒病毒具有分节段的负链 RNA,在病毒携带的转录酶的作用下,每个节段各自进行转录。各节段转录的 mRNA 可翻译一个或多个蛋白。此外,砂粒病毒的 S 节段及某些布尼亚病毒是双向节段。具有双向节段 RNA 病毒的复制是复合式的,同时具有正链及负链 RNA 病毒的性质。

冠状病毒及动脉炎病毒表现出一种独特的转录方式。一开始,病毒部分 RNA 作为 mRNA,并翻译产生 RNA 聚合酶。在此酶的作用下合成基因组全长负链 RNA,再由此 RNA

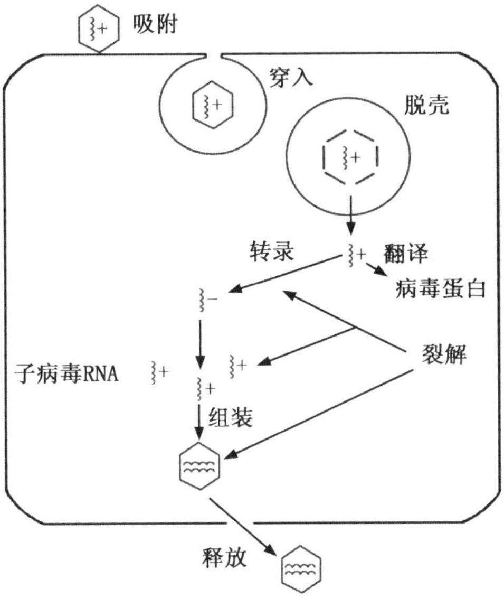

图 15-11　正链 RNA 病毒的生物合成(引自:Yukinobu Tohya)

转录产生重叠的亚基因组 mRNA 套式系列。它们具有共同的 3′端,但这个系列的每个亚基因组只有 5′端序列才进行翻译。

微 RNA 病毒、嵌杯病毒、戊型肝炎病毒、星状病毒、披膜病毒及黄病毒均为正链单股 RNA 病毒,复制的方式是其基因组直接作为 mRNA 之用。微 RNA 病毒及黄病毒基因组作为单个多顺反子 mRNA,翻译为单个多聚蛋白,然后再裂解为病毒结构和非结构蛋白(如图 15-12 所示),包括 RNA 依赖的 RNA 聚合酶。披膜病毒约 2/3 的病毒 RNA(从 5′端起)进行翻译,产生的多聚蛋白裂解为复制酶,供 RNA 转录及复制之用。病毒的 RNA 聚合酶催化合成一个全长负链 RNA,由此再复制两个正链拷贝,即全长病毒 RNA 及 1/3 长病毒 RNA。后者 3′端与全长 RNA 共价结合,它翻译多聚蛋白,进而裂解获得病毒结构蛋白。嵌杯病毒既产生基因组全长 mRNA,又产生亚基因组 mRNA。

4. 组装和释放

(1)无囊膜病毒　无囊膜结构简单的 20 面体病毒产生的壳粒可自我组装(self-assembly),形成衣壳,进而包装核酸形成核衣壳,如微 RNA 病毒、乳头瘤病毒和多瘤病毒等。大多数无囊膜的病毒蓄积在细胞质或细胞核内,当细胞完全裂解时,释放出病毒粒子。

(2)有囊膜病毒　有囊膜的病毒以出芽(budding)的方式成熟,有细胞膜出芽及胞吐两种形式。病毒可从细胞膜、细胞质内膜或核膜出芽。出芽的过程因病毒的种类而异。披膜病毒核衣壳的每个蛋白质分子可直接与膜粒的细胞膜区结合,从而围绕核衣壳形成囊膜结构。具有螺旋形对称的病毒,其基质蛋白黏附到膜粒的细胞区结合,然后核衣壳蛋白再识别基质蛋白,进而完成出芽过程。有囊膜的病毒颗粒可在数小时或数天内通过出芽大量释放,对细胞膜并无明显损害。

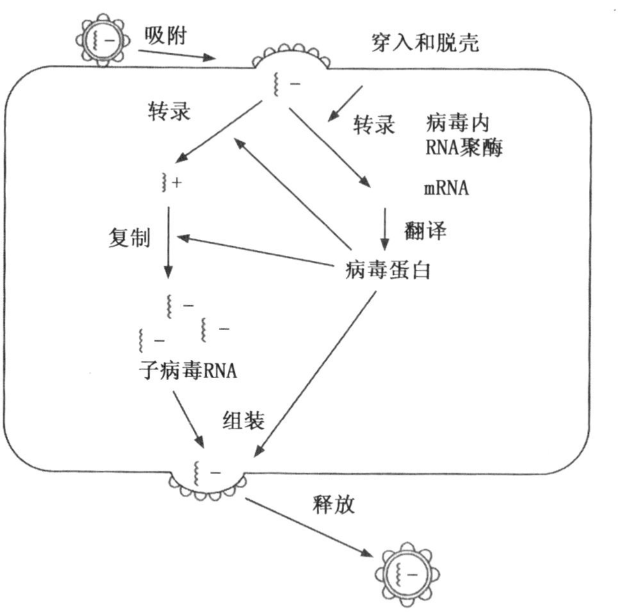

图 15-12　负链 RNA 病毒的生物合成(引自:Yukinobu Tohya)

复习思考题

1.病毒培养有几种方法?其各自优缺点是什么?
2.何谓空斑试验?有何应用价值?
3.请绘制病毒一步生长曲线图,并解释各阶段的实际意义。
4.何谓病毒的生物合成?根据病毒生物合成的不同特征,可把病毒分为哪些种类?
5.简述病毒分离和鉴定的基本操作过程。

第十六章　病毒的遗传和进化

【内容提要】遗传和变异是生命体的基本特征之一，遗传使物种得以延续，变异则使物种不断进化。尽管病毒结构极为简单，但也表现出遗传和变异。病毒为了自身的生存，形成了一系列的进化机制。在复制时，由于病毒核酸复制的忠实性，从而能将亲代病毒的性状准确地传递给子代病毒，保证了自身遗传的稳定性和持续性。另一方面，病毒增殖迅速，突变的概率较高；病毒为了对抗机体的免疫作用，也需发生变异，以适应细胞和机体的环境，更加有效地传播。这些因素又决定了病毒遗传的不稳定性。有些变异形成的生物学特征不同于亲代病毒，如毒力、组织嗜性与传播能力的变化等。同时，病毒是遗传学研究的极好材料，对病毒遗传进化的研究是人类认识生命本质和规律的重要模型之一。

第一节　病毒的遗传

一、病毒稳定生存应具有的重要特征

1. 快速复制

多数病毒的强毒株比其温和毒株复制速度快。但如果复制太快，其自身会受到损害。太快的增殖速度可以造成动物快速死亡，致使病毒没有足够的时间实现传播。

2. 高滴度复制

作为虫媒病毒，在脊椎宿主动物体内的高滴度病毒血症以及在节肢动物宿主的唾液腺中高度复制，有利于其在节肢动物与脊椎动物宿主间的传播。这种高滴度病毒的存在，可能与病毒在某些自然脊椎动物宿主的隐性感染有关。但这种能力的演变通常与严重疾病的发生有关。

3. 在关键组织复制

病毒在关键组织的复制对于其致病、传播非常重要。病毒的组织嗜性及宿主细胞受体的选择决定了许多疾病发生的模式。

4. 长时间排毒

患病动物长时间排毒为病毒的生存和长期存在提供了机会。如梅迪-维斯纳病毒感染为慢性病毒感染，持续时间长，所以控制该病需要对绵羊进行大面积扑杀。复发感染和间歇性排毒能力也为病毒的生存提供了机会，如疱疹病毒感染等。

5. 逃避宿主防御

为了对抗动物机体的免疫作用，病毒进化出了复杂的系统以破坏宿主的防御机制。有些病毒可以编码干扰宿主特异性抗病毒活性的蛋白。引起免疫耐受也是病毒对抗机体的一种机制。

6. 在外界环境中生存

病毒对外界理化因素抵抗能力较强，有利于其生存与传播。犬细小病毒的衣壳蛋白具有很强的抵抗力，这使得其在 2 年就传播至世界各地。

7. 垂直传播

有些病毒通过垂直传播，不与外界环境接触，是病毒的另一种传播方式。

二、病毒遗传学的内容

病毒遗传学包括 3 个方面的内容：一是病毒的信息遗传学，对病毒基因组的类型、大小或数量、核苷酸序列、末端结构、编码能力、转录增强子、启动子及终止信号等进行分析；二是对病毒的功能性遗传学进行分析，包括生物化学分析、病灶免疫测定、物理学分析、转化灶分析、构建病毒遗传图；三是对病毒的基本表型特征进行分析，包括病毒粒子的形态、对理化因素的抵抗力、抗原构造、血清学特性、感染范围和毒力等。

三、病毒遗传稳定性的保持方法

为了防止病毒发生改变，很好地保持病毒特性的遗传稳定性和病毒材料，可采用连续挑斑纯化的方法，分离获得纯的病毒克隆，鉴定其遗传学指标，待其遗传性稳定以后，将其扩增为病毒群。将纯化克隆的病毒置于严格的条件下保存，使不适于该条件增殖的病毒（即变异病毒）淘汰出局。尽量保持病毒的低代次，必须传代时，也应采用蚀斑技术挑取病毒，并扩增为新的种子病毒。

第二节　病毒的变异

病毒感染动物后，经多个循环的增殖，由最初进入机体的几个病毒粒子，产生数百万至数亿的子代病毒粒子。病毒核苷酸序列的遗传信息，通过复制，一般能准确地传递给子代病毒，保持病毒遗传的稳定性。另一方面，在病毒复制循环的过程中，自发的、自然诱发的或人为因素均会导致病毒的核苷酸序列或某个位点的碱基发生改变，即突变。核苷酸的突变会导致病毒生物学特性的改变，称为变异，是生物体的表型所发生的突然性的可遗传的改变。但是病毒的大多数突变使病毒丧失了某些关键信息，不能再进行复制，或使病毒不能与野生型病毒进行竞争，是致死性的。非致死性突变体能否生存取决于突变体相关表型的变化是否为不利的、中性的或有利的。

可以按照病毒基因组产生的变化类型、病毒表现的特性或其引起的感染变化类型对病毒变异进行分类。后者属于病毒表型的变化。表型变化可以表现为病毒颗粒理化特性的变化，也可表现为在培养细胞中感染后的复制特征变化，或者表现为在感染动物的致病性变化。另外，病毒还可表现为形态或其他表现特征的改变，但其遗传物质并不出现改变。了解这些，能够使我们更好地认识病毒的变异。

一、病毒基因变化类型

病毒基因型的变化最常见的突变为单个核苷酸的替代，即点突变，可以是单个核苷酸的缺失或插入，或者小片段或大片段核苷酸的缺失或插入。

因病毒基因出现突变，常用病毒株、突变株、变异株、分离株等。近年来，随着分子病毒学技术的发展，陆续出现了基因型、基因群及其亚型和亚群等。

1.点突变

由单一碱基发生碱基置换称为点突变，包括碱基转换和碱基颠换。核酸分子中一个嘌呤被另一个嘌呤替代或一个嘧啶被另一个嘧啶替代，称为碱基转换。一个嘌呤被一个嘧啶替代或一个嘧啶被一个嘌呤替代的过程，称为碱基颠换。由于病毒基因组中的遗传信息已高度压缩，存在基因重叠现象，因此，碱基置换在病毒突变中发生频率最高。病毒突变的研究主要是针对碱基置换进行。

2.缺失、插入

缺失和插入也会导致病毒基因组的突变，表现DNA或RNA分子中减少或增加一个或几个碱基乃至更长的序列，致使读码框架发生改变，造成移码突变。缺失、插入等较大的改变常会引起基因组结构的较大变化，甚至导致病毒失活。自然情况下这样的突变不常见。但在人工诱变或人为突变研究，可人为地造成大段的核苷酸序列的缺失或插入。

3.重组

重组是指两个不同性状的病毒株混合感染同一细胞时，在核酸的合成过程中，两个不同性状病毒株的基因组中的某个或某些片段会发生交换，出现新的基因组合，导致“杂交”性状子代病毒的产生。广义上，重组包括分子间重组、重配或复活。

(1)分子间重组　是指不同、但通常密切相关的病毒之间在复制过程中发生的核苷酸序列的交换。最先在噬菌体发现分子间重组现象，随后在流感病毒、痘病毒和呼肠孤病毒等多种动物病毒中检测到。同种病毒的不同毒株之间容易发生重组，也可发生于不同种和不同群病毒之间。可能因为DNA多聚酶对模板的切换不同，致使绝大多数DNA病毒可能发生分子间重组。RNA病毒之间也可发生分子间重组，如流感病毒、微RNA病毒、冠状病毒和披膜病毒等。另外，病毒在细胞中可与宿主细胞中大量的基因接触，病毒有能力利用宿主细胞的基因，与宿主细胞的遗传信息发生重组，以利于自身的增殖和生存，这在某些病毒的进化中也起重要作用。细胞遗传信息通过分子重组插入到病毒基因组中，对病毒的致病作用非常重要。马立克病毒是一种致瘤性病毒，属于α疱疹病毒亚科，其携带从禽的逆转录病毒获得的致瘤基因或是逆转录病毒基因的细胞同源物，导致了其致瘤性。牛病毒性腹泻到黏膜病的发展，是因为细胞的泛素基因插入到了非细胞病变型牛病毒性腹泻病毒株基因组的非结构基因中，从而变成细胞病变型牛病毒性腹泻病毒。

(2)重配　基因组多节段病毒的某个或某些核酸片段会发生交换，导致一个衣壳内包含有来源于两个不同亲代病毒的核酸片段，这种重组也叫重配。基因组分节段的RNA病毒为单链或双链、两个节段或多个节段，均可发生重配。如在两个节段基因组的沙粒病毒科和双RNA病毒科，3个节段基因组的布尼病毒科，6、7或8个节段的正黏病毒科，10、11或12个节段的呼肠孤病毒科等，均有基因重配的现象。重配是病毒发生变异的重要根源之一，在自然界中也存在。蓝舌病毒就是两种病毒重配的结果。

(3)复活　多个病毒颗粒同时感染一个细胞，叫作多数感染，也称复感染。灭活病毒颗粒之间或者灭活病毒和多数感染中的活病毒之间可能发生重组，可能使该灭活病毒产生感染性，这种现象叫作复活，包括交叉复活和多数复活。

交叉复活，又称为标记拯救或基因组拯救，是指相关但具有不同基因型(或该病毒的DNA片段)的感染性病毒和灭活病毒之间的遗传重组，可发生于活病毒与灭活病毒之间。灭活病毒的遗传标记或基因组因为重组而在活的病毒中得到拯救，产生具有活性的重组病毒。例如，具有活性的H2甲型流感病毒和经紫外线灭活的鸡新城疫病毒混合感染鸡胚成纤维细胞，可以获得具有新城疫病毒蚀斑形成能力的重组流感病毒。利用含有特定突变的病毒基因组或基因片段与野生型病毒共感染敏感细胞，通过同源重组，将特定突变的基因组或基因片段拯救的技术，称为DNA片段拯救。

多数感染复活是指病毒在灭活过程中，遭受破坏的病毒基因部位不同，发生了所谓的致死性变异。虽然对个体来说，这些病毒粒子都已灭活，但在大量灭活颗粒感染敏感细胞时，会产生活的感染性病毒的现象，恢复了原毒株的所有基因结构，发生病毒复活。以灭活病毒感染培养细胞或者应用灭活疫苗接种人或动物，特别是在应用紫外线、羟胺和原黄素等不太强烈的灭活剂灭活的病毒时，都存在产生感染性活病毒的可能。

4. 缺损性干扰突变

缺损性干扰突变体在大部分病毒科中均存在，是一种特殊变异。这类突变体在野生型病毒存在时才能复制，同时能够干扰降低野生型病毒的产量。RNA病毒的缺损性干扰突变均为缺失性突变体。例如，流感病毒和呼肠孤病毒(为多节段基因组病毒)的缺损性干扰突变是缺失1个或多个较大基因组节段的缺失性病毒颗粒。基因组不分节段的病毒的缺损性干扰颗粒是包含截短的RNA的病毒颗粒，如水疱性口炎病毒，有时可缺失全部基因组的2/3。缺损干扰颗粒的形态通常和野生型病毒颗粒相似，但水疱性口炎病毒的缺损干扰颗粒的RNA基因组呈现大量缺失以及发生明显不同的基因组重排，比野生型病毒颗粒短，正常的叫作B颗粒，缺损性干扰颗粒叫作截短的(truncated)或T颗粒。随着在细胞传代次数的增加，缺损干扰颗粒的浓度逐步增高，干扰全长RNA基因组的效率逐渐增强，可能是因为：①截短的基因组需要较短的时间复制；②缺损干扰颗粒通常很少转化作为mRNA转录的模板；③缺损干扰颗粒对病毒复制酶的亲和力增高，具有竞争优势。其他缺损性DNA病毒基因组可通过不同DNA重排模式而产生。如乳头状瘤病毒的缺损性干扰颗粒常包含基因组复制起始的多个拷贝，并可被宿主细胞源性DNA隔开。

二、病毒的突变类型

病毒突变的类型是多层次、多标准的。从引起病毒遗传信息意义的改变，可分为同义突变、错义突变和无义突变。同义突变是指没有引起氨基酸序列变化的核苷酸变化，这与密码子的简并有关。错义突变是指引起蛋白氨基酸序列变化的核苷酸变化。有的错义突变产物的活性发生重大改变，甚至失活，改变病毒的表型；有的错义突变产物具有部分活性，介于野生型和完全突变型之间，称为渗漏突变型；有的错义突变产物的活性未受影响或基本上未受影响，性状上未发生明显的变化，称为中性突变。中性突变和同义突变常被称为沉默突变。无义突变是指因某个碱基的突变致使其代表的某种氨基酸的密码子变为终止密码子，导致病毒蛋白结构或功能的明显改变和丧失。

从突变效应是背离或返回到野生型，可分为正向突变和回复突变。正向突变是指改变了野生型性状的突变；回复突变是指突变体恢复到野生型性状的突变。实际上，真正的原位回复突变的突变体很少，大多数是第二个位点的突变。这种原突变位点存在，但其表型效应被第二个位点突变所阻抑的突变，叫作抑制突变。含多个基因的病毒的某一突变表型的表现不仅可能是碱基或同一基因不同部位上的回复突变，而且也可能是不同基因上的抑制性突变的结果，这会导致野生型的重新出现。例如，流感病毒的某些温度敏感突变株，在明显不相关的基因上的独立抑制性突变会导致毒力的复原。同样，因单个核苷酸替代而发生回复性突变的情况最常见，而基于小片段缺失或插入的回复性突变较为少见，基于大片段缺失的回复性突变则很少见。

发生在病毒基因组调控区的突变，可分为组成型突变、启动子上调突变、启动子下调突变、抗阻遏突变、抗反馈突变等。引起的表型变化的突变，分为致死性突变体、条件致死性突变体、抗药突变体和宿主范围突变体等。

三、表型变化类型

病毒表型的变化取决于突变的类型以及突变在基因组中的位置。与野生型相比较，能在培养细胞单层上产生不同类型蚀斑的突变体，叫作蚀斑突变体；能抵抗野生型病毒抗体的中和作用的突变体，叫作抗体逃逸突变体。影响病毒抗原决定簇的突变有利于病毒在抗体存在时的复制，有利于在动物体内的持续性感染，如梅迪—维斯纳病毒和马传染性贫血病毒，在流行病学上也具有重要意义。猪水疱疹病病毒经常出现抗体逃逸株，圣米格尔海狮病毒也常出现抗体逃逸株。流感病毒的抗原漂移一直存在，是最明显的例子。

条件致死性突变体在一定实验条件下不能增殖，但在容许条件下则可增殖。当选择性生长条件允许复制时，为适应限制性生长条件，这种突变体常可发生不同的突变，产生不同的基因突变体。对宿主范围突变体、温度敏感突变株和冷适应突变体等的研究最为广泛。温度敏感突变体的选择性条件是培养温度，突变导致蛋白结构的异常。该蛋白在容许温度下具有功能，但在温度变化超过容许温度时，该蛋白就不会维持其结构完整性和正确的功能构象。温度敏感突变体和冷适应突变体已广泛用于致弱疫苗的研制，尤其是在冷适应流感疫苗方面取得了成功。

1. 毒力的变异

毒力是表示毒株的致病性程度。同种病毒的不同毒株的毒力可能存在差异，能感染的动物、组织和细胞范围及其引起的症状、病变程度、死亡率或细胞病变也不同。强毒力株能在动物感染期间体温升高的情况下很好地复制，诱导干扰素产生的能力低下，可抵抗干扰素的抑制作用，能够阻止宿主细胞生物大分子的合成，破坏细胞溶酶体，改变被感染细胞膜的通透性，引起感染动物病理性损伤或细胞病变。致弱毒株的上述特性均可能发生变化，如对自然宿主的毒力减弱，甚至无毒性，诱导干扰素产生的能力增强等。但致弱毒株在细胞引起的病变可能与强毒株相同。

某些病毒毒株可表现为超强毒力、强毒力、中等毒力、弱毒力和无毒力等多种，如鸡新城疫病毒。可将实验条件下病毒感染的宿主或细胞范围、感染途径、感染剂量及感染结果作为毒力强、弱的识别标准，用来选育毒力突变体。

通过诱变可以获得毒力发生改变的突变体，在自然情况下也可以发生毒力改变。自然分离的弱毒株，经过选育和鉴定后，可用作疫苗毒株，如新城疫、马立克病和脊髓灰质炎等均曾用自然弱毒株作疫苗接种。较难分离获得自然弱毒株的病毒，则可采用新宿主的适应性突变、温敏突变、冷适应突变等技术手段，将强毒株致弱，经过选育稳定后，也可作为疫苗毒株，如狂犬病毒、猪瘟病毒等。

2. 抗原变异

病毒抗原变异的种类较多，采用血清学方法，如补体结合试验、沉淀反应、红细胞凝集抑制试验、中和试验或单克隆抗体交叉反应等鉴别同一种病毒的不同抗原变异株。所谓的病毒“型”，通常是指病毒抗原性差别的表现。一般地，“型”多的病毒是易于变异的病毒，如流感病毒、口蹄疫病毒等。即使只有 1 个血清型的病毒，应用单克隆抗体鉴定技术，也可检测出不同的株或型，如日本脑炎病毒、狂犬病病毒等。而对于猪瘟病毒和牛瘟病毒等，分离株之间不能通过血清学方法检测出明显的抗原性差异，但通过核苷酸、氨基酸序列的分析能发现不同毒株间存在较大差别。

流感病毒的抗原性很不稳定，尤其是甲型流感病毒，常发生抗原漂移和抗原转变。抗原漂移是在机体免疫压力下病毒突变体选择的结果。甲型流感病毒频繁发生亚型内抗原漂移。抗原转变是指病毒抗原性发生大幅度的改变，迄今只在甲型流感病毒中发现该现象。甲型流感病毒发生抗原转变，致使其抗原结构发生巨大改变，如 H1N1 转变为 H2N2，H2N2 转变为 H3N2 等。病毒从一种亚型转变为另一种亚型，是病毒基因组节段发生重配的结果。

3. 培养性状突变体

病毒的培养性状主要是指其在培养细胞或其他培养介质（如鸡胚绒毛尿囊膜）上形成的蚀斑（或痘斑）的形态和性质，是病毒感染细胞引起的特征性细胞病变。通常，同一种病毒在相同培养条件下产生性状一致的蚀斑。蚀斑性状的改变，常被作为病毒突变的一个重要指标。采用蚀斑选种也是挑选病毒突变体的一个重要方法。在多数大蚀斑中，出现少数小蚀斑，即可认为少数者为变异株，反之亦是。这样的变异株可能只是暂时的、遗传不稳定，将其继续传代，常可恢复其原来的性状。

不同病毒在不同细胞上培养时可产生不同的蚀斑性状。培养液、琼脂的成分和浓度、pH、CO_2 浓度、培养温度和时间以及培养容器等，均可对蚀斑性状产生明显的影响。蚀斑大小取决于病毒的弥散、吸附率、复制、成熟、释放、毒力。一般来说，一种病毒的小蚀斑突变体比大蚀斑突变体的毒力低。由于病毒蚀斑大小受培养条件的影响，有些病毒在培养细胞上连续传代适应后，蚀斑逐渐增大，所以蚀斑性状与毒力的关系只是相对的。

4. 温度敏感性突变体

温度敏感性突变体可自然发生，几乎可以从所有的动物病毒中分离获得，也可通过诱变产生。有两种，一种是耐热突变株，另一种是冷适应突变株。但通常所说的温度敏感突变株是指冷适应株。

将原始毒株接种细胞，置于允许温度下培养，使其形成蚀斑，选取大量蚀斑毒株，分别接种细胞，再置于允许温度和非允许温度中培养，挑选只能在允许温度下增殖而不能在非允许温度下增殖的蚀斑株。采用适当加热处理，常可从原毒株中分离获得耐热株，适用于作为口服疫苗。这类疫苗可在饲料、饮水或通过食饵投放。将病毒在鸡胚或培养细胞上置于较低温度下培养，并经长期传代培养，则可获得冷适应毒株。冷适应突变株适于做活疫苗用。若人工获得温度敏感突变株，可在培养基中加入诱变剂，然后再按上述方法筛选温度敏感株。

5. 抗药性突变体

将能够特异性地作用于病毒的化学药物，如盐酸胍、羟苯丙咪唑、5-溴脱氧尿嘧啶或碘苷等，添加于接种病毒的细胞培养物中，经过多次连续继代培养后，常可获得抵抗、甚至依赖这些化学药物的突变株，如耐受5-溴脱氧尿嘧啶的痘苗病毒变异株。迄今分离获得的自然耐药病毒株不多，大多数是在实验室通过化学药物定向选育获得。但随着抗病毒药物应用的日益增多，病毒发生抗药性突变的可能性越来越大，这已引起越来越多的重视。

6. 宿主范围突变体

将病毒通过新宿主（动物或细胞）进行连续传代，使野生型病毒发生突变适应于新宿主。这类突变体在新的宿主中常不引起或仅引起极轻微的临床症状，但随着传代次数的增加，症状或病变越趋明显，甚至出现典型临床症状或细胞病变。适应新宿主的病毒突变体，对原宿主的致病力或毒力常减弱，常用于制备弱毒疫苗。猪瘟兔化弱毒疫苗就是很好的例子之一。

四、突变发生的原因

1. 自发突变

在诱变剂存在的条件下，病毒均有一定比例的突变体产生，基因组上任何位置随时都可出现突变，并且是随机发生的，这样的突变叫作自发突变。

自发突变的病毒粒子在动物机体内或细胞内环境的选择性作用下，占优势的病毒粒子得以存活下来，并形成最初分离的野生型。当环境条件改变后，某些突变体更适合生存，被选择下来，形成突变型。所以野生型和突变型是相对而言的。

（1）突变率　不同病毒自发突变率的差异很大。大多数DNA病毒以及通过双链DNA中间体进行复制的逆转录病毒都在细胞核内复制，与细胞基因组复制一样，可通过3′-5′核酸外切酶的校正修复复制过程中发生的错误。故这些病毒因为点突变引起的碱基取代的突变率和细胞基因组DNA相类似，为10^{-9}～10^{-8}。但由于细胞不具有RNA的校正机制，也没有RNA外切酶，因此，RNA病毒的突变率比DNA病毒高很多，碱基突变率约为10^{-6}。基因组大小为10 kb的RNA病毒，自发突变率可达10^{-2}。突变体大部分因不能增殖而丢失，所以大多数突变为致死性突变，但RNA病毒的突变速率非常快，流感病毒的抗原飘移就是一个典型例子。

有多种确定病毒突变率的方法。首先，体外测定病毒基因组复制酶的错配率是最直接的方法；其次，也可根据一个纯化克隆衍生而来的病毒基因组群体中核苷酸的置换频率对病毒突变率进行估计，或由同一蚀斑衍生而来的大量病毒克隆的直接序列分析测定出来。因为某些突变是致死性的，且传代次数不易确定，后两种方法或许不能精确地反映病毒的突变率。另外，也可从一个病毒克隆株中呈现特定表型的变异株出现的频率，或通过测定野生型病毒克隆中抵抗病毒复制抑制剂的变异株出现的频率估计病毒基因的突变率。目前，测定克隆中抗中和性单克隆抗体的突变体出现的频率估计突变率是应用最多的方法。

(2)病毒准种　变异是生物为适应环境的变化、维持生存和种族繁衍而采用的一种重要的和必要的措施。病毒在自然界广泛存在并不断发生变异，RNA 病毒和 DNA 病毒都可发生变异。乙肝病毒的复制效率非常高，每天可生成 10^{11} 个病毒颗粒，但缺乏校对功能，其变异率高于其他 DNA 病毒约 4 个数量级，但低于 RNA 病毒 1～2 个数量级。这些特性使感染个体内乙型肝炎病毒种群具有明显的异质化倾向。另外，在机体的免疫压力、抗病毒药物、免疫治疗和免疫接种等影响下病毒也会发生变异。

在病毒学中，准种用于描述存在于同一样品或培养物中的多样的、快速演化的、竞争性的病毒群。病毒准种是指由优势株和多个密切相关但又不同的变异株(同源性>95%)构成的病毒群体。如人在感染丙肝病毒后，丙肝病毒开始在体内仅存在单一的病毒株，随着感染时间的延长和病毒的复制，原始毒株的核酸发生轻微的变异，一般不会超过病毒核苷酸总长度的 2%～5%，不影响病毒的基因型或血清型，有人称为相似株和类似株。准种是病毒在宿主体内逃脱免疫攻击得以生存的重要策略之一，反映了病毒的变异水平。准种间异源性的增大，将导致感染的慢性化。准种数较多，准种间核苷酸异源性高时，可能预示免疫和治疗效果差。

2. 适应性突变

与细菌对不易感动物体的适应相似，病毒突变是在新的生活条件下借合成途径的一些改变而发生，如病毒对某些化学药物的抵抗或依赖。这表明，病毒突变除了与环境因素的选择性有关外，还存在真正的适应性突变。

3. 诱导突变

在各种物理或化学诱变剂环境中，野生型病毒群发生的突变，称为诱导突变，简称诱变。诱变的目的是为了提高病毒的突变率。引发诱变的因素很多，通过诱导获得有用的突变体。

4. 人工突变

在已知病毒序列的前提下，根据应用目的，利用反向遗传学技术，通过对病毒序列的改造，包括点突变、缺失、插入等而获得的突变，称为人工突变。

五、病毒之间的非遗传相互作用

两种或两种以上的病毒感染同一细胞时，除了因发生重组、重配等而产生遗传信息改变以及遗传性状的遗传稳定性外，病毒间还可发生非遗传的相互作用，这可以掩盖或混淆病毒的实际基因型。病毒之间的非遗传相互作用包括表型混合、互补、阻抑、多倍体和干扰等。

1. 表型混合

表型混合是指某一子代病毒的核酸外面包裹的衣壳或囊膜不仅仅是其自身编码的成分，而是完全来源于或部分来源于另一种或另几种病毒，这种现象在遗传学上称为表型混合。

衣壳交换是较为常见的，两种病毒混合感染动物或细胞时，可以产生由一种或一株病毒的核酸与另一种或另一株病毒的衣壳组合而成的子代病毒粒子。衣壳交换常见于无囊膜的肠道病毒和腺病毒，如脊髓灰质炎病毒和柯萨奇病毒混合感染细胞时，脊髓灰质炎病毒的核酸常被包裹在柯萨奇病毒的衣壳中。

另外,表型混合病毒的衣壳或囊膜也可能来源于两种或两株病毒的亲本病毒,也就是由两种(株)病毒蛋白亚单位混合构成。一种流感病毒和一种副黏病毒同时感染细胞,一些子代病毒颗粒的囊膜就会带有两种亲代病毒的抗原。但是每个病毒颗粒中只包含一种亲代病毒的基因组,在传代培养时,只能产生和该亲代一样的子代病毒颗粒。表型混合在囊膜缺陷的逆转录病毒的复制周期中起着重要的作用,子代病毒颗粒叫作假型,包含着缺陷型亲代病毒的基因组,囊膜由含有辅助逆转录病毒糖蛋白的宿主细胞膜形成。

2. 阻抑

病毒表型的回变有 2 种情况:一是原突变核苷酸发生回复突变,致使野生表型的回复,是真实的回变;二是基因阻抑,指的是阻抑物突变的效应绕过原有突变的缺损,导致已经发生基因突变的病毒野生表型的恢复,分为基因内阻抑和基因外阻抑。基因内阻抑是原突变的同一基因发生第二个位点的突变,导致移码改变而恢复正常的阅读框;基因外阻抑是在原突变病毒的另一基因发生阻抑产物的突变,导致病毒表型的回变。因基因阻抑产生的含有原有突变的病毒的表型回变的突变体,称为假回变体。

3. 互补

同一种两个不同的病毒株、两种不同但相关的病毒或者不相关的两种病毒混合感染同一细胞时,一种病毒可以为另一种病毒提供其必需但又不能自己合成的基因产物,促进其增殖;或者两种病毒互为对方提供增殖所需的基因产物,导致两种病毒的增殖均有所提高,这种现象称为互补,如腺病毒和腺联病毒之间、腺病毒和 SV40 病毒之间等。病毒之间的互补是相当普遍的,但不会导致病毒遗传上的改变。根据发生互补的病毒有无活力、缺损与否,可分为辅助病毒与缺损病毒的互补、活毒与灭活病毒的互补、两株条件致死性突变体间的互补。

(1)辅助病毒与缺损病毒的互补　缺损病毒与相应的辅助病毒同时混合感染细胞时,缺损病毒能利用辅助病毒的表达产物,两种病毒均可得到复制和扩增,如标准病毒和缺损干扰颗粒之间的互补。

(2)活毒与灭活病毒的互补　理化因子等作用使病毒某种结构蛋白遭受破坏而灭活病毒,但其核酸未受影响。灭活病毒在与某种特定活病毒混合感染时,也可发生互补。活病毒增殖的同时,灭活病毒也可以发生增殖,产生能够复制的子代病毒。研究发现,将活的 Shop's 纤维瘤病毒和热灭活的黏液瘤病毒同时接种家兔时,家兔可死于典型的黏液瘤病毒感染。

(3)两株条件致死性突变体间的互补　两株条件致死性突变体各自感染细胞时不能复制,但在同时感染 1 个细胞时,每种突变体可为对方提供基因复制所必需的产物,可分别产生子代病毒,但子代病毒仍为条件致死性突变体,如两株温敏突变体之间。这类互补分为两类,一类为非等位基因互补,又叫基因间互补,两株突变体的突变位点分别发生在两株病毒的不同基因,互为对方提供所缺乏的功能产物;另一类为等位基因互补,又叫基因内互补,两种突变体的突变位点位于同一基因中,互补时,每一突变体提供基因产物的一部分,迄今只在噬菌体温度敏感株之间发现。

另外,一种病毒可使另一种病毒在细胞中的产量增高,这种现象通常称作增强作用。增强的原因,除了互补作用外,也有其他原因。先以副流感病毒Ⅰ型感染细胞,再接种水疱性口炎病毒,水疱性口炎病毒的产量增高。

4. 多倍体病毒

大多数脊椎动物病毒为单倍体，也就是说这些病毒的每个基因只有一个拷贝。逆转录病毒具有二倍体基因组，基因组拷贝基本相同，源于相同的亲代病毒，也不是真正意义上的二倍体。但通过胞浆膜出芽成熟的病毒同一囊膜中可能包含几个核衣壳，因此携带几个基因组，形成所谓的多倍体，如副黏病毒。这类病毒多倍体不是病毒的一种遗传特征，含基因组的数目不定，与宿主细胞的种类和培养条件有关，与参与感染的病毒颗粒的基因组数目无关，是错误包装的结果。无囊膜病毒的衣壳的包装能力有限，未发现出现多倍体病毒颗粒。同种病毒的不同毒株共感染细胞也可产生囊膜内包裹有不完全相同的基因组的异源多倍体子代病毒，可出现表型混合现象。

5. 干扰

在病毒混合感染同一个细胞时，也可能发生一种病毒的增殖被另一种病毒抑制，称为病毒的干扰。病毒干扰可以发生在不同的病毒之间，也可发生在同种病毒的不同毒株之间，甚至于同一种病毒的颗粒之间；既可以发生在细胞内，也可以发生在动物体内。根据干扰发生的机制，可分为干扰素介导的干扰和非干扰素介导的干扰。病毒干扰在病毒感染和预防中具有重要意义。

第三节 病毒突变体的获得

研究病毒遗传变异，是为了利用病毒的遗传和变异特征，采用病毒学方法筛选具有特殊突变特征、遗传稳定性的变异株，服务于病毒病的防控。引起或促进病毒变异的各种理化因子（紫外线、X 射线、γ 射线及化学药物等）和生物学因子（免疫球蛋白、干扰素和各种细胞因子等），通称为诱变剂。

一、自然病毒突变株的分离

在动物体内出现新病毒突变体感染引起的疾病，可通过常规病毒分离、鉴定方法，获得该突变株。但突变病毒存在于混杂的同种病毒群中，则需要对突变病毒进行选择性培养和增殖，或采用蚀斑克隆或终点稀释等方法，获得突变病毒株。再通过表型鉴定和序列测定等方法，确定突变株的纯净和稳定性。但通常所说克隆株，即纯系病毒，实际上也是一个或几个病毒粒子的众多子代病毒的群体，会再出现新的变异，但因原种数量占绝对优势，表型上仍可将其视为纯系。

二、病毒的人工诱变

人工诱变是使病毒发生突变的方法，从发生一系列突变的病毒中筛选目的突变病毒，仍要通过克隆、选择的方法。

1. 化学诱变

化学诱变剂按照作用于病毒方式的不同，可以分为作用于病毒增殖过程中的诱变剂与直接作用于病毒核酸的诱变剂。

(1)作用于病毒增殖过程中的诱变剂　可在病毒核酸合成过程中替代正常的碱基而进入核酸,因而可导致病毒的灭活或突变。包括各种嘧啶和嘌呤的类似物。嘧啶类包括5-溴尿嘧啶(5-BU)、5-氟尿嘧啶(5-FU)、5-溴脱氧尿核苷(5-BUDR)和5-氟脱氧尿核苷(5-FUDR);嘌呤类包括2-氨基嘌呤(2-AP)等。

(2)直接作用于病毒核酸的诱变剂　根据该类诱变剂的化学性质和具体作用,分为烷化剂、环状烷化剂、盐亚硝基脲及非烷化剂类。烷化剂类主要指烷基硫酸酯类及N-亚硝基化合物类。前者包括二烷基硫酸酯和烷基磺酸链烷;后者包括二烷基亚硝胺,N-亚硝基脲和N-烷基-N-硝基-N-亚硝胍。环状烷化剂包括氮芥、硫芥、β-丙酸内酯和脂肪环氧化物等。盐亚硝基脲包括1,3-双-[2-氯乙基]-1-亚硝基脲(BCNU)、双-[2-氟乙基]-亚硝基脲(BFNU)和1-[2-氯乙基]-3-环己基-1-亚硝基脲(CCNU)。非烷化剂类包括甲醛、羟胺、甲羟胺、亚硝酸、重硫酸盐和肼。

2. 生物诱变

获得毒力低而仍保持免疫原性的弱毒株,用于疫苗的研制与疾病的防控是非常有意义的。获得减毒病毒株的方法包括异种动物适应性变异、非自然感染途径适应性变异、鸡胚适应性变异、细胞适应性变异、重组等方法。

异种动物适应性变异是将某种病毒的强毒株接种到一种新宿主中,最初几代接种往往不引起或仅引起轻微的感染症状或病变。随着传代次数的增加,症状或病变会逐渐加剧,甚至引起典型的发病或死亡。而此时获得的病毒株往往降低了对其自然宿主的毒力,因而可用来作为原自然宿主的疫苗株,如猪瘟兔化弱毒株。

非自然感染途径适应性变异是将病毒通过非自然感染途径接种敏感动物,达到使病毒毒力致弱的目的。如将森林脑炎病毒接种到乳鼠脑内连续传代后,病毒在腹腔内或皮下注射时的毒力逐步降低,传至40代后,皮下注射时基本不能致病。

鸡胚适应性变异是指将哺乳动物的病毒接种鸡胚,随着代数的增加毒力逐渐弱化,如鸡胚化牛瘟病毒株、鸡胚化日本脑炎毒株等。

细胞适应性变异也是目前应用于病毒致弱和毒株筛选的重要手段之一,如日本脑炎病毒经仓鼠肾细胞、鸡胚成纤维细胞传代后对人及家畜的毒力明显下降。

重组常在培养细胞或鸡胚中进行,将两个亲本株混合感染培养细胞或鸡胚以后,收获子代病毒,并作纯系分离,选育其中具备两个亲本株杂交性状的新毒株,即为重组型。

3. 物理诱变

对病毒进行物理诱变的方法主要包括紫外线照射、X射线、γ射线、异常温度等。但在获得有益的病毒变异株方面,常用的方法为温敏突变株和冷适应株的获得。

三、人工构建突变病毒

重组DNA技术使突变有着极其明确的方向和目标。构建突变病毒的策略有同源重组和反向遗传学方法两种。有关将突变引入病毒基因中的方法很多,可参考有关基因工程和分子生物学方面的书籍。

复习思考题

1. 病毒稳定生存应具有的重要特征有哪些？
2. 病毒基因变化类型有哪些？
3. 获得病毒突变体的方法有哪些？
4. 病毒之间的非遗传相互作用有哪些？

第十七章　病毒的致病性

【内容提要】病毒侵入机体并在机体细胞内增殖的过程称为病毒感染(viral infection)。病毒感染的实质是病毒与动物机体、病毒与易感细胞之间相互作用的过程。病毒感染常因病毒的种类、感染动物机体的种类与状态不同而产生轻重不一的损伤。由病毒感染而引起的疾病称为病毒性疾病(viral disease)。病毒引起动物机体感染的能力称为病毒的致病性。病毒致病是从病毒侵入机体、感染细胞开始的,其致病作用表现在动物机体整体和细胞两个不同的层次上。

第一节　病毒感染的途径

病毒侵入动物机体的方式和途径常决定感染的发生和发展。动物机体与外界接触的皮肤,与外界相通的腔道黏膜是病毒入侵机体的主要门户,所以病毒主要通过皮肤和黏膜传播。但在特定条件下,病毒可直接进入血循环而感染机体,如输血、注射、器官移植和昆虫叮咬等,动物病毒的感染途径及方式如表 17-1 所示。

表 17-1　动物病毒的感染途径

传播方式	感染途径	病毒种类
水平传播	呼吸道	正黏病毒(流感病毒)、副黏病毒、小 RNA 病毒(鼻病毒)及水痘病毒等
	消化道	轮状病毒、冠状病毒、细小病毒、星状病毒、嵌杯病毒、某些腺病毒、小 RNA 病毒等
	眼结膜	某些腺病毒、肠病毒、流感病毒、新城疫病毒等
	泌尿生殖道	某些疱疹病毒、腺病毒及肠道病毒
	皮肤(节肢动物叮咬、动物咬伤)	虫媒病毒、禽痘病毒、狂犬病病毒等
	血液(输血、注射、器官移植)和疫苗注射免疫等	多种人的肝炎病毒、人类免疫缺陷病毒、马传染性贫血病毒、鸡传染性贫血病毒、禽白血病病毒、网状内皮组织增生症病毒等
垂直传播	受精卵、精液、胎盘、产道	风疹病毒、人类免疫缺陷病毒、乙型肝炎病毒、鸡传染性贫血病毒、禽白血病病毒、网状内皮组织增生症病毒、猪繁殖与呼吸障碍综合征病毒等

一、病毒的传播方式和途径

流行病学上把病毒在动物中的传播方式分为水平传播(horizontal transmission)和垂直传播(vertical transmission)两类。

(一)水平传播

水平传播指病毒在动物不同个体之间的传播(也包括由媒介、人、动物参与的传播),主要通过呼吸道、消化道或皮肤黏膜等途径进入动物机体,产生水平感染。水平传播主要包括以下的传播途径:

1. 呼吸道途径

病毒首先与呼吸道黏膜上皮细胞的特异性受体结合,逃避纤毛摆动及巨噬细胞的清除作用,从而感染宿主。病毒入侵后,一部分病毒在呼吸系统中定植,一部分病毒通过细胞间扩散侵入其他组织,或者通过淋巴循环和/或血液循环引起广泛的扩散。病毒通过呼吸道感染的媒介有空气飞沫、痰、唾液和皮屑等。引起呼吸道感染常见的病毒有流感病毒、新城疫病毒、鸡的传染性支气管炎病毒等。

2. 消化道途径

一般而言,引起单纯肠道感染的病毒,如肠道病毒,都能够耐受胃酸和胆汁的作用。轮状病毒和一些冠状病毒被胃肠道蛋白酶水解后,其感染力还可因此而增强。病毒首先与消化道黏膜上皮细胞的特异性受体结合,入侵消化道黏膜上皮细胞后,一部分病毒在此定植,一部分病毒则通过细胞间的扩散侵入其他组织,或者通过淋巴循环和/或血液循环引起广泛的扩散。病毒通过消化道感染的媒介主要有饮水和饲料等,粪便污染常会导致较为严重的消化道感染。引起消化道感染常见的病毒包括人甲肝病毒、脊髓灰质炎病毒、轮状病毒、星状病毒、细小病毒、冠状病毒等。

3. 皮肤途径

病毒入侵皮肤的一个有效途径是节肢动物的叮咬,如蚊、蜱、蠓、白蛉等。马传染性贫血病毒、兔出血热病毒、兔黏液瘤病毒、禽痘病毒等均可以通过昆虫叮咬这种方式传播。以节肢动物为传播媒介的病毒称为虫媒病毒,目前确认的有250多种。常见的虫媒病毒有马脑炎病毒、委内瑞拉脑炎病毒、乙型脑炎病毒、登革病毒、黄热病病毒等。

病毒入侵皮肤的另一个有效途径是动物咬伤所致,如狂犬病病毒。皮肤损伤有利于病毒的传播。另外,在注射或疫苗免疫时,通过污染的针头也可造成感染,如马传染性贫血病毒等。

4. 眼结膜及泌尿生殖道途径

某些病毒可以通过眼结膜感染动物,如某些腺病毒、肠病毒、流感病毒、新城疫病毒等,某些疱疹病毒可通过阴道侵入宿主。

(二)垂直传播

垂直传播指存在于母体的病毒经胎盘、产道或受精卵由亲代传播给子代的方式,主要是种畜禽发生病毒血症、或病毒与血细胞紧密结合造成子代的感染,这种方式产生的感染称垂直感染。

常见的导致垂直传播的病毒有猪瘟病毒、禽白血病病毒等。

二、病毒感染后在体内的扩散

病毒侵入机体后，有些病毒只在入侵部位感染细胞，称为局都感染(local infection)或表面感染(superficial infection)。有些病毒则从入侵部位经血流或神经系统向全身或远离入侵部位散播，造成全身感染(systemic infection)。病毒进入机体血液系统称病毒血症(viremia)。经血液散播的病毒首先在入侵机体的局部及其所属淋巴结增殖，随后进入静脉引起第一次病毒血症。此时如果病毒未受到中和抗体等的作用，则在肝脏、脾脏细胞内进一步增殖，再进入动脉引起第二次病毒血症，播散全身到达远程器官并引起感染。不同病毒因其最终定植器官的不同，而引起不同的临床症状。

(一)病毒在上皮表面局部扩散

病毒在入侵部位的上皮细胞中复制，产生局部感染，往往从这些部位直接排放入环境。上皮表面感染的扩散可逐步感染相邻的细胞，有的病毒可扩散至临近皮下组织。通过呼吸道或消化道侵入体内的病毒则可以迅速引起黏膜上皮细胞的广泛感染。

(二)病毒侵入皮下并扩散入淋巴组织

病毒突破上皮屏障入侵皮下组织与不同的因素有关，包括在吞噬性白细胞，尤其是树突状细胞和巨噬细胞中靶向迁移；或者病毒从感染的上皮细胞直接排放。病毒排放入呼吸道或消化道，有利于其在上皮细胞局部扩散或很快排放到环境中。同时，从上皮基底细胞表面排放的病毒，有利于其入侵皮下组织，以及随后通过淋巴、血管或神经扩散。

(三)病毒通过血流扩散

病毒通过血流扩散的最大特点是造成感染宿主的病毒血症。有些病毒首先在侵入的局部增殖，然后通过淋巴液进入血流，形成第一次病毒血症；病毒再随血循环进入易感组织，特别是巨噬细胞和血管内皮细胞，大量增殖后再次进入血流引起第二次病毒血症；最后到达靶器官，如麻疹病毒、脊髓灰质炎病毒、脑炎病毒等所致的感染。这种感染过程涉及全身或数种组织和器官，引起的是全身性感染。

(四)病毒通过神经扩散

某些具有嗜神经性的病毒，可通过感染部位的神经末梢侵入神经细胞进行扩散。病毒侵害外周神经系统是引起中枢神经系统感染的一个重要途径，如狂犬病病毒可通过带毒动物咬伤时的伤口，随唾液进入机体。狂犬病病毒或其基因组进到外周传入神经后便开始在神经细胞内通过神经轴向心性移动，直至运行到与该神经轴相连接的神经节细胞内才进行繁殖，而后自脊髓向上运行到达脑内。病毒一旦进入脑内后便大量繁殖和迅速扩散波及全脑。随后，狂犬病病毒通过传出神经离心性扩散到周围神经及其所支配的组织中，如唾液腺、角膜、皮肤等。

三、病毒的排放

感染性病毒颗粒的排放对于维持感染至关重要。引起呼吸道感染的病毒，如流感病毒等常常进入黏液中，经咳嗽或喷嚏排出呼吸道污染环境；引起消化道感染的病毒，如轮状病毒等经粪便排泄至环境中造成污染；部分病毒可以进入尿液，如犬传染性肝炎病毒在肾管状上皮细胞中复制，随尿液排放污染环境；许多病毒感染后造成动物表皮的破溃，如口蹄疫病毒可以从发病动物破损的水疱处排放污染环境，造成健康动物通过直接或间接接触而感染；狂犬病病毒常常存在于带毒动物的唾液腺中并由此进入口腔，在动物舔咬过程中造成感染；鼠乳腺肿瘤病毒等则可以在乳腺中复制，通过乳汁排放造成污染。另外，屠宰动物的血液、组织以及屠宰过程中产生的污水等也被认为是病毒感染的重要途径。

第二节　病毒的致病机制

病毒侵入机体后，首先进入易感细胞并在细胞中增殖，进而对宿主产生致病作用。病毒能否感染机体以及能否引起疾病，取决于病毒致病性和宿主免疫力两方面因素。病毒致病性是指病毒感染特定宿主并引起疾病的能力；病毒毒力则是反映其引起感染的宿主产生症状和病理变化的强弱。如流感病毒可感染人群，具有致病性，但人群中个体症状轻重程度不一。病毒的致病作用是从入侵细胞开始，并扩延到多数细胞，最终造成组织器官的损伤和功能障碍。因此，病毒致病作用表现在细胞和机体两个水平上。

一、病毒感染对宿主细胞的致病作用

病毒具有严格的细胞内寄生特性，其致病的基础是病毒在细胞中增殖而导致宿主细胞结构受损和功能障碍。病毒对细胞的致病作用包括病毒的直接损伤和机体免疫病理反应两个方面。病毒与宿主细胞之间相互作用的表现形式各异。病毒的基因往往能诱导、模拟或封闭宿主细胞的功能。反之，宿主细胞也具有防御或封闭病毒的功能。双方的相互作用往往达成动态平衡，平衡被打破则机体发生疾病。虽然随着器官移植等技术的发展，使得在动物的整体水平上研究细胞与病毒的相互作用已成为可能，但是，当前研究最多、最深入的还是以细胞培养为基础的病毒所引致的细胞、亚细胞及分子水平的变化。近年来发现的细胞抗病毒的 RNA 干扰现象，将研究又提高到一个新的水平。

(一)病毒与细胞相互作用的类型

病毒感染可分为杀细胞及非杀细胞两大类。并非所有的病毒感染都是生产性(productive)的。宿主细胞感染病毒发生的变化可能是细胞死亡或细胞转化，也可能是非生产性(nonproductive)的，或称顿挫感染(abortive infection)。某些种类的细胞是允许性(permissive)的，可让病毒完成复制过程；而另一些则阻断了病毒复制过程的某个环节，此类细胞为非允许性(nonpermissive)的。病毒感染均可产生细胞的病理变化。

非生产性的病毒与细胞的相互作用是持续性感染。持续性感染(persistent infection)是指持续长时间的感染，广义的持续性感染还包括潜伏感染。在上述感染过程中不形成感染性的病毒粒子，可能是病毒的基因组被整合到宿主细胞 DNA 内，或以附加体(episome)形式存在。潜伏性感染的细胞在某些情况并不释放病毒粒子，在被激活的情况下则可变为生产性的。持续性感染也可能表现为转化，例如携带肿瘤基因的病毒感染的细胞。病毒与细胞相互作用的类型见表 17-2。

表 17-2　病毒与细胞的相互作用

感染的类型	对细胞的影响	是否产生感染性病毒粒子	例证
杀细胞	细胞病变(CPE),细胞蛋白质、RNA、DNA 合成被抑制、细胞死亡	是	甲型疱疹病毒、肠病毒、呼肠孤病毒
持续性、生产性	无 CPE,细胞代谢无碍,继续分裂,某些分化的细胞可失去某些功能	是	瘟病毒、砂粒病毒、狂犬病病毒、大多数逆转录病毒
持续性、非生产性	通常无影响	否,但可通过共培养等诱导	脑组织的犬瘟热病毒
转化	细胞形态改变,可无限制传代	否,致肿瘤 DNA 病毒	多瘤病毒,腺病毒
	移植至实验动物可产生肿瘤	是,致肿瘤逆转录病毒	鼠、禽白血病病毒

(二)病毒引致的杀细胞变化

某些病毒接种到培养的单层细胞后,第一轮感染产生的子代病毒将蔓延感染邻近的细胞,最终感染所有细胞。感染导致的细胞损伤称为细胞病变效应(cytopathic effect,CPE)。CPE 可在光学显微镜下观察,是病毒学检测及研究的常规手段之一。不少病毒产生 CPE 的能力与其对动物的致病力正相关,因此通常用 CPE 作为指标来判定病毒的毒力,即计算病毒的半数细胞感染量(tissue culture infectious dose 50,$TCID_{50}$)。

1. 病毒感染细胞在光学显微镜下的变化

CPE 可在光学显微镜下清晰地观察到,其表现因病毒与细胞的种类而异,有多种形式(图 17-1),如细胞圆缩、肿大、形成合胞体或空泡等。许多病毒能改变宿主细胞膜的通透性,以完成其复制。最突出的是,有囊膜的病毒出芽过程中能将其融合蛋白直接插入宿主细胞膜,结果导致膜融合而形成合胞体(syncytia)(图 17-2)。合胞体形成是慢病毒、副黏病毒、麻疹病毒、肺病毒、某些疱疹病毒等感染的特性。合胞体是病毒感染后导致感染细胞及相邻细胞细胞膜融合的产物,表现为若干细胞的相邻细胞膜消失,成为多核的巨细胞。在培养的单层细胞和感

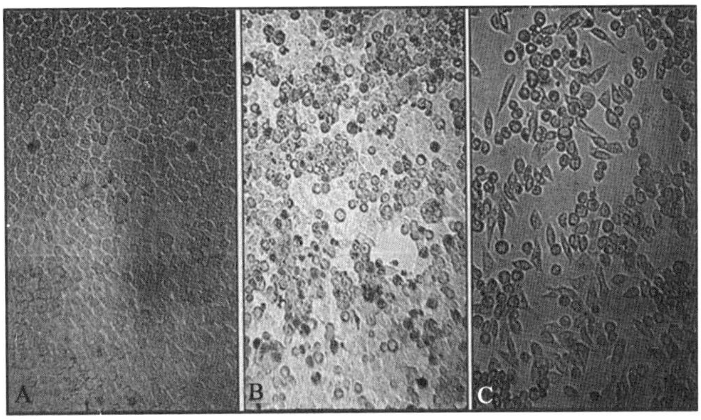

A.正常单层细胞　B.感染细胞呈圆形　C.感染细胞呈梭形

图 17-1　病毒所致的细胞病变(CPE)(引自:陆承平)

染动物的组织中，都可以见到合胞体，如亨得拉病毒可致上皮细胞合胞体。融合形成的融合桥可允许病毒亚单位(如核衣壳、核酸等)通过，以逃逸宿主的防御系统。细胞膜融合由病毒融合蛋白或其他表面蛋白介导，如流感病毒的血凝素、新城疫病毒的 F 蛋白等。

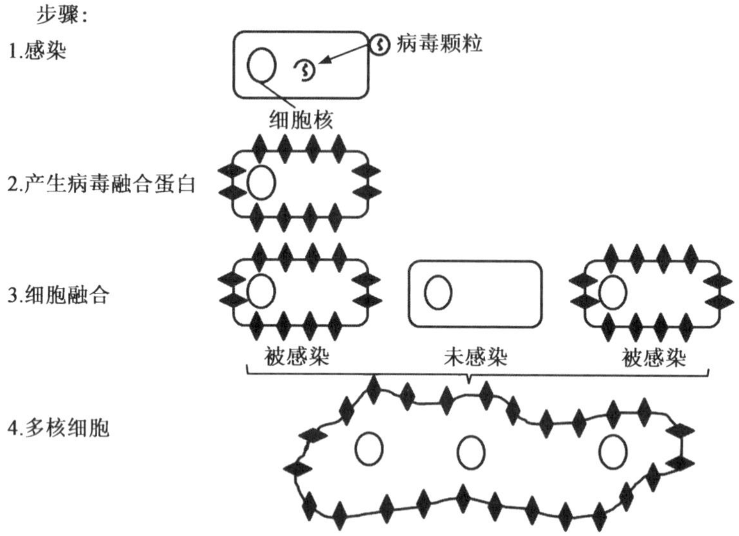

图 17-2　病毒感染多核细胞(引自：http://image.so.com/)

包涵体(inclusion body)是某些病毒感染细胞产生的特征性形态变化，可通过固定染色后在光学显微镜下检测。包涵体可在细胞核内或细胞质内，可单个或多个，有的较大，有的较小，或圆形或无规律形态，可嗜酸或嗜碱，因病毒的种类而异。痘病毒、呼肠孤病毒、副黏病毒及狂犬病病毒产生细胞质内包涵体，疱疹病毒、腺病毒及细小病毒产生核内包涵体。但是犬瘟热病毒、猪细胞巨化病毒等在同一细胞可产生核内及细胞质内两种包涵体。包涵体的性质并不相同，有的是病毒成分的蓄积，如狂犬病病毒产生的 Negri 小体，是堆积的病毒核衣壳；有的则是病毒合成的场所，即病毒代谢产物，如痘病毒的病毒浆(viroplasms)；有的包涵体由大量晶格样排列的病毒粒子组成，如腺病毒、呼肠孤病毒的包涵体；有些包涵体则是细胞退行性变化的产物，例如疱疹病毒感染所产生的"猫头鹰眼"(owl eyes)，是感染细胞染色质浓缩，经固定后位于中心的核质与周边染色质之间形成一个圈，清晰可辨。包埋体(occlusion body)，是专指含有病毒粒子的蛋白质结晶结构，是包涵体的一种特殊形式，见于病毒感染的昆虫、螨及甲壳动物的细胞，直径 0.5～24 μm。由病毒粒子、结晶基质蛋白及可能含糖的外膜组成。以核多角体、质多角体、颗粒体及昆虫痘病毒等不同形式出现。包埋体对病毒具有保护作用，当无脊椎宿主动物采食时，病毒从包埋体内释放。用 pH>10 的溶液处理包埋体，能在体外使病毒释放。

2. 杀细胞变化的机理

病毒感染所致的杀细胞变化主要原因：第一，抑制宿主细胞核酸的合成。第二，抑制宿主细胞 RNA 的转录，而有些病毒则是直接作用。第三，抑制宿主细胞 mRNA 的产生。第四，抑制宿主细胞蛋白质的合成。第五，毒性病毒蛋白质的细胞致病效应。感染后期大量病毒蛋白质的蓄积损伤了细胞，同时也抑制了病毒的复制。第六，干扰宿主细胞膜功能。在病毒复制的各个阶段，都对细胞膜有不同程度的伤害，从而破坏了细胞。

3. 病毒引起的细胞凋亡和坏死

长期以来，以为病毒引致的细胞死亡就是坏死(necrosis)，其实并非如此。近年来发现，更多的细胞死亡是因病毒感染引起了细胞的生理性死亡所致，亦即程序性死亡，或称凋亡(apoptosis)。凋亡与坏死的细胞有不同的形态变化，凋亡细胞的染色质浓缩、边缘化；内源性核酸内切酶被激活，将细胞 DNA 降解成 180～200 bp 的片段，在琼脂糖凝胶电泳时可见特征性的电泳条带，称为梯带(ladder)。坏死的细胞没有内切酶激活所致的变化。

病毒引致细胞凋亡的机制有两种：一种是病毒产生的特异蛋白直接作用于细胞，如腺病毒、甲病毒、圆环病毒科的鸡贫血病毒；另一种情况则是通过病毒对细胞的间接作用所致。除引致凋亡之外，另一方面，某些病毒具有抗凋亡功能，拥有一个或多个抗凋亡基因或其产物，以延长细胞的生命，直至完成其子代病毒的复制周期。

另外，凋亡是宿主细胞的重要防御机制。细胞坏死总是在病毒复制完成之后发生，像微 RNA 病毒，通过坏死使细胞崩解以释放其子代病毒。但是细胞如在子代病毒产出之前通过凋亡自行死亡，则可及早清除感染病毒的细胞，以延缓病毒在体内的蔓延。

4. 病毒感染的抗体依赖性增强作用

在病毒感染过程中，宿主产生的抗体与病毒结合，非但不能阻断病毒吸附宿主细胞，反而增强了病毒对细胞的感染，提高了病毒的滴度。这种反常的现象称为病毒感染的抗体依赖性增强作用(antibody-dependent enhancement of viral infection，ADE)，见于某些 RNA 病毒的感染，例如黄病毒、动脉炎病毒和狂犬病病毒等。产生 ADE 的机理有多种解释，比较公认的说法是，亚中和水平的抗体不能完全阻断病毒与细胞结合的表位，此种免疫复合物与细胞的 Fc 受体结合，导致与抗体结合的病毒被细胞胞饮，促进了病毒感染。

(三)病毒引致的非杀细胞变化

非杀细胞病毒的感染通常引致持续感染，对细胞的新陈代谢并无大碍，但同时还生产并释放子代病毒粒子。持续感染的细胞大多能继续生长并分裂。这种情况见于某些 RNA 病毒的感染，如瘟病毒、砂粒病，特别是某些副黏病毒。除少数例外，大多持续感染的细胞发生慢性渐进性变化，最终死亡。就宿主动物而言，由于机体迅速的新陈代谢，持续感染往往并不影响器官的功能。但像神经元这样的细胞不能迅速替补修复，一旦因持续感染受损，就将影响正常功能。

1. 宿主细胞的干扰

宿主细胞通过 RNA 干扰(RNA interference，RNAi)现象，利用内源或外源的小分子双股 RNA 片段，特异性地降解同源基因的 mRNA，从而导致靶基因转录后基因沉默(post translational gene silence，PTGS)的现象。最先于 1990 年由 Jorgensan 等在植物中发现，此后在线虫、真菌、鱼类和哺乳动物均有发现，被认为是真核生物中普遍存在的抗病毒感染的一种调控机制。RNAi 的产生需宿主细胞的内切酶，将整合到细胞内的双股 RNA 切割为 21～25 nt 的小分子，称为小分子干扰 RNA (siRNA)。然后在酶的作用下，与病毒基因等靶基因结合，形成基因沉默复合体(RISC)，进而与病毒等外源基因表达的 mRNA 同源区特异性结合，在结合部位切割降解 mRNA。siRNA 可作为引物在细胞内扩增，使 RNAi 作用进一步放大。尽管 siRNA 导致同源 RNA 降解的机理还不清楚，但近年来已有不少研究者设计并合成 siRNA 转染细胞，用于流感病毒、乙型肝炎病毒等的抗病毒感染的研究。

2. 病毒的干扰

病毒感染的细胞能抵抗相同或不同病毒的再次感染,称为病毒的干扰(interference)。病毒并不一定要复制才引致干扰。已证实干扰具有两种主要的机制:一种是由缺陷型突变株所致,通常干扰同源病毒;另一种是由干扰素(interferon)介导,它属于正常细胞调节蛋白即细胞因子的家族成员,按化学性质可分为 α,β 及 γ 3 个型。干扰素不是细胞持续合成的,而是细胞对强烈刺激,如病毒感染的应答时一过性的分泌物。凡能在脊椎动物各种类型的细胞内增殖的病毒,尤其是 RNA 病毒,都可诱导干扰素的产生。干扰素特别是 β 干扰素和 γ 干扰素具有一定程度的宿主特异性,如鼠干扰素对人无效,反之亦然。但是干扰素并无病毒特异性,如副黏病毒感染诱导的干扰素对披膜病毒感染完全有效。通常在病毒感染早期,即在第一批子代病毒释放之时产生干扰素,从而对相邻细胞及机体产生保护作用。

干扰素抗病毒活性的机制是病毒感染细胞诱导产生释放干扰素,与其他细胞的细胞膜特异受体结合后,相邻细胞通过信号转导激活了其转录过程,合成许多抗病毒蛋白(anti-virus protein,AVP)(图 17-3)。

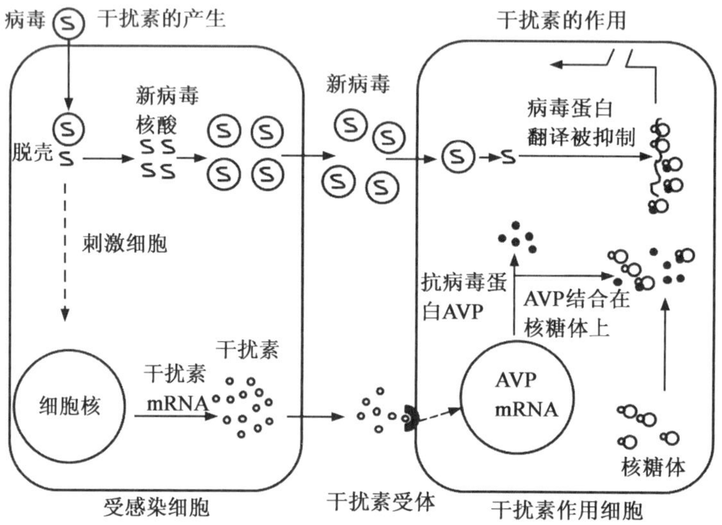

图 17-3　干扰素的作用机制(引自:http://image.so.com/)

二、病毒感染对机体的致病作用

1. 病毒感染对宿主组织和器官的损伤

病毒侵入机体感染细胞具有一定的选择性,即病毒对机体某些种类的细胞易感,并在一定种类细胞内寄生,称为病毒对组织的亲嗜性。病毒亲嗜性的基础主要是该组织器官的细胞表面具有病毒受体,并具备病毒增殖的条件。例如,流感病毒和鼻病毒对呼吸道黏膜有亲嗜性,脑炎病毒和脊髓灰质病毒对神经组织有亲嗜性,肝炎病毒对肝脏组织有亲嗜性等。病毒的组织器官亲嗜性造成了对特定组织器官的损伤,这是造成临床上不同系统发病的原因。病毒感染造成细胞结构和功能损伤,进而扩展到一定组织和器官的损伤和功能障碍。病毒感染对宿主组织和器官的损伤主要表现在以下几个方面:

（1）对宿主组织和器官的直接损伤　主要包括对呼吸道、消化道、皮肤、中枢神经系统以及其他靶器官的直接损伤。

呼吸道病毒最初入侵并损伤呼吸道上皮细胞，逐步损坏呼吸道黏膜的保护层，暴露出越来越多的上皮细胞。病毒感染早期，呼吸道纤毛摆动实际上有助于子代病毒沿呼吸道扩散。感染后期当上皮细胞损坏时，纤毛停止摆动，这会造成其他病原微生物的继发感染。

病毒的消化道感染多数潜伏期短，没有任何前驱症状。引起动物腹泻的病毒主要包括轮状病毒、冠状病毒、细小病毒、嵌杯病毒、星状病毒以及某些腺病毒等。轮状病毒感染肠绒毛顶端的细胞，感染细胞明显变短。相邻的肠绒毛有时候发生融合，肠道吸收面积减少，导致肠腔中黏液积累并导致腹泻。畜禽如果没有因病毒感染导致的腹泻脱水而死，则这种病毒感染常常是自限性的（self-limiting），机体能很快康复。

皮肤除了作为病毒感染的初始部位，还可经由血流携带的病毒被再次入侵。病毒感染后导致的皮肤损伤可以是局部的，也可以是扩散的。病毒全身感染引起的动物皮肤损伤包括红斑、斑点、丘疹、小水疱、脓疱等，这些损伤在无毛发、无色素的暴露部位尤其明显，如鼻、耳、爪、唇和乳房等。某些病毒会造成特征性的皮肤病变，如口蹄疫病毒感染导致的特征性水疱，某些肠道病毒感染引起的手、足、口腔等部位的特征性疱疹，痘病毒感染引起的特征性丘疹等。

许多病毒可引起神经系统感染，但各种病毒对神经组织的不同部位可能具有不同的致病性，故临床特点有所差异。中枢神经系统对某些病毒非常易感，常引起严重的致命性损伤。这些嗜神经性病毒感染大多通过皮肤、黏膜或胃肠道、呼吸道感染，经过在侵入局部的初期复制后释放入血液，形成病毒血症。多数侵犯神经的病毒在此时期经血流扩散至脑，突破血脑屏障而进入中枢神经系统。少数病毒如狂犬病病毒则通过神经通路侵犯中枢神经系统。一旦进入中枢神经系统，病毒就会快速扩散，在神经细胞和神经胶质细胞内繁殖可引起相应细胞功能受损并刺激机体的免疫反应。

几乎所有的组织器官都能通过血流感染病毒，但一般情况下，大多数病毒都有其明确的靶器官及组织嗜性。例如以肝脏作为侵害的主要靶器官的动物病毒包括各种动物的肝炎病毒等，其对其他组织器官的损伤相对较轻。

（2）无组织器官损伤时所致的病理变化　某些病毒感染不引起明显的损伤，感染细胞仍处于低效能地执行正常细胞功能，但丧失了系统自身平衡必需的特定功能。如淋巴细胞脉络丛脑膜炎病毒感染的小鼠，由于分泌细胞受病毒感染而使体内生长激素和甲状腺激素低于正常水平，导致感染鼠的侏儒综合征。

（3）易致机体继发感染的组织和器官损伤　某些病毒感染除造成直接损伤外，还易使动物发生继发感染。如副流感病毒3型或其他呼吸道病毒感染奶牛时，损伤纤毛上皮，引起体液渗出到呼吸道中，使曼氏杆菌和其他细菌侵入肺，引发继发细菌性肺炎。

（4）对胎儿的损伤　一些病毒能够通过胎盘感染胎儿，导致胎儿发育缺陷、死胎、流产等。病毒感染胎儿造成的后果取决于病毒的毒力、嗜性以及感染时的胎龄等因素。如引起猪的繁殖障碍类病毒均具有对母猪胎盘的组织嗜性，是导致母猪怀孕期间死胎、流产、木乃伊胎等的主要原因。而导致怀孕动物感染致畸的严重程度则主要取决于病毒感染时的胎龄。如果病毒感染发生在胎儿器官形成的关键阶段，就会造成严重的胎儿畸形（表17-3）。

表 17-3　常见的胎儿及胚胎的病毒感染

动物	病毒名称	症状
人	乙型肝炎病毒	死胎、早产、先天畸形、新生儿乙肝
	风疹病毒	死胎、早产、先天畸形
	巨细胞病毒	死胎、早产、先天畸形
	人类免疫缺陷病毒	死胎、早产、先天畸形、新生儿艾滋病
猪	伪狂犬病病毒	死胎、流产
	猪细小病毒	死胎、流产、木乃伊化、死产、不育
	日本脑炎病毒	死胎、流产
	猪瘟病毒	死胎、流产、先天缺陷、无症状感染、终生带毒并排毒
	猪繁殖与呼吸综合征病毒	死胎、流产、早产、木乃伊化、仔猪呼吸道疾病
马	马疱疹病毒 1 型	死胎、流产、新生驹疾病
	马动脉炎病毒	死胎、流产
牛	牛传染性鼻气管炎病毒	死胎、流产
	牛白血病病毒	无症状感染、白血病
	蓝舌病毒	死胎、流产、先天缺陷
	赤羽病毒	死胎、流产、死产、先天缺陷
	牛病毒性腹泻病毒	死胎、流产、先天缺陷、无症状感染、终生带毒并排毒
绵羊	蓝舌病毒	死胎、流产、先天缺陷
	裂谷热病毒	死胎、流产、先天缺陷
	内罗毕羊病病毒	死胎、流产
	边区病病毒	先天缺陷
犬	犬疱疹病毒	围产期死亡
猫	猫泛白细胞减少症病毒	小脑发育不全
	猪白血病病毒	无症状感染、白血病、死胎
小鼠	大鼠病毒	死胎
	淋巴细胞脉络丛脑膜炎病毒	无症状感染、终生带毒并排毒
鸡	禽脑脊髓炎病毒	先天缺陷，死胚
	禽白血病病毒	无症状感染、白血病
	禽网状内皮组织增生症病毒	无症状感染、雏鸡严重免疫抑制
	鸡传染性贫血病病毒	无症状感染、雏鸡严重免疫抑制

2. 病毒感染对免疫系统的损伤

病毒感染免疫细胞的类型因病毒种类而异（表 17-4）。不同病毒损伤的免疫细胞类型不一，引起免疫抑制的程度也有差异。如鸡传染性贫血病病毒产生凋亡素，引起多种免疫细胞凋亡；马立克病病毒感染 T 细胞，引起细胞免疫功能下降；传染性法氏囊病病毒感染 B 细胞，引起体液免疫功能下降。

表 17-4　感染免疫系统细胞的病毒

免疫细胞	病毒名称	宿主
T 淋巴细胞	人类免疫缺陷病毒 1 型和 2 型	人
	猴免疫缺陷病毒	猴
	猫免疫缺陷病毒	猫
	猫白血病病毒	猫
	禽网状内皮组织增生症病毒	禽
	禽白血病病毒	鸡
	马立克病病毒	鸡
	鸡传染性贫血病病毒	鸡
B 淋巴细胞	人疱疹病毒 4 型	人
	松鼠猴逆转录病毒	猴
	马疱疹病毒 2 型	马
	鼠白血病病毒	鼠
	传染性法氏囊病病毒	禽
	禽网状内皮组织增生症病毒	禽
	禽白血病病毒	鸡
	鸡传染性贫血病病毒	鸡
	传染性胰坏死病毒	鱼
单核细胞	甲型流感病毒	人、马、禽
	副流感病毒	人、牛等
	委内瑞拉马脑脊髓炎病毒	人、马
	细胞巨化病毒	多种动物
	犬瘟热病毒	犬
	猪繁殖与呼吸障碍综合征病毒	猪
	维士纳-梅迪病毒	绵羊

续表 17-4

免疫细胞	病毒名称	宿主
单核细胞	山羊关节炎-脑炎病毒	山羊
	淋巴细胞脉络丛脑膜炎病毒	鼠、仓鼠
	乳酸脱氢酶病毒	鼠
	禽白血病病毒	鸡
树突状细胞	人类免疫缺陷病毒 1 型和 2 型	人
	委内瑞拉马脑脊髓炎病毒	人、马
	淋巴细胞脉络丛脑膜炎病毒	鼠、仓鼠
淋巴网状组织基质细胞	细胞巨化病毒	多种动物
	博那病毒	马、兔、猫
	禽网状内皮组织增生症病毒	禽
	禽白血病病毒	禽

病毒入侵机体免疫细胞后，不仅影响机体免疫功能，使病毒难以清除，而且病毒由于存在于这些细胞中而受到保护，可逃避抗体、补体等作用，并随免疫细胞扩散至全身。病毒感染免疫细胞导致免疫系统的损伤，宿主出现获得性免疫缺陷和普遍的免疫抑制，从而加重疾病的危害，使宿主易于再感染其他的病毒，称为超次感染(superinfection)。

(1)病毒感染引起免疫抑制　感染免疫细胞的病毒均可引起机体免疫应答降低或暂时性免疫抑制，这可能与病毒直接损伤免疫细胞有关。如禽白血病病毒、鸡传染性贫血病病毒等能够感染多种不同的淋巴细胞，导致长期的严重的免疫抑制；而猪瘟病毒、犬瘟热病毒、猫细小病毒等造成的感染则只能暂时抑制宿主的体液和细胞免疫应答。这种免疫抑制导致病毒性疾病加重、持续，并可能使疾病进程复杂化。

(2)病毒对免疫活性细胞的杀伤　有些病毒主要感染免疫活性细胞，如传染性法氏囊病病毒主要感染鸡的 B 淋巴细胞，从而引起严重的 B 淋巴细胞缺失，导致机体的体液免疫应答能力显著下降；人类免疫缺陷病毒侵入辅助性 T 细胞($CD4^+$)后，导致 $CD4^+$ T 细胞数量大量减少，机体细胞免疫功能低下，发生艾滋病，并极易发生机会性感染或并发肿瘤。

(3)病毒感染引起自身免疫病　病毒感染免疫系统后可致免疫应答功能紊乱，主要表现为失去对自身与非自身抗原的识别功能。病毒感染细胞后，有可能使正常情况下隐蔽的抗原暴露或释放出来，导致机体对这些自身细胞产生免疫应答，从而发生自身免疫病。

3. 免疫病理损伤

病毒具有很强的抗原性，感染细胞后还会出现自身抗原，从而诱发机体的免疫应答。机体免疫应答所产生的变态反应和炎症反应是主要的病理反应。

(1)体液免疫病理作用　许多病毒(特别是有囊膜病毒)能诱发细胞表面出现新抗原，当特异抗体与这些抗原结合后，形成抗原抗体复合物，在补体参与下引起Ⅱ型变态反应，引发组织细胞损伤。如登革热病毒在体内与相应抗体在红组胞和血小板表面结合，激活补体，导致血细胞和血小板破坏，出现出血和休克综合征。

有些病毒抗原与相应抗体结合形成免疫复合物后，可长期存在于血液中。当这种免疫复合物流积在某些器官组织的膜表面时，激活补体引起Ⅲ型变态反应，造成局部损伤和炎症。如沉积在肾毛细血管基底膜导致肾损伤(蛋白尿、血尿)，沉积在关节滑膜上导致关节炎等。

(2)细胞免疫病理作用　细胞免疫在发挥抗病毒感染的同时，特异性细胞毒性T细胞也对病毒感染细胞造成损伤。免疫系统的日常工作是清除感染，但是如果免疫系统被激活到极限程度或者失去控制，它就会伤害宿主，极端的免疫攻击称为“细胞因子风暴”(cytokine storm)。细胞因子风暴是指机体感染病毒后引起体液中多种细胞因子，如TNF-α、IL-1、IL-6、IL-12、IFN和IL-8等迅速大量产生的现象，是引起急性呼吸窘迫综合征和多器官衰竭的重要原因。如埃博拉病毒、流感病毒、兔出血症病毒等在感染后会引起机体的细胞因子风暴，触发免疫系统对身体的猛烈攻击，导致多器官系统功能衰竭。

(3)分子模拟引起的自身免疫损伤　病毒蛋白质也可因与宿主细胞蛋白质之间存在共同抗原性而导致自身免疫应答。宿主细胞成分与病毒蛋白质之间存在线性或构象分子结构的同源性称为分子模拟(molecular mimicry)。如果病毒与宿主的抗原表位既相似又不相同，二者的相似程度足以引起交叉反应，而差异的程度又能突破正常的免疫耐受，这样的分子模拟就会导致自身免疫病。对700种病毒的病毒蛋白质进行序列分析和单克隆抗体分析表明，约4%与宿主蛋白质有共同抗原表位。如麻疹病毒引起的脑炎及乙肝病毒引起的慢性肝炎，就有自身免疫病的因素。

总之，在病毒感染早期，病毒所致细胞损伤、活性及毒性物质的释放等能引起机体的炎症反应，使机体产生全身症状。感染后期由免疫复合物，补体活化，$CD4^+$ T细胞介导的复杂反应和感染细胞溶解等又引起机体局部组织器官严重损伤和炎症。

第三节　病毒感染的类型及转归

病毒感染是一个极其复杂和不断发展变化的生物学和病理学过程。机体感染病毒后，可表现出不同的临床类型(图17-4)。按照病程长短可分为急性型、亚急性型和慢性型；依据有无症状，可分为显性感染和隐性感染；按照感染过程、症状和病理变化的主要发生部位可分为局部感染和全身感染；依病毒在机体内感染过程、滞留的时间及出现临床症状的长短可分为急性感染和持续性感染。

一、隐性感染

病毒进入机体后，不引起临床症状的感染称为病毒隐性感染(inapparent viral infection)，又称亚临床感染(subclinical infection)。病毒隐性感染的实质是病毒侵袭与机体防御二者之间的斗争使病毒侵犯到适当阶段而终止。这可能与病毒的种类不同、毒力较弱和机体免疫力较强有关。

隐性感染者虽不出现临床症状，但病毒仍可在宿主体内增殖并向外界播散病毒，成为重要的传染源，这种隐性感染者也称病毒携带者(viral carrier)。病毒隐性感染非常普遍，如脊髓灰质炎病毒和流行性乙型脑炎病毒的大多数感染者为隐性感染，发病率只占感染者0.1%，这就

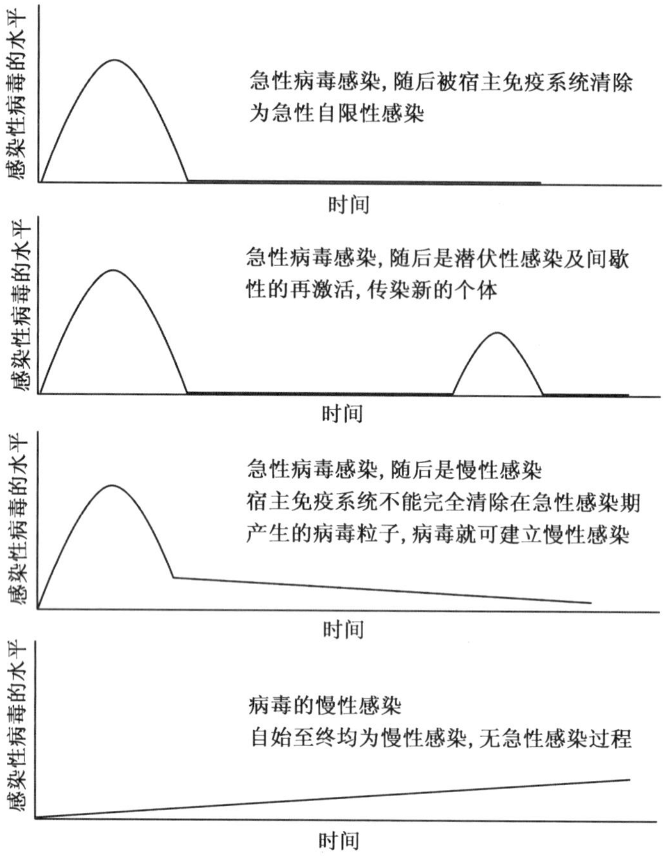

图 17-4　病毒感染的一般类型

容易造成漏诊和误诊，所以隐性感染在流行病学上具有十分重要意义。对于规模化养殖群体中的隐性感染病毒携带者的监测对于健康养殖十分重要。另外，相当部分的隐性感染者也可获得对该病毒的免疫力，从而终止感染，恢复健康。

二、显性感染

病毒显性感染(apparent infection)是指有症状的感染，即临床上表现明显或在一定阶段表现明显的病毒性感染。其实质是病毒进入机体，到达靶细胞后大量增殖，使细胞损伤，致使机体出现明显临床症状。

病毒显性感染按症状出现早晚和持续时间长短又分急性感染和持续性感染。

(一)急性感染

机体感染病毒后，一般潜伏期短，发病急，宿主恢复或死亡快，这种感染称为急性病毒感染(acute viral infection)。例如口蹄疫、新城疫、鸭病毒性肝炎等疾病，病毒感染动物后很快出现症状，病程数日或数周，有的动物因抵抗力差等原因转归于死亡，耐过感染而存活的动物则会较快恢复，病毒被从体内完全清除，机体常获得较强的特异性免疫，因此急性感染又称病原消灭型感染。急性感染病例中，机体内特异性抗体可作为感染的证据，被用于流行病学调查。

（二）持续性病毒感染

病毒在宿主体内持续性存在，达数月、数年甚至终生，但不一定持续增殖和持续引起症状称为持续性病毒感染(persistent viral infection)。持续性感染的基本特点是：长达几个月至几年的潜伏期；病原体长期乃至终生持续存在；病变和症状常与免疫病理或免疫缺陷有关，发病后常继续呈进行性，预后大多不良；除少数例外，自然感染的宿主范围极窄，大多数局限于某一种属的动物，而且常有遗传倾向，也就是同一种属动物中的某些品系具有较高的易感性，临床症状和病理变化较为严重。

持续性感染的动物可出现症状也可不出现症状，但由于体内病毒存在时间长，成为长期带毒者，不但是重要传染源，也可引起慢性进行性疾病。病毒持续感染随病毒不同其致病机制也有差异，临床表现多种多样。依据动物疾病过程，病毒在细胞或实验动物中的表现，大致分为：慢性感染、潜伏性感染和慢病毒感染 3 种情况。

1. 慢性感染

病毒在体内持续增殖，可不断排出体外，常不引起临床疾病，但在机体免疫机能低下时发病，症状长期存在，称为病毒的慢性感染(chronic infection)。引起慢性感染的病毒持续存在于机体血液或组织中，病毒不断排出体外，经血液传播，病程长达数月或数十年，如猪瘟病毒、貂阿留申病病毒、犬瘟热病毒等。

2. 潜伏性感染

在急性或隐性原发性感染之后，病毒潜伏在特定组织或组胞内，在某些条件下，病毒在宿主细胞内重新增殖和扩散，再次出现与初次感染症状极为相似或截然不同的急性发作，而且以后还会反复发生的病毒感染称为潜伏性感染(latent infection)。例如水痘-带状疱疹病毒感染人后，在幼年时引起水痘，水痘消失后，病毒隐伏于神经细胞内，在中老年时期因受凉、疲劳或免疫功能下降等原因病毒大量增殖，引起带状疱疹。需要注意的是，病毒在潜伏期常不能产生有感染性的病毒体，此时用常规方法不能分离出病毒，在某些条件下病毒可被激活而急性发作，此时可检测出病毒的存在。

3. 慢病毒感染

慢病毒感染(slow virus infection)又称长程感染，是指潜伏期长，发病是慢性进行性且最后转归于死亡的一种病毒感染。其实质是传染性病毒经历一个很长的临床前阶段，数量逐渐增多，最终导致缓慢的、渐进性的致死性疾病，因此此类感染又称迟发病毒感染(delay viral infection)。

慢病毒感染的病原体包括两类：一类是常规病毒，如人和猴的免疫缺陷病毒、马传染性贫血病毒、绵羊的维士纳-梅迪病毒和山羊关节炎-脑炎病毒等；另一类是非常规病毒即朊病毒，它们分别引起人和动物的传染性海绵样脑病，如羊的痒病、貂的传染性脑病、牛海绵状脑病和人的克雅病等。

4. 迟发性临床症状的急性感染

迟发性临床症状的急性感染(acute infection with late clinical manifestiations)是指病毒持续性复制与疾病的进程无关的病毒感染。如猫泛白细胞减少症病毒，胎猫已受感染，直至青年猫才表现脑综合征，在神经损伤出现时，并不能分离出病毒，因此这种小脑综合征长期以来一直被误认为是一种先天性的小脑畸形。

持续性感染很难检测，并可被再次激活，因此这种畜禽被引入易感群，便会引起疫病的暴发，对病毒的传播具有重要的意义。已经发现很多病毒在动物体内能引起持续性感染（表17-5）。

表 17-5　常见引起持续性感染的动物病毒

疾病名称	病毒分类	持续感染方式	持续部位
口蹄疫	小 RNA 病毒科、口蹄疫病毒属	短期循环	咽部
猪水疱病	小 RNA 病毒科、肠道病毒属	短期循环 抵抗力强的病毒	咽部
牛瘟 犬瘟热 新城疫	副黏病毒科	短期循环	咽部
蓝舌病	呼肠孤病毒科、环状病毒属	中间宿主，持续感染，先天性感染	造血系统
牛白血病	反录病毒科、肿瘤病毒属	持续感染	造血系统
猪瘟	黄病毒科、瘟病毒属	短期循环，持续感染，先天性感染	造血系统
水疱性口膜炎 狂犬病	弹状病毒科、水疱病毒属 狂犬病病毒属	未知	造血系统
传染性鼻气管炎 伪狂犬病 马立克病	疱疹病毒科	短期循环，持续感染	神经节
绵羊痘 山羊痘 疙瘩皮肤病	痘病毒科、山羊痘病毒属	短期循环，抵抗力强	神经节
非洲猪瘟	非洲猪瘟病毒科、非洲猪瘟病毒属	短期循环，持续感染，中间宿主	造血系统

（三）持续性病毒感染的机制

持续性病毒感染是病毒感染的重要类型，构成持续性病毒感染的机理很复杂，其形成原因有病毒和机体两方面因素，是二者相互作用的结果。

1. 构成持续性感染的病毒方面的原因

（1）病毒基因组整合到宿主细胞的基因组中　逆转录的前病毒 DNA 和 DNA 病毒的基因组都可以通过整合的方式成为宿主基因组的一部分，由亲代细胞传给子代细胞而长期持续存在；二是整合的病毒基因组垂直传递给子代，成为内源性病毒的潜伏性感染；三是病毒 DNA 的整合导致细胞转化为肿瘤细胞，并由此导致病毒的持续性感染。病毒 DNA 整合后，一般可表达部分病毒抗原而较少复制出完整病毒，少数整合病毒可能继续复制从而形成持续性感染。

（2）病毒侵犯免疫细胞或在有掩护的部位或细胞内增殖　有些病毒通常隐藏在神经细胞或淋巴细胞内，从而逃避免疫清除作用。如 α-疱疹病毒在潜伏期内通常藏匿在神经细胞内，β-疱疹病毒和 γ-疱疹病毒因在淋巴细胞内持续存在，从而逃避了感染机体的免疫清除作用。

(3)病毒抗原发生变异　有些病毒在持续性感染期间，经常在体内发生连续性抗原变异，每次临床疾病的重新发生都是由新的病毒变异株引起，从而逃脱了机体的免疫应答。如马传染性贫血病毒、维士纳-梅迪病毒在持续感染期间通过在体内发生连续性抗原变异，从而逃避了感染机体的免疫清除作用，得以在宿主体内持续存在。

(4)产生缺损干扰颗粒　缺损干扰颗粒(defective interfering particles，DI 颗粒)是一类病毒感染时产生的亚基因组缺失的不完全病毒颗粒突变体，其在抗原性上与完整病毒粒子相似。很多病毒均能产生 DI 颗粒。由于这种颗粒与完全病毒竞争复制必需的聚合酶，从而抑制感染性的完全病毒的复制，这是导致某些杀细胞性病毒持续性感染的主要原因之一。

2. 构成病毒持续性感染的机体因素

(1)免疫耐受　机体在胚胎或初生期感染某些病毒，处于未成熟阶段的免疫组织与细胞可以形成免疫耐受，随后对病毒抗原不产生抗体及细胞免疫，或仅有低反应性免疫应答。这种免疫低下一般只针对该病毒的特异性抗原。由于机体不能产生有效的免疫，病毒得以持续存在。

(2)抗体功能异常或引起靶细胞表面病毒抗原的改变　在病毒持续性感染中，常见血循环内抗原与抗体同时存在，但因抗体无中和作用，不能阻断病毒入侵靶细胞，如水貂阿留申病。这些无中和作用的抗体不能中和病毒的致病作用，却可阻断有中和作用的抗体或免疫淋巴细胞对病毒或病毒感染靶细胞的杀伤作用，有利于病毒持续存在。抗体也能改变病毒表面或感染细胞的病毒抗原，从而使病毒逃避免疫清除。如麻疹病毒的抗体可使感染细胞膜上的麻疹病毒抗原重新分布，使病毒感染的靶细胞失去表面病毒抗原，从而避免抗体、细胞毒性 T 细胞的杀伤，病毒因此得以长期持续存在于宿主细胞内。病毒抗体可通过与补体相协同，使感染病毒的细胞表面的病毒抗原发生变化。

(3)干扰素产生能力低下　干扰素是抗病毒免疫及免疫调节的重要因子。很多病毒感染后，会导致感染细胞及机体干扰素产生低下。如在淋巴细胞性脉络丛脑膜炎病毒持续感染的小鼠体内很少能测出干扰素的存在，先天性感染鼠白血病病毒的动物的干扰素量也较低。

(4)细胞免疫应答低下　在非溶细胞型病毒感染中，T 细胞的杀伤作用相当重要，如 T 细胞免疫低下，则会妨碍机体有效地消灭病毒而使病毒持续存在。

(5)宿主细胞遗传因素　宿主细胞的遗传因素在构成持续性感染中也占有一定地位。

总之，病毒感染后，要在机体内长期存在必须满足两个条件：一是病毒感染细胞后不明显表现溶细胞性，以免失去生存场所；二是病毒能够逃脱免疫机制，以免遭到清除。病毒只有在不杀死宿主细胞或对宿主不产生严重的伤害时，才能在宿主细胞中潜伏下来。限制溶细胞性病毒的致细胞病变的条件有：①病毒感染的是非容许细胞或处于非容许条件下的细胞；②病毒通过进化形成变异株，减少其溶细胞性或者干扰野生型溶细胞性病毒的复制；③病毒自我调控，有效地关闭自身基因的表达，减少溶细胞性。

近年来发现，绝大多数动物病毒，包括那些引起显性感染的病毒，可能长期持续存在于恢复动物或隐性感染动物体内，或者以潜伏性病毒甚至以整合的病毒基因组的方式长期存在。这是自然界中病毒的潜在来源，具有重要的生态学意义。

病毒感染的不同类型是病毒感染在机体整体水平上的表现，其感染的过程和结局取决于病毒和机体间的相互作用，无论是局部或全身感染、显性或隐性感染、急性或持续性感染均是如此，病毒毒力、嗜细胞组织特性、机体遗传特性及天然和获得性免疫应答均可影响感染的类型、进程和结局。

病毒的感染是病毒在宿生细胞内复制和基因表达的过程，同时也引起细胞的病理损伤和子代病毒在宿主体内的传播。病毒感染多为隐性感染，显性感染中除急性感染外，持续性病毒感染受到普遍重视。在持续感染中，病毒长期存在，不仅成为重要传染源，还与肿瘤及某些免疫性疾病的发生有关。

复习思考题

1. 什么是病毒的水平传播？病毒的水平传播包括哪些途径？
2. 病毒在体内扩散的方式有哪些？
3. 简述病毒感染对机体致病作用的机制。
4. 简述病毒感染的临床类型。
5. 什么叫持续性病毒感染？持续性病毒感染在临床上有哪些类型？
6. 简述病毒持续性感染的机制。

第十八章　病毒感染的实验室诊断、免疫预防和治疗

【内容提要】动物病毒感染的实验室诊断、免疫预防和治疗是当前处理动物疑似病毒感染的常见流程。动物病毒的实验室诊断主要包括病毒的分离、理化性质测定、血清学诊断和分子生物学鉴定等。预防病毒感染最有效可靠的方法是疫苗接种，通过特异性免疫来保护机体免受同种病毒的感染，这种方法属于主动免疫。除疫苗接种外，也可人为给机体输入特异性抗体使其获得对某种病毒的抵抗能力，这种方法属于被动免疫。病毒感染的治疗目前仍是一个较为棘手的问题，病毒治疗药物可分为化学药物、细胞因子类药物、免疫调节剂、抗病毒基因和抗病毒中药；另外，部分病毒感染可用高免血清或单克隆抗体等生物制品进行特异性治疗，效果比药物更理想。

第一节　病毒感染的实验室诊断

病毒感染引发的疾病给动物带来了巨大的危害，实验室诊断是病毒病确诊必不可少的一环。在正确采集病料样本的基础上，病毒的分离培养及鉴定与血清学诊断都是经典的病毒学诊断方法。随着分子生物技术的发展，分子诊断技术的应用使得病毒感染的实验室诊断更加高效而准确。上述内容详见本书第十五章第一节。

第二节　病毒感染的免疫预防

免疫系统的基本功能是防御感染、自身稳定和免疫监视。机体通过对外来病原等异物、正常机体细胞的识别与耐受，达到维护机体内环境相对稳定的目的，这一过程即是免疫应答。机体抗病毒感染的免疫应答包括非特异性免疫和特异性免疫，前者主要由巨噬细胞、NK 细胞、DC 细胞等和多种分子介导，后者主要由 T 淋巴细胞、B 淋巴细胞介导。

一、非特异性免疫

非特异性免疫是动物通过遗传获得的与生俱来的一种免疫功能，是动物在长期的遗传进化中与病原不断斗争逐渐形成的一系列防御系统，其免疫功能和效果与动物机体的结构功能密切相关。

1. 种属与遗传免疫

不同种类的动物对同一病毒表现出差异很大的敏感性和抵抗力，如牛、羊不感染猪瘟病

毒,伪狂犬病毒在猪、兔、鼠等动物中感染情况差别很大;同一动物不同品系、不同品种和不同个体,也对病毒呈现不同的敏感性和抵抗力。现在研究认为,动物种属与遗传免疫将影响细胞膜表面是否有特异性病毒受体。动物细胞缺乏特异性病毒受体,使病毒无法吸附到动物细胞从而阻止病毒感染。另外,有些病毒侵入细胞后无法利用宿主细胞进行合成及复制过程,不能在细胞中增殖。

2. 动物年龄与生理状况

动物对病毒的抵抗能力与年龄有关,幼龄动物对病毒更加敏感,感染后症状较为严重,成年期动物对病毒抵抗力较强。动物的营养状况与生理状况密切相关,体弱动物相较于正常体况动物更易感。

3. 机体屏障

动物机体表面是防止病原体入侵的第一道防线,在第一时间迅速发挥作用,主要包括皮肤、黏膜结构、分泌物和正常菌群等。

二、非特异性免疫的抗病毒因子

1. 干扰素

干扰素(interferon,IFN)是病毒或其他干扰素诱导剂诱导动物细胞产生的、具有广谱抗病毒活性的分泌性糖蛋白。IFN 仅存在于脊椎动物中,除了抗病毒功能以外,还具有抗肿瘤、抗细胞增生和免疫调节等多种免疫学功能。

IFN 基因的激活和表达是机体非常重要的一道病毒防御体系。IFN 对入侵病毒的非特异性抑制功能,对于许多疾病的预防和治疗具有非常重要的作用。IFN 不能直接灭活病毒,需要首先作用于细胞的 IFN 受体,通过激活 JAK-STAT 等信号通路,诱导 IRF、PKR、IP10、ISG15 和 OAS 等抗病毒蛋白的表达,通过细胞合成这些抗病毒蛋白(AVP),抑制病毒的复制或导致感染细胞凋亡,从而达到抗病毒的目的。

2. 抗菌肽(即防御素)

抗菌肽是生物界中广泛存在的一类生物活性小肽,在哺乳动物中又称为防御素,属于两性分子,带正电荷。一般认为防御素在抗细菌免疫中发挥重要作用,也有直接的抗病毒作用,可通过其正电荷与病毒囊膜磷脂分子上的负电荷之间的静电吸引发挥作用。防御素的疏水端插入病毒囊膜的脂质双分子层,导致病毒囊膜破裂。防御素的间接抗病毒作用尚不明确,但防御素既可阻止病毒侵入,也能阻断病毒在细胞内的复制。如 $CD8^+$ T 细胞通过表达防御素可抵抗人类免疫缺陷病毒Ⅰ型感染。

3. 补体系统

补体系统由血清和体液中补体固有成分、可溶性成分和膜补体调节蛋白、补体受体等 30 余种糖蛋白共同组成。补体系统作为非特异免疫的重要组成部分,不仅是抵御病毒入侵的第一道防线,也具有维持机体内环境稳定、清除异物和调节特异性免疫等重要作用。补体系统在病毒入侵早期就可发挥抗病毒感染效应。补体系统能够迅速识别并中和病毒毒力,也可直接裂解带有脂蛋白膜的病毒,同时标记病毒感染的细胞,以便免疫系统的其他功能清除病毒感染细胞。

三、特异性免疫

病毒是一种较好的抗原，具有较强的免疫原性，可以诱导机体T淋巴细胞、B淋巴细胞等产生特异性的免疫应答，对体内病毒发挥抗病毒作用。

1. 主动免疫

主动免疫是用疫苗等抗原物质接种动物，使动物的免疫系统产生特异性免疫。疫苗是用病原微生物或其代谢产物所制备的生物制品，用于预防疾病的发生。与人工被动免疫相比，人工主动免疫力产生较慢，但保护时间长，有回忆反应。重复注射抗原可较快的产生特异性免疫应答，但需要一定的诱导期。免疫力产生的时间取决于抗原的种类，如注射毒素抗原刺激机体免疫系统后，机体需2～3周时间产生特异性免疫应答，病毒抗原需3～4周时间。

(1)弱毒活疫苗　弱毒苗是将病原微生物经毒力致弱，但仍保持原有的抗原性并且可以在机体内繁殖，能同时刺激细胞免疫和体液免疫。用较少的免疫剂量就可产生强烈的免疫效果，免疫期可持续数月甚至数年。一些弱毒苗也可刺激机体产生干扰素，有利于抵抗其他病毒的感染。弱毒苗对母体进行免疫后，其胎儿可能获得被动免疫。弱毒苗的缺点包括不便于储存和运输，保存期较短，如细胞结合型马立克疫苗，需在液氮中保存。另外，弱毒疫苗可能存在一些安全隐患，如能持续散播疫苗病毒；一些弱毒苗病毒可通过胎盘垂直传播后引起先天感染；有些弱毒苗病毒能持续存在于公畜的精液中，具有传染性；有些弱毒苗还存在毒力返强的现象。

弱毒苗毒种可分为自然致弱和人工致弱。自然弱毒株如新城疫的F系、B1系、LaSota系，鸡马立克的SB1、301B/1和Z_4株。这些通过自然弱毒株挑选出来的优良毒株，仍然具有较强的免疫原性，毒力稳定，安全性较高。目前大多数的弱毒苗都是通过生物或生物物理等途径人工致弱，如NDV弱毒苗、PRRS弱毒苗等。由于人工致弱的弱毒株大多有毒力返强的现象，所以需要用细胞培养或易感动物进行多次回归试验，通常要连续5代没有毒力返强的现象方能用作疫苗毒株。我国研制成功的猪瘟兔化弱毒苗，弱化毒力后仍拥有优良的免疫原性，目前已被广泛使用。

异源苗是指具有共同保护性抗原的不同种病毒制成的疫苗。例如，用火鸡疱疹病毒(HVT)疫苗预防马立克，用牛痘疫苗预防天花，用鸽痘病毒预防鸡痘等。目前已知有交叉免疫作用的病毒有麻疹病毒、牛瘟病毒与犬瘟热病毒、牛病毒性腹泻病毒与猪瘟病毒等。

(2)灭活疫苗　灭活疫苗又称为死疫苗，是指病原微生物经过物理或化学的方法灭活后，依然保持免疫原性，接种动物后仍能刺激动物机体产生特异性抵抗力。灭活疫苗与弱毒苗不同的是，动物接种灭活疫苗后，由于病原微生物不能在动物体内繁殖，灭活苗中病毒滴度不高以及灭活过程中病毒可能丢失了主要的抗原决定簇使抗原性减弱，接种动物后刺激机体产生较弱的特异性免疫应答。因此，有时需要接种的剂量较大。灭活疫苗免疫持续时间短，免疫效果也不及弱毒苗，甚至还会导致免疫失败。适当加入佐剂，可增强灭活疫苗的免疫效果。灭活疫苗安全性好，易于储存和运输。目前常用的灭活疫苗主要有组织灭活苗(鸡胚组织灭活苗和病变组织灭活苗)、氢氧化铝胶灭活苗、油乳苗等。灭活疫苗的制备方法有很多，实际生产中最常用的灭活剂为甲醛溶液。用于动物疫苗的灭活剂还包括氧化乙烯、乙酰乙烯亚胺及β-丙酮内脂等。

(3)亚单位疫苗　亚单位疫苗又称重组亚单位疫苗或合成亚单位疫苗，是指筛选病原微生物中有效的抗原基因与特定载体连接后进行重组并转染至细胞中进行表达，然后提取在宿主细胞中的表达产物多肽并与佐剂合用制成的一类疫苗。亚单位疫苗的优点包括能特异性诱导机体产生特定抗体，避免一些无关抗原刺激机体产生抗体，很大程度上减少了疫苗的副作用。缺点包括该疫苗的抗原性不高，需适当加入佐剂来增强免疫效果。目前常见的亚单位疫苗有猪瘟亚单位疫苗、猪口蹄疫亚单位疫苗、水疱性口炎亚单位疫苗等。

(4)基因工程疫苗　基因工程疫苗是利用DNA重组技术，将编码外源病毒的保护性抗原特定基因定向地插入哺乳动物细胞中，使之在哺乳动物细胞中充分表达，随着宿主细胞的增殖，大量表达抗原基因，制备成基因工程疫苗。常见的基因工程疫苗包括基因工程亚单位疫苗、多价疫苗、基因工程载体疫苗和基因缺失活疫苗等。

(5)DNA疫苗　DNA疫苗又称核酸疫苗或基因疫苗，是指将病毒保护性抗原基因克隆至真核表达质粒中，再将该质粒接种于动物，外源基因在宿主细胞中合成抗原蛋白，刺激机体产生特异性的免疫应答达到预防该疾病的目的。DNA疫苗的优点包括能诱导机体全面免疫应答并能获得强烈的免疫力，易于构建，稳定性好，不存在毒力返强的现象，更具有安全性，免疫剂量小、免疫期长，成本低廉，便于储存和运输。目前常见的DNA疫苗有伪狂犬病毒疫苗、猪繁殖与呼吸综合征病毒疫苗、牛病毒性腹泻病毒疫苗、鸡传染性喉气管炎病毒疫苗等。由DNA疫苗还引申出一个新型的疫苗，即自主复制性的DNA疫苗又称自杀性DNA疫苗。

(6)多价苗与联苗(combined vaccines)　多价苗是指将同一种病原微生物的不同血清型混合制成的生物制品。联苗是指由两种或两种以上的病原微生物制成的疫苗，一次免疫可达到预防两种或两种以上疾病的目的。目前常见的多价苗有马立克(2型、3型)双价苗、法氏囊病多价苗等。常见的联苗有犬钩端螺旋体病-传染性肝炎二联苗、猪瘟-猪丹毒-猪肺疫三联苗等。

随着分子生物学和免疫学的发展，越来越多的新型疫苗开始进入视野，例如，反向遗传疫苗(目前主要研究的有狂犬病毒重配疫苗、H5N6亚型禽流感病毒反向疫苗株等)通过对RNA病毒的感染性克隆，将RNA逆转录为cDNA，然后可在DNA的水平上对RNA病毒基因组进行各种操作。标记疫苗(禽流感标记疫苗)利用反向遗传技术可以区分疫苗株和野毒株。病毒载体疫苗(杆状病毒)用较小的剂量就可以达到较强的免疫效果。嵌合体疫苗也是在感染性克隆技术的基础上嵌合异种病毒或同种病毒不同血清型的抗原基因，例如，伪狂犬病毒疫苗、鸭肠炎病毒疫苗。口服疫苗(以减毒沙门菌和益生菌为载体制作的口服疫苗)以服用方便为优势，成为其发展的优势，特别是以益生菌为载体的口服疫苗具有一定的安全性，但口服疫苗依然存在一定的局限性。

2.被动免疫

用人工的方法将含有特异性抗体的免疫血清等制剂输入动物体内，使其立即获得对某种病原体的抵抗力，称为人工被动免疫，主要用于传染病疫情发生时的紧急预防或治疗。人工被动免疫的优势是产生作用快、无诱导期；缺点是由于该免疫力并非自身免疫系统产生，免疫力维持时间较短，一般可维持1～4周。常用的人工被动免疫制剂有免疫血清、免疫球蛋白和高免蛋黄液等。

(1)免疫血清　免疫血清又称高免血清或抗血清，是利用某种抗原对同一未经免疫的动物体经反复多次接种，使之产生高效价特异性抗体。当抗体含量达到最大量时，采血分离血清，制成高免血清。接种免疫血清可使动物产生抗体并立即发挥作用，产生免疫力速度快，可用于疫病的紧急预防和治疗。

免疫血清可利用同种动物或异种动物制备，前者被称为同种血清，后者被称为异种血清。其中，抗病毒血清常使用同种动物制备，如猪瘟血清多用猪制备、新城疫血清多用鸡制备等。同种血清在临床上使用后不产生应答反应，同时比异种血清免疫期长，一般在两周左右。另外，珍稀动物用免疫血清进行免疫预防更具意义。为防止血清病和过敏反应的发生，增强免疫预防效果，目前已推广使用纯化的免疫球蛋白。

使用免疫血清对动物进行预防免疫时应注意以下事项：血清用量上，应根据动物的体重与年龄而定。大动物常用量为 10～20 mL，中等动物常用量为 5～10 mL，免疫途径通常选择皮下注射，也可选择肌肉注射。不同的免疫血清用量差异较大，使用时要按照说明书规定确定用量。使用方式上，静脉注射免疫血清量较大时，最好将血清水浴加热至 30℃左右再进行注射；皮下或肌肉注射血清量较大时，可分几个部位注射并进行揉压使其分散。异种动物血清可能会引起过敏反应，事先应做脱敏处理。若注射后 30 min 内，动物出现不安、颤抖、出汗、呼吸急促等症状，应立即抢救。抢救时，可皮下注射千分之一浓度的肾上腺素，大动物 5～10 mL，中小动物 2～5 mL。过敏反应严重或抢救不及时等情况常造成动物死亡。所以，使用血清时应注意观察，尽早发现问题并及时处理。

(2)免疫球蛋白　免疫球蛋白是将高免血清中的免疫球蛋白经过盐析沉淀，再经离子交换层析柱浓缩而得到的提纯免疫球蛋白(IgG)。用纯化免疫球蛋白预防疾病，用量少并且效果良好，还能减少副作用。例如，免疫球蛋白可使禽类对相应病原体引起的胃肠道感染性炎症有被动免疫保护作用；将从猪血液中提取的 IgG 配制成的人工初乳，饲喂新生仔猪可显著提高其抗病力；给感染前或感染后的鳍鱼口服免疫球蛋白，可降低死亡率和肠道感染率。

(3)高免蛋黄液　高免蛋黄液是将某种特定疫苗对产蛋家禽进行连续多次接种，使其在蛋黄中产生高效价特异性抗体，通过人工分离并加工蛋黄中免疫球蛋白而制成。高免蛋黄液对多种家禽病毒病的紧急预防和治疗有良好效果，例如，小鹅瘟、雏鸭病毒性肝炎、鸡传染性法氏囊病和新城疫等。

(4)单克隆抗体　单克隆抗体是单一克隆 B 细胞杂交瘤产生的，只识别抗原分子某一特定决定簇的特异性抗体。单抗是较纯的抗体，它具有普通抗体的中和抗原、活化补体、免疫调理等特性，如果将其用于免疫预防，直接注射动物，可使机体产生针对特定病原的强大免疫力，从而起到被动保护的作用。

第三节　病毒感染的治疗

疫苗接种是防止病毒性传染病发生的根本。但在预防不及时，或尚未获得特异性有效疫苗时，病毒性传染病的发生在很多情况下是无法避免的。

感染性疾病种类繁多，而病毒性感染以其传染性强、传播广泛的特点占据感染性疾病半数以上，病毒性感染的治疗对病毒的传播和控制显得尤为重要。病毒性感染与宿主细胞之间有着密切的联系，病毒由于缺乏完整的酶系统和其他细胞器，所以病毒必须在活细胞内完成增殖。因此，对治疗和控制病毒感染需要综合考虑宿主和病毒两个方面的因素。

对于慢性、持续性病毒性感染，采用一定的药物可能具有治疗效果。但因病毒为细胞内寄生，尽管使用药物可能会控制病毒进一步繁殖和扩散，但在消除病毒感染方面不能起决定作用。因此，在使用抗病毒药时，应当考虑机体状态、病毒感染类型、病毒感染阶段等多种影响因素。

按照抗病毒药物的性质，可将抗病毒药物大致分为生物制品药物、化学合成药、中药等。

一、生物性免疫调节药物

1. 干扰素及相关因子

1957 年，Isaacs A. 和 Lindemann J. 在利用鸡胚尿囊膜研究流感干扰现象时发现一种可以干扰病毒复制的细胞因子，后根据功能将其命名为“干扰素(interferon，IFN)”。目前，根据生物活性和抗原活性的不同，干扰素被分为三大类：Ⅰ型干扰素、Ⅱ型干扰素、Ⅲ型干扰素。

(1)Ⅰ型干扰素　又称抗病毒干扰素，抗病毒为其主要的生物学功能，是发现最早、种类最多、研究最深入的一类干扰素。Ⅰ型干扰素包含了 20 多个成员：包括 25 个 IFN-α 亚型、IFN-β、IFN-ε、IFN-κ、IFN-ω、IFN-δ、IFN-τ 和 IFN-ζ(即 limitin)。其中 FN-δ、IFN-τ 和 IFN-ζ 只在鼠、猪和反刍动物体内被检测到。所有成员都结合相同的受体发挥生物学功能，其受体在生物体内广泛存在，几乎所有的有核细胞表面都有表达，因此Ⅰ型干扰素作用十分广泛。

(2)Ⅱ型干扰素　又称免疫调节干扰素，家族中只有 IFN-γ 1 个成员。尽管 IFN-γ 受体在机体内分布广泛，但是 IFN-γ 仅在 T 细胞和 NK 细胞受到抗原或丝裂原激活后才能分泌。与Ⅰ型干扰素相比，IFN-γ 的抗病毒活性较弱，有较强的免疫调节功能。

(3)Ⅲ型干扰素　是 2003 年新发现的Ⅲ类细胞因子家族。主要成员包括 IFN-λ1、IFN-λ2、IFN-λ3、IFN-λ4。其受体是由 IFN-λR1 和 IL-10R2 组成的异二聚体受体复合物。IL-10R2 在很多细胞中表达，然而 IFN-λR1 主要存在于上皮组织的细胞中。所以 IFN-λ 在保护黏膜表面免受病原微生物攻击中发挥着重要作用。有报道称，Ⅲ型干扰素在治疗呼吸道病毒、生殖道病毒和胃肠道病毒感染中有着Ⅰ型干扰素不可代替的作用。

(4)干扰素诱生剂　能够诱导细胞产生和释放干扰素的物质称为干扰素诱生剂。利用干扰素诱生剂诱导机体自身产生内源性干扰素是抵抗外来病毒感染的可取途径。Ⅰ型干扰素的诱生剂主要为病毒和人工合成的双链 RNA。此外，一些细菌和原虫感染以及一些细胞因子也可诱导Ⅰ型干扰素的产生。Ⅱ型干扰素主要诱生剂为多聚肌苷酸和多聚胞苷酸、细菌脂多糖等。Ⅲ型干扰素的主要诱生剂为一些病毒，如心肌炎病毒、登革热病毒Ⅱ型、轮状病毒等均可诱导外周血单核细胞或 DC 细胞产生Ⅲ型干扰素。另外，脂多糖也可诱导Ⅲ型干扰素产生。

2. 白细胞介素

白细胞介素(interleukin，IL)是一类重要抗病毒感染的细胞因子，由巨噬细胞、T 淋巴细胞、NK 细胞、树突状细胞等产生。到 2014 年已经正式命名的白介素种类有 38 种，种类不同对不同的病毒杀伤力也有所不同。

(1)白细胞介素 2(IL-2)　是由巨噬细胞分泌的一类白细胞介素，能够诱导 NK 细胞和 T 细胞产生大量的 IFN-γ 和 IFN-α，进而间接杀死被病毒感染的细胞，同时还增强了巨噬细胞的杀伤能力，促进机体的抗病毒应答。还有研究表明，重组痘苗病毒所表达出来的 IL-18 和 IL-12 能够加强细胞免疫对牛痘病毒的特异性反应，并且二者可以共同促进 IFN-γ 的产生和细胞免疫应答。

(2)白细胞介素15(IL-15)　是Th1相关性细胞因子，可以直接识别NK细胞表面IL-15R或者通过树突状细胞呈递给NK细胞从而作用于NK细胞，促进$CD8^+$ T细胞和NK细胞成熟并且维持这两类细胞的平衡，从而发挥抗病毒作用。当IL-7缺乏时，在CD^+4细胞的稳态中IL-15起着重要的作用。

(3)白细胞介素18(IL-18)　是一种强有力的免疫调节因子，在肾脏、肝脏、胰腺中都有分泌，可诱导NK细胞、Th-1细胞等免疫细胞产生IFN-γ，促进免疫细胞增殖，在抗病毒感染中发挥积极作用。在没有抗原的刺激下，IL-18可以促进T细胞分泌IL-12，也能和其他细胞因子相互作用促进NK细胞增殖，诱导IFN-γ的产生。在脑心肌炎病毒和痘苗病毒感染小白鼠中，IL-18可以产生抗病毒的能力。IL-18对单纯性疱疹病毒也有一定作用，可以提高感染小鼠的存活率。

(4)白细胞介素21(IL-21)　主要是活化的CD^+ T细胞产生，其可以促进B细胞分化为浆细胞，调控免疫细胞产生，对体液免疫和细胞免疫都有广泛的调节作用。IL-21的受体是IL-21R，通过与受体结合，激活JAKs-STATs通路发挥抗病毒作用。

3. 集落刺激因子(GM-CSF)

粒细胞-巨噬细胞集落刺激因子可由多种细胞产生，可增强细胞因子的分泌、中性粒细胞和巨噬细胞的吞噬功能、巨噬细胞的抗体依赖的细胞介导的细胞毒作用(ADCC)，还能诱导树突状细胞成熟和功能性分布，诱导抗原呈递细胞，从而应用于病毒感染的免疫学治疗。

4. 胸腺素、卡介苗和细菌多糖等

胸腺素、卡介苗和细菌多糖等也具有免疫调节作用，可激活巨噬细胞，促进T、B淋巴细胞分化和增殖，活化补体和诱生干扰素等抗病毒物质。

5. 中药免疫调节药物

许多中药或者中药成分都能够通过促进一些细胞因子分泌非特异或特异性增强免疫的功能。如黄芪中的黄芪多糖、枸杞子中的枸杞子多糖等。

二、作用于病毒复制的抗病毒化学药物

1. 核苷类药物

核苷酸由碱基、戊糖和磷酸组成，是核酸合成的前体，分布于器官、组织、细胞核与细胞质中，参与生物的生长、发育和遗传等生命活动。核苷酸同样也是病毒核酸的组成成分，同样参与病毒的复制增殖。核苷酸药物抗病毒机制主要有两种形式，第一种是被细胞编码的磷酸激酶作用后的核苷酸，参与到病毒子代DNA中，从而造成病毒基因缺陷，进而遏制病毒的转录复制；第二种核苷酸是被病毒编码的激酶磷酸化后，与病毒本身竞争DNA聚合酶，从而干扰病毒转录复制。

常见的核苷类药物有：利巴韦林(三氮唑核苷)、阿昔洛韦(无环鸟苷)、更昔洛韦(丙氧鸟苷)、齐多夫定(AZT)、拉米夫定(LAM)、泛昔洛韦(FCV)、洛布卡韦(LBV)、阿地福韦(ADV)等。

利巴韦林是一种合成的核苷类似物，具有阻断肌苷酸转化为鸟苷酸的作用，从而遏制病毒

的DNA复制，对RNA病毒和DNA病毒均有抑制复制作用，是广谱抗病毒药物。对腺病毒、流感病毒、疱疹病毒和出血热病毒均有抑制作用，而且抗病毒机制也不尽相同。

2. 抑制病毒脱壳的药物

金刚烷胺及其衍生物具有阻碍病毒侵入从而呈现对流感病毒的防治作用。金刚烷胺不但具有抑制病毒的脱衣壳作用，还可以阻碍RNA肿瘤病毒的生长。氨基乙基金刚烷胺能明显降低小白鼠的流感感染。近年来有研究报道，金刚烷胺具有提高机体抗体水平的作用。我国于2011年开始禁止金刚烷胺等药物用于动物治疗。

3. 病毒酶抑制剂

(1)扎那米韦　是用于治疗流感的药物，属于流感病毒神经氨酸酶的抑制剂，可以改变流感病毒在细胞内的聚集和释放。

(2)磷酸奥斯他韦　商品名达菲，口服后经肝脏和肠道酯酶迅速催化，转化为其活性代谢物奥司他韦羧酸。奥司他韦羧酸的构型与神经氨酸的过渡态相似，能够竞争性与流感病毒的神经氨酸酶活动位点相结合，是一种强效的高选择性流感病毒神经氨酸酶(NA)抑制剂。其主要通过干扰病毒从被感染的宿主细胞中释放，从而减少流感病毒的传播。

4. 抑制病毒核酸复制或蛋白质翻译的药物

(1)磷甲酸钠　为焦磷酸盐衍生物，是广谱抗病毒药物，主要通过抑制病毒DNA聚合酶、RNA聚合酶及逆转录酶的活性而发挥抗病毒作用。

(2)苏拉明　是一种萘三磺酸钠盐衍生物，可抑制人类免疫缺陷病毒，主要作用于病毒RNA模板与引物的结合处，通过抑制人类免疫缺陷病毒的逆转录酶活性，阻断病毒的复制。

(3)甲红硫脲　可阻断晚期mRNA的翻译，通过阻止病毒晚期蛋白质合成，阻止病毒的成熟。

三、抗病毒核酸类药物

抗病毒核酸治疗即抗病毒基因治疗(antiviral gene therapy)，是指用反义寡核苷、RNA干扰、核酶等基因技术来治疗病毒感染。近些年来，抗病毒基因治疗的研究取得很大的进展，显示出良好的应用前景。

1. 反义核苷酸

反义核苷酸是指与mRNA互补的RNA分子，可导入细胞，通过碱基配对结合，由于核糖体不能翻译双链的RNA，故反义RNA与mRNA特异性互补结合，物理性阻挡了翻译，抑制了互补mRNA的翻译。

合成的反义核酸称为反义寡核苷酸，指一段人工合成的8～23个碱基组成短片段，能与特定的DNA或RNA以碱基互补配对的方式结合，阻止其转录与翻译，从而抑制病毒的复制。反义寡核苷酸在抗病毒感染方面，显示出极强的优势和潜力。

2. 核酶

核酶(ribozyme)又称酶RNA、核酶类酶RNA、核酸类酶，是一种具有催化功能的小RNA分子。在治疗中通常针对病毒特定的mRNA位点进行特异性切割，降解病毒RNA，且不影响宿主细胞RNA。截至目前，被发现的天然存在的核酶大约有以下7种：锤头状核酶(hammerhead ribozyme,HH)、丁型肝炎病毒(*Hepatitis D virus*,HDV)核酶、VS(Varkud satellite)核酶、发夹状核酶(hairpin ribozyme,HP)、Ⅰ类内含子核酶、Ⅱ类内含子核酶、催化 Pre-t RNA 加工成熟的 RNase P 中的 RNA 成分。

3. 病毒特异性小干扰 RNA

RNA 干扰(RNA interference,RNAi)是指由双链 RNA(dsRNA)引发目标 mRNA 降解、转录后基因沉默(PTGS)或特异性结合互补链抑制基因的表达,从而干扰或抑制病毒的复制,达到抗病毒治疗的一种基因治疗技术。1998 年 Fire 等向线虫中分别导入正义、反义以及双链 RNA 干扰 par-1 基因表达,结果显示单链反义 RNA 和双链 RNA 都能特异性沉默靶基因的表达。双链 RNA 的效果比单链 RNA 的沉默效果强,于是这种双链 RNA 抑制基因表达的现象被他们命名为 RNA 干扰,将这种引发 RNA 干扰现象的 RNA 分子称为干扰 RNA。

4. 微 RNA

微 RNA(miRNA)是在真核生物中发现的一类内源性的具有调控功能的非编码 RNA,其大小为 18～25 nt。成熟的 miRNA 是由较长的含有茎环结构的 miRNA 前体经过一系列核酸酶剪切加工后产生的,随后组装进 RNA 诱导的沉默复合体,通过碱基互补配对的方式识别 mRNA 或者阻遏靶 mRNA 的翻译。

miRNA 是一类重要的基因调节子,在许多生物学过程中包括病毒感染过程中发挥着重要作用。一方面,宿主细胞通过编码 miRNA 干扰病毒的复制和转录;另一方面,病毒也通过编码自身 miRNA 来调控宿主细胞的基因表达,进而抵御宿主的抗病毒反应。

近年来研究认为,宿主-病原的相互作用具有宿主 miRNA 的参与。由于 miRNA 具有严格的序列特异性,1 个碱基的错配即可导致抗病毒活性的显著降低,而宿主的 miRNA 由于对序列的保守性要求不是很严格,因此在抗病毒感染方面具有更好的研究和应用前景。

四、抗病毒中医药治疗

在我国,具有天然的抗病毒活性的中药材数量巨多,也有大部分药物已用于病毒性疾病感染的治疗。其与西药相比优势在于不会产生耐药性、药物在体内残留量很低以及成本低廉等。目前在病毒性疾病的防治中,中医药应用也有着一定的理论体系以及丰富的临床经验。

中医药抗病毒主要分为直接抗病毒、间接抗病毒两种途径。直接抗病毒是指部分中药对病毒在吸附、侵入、脱壳、生物合成、装配与释放的某个环节,进行阻断而发挥抗病毒作用。一般将直接抗病毒作用主要分为以下 3 个阶段:①侵入前的抗病毒作用;②细胞内的抗增殖作用;③抗表达再感染作用。常见直接抗病毒中药有:黄芪、紫草、大黄、丹参、金银花、黄柏、板蓝根等。间接抗病毒是指患病动物通过服用一定剂量的中药之后,促进机体免疫力增强以激发机体免疫防御系统,诱导干扰素的产生,抑制病毒复制发挥抗病毒作用。常见间接抗病毒中药有:青蒿素、葛根、穿心莲、鱼腥草、沙参、白术、当归等。

五、抗病毒感染的一般治疗

一般治疗指对症治疗。病毒在感染过程中,机体会出现多种多样的反应,呈现出临床症状。有的是正常生理反应,有的为过度反应而导致病理损伤,有的则可能是病毒感染直接引起的病理反应。在出现病理损伤或反应时,需要加以控制和纠正,即对症治疗。由于目前大多数病毒性感染没有有效的抗病毒药物，因此，适当合理的对症治疗尤为重要。

在动物病毒性感染中，对症治疗的方法有：①降温。动物在病毒感染早期，多伴有发热，在明确诊断的前提下，合理和有效的降温是十分必要的。降温可阻止组胺的释放，降低耗氧量，防止组织缺氧造成的损害和脑缺氧。②维持水、电解质平衡。在引起高热、呕吐、腹泻等病毒性感染中，因为体液及电解质大量损失，甚至引起酸中毒，所以需要及时给病畜合理补液，以维持电解质平衡。③增强机体的一般反应性和抗感染能力。病毒感染的机体，免疫功能多会有所下降，很容易合并细菌感染。因此，选用适当的抗生素进行预防和治疗继发感染是必要的。对于珍稀动物，如果病毒感染伴有微循环障碍和休克时，可选用输血、输液及肾上腺素等综合治疗。

复习思考题

1.参与免疫应答的免疫细胞有哪些？分别发挥什么样的功能？

2.疫苗的种类有哪些？各有哪些优缺点？

3.中医药抗病毒的作用机理分为哪几种途径？有什么不同？

4.什么是抗病毒基因治疗？

5.什么是干扰素？它是怎样产生的？其抗病毒作用机理如何？抗病毒作用的特点如何？

第十九章　单股 DNA 病毒

【内容提要】与动物相关的单股 DNA 病毒主要有细小病毒科（*Parvoviridae*）、圆环病毒科（*Circoviridae*）和新设立的细环病毒科（*Anelloviridae*）。细小病毒的基因组为单股线状 DNA，与动物疾病相关的主要细小病毒有猪细小病毒、犬细小病毒、鹅细小病毒等。1995 年 ICTV 在第 6 次病毒分类报告中将猪圆环病毒、鸡传染性贫血病毒和鹦鹉喙羽病病毒独立列为圆环病毒科，2005 年和 2011 年 ICTV 第 8、9 次分类报告中进一步确认了圆环病毒科的两个病毒属即圆环病毒属（*Circovirus*）和圆圈病毒属（*Gyrovirus*）。圆环病毒是单股环状 DNA，是已知最小的动物病毒，与动物疾病相关的有鸡贫血病毒及猪圆环病毒等。细环病毒最初被列入圆环病毒科细环病毒属，2007 年 ICTV 将其与细环病毒样小病毒独立设科，为细环病毒科，目前已经发现的细环病毒科成员分成甲型至壬型病毒属，包含 49 种病毒。

第一节　细小病毒科

20 世纪初发现了猫的一种以肠炎、白细胞减少和共济失调为特征的疾病，后来在貂群也发现了类似的疾病。1952 年查明这些疾病是由一群体积极小的单股 DNA 病毒所致，并划归细小病毒科。根据迄今发现的细小病毒是否能够感染脊椎动物细胞将细小病毒科划分为能够感染脊椎动物细胞的细小病毒亚科（*Parvovirinae*）和不能感染脊椎动物的浓核细小病毒亚科（*Densovirinae*）。前者分为 5 个病毒属：细小病毒属（*Parvovirus*）、红病毒属（*Erythrovirus*）、依赖病毒属（*Dependovirus*）、阿留申病毒属（*Amdovirus*）、牛犬病毒属（*Bocavirus*）。后者下设 4 个病毒属：重复病毒属（又译为艾特拉病毒属，*Iteravirus*）、短浓核病毒属（*Brevidensovirus*）、浓病毒属（*Densovirus*）、黑胸大蠊浓核病毒属（*Pefudensovirus*）。常见细小病毒亚科病毒的成员及分类现状见表 19-1。

表 19-1　常见细小病毒亚科的成员

属	成员
细小病毒属（*Parvovirus*）	鸡细小病毒（*Chicken parvovirus*，ChPV） 猪细小病毒（*Porcine parvovirus*，PPV） 猫泛白细胞减少症病毒（*Feline panleukopenia virus*，FPV） 水貂肠炎病毒（*Mink enteritis virus*，MEV） 犬细小病毒（*Canine parvovirus*，CPV） 鼠微小病毒（*Minute virus of mice*，MVM） H-1 细小病毒（*H-1 Parvovirus*，H-1 PV） 兔细小病毒（*Lapine parvovirus*，LPV） 吉勒姆大鼠病毒（*Kilham rat virus*，KRV）

续表 19-1

属	成员
依赖病毒属(*Dependovirus*)	鹅细小病毒(*Goose parvovirus*,GPV)
	番鸭细小病毒(*Duck parvovirus*,DPV)
阿留申病毒属(*Amdovirus*)	貂阿留申病病毒(*Aleutian mink disease virus*,AMDV)
牛犬病毒属(*Bocavirus*)	牛细小病毒(*Bovine parvovirus*,BPV)
	犬微小病毒(*Canine parvovirus*,CnMV)
红病毒属(*Erythrovirus*)	人细小病毒 B19(*Human parvovirus*,B19V)

犬细小病毒与猫、貂细小病毒密切相关。犬细小病毒可在犬或猫细胞复制,而猫细小病毒只能在猫细胞复制。三者的基因组 DNA 序列有差异,进化关系见图 19-1。

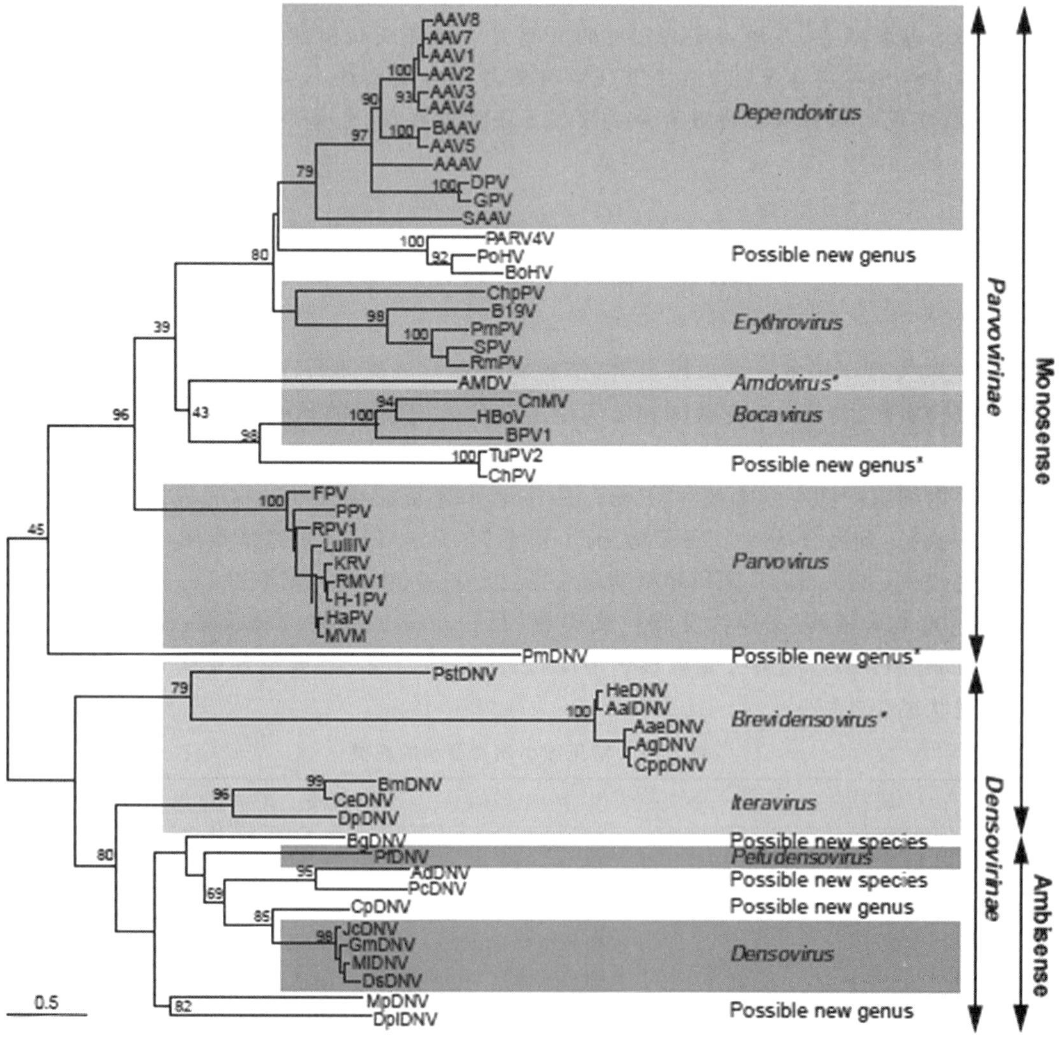

图 19-1　细小病毒科各成员间的进化关系(引自:ICTV 第 9 次报告,基于 NSI 蛋白)

一、概述

本科病毒无论从大小和形态上，都与小 RNA 病毒相似，它们之间的相似形态和不同的核酸类型，恰好互相对应。

1. 形态结构

细小病毒科（*Parvoviridae*）是单链线状 DNA 病毒（图 19-2），无囊膜，病毒粒直径约 25 nm，呈 20 面体对称。X 射线衍射图谱显示，病毒颗粒每个五重对称轴上有一个中空圆柱体及环绕它的沟槽（canyon），每个三重对称轴上有一纤突（spike），每个双重对称轴有一个凹窝（dimple）。纤突决定了宿主嗜性，猫细小病毒与犬细小病毒二者的区别就是突起的两个氨基酸有差异。大部分有 3 个衣壳蛋白（60～80 K），后者氨基酸有重叠，较大分子量的一种在 NH2 端有附加氨基酸。

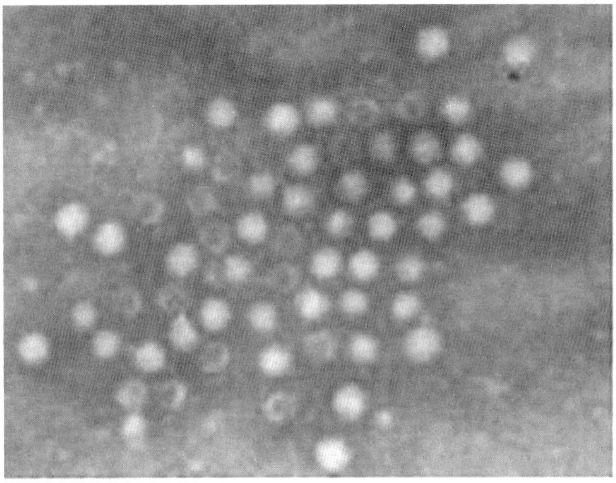

图 19-2　细小病毒（引自：陆承平主编《兽医微生物学》，第五版）

2. 基因组特点

病毒基因组为线状单链 DNA，分子大小 5 200 nt，（G＋C）含量 41％～53％。所有重要的细小病毒均已经完成全基因组测序。犬细小病毒、小鼠微小病毒、貂阿留申病病毒为负链 DNA，细小病毒属的其他成员则含有 1％～50％的正链 DNA。红病毒及依赖病毒所含正负链 DNA 各一半。基因组有 6～10 个末端回文序列，使之形成发夹结构。

3. 理化学特性

本科病毒的一个突出特点是对外界因素具有强大的抵抗力。脂溶剂和较高温度的处理，病毒不丧失感染性；对酸具有较强的抵抗力，在 pH 3～9 范围稳定；胰酶短时间处理（1 h），病毒感染性不受影响，还能提高其感染效价。

4. 培养特性

病毒在细胞核内增殖。某些细小病毒需要有辅助病毒的协助才能增殖，另一些细小病毒虽能自行复制，但需依赖细胞有丝分裂过程中的某些功能。

猪细小病毒只能在来源于猪的细胞（包括原代猪肾、猪睾丸细胞和 PK-15 细胞）和人的某些传代细胞（如 Hela、KB、HEp-2、1u132 等细胞）中培养增殖；犬细小病毒能在多种不同类型的细胞内增殖；鹅细小病毒进行初步分离时，只能应用鹅胚和番鸭胚。

病毒复制在细胞核中进行，并可能需要宿主细胞通过它的 S 期，这说明宿主和病毒的复制关系密切，病毒复制可能涉及宿主的 DNA 复制酶。

5. 致病性

在缺少辅助病毒的条件下，AAV 毒粒可以进入细胞核内；然后 DNA 脱衣壳，整合入细胞基因组；整合的频率很高，如果再经辅助病毒重复感染，这种基因整合又可被拯救出来，拯救频率也很高。独立性细小病毒和依赖性细小病毒常可引起隐性感染。在明显的未发生感染的细胞培养中，常可分离出独立性细小病毒；大约有 20%的原代非洲绿猴肾细胞是有依赖性细小病毒的感染。独立性细小病毒可以引起多种疾病，这包括子宫内感染，引起胎儿和新生动物死亡、先天性畸形，溶骨性综合征，新生动物的急性致死性疾病，如肠炎、肝炎、心肌炎、小脑性共济失调、出血性脑炎、全白细胞减少症、水貂阿留申病等。部分动物细小病毒所致疾病见表 19-2。

表 19-2　动物部分细小病毒及所致疾病

病毒	疾病
猫泛白细胞减少症病毒	全身性疾病，脑发育不全，白细胞减少，肠炎
犬细小病毒 1 型	温和性腹泻
犬细小病毒 2 型	新生崽全身性疾病，肠炎，心肌炎，白细胞减少
猪细小病毒	死产、流产、死胎、木乃伊化、不育
貂肠炎病毒	白细胞减少，肠炎
貂阿留申病毒	慢性复合性病，脑病
小鼠微小病毒	先天性胎儿畸形
大鼠病毒	先天性胎儿畸形
大鼠 H-1 细小病毒	先天性胎儿畸形
鹅细小病毒	肝炎、心肌炎
番鸭细小病毒	肝炎、心肌炎

二、细小病毒属

1. 猪细小病毒

猪细小病毒（*Porcine parvovirus*，PPV）是引起母猪繁殖障碍的重要病原之一，所致的繁殖障碍是世界养猪业面临的严重问题。其发病率高，往往伴有呼吸道疾病及水疱病、新生畜全身性疾病，公猪繁殖率低下。该病毒是 Mary 和 Mahnel 于 1966 年进行猪瘟病毒组织培养时发现的，随后被鉴定为 DNA 型病毒。Cartwright 等 1967 年首次证实了它的致病性。自 20 世纪 60 年代中期以来，相继从欧洲、美洲、亚洲等很多国家分离到该病毒或检测出其抗体。

（1）病毒特性　PPV 属细小病毒科细小病毒属，病毒外观呈六角形或圆形，无囊膜，直径 20～23 nm，20 面体立体对称，衣壳由 32 个壳粒组成，核心含单股负链 DNA。PPV 能凝集鼠、豚鼠、恒河猴、鸡、鹅和人的 O 型红细胞。

PPV具有较强的热抵抗力，56℃ 30 min加热处理对病毒的感染性和红细胞凝聚能力无影响；70℃ 2 h感染力下降但不丧失；80℃ 5 min可被灭活。病毒在pH 3～9之间较稳定，对乙醚、氯仿等脂溶剂有一定抵抗力。胰酶对病毒悬液的短时间处理，不但对其感染力无影响，而且能提高其感染效价。

PPV只有一个血清型。PPV有结构蛋白VP1、结构蛋白VP2和结构蛋白VP3，而结构蛋白VP1、结构蛋白VP2和结构蛋白VP3均有免疫原性，其中结构蛋白VP2的免疫原性最好，结构蛋白VP1最差。NS1为PPV的非结构蛋白，也具有免疫原性。利用其建立特异性抗体检测方法，可以区分疫苗免疫猪和野毒感染猪。

(2)致病机理　实验表明，母体感染的病毒到达胎儿需15 d。30 d之内的胎儿感染病毒后死亡并被吸收，70 d以上的胎儿感染后患病较轻，并产生免疫应答。病毒在淋巴结、扁桃体、胸腺、脾、肺、唾液腺等器官复制，外周血淋巴细胞也能很好复制，并刺激这些细胞增殖。单核细胞和巨噬细胞吞噬病毒后被感染并破坏。与其他细小病毒相比，猪细小病毒更易引起慢性排毒的持续性感染。

(3)微生物学诊断　①病原检测。用于病原的检测方法主要有病毒的分离与鉴定、免疫荧光抗体染色、ELISA、核酸探针技术、PCR技术、银加强胶体金技术等方法。用豚鼠红细胞做HA和HI是检测PPV快速而又简捷的方法。PCR技术适用于持续感染的诊断。②抗体检测。检测PPV抗体可用血凝抑制试验(HI)、中和试验、酶联免疫吸附试验、凝胶扩散试验、补体结合试验、免疫荧光抗体法、乳胶凝集试验等进行检测。

(4)防控　病毒高度稳定，良好的卫生环境下能存活数月之久。血清学阴性的怀孕母猪群一旦感染病毒，损失惨重。某些在子宫内感染的猪崽可能存活，并可作为免疫耐受的带毒者。母源抗体可存在6个月或更久，干扰自然感染或实验接种产生的主动免疫。公猪对传播病毒起重要作用，可通过精液长时间排毒。用灭活苗或弱毒苗免疫是可行的预防措施，通常在7月龄之前接种，并产生良好的免疫记忆。

2. 犬细小病毒

犬细小病毒(*Canine parvovirus*，CPV)是1978年首次从患肠炎的犬中发现的一种病毒。犬病毒性肠炎在临床上以急性、败血性、坏死性肠炎为特征。病原为犬细小病毒2型(CPV-2)。回溯性血清学调查显示，CPV-2早在70年代中期在欧洲的犬群中即已出现，随后迅速传播至日本、澳大利亚及美国，我国在20世纪80年代初发现。由于病毒的高度稳定性，可经粪—口途径有效地传播，同时存在着大量易感的犬群。因此，犬细小病毒病能在全世界广泛流行。

(1)病毒特性　CPV属细小病毒科细小病毒属，形态及理化特性与猪细小病毒相似，并具有血凝活性。CPV对外界因素的抵抗力与猪细小病毒相似。

CPV在猫和犬的原代或传代肾细胞以及肠细胞中生长良好，也能在貂肺和牛睾丸、猿猴肾等少数非犬源细胞中增殖。于37℃培养4～5 d，可出现细胞病变。用苏木精染色，可见细胞中有核内包涵体。

CPV有CPV-1和CPV-2两种血清型，CPV-1无明显的致病性，CPV-2有明显的致病性。后者常引起犬的细小病毒病。

(2)致病机理　与猫泛白细胞减少症病毒相似，只是犬细小病毒不引致小脑发育不全，但可致心肌炎。尽管心肌细胞并非快速分裂的细胞，但却对CPV-2易感。组织学检查可见局灶性心肌坏死，心肌细胞内有核内嗜碱性包涵体。

(3)微生物学诊断　①病原分离与鉴定。采集发病早期的病犬粪便或肝、脾、回肠、肠系膜淋巴结等制成的病料悬液，接种原代或次代犬胎肾或猫胎肾细胞分离培养病毒。可用荧光抗体染色培养 3～5 d 的细胞单层鉴定细胞感染或测定细胞培养液的血凝性。也可用电镜检测病毒粒子。②血凝与血凝抑制试验。血凝与血凝抑制试验可迅速检出细胞培养物和粪便中的 CPV，也可很快检出血清中的抗体。③其他诊断方法。可用中和试验检测血清中的抗体。采用双抗夹心法，可检测病料中的病毒抗原，敏感性较高。

(4)防控　控制犬细小病毒病的难点是如何彻底改善犬群的卫生状况。灭活苗及弱毒苗用于免疫预防，后者易受母源抗体的干扰。犬的 IgG 半衰期为 10 d，当血清 HI 效价≥1∶80 时，幼崽可获得保护。由于母源抗体水平的差异，建议在幼崽 6～8 周龄接种疫苗，每隔 2～3 周再次接种疫苗，直至 18～20 周龄。在产生有效的免疫保护之前，应对幼犬隔离饲养。

3. 猫泛白细胞减少症病毒

二维码 19-1

4. 水貂肠炎病毒

1949 年水貂肠炎在加拿大水貂饲养场流行，造成了养貂业的巨大损失。通过粪便滤液的人工感染试验，证实是一种病毒性传染病，并称为水貂肠炎病毒(*Mink enteritis virus*，MEV)。1952 年，Wills 证明福尔马林灭活的貂组织疫苗可以预防此病。猫白细胞减少症病毒的抗血清也能防止感染。1956 年，Wills 和 Belcher 证实 FPV 疫苗可以预防貂病毒性肠炎。1967 年，Johnson 在感染貂脏器细胞培养物中分离到了 MEV。病毒感染细胞后出现短暂的核内包涵体和不同程度的细胞病变。MEV 可在猫肾细胞系中生长，接种 4～6 d 后，病毒达最高滴度。无论 MEV 的形态和理化学特性还是其抗原性、基因组结构特点都与 FPV 的十分近似，常规的血清学方法不能将两者区分开。两者的基因组在 56 个酶切点中，仅 1 个不同。

5. 鸡细小病毒

1978 年，首次报道了一种新的肉鸡病。该病以严重生长迟延、羽毛凌乱以及两腿无力为主要症状。死后剖检发现，小肠苍白，肌胃增大，胰腺发炎、萎缩。将病鸡小肠匀浆口服接种一日龄雏鸡可复制此病。Kisary 等(1984)在病鸡小肠内容物中发现了一种很小的病毒粒子，进一步研究表明，这种新病毒属于细小病毒，称为禽细小病毒Ⅰ型。用提纯的细小病毒悬液实验感染鸡，能产生与传染性发育迟缓一致的临床症状和病理变化。病毒粒子不能凝集各种动物的红细胞，与鹅细小病毒无抗原关系。

三、依赖病毒属

依赖病毒属以腺联病毒(AAV)1 型为代表种，另包括腺联病毒 2 型、3 型、4 型和 5 型以及鸡腺联病毒、牛腺联病毒、犬腺联病毒、马腺联病毒和绵羊腺联病毒。

1. 鹅细小病毒

GPV 又称小鹅瘟病毒、雏鹅肝炎病毒、雏鹅渗出性肠炎病毒，主要引起雏鹅急性肠炎以及肝、肾、心等实质脏器炎症，致病性强，死亡率高。我国江苏地区很早以前就有这种疫病流行，对养鹅业的危害极大。1956 年我国学者方定一首先发现了这种传染病并分离出了病原，1961 年又用成年鹅制出能预防本病的高免血清，次年用鹅胚培养物作成疫苗并在成年鹅中进行免疫试验，有效地控制了本病的流行。在我国首先发现本病之后，陆续报道存在本病的国家有苏联、德国、匈牙利、荷兰、法国、英国、意大利、以色列、南斯拉夫和越南。当前，美洲和非洲尚未见报道。该病毒虽隶属依赖病毒属，但可自主复制。

(1)形态和理化学特性　病毒外观呈圆形或六角形，直径 20～25 nm，具有本属病毒共同的形态特征。核酸由单股 DNA 组成。据不完全的实验资料，GPV 只有一个血清型，从世界各地分离的病毒都相同，或仅有微小差异。与本属其他病毒不呈现交叉血清学反应。GPV 对外界因素具有很强的抵抗力。

鹅细小病毒的分离只能在鹅胚、番鸭胚或其原代细胞培养物增殖并形成细胞病变，且随着传代次数的增加，细胞单层感染病毒后 3～5 d 出现明显细胞病变，经伊红苏木素染色后可见核内包涵体与合胞体存在。鹅胚适应毒株经鹅胚和鸭胚交替传代数次后，可适应鸭胚并引起部分死亡。随着鸭胚传代次数增加，可引起绝大部分鸭胚死亡，且 GPV 对雏鹅的致病力减弱。用鹅胚分离 GPV 时，一般在接种后 5～7 d 死亡。死亡鹅胚绒毛尿囊膜局部增厚，胚体皮肤、肝脏及心脏等出血。随着在鹅胚中传代次数的增多，该病毒对鹅胚的致死时间稳定在接种后 3～4 d。

(2)诊断　国内外均有学者建立了用于 GPV 诊断的 PCR 方法。PCR 诊断方法对 GPV 感染尤其非典型感染或混合感染的确诊及鉴别方面具有明显的长处，具有极高的推广应用价值。

2. 番鸭细小病毒

法国在 1989 年报道本病毒，我国在 1985 年已有发病的记载。该病毒主要危害 1～3 周龄的雏番鸭，故又名“三周病”。该病毒的特性与腺联病毒 2 型最为接近，被认为是自主细小病毒与依赖细小病毒的过渡形式。临床表现与剖检与小鹅瘟相似。耐过的番鸭生长迟缓，羽毛发育不良。用杆状病毒表达的病毒 VP2 及 VP3 抗原可产生有效的免疫保护。

四、阿留申病毒属

二维码 19-2

五、牛犬病毒属

二维码 19-3

六、红病毒属

红病毒属仅有 1 个成员，即 B19 病毒（B19V）。B19V 是自主复制病毒，与 AAV 一样，正、负极性的 DNA 分子均可以作为病毒的基因组。B19V 主要引起人的皮疹、慢性溶血性贫血和孕妇流产、死胎。其靶器官是骨髓，主要引起骨髓中的成红细胞和外周血液中的网织红细胞的消失。

第二节　圆环病毒科

一、概述

近年来，不断发现圆环病毒不仅引起畜禽感染及死亡，而且使感染动物的免疫组织细胞受损，导致机体免疫抑制，容易并发或继发其他病原，使病情加重，造成更大的经济损失。

1995 年 ICTV 把圆环病毒独立为圆环病毒科（*Circoviridae*），包括猪圆环病毒（*Porcine circovirus*，PCV）、鸡贫血病毒（*Chicken anemia virus*，CAV）、鹦鹉喙羽病病毒（*Psittacine beak and feather disease virus*，PBFDV）等。1999 年在澳大利亚悉尼举行的第 11 次国际病毒学会议上，对圆环病毒分类进行了调整，将 CAV 划为一个新的属，即圆圈病毒属（*Gyrovirus*）。ICTV 在第 8 次和第 9 次分类报告中进行了确认，即圆环病毒科分为圆环病毒属和圆圈病毒属两个属。

目前圆环病毒属成员有 11 种病毒，1 个暂定的种。2013 年研究人员又从患有严重出血性胃肠炎的病犬体内分离到犬圆环病毒（*Dog circovirus*，DoCV）。圆圈病毒属目前只有鸡贫血病毒（CAV）1 个成员，但近年来在禽和人的皮肤以及血液中也相继发现多个圆圈病毒新的基因。

该科成员病毒颗粒及基因组相似，均由环状单股 DNA 组成，但其生态学、生物学及抗原性相差很大，没有共同的抗原决定簇，基因序列同源性低。

病毒粒子无囊膜，球形，20 面体对称。PBFDV 及 PCV 直径 17 nm，CAV 直径 22nm。病毒颗粒在感染细胞内以珍珠串样排列。基因组为单分子单股双向或正股 DNA，环状，末端共价结合，大小 1 700～2 300 nt。CAV 基因有 3 个阅读框，各自编码 1 个病毒结构蛋白质，包括衣壳蛋白（VP1，分子量 52 000）、磷酸酶蛋白（VP2，分子量 26 000）以及称之为凋亡素的蛋白质（VP3，分子量 14 000）。VP3 引致 T 淋巴细胞凋亡，是重要的致病因子。PBFDV 也有 3 个阅读框，PCV 则有 4 个。

与细小病毒相似，病毒的复制在细胞核，可能有赖于与细胞分裂S期产生的蛋白质。PCV及CAV的双股DNA复制中间体具有传染性。CAV复制过程产生一个聚合蛋白质，经裂解后成熟。圆环病毒在环境中极其稳定，能抵抗60℃ 30 min以及pH 3～9。

二、猪圆环病毒

猪圆环病毒(PCV)于1974年由德国科学家Tischer在猪肾传代细胞系PK-15细胞中发现，后来命名为PCV-1。1991年Clark在加拿大首次从猪断奶多系统衰竭综合征(postweaning multisystemic wasting syndrome，PMWS)的仔猪中分离到PCV，但该病毒与PCV-1抗原性有差异，后命名为2型猪圆环病毒(*Porcine circovirus* 2，PCV-2)。该病毒对猪有致病性，由PCV-2引起的各种疾病分布广泛，给世界养猪业造成巨大的经济损失。我国一定区域内广泛存在PCV-2感染。

1.形态及理化特性

PCV呈球形或六角形，无囊膜，大小为17 nm，单股环状DNA，呈二十面体立体对称。

2.抵抗力

PCV对外界环境的抵抗力很强。在酸性环境及氯仿中可存活很长时间，在高温环境(72℃)也能存活15 min，70℃可存活1 h，56℃不能将其杀死。PCV对普通的消毒剂具有很强的抵抗力，用50%氯仿处理15 h、50%乙醚处理13 h、在pH 3的酸性条件下处理3 h，PCV均具有感染力。对苯酚、季胺类化合物、氢氧化钠和氧化剂等较敏感。

3.培养特性

PCV在原代胎猪肾细胞、恒河猴肾细胞、BHK-21细胞上不生长，可在猪睾丸细胞及猪传代细胞系PK-15细胞中生长，但不引起细胞病变，且需将PCV盲传多代才能使病毒有效增殖。在接种PCV的PK-15细胞培养物中加入*D*-氨基葡萄糖，可促进PCV复制，使感染PCV的细胞数量提高30%。

4.病毒的抗原性及血清型

根据PCV的致病性、抗原性及核苷酸序列，将其分为PCV-1和PCV-2两个血清型，其中PCV-2具有致病性，在临床上主要引起断奶仔猪多系统衰竭综合征、猪皮肤炎和肾病综合征、猪呼吸系统衰弱综合征、仔猪传染性先天性震颤。PCV-1对猪无致病性。

5.致病性

PCV-2可经口腔、呼吸道途径感染不同年龄的猪，其特征为体质下降、消瘦、腹泻、呼吸困难。少数怀孕母猪感染PCV-2后，可经胎盘垂直感染仔猪。PCV-2常与猪细小病毒(PPV)、猪呼吸道与繁殖障碍综合症病毒(PRRSV)、伪狂犬病病毒(PRV)、猪瘟病毒(HCV)等混合感染。猪感染PCV-2后，可于5～12周龄时发生PMWS。PMWS最常见于6～8周龄猪群，猪群患病率80%～100%。患病猪呈进行性消瘦，皮肤苍白或黄染，呼吸综合征，皮肤炎，肾炎，脾大面积坏死。仔猪先天性震颤，断奶猪发育不良、咳喘，黄疸。感染猪几乎所有组织都存在PCV-2。

6.微生物学诊断

(1)病毒的分离鉴定　主要采集肺、淋巴结、脾等制备的组织，研磨后离心，取上清液接种无圆环病毒污染的 PK-15 细胞分离病毒。可用间接免疫荧光法、电镜观察或 PCR 鉴定病毒。PCR 还可用于 PCV-1 和 PCV-2 的鉴别。

(2)血清学方法　免疫荧光法(IFA)可用于猪圆环病毒病的诊断,既可检查抗原又可检测抗体。免疫组织化学技术可检测组织细胞中存在的病毒抗原。

三、鹦鹉喙羽病病毒

二维码 19-4

四、鸡贫血病毒

鸡贫血病毒(CAV)是圆圈病毒属的唯一成员,最早于 1979 年在日本发现,曾被称为鸡传染性贫血因子(chicken anemia agent,CAA),此后,瑞典、英国、丹麦、波兰、美国、澳大利亚、荷兰、巴西和阿根廷等国先后发现该病毒的存在。我国于 1992 年首次在黑龙江省分离到 CAV,随后在其他地区也陆续分离到 CAV。CAV 主要侵害雏鸡骨髓造血组织和中枢免疫器官胸腺,导致骨髓黄化和胸腺萎缩,引起再生障碍性贫血和免疫抑制。自 2011 年以来,从鸡血清和组织、人粪便以及皮肤中分离到多株与 CAV 类似的病毒。

CAV 具有明显的年龄抵抗力,成年鸡感染 CAV 后并不表现临床症状,但可经卵传递给子代鸡,引起临床症状。亚临床感染的鸡群对疫苗的抗体生成能力降低,尤其是在接种活苗的情况下,CAV 可加重疫苗的免疫损伤,导致免疫失败或免疫效果差。CAV 的感染还增加了对马立克病、传染性法氏囊病、网状内皮增生症等的易感性。

1. 主要特性

CAV 与 PCV 相似,病毒粒子呈球形或六角形(图 19-3),无囊膜,单股环状 DNA,呈 20 面体立体对称。病毒基因组很小,包含 3 个部分重叠的阅读框。

CAV 对乙醚和氯仿有抵抗力,耐酸、耐热,对外界理化因素的抵抗力较强。pH 3 环境下仍然稳定。56℃或 70℃处理 1 h、80℃处理 15 min 致病性不变,80℃处理 30 min 可使部分病毒失活。100℃加热 15 min 才能杀死全部病毒。

CAV 可在肿瘤细胞系 MDCC-MSB1(MD 脾淋巴瘤)、MDCC-JP2(MD 卵巢淋巴瘤)中增殖,也可通过绒毛尿囊膜及尿囊腔接种鸡胚进行培养。

CAV 只有一个血清型。但各个 CAV 分离株的抗原性密切相关,用单克隆免疫荧光法可区分各毒株间的抗原差异。

2. 致病性

CAV 感染后能使患雏骨髓造血机能紊乱。临床呈亚急性经过。病鸡表现精神沉郁,食欲减

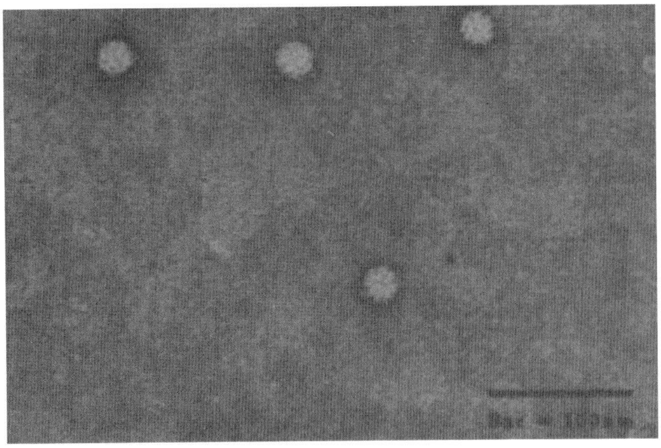

图 19-3　鸡贫血病毒(引自:石大荣)

退,发育受阻,冠及肉髯苍白,羽毛蓬乱。感染鸡常见皮肤或皮下点状出血,翼部、有时头部、臂部、腹部也发生灶状淤血及出血,病变部皮肤变烂和破溃,流出血样渗出物。病变部位易继发细菌感染,导致坏疽性皮炎的发生。

3.微生物学诊断

(1)病毒的分离鉴定　采集可疑病鸡的肝脏,也可采集胸腺、骨髓、脾脏等组织制备的上清液,接种 1 日龄 SPF 雏鸡分离病毒。可用间接免疫荧光法或 PCR 进行鉴定。

(2)血清学试验

酶联免疫吸附试验(ELISA)可用于鸡贫血病毒病抗体检测。用 1 日龄 SPF 雏鸡或 MDCC-MSB1 细系均可进行中和试验(NV),用于鸡传染性贫血病毒病抗体的检测。间接免疫荧光法(IFA)可用于鸡传染性贫血病毒病的诊断,既可检查抗原又可检测抗体。

第三节　细环病毒科

细环病毒(TTV)是日本学者从输血后甲型肝炎至戊型肝炎病人血浆中分离鉴定的一种新病毒,取名为输血传播病毒(*Transfusion-transmitted virus*,TTV),其基因组结构与 CAV 相似。该病毒与圆环病毒科圆圈病毒属的鸡传染性贫血病病毒(CAV)亲缘关系最近,但由于细环病毒与圆环病毒科的其他病毒,如猪圆环病毒(PCV)、长尾鹦鹉喙羽病病毒(PBFDV)和鸡传染性贫血病病毒基因序列差异极大,ICTV 的第 8 次分类报告则将该病毒更名为细环病毒。细环病毒宿主范围很广,除感染人外,还感染与人亲缘关系较近的灵长类动物及牛、猪、犬、猫和家禽等,因此这些动物可能充当了细环病毒的储存库。

在发现人类和非灵长类 TTV 之后,接着又发现细小环病毒(TTMV)及细次小环病毒(TT-MV)。目前已经确认的细环病毒多达数十种。ICTV 第 9 次分类报告(2012)建立了细环病毒科,分 9 个属(表 19-3)。

表 19-3 细环病毒的分类

属名	种名	宿主
甲型细环病毒属(*Alphatorquevirus*)	细环病毒 1～29 型	人及非人灵长类
乙型细环病毒属(*Betatorquevirus*)	细小环病毒 1～9 型	人及非人灵长类
丙型细环病毒属(*Gammatorquevirus*)	细次小环病毒 1～2 型	人及非人灵长类
丁型细环病毒(*Deltratorquevirus*)	树鼩细环病毒	树鼩
戊型细环病毒属(*Epsilontorquevirus*)	狨猴细环病毒	狨猴
己型细环病毒属(*Zetatorquevirus*)	夜猴细环病毒	夜猴
庚型细环病毒属(*Etatorquevirus*)	猫细环病毒	猫
辛型细环病毒属(*Thetatorquevirus*)	犬细环病毒	犬
壬型细环病毒属(*Iotatorquevirus*)	猪细环病毒	猪

一、主要特性

细环病毒比圆环病毒稍大，呈球状，无囊膜，直径约 30 nm。基因组大小为 2 000～3 900 nt，为环状单股负链 DNA。TTV 颗粒在血液中以免疫复合物形式存在，粪便中有游离的病毒颗粒。TTV 等与鸡贫血病毒一样，ORF1 具有与病毒 DNA 滚环复制相关的氨基酸序列。二者都具有引致肝细胞肿瘤细胞系凋亡的多肽。

细环病毒分布很广。流行病学研究表明，TTV 感染率高于 90%。最初认为仅由血液传播，现在知道很可能存在混合传染渠道，包括血浆、唾液、粪便，特别是唾沫。性传播渠道也有可能。试验显示，自然感染猪细环病毒Ⅰ型的猪群，猪繁殖与呼吸综合征活疫苗的免疫保护作用受到抑制。

二、猪细环病毒

猪细环病毒(*Torque teno sus virus*，TTSuV)是猪群中广泛流行的动物病毒之一，Verschoor 等(1999)首次在猪血清中检测到该病毒。该病毒常与猪圆环病毒 2 型、猪细小病毒、猪繁殖与呼吸综合征病毒等混合感染。国外专家研究证实，PCV-2 感染引起的断奶仔猪多系统衰竭综合征与 TTSuV 之间存在协同致病性。由于 TTSuV 感染并不能引起猪明显的临床症状，所以容易忽视该病的存在。PCV-2 单一感染猪也同样不引起明显的症状。但这两种病原体混合之后却能促进 PMWS 的发生。

研究者推测，血液、粪便、精液、初乳、经胎盘和子宫内感染可能是猪细环病毒传播的主要途径。上述传播途径经过病毒分离检测得到了证实。猪细环病毒和其他已知致病因子的相互作用可能会增强疾病的严重程度。同时，在器官移植的过程中，也存在猪细环病毒感染人的潜在危险。

复习思考题

1. 简述细小病毒的主要生物学特性。
2. 简述圆环病毒科的分类及主要特征。
3. 简述猪细小病毒的致病性及诊断方法。
4. 犬细小病毒如何诊断和预防?
5. 试述猪圆环病毒的特征及致病性特点。
6. 说明鸡贫血病毒的致病机理。

第二十章　双股 DNA 病毒

【内容提要】基因组为双股 DNA 的动物病毒包括痘病毒科、疱疹病毒科、腺病毒科、虹彩病毒科、非洲猪瘟病毒科、乳头瘤病毒科、杆状病毒科、细尾病毒科、多瘤病毒科、多分 DNA 病毒科和泡囊病毒科。其中，痘病毒科、疱疹病毒科、腺病毒科和非洲猪瘟病毒科是兽医病毒学研究的重要对象。

第一节　痘病毒科

一、概述

痘病毒科（*Poxviridae*）病毒可感染多种脊椎动物和无脊椎动物，感染人和动物后常引起局部或全身化脓性皮肤损伤。痘病毒科分两个亚科，分别为脊椎动物痘病毒亚科（*Chordopoxvirinae*）和昆虫痘病毒亚科（*Entomopoxvirinae*）。脊椎动物痘病毒亚科有 8 个不同的属，即正痘病毒属、副痘病毒属、禽痘病毒属、山羊痘病毒属、猪痘病毒属、兔痘病毒属、软疣痘病毒属和亚塔痘病毒属，不同属间的病毒有一定的抗原交叉反应。脊椎动物痘病毒亚科中各属的主要成员及其致病宿主见表 20-1。

表 20-1　脊椎动物痘病毒亚科各属的主要病毒及其宿主

病毒属名	病毒名称	自然宿主
正痘病毒属（*Orthopoxvirus*）	痘苗病毒（*Vaccinia virus*）	人、牛、水牛、猪、兔
	天花病毒（*Variola virus*）	人
	牛痘病毒（*Cowpox virus*）	牛、人、猫、啮齿类
	骆驼痘病毒（*Camelpox virus*）	骆驼
	脱脚病病毒（*Ectromelia virus*）	小鼠、田鼠
	猴痘病毒（*Monkeypox virus*）	松鼠、猴、大型猿、人
	沙鼠痘病毒（*Taterapox virus*）	沙鼠
	浣熊痘病毒（*Raccoonpox virus*）	浣熊
	田鼠痘病毒（*Volepox virus*）	田鼠
	海豹痘病毒（*Sealpox virus*）	灰海豹

续表 20-1

病毒属名	病毒名称	自然宿主
副痘病毒属(*Parapoxvirus*)	口疮病毒(*Orf virus*)	绵羊、人
	伪牛痘病毒(*Pseudocowpox virus*)	牛、人
	牛丘疹性口炎病毒(*Bovine popular stomatitis virus*)	牛、人
	松鼠副痘病毒(*Squirrel parapoxvirus*)	松鼠
	海豹副痘病毒(*Seal parapoxvirus*)	海豹、人
禽痘病毒属(*Avipoxvirus*)	鸡痘病毒(*Fowlpox virus*)	鸡、火鸡及其他禽类
	火鸡痘病毒(*Turkeypox virus*)	
	鹌鹑痘病毒(*Quailpox virus*)	
	麻雀痘病毒(*Sparrowpox virus*)	
	金丝雀痘病毒(*Canarypox virus*)	
	鸽痘病毒(*Pigeonpox virus*)	
山羊痘病毒属(*Capripoxvirus*)	绵羊痘病毒(*Sheeppox virus*)	绵羊、山羊
	山羊痘病毒(*Goatpox virus*)	山羊、绵羊
	疙瘩皮肤病病毒(*Lumpy skin disease virus*)	牛
猪痘病毒属(*Suipoxvirus*)	猪痘病毒(*Swinepox virus*)	猪
兔痘病毒属(*Leporipoxvirus*)	黏液瘤病毒(*Myxoma virus*)	兔
软疣痘病毒属(*Molluscipoxvirus*)	人传染性软疣病毒(*Molluscum contagiosum virus*)	人
亚塔痘病毒属(*Yatapoxvirus*)	亚塔猴肿瘤病毒(*Yaba monkey tumor virus*)	猴、人

痘病毒是目前发现的病毒颗粒最大的一类 DNA 病毒，能够引起脊椎动物痘病。各属哺乳动物痘病毒在形态、结构、生理生化及抗原性方面基本相似，在免疫学上也存在或多或少的交叉反应。痘病毒结构复杂，病毒粒子在宿主细胞的胞质内增殖，这在 DNA 病毒中是独特的。成熟的病毒粒子在细胞质中多数以胞内成熟病毒颗粒的形式存在，只有少数病毒粒子以出芽的方式穿过宿主细胞的细胞膜，形成具有感染性的胞外包膜病毒粒子，而非由细胞裂解而释放。痘病毒形态及病毒粒子结构见图 20-1 和图 20-2。

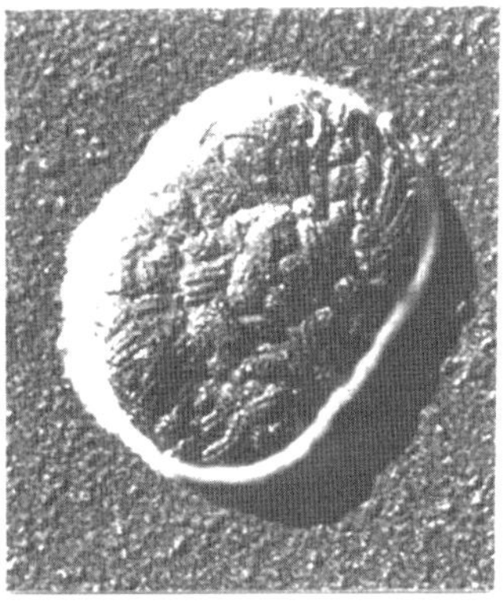

图 20-1　痘苗病毒形态电镜照片

(引自：Dr. Milan V. Nermut)

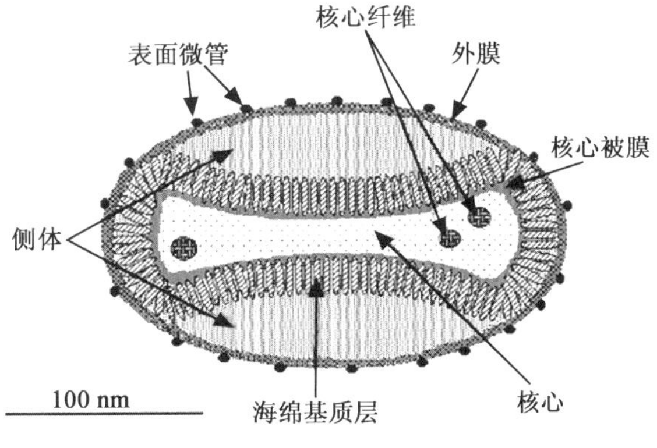

图 20-2　痘病毒粒子结构示意图(引自：http://web.stanford.edu/group/virus/pox/pox.htm#Zmmunity)

1. 形态和结构

痘病毒粒子大体上呈砖形，大小为(200～450) nm×(140～260) nm×(40～260) nm。结构复杂，包括一个脂蛋白包膜、侧体和一个双凹呈圆柱形的核心，核心含有与蛋白结合的病毒DNA，囊膜含类脂及蛋白质。病毒粒子相对分子质量为(8.5×10^7)～(2.4×10^8)，基因组G+C摩尔浓度较低。

2. 基因组特点

病毒基因组由单分子线状双股DNA组成，大小在130～375 kb。痘病毒的两股DNA末端相连，每个末端均有一段较长的倒置串联重复(long inverted tandemly repeated)核苷酸序列，并形成一个单股的环。目前已经获得全基因序列的痘病毒包括痘苗病毒(191 636 bp)、疙瘩皮肤病病毒(151 kb)和骆驼痘病毒(202 182 bp)。

痘病毒基因组编码100～300种蛋白质，病毒粒子中大约含有100种蛋白质，其中30多种是结构蛋白，但其中只有少数功能明确，主要为病毒复制的多种酶，包括DNA聚合酶、DNA连接酶和RNA聚合酶等。有些痘病毒能编码分泌到感染细胞外的蛋白质，称之为病毒因子(virokine)，其中一种是上皮细胞生长因子的同源物，有抗干扰素等细胞因子的作用。

3. 理化特性

痘病毒对热的抵抗力不强，55℃经20 min或37℃经24 h即丧失感染力。对干燥及低温有很强的抵抗力，在干燥的痂皮中病毒可以存活几个月甚至几年，在土壤中可生存几周；痘病毒在生理盐水悬液0℃下最少可保存5周以上，冷冻干燥可保存3年。但在pH 3的环境下，病毒可逐渐失去感染能力。日光直射或紫外线可导致病毒灭活。3%硫酸及盐酸、0.175%～0.2%甲醛、3%苯酚、0.01%碘溶液都可在数分钟内使病毒失去感染力。正痘病毒属和禽痘病毒属的成员可耐受乙醚，其他属则对乙醚敏感。

4. 培养特性

多数痘病毒可在鸡胚绒毛尿囊膜上增殖，并在膜上形成痘斑、溃烂性病灶或结节性病灶。痘斑的形态、颜色、大小及形成的时间因病毒的种类而异。病毒易分离，可用不同的细胞进行培养。所有痘病毒均可在同种动物的肾、睾丸和胚胎组织细胞上生长，并引起感染细胞产生细胞病变或空斑。制造疫苗一般用痘病毒在易感动物的皮肤或其他上皮细胞和睾丸内培养传代。

5. 血凝性

有些痘病毒囊膜表面和感染细胞膜表面有血凝素蛋白，能够凝集红细胞。正痘病毒和禽痘病毒，可通过血凝试验检测细胞培养物内的病毒增殖情况。副痘病毒、羊痘病毒和兔痘病毒均无血凝素蛋白，不能凝集动物红细胞。

6. 抗原性

各种禽痘病毒与哺乳动物痘病毒之间不能交叉感染或交叉免疫，但各种禽痘病毒间在抗原性上极为相似，存在一定的交叉免疫反应。其他属的同属病毒各成员之间也存在着许多共同抗原。此抗原一般认为是一种核蛋白复合体，如牛痘病毒可以感染人，天花病毒也可以使牛感染。通常认为最初的痘病毒可能是来源于一种或几个基本种类，由于在各种动物中传染继代逐渐适应，结果形成了感染各种动物的痘病毒。

7. 致病性

痘病毒主要经皮肤伤口感染，在动物间直接或间接传染；还可通过呼吸道或昆虫叮咬而感染。痘病毒感染可以引起各种动物和人类的急性、热性、接触性传染病。哺乳动物感染痘病毒的特征是在皮肤或某些部位黏膜上形成痘疹，发病初期时发生红斑、血疹，形成水疱、脓疱，最后结痂。禽痘则在皮肤产生增生性和肿瘤样病理变化。

二、正痘病毒属

正痘病毒形态各异，同属不同病毒种间存在血清交叉反应。正痘病毒包括血凝素，可从基因组 DNA 序列和鸡胚绒毛尿囊膜上痘斑的形成对不同正痘病毒加以区别。动物宿主特异性的根源有时预示着正痘病毒的类型，但并非一成不变。正痘病毒感染引起人和动物的多种丘疹性疾病。上皮增生形成丘疹，并很快破溃，形成的损伤一般局限于皮肤的特定区域。有时呈全身性感染。

二维码 20-1

三、山羊痘病毒属

羊痘(capripox)又名羊"天花"，是由羊痘病毒属的绵羊痘病毒(*Sheeppox virus*)或山羊痘病毒(*Goatpox virus*)引起的绵羊或山羊的一种急性、热性、接触性传染病。该病以发热，无毛或少毛部位皮肤黏膜发生丘疹和疱疹或淋巴结病变为临床特征。本病是所有动物痘病中最严重的一种，有较高的死亡率，有时死亡率可高达 100%。

二维码 20-2

第二节　疱疹病毒科

一、概述

疱疹病毒在自然界广泛分布，可感染两栖类(蛙)、禽类(鸡)、哺乳类(兔、马、牛、猪、猫)，也能感染灵长类(猴)和人类。与其他 DNA 肿瘤病毒相比，其特点是病毒颗粒的直径最大，有由糖蛋白组成的囊膜。该病毒群的生物学特性，如病原性、形成隐性感染和潜在的致瘤性等方面有很大差异。由于其在潜伏感染和致癌方面的作用，这类病毒已引起病毒学者的普遍重视。

根据基因组序列的差异及致病特点，ICTV 报告中，将疱疹病毒科（*Herpesviridae*）分为 3 个亚科，分别为甲型疱疹病毒亚科（*Alphaherpesvirinae*）、乙型疱疹病毒亚科（*Betaherpesvirinae*）和丙型疱疹病毒亚科（*Gammaherpesvirinae*）。

甲型疱疹病毒亚科包括 4 个属，分别为单纯疱疹病毒属（*Simplexvirus*）、水痘病毒属（*Varicellovirus*）、马立克病毒属（*Mardivirus*）和传染性喉气管炎病毒属（*Iltovirus*）；乙型疱疹病毒亚科包括 3 个属，分别为巨细胞病毒属（*Cytomegalovirus*）、鼠巨细胞病毒属（*Muromegalovirus*）和玫瑰疹病毒属（*Roseolovirus*）；丙型疱疹病毒亚科包括 2 个属，分别为淋巴隐潜病毒属（*Lymphocryptovirus*）和弱病毒属（*Rhadinovirus*）。动物的疱疹病毒所致疾病见表 20-2。

表 20-2　动物主要疱疹病毒所致疾病

病毒名称	所致疾病（症状）
甲型疱疹病毒亚科（*Alphaherpesvirinae*）	
牛疱疹病毒 1 型（*Bovine herpesvirus* 1）	牛传染性鼻气管炎
牛疱疹病毒 2 型（*Bovine herpesvirus* 2）	牛乳腺炎、伪皮肤疙瘩病
牛疱疹病毒 5 型（*Bovine herpesvirus* 5）	脑炎
水牛疱疹病毒 1 型（*Bubaline herpesvirus* 1）	水牛疱疹病毒病
山羊疱疹病毒 1 型（*Caprine herpesvirus* 1）	结膜炎、呼吸道及肠道疾病
猪疱疹病毒 1 型（*Porcine herpesvirus* 1）	伪狂犬病
马疱疹病毒 1 型（*Equine herpesvirus* 1）	流产、呼吸道或神经系统疾病
马疱疹病毒 4 型（*Equine herpesvirus* 4）	鼻肺炎
犬疱疹病毒 1 型（*Canine herpesvirus* 1）	犬崽出血症
猫疱疹病毒 1 型（*Feline herpesvirus* 1）	猫病毒性鼻气管炎
猴疱疹病毒 1 型（*Cercopithecine herpesvirus* 1）	猕猴单纯疱疹病毒样疾病、人致死性脑炎
猴水痘病毒（*Simian varicellavirus*）	猴水痘样疾病
禽疱疹病毒 1 型（*Gallid herpesvirus* 1）	鸡传染性喉气管炎
禽疱疹病毒 2 型（*Gallid herpesvirus* 2）	鸡马立克氏病
禽疱疹病毒 3 型（*Gallid herpesvirus* 3）	鸡马立克氏病
火鸡疱疹病毒 1 型（*Meleagrid herpesvirus* 1）	火鸡疱疹病毒病
鸭疱疹病毒 1 型（*Anstid herpesvirus* 1）	鸭瘟
乙型疱疹病毒亚科（*Betaher pesvirinae*）	
猪疱疹病毒 2 型（*Porcine herpesvirus* 2）	包涵体鼻炎、周身性细胞巨化病毒感染
鼠疱疹病毒 1 型（*Murine herpesvirus* 1）	鼠巨细胞病毒感染
仓鼠疱疹病毒 1 型（*Cricetid herpesvirus* 1）	仓鼠疱疹病毒感染
丙型疱疹病毒亚科（*Gammaherpesvirinae*）	
牛疱疹病毒 4 型（*Bovine herpesvirus* 4）	牛流产、呼吸道感染
角马疱疹病毒 1 型（*Alcelphine herpesvirus* 1）	牛恶性卡他热
马疱疹病毒 2 型（*Equine herpesvirus* 2）	马丙型疱疹病毒感染
马疱疹病毒 5 型（*Equine herpesvirus* 5）	马丙型疱疹病毒感染

1. 形态结构

疱疹病毒的形态相似，含有双链DNA核心。由壳粒组成的呈20面体的衣壳和外面覆盖的脂质囊膜组成。病毒粒子较大，直径为120～200 nm。核心由双股DNA与蛋白质缠绕而成，直径介于30～70 nm之间。病毒衣壳由162个互相连接呈放射状排列且有中空轴孔的壳粒构成，包括150个六邻体及12个五邻体。仅含核心和衣壳的裸露病毒粒子，直径为85～110 nm。病毒粒子囊膜上带有糖蛋白纤突。另外，在囊膜和衣壳之间还有一个称为皮层的内膜。

2. 基因组特点

病毒基因组由单分子双股线状DNA组成，大小为125～235 kb。不同成员的基因组组成、大小和结构有很大差异，其中(G+C)mol%变化幅度为32～74，超过了所有真核细胞。基因组具有末端重复序列和内部重复序列，不同的疱疹病毒所具有的重复序列的数量和长度有较大的差异。由于重复序列方向的变化，形成2～4个不同的基因组异构体，改变病毒重复序列的多态性。

3. 培养特性

各种疱疹病毒都能在组织培养细胞内增殖，但感染范围随病毒种类而异。大部分疱疹病毒能在细胞培养液内产生具有感染力的游离病毒。单层细胞培养物出现局灶性细胞肿胀和圆缩，随后由中心部开始脱落，逐渐蔓延扩展到整个细胞单层。少数病毒，如巨细胞病毒、马立克病毒和人类疱疹病毒等，均具有很强的细胞结合性，其传播主要通过细胞间桥和细胞分裂进行，培养液内的游离病毒很少。

4. 抵抗力

疱疹病毒对外界环境的抵抗力较弱，紫外线、X射线和γ射线极易使病毒灭活。病毒对温度较为敏感，50℃约30 min可使其灭活，37℃经5 h即可丧失50%感染性，24 h可全部灭活。病毒含有脂蛋白囊膜，对氯仿和乙醚等脂溶剂都很敏感。病毒在pH 6.8～7.4范围内可保存时间较长，超出此范围灭活时间会明显缩短。疱疹病毒对冷有抵抗性，病毒在－70℃以下可长期保存。在－20℃保存时，病毒感染价迅速下降。很多毒株经两周保存后，毒价下降10倍。实验证明，于4℃下保存病毒往往较－20℃为佳。病毒对1%的酚类有一定抵抗力，在室温下处理病毒3 d才能灭活，而0.01 mol/L甲醛或0.001 mol/L碘在35℃处理1 h即可将病毒灭活。

5. 致病性

疱疹病毒在外界环境中不易存在，主要通过密切接触而传播。在集约化养殖的牛场、猪场和鸡场中最易发生。不仅能引起皮肤和黏膜的疱疹样病变，还能引起中枢神经系统、呼吸系统、生殖器官产生病变以及流产、死产和肿瘤等多种疾病。

疱疹病毒感染的一个特性是潜伏感染。病毒可在动物体内长期甚至终生呈潜伏状态存留，与机体处于相对平衡状态，不引起临床症状。当机体因受外界不利因素的影响而抵抗力下降或生理机能发生障碍时，潜伏状态的病毒开始增殖，并扩散传播到特定部位，引起明显的临床症状。此时体液内的抗体水平可能很高，但不能阻止病毒的扩散和增殖。

另外，疱疹病毒还与肿瘤的发生有关，如马立克病毒能引起鸡的淋巴组织增生和肿瘤形成，单纯疱疹病毒可能与唇癌及子宫颈癌有关。因此，目前愈来愈受到人们的重视。关于疱疹病毒与肿瘤发生关系的详细机制，目前还不清楚，但已证明与隐性感染和病毒的细胞转化作用有关。

二、牛传染性鼻气管炎病毒

牛传染性鼻气管炎病毒（*Infectious bovine rhinotracheitis virus*，IBRV）又称为牛疱疹病毒1型（*Bovine herpesvirus* 1），可引起牛的急性、热性、高度接触性传染病。临床上表现为呼吸道黏膜发炎、水肿、出血和坏死并形成烂斑，伴有结膜炎、流产、乳腺炎，有时诱发小牛脑炎等其他类型的疾病，但以呼吸道症状为主。

二维码 20-3

5. 致病性

牛被认为是 IBRV 自然感染的唯一宿主，各种年龄和品种的牛均可感染。通常以 6 月龄以上牛多发，因为此时牛体内的母源抗体降低而伴随周围环境的病毒感染机会增加所致。有些牛感染 IBRV 后并不表现出临床症状，但病毒可在牛体内长期存在甚至终身带毒，成为潜在长期性的感染源。IBRV 能够侵染体内的多种组织和器官，感染牛常表现出多种多样的临床症状。最常见的为呼吸道型，病牛高热达 40℃以上，咳嗽，呼吸困难，流泪，流水样鼻液；后期转为黏脓性鼻液，鼻内可见溃疡灶。此外还有结膜炎型，主要表现为结膜充血，眼睑水肿，大量流泪或结膜表面出现灰色假膜；生殖道型，主要表现为母牛传染性脓胞性外阴-阴道炎和公牛传染性脓胞性包皮龟头炎；流产不孕型，主要表现为妊娠牛流产和非妊娠牛不孕；脑膜脑炎型，仅见于犊牛，在出现呼吸道症状的同时，伴有神经症状，病死率超过 50%；肠炎型，见于 2～3 周龄犊牛，主要表现为咳嗽、呼吸困难等呼吸道症状，同时出现腹泻和排血便等消化道症状，病死率可达 20%～80%。

牛传染性鼻气管炎最早发生于欧洲，并于 20 世纪 30 年代初传入美国，1956 年首次从患牛分离出病毒。牛感染 IBRV 后，可通过鼻腔、气管、泪液、胎儿以及阴道分泌物不定期排毒，对该病的传播和流行起着重要作用。IBRV 可经水平方式传播，如通过空气、飞沫、媒介物及与病牛直接接触而传播，也可以垂直方式由母牛传播给胎儿。本病难以根除，主要与病毒的潜伏感染和病毒的机体长期排毒有关。

6. 微生物学诊断

可根据牛传染性鼻气管炎的临床症状、病理变化和流行病学对其进行初步诊断。IBRV 的实验室诊断方法主要包括病原检测和血清学检测。病毒分离是病原检测最直接的方法，能为确诊 IBRV 提供最有力的证据。应用 PCR 方法和核酸探针技术检测样品中的 IBRV 核酸，更为快速，灵敏度更高。通常检测血清样品中 IBRV 抗体的方法有血清中和试验、间接免疫荧光抗体实验、酶联免疫吸附实验和琼脂扩散实验等。

7. 免疫防治

牛传染性鼻气管炎给世界养牛业带来了巨大的损失。控制 IBRV 主要采取两种方法，即扑杀和疫苗接种。扑杀的方法最为直接和有效，但耗资巨大，对于养牛范围广、IBRV 普遍存在而又经济落后的国家是不现实的。因此，多数国家选择疫苗接种的方法作为预防 IBRV 的主要措施。目前还没有预防脓疱性外阴-阴道炎的疫苗。对于鼻气管炎，目前主要有弱毒疫苗、灭活疫苗和基因缺失疫苗。研究表明，用疫苗免疫过的牛，并不能阻止病毒的持续感染，只能防止临床发病，给预防该病带来困难。

三、伪狂犬病病毒

伪狂犬病病毒（*Pseudorabies virus*，PRV）学名为猪疱疹病毒 1 型（*Porcine herpesvirus* 1），又称奥叶兹基病毒（*Aujeszky disease virus*），属于甲型疱疹病毒亚科。PRV 是引起多种家畜和野生动物以发热、奇痒（猪除外）及脑脊髓炎为主要症状疾病的病原。由于所引起疾病的临床症状同狂犬病有类似之处，采用了“伪狂犬病”这一病名。

1. 形态结构特征

伪狂犬病病毒在形态上呈圆形或椭圆形，结构特征与众多疱疹病毒类似。成熟病毒粒子的直径为 150～180 nm，无囊膜的病毒粒子直径为 110～150 nm。核衣壳呈 20 面体对称，没有囊膜的裸露核衣壳亦具有感染性，但感染力约为带囊膜的成熟病毒的 1/5。病毒囊膜表面有长 8～10 nm 呈放射状排列的纤突，衣壳由 162 个壳粒构成。

2. 基因组结构特点

PRV 的基因组为线状双链 DNA，核内 DNA 以高分子质量的连环体存在。核苷酸长度约为 150 kb。(G+C)mol%含量高达 74.5，是疱疹病毒中含量最高的。伪狂犬病病毒的基因组可分为长区段（UL）、短区段（US）及 US 两侧的末端颠倒重复序列（TR）和内部重复序列（IR）。这种排列形式是典型的 D 型 DNA 分子的结构。US 区段的方向可与 UL 区段一致，也可与其相反。有两种异构体存在，构象的不同不影响病毒的生物学特性。病毒基因组包含的开放阅读框超过 70 个，可以编码 70～100 种病毒蛋白质，但成熟病毒粒子约含有 50 种蛋白质。

3. 理化特性

伪狂犬病病毒是疱疹病毒中抵抗力较强的一种。在物体表面和液体中可存活 7 d。在腐败条件下，病料中的病毒经 11 d 失去感染力。保存在 50%甘油盐水中的病料，在 0～6℃下经 154 d 后，病毒的感染力仅略有下降，保存 3 年仍具有感染力。真空冷冻干燥的病毒培养物，病毒的感染力可保存多年。病毒在 pH 6～8 的细胞培养物中稳定。PRV 对热的抵抗力较强，55～60℃经 30～50 min 才能灭活，80℃经 3 min 灭活，100℃经 1 min 可使病毒完全灭活。病毒对乙醚、氯仿等脂溶剂和福尔马林、紫外线照射等敏感。

4. 培养特性

PRV 易于在多个物种和组织的细胞培养物中复制，如鸡胚和小鼠成纤维细胞，猪、兔、猴、牛、羊和犬的肾原代细胞，家兔、豚鼠和牛的睾丸原代细胞，以及 HeLa、Hep-2、PK-15、BHK-21 等传代细胞内增殖。但病毒在不同细胞内表现的敏感度不同，其中以兔肾细胞和猪肾细胞（包括原代细胞或传代细胞系）最适于病毒的增殖。兔肾细胞和猪肾细胞可用于蚀斑实验，对病毒滴度进行测定。另外，由于不同的毒株在细胞上形成的蚀斑特性不同，可依据蚀斑的大小和形状对病毒株进行鉴别。强毒株大多形成小而不规整的蚀斑，弱毒株形成的蚀斑则较大，弱毒疫苗株的蚀斑最大，有的直径达 8～10 mm。

5. 致病性

伪狂犬病病毒感染动物范围较为广泛。在自然条件下可使猪、牛、羊、犬、猫及浣熊、水貂、北极熊、银狐和蓝狐等野生动物感染发病。实验动物中家兔、豚鼠和小鼠都易感，其中以家兔最敏感，常用于本病的诊断。马属动物对本病毒具有较强的抵抗性。除人类和其他灵长类动物以外，多种哺乳动物和很多禽类都能发生人工实验感染。

各种年龄的猪对伪狂犬病病毒均易感，但随猪的年龄不同，症状和死亡率的差异很大。病毒对哺乳仔猪可造成相当严重的后果，致死率为 5%～100%。随着仔猪月龄的增加，病程延长，症状减轻，死亡率逐渐降低。成年猪感染后，通常表现为短暂性发热、呆滞和食欲不振等，一般不发生死亡。母猪在妊娠中后期感染可引起流产、死胎、木乃伊胎或僵猪。

其他易感动物感染伪狂犬病病毒后，有很高的死亡率，特征性症状是神经症状和强烈的瘙痒症。

猪是自然界中伪狂犬病病毒的主要储存宿主，也是引起其他动物感染发病的疫源动物，其他家畜均是由于接触或吃食带毒动物或病死尸体而感染发病。

病毒感染易感动物后，在上呼吸道上皮中复制，经嗅神经、三叉神经和咽神经的神经鞘淋巴到达脊髓和脑。在感染后 24 h，可从脑中分离到病毒。病毒也可由鼻、咽黏膜经呼吸道侵入肺泡。病毒感染后很难检测到病毒血症。然而，在鼻腔分泌物中，持续性病毒分泌可达 14 d。康复猪或亚临床猪感染的成年猪长期带毒，带毒可长达半年之久，并可通过鼻腔分泌物及唾液持续排毒，但尿、粪中不带毒。

6. 微生物学诊断

除猪以外，感染本病的动物多表现为局部高度瘙痒症状，并最终死亡，据此即可做出初步诊断。患猪通常无特殊症状，且感染猪的症状随动物年龄和感染毒株等有所不同。因此，临床诊断较为困难。本病确诊要靠病原学检测和血清学检测等实验室手段。

可采集患病猪组织样品，包括鼻拭子，病死动物淋巴结、肺脏和脑组织，处理后进行病毒分离或采用 PCR 等方法进行病原学检测。也可采用免疫扩散、ELISA 和中和试验进行血清学检测，其中 ELISA 方法可用于区别基因缺失疫苗株和野毒株感染的抗体反应。

7. 免疫防治

PRV 抵抗力强，存活时间长，分布范围广，在多数地区呈地方性流行。免疫接种是预防本病最为有效的措施。目前已有多种灭活疫苗和弱毒疫苗用于本病的预防，近年来基因工程疫苗的研究取得了较好的进展。基因工程疫苗包括单基因缺失和多基因缺失疫苗株，其中 *gE* 基因缺失的 Bartha 株疫苗在国内外应用范围最为广泛，且具有很好的遗传稳定性。同时，双基因及三基因缺失疫苗的研制也都取得了很大的进展，如 *TK*/*gC*、*TK*/*gG* 双基因缺失，*gE*/*gI*/*TK*/*LacZ*＋三基因缺失疫苗株等。

四、禽传染性喉气管炎病毒

禽传染性喉气管炎病毒（*Avian infectious laryngotracheitis virus*，AILTV）又称为禽疱疹

病毒 1 型(*Avian herpesvirus* 1)，属于甲型疱疹病毒亚科。该病毒感染可引起鸡群的死亡和产蛋下降，严重感染时病鸡可表现为呼吸困难、气喘、咳出血样黏液，死亡率高。本病于 1925 年在美国首次报道，目前已遍及世界各地，成为养鸡业的重大疫病之一。

二维码 20-4

5. 致病性

在自然条件下，本病毒主要感染鸡，各种年龄及品种的鸡均可感染。但以成年鸡症状最为典型，引起出血性气管炎，表现为气喘和咳嗽。幼龄火鸡、野鸡、鹌鹑和孔雀也可感染。鸭、鸽、珍珠鸡和麻雀不易感。哺乳动物不易感。12 日龄以上，12 月龄以下的鸡，尤其是 4～8 月龄鸡易感性更高。本病的感染率可高达 90%，病死率在 5%～70%，平均 10%～20%，高产的成年鸡病死率较高。根据临床症状，可将本病分为急性型(喉气管型)、温和型(结膜型)和无症状型。

鸡传染性喉气管炎主要是呼吸道传染病。病鸡、康复后的带毒鸡和无症状的带毒鸡是主要的传染源。经呼吸道及眼传染，也可经消化道感染。呼吸器官及鼻分泌物污染的垫草、饲料、饮水及用具均可成为传播媒介。

鸡感染 AILTV 没有潜伏感染的特性，除了带毒鸡外，没有其他动物可作为贮存宿主。鸡群拥挤，通风不良，饲养管理不好都可促进本病的发生和传播。

6. 微生物学诊断

由于鸡传染性喉气管炎与其他很多家禽呼吸道疾病的临床症状非常相似，单纯靠肉眼观察鸡群发病症状及解剖病理变化，无法做出精确的诊断，需进行病原学或血清学检查确诊。

可采集发病鸡的气管和肺组织，经绒毛尿囊膜途径接种鸡胚，可达到分离病毒的目的。传代时采取死亡鸡胚的绒毛尿囊膜并混以尿囊液，经研碎离心后，取上清接种下一代。若应用细胞分离 AILTV，则应首选鸡胚肝细胞与鸡肾细胞，在这些细胞中培养，最多只需传两代就能检测到 AILTV。可用 PCR 检测病毒 DNA，应用免疫荧光检测气管组织中的病毒抗原。近年来，应用单克隆抗体建立的可快速检测出气管渗出物中 AILTV 抗原的 ELISA 已得到广泛应用。应用中和试验和 ELISA 试验检测病鸡体内的特异性抗体。

7. 免疫防治

AILTV 感染鸡后，病毒的清除以细胞免疫为主。野毒株感染或者疫苗的使用可造成鸡群成为隐性带毒者。因此，最主要的是避免接种疫苗鸡或健康鸡与易感鸡的混养。疫苗接种是易感鸡群产生抵抗力的良好方法，应用强毒株经泄殖腔接种能产生较强的免疫力，免疫保护期可达 1 年，甚至终生。但强毒接种可使本病长期延续存在，而且有散布鸡白血病、鸡新城疫以及其他传染病的危险。因此，可在该病呈阳性的鸡场使用。减毒活疫苗经眶下窦、点眼、滴鼻和饮水也能获得保护力，但保护效果不及强毒株，同时减毒活疫苗的使用有一系列的副作用，如散毒、减毒不完全而造成带毒鸡以及体内传代毒力返强等。

五、马立克病毒

马立克病毒(*Marek's disease virus*,MDV)学名为鸡疱疹病毒 2 型(*Avian herpesvirus* 2),是引起鸡的马立克病(Marek's disease,MD)的病原。该病以淋巴组织增生和肿瘤形成为特征。MD 于 1907 年由匈牙利的兽医病理学家 Joseph Marek 首先报道,目前该病存在于世界所有养禽国家和地区,其危害随着养鸡业的集约化而增大。

1. 形态结构特点

MDV 病毒颗粒具有典型的疱疹病毒的形态,通常在细胞核内有散在的病毒粒子,很少出现于细胞浆或细胞外间隙。通过电子显微镜观察负染病毒粒子,可见直径为 85～100 nm 的六角形无囊膜的核衣壳,以及直径为 150～170 nm 的有囊膜的病毒粒子。核衣壳呈 20 面体对称,含有 162 个空心呈圆筒形的壳粒,主要结合于核膜或核内空泡膜,相邻壳粒中心与中心之间的距离大约为 10 nm。病毒 DNA 就缠绕在连接核衣壳的两个内极的中心结构上。将溶解的羽毛囊上皮细胞负染,可见直径为 273～400 nm 的有囊膜的病毒颗粒,表现为不定形结构。无囊膜的六角形核衣壳有严格的细胞结合性,离开细胞致病性会显著下降和丧失,在外界环境中生存活力很低。有囊膜的完整病毒粒子为非细胞结合性,可脱离细胞存在,对外界环境抵抗力强,在本病的传播方面起重要作用。

2. 基因组结构特点

MDV 基因组由双股线性 DNA 分子构成,大小为 160～180 kb,含有末端长重复区(TRL)、长独特区(UL)、内部长重复区(IRL)、内部短重复区(IRS)、短独特区(US)和末端重复区(TRS)。(G+C)mol%为 46。目前,在 MDV 基因组中已被鉴定并定位的基因有 35 个,已被分析的基因包括编码参与核酸代谢的蛋白质,如调控基因表达的蛋白质,MDV 同源物 ICP4、VP16、ICP27,结构蛋白 gB、结构蛋白 gC、结构蛋白 gD、结构蛋白 gH、结构蛋白 gE、结构蛋白 gI、结构蛋白 gK 和结构蛋白 gL(与 HSV-1 结构蛋白同源)。

3. 理化特性

细胞结合型的 MDV 的稳定性完全取决于细胞活性,任何影响细胞活性的因素都会直接影响 MDV 传染性,病毒一旦脱离细胞即会失去活性。完整的病毒粒子只出现在鸡羽毛囊上皮细胞中,排泄出的完整病毒粒子对外界环境有较强的抵抗力。在垫料和羽屑中,室温条件下其传染性可保持 4～8 个月,4℃则至少保持 10 年。污染禽舍的灰尘中含有与羽毛或皮屑结合的病毒,在 20～25℃下至少几个月还具有感染性。经 pH 3 或 pH 11 处理 10 min 可使 MDV 失去活性,56℃处理 30 min 或 60℃处理 10 min 均能使 MDV 失活。普通的化学消毒剂处理病毒 10 min,能够有效灭活 MDV。

4. 病毒的增殖

MDV 在鸡体内和细胞培养中的复制具有典型细胞结合疱疹病毒特性,在感染细胞间的传播,通常是通过细胞间桥来完成。病毒在活体内复制的场所,包括淋巴器官(腔上囊、胸腺、脾)中的细胞和多种上皮组织。皮肤羽毛囊上皮角化层中的病毒粒子,多数是完整的病毒。在感染的肾小管、腔上囊、性腺和神经丛中,以裸露的无囊膜病毒粒子占优势。

MDV 感染后，病毒与细胞的相互作用有 3 种类型。第一种是产毒型感染，主要发生于非淋巴细胞，偶尔也见于淋巴细胞。病毒 DNA 进行复制，合成抗原，产生病毒粒子。第二种是潜伏型感染，只见于淋巴细胞，主要发生于 T 细胞，也见于某些 B 细胞。潜伏感染不产毒，不出现病毒抗原或肿瘤相关抗原，可用 DNA 探针杂交或体外培养激活病毒基因的方法进行检测。第三种是转化型感染，是 MD 淋巴瘤中大多数转化细胞的特征。该型仅发生于 T 细胞，且只有Ⅰ型 MDV 强毒株能引起。与存在病毒基因组但不表达的潜伏感染不同，转化型感染以 MDV 基因组的有限表达为特征。

5. 抗原性

琼脂免疫沉淀实验证明，存在 3 个主要的 MDV 抗原（A、B、C）。A 抗原是存在于感染鸡的血清、感染细胞上清中的一种异源糖蛋白，相对分子质量为 52 000～72 000，与感染细胞的胞质膜相关。B 抗原和 C 抗原与细胞结合，只有细胞裂解后才能检测出来。B 抗原是抗 MDV 感染的一个重要保护性免疫原。

根据免疫琼脂扩散和免疫荧光实验的结果，可将 MDV 分为 3 个血清型。血清 1 型包括所有致瘤强弱不同的致瘤毒株，血清 2 型包括所有的不致瘤毒株，血清 3 型包括火鸡疱疹病毒及其变异株。这 3 种血清型虽然可用血清学实验来区分，但它们仍有许多共同抗原成分。因此，抗一种血清型的抗体，通常能同其他血清型的抗原发生反应，只是不像与同源抗原反应那样强烈。

6. 培养特性

鸡胚和雏鸡肾细胞（CK 细胞）是增殖 MDV 3 种血清型毒株的良好培养物。鹌鹑胚细胞和传代细胞 QT35 及来自鸡胚成纤维细胞（CEF）的传代细胞等禽源细胞，也可用于 MDV 培养。对于 MDV 强毒分离株和低代次毒株的增殖，多选用鸭胚成纤维细胞（DEF）或鸡肾细胞培养物。初代分离时，培养后 5～14 d 出现蚀斑，蚀斑较小。原代 DEF 细胞需传 1 代，在次代生长良好的细胞单层上可辨出蚀斑。MDV 血清 1 型致弱毒株和血清 2 型在 CEF 细胞上能很好地生长，产生的蚀斑容易被识别，常可见到 A 型包涵体。

7. 致病性

鸡是 MDV 最重要的自然宿主，鹌鹑、火鸡和雉也易感染发病。不同品种和品系的鸡均易感，包括观赏鸡、土种鸡和热带丛林鸡都易感并形成肿瘤。哺乳动物，包括几种灵长类动物对实验室感染有抵抗力。

该病通过呼吸道感染，传染源为病鸡和带毒鸡，病毒以水平方式进行传播。MDV 对 1 周龄的鸡最易感，随着年龄的增加，发病率和死亡率下降。本病无季节性差异，自然感染潜伏期一般为 3～4 周，50 日龄左右开始发病。人工感染 1 日龄易感鸡时，一般 3～4 周出现临床症状和病理变化。根据发病部位和临床症状，MD 可分为神经型、内脏型、皮肤型和眼型。

8. 微生物学诊断

马立克病诊断所采用的方法主要为病原学检测和血清学检测。采集临床发病鸡的肿瘤、肾脏、脾脏或病鸡的羽毛囊等，经研磨和无菌处理后接种易感鸡、细胞培养物和鸡胚可进行病毒分离。提取样品中病毒的 DNA，经 PCR 检测可对病毒基因进行鉴定。采用琼脂扩散试验、ELISA 和病毒中和试验可对发病鸡的血清进行检测。

9.免疫防治

预防接种是控制马立克病发生的唯一有效方法，目前已有3种血清型的活病毒用于疫苗生产。第一种是人工致弱的1型MDV，如CVI988等；第二种是自然不致瘤的2型MDV，如美国的SB1，国内的Z4等；第三种是3型MDV(HVT)，如全世界广泛使用的FC126。使用2种(或3种)疫苗株组合成的多价疫苗比用单独使用1种疫苗对MDV感染具有更好的保护效果。

通常血清2型和HVT联合使用，可以充分利用协同作用的优势。CVI988株是一种进口单价苗，90年代后才开始在我国部分地区使用。多价疫苗中HVT(FC126)+SB双价疫苗效果较好，因为它们不仅能抵抗超强毒的攻击，而且对存在母源抗体干扰和早期感染威胁的鸡群也能提供较好的保护。

目前国内研制的二价苗(血清2型和血清3型)和三价苗(3个血清型联用)，经过近几年的应用，都获得了较好的效果。

第三节 腺病毒科

一、概述

腺病毒最早是在1949年将牛结节性皮炎病料接种到鸡胚中分离到的，随后Rowe等在1953年又从小儿扁桃体中分离出了人腺病毒。目前已鉴定的腺病毒有100多个血清型，其中已知基因序列的约50个。由于腺病毒大部分经常存在于腺体，1956年，国际病毒命名委员会根据Enderes等的建议将该类病毒命名为腺病毒。腺病毒宿主范围广泛，感染率高，易于培养和纯化，尤其是以腺病毒为载体构建重组活疫苗，表达重要的基因产物以及进行重要传染病的基因治疗等，是目前兽医学、医学、生物学研究的热门课题之一。

根据国际病毒分类委员会(2012)对腺病毒的分类方法，腺病毒科分为5个属，分别是哺乳动物腺病毒属(*Mastadenovirus*)、禽腺病毒属(*Aviadenovirus*)、富胸腺病毒属(*Atadenovirus*)、唾液酸酶病毒属(*Siadenovirus*)及鱼腺病毒属(*Ichtadenovirus*)。各属具血清学差异，本科重要成员见表20-3。

表20-3 主要动物腺病毒的分类及所致疾病(引自：陆承平)

ICTV确认的病毒名称	惯用名	所致疾病
哺乳动物腺病毒属(*Mastadenovirus*)		
牛腺病毒甲型(*Bovine adenoviru A*)	牛腺病毒1型	通常无症状或温和的上呼吸道病症
牛腺病毒乙型(*Bovine adenoviru B*)	牛腺病毒3型	通常无症状或温和的上呼吸道病症
牛腺病毒丙型(*Bovine adenoviru C*)	牛腺病毒10型	通常无症状或温和的上呼吸道病症
犬腺病毒(*Canine adenovirus*)	犬腺病毒1型	犬传染性肝炎
	犬腺病毒2型	犬传染性气管支气管炎
马腺病毒甲型(*Equine adenovirus A*)	马腺病毒1型	通常无症状，驹可致支气管肺炎

续表 20-3

ICTV 确认的病毒名称	惯用名	所致疾病
马腺病毒乙型(*Equine adenovirus B*)	马腺病毒 2 型	通常无症状,驹可致支气管肺炎
绵羊腺病毒甲型(*Ovine adenovirus A*)	牛腺病毒 2 型	通常无症状,或温和的上呼吸道疾病
	绵羊腺病毒 2、3、4、5 型	通常无症状,或温和的上呼吸道疾病
绵羊腺病毒乙型(*Ovine adenovirus B*)	绵羊腺病毒 1 型	通常无症状,或温和的上呼吸道疾病
猪腺病毒甲型(*Porcine adenovirus A*)	猪腺病毒 1、2、3 型	通常无症状,或温和的上呼吸道疾病
猪腺病毒乙型(*Porcine adenovirus B*)	猪腺病毒 4 型	通常无症状,或温和的上呼吸道疾病
猪腺病毒丙型(*Porcine adenovirus C*)	猪腺病毒 5 型	通常无症状,或温和的上呼吸道疾病
禽腺病毒属(*Aviadenovirus*)		
鸡腺病毒甲型(*Fowl adenovirus A*)	鸡腺病毒 1 型(CELO)	鹌鹑支气管炎等
鸡腺病毒乙型(*Fowl adenovirus B*)	鸡腺病毒 5 型	—
鸡腺病毒丙型(*Fowl adenovirus C*)	鸡腺病毒 4 型	鸡心包积水综合征
	鸡腺病毒 10 型	—
鸡腺病毒丁型(*Fowl adenovirus D*)	鸡腺病毒 2、3、9、11 型	—
鸡腺病毒戊型(*Fowl adenovirus E*)	鸡腺病毒 6、7、8*a*、8*b* 型	—
鹅腺病毒(*Goose adenovirus*)	鹅腺病毒 1、2、3 型	可能与肝炎有关
富胸腺病毒属(*Atadenovirus*)		
牛腺病毒丁型(*Bovine adenovirus D*)	牛腺病毒 4、5、8、*Rus* 型	通常无症状,或温和的上呼吸道疾病
鸭腺病毒甲型(*Duck adenovirus A*)	鸭腺病毒 1 型(EDSV)	鸡减蛋综合征
绵羊腺病毒丁型(*Ovine adenovirus D*)	山羊腺病毒 1 型	通常无症状,或温和的上呼吸道疾病
	绵羊腺病毒 7 型	通常无症状,或温和的上呼吸道疾病
唾液酸腺病毒属(*Siadenovirus*)		
火鸡腺病毒甲型(*Turkey adenovirus A*)	火鸡腺病毒 3 型	火鸡出血性肠炎、鸡脾大症、雉大理石脾病

1. 形态结构特点

腺病毒是一种无囊膜的双链 DNA 病毒,基因组长 25～45 kb。病毒衣壳呈规则的 20 面体结构,直径约 80～110 nm。衣壳含有 240 个六邻体、12 个五邻体及 12 根纤毛,除此之外还有其他一些小蛋白,如Ⅵ、Ⅷ、Ⅸ、Ⅲa 和Ⅳa2 等。六邻体是形成病毒衣壳 20 个三角形面的主要蛋白,12 个顶端是 5 个五邻体亚单位和 3 个纤毛蛋白构成的复合物,12 根纤毛以五邻体蛋白为基底由衣壳表面伸出,纤毛顶端形成头节区。五邻体和纤毛的头节区可与细胞表面的病毒受体结合,在病毒感染细胞过程中起着非常重要的作用。在两条 DNA 链的 5′端各以共价键结合着 1 个 DNA 末端蛋白复合物的特殊结构,与腺病毒复制密切相关。DNA 分子两端都具有 40～200 bp 的末端反向重复序列(ITR),是复制的起始位点。它重复的次数和长度随病毒型和株的不同而异,并且与传代次数有关。基因组左端 ITR 的 3′侧有一段长约 300 bp 的包装信号(ψ),介导腺病毒基因组包装入病毒衣壳。各种腺病毒的形态结构及化学组成基本相同,见图 20-3。

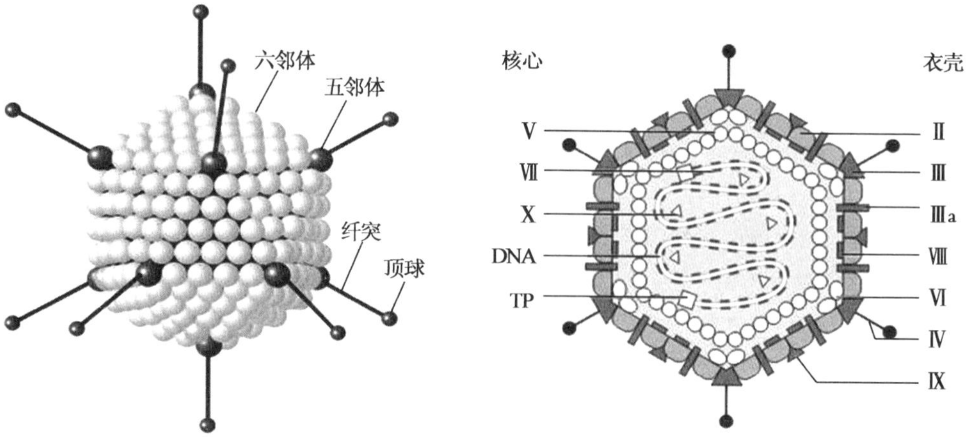

图 20-3 腺病毒的形态结构及化学组成示意图(引自:Rux J. J. 等)
Ⅱ. 六邻体;Ⅲ. 结构蛋白(中和抗原);Ⅳ. 纤突蛋白;Ⅴ. 核心蛋白;Ⅵ. 六邻粒结合蛋白;
Ⅶ. 核心蛋白;Ⅷ. 六邻粒结合蛋白;Ⅸ. 衣壳蛋白

2. 培养特性

大多数腺病毒具有比较严格的宿主范围,一种动物的腺病毒一般不感染其他动物。在组织培养细胞中,以该宿主动物来源的细胞最为敏感,上皮样细胞似乎比纤维样细胞更为敏感。因此,通常应用宿主动物来源的原代、继代或传代细胞(主要是肾细胞)进行腺病毒的分离培养。连续传代适应后,腺病毒通常可以适应其他动物来源的细胞培养物。腺病毒感染细胞后,可见感染细胞变圆,且集聚成不规则的葡萄状。细胞核内出现单个的大型嗜碱性包涵体。细胞核增大,有时还可看到嗜酸性包涵体。包涵体内集聚有蛋白质和病毒粒子结晶。

3. 抵抗力

禽腺病毒对外界环境抵抗力较强,在室温下可保持其毒价达 6 个月之久;对酸和热的抵抗力较强,能耐 pH 3~5 和 56℃高温,故能通过胃肠道而继续保持其活性。由于没有脂质囊膜,对乙醚、氯仿有抵抗力。腺病毒可在冷冻状态下保存,于 4℃存活 70 d,在−20℃时可长期存活。

4. 抗原性

腺病毒主要抗原部分位于六邻体、五邻体及纤突上。在六邻体中,聚合的衣壳内部,具有哺乳动物腺病毒共同的可溶性抗原,同时在六邻体的外部还有型特异性抗原决定簇;在五邻体壳粒上,亦具有群特异性抗原;在纤突的基部,具有亚群特异性抗原,而在纤突的远端部分,具有型特异性抗原。由于腺病毒五邻体纤突顶端能够与红细胞受体结合,因此,许多腺病毒能够凝集红细胞。哺乳动物腺病毒衣壳成分的抗原特异性见表 20-4。

表 20-4 哺乳动物腺病毒衣壳成分的抗原特异性

名称	所在部位	特异性
α	六邻体,聚合的衣壳内部	群特异性
β	五邻体壳粒	群特异性
γ	纤突的远端部分	型特异性
δ	纤突的基部	亚群特异性
ε	六邻体,外部	型特异性

5. 致病性

动物体内的腺病毒很多，但只有少数引起临床症状，例如犬的传染性肝炎和传染性喉气管炎、犊牛的肺肠炎以及狐的脑炎。马、羊、猪和鼠的腺病毒尚未见有明显致病性，但曾报道腺病毒在人工感染乳鼠时，可引起致死性感染。健康禽类肠道中也常携带没有致病性的腺病毒，但鹌鹑支气管炎病毒（一种腺病毒）可引起幼龄鹌鹑的致死性感染。

二、哺乳动物腺病毒属

犬腺病毒（*canine adenovirus*，CAV）是重要的动物致病性腺病毒，可引起犬的肝炎、呼吸道病变及眼睛疾患等。受侵害犬表现为进行性口渴、厌食、扁桃体炎、黏膜斑点状出血、腹泻、不愿走动等。在该病的急性期，表现为结膜炎和畏光。除犬以外，狼、狐、熊等动物均可感染。

犬腺病毒可以分为 1 型（CAV-1）和 2 型（CAV-2）两种。在抗原性上，犬腺病毒 1 型与犬腺病毒 2 型相关，但明显不同。犬腺病毒 1 型形态上与其他腺病毒相似，但抗原性不同。犬腺病毒 1 型引起犬和其他犬科动物（狼、狐和郊狼）的临床症状，臭鼬和熊也易感。感染的狐狸明显表现为脑炎。犬腺病毒 2 型是诱发传染性支气管炎（“窝咳”）的几种传染源之一。CAV-2 不引起全身性疾病，不分泌到尿液，也不引起肾和眼的损伤。

CAV-2 抗原性与 CAV-1 相关，由于不产生免疫后的眼损伤，CAV-2 疫苗已被作为犬传染性肝炎疫苗使用。

三、禽类腺病毒属

禽腺病毒是一类中等大小无囊膜的线状单分子双股 DNA 病毒，第一株禽腺病毒是从牛结节性皮炎的病料中分离到。1949 年 Vanden den Ende 分离到 1 株禽腺病毒，以后又从鸡胚中分离到了多株鸡胚致死性孤儿病毒（*Chicken embryo lethal orphan virus*，CELOV）。1952 年，Olson 自患呼吸道疾病（支气管炎）的北美鹌鹑病料中分离获得了第一株发病禽的腺病毒，即鹌鹑支气管炎病毒（*Quail bronchitis virus*，QBV）。

减蛋综合征病毒（*Egg drop syndrome virus*，EDSV）学名鸭腺病毒甲型（*Duck adenovirus* A）。减蛋综合征（EDS）最早报道于 1976 年，可能是因鸡群接种了马立克疫苗所致。该疫苗用鸭胚成纤维细胞制备，污染了本病毒。除鸡以外，家鸭、野鸭及鹅也发病。EDSV 有 3 种基因型，第一种引致经典的 EDS，许多国家均有发生；第二种仅发生于英国的鸭；第三种发生于澳大利亚的鸡。3 种 EDS 病毒均能凝集鸡及其他禽类红细胞，在鸭胚及鸭源或鹅源细胞均可高滴度增殖，鸡胚肾或肝细胞也可生长。感染禽产褪色蛋、软壳蛋或无壳蛋，其蛋壳分泌腺及输卵管上皮细胞坏死，往往有炎性渗出，并可见核内包涵体。感染禽所产的蛋是主要的传染源，粪也带毒，造成污染。种禽场因孵化带毒种蛋全群感染，散发病例则因鸡接触鸭、鹅或带毒的水禽粪所致。根据症状诊断并不困难，确诊可作病毒分离或 HA-HI 或中和试验检测抗体。该病可用灭活疫苗在产蛋前预防接种，能降低发病率，但不能防止病毒传播。

安卡拉病毒（*Angar virus*）学名禽腺病毒 C 群血清Ⅳ型（*Fowl adenovirus serotype* Ⅳ，FAV-4）。1987 年在巴基斯坦靠近卡拉奇的安卡拉地区发现一种由腺病毒引起以禽心包积液和肝炎为典型病理变化的疾病——心包积水综合征（Hydropericar-dium syndrome，HPS），又称安卡拉病。该病毒可导致家禽，尤其是肉鸡心包积水、严重肝炎，引起较高的死亡率；同时，可引起免疫抑制，造成机体对疫苗的免疫应答失败，继发新城疫、大肠杆菌病等疫病，使病情加剧，导致高死亡率。2010 年在我国仅有少数病例发生，没有形成较大的流行趋势；2015 年夏季开始在我国多地发病率急剧上升，给家禽养殖业带来巨大的经济损失，已成为威胁国内养禽业的重大疫病之一。安卡拉病毒有垂直和水平两种传播方式，可感染多种品系鸡群。通过临床症状和观察病理解剖特征，可以对该病进行初步诊断。实验室诊断包括病毒的分离鉴定、分子生物学和血清学等方法。目前主要通过使用灭活苗、弱毒苗对鸡心包积液综合征进行预防免疫，也有研究人员在研究制备卵黄抗体用于治疗和紧急预防。

第四节　非洲猪瘟病毒科

ICTV 第 6 次分类报告中，将非洲猪瘟病毒单列非洲猪瘟病毒科(*Asfarviridae*)。非洲猪瘟病毒科仅含非洲猪瘟病毒属(*Asfivirus*)1 个属，代表种非洲猪瘟病毒(*African swine fever virus*，ASFV)是非洲猪瘟病毒科的唯一成员。目前发现非洲猪瘟病毒至少有 8 个血清型。

1. 形态结构特点

ASFV 是带有囊膜的双股 DNA 病毒，囊膜呈六角形外膜结构，可能来源自宿主细胞膜，为病毒感染性所必需。成熟的 ASFV 病毒粒子的直径为 175～215 nm，病毒衣壳呈正 20 面体对称。核蛋白核心与衣壳之间有内膜分隔。衣壳外包裹一层囊膜，病毒粒子含有 50 多种不同的蛋白质，包括大量复制所需的酶和蛋白质。

2. 基因组结构特点

病毒基因组为单分子线状双链 DNA 分子，长度为 170～193 kb。ASFV 具有发夹结构、末端反向重复序列以及早期 RNA 合成所必需的酶。病毒基因组含有 151～167 个开放阅读框，其中 131 种病毒蛋白的结构和功能已有报道。ASFV 编码 5 个多基因家族，包括假定膜蛋白、分泌性蛋白、核酸代谢酶、核苷酸代谢酶以及蛋白修饰酶。这些基因可能具有调节病毒与宿主间的关系、控制病毒毒力和持续性感染的功能。ASFV 具有与 CD2、C 型血凝素、IKB、iap、bc-12/bax、和 ERV1 功能相似的基因，这些基因参与病毒的吸附、细胞凋亡以及氧化还原反应，还和宿主的抗感染免疫反应有关。ASFV 显著的特点之一是基因组长度的多样性，这种长度多样性表现在不同来源的病毒分离株之间和同一来源不同培养代次的病毒株之间。这种现象可能是由该病毒基因组有可随意丢失或获得的重复序列造成。

3. 理化特性

ASFV 在组织和排泄物中非常稳定。该病毒能耐受很广的 pH 范围(4～13)。能耐低温，对高温较敏感。60℃ 20 min、55℃ 30 min 即可被灭活。血清能增加病毒的抵抗力。0.8%的氢氧化钠 30 min、含 2.3%有效氯的次氯酸盐 30 min、0.11%～0.12%甲醛 30 min 均可杀死病毒。

ASFV 在血液、粪便、组织、鲜肉和腌制干肉制品中可存活很长时间。猪血液中的 ASFV 在 5℃保存时可存活 18 个月。ASFV 也可在腐败的血清和分泌物中长期保存。在冰冻肉尸内可以存活 15 周，在骨髓中的存活时间达 6 个月。在 0.5%苯酚和 50%甘油的混合液中，于室温下可保存 536 d。

4. 培养特性

该病毒可在鸡胚卵黄囊内生长，某些毒株，尤其是兔体适应株，可在 6～7 d 内致死鸡胚。

能在猪的单核细胞、骨髓细胞和白细胞内生长，也能在牛肾细胞、BHK21、MS 细胞和 Vero 细胞中生长。病毒感染后 8～10 h 可出现红细胞吸附现象，吸附现象出现后 24 h，感染细胞可出现细胞病变，此时可在细胞质中检测到嗜酸性包涵体。但也有一些毒株不产生红细胞吸附现象或不引起细胞病变。

将 ASFV 通过家兔、山羊体连续传代，可驯化出弱毒株。

5. 致病性

非洲猪瘟最早于非洲的肯尼亚被报道，1957 年以前此病一直在非洲大陆流行，至 20 世纪六七十年代，蔓延至葡萄牙、法国、意大利、马耳他、古巴、巴西、多米尼加共和国和海地。截至目前已在非洲、欧洲和美洲等数十个国家流行，而且有不断蔓延的趋势。我国目前还没有发生非洲猪瘟的报道。

野猪感染 ASFV 后引起短暂的病毒血症，并不引起死亡和明显的临床症状，但是其体内可持续带毒，与家猪接触后可传染家猪，从而成为传播源。家猪感染 ASFV 后大多会引起急性出血性疾病，病死率高达 100%；病程短，一般 8～12 d，感染 3 d 后就可观察到病毒血症。其临床症状很难和经典猪瘟相区别，通常病变更为严重，主要表现为全身性出血。组织学变化更为明显，病毒主要侵害网状内皮系统，导致各实质脏器中的血管内皮出现严重损伤。淋巴细胞均有明显的核崩解现象，这一特征成为本病的特征性病变之一。

ASFV 主要以猪的单核吞噬细胞为靶细胞，破坏宿主的免疫系统，并造成严重的免疫抑制。病毒具有逃避宿主防御系统的有效机制，能在自然宿主软蜱和野猪体内复制，而且弱毒株能引起猪的持续性感染。世界动物卫生组织(OIE)将非洲猪瘟列为 A 类疫病。

6. 微生物学诊断

ASFV 和经典猪瘟在临床上很难区别，确诊需要依靠实验室诊断。目前建立的实验室检测方法主要有病原分离、鉴定和抗体检测。采集发热初期的肝素抗凝血或脾、扁桃体、肾、淋巴结等，病料经无菌处理后接种猪单核细胞、巨噬细胞或骨髓细胞，观察细胞病变或进一步进行红细胞吸附及吸附抑制实验进行验证。可提取病料中的病毒核酸，应用常规 PCR 检测或荧光定量 PCR 检测进行病原的检测。抗体检测常用的方法包括间接免疫荧光技术、ELISA 和免疫斑点试验等。

7. 免疫防控

病猪几乎不产生保护性中和抗体，但耐过猪常能抵抗同型毒株的攻击，可能是因为耐过猪体内具有抑制病毒的生长因子或与细胞免疫有关。迄今为止，尚无预防非洲猪瘟的有效疫苗。灭活疫苗无效，弱毒疫苗不安全且易导致此病的慢性流行。

复习思考题

1. 对绵羊致病的痘病毒有哪些？如何鉴别？
2. 疱疹病毒具有哪些形态结构？
3. 疱疹病毒科的成员中有哪些是 OIE 规定通报疫病的病原？
4. 试述腺病毒形态、基因组结构特点。
5. 非洲猪瘟病毒致病性有何特点？

第二十一章　双股 RNA 病毒

【内容提要】双股 RNA 的动物病毒包含有 3 个科，即呼肠孤病毒科(*Reoviridae*)、双 RNA 病毒科(*Birnaviridae*)和微双 RNA 病毒科(*Picobirnaviridae*)。呼肠孤病毒科包括刺突呼肠孤病毒亚科和光滑呼肠孤病毒亚科，只包含 15 个病毒属。与脊椎动物疾病相关的主要有 6 个病毒：正呼肠孤病毒属对实验啮齿动物及禽类有明显致病性；环状病毒属均为虫媒病毒；轮状病毒属对多种动物和人具有致病性；科州蜱传热病毒属感染动物，对人具有较强致病性；水生呼肠孤病毒属中草鱼出血病病毒，主要对草鱼致病；东南亚十二节段 RNA 病毒属感染蚊和脊椎动物。双 RNA 病毒科病毒形态与呼肠孤病毒相似，病毒的基因组由两个片段的双股 RNA(dsRNA)组成。目前双 RNA 病毒科分设 4 个病毒属，即禽双 RNA 病毒属(代表种为传染性法氏囊病病毒)、水生双 RNA 病毒属(代表种为传染性胰坏死病毒)、昆虫双 RNA 病毒属(代表种为果蝇的 X 病毒)和斑鳢病毒属。其中传染性法氏囊病病毒和传染性胰坏死病毒是本科病毒的两个重要成员。传染性法氏囊病病毒可损伤禽类的腔上囊引起 B 细胞免疫抑制；传染性胰坏死病毒对鲑鳟鱼类具有高度传染性，危害严重。微双 RNA 病毒科仅有微双 RNA 病毒 1 个属，未确定其有致病作用。

第一节　呼肠孤病毒科

一、概述

呼肠孤病毒科属双股核糖核酸病毒科，其全称是呼吸道(respiratory)、肠道(enteric)及孤儿(orphan)病毒。20 世纪 50 年代早期，从人的呼吸道和胃肠道分离出该病毒，发现该病毒的基因组为双股 RNA，并分节段。1959 年建议命名为呼肠孤病毒科，也简称为呼肠病毒科。目前 ICTV 将呼肠孤病毒科划分成 12 个病毒属，感染脊椎动物的 6 个病毒属，分别是正呼肠孤病毒属(*Orthoreovirus*)、环状病毒属(*Orbivirus*)、轮状病毒属(*Rotavirus*)、科州蜱传热症病毒属(*Coltivirus*)、东南亚十二节段 RNA 病毒属(*Seadokrna virus*)和水生呼肠孤病毒属(*Idnoreovirus*)。另有 3 个病毒属感染植物、2 个病毒属可感染昆虫以及 1 个病毒属感染真菌。

2011 年 ICTV 将呼肠孤病毒划分为 2 个亚科，分别为刺突呼肠孤病毒亚科(*Spinareovirinae*)和光滑呼肠孤病毒亚科(*Sedoreovirinae*)，两个亚科包括 15 个病毒属。亚科的区别主要在于病毒表面有无突起。本科感染动物的病毒属分类见表 21-1。

表 21-1　呼肠孤病毒科中对脊椎动物致病的病毒

病毒属名	病毒名称	主要感染动物	所致疾病
刺突呼肠孤病毒亚科（*Spinareovirinae*）			
正呼肠孤病毒属（*Orthoreovirus*）	哺乳动物呼肠孤病毒 1～3 型（*Mammalian reovirus* 1～3）	从多种哺乳动物分离	小鼠脑炎
	禽呼肠孤病毒 1-11 型（*Avian reoviruses* 1-11）	鸡、火鸡及鹅	关节炎、肾炎、肠炎、慢性呼吸道疾病及心肌炎
科州蜱传热病毒属（*Coltivirus*）	科州蜱传热病毒（*Colorado tick fever virus*）	小型哺乳动物及人类	科州蜱传热
	Eyach 病毒（*Eyach virus*）		
水生呼肠孤病毒属（*Aquareovirus*）	草鱼出血病病毒（*Grass carp hemorrhage virus*）	草鱼	草鱼出血病
光滑呼肠孤病毒亚科（*Sedoreovirinae*）			
环状病毒属（*Orbivirus*）	蓝舌病病毒 1～25 型（*Blue togue viruses* 1～25）	绵羊、山羊、鹿	蓝舌病
	非洲马瘟病毒 1～9 型（*African horse sickness viruses* 1～9）	马、驴、骡、斑马	非洲马瘟
	马脑炎病毒 1～5 型（*Equine encephalosis viruses* 1～5）	马	流产、脑炎
	鹿流行性出血症病毒 1～7 型（*Epizootic hemorrhagic disease of deer viruses* 1～7）	鹿	流行性出血热
	茨城病病毒（*Lbaraki virus*）	牛	急性出血性疾病
	Palyam 病毒 1～6 型（*Palyam viruses* 1～6）	牛	流产、先天性异常
轮状病毒属（*Rotavirus*）	轮状病毒 A～E 型（*Rotavirus* A～E）	几乎所有动物	肠炎
东南亚十二节段 RNA 病毒属（*Seadokrna virus*）	版纳病毒（*Banna virus*）	人	神经症状

病毒在胞浆内复制，在胞浆内病毒粒子呈类结晶状排列。由于该科病毒核酸为多节段，很容易发生基因重组而导致种及血清型的变异。

1. 分类

（1）正呼肠孤病毒属　在动物和人类的某些呼吸道及消化道疾病的发生上，呈现一定的辅助或促进作用。可由许多脊椎动物体内分离到，包括多种畜禽及人和猴等。除了感染啮齿动物和禽外，一般不引起明显的疾病。正呼肠孤病毒属成员分两群，即哺乳动物呼肠孤病毒和禽呼肠孤病毒。正呼肠孤病毒属的呼肠孤病毒 1、2、3 型可感染哺乳动物，代表株为呼肠孤病毒 3 型，成员包括人、猴、犬、牛分离的呼肠孤病毒以及家禽分离株和纳尔逊海湾病毒（*Nelson*

Bay virus,NBV)。感染禽类的有 11 个血清型。

(2)科州蜱传热病毒属　是一种人畜共患病病原,该属除科州蜱传热病毒外,还包括 Eyach 和 Eyach 血清型的变异株 Ar577 和 Ar578。本病毒能致山区和高原地区人类的轻型热病,表现为体温升高、颤抖、头痛、背部肌肉疼痛及恶心呕吐。病毒为双链 RNA 病毒,有 12 个节段。

(3)水生呼肠孤病毒属　是感染水生生物的一类呼肠孤病毒,本病毒可从鱼类和贝类分离到,多数无致病性。主要代表种为草鱼出血病病毒。该属病毒可分为 A～G 7 个亚型,在胞浆内复制。

(4)环状病毒属　是呼肠病毒科的一类虫媒病毒,多数成员可在节肢动物和脊椎动物体细胞内增殖,引起人、野生动物和家禽等的相关疾病。本属代表种为蓝舌病病毒、非洲马瘟病毒,马脑炎病毒、鹿流行性出血症病毒、茨城病病毒及 Palyam 病毒。本属病毒根据血清学和基因序列可分为 14 个血清群,每一血清群依据血清中和反应可进一步分为不同的血清型。

(5)轮状病毒属　是引起新生儿和青年人及包括禽、猪在内的多种动物腹泻的主要病原。轮状病毒于 1969 年首次发现于犊牛,随后在人类、猪和其他动物中发现。本属病毒双股 RNA 分为 11 个节段,有 6 种结构蛋白。根据抗原特异性,基于 VP6 血清型特征,将轮状病毒分为 7 个亚型(A～G)。此外根据不同群的聚丙烯凝胶电泳的电泳迁移特点,进行特异性分类。轮状病毒 RNA 节段群可分成 4 个区域(Ⅰ-Ⅳ),分别与 A、B、C、D 4 种血清型对应。确定轮状病毒的群和型需要通过血清型和核酸分析试验。

2. 病毒形态结构

该科大多数成员的病毒粒子无囊膜,近似球形,直径为 80 nm,分为外、中、内 3 层衣壳。每层均呈 20 面体对称,内衣壳结构稳定,但外衣壳结构差异明显。病毒基因组为线性双股 RNA,可分 10～12 个节段。其中,正呼肠孤病毒属可分 10 个节段,轮状病毒属及水生呼肠孤病毒属可分 11 个节段,科州蜱传热病毒属可分 12 个节段。病毒粒子有 6～10 种蛋白质,基因组大小为正呼肠孤病毒属 23 kb,科州蜱传热病毒属 27 kb,水生呼肠孤病毒属 15 kb,环状病毒属 18 kb,轮状病毒属 16～21 kb。

(1)正呼肠孤病毒属　病毒粒子直径约 76 nm,由两层致密的蛋白质衣壳所包裹。在电镜下,具有 12 个棘状突起,分别从 20 面体对称的 12 个顶上延伸出来。病毒有 3 组不同大小的 RNA,通过聚丙烯酰胺凝胶电泳分成 10 个分散的节段,编码 10 种蛋白质,分为 3 个群:L1～L3 为 3 个大片段、M1～M3 为 3 个中片段及 S1～S4 为 4 个小片段。病毒在胞浆内复制,在感染细胞的胞浆内看到病毒粒子呈类结晶状排列。

(2)科州蜱传热病毒属　病毒呈 20 面体对称,由核心和双衣壳组成,直径为 80 nm,核衣壳直径为 56 nm。病毒基因组由 12 个双链 RNA 节段组成,dsRNA 基因片段的第 10 个(M6)、第 11 个(S1)及第 12 个(S2)核苷酸序列的长度分别为 765 bp、998 bp 和 1 884 bp。病毒颗粒带有宿主细胞膜以及胞质内丝状物,并有颗粒状包涵体。

(3)水生呼肠孤病毒属　水生呼肠孤病毒的外观与正呼肠孤病毒相似,呈 20 面体对称,病毒粒子直径 75 nm,核心约 50 nm,具有双层衣壳,无囊膜。双股 RNA 基因组含有 11 个节段。有 5 种结构蛋白,分子量为 34～135 ku。至少还有 2 种次要的病毒蛋白存在。

(4)环状病毒属　病毒具有双层衣壳，外衣壳结构模糊，病毒粒子呈 20 面体对称，直径为 65～80 nm，核衣壳直径为 54～60 nm，无棘状突起，衣壳由 32 个大型壳粒组成。病毒基因组由 10 个节段的双股 RNA 组成，主要核心蛋白是 VP3 和 VP7，其中 VP7 是存在于核心表面上壳粒的主要成分，核心也含有 VP1、VP4 和 VP6。外衣壳层含 VP2 和 VP5。3 种非结构蛋白分别为 NS1、NS2 和 NS3，其中 NS2 是磷蛋白。

(5)轮状病毒属　完整的轮状病毒颗粒的直径为 60～75 nm。病毒粒子由 3 个同心蛋白组成，芯髓直径约 50 nm，芯髓被包裹在内衣壳和外衣壳组成的两层衣壳内。外层由 VP7 和 VP4 组成，内层为 VP6，核心由 VP1、VP2 和 VP3 组成。完整的 3 层粒子结构组成一个轮状体。经过试剂处理后，可以去除 VP7 和 VP4 组成的外层衣壳剩下的双层粒子结构的直径约为 65 nm，电镜观察可见含 3 层结构和双侧结构的轮状病毒颗粒。

3. 理化特性

呼肠孤病毒对热有抵抗力，能耐受 60℃ 8～10 h、56℃ 22～24 h、37℃ 15～16 周、22℃ 48～51 周、4℃ 3 年以上、－20℃ 4 年以上、－63℃ 10 年以上。半纯化病毒于 60℃条件下放置 5 h，其滴度降低，但并不能完全使病毒失活。在氯化镁存在的条件下，加热处理可使病毒的毒价增高。正呼肠孤病毒属和轮状病毒对脂溶剂稳定，能抵抗较大范围内的 pH 变化；环状病毒属与科州蜱传热病毒属经脂溶剂处理后会丧失部分活性，仅在 pH 6～8 之间稳定。呼肠孤病毒对乙醚不敏感，对氯仿轻度敏感。禽呼肠孤病毒对胰蛋白酶的敏感性不同。

二、轮状病毒属

轮状病毒是引起各种幼龄动物非细菌性腹泻的主要病原之一，最早于 1969 年首次在美国内布拉斯加州一农场犊牛腹泻病例中发现。已知各种动物的轮状病毒所致的腹泻症状、流行病学及诊断方法均类似。该属代表种为人轮状病毒，其他成员包括人、牛、小鼠(EDIM)、豚鼠、绵羊、山羊、猪、猴(SA11)、马、羚羊、北美野牛(Bison)、鹿、家兔、犬、禽的分离株。1975 年国际病毒命名委员会正式定名为轮状病毒。我国亦有猪、牛、羊、犬和多种禽类等轮状病毒感染的报道，并已发现或分离鉴定了病毒。

轮状病毒感染引起的腹泻是一种世界性传染病。轮状病毒感染动物后可造成严重的经济损失。犊牛轮状病毒性腹泻的发病率为 60%～80%，死亡率为 0～50%；1～4 周龄仔猪群的发病率超过 80%，死亡率为 7%～20%。据初步统计，全世界幼儿发生的肠炎至少有 50%是由轮状病毒引起的。

1. 形态结构

二维码 21-1

2. 抗原性

二维码 21-2

3. 培养特性

二维码 21-3

4. 致病性

轮状病毒可引起禽和哺乳动物的肠炎和腹泻。引起猪和人类腹泻的机制是轮状病毒诱导肠绒毛萎缩，使肠道吸收性细胞失去功能，引起吸收不良，导致腹泻，严重者带有黏液和血液，部分病例因严重脱水和酸碱平衡失调而死亡。病毒感染主要局限于小肠，特别是其下 2/3 处，即空肠和回肠部。幼畜最为易感，症状也较严重。不同的轮状病毒毒株对小肠内的一些特定区域的亲嗜性不同，禽轮状病毒感染后临床症状的严重程度也存在差异，这可能是由于禽轮状病毒毒株间的毒力不同所致。

轮状病毒宿主范围甚广，有人和多种动物。各种动物的轮状病毒都对各自的幼龄动物呈现明显的病原性，成年动物大多呈隐性感染。人的轮状病毒能够实验感染犊牛、猴、仔猪、羔羊，并可引起临床发病，但不能使小鼠和家兔感染发病。牛轮状病毒和鹿轮状病毒也能感染仔猪。猪轮状病毒似乎只能使仔猪感染发病。分离自火鸡和雉的轮状病毒可感染鸡。

5. 微生物学诊断

由于轮状病毒在人和哺乳动物中的感染十分常见，应考虑与其他传染性病原的鉴别诊断，包括大肠杆菌、传染性胃肠炎病毒、猪的孢球虫和产气荚膜梭菌。轮状病毒的检测一般针对粪便样品、肠道内容物或是来自腹泻急性期的组织切片。因轮状病毒的排毒高峰期在初次腹泻后的 24 h 内，所以收集样品的时间是比较重要的。

许多有效的经典方法可以用于检测轮状病毒，包括小肠冰冻切片或小肠涂片进行电镜观察、免疫电镜、免疫组化、免疫荧光等观察，ELISA、病毒分离、乳胶凝集试验、斑点印记杂交、RNA 电泳分型和 RT-PCR 等。

(1)电镜观察　采取腹泻粪汁或后段小肠内容物，用磷钨酸负染后镜检。根据轮状病毒的特征性形态进行识别。如果粪便标本中病毒粒子太少，电镜难以检出，可浓缩提纯病毒悬液，进一步用密度梯度离心沉淀法浓缩。

病料中的呼肠孤病毒和轮状病毒的形态相似，电镜下难以区分，二者最主要的鉴别特征是，轮状病毒具有界限更为清晰的外层衣壳，通过仔细观察可以进行区别。

(2)免疫电镜观察　先制备免疫血清，也可采用病畜、病禽恢复期的血清，必要时可用几个动物的混合血清。稀释排泄物并过滤，在滤液中加免疫血清，病毒粒子与抗体结合发生凝集反应，电镜观察可见大量病毒颗粒。

(3)特异性荧光细胞检查　将病畜排泄物适当稀释后，滴于载玻片上制备成涂片，用荧光素标记的特异抗体(IgG)染色，置荧光显微镜下检查荧光细胞。对于初次分离无细胞致病作用的毒株，需要用免疫荧光抗体技术来检测病毒的生长增殖情况。

(4)病毒分离　以猪的轮状病毒为例。制备排泄物滤液，加胰蛋白酶处理后，接种已经长成单层的 MA-104 细胞和猪肾 PK-15 细胞。弃去营养液后，接种入粪液，37℃孵育 1 h，吸弃接种物，换入不含血清的维持液。37℃培养 18～24 h，即可用直接或间接荧光抗体检测出荧光细胞。

(5)病毒核酸电泳法　将抽提的病毒 RNA 进行聚丙烯酰胺凝胶电泳，银染色法染色，对照轮状病毒 RNA 11 个基因组节段电泳迁移图谱，即能对待检 RNA 作出鉴定。该方法的敏感性和电镜技术几乎一样，可为待检病毒提供有关血清群的初步资料，是鉴定不同分离物的一种简便方法。

6.免疫与防治

轮状病毒感染后或口服免疫后，主要抗体反应是针对 VP6，随后是 VP7、VP4、NSP2 和 NSP4。经过轮状病毒的强毒感染康复后，猪对同型病毒(通常是 P 或 G 型)能产生保护力，而对异型病毒无保护力。外衣壳 VP4 和 VP7 诱导猪产生病毒中和抗体，并对同型轮状病毒提供独立的保护力。尽管初次感染或接种疫苗为轮状病毒不同的血清群或血清型提供了较低的或无交叉保护力，但是反复的接种疫苗或再感染相同的病毒株，扩大了对异型轮状病毒的保护力范围。目前国内有牛轮状病毒 VP4/VP7 基因工程疫苗的研究(2015)，显示了较好的免疫效果。

人用口服轮状病毒活疫苗可使儿童获得保护。美国已有用于犊牛的冻干弱毒疫苗。弱毒毒株是牛轮状病毒经牛胎肾细胞传 200 代以上减毒培育而成的。对刚出生而尚未吮吸初乳的新生犊牛，经口给予融化后的疫苗 4 mL，可使发病率明显降低，即或发病，症状也较轻微。另一种免疫方法是用灭活疫苗给母畜作免疫注射，通过乳汁免疫，保护新生仔畜，防止腹泻或降低其剧烈程度。禽轮状病毒还未研制出商品化疫苗。

目前没有专门针对仔猪感染轮状病毒的特效抗病毒药，治疗仅限于使用抗生素和液体疗法。室温对于降低哺乳仔猪因轮状病毒性腹泻而引发死亡是非常重要的。增加通风、提高舍温和添加新鲜垫料能减轻腹泻对环境的影响。

第二节　双 RNA 病毒科

一、概述

本科病毒形态与呼肠孤病毒相似，病毒的基因组由两个片段的双股 RNA(dsRNA)组成。根据 ICTV 第 9 次分类报告，目前双 RNA 病毒科分设 4 个病毒属，即禽双 RNA 病毒属、水生双 RNA 病毒属、昆虫双 RNA 病毒属和斑鳢病毒属。本科病毒含有两个重要成员，一是禽的传染性法氏囊病病毒，该病毒对禽类的腔上囊造成损害，引起严重的 B 细胞免疫抑制，给养禽业造成严重损失；另一个成员是鱼的传染性胰坏死病毒，该病毒具有高度传染性，危害养殖的鲑鳟鱼类。

本科病毒呈 20 面体对称，无囊膜，病毒粒子直径大小约 60 nm，核衣壳有 32 个壳粒，92 个形态亚单位。病毒粒子有 4 种结构多肽和一种依赖 RNA 的 RNA 聚合酶，不含类脂。无特征性双层衣壳，可与呼肠孤病毒区别。病毒在胞浆内复制，成熟的病毒粒子集积在胞浆中，细胞裂解时释放出大约半数的子代病毒，另一半仍与细胞结合。病毒氯化铯浮密度为 1.33 g/cm^3，对乙醚、氯仿稳定，对酸、碱(pH 3～9)及热(56℃ 30 min)相对稳定，在 20℃ pH 7.5 的环境中，能抵抗 1% SDS 达 30 min 而不失活。本科病毒能水平传播，还可垂直传播，尚未发现任何生物传播媒介。本科病毒与呼肠孤病毒科的特性比较见表 21-2。

表 21-2　双 RNA 病毒科与呼肠孤病毒科的特性比较

项目	双 RNA 病毒科	呼肠孤病毒科
核酸型	双股 RNA	双股 RNA
RNA 节段	2～4	10～12
总 RNA 大小(kb)	6～8	15～27
结构多肽种类	4	6～10
浮密度/(g/cm^3)	1.33	1.33～1.39
病毒粒子大小/nm	60	60～80
病毒粒子衣壳	单层	双层
宿主范围	禽、鱼、甲壳动物、昆虫、软体动物	哺乳动物、禽、鱼、昆虫、植物

二、禽双 RNA 病毒属

传染性法氏囊病病毒(*Infectious bursal disease virus*，IBDV)又名传染性法氏囊炎病毒。传染性法氏囊病于 1957 年在美国特拉华州的甘布罗镇(Gumboro)的肉鸡群中首次发现，故又称甘布罗病。此外，由于感染 IBDV 的发病鸡群会出现严重的肾肿大，因此该病也被称为“禽肾病”。

1. 形态结构

IBDV 具有单层衣壳，无囊膜，其病毒粒子呈 20 面体立体对称，直径为 55～65 nm。病毒粒子的氯化铯浮密度为 1.31～1.34 g/mL。病毒的衣壳呈斜型对称，结构学研究表明，IBDV 是典型的左旋 20 面晶体(图 21-3)。

2. 理化特性

IBDV 在环境中非常稳定，对物理和化学因素均有较强的抵抗力。病毒在 56℃ 处理 5 h 仍有活性，60℃ 90 min 病毒不被灭活，70℃ 30 min 后失活。－70℃ 中反复冻融 5 次或在－58℃保存 18 个月，毒力均不下降。超声波和紫外线均不能有效杀灭病毒。IBDV 对乙醚和氯仿不敏感。0.5%的酚和 0.125 %的硫柳汞 30℃续持 1 h，均不能造成 IBDV 失活。0.5%

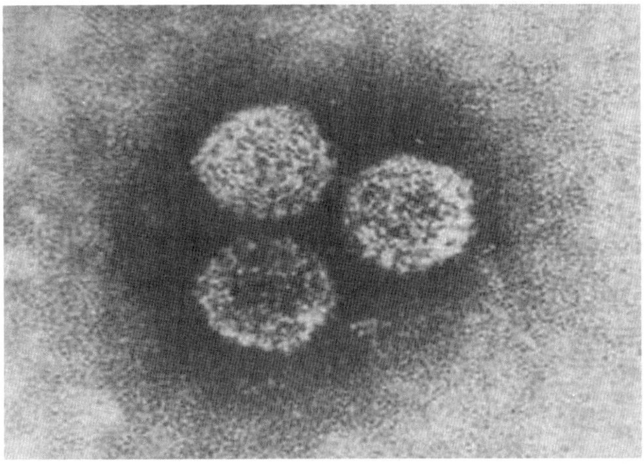

图 21-3　IBDV 电镜照片(引自:苏敬良等)

的甲醛作用 6 h,可使病毒的感染力明显下降。0.5%的氯化铵作用 10 min 可以杀灭病毒。0.05%的 NaOH 具有强抑制作用或可灭活病毒。由于 IBDV 稳定且难以被灭活的特性,造成了该病毒可以长期存在于饲养环境中,以至于经过消毒和清洗的养殖厂仍有可能使鸡群感染 IBDV。

3.基因组结构及其功能

基因组含 A、B 两个线状双股 RNA 分子,大小约为 6 kb,其中 A 节段为 3.3 kb,B 节段为 2.9 kb。A 节段含有两个开放阅读框,大阅读框编码一个聚合蛋白和病毒蛋白酶 VP4,多聚蛋白加工形成含有结构中和表位的 VP2 和 VP3 蛋白,依次为 NH2-pVP2-VP4-VP3-COOH。该多聚蛋白的分子量为 110 kDa。小阅读框编码 VP5 蛋白,其是一种大小为 17 kDa 的非结构蛋白。该非结构蛋白仅仅出现在已感染病毒的细胞内,其与病毒的致病性有关,与病毒的复制无关。B 节段编码 VP1,是 RNA 聚合酶,以基因组连接蛋白(VPg)的形式存在,将 A、B 两个节段的末端紧密相连。

病毒的结构蛋白不能区分血清Ⅰ型毒株。VP2 蛋白和 VP3 蛋白作为主要结构蛋白,分别构成病毒粒子的外层和内层,且含有多个 VP1 分子和基因组的 RNAs。IBDV 的核衣壳的表面可形成凸状结构,该结构是由 260 个 VP2 三聚体组成。核衣壳的内表面由 200 个 Y 型 VP3 三聚体组成,约占病毒蛋白的 40%。由于 VP2 和 VP3 共同形成病毒的核衣壳,提示 VP2 和 VP3 之间也存在一定的相互作用。另外,VP3 还与 VP1 及病毒基因组 RNA 相互作用,VP3 是 VP2 和 VP1 相互作用的中介,三者共同组装形成 IBDV 病毒粒子。

4.抗原性

IBDV 分为两类血清型,分别是血清Ⅰ型和血清Ⅱ型。其中血清Ⅰ型具有致病性,主要来自致病毒株;血清Ⅱ型分离自鸡或火鸡,不具有致病性。抗血清Ⅱ型的免疫所产生的抗体不能保护抗血清Ⅰ型病毒抗原的攻击,二者之间无交叉保护。在血清Ⅰ型病毒中 VP2 蛋白的含量约为 51%,VP3 蛋白的含量为 40%,也是病毒的主要抗原性组分,具有群特异性。其中 VP2 具有型特异抗原,而 VP2 的高变区发生变化是造成抗原漂移的主要原因。血清Ⅰ型病毒变异株的出现导致疫苗株不能充分保护变异株的攻击。目前公认的抗原类型包括 3 个,即经典的血清Ⅰ型(标准血清Ⅰ型)、血清Ⅱ型及变异型(可能包括美洲群和欧洲群)。血清Ⅰ型的分离毒株又可分为经典株(classic strain)、变异株(variant strain)和超强毒株(very virulent strain)。

5.培养特性

通常采用鸡胚尿囊腔接种。首次接种过的鸡胚全部死亡,第二次病毒传代会出现30%的鸡胚死亡,传到第三代无鸡胚死亡。出现上述现象的原因是:①来源于患病后康复的鸡群的胚胎具有很强的抵抗力,能抑制病毒的生长;②早期传代时,尿囊羊膜液(AAF)含的病毒量很低,鸡胚中的病毒含量与绒毛尿囊膜(CAM)的含量基本相同,均高于AAF;③采用尿囊腔、绒毛尿囊膜和卵黄腔途径接种,尿囊腔接种效果最差,病毒感染鸡胚的半数感染量(EID_{50})比CAM途径低,卵黄囊途径介于两者之间。超强毒株可造成鸡胚稳定的高死亡率。CAM是经典毒株和超强毒株感染鸡胚最敏感的途径。

多种经细胞培养的IBDV毒株都已适应鸡胚,同时在细胞上产生病变。鸡胚成纤维细胞对IBDV敏感,具有良好的适应性。IBDV在鸡胚法氏囊细胞(CEB)传代4次后,可在鸡肾细胞上增殖,并在琼脂层下产生蚀斑,之后在鸡胚成纤维细胞中继续繁殖该病毒,最终培育出弱化疫苗株。此外,IBDV也可在火鸡和鸭胚细胞、兔肾细胞(RK-13)、猴肾细胞(Vero)和幼素领猴肾细胞(BGM-70)中生长。

6.致病性

该病毒主要引起禽的传染性法氏囊病。病鸡表现精神沉郁,羽毛逆立,下痢,震颤,共济失调。经典毒株死亡率为10%~50%,无典型的临床症状;变异株的死亡率低,但发病症状明显;超强毒株的死亡率为50%~100%,且伴有明显的临床症状。所有品系的鸡均可感染发病,3~6周龄的雏鸡最易感。雏鸡感染后产生严重的免疫抑制,降低机体对其他传染病的免疫力。剖检病死鸡可见法氏囊肿大,典型的呈紫红色,内含淡黄色胶冻样渗出物,黏膜面上可见有出血点或出血斑,有时可见有坏死灶。病后期的法氏囊可出现萎缩。病死鸡常见其胸肌、腿肌上有出血斑或出血点,肾小管和输尿管内有尿酸盐沉积,心包和肝脏表面也常出现尿酸盐。

IBDV基因组中的A片段对病毒的毒力和细胞的嗜性具有至关重要的作用,B片段则参与病毒的复制。目前主要观点认为,对IBDV毒力和细胞偏嗜性起主要作用的是VP2分子,但同时也认为VP2并不是对IBDV毒力作用的唯一分子。相关研究表明,VP1分子不仅在参与病毒复制过程中起到关键作用,同时对IBDV的毒力具有重要影响。IBDV的毒力标志位于VP2高变区中的7肽区(SWSASGS),该区位于VP2内的第二个亲水区后的第326~332位氨基酸。相关学者研究认为,由于7肽区位于β折叠形成二级结构的表面,导致位于7肽区内的所有丝氨酸残基在同一侧暴露形成氢键,影响分子间或分子内相互作用力,既参与病毒的成熟加工或细胞黏着,也影响病毒的致病性。在减毒株或无毒株中,由于更大空间体积的氨基酸残基取代了丝氨酸残基,阻碍氢键的形成,致使IBDV的毒力降低。

7.微生物学诊断

鸡群在感染IBDV后,临床症状和剖检变化特殊,可对IBDV做出初步诊断,确诊要进行病毒分离、免疫学鉴定和分子生物学检测。

(1)病毒分离和鉴定

①采集病料。无菌采取病死鸡的腔上囊和脾组织。在发病早期阶段(感染后 3～6 d),能从大多数淋巴组织中分离到病毒。考虑到本病呈急性经过,感染持续期短暂,分离病毒应至少采集 5 个临床感染的鸡病料。在分离法氏囊病毒时,应注意法氏囊可能被呼肠孤病毒或腺病毒等污染,造成鉴定过程复杂化。

②鸡胚接种。最好选择 9～11 日龄 SPF 鸡胚,接种 CAM。通常鸡胚在接种 3～5 d 后死亡,胚体病变明显。鸡胚接种是目前公认的分离病毒的最敏感方法,成功率高于细胞培养。

③细胞培养。CEF 和 BGM-70 为最常用细胞,可产生明显的细胞病变,如将野毒先接种鸡胚适应后,再接种细胞培养物,则可提高病毒分离率。由于 IBDV 在 B 淋巴细胞内复制,因此选用来源于法氏囊的原代细胞或 B 细胞源的传代细胞系分离病毒效果好。

(2)免疫学鉴定

①琼脂扩散试验。既可检测血清中特异性抗体,又可检测发病鸡法氏囊组织中的抗原。在感染后 5～6 d 即能检测到病毒抗原,7～10 d 直至感染后 1 年以上均能检测到沉淀抗体。

②荧光抗体技术。此法可快速检测。为降低非特异性荧光,可先将荧光抗体用 SPF 鸡的法氏囊匀浆吸收处理。

③双抗夹心 ELISA 检测抗原。该法是快速、灵敏和特异的血清学方法。用抗 IBDV 的单克隆抗体包被酶标板来捕捉 IBDV,敏感性和特异性高。实验室检测也可用已有的商品化 ELISA 试剂盒,检测血清中的 IBDV 抗体。

④中和试验。只有中和试验能够鉴定不同的 IBDV 血清型,区分 IBDV 分离株之间的抗原差异。常用细胞适应毒在 CEF 上进行微量中和实验。

⑤RNA 电泳。取病变法氏囊或感染鸡胚的组织乳剂以及感染细胞培养物,用 SDS 处理,苯酚-氯仿抽提后,进行电泳,常可见两条清晰的核酸条带。

(3)分子生物学检测　RT-PCR 方法已经广泛地应用于确定 IBDV 的存在。也有科研人员以 VP1 片段和 VP5 片段作为目的基因,建立了 RT-PCR 和实时定量 RT-PCR 方法。RT-PCR 扩增 VP2 片段后,在其高变区含有特异的 Sac Ⅰ、Stu Ⅰ、Alu Ⅰ 和 Ssp Ⅰ 限制性酶切位点,通过酶切反应可鉴定疫苗株和 vvIBDV。中和反应不能鉴别经典毒株和 vvIBDV。

8. *免疫防治*

免疫接种是控制 IBDV 的主要方法。种鸡群的免疫尤其重要,可以将母源免疫力传给后代。母源抗体能保护小鸡免受早期感染而引起的免疫抑制。母源抗体通常保护雏鸡 1～3 周,用油佐剂疫苗加强免疫后,被动免疫力可以延长至 4～5 周。在有母源抗体存在的情况下,用活疫苗免疫鸡的最大问题是确定合适的首免时间,这取决于母源抗体的水平、免疫途径和疫苗的毒力。

免疫预防有传统疫苗和新型基因工程疫苗。传统疫苗有灭活苗和弱毒苗,传统灭活疫苗即全病毒颗粒灭活苗,又分为囊组织灭活苗和鸡胚组织灭活苗。基因工程亚单位疫苗是用 DNA 重组技术,将 IBDV 主要保护性抗原 VP2 基因转入表达宿主菌或细胞内,使其在受体细胞内高效表达,用其分泌的保护性抗原 VP2 蛋白制备的疫苗。目前已有多种表达系统用于表达 VP2 蛋白,并取得了良好的免疫效果。

三、水生双 RNA 病毒属

传染性胰坏死病毒(*Infectious pancreatic necrosis virus*,IPNV)是本属的代表种,又名鳟鱼传染性胰腺坏死病毒(infectious pancreas necrosis virus of trout),可引起鲑科鱼的传染性胰坏死病,是一种急性高度接触性的传染病。该病主要发生于人工养殖的虹鳟鱼场,20 周龄以内的虹鳟鱼苗最为易感。本病最早于 1941 年在北美发现,1960 年证实其病原为传染性胰坏死病毒,后传至欧洲。目前除澳大利亚和新西兰外,其他各产鱼国均有发现,是最重要的鱼病之一,许多国家均将本病列为进口的重点检疫项目。病鱼典型症状为游动异常,沿身体纵轴剧烈转圈,此后可能因衰竭而卧底不起,不久死亡。病鱼体色深暗,腹部膨胀,眼球突出,皮下出血,死亡率在 10%～90%之间。剖检见胃及前肠中有黏稠的牛奶样内容物,并常见有出血斑。病理组织学变化主要是胰腺组织坏死。我国山西从日本进口的虹鳟鱼中也发生了此病。

复习思考题

1. 呼肠孤病毒科有哪些重要的属?比较其异同。
2. 分析轮状病毒的致病性、电泳型及抗原性。
3. 阐述轮状病毒的诊断方法及其免疫防治。
4. 从病毒结构特点解释双 RNA 病的毒力变异及在环境中的高度稳定性。
5. 阐述传染性法氏囊病病毒的微生物学诊断方法。
6. 阐述传染性法氏囊病病毒的致病机理及如何防治。

第二十二章　单股负链不分节段的 RNA 病毒

【内容提要】 单股负链病毒目包括副黏病毒科、弹状病毒科、丝状病毒科及波纳病毒科，均具有相似的基因结构及复制方式。副黏病毒科中的新城疫病毒、犬瘟热病毒、牛瘟病毒、小反刍兽疫病毒均可以导致其宿主动物严重疾病；弹状病毒科以狂犬病病毒为代表，可引起人和动物狂犬病，其致病机理及预防措施值得关注；丝状病毒科形态特殊，可致人类严重的出血热，重要成员埃博拉病毒引起医学界的广泛关注，尤其是疫苗研发是热点和难点；波纳病毒的分类地位已确定，其致病机理和诊断方法研究都取得了新进展，但疫苗研发还属于空白。

单股负链不分节段的 RNA 病毒在病毒学分类上同属单股负链病毒目（*Mononegavirales*），包括副黏病毒科（*Paramyxoviridae*）、弹状病毒科（*Rhabdoviridae*）、丝状病毒科（*Filoviridae*）以及波纳病毒科（*Bornaviridae*）4 个科。它们具有相似的基因组结构、相同的基因次序及相似的基因表达及复制策略，都具有螺旋对称的核衣壳及 RNA 聚合酶，以出芽的方式释放成熟的病毒粒子；具有囊膜，除波纳病毒外都有包膜糖蛋白纤突，各成员主要的鉴别见表 22-1。

表 22-1　单股负链病毒目各科的区别特征

特征	副黏病毒科	弹状病毒科	丝状病毒科	波纳病毒科
基因组大小(kb)	15～19	11～15	19	9
病毒粒子形态	多形性	子弹状	丝状	球形
复制场所	细胞质	细胞质	细胞质	细胞核
转录类型	非重叠信号极化和逐步衰减	非重叠信号极化和逐步衰减	非重叠信号极化和逐步衰减	mRNA 剪切复合物和重叠起始终止信号
宿主范围	脊椎动物	脊椎动物	人类、灵长类和蝙蝠	马、羊、猫、鸟类、鼩鼱及小型哺乳动物
潜在致病性	主要为呼吸道疾病	轻微的发热到致死性的神经系统疾病	出血热	免疫的介导神经系统疾病，鸟类的腺胃扩张综合征

第一节　副黏病毒科

副黏病毒科的病毒可引起人类、动物和鸟类一系列严重的呼吸或/和系统性疾病，该科分为副黏病毒亚科（*Paramyxovirinae*）和肺病毒亚科（*Pneumovirinae*）。前者包括呼吸道病毒属(*Respirovirus*)、腮腺炎病毒属(*Rubulavirus*)、麻疹病毒属(*Morbillivirus*)、亨尼病毒属(*Henipavirus*)和禽腮腺炎病毒属(*Avulavirus*),后者包括偏肺病毒属(*Metapneumovirus*)和肺病毒属(*Pneumovirus*)。具体分类见表22-2。

表 22-2　副黏病毒科主要成员及所致疾病

病毒名称	自然宿主	所致疾病
副黏病毒科亚科/腮腺炎病毒属		
犬副流感病毒5型(副流感病毒5型)(*Canine parainfluenza virus* 5)(*Parainfluenza virus*5)	犬	呼吸道疾病
猪腮腺炎病毒(LPMV病毒)(*Porcine rubulavirus*)(*La-Piedad-Michoacan virus*)	猪	肺炎、繁殖障碍、角膜炎
腮腺炎病毒(*Mumps virus*)	人	腮腺炎、呼吸道疾病
人副流感病毒2、4型(*Human parainfluenza virus* 2,4)	人	呼吸道疾病
副黏病毒亚科/禽腮腺炎病毒属		
新城疫病毒(*Newcastle disease virus*)(*Avian paramyxovirus* 1)	家禽及野禽	严重的全身性疾病,伴有中枢神经系统症状
禽副黏病毒2～9型(*Avian paramyxovirus* 2～9)	禽类	呼吸道疾病
副黏病毒亚科/呼吸道病毒属		
牛副流感病毒3型(*Bovine parainfluenza virus* 3)	牛、绵羊	呼吸道疾病
仙台病毒(鼠副流感病毒1型)(*Sendai virus*)(*Murine parainfluenza virus* 1)	大鼠、小鼠、兔	实验小鼠、大鼠严重的呼吸道疾病
人副流感病毒1、3型(*Human parainfluenza virus*)	人	呼吸道疾病
副黏病毒亚科/亨尼病毒属		
亨德拉病毒(*Hendra virus*)	马、人	急性呼吸道疾病
尼帕病毒(*Nipah virus*)	猪、人	脑炎
副黏病毒亚科/麻疹病毒属		
牛瘟(*Rind pest virus*)	牛、野生反刍兽	严重的全身性疾病
小反刍兽疫病毒(*Peste des petits ruminants virus*)	绵羊、山羊	与牛瘟相似的全身性疾病
犬瘟热病毒(*Canine distemper virus*)	犬科、猫科等	严重的全身性疾病伴有中枢系统症状
海豹瘟病毒(*Phocine distemper virus*)	海豹及海狮	严重的全身性疾病伴有呼吸系统症状
鲸豚麻疹病毒(*Cetacean morbillivirus*)	海豚、鼠海豚、鲸	严重的全身性疾病伴有呼吸系统症状
麻疹病毒(*Measles virus*)	人	麻疹

续表 22-2

病毒名称	自然宿主	所致疾病
肺病毒亚科/肺病毒属		
牛呼吸道合胞病毒(*Bovine respiratory syncytial virus*)	牛、绵羊	呼吸道合胞体疾病
小鼠肺炎病毒(*Murine pneumonia virus*)	小鼠	呼吸道合胞体疾病
人呼吸道合胞体病毒(*Human respiratory syncytial virus*)	人	呼吸道合胞体疾病
肺病毒亚科/偏肺病毒属		
禽偏肺病毒(火鸡鼻气管炎病毒)(*Avian metapneumovirus*)(*Turkey rhinotracheitis virus*)	火鸡、鸡	火鸡严重的呼吸道疾病，鸡肿头综合征
人偏肺病毒(*Human metapneumovirus*)	人	可能致呼吸道疾病

一、概述

副黏病毒粒子至少有3个蛋白与核衣壳相连，包括RNA结合蛋白、磷蛋白和病毒聚合酶。核衣壳外由囊膜包裹，囊膜上有两种纤突，即黏附蛋白与融合蛋白。黏附蛋白可以是血凝素-神经氨酸酶蛋白或没有神经氨酸活性的蛋白。此外还有一个与囊膜相关的非糖基化的膜蛋白。副黏病毒可能有血凝活性和神经氨酸酶活性。病毒形态及病毒粒子结构见图22-1。

1. 形态结构

病毒粒子直径为150 nm或更大些，偶见800 nm的巨大粒子。呈多形性，一般呈球形，有的可见丝状体，长达数微米。具囊膜，源自宿主细胞膜；表面突起的大小为8 nm×10 nm×8 nm，相隔8～10 nm。核衣壳呈螺旋对称，直径为12～17 nm，比正黏膜病毒约大1倍。

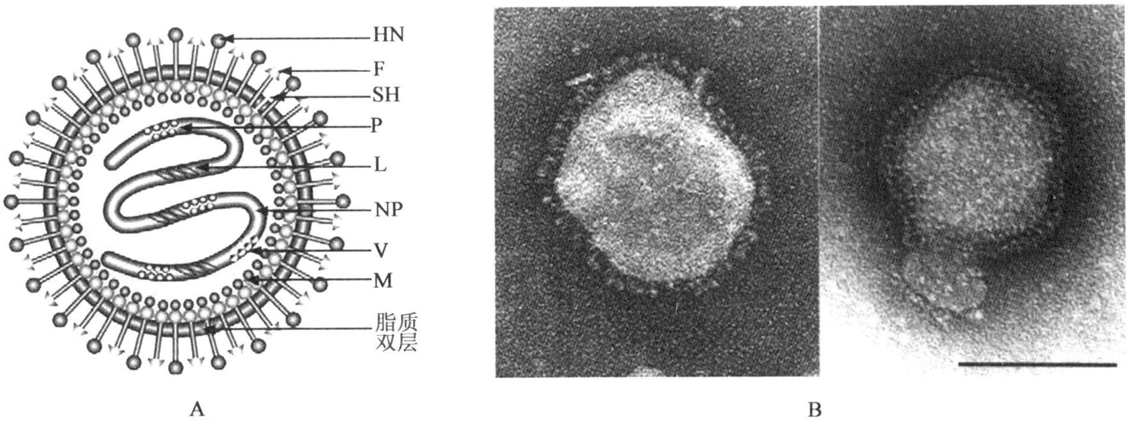

图22-1　副黏病毒粒子示意图(A)与电镜下的病毒粒子(B)

[引自：N. James MacLachlan and Edward J. Dubovi的*Fenner's Veterinary Virology* (Fourth Edition)]

2. 基因组特点

病毒基因组是单股负链 RNA，不分节段，无感染性，相对分子质量为(5～7)×10^6，占病毒颗粒的 0.5%。基因组全长 13 335～18 246 nt，无 5′端多聚腺苷酸化的帽子结构和 3′的 ployA 尾部，但有功能性 5′和 3′非编码区。除肺病毒亚科的成员外，其他病毒均遵从“六碱基原则”，结构蛋白在不同种属不完全一致，基因组结构见图 22-2。

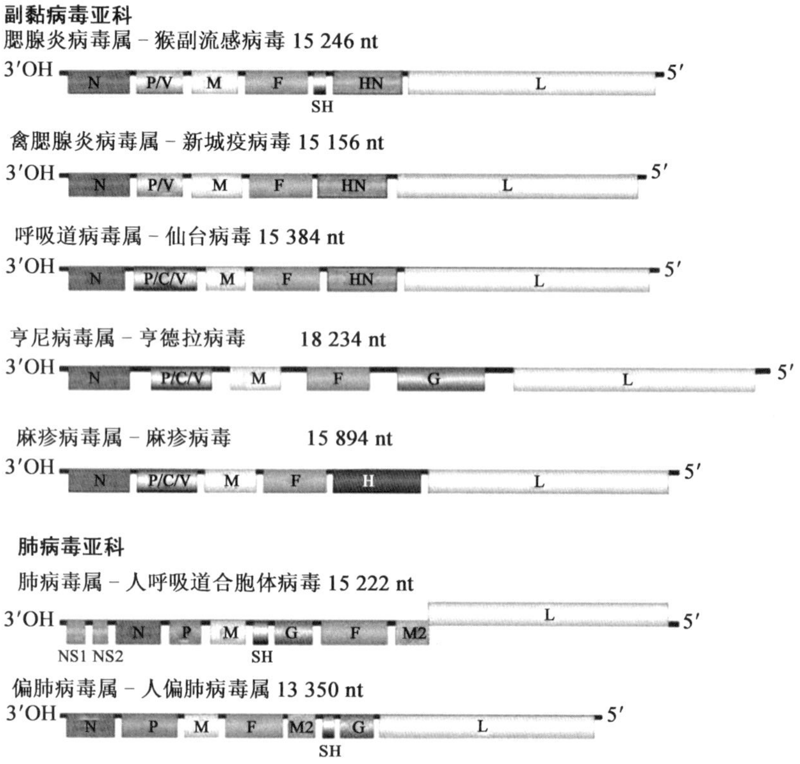

图 22-2 副黏病毒科各属基因结构示意图

［引自 N. James MacLachlan and Edward J. Dubovi 的 *Fenner's Veterinary Virology*(Fourth Edition)］

3. 理化特性

病毒粒子在氯化铯溶液中的浮密度为 1.18～1.31 g/cm^3，在蔗糖溶液中的浮密度为 1.18～1.20 g/cm^3。能利用物理或化学法抑制病毒囊膜的合成而灭活病毒。对热不稳定，在酸、碱中易破坏，对脂溶剂、非离子去污剂、甲醛和氧化因子均敏感。在复制时，对放线菌素 D 有抵抗力。

4. 复制与培养

在病毒粒子侵入敏感细胞后，囊膜与细胞膜融合，核衣壳释放于胞浆中。带衣壳的 RNA 有转录模板的作用(裸露的 RNA 无此功能)。核衣壳如弹簧可伸缩，平时弹簧呈压紧状态，感染时螺旋松开，RNA 的碱基暴露，从而被转录酶所识别合成病毒 mRNA。在此过程中不除去核衣壳蛋白，是依赖于核衣壳结构的改变。随后 mRNA 翻译病毒的各种蛋白。只有在病毒 RNA 转录及翻译出病毒多肽之后，病毒 RNA 才开始复制。

呼吸道病毒属和麻疹病毒属中的大多数成员不能在鸡胚中增殖或增殖较差，仅有适应细胞的毒株才能在鸡胚中增殖。新城疫病毒可在鸡胚的尿囊和羊膜中增殖。副黏病毒能在多种细胞培养物中增殖，如新城疫病毒可以在禽类的原代和继代细胞中增殖，但在哺乳动物细胞培养物中增殖很差。副黏病毒在细胞培养物中引起合胞体，在感染细胞内产生许多嗜酸性物质，形成多个形状不规则的胞浆内包涵体。

二、禽腮腺炎病毒属

禽腮腺炎病毒属为副黏病毒科副黏病毒亚科的一个属，以前归属于腮腺炎病毒属。2001 年被划分为一个新的属。禽腮腺炎病毒属的所有成员都感染禽类，故称为禽腮腺炎病毒。已经发现并证实有 9 个血清型，本属的代表种为新城疫病毒（*Newcastle disease virus*，NDV），为禽副黏病毒 1 型（*Avian Paramyxovirus type* 1，APMV-1）。

新城疫病毒，又称为伪鸡瘟病毒或亚洲鸡瘟病毒，1926 年于印度尼西亚的爪哇首次发现。1927 年多依尔在英国的新城首次分离到该病毒而得名。近年来发现，该病毒宿主范围不断扩大，大约 240 种以上的鸟类和哺乳动物中猪、羊、牛等都可感染。

1. 形态结构

病毒粒子直径为 100～200 nm，有囊膜的病毒粒子通常呈圆形，但因囊膜破损而呈不规则形态。核衣壳螺旋对称，囊膜表面上的纤突长约 8 nm，具有血凝活性、神经氨酸活性及溶血活性。

2. 基因组结构及其编码蛋白

新城疫病毒为单股负链不分节段 RNA 病毒，全长基因组除了最常见的 15 186 nt 以外，还先后发现了长度为 15 192 nt 及 15 198 nt 的毒株。虽然各个毒株基因组长度不一，但均遵循“六碱基原则”。

NDV 基因组从 3′端到 5′端依次编码 6 种结构蛋白，分别为：核衣壳蛋白（NP）、磷蛋白（P）、基质蛋白（M）、融合蛋白（F）、血凝素-神经氨酸酶蛋白（HN）及大分子蛋白（L）。P 基因在其转录过程中，还可以通过 RNA 编辑产生两种非结构蛋白，即 V 蛋白和 W 蛋白。它们只存在于病毒感染的细胞中。

NDV 基因组的 3′端非编码区含有长约 55 nt 的引导序列，5′端非编码区为长约 114 nt 的尾随序列，其主要功能是负责调控病毒 RNA 的复制及转录。NDV 的每两个基因之间还存在弱化转录效果的基因间隔序列，主要功能是用以终止上一个基因 mRNA 的转录，以及启动下一个基因转录的开始。

3. 理化特性

病毒在蔗糖中的浮密度为 1.18～1.20 g/cm^3。对热不敏感，55℃经 45 min 或在直射日光下经 30 min 可灭活。低温条件下能够长时间存活。存放在－70℃下数年或－20℃下数月，仍具感染性；在 4℃下存放数周仍保持活性。病毒在 pH 2.4 或 10 时 5 d 可灭活，1∶500 福尔马林 1 h 可灭活。碳酸钠和氢氧化钠的消毒效果不稳定。大多数去污剂可迅速将病毒灭活。NDV 对酸和碱的耐受性较强，在 pH 3～10 条件下不被破坏。

4. 血凝性

病毒粒子表面具有血凝素，可以凝集多种动物红细胞。以鸡、豚鼠和人 O 型红细胞最常用。病毒浓度高时，能溶解鸡的红细胞。血凝、血细胞吸附和溶血现象均由病毒囊膜上的糖蛋白所致，能被特异性抗体所抑制。

5. 抗原性

目前，NDV 只有 1 个血清型，都属于禽副黏病毒 1 型，但不同的分离株之间仍有抗原性和遗传多样性的存在，且抗原性可能与基因型有关。目前针对 NDV 的基因型分类主要有两种，一是病毒谱系，二是基因型。这两种分类方法均基于 F 基因分子序列的同源性。本病毒用乙醚处理可将病毒粒子裂解为血凝性的 V 抗原和内部的核衣壳成分，后者类似流感病毒的可溶性 S 抗原。

6. 培养特性

大多数病毒可在 9～12 日龄鸡胚的绒毛尿囊膜上或尿囊腔中良好增殖，鸡胚经 24～72 h 死亡，呈出血性病变和脑炎。感染的尿囊液能凝集红细胞。病毒增殖效率最高应用最为广泛的是鸡胚成纤维细胞等鸡胚原代细胞。通常情况下，在细胞培养物中病毒增殖的滴度比在鸡胚中低 1 个滴度左右。用强毒株、中等毒力毒株或经过胰酶消化处理后的弱毒株感染细胞后，发生细胞融合现象。细胞出现典型的合胞体病变，并在感染细胞的胞浆内形成许多不规则形的嗜酸性包涵体。此外，还可在单层细胞中形成蚀斑，一般毒力越大蚀斑越大。

7. 致病性

新城疫病毒毒株间致病力差异较大，有的毒株可以在感染后 72 h 致死成年鸡，有的不能致死鸡胚。自然发病的潜伏期平均 5～6 d。毒力强的可在 3 d 内出现症状，弱毒株可以延长几周。临床症状变化较大，强毒引起的急性病例中常有呼吸道症状，伴有啰音、气喘和咳嗽，也有抑郁、虚脱和严重腹泻，排出淡绿色稀粪，随之出现神经症状。强毒株病死率高达 90%～100%。中等毒力的可导致神经症状，多数康复，很少有后遗症。温和性病鸡只能用血清学或病毒分离的方法检出。NDV 感染火鸡后其症状与鸡相仿，通常表现轻微。对鸭、野禽症状很轻，往往不被察觉。

目前，国际上用以下指标作为 NDV 毒力强弱判定的依据。鸡胚平均致死时间(MDT)标准为：强毒株小于 60 h、中等毒力毒株 61～90 h、弱毒株大于 90 h；1 日龄雏鸡颅内接种致病指数(ICPI)标准为：强毒株大于 1.5、中等毒力毒株 1.0～1.5，弱毒力小于 0.5；6 周龄鸡静脉接种致病指数(IVPI)标准为：强毒株 2.0～3.0、中等毒力毒株 0～0.5，弱毒株 0。

病毒首先在呼吸道和肠道黏膜上皮细胞复制，借助血流扩散到脾及骨髓，产生二次病毒血症，从而感染肺、肠及中枢神经系统等器官。病毒在宿主体内的扩散程度与毒株毒力有关，而毒力由病毒 F 糖蛋白氨基酸序列决定。

传播主要是直接或间接接触病鸡、被污染的垫料、饲料、饮水以及运输工具和鸡舍等。温和型新城疫容易形成持久性的传染源，因长期不断污染周围环境而造成流行。从外观健康家鸡的泄殖腔可分离到 NDV。

8. 微生物学诊断

(1)病毒分离　肺组织和脑组织的病毒含量较高。因肺部常污染其他病毒，常用脑组织进行病毒分离。从感染后 3～5 d 病禽的呼吸道分泌物较易分离病毒。在症状较严重的病例，可从脾脏、血液、扁桃体分得病毒。分离病毒时，最好用 9～11 日龄鸡胚(鸡蛋必须来自健康鸡或 SPF 鸡)作尿囊腔接种，置 37～38℃培养。通常鸡胚在 36～96 h 死亡，鸡胚全身充血，头和翅出血；尿囊液清澈，有较高血凝性。也可用鸡胚成纤维细胞或鸡胚肾细胞分离病毒，其细胞培养物不出现细胞病变。

(2)血清学试验　目前已有多种血清学方法检测新城疫抗体，包括血凝抑制实验、ELISA、单相辐射免疫扩散实验、单相辐射溶血实验、琼脂扩散实验、鸡胚中和实验及蚀斑中和实验。其中血凝抑制实验方法简便易行，在实际工作中最常用。检测血清时，将血清进行倍比稀释，后与已知4个单位的NDV抗原作用；检测抗原时与此相反。另外，ELISA也是常用的检测方法之一。

(3)分子生物学实验　已建立多种分子生物学检测方法，包括RT-PCR、核酸探针和抗多肽抗体法等。其中实时荧光定量RT-PCR已被列入检测NDV的国家标准中，因其快速、准确等优点，广泛应用在我国的进出口检疫中。

9. 免疫防治

新城疫是OIE规定的通报疫病，我国将其列为一类动物疫病。首先要加强饲养管理，严格按照农业部颁布的《新城疫防治技术规范》进行消毒、引种等，制定合理的免疫程序，主要应用灭活疫苗、活疫苗、基因工程疫苗和卵黄抗体来预防和控制本病的发生和流行。

(1)灭活疫苗　以福尔马林、氯仿或β-丙内酯等灭活制造的灭活疫苗，安全可靠，无散毒危险，适用于雏鸡、初产鸡和健康状态较差的鸡。但免疫期较短，目前，以La Sota株制备的新城疫灭活油佐剂疫苗在我国广泛应用，免疫保护效果良好。此外，我国科学家利用反向遗传技术成功研制了重组新城疫病毒灭活疫苗(A-Ⅶ株)。该疫苗适用于鸡、鹅等各种禽类新城疫的预防，比传统La Sota株疫苗抗体产生快1周，HI抗体高2～3个滴度。同时能有效控制免疫鸡群的非典型新城疫，防止产蛋下降。

(2)活疫苗　即有弱毒疫苗和中等毒力疫苗。①弱毒疫苗，包括自然弱毒株，如F株、B1株(Ⅱ系疫苗)和La Sota株(Ⅳ系疫苗)和V4株等。这些疫苗一般无致病力，或偶可引起轻微呼吸道症状和其他反应。弱毒苗可用于1日龄和幼龄雏鸡，以喷雾、饮水、滴鼻或点眼等方式免疫，每只鸡接种$10^{6.5}$～10^{7} EID_{50}；②中等毒力疫苗，有Ⅰ系疫苗、Roakin株、Komarov株、Hertfordshire株等。每只鸡的适宜剂量为10^{5} EID_{50}，一般作肌肉注射。中等毒力疫苗的免疫效果好，但不能用于8周龄以下的鸡，常作为加强免疫之用。

(3)基因工程疫苗　中国农业科学院哈尔滨兽医研究所国家禽流感参考实验室的科研人员以新城疫LaSota弱毒疫苗株为载体，利用反向基因操作技术，成功研制出世界上第一个禽流感-新城疫重组二联活疫苗。

(4)卵黄抗体　卵黄抗体在新城疫的预防和治疗中起到了很大的作用，目前国内外已有商业化的IgY产品，例如美国瑞普斯生物药品集团有限公司生产的治疗鸡法氏囊病和新城疫混合感染的特效IgY，南京科农生物技术研究所研制的鸡法氏囊病-新城疫二联IgY。

三、麻疹病毒属

麻疹病毒属为副黏病毒科副黏病毒亚科的一个属，与兽医相关的成员包括犬瘟热病毒、牛瘟病毒和小反刍兽疫病毒。病毒核酸为线性单股负链RNA，含有丰富的尿嘧啶，碱基和蛋白质组成基本相似，在结构蛋白中有5～8种多肽。P基因转录表达C蛋白与V蛋白，脂质囊膜包裹病毒粒子，含有调控病毒进出宿主细胞的F和H两种表面糖蛋白。病毒对脂溶剂和热敏感,对酸不稳定。

应用血清学和交叉保护试验证明,犬瘟热病毒、牛瘟病毒和小反刍兽疫病毒具有一定程度的抗原关系。核蛋白、血凝素和其他囊膜抗原有交叉反应。3 种病毒的核蛋白非常相似。免疫荧光、铁蛋白标记抗体和迟缓型过敏试验都表明,本属病毒间具有交叉反应。牛的牛瘟抗血清和犬的犬瘟热抗血清以及羊的小反刍兽疫病毒抗血清和异源病毒都有不同程度的中和作用。

(一)犬瘟热病毒

犬瘟热是由犬瘟热病毒(*Canine distemper virus*,CDV)引起的一种在食肉动物中广泛传播的急性、高度接触性传染病。临床上以双相热、体温升高、急性鼻卡他性炎以及其后出现的支气管炎、肺炎、胃肠炎和神经症状为特征。1980 年我国首次分离到该病毒。

1. 形态结构

病毒粒子呈圆形或不规则形。核衣壳呈螺旋形,外被覆近似双层轮廓的膜。膜上排列杆状糖蛋白纤突。与同属的麻疹病毒、牛瘟病毒间有共同抗原,且超微形态和结构完全一样。

2. 基因组结构及其编码蛋白

基因组为单股负链 RNA,长度约为 15 700 nt,两侧为 3′和 5′非编码区,中间的序列为各结构蛋白的编码区,分别编码核衣壳蛋白(N)、磷蛋白(P)、大蛋白(L)、基质膜蛋白(M)、融合蛋白(F)和血凝蛋白(H)。此外, M 蛋白负责在病毒成熟期桥联表面糖蛋白和核蛋白。N 蛋白是保守型较强的蛋白,是麻疹病毒属中主要的交叉抗原。N 蛋白具有自我组装的能力,细胞内单独表达时,可观察到类病毒核衣壳。

3. 理化特性

CDV 抵抗力非常弱,对紫外线、热和干燥敏感,50～60℃ 30 min 即可灭活。常温生存 1 周左右,−10℃可存活几个月,−70℃或冻干条件下可长期保存。干燥病毒在室温下较稳定,但在 32℃以上易灭活。对酒精、乙氧基乙烷、1%甲醛和三氯甲烷等非常敏感。

病毒的囊膜内含有血凝素,不含神经氨酸酶。适应鸡胚细胞的 CDV 能对鸡红细胞产生较高水平的凝集滴度。新分离的毒株多数仅能与鸡和豚鼠红细胞产生不规律的凝集。

4. 抗原性

犬瘟热病毒目前认为只有 1 个血清型。但是基于不同毒株的基因全序列系统进化分析显示,具有地理亲源性。按地理位置不同可分为多个基因型,包括亚洲Ⅰ型、亚洲Ⅱ型、美洲Ⅰ型(疫苗株)、美洲Ⅱ型、欧洲型、北极型和非洲型。

5. 培养特性

可在来源于犬、貂、猴、鸡和人的多种原代和传代细胞上生长,但初次细胞培养较为困难。犬肾细胞培养可出现细胞颗粒状病变和形成空泡,也会形成巨细胞和合胞体,并在胞质内形成包涵体。

雪貂对该病毒最为敏感,是公认的 CDV 实验动物。将适应于雪貂的病毒接种鸡胚绒毛尿囊膜,可以减弱病毒的毒力并用作弱毒疫苗。

研究发现,犬瘟热病毒的增殖需要精氨酸、蛋氨酸和缬氨酸,缺乏 3 种氨基酸能显著降低其在细胞中的增殖,其中蛋氨酸的影响最明显。

6. 致病性

CDV 侵入机体后首先在上呼吸道及结膜上皮细胞复制，继而在局部淋巴结复制，后被淋巴细胞携带进入血液，产生初始毒血症，同时伴有第一次发热，此时病毒散播到网状内皮系统。在淋巴器官增殖的病毒被淋巴细胞及单核细胞携带进入血液，产生二次病毒血症，伴有第二次体温升高。因此，CDV 主要通过全身淋巴、血液和网状系统传播到全身。已知的受体包括信号淋巴细胞激活因子(SLAM)和细胞黏附分子家族 nectin-4 等。

犬瘟热病毒是一种传染性极强的病原体，在犬和水貂中极易传染。病毒在带毒犬中持续时间较长，能够垂直传播，也可通过直接接触或近距离飞沫传染。侵入途径为扁桃体、淋巴组织、呼吸道上皮和眼结膜。

7. 微生物学诊断

根据流行病学和临床特征可做出初步诊断，确诊需要进行实验室检查。

(1)病毒分离　犬瘟热病毒含有囊膜，且抵抗力较低，故不易分离。急性病例采集血液样本，亚急性病例采集内脏组织，慢性病例或神经症状病例主要采集脑组织。病料经处理后接种犬肾或貂肾原代细胞进行培养，也可以用犬和貂的巨噬细胞培养，然后用免疫荧光抗体技术或琼脂扩散试验进行鉴定。

(2)血清学诊断　在分离不到病原的情况下，可进行血清学诊断。包括中和试验、ELISA、琼脂扩散试验、免疫荧光技术、免疫胶体金技术和免疫组化技术等。中和试验可作为评价犬瘟热疫苗和监测免疫动物抗体水平的标准检测方法，ELISA 和免疫组化技术是犬瘟热诊断技术标准推荐的方法。

(3)分子生物学诊断　一步法、套式和荧光定量 RT-PCR 均可灵敏地检测出临床样品中的病毒 RNA。此外还有原位杂交、核酸探针和基因序列分析等。

8. 免疫防治

CDV 呈世界性分布，且在不同种类的动物间交叉感染，防控难度较大。康复动物可产生持续终身的免疫力。目前尚无特效药物，灭活疫苗因抗体滴度下降较快，免疫期较短，较少应用。目前一般使用弱毒疫苗，大多数犬瘟热疫苗株为鸡胚适应株、禽细胞适应株(Onderstepoort 株)或犬细胞培养适应株(Rockborn 株)。由于犬细胞适应株在免疫后有脑炎发生的报告，所以禽细胞适应株更为安全。异源麻疹病毒免疫幼犬产生保护与母源抗体互不干扰，幼犬母源抗体通常在 12 周以后下降到极低的水平。

(二)牛瘟病毒

二维码 22-1

(三)小反刍兽疫病毒

小反刍兽疫病毒(*Peste des petits ruminants virus*，PPRV)可引起山羊和绵羊发生小反刍

兽疫。该病传播速度快、死亡率高，被 OIE 确定为必须报告的动物传染病。1942 年首次在非洲西部的科特迪瓦发现，2007 年我国西藏阿里地区首次发生小反刍兽疫疫情，2013 年 12 月以来在我国新疆、甘肃、内蒙古、宁夏等省区先后发生小反刍兽疫疫情。在 OIE 新的分类中，是威胁养羊业的最严重和最主要的病原之一。

二维码 22-2

6. 致病性

病毒主要感染野生和家养偶蹄类小型反刍动物，不同品种易感性存在差异。幼龄动物比成年动物易感，哺乳期的幼畜抵抗力强。通常认为山羊比绵羊易感，但绵羊体内诱导产生的抗体滴度比山羊的高。

根据病毒毒力和诱发因素的不同，PPRV 感染病程可以分为超急性型、急性型、亚急性型和亚临床型 4 种类型，但 PPRV 通常都以急性型病程出现。

病毒主要通过直接接触传播，呼吸道和消化道黏膜是小反刍兽疫病毒的主要易感部位。该病毒感染性极强，健康动物可因直接接触感染动物的分泌物或排泄物而感染。病畜的鼻汁、唾液、粪便均含病毒。

7. 微生物学诊断

无菌采集病羊眼、口或鼻棉拭子和抗凝血，或刚死亡病畜的脾、胸腺、肠系膜和支气管淋巴结、肠黏膜、肺等组织进行相关诊断。

(1)微生物学诊断　病毒的分离费时费事，现在多不采用。可以选择几种不同的细胞系进行病毒分离，主要是通过逐日观察 CPE 来对病毒做出鉴定。

(2)血清学诊断　小反刍兽疫病毒大部分的血清学分析是基于核衣壳和血凝素-神经氨酸酶(HN)蛋白的抗体检测。国际兽疫局(OIE)推荐的检测抗原的琼脂凝胶免疫扩散试验已在很多国家被作为检测小反刍兽疫的有效方法。

(3)分子生物学诊断　我国科研人员开发了以 TaqMan 探针为基础的一步法实时实光定量 RT-PCR。该方法可用于检测小反刍兽疫病毒田间样本，在实验室可灵敏特异地快速检测小反刍兽疫临床病料。为了在野外样本中检测和量化 PPRV 谱系，科研人员针对在 N 基因可变核苷酸的 3′末端设计了引物和探针，开发了环介导等温扩增技术(LAMP)。

8. 免疫防制

疫苗接种是控制小反刍兽疫最有效的途径，目前疫苗包括：

(1)小反刍兽疫病毒同源减毒疫苗　有 Nigeria 75/1、Sungri/96、Arasur/87 和 Coimbatore/97 多重弱毒疫苗，其中 Nigeria 75/1 疫苗的免疫期可达 3 年之久。

(2)重组标记疫苗　标记疫苗对于保持病毒热稳定性，适应抵抗多种疾病的多价疫苗，区分感染与疫苗接种动物以及便于血清监测至关重要。

四、腮腺炎病毒属

二维码 22-3

五、呼吸道病毒属

二维码 22-4

六、肺病毒属

二维码 22-5

第二节　弹状病毒科

弹状病毒科病毒因其具有与其他病毒科不同的独特形态，形似子弹而得名。本科病毒家族包括了重要的动物和人类的病原体狂犬病病毒、水疱性口炎病毒和牛流行性热病毒，以及个别重要的鱼类弹状病毒，还有一些未明确分类地位的弹状病毒。

本科病毒分为 6 个属，包括水疱性病毒属、狂犬病病毒属、暂时热病毒属、弹状病毒属、胞浆弹状病毒属和核弹状病毒属。后两个病毒属均属于植物或无脊椎动物病毒。根据遗传学和血清学可以区分不同物种的弹状病毒，本科主要成员见表 22-3。

表 22-3　动物的弹状病毒及地理分布

病毒名称	地理分布
狂犬病毒属(*Lyssavirus*)	
狂犬病病毒(*Rabies virus*)	除南极洲的所有大陆
杜文哈根病毒(*Duvenhage virus*)	南非
欧洲蝙蝠狂犬病病毒 1 型、2 型(*European bat lyssaviruses* 1,2)	欧洲
澳大利亚蝙蝠狂犬病病毒 (*Australian bat lyssavirus*)	澳大利亚
蒙哥拉病毒(*Mokola virus*)	非洲中部
拉各斯蝙蝠病毒(*Lagos bat virus*)	非洲中部及南部
水疱病毒属(*Vesiculovirus*)	
水泡性口炎印第安纳病毒(*Vesicular stomatitis Indiana virus*)	美洲
水泡性口炎新泽西病毒(*Vesicular stomatitis New Jersey virus*)	美洲
水泡性口炎安拉高斯病毒(*Vesicular stomatitis Alagoas virus*)	阿根廷、巴西
鲤春病毒血症病毒(*Spring viremia of carp virus*)	全世界
白斑狗鱼病毒(*Pike virus*)	欧洲
暂时热病毒属(*Ephemerovirus*)	
牛暂时热病毒(*Bovine ephemeral fever virus*)	亚洲、非洲、澳大利亚
弹状病毒属(*Novirhabdovirus*)	
传染性造血器官坏死病毒(*Infectious hematopoietic necrosis virus*)	欧洲、北美
病毒性出血性败血症病毒(*Viral hemorrhagic septicemia virus*)	欧洲、北美
牙鲆弹状病毒(*Hirame rhabdovirus*)	日本
鳢弹状病毒(*Snakehead virus*)	东南亚

一、概述

病毒粒子外面包裹纤突糖蛋白,核衣壳螺旋对称,圆柱状核衣壳构成了弹状病毒的子弹状外形(图 22-3)。核衣壳由 RNA 和 N 蛋白复合物与 NS(ML)蛋白构成,外面包绕着含有 M 蛋白、双层脂质囊膜和囊膜上的突起。

病毒的核酸为线状单股负链 RNA,长度为11 000～15 000 nt,编码 5 种结构蛋白。水疱性口炎病毒印第安纳株的 5 种蛋白为:大蛋白 L、糖蛋白 G、核蛋白 N、非结构磷酸化蛋白 NS 和基质蛋白 M。在狂犬病病毒和其他弹状病毒中,把 NS 蛋白称作 Ml 蛋白,M 蛋白被称作 M2 蛋白。弹状病毒基因组的转录是由 N、L、NS 3 种蛋白形成一种功能性的转录复合物来完成的。N 蛋白与 RNA 的互相作用可抵抗高浓度盐,同时保护 RNA 不被核酸酶所降解,但可被蛋白变性剂 SDS 所裂解。N 蛋白还能刺激机体产生细胞免疫和体液免疫。NS(ML)蛋白是病毒聚合酶的一种成分,在感染细胞中以可溶性形式存在。它能阻止 N 蛋白的自身凝集,帮助 N 蛋白和 RNA 脱离核衣壳。NS(ML)也能刺激机体产生细胞免疫。位于病毒表面纤突的 G 蛋白,构成与宿主细胞受体结合的表面多聚体,诱导病毒的内吞和融合,其诱导的抗体能中和病毒，并刺激机体产生细胞免疫。某些成员 G 蛋白血凝素具有凝集鹅红细胞的功能。M(M2)蛋白是构成病毒粒子内部的主要蛋白质，结合于核衣壳与 G 蛋白的胞质区，好似一种胶合剂使病毒的脂质膜与核衣壳装配成紧密结构。M 蛋白是涉及病毒粒子出芽过程的唯一多肽，是病毒成熟不可缺少的成分。

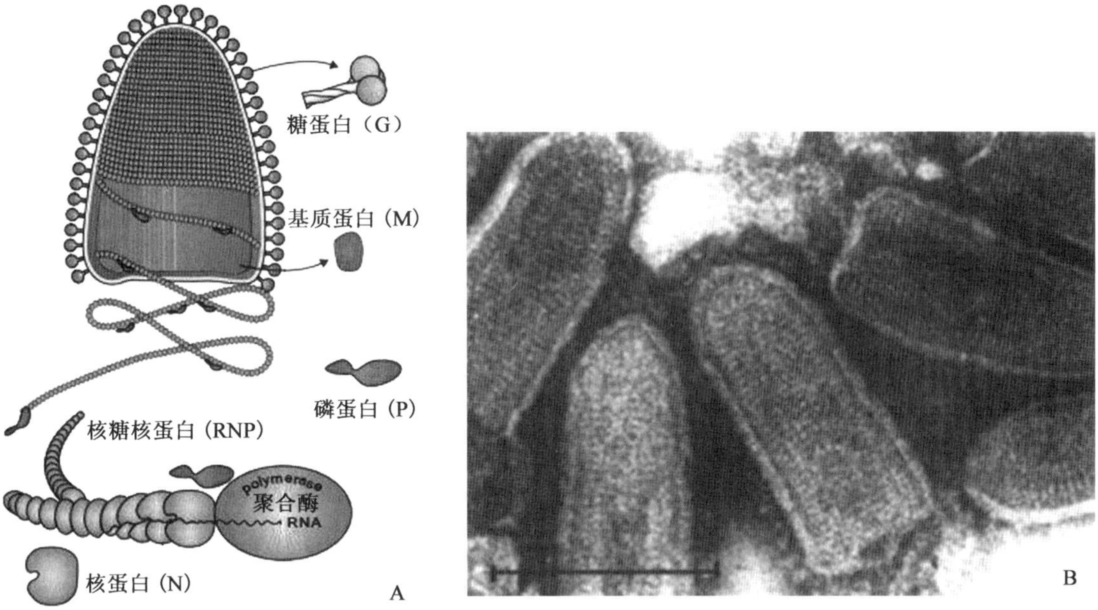

图 22-3　弹状病毒粒子模式图(A)和子弹状病毒颗粒(B)

［引自：N. James MacLachlan and Edward J. Dubovi 的 *Fenner's Veterinary Virology*(Fourth Edition)］

病毒通过受体介导的内吞作用进入宿主细胞，随后病毒囊膜与细胞内膜产生 pH 依赖性融合，最终病毒核衣壳进入细胞质进行复制。糖蛋白 G 是唯一一种参与受体识别和病毒进入细胞的蛋白。目前还没有发现弹状病毒的特异性受体，只确定了狂犬病病毒的某些非必须受体，包括神经受体 $p75^{NTR}$、肌肉型烟碱乙酰胆碱受体、神经细胞黏附因子以及细胞膜的其他组成部分等。磷脂酰胆碱是水疱性口炎病毒的受体，也是病毒性出血性败血症病毒的纤连蛋白。

弹状病毒复制首先是基因组 RNA 通过病毒聚合酶转录合成 mRNA，当足够数量的 N 和 P 得到表达后，转录就会发生转变，mRNA 转录转变为全长基因组正向链，是病毒的负链基因组 RNA 合成的模板。病毒的转录酶以病毒 RNA 作为模板，可转录产生 5 个单顺反子。病毒唯一启动子位于病毒基因组的 3′末端。聚合酶与基因组 RNA 模板上的启动子位点结合，随聚合酶沿病毒 RNA 移动，会在每个病毒基因的边缘遇到终止—起始信号。弹状病毒基因组内部的各个基因之间存在连接点，只有一小部分聚合酶能够通过这些连接点继续转录，这种转录机制被称为衰减转录。其结果导致病毒 3′端的基因充分转录为大量的 mRNA，而下游基因转录合成的 mRNA 逐渐减少：N＞P＞M＞G＞L。因此，结构蛋白如核衣壳蛋白的合成量远大于 L 蛋白。

二、狂犬病病毒

狂犬病病毒(*Rabies virus*，RV)是狂犬病病毒属的代表种，是引起人和恒温脊椎动物狂犬病的病原，属于一种嗜中枢神经系统的病毒。

狂犬病俗称疯狗症或恐水病，是最早发现的人兽共患疾病。公元前335年，Aristotle发现疯狗咬人而感染发病。该病主要表现为神经症状，有兴奋型和麻痹型两种，没有接受疫苗免疫的感染者，中枢系统感染并出现神经症状后，病死率几乎为100%，是迄今为止人类病死率最高的急性传染病。

1. 形态结构

病毒粒子底部平，另一端钝圆，呈子弹状。表面纤突排列整齐，病毒内部为螺旋形的核衣壳，由单链RNA和蛋白质组成。

2. 基因组结构及其编码蛋白

本病毒基因组为单股负链RNA，全长为11 932 nt。从3′端到5′端依次为N-P-M-G-L，基因间隔区将结构基因隔开，长度分别为2、5、5、423个核苷酸。在基因组的3′端和5′端分别有58和70个核苷酸的非编码区。病毒有5种结构蛋白，分别为N、P、M、G和L蛋白。L蛋白是依赖RNA的RNA多聚酶，是狂犬病病毒的聚合酶蛋白，序列最长，主要与病毒基因组扩增复制、转录及翻译和转录后加工等过程有关；G蛋白为糖蛋白，有红细胞凝集能力，为病毒表面的糖蛋白突起，是狂犬病毒保护性抗原，能诱导机体产生中和抗体，也是狂犬病毒研究最深入且有开发性的蛋白；N蛋白是组成病毒粒子的主要核蛋白，高度保守；M为基质蛋白，是5种结构蛋白中分子量最小，长度最短，变异也较大；P蛋白通过不同的起始密码子有5种表达方式，其中有2种位于细胞质中，3种分布于细胞核中。病毒基因组RNA和N、P、L蛋白构成RNP。RNP被病毒囊膜蛋白M、G和囊膜包裹。

3. 理化特性

病毒在氯化铯溶液的浮密度为1.16～1.2 g/cm^3，在自溶脑组织中可存活10 d左右，冻干可长期保存。病毒保存活力依保存温度不同而有差异，室温中不稳定，反复冻融可使病毒灭活。56℃ 15～30 min可使病毒灭活。病毒可凝集鹅和1日龄雏鸡的红细胞，最适凝集pH为6.2、温度为0～4℃。凝集鹅红细胞的能力可被特异性抗体所抑制。

4. 抗原性

在自然界中分离的狂犬病病毒流行毒株称“街毒”，对动物的感染力强。将其直接接种到兔和其他动物脑中进行长时间的连续传代，可使潜伏期缩短和固定化，末梢感染性减少，尼氏小体出现频率降低，神经组织亲和性增强，这种病毒称为“固定毒”。

实验证实，即使流行的时间和地域不同，分离的毒株在抗原性上都十分接近。用补体结合试验、琼脂免疫扩散试验和荧光免疫技术等均可测出具有共同的核蛋白抗原，但应用“肽链图谱技术”发现，同地区分离的街毒之间存在抗原差异，只是这种抗原差异不影响对动物的免疫保护力。

狂犬病病毒的分型有血清型和基因型两种。狂犬病病毒属分为4个血清型，其中血清Ⅰ型主要为狂犬病病毒，血清Ⅱ型为Lagos蝙蝠病毒，血清Ⅲ型为Mokola病毒，血清Ⅳ型为Duvenhage病毒。根据狂犬病病毒的核蛋白、糖蛋白和磷蛋白分，进一步增加到7个基因型，除上述4个型外，基因5型EBLV-1、基因6型EBLV-2、基因7型澳大利亚蝙蝠狂犬病病毒，基因5、6和7型为我国没有的蝙蝠源狂犬病毒。基因2～6型在非洲和欧洲发现，我国的分离株均属于1型。

5. 培养特性

病毒可在5～6日龄鸡胚的绒毛尿囊膜接种增殖，也可在多种原代细胞和细胞系如BHK-21、兔内皮细胞系、蝰蛇细胞系VSM株、小鼠脊管膜瘤细胞系中增殖。其中，对BHK-21和VSM细胞极其敏感，可产生细胞病变。在乳鼠脑内接种可获得高滴度的病毒，因此乳鼠常用于病毒传代。

6. 病原性

被咬伤后，患狂犬病的概率与感染剂量、基因型、被咬部位、严重程度和动物种类有关。患病动物的咬伤通常会使病毒进入到肌肉和结缔组织，在皮肤破损的情况下，通常会发生感染。病毒从入口部位可直接进入外周神经复制，也可以在肌细胞中完成第一轮的复制扩增再进入外周神经。病毒侵入外周神经系统，在感觉或运动神经末梢，病毒与受体特异性结合，并在神经肌肉接头处释放神经递质乙酰胆碱。神经元的感染和轴突内病毒的被动运输最终会导致中枢神经的感染。随后便依次发生神经元感染和神经功能障碍等一系列症状。病毒扩散到大脑边缘系统后大量复制，此时伴随的临床症状即为狂躁；随着病毒在中枢神经系统中的不断扩散，病程逐渐发展到麻痹型狂犬病的临床症状：抑郁，昏迷，呼吸骤停，最终死亡。当病毒在中枢神经系统内复制时，病毒从脑沿传出神经扩散至唾液腺等器官，在其内复制并以很高的滴度分泌到唾液中。因此，患病动物的唾液有高度传染性。

狂犬病病毒可以感染几乎所有的恒温动物，许多动物既是宿主也是传播媒介，猫和狗是RV向人类传播的主要媒介。在南美洲、非洲等地区，蝙蝠是主要的传播媒介。由于患病动物唾液中含有病毒，因此可通过咬伤的皮肤、黏膜感染；也可通过气溶胶经呼吸道感染；人误食患病动物的肉可经消化道感染；在人、犬、牛及实验动物也有经胎盘垂直传播的报道。伤口的部位越靠近头部和前肢或伤口越深，发病率越高。

7. 微生物学诊断

狂犬病的临床症状是高度可变的，要确诊需进行实验室检查。患病动物神经元内的尼氏(Negri)小体是感染狂犬病最显著的特点。通常要确定咬人的动物是否患狂犬病，需做脑组织切片，检测Negri小体。大多数国家狂犬病的实验室诊断，只能在经过批准的实验室由专业人员进行。

(1)Negri小体检查　取濒死期或死于狂犬病的患畜的脑组织作切片染色镜检，检查Negri小体。Negri小体位于神经细胞浆内，直径3～10 μm不等，呈棱形、圆形或椭圆形，呈嗜酸性的鲜红色，神经细胞呈蓝色，间质呈粉红色，红细胞呈橘红色。

(2)动物接种　将研磨的脑组织用生理盐水制成10%悬液，低速离心15～30 min，取上清液(应为无菌，如污染可加青霉素、链霉素各1 000 U/mL，作用1 h)脑内接种10只小鼠，剂量为0.01 mL/只，一般在接种后9～11 d死亡。为了及时确诊，可于接种后5 d开始，逐日杀死1只小鼠，检查其脑内的Negri小体。但必须注意与其他病毒感染引起的胞浆内包涵体相区别，其他病毒感染出现的包涵体大小不像Negri小体那样大小悬殊。

(3)荧光抗体检查　取病死动物脑组织制成触片或切片，−20℃丙酮固定4 h，用直接荧光法或阻断对比法进行荧光抗体染色检查。若以正常鼠脑组织悬液吸附的阻断对比法和直接荧光法的荧光抗体染色触片或切片，则呈现特异性荧光(胞浆内亮黄色的荧光颗粒和荧光斑块),以感染鼠脑液吸收的阻断法和直接荧光法的阴性对照荧光抗体染色,则不呈现特异荧光,即可确诊为狂犬病。

(4)病毒分离　取脑和唾液腺等材料用缓冲盐水或含10%灭活豚鼠血清的生理盐水研磨成10%乳剂,低速离心或静置,取上清液脑内接种5~7日龄乳鼠,每只注射0.03 mL,每份标本接种4~6只乳鼠。唾液或脊髓液则经离心沉淀和用抗生素处理后,直接用于接种乳鼠。乳鼠在接种后继续由母鼠同窝哺养,3~4 d后如发现发病,即可取脑作包涵体检查,并制成抗原,进行病毒鉴定。如经7 d仍不发病,可杀其中2只,剖取鼠脑制成悬液,通过乳鼠传代。如第二代仍不发病,可再传代,连续盲传3代。第1、2、3代总计观察4周而仍不发病者,视为阴性结果。新分离的病毒可用电子显微镜直接观察,或者应用抗狂犬病特异免疫血清进行中和试验或血凝抑制试验加以鉴定。

(5)血清学试验　由于血清阳转较晚及感染宿主多死亡,病毒中和试验或ELISA不适合常规的诊断,但可用于流行病学调查。

(6)分子生物学诊断　目前已经建立了针对N基因的RT-PCR诊断方法,达到快速诊断的目的。

8.免疫防制

感染狂犬病病毒的动物几乎均以死亡告终,所以不存在发病后免疫和治疗的问题。狂犬病疫苗接种应采取以下措施:对犬等动物主要实施预防性接种;对人则是被患病动物咬伤后进行紧急接种,使机体在"街毒"侵入中枢神经系统之前产生较强的主动免疫,从而防止临床发病。

用于预防接种的狂犬病疫苗分为两大类:一类为鸡胚疫苗,目前应用最为广泛的是Flury疫苗。此类疫苗分为LEP(鸡胚低代株)和HEP(鸡胚高代株)疫苗。LEP系经鸡胚传代40~50代,仍具较大毒性,但对犬不致病且仍保持免疫原性,1次免疫犬的有效期为3年。另一类为组织培养疫苗,包括鸡胚成纤维细胞LEP疫苗(LEP-CETC)、仓鼠肾细胞LEP疫苗(LEP-HKTC)、猪肾细胞ERA疫苗、犬肾细胞HEP疫苗(HEP-CKTC)和仓鼠肾细胞CVS疫苗。前4种为活毒疫苗,后一种为灭活疫苗。用上述疫苗免疫接种犬的免疫期可达3年。

我国犬的狂犬病疫苗有仓鼠肾原代细胞弱毒疫苗、羊脑弱毒疫苗或灭活疫苗及Flury LEP株的BHK-21细胞培养弱毒疫苗。上述疫苗的免疫期均在1年以上,在控制犬的狂犬病、降低人群死亡率方面起到了积极作用。

三、牛暂时热病毒

二维码 22-6

四、水泡性口炎病毒

二维码 22-7

第三节　丝状病毒科和波纳病毒科

一、丝状病毒科

丝状病毒科(*Filoviridae*)分两个属:马堡病毒属(*Marburg virus*)及埃博拉病毒属(*Ebola virus*),前者仅 1 种:维多利亚湖马堡病毒(*Lake Victoria Marburg virus*);后者有 4 种:扎伊尔埃博拉病毒(*Zaire Ebola virus*)、苏丹埃博拉病毒(*Sudan Ebola virus*)、塔伊森林埃博拉病毒(*Tai Forest Ebola virus*)(又名科特迪瓦埃博拉病毒,*Cote d'Ivoire Ebola virus*)及莱斯顿埃博拉病毒(*Reston Ebola virus*)。丝状病毒具有遗传稳定性,埃博拉病毒的分离株无变异。

丝状病毒科成员令科研人员很感兴趣:①与单股负链病毒目其他成员在基因组和复制模式上相似,但形态学上很特殊;②病毒能引起大面积暴发,被认为具有大规模流行的趋势;③病毒能在人类和非人类灵长类动物中引起毁灭性的疾病,并快速地造成组织损伤,死亡率极高;④是明显的人兽共患病,但其流行病学还有许多问题需要阐明。

最近的证据表明,果蝠可能是埃博拉病毒和马尔堡病毒的储存宿主。本科病毒为 4 级生物安全水平病原体,必须在生物安全等级 4 级实验室(BSL-4)中进行相关研究,避免人类感染。目前,我国仅中国科学院武汉国家生物安全实验室满足此条件。

二维码 22-8

二、波纳病毒科

二维码 22-9

复习思考题

1. 单股负链病毒有哪些成员？有何特点？
2. 副黏病毒科如何分类？有哪些重要病毒？
3. 试述新城疫病毒的致病机理、检测手段和预防措施。
4. 阐述犬瘟热病毒的致病特点及检测。
5. 简述小反刍兽疫病毒的基因组特点、检测方式以及疫苗种类。
6. 试述狂犬病病毒的致病机理及如何控制野生动物狂犬病病毒的传播。

第二十三章　单股负链分节段的 RNA 病毒

【内容提要】 单股负链分节段的 RNA 病毒有正黏病毒科、布尼亚病毒科及砂粒病毒科。正黏病毒科的代表是 A 型流感病毒,基因组分为 8 个片段。兽医上重要的流感病毒有禽流感病毒、猪流感病毒、马流感病毒等,尤其是高致病性禽流感病毒,是引起高致病性禽流感的病原,可引起家禽的高致死率和人的感染。布尼亚病毒科多为虫媒病毒,基因组分为 3 个环状节段,其中的裂谷热病毒是重要的人兽共患病裂谷热的病原。砂粒病毒科有些是重要的人类致病病毒,主要以啮齿类动物为宿主。

第一节　正黏病毒科

一、概述

正黏病毒科(*Orthomyxoviridae*)中最初发现的成员是流行性感冒病毒(简称流感病毒)。流感病毒引起的疾病和疫情早在公元前 412 年希腊医学之父希波克拉底的医学记载中就有相关的描述。

流感的病原最早在 1930 年从猪体内被分离发现,1933 年从人体分离出流感病毒,1940 年发现了在抗原性上与 A 型流感病毒完全不同的 B 型流感病毒,1947 年又发现了抗原性与 A 型和 B 型流感病毒均不同的 C 型流感病毒。1955 年发现流感病毒可以感染鸡,1961 年第一次从野鸟中分离到高致病性禽流感病毒,1972 年第一次从野鸟中分离到低致病性禽流感病毒。水禽特别是鸭、岸禽等禽类是低致病性禽流感病毒的储存宿主。病毒通过野鸟的粪-口传播循环,持续不断地演化与重组。

1. 分类与命名

正黏病毒科属于单股负链 RNA 病毒目,有 5 个病毒属:A 型流感病毒属(*Influenzavirus* A,又称甲型流感病毒属)、B 型流感病毒属(*Influenzavirus* B,又称乙型流感病毒属)、C 型流感病毒属(*Influenzavirus* C,又称丙型流感病毒属)、托高土病毒属(*Thogotovirus*)和鲑传染性贫血病毒属(*Isavirus*)。其中 A 型流感病毒属、B 型流感病毒属和 C 型流感病毒属的分类主要是根据病毒颗粒中核蛋白(NP)和膜蛋白(M)的抗原性及其基因进化关系的不同来划分。托高土病毒属、鲑传染性贫血病毒属与流感病毒属之间没有抗原交叉性,但其基因的起源及部分序列具有一定的同源性。

A 型流感病毒是感染人、马、猪和禽的常见病原体,还可感染貂、海豹、鲸、犬和虎等动物,是正黏病毒科中对人和动物危害最大的病毒。A 型流感病毒可从动物跨种传播给人,造成人间流行。B型流感病毒仅感染人，仅有过2例感染海豹的报道。C型流感病毒可以感染人与猪，但很少引起严重的疾病。托高土病毒是以蜱为媒介的虫媒病毒，可感染人和多种哺乳动物，其宿主主要分布在非洲、欧洲、亚洲，目前对该病毒的致病性仍不是很清楚。鲑传染性贫血病毒是鲑传染性贫血病毒属的唯一成员，宿主为大西洋鲑鱼，是人工饲养大西洋鲑的重要病原。

根据A型流感病毒表面的血凝素(HA)及神经氨酸酶(NA)蛋白结构及其基因特性的不同，可将A型流感病毒分为不同的亚型。目前已经发现18个HA亚型及11个NA亚型，其中除了H17N10和H18N11来源于蝙蝠外，其他亚型均来源于禽类。

根据世界卫生组织的规定，流感病毒毒株的命名包含以下6个要素：型(种)别/宿主/分离地区/毒株序号/分离年份(亚型)；对于B型和C型流感病毒省略亚型信息。

虽然存在各种基因重组的可能，但是只有以下几种组合的结果会导致重要病原出现：①H7N7及H3N8，引起马呼吸道疾病，过去称为马流感病毒1型和2型；②H1N1及H3N2，通常从猪体内分离；③H7N7及H4N5，从患呼吸道及全身疾病的海豹体内分离；④H10N4，从患呼吸道疾病的貂体内分离；⑤H1N1、H2N2、H3N2以及H5N1，可能还有H3N8，引起人呼吸道疾病；⑥几乎所有HA与NA的组合都在禽类发现，其中H5N1及H7N7的强毒株可引起家禽高致病性禽流感，并且可感染人。

2. 病毒形态与结构

病毒颗粒呈多形性或球形。新分离的多为丝状，长度可达几微米，经鸡胚或细胞多次传代后，病毒颗粒多呈球形(图23-1)。病毒颗粒直径80～120 nm，外有囊膜，表面约有500个糖蛋白纤突，长10～14 nm，直径4～6 nm，包括1～3种糖蛋白和1～2种非糖基化蛋白。病毒核衣壳呈螺旋形对称。

囊膜与基质蛋白(M1，分子质量28 000 u)相连，另一种基质蛋白M2(分子质量11 000 u)的四聚体插入M1，构成少量的离子通道。纤突糖蛋白有两种，一种为棒状的血凝素蛋白(HA，分子质量63 000 u)，由同源三聚体组成；另一种为蘑菇状的神经氨酸酶(唾液酸酶)蛋白(NA，分子质量50 000 u)，由同源四聚体组成，分头部及茎部(图23-2)。此外还有NS1(分子质量25 000 u)和NS2(分子质量14 000 u)两种非结构蛋白。C型流感病毒只有一种糖蛋白纤突，为血凝素脂酶(HE，未糖基化，分子质量72 100 u)具有血凝素及神经氨酸酶的双重活性。

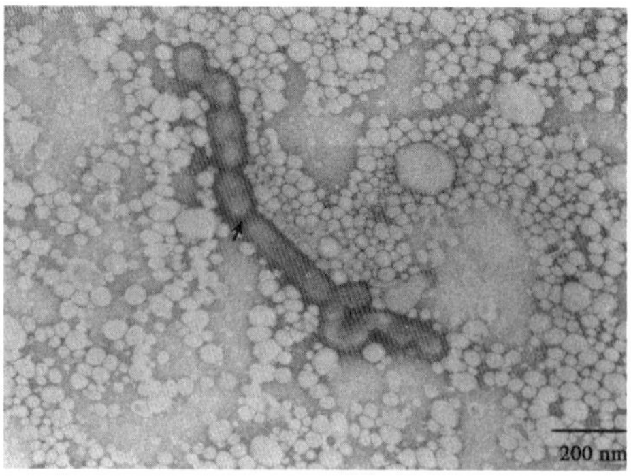

图23-1 鸡胚尿囊液中的禽流感病毒
(引自：邹啸环主编《动物病毒图谱》)

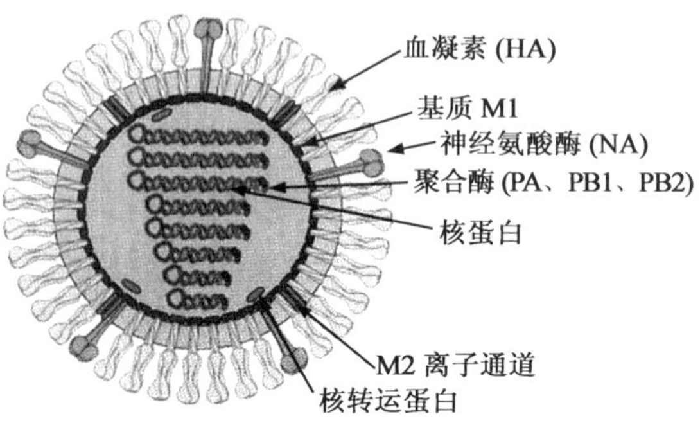

图23-2 典型正黏病毒结构模式图

病毒基因组由多个节段的线状负链单股RNA组成：A型和B型流感病毒、鲑传染性贫血病毒的基因组分8个节段，C型流感病毒分7个节段，托高土病毒分6个节段。单个节段长度为736～1 396 nt，总长度10 000～13 600 nt。每个节段的两端具有末端重复序列，所有节段的3′端相同。基因组的各个节段一端形成环，由核衣壳蛋白(NP，分子质量560 000 u)包裹。与RNA相连的有3个P蛋白(PB1、PB2及PA，分子质量分别为87 000 u、84 000 u及83 000 u)，构成病毒RNA聚合酶。PB1、PB2及PA分别由RNA节段1～3编码，HA、NP、NA分别由4、5、6节段编码，第7、8节段分别编码M1、M2以及NS1、NS2，HE由节段4编码(图23-2)。

3. 主要生物学特性

流感病毒的转录及RNA的复制在细胞核内，加帽的细胞RNA 5′端被用作mRNA转录的引物。经细胞膜出芽成熟释放。病毒复制过程中常产生缺损性干扰颗粒及基因重配。

A型流感病毒毒株的增殖具有比较明显的宿主特异性，但各型流感病毒均可在鸡胚中很好地增殖。最常用的方法是鸡胚尿囊腔接种，从临床材料中分离病毒时通常选用羊膜腔接种。C型流感病毒只能在羊膜腔增殖。除了在鸡胚中增殖外，流感病毒也可在牛肾细胞、鸡胚肾细胞、羊胚肾细胞、猴胚肾细胞内增殖。

A型流感病毒的抗原性主要由表面蛋白HA和NA决定，抗原性十分复杂，且在持续不断地发生着变化。主要有2种方式：抗原漂移(antigenic drift)和抗原转换(antigenic shift)。抗原漂移是指HA或NA上单个或多个氨基酸的变化；抗原转换则是这两个抗原分子发生了重大的抗原性改变而导致新亚型的产生，抗原转换是基因节段的替换，即基因重配的结果。

与A型流感病毒不同，B型流感病毒属内病毒之间没有显著的抗原亚型区分。C型流感病毒相对稳定，也没有形成亚型，但不同流行株之间存在着抗原性差异。C型流感病毒与A型和B型流感病毒之间不存在交叉反应。托高土病毒属的病毒包括两个不同的抗原群，该病毒属成员与其他病毒属成员之间无抗原相关性。鲑传染性贫血病毒只有一个抗原群，与流感病毒之间也无已知的抗原相关性。

正黏病毒科成员能凝集多种动物的红细胞，A型和B型流感病毒可在常温下凝集人、猴、豚鼠、犬、貂、大鼠、小鼠、蛙、鸡等许多动物红细胞，而对于牛、羊、猪、兔、猫、仓鼠的红细胞，4℃条件下凝集效果较好。C型流感病毒能轻度凝集鸡、大鼠、小鼠和蛙的红细胞，且只能在4℃条件下发生凝集。托高土病毒和鲑传染性贫血病毒只能凝集特定种类动物的红细胞。

二、A型流感病毒属

A型流感病毒宿主十分广泛，包括人、马、猪、禽类、貂、海豹、鲸等多种动物，还可人工感染雪貂、小鼠、仓鼠、豚鼠以及灵长类动物。

20世纪以来，造成人类呼吸道疾病流行的A型流感病毒有H1N1、H2N2和H3N2亚型。1997年和2003年H5N1亚型禽流感在香港家禽中暴发和流行的同时也引起了人类的感染和高致死率。2013年发生了H7N9亚型禽流感病毒感染人的事件，散发病例不断。

在A型流感病毒中，H7N7亚型和H3N8亚型病毒被命名为马甲1型和马甲2型流感病毒，引起马的呼吸道疾病。

猪体内常可分离到H1N1和H3N2亚型流感病毒。近年来分离自猪体内的H1N1亚型流感病毒主要可划分为3个血清型：古典的猪H1N1、类禽H1N1和类人H3N2毒株。

在A型流感病毒中，H7N7和H4N5亚型流感病毒曾经在海豹中引起暴发。太平洋海域的鲸鱼曾经感染了H1N3亚型流感病毒。H10N4和H3N2亚型流感病毒也曾在水貂中引起感染暴发。除了新近发现的H17和H18亚型外，几乎所有HA、NA亚型的各种组合的流感病毒均曾从禽类体内分离到，特别是野生水禽、鸡、火鸡和鸭子。

流感病毒对不同禽类的致病性可表现为非显性感染到严重感染，直至引起全身感染，并伴随致死率不等的致病谱。

A型流感病毒感染引起的疾病，通常根据其感染宿主的种类进行命名，目前已经确认的疾病包括马流感、猪流感、禽流感和人流感。

（一）禽流感病毒

禽流感病毒（*Avian influenza virus*，AIV）是禽流行性感冒（禽流感）的病原。禽流感于1878年首次发生在意大利，1900年发现病原体，1955年经血清学证实，病原属于A型流感病毒。20世纪70年代开始，人们注意到，水禽广泛存在的禽流感病毒是流感病毒的“基因库”，并对家禽业构成潜在威胁。禽流感病毒的高致病力毒株对鸡有致病性，旧称“真性鸡瘟”（fowl plague），现名高致病性禽流感（highly pathogenic avian influenza，HPAI），是OIE规定的通报疫病。

1. 致病性

水禽是禽流感病毒的自然储存宿主，在其自然宿主中禽流感病毒的进化几乎是静止的。禽流感病毒一旦从水禽传播到家禽或陆生禽类，即改变宿主后，其进化和变异速度大大加快。

本病毒毒力有很大差异。高致病力毒株主要有H5N1和H7N7亚型的某些毒株。禽流感病毒能感染人，某些毒株甚至可以不经猪体混合重配再传染的过程，直接感染人。20世纪90年代开始，就出现了人类感染禽流感病毒发病的事例，但未出现过人与人之间的相互传播或引发流行。

高致病力毒株引起鸡和火鸡突发性死亡，常无可见症状。日龄较大的鸡可耐过48 d，然后表现为产蛋下降、呼吸道症状、下痢、头部尤其是鸡冠水肿等。低致病力毒株主要为H9亚型，也引起产蛋下降、呼吸道症状等。

毒力因子除HA和NA外，还包括NP基因及聚合酶基因等表达产物的综合作用。非结构蛋白NS1具有抗干扰素活性，有助于病毒感染。

未裂解的HA无感染性，只有在靶器官呼吸道及肠道组织相应的蛋白酶作用下，HA裂解为HA1和HA2，暴露出融合肽段，才能够通过融合进入宿主细胞。已知高致病力毒株与低致病力毒株H裂解位点的氨基酸序列有差异，前者为-X-X-精氨酸-X-精氨酸/赖氨酸-精氨酸-（X为非碱性氨基酸）。低致病力毒株仅有单个精氨酸，切割率极低，不易裂解。能否裂解和融合不仅取决于毒株和组织，也与宿主种类有关，如甲型/鸡/苏格兰/59（H5N1）和甲型/安大略/7732/66（H5N9）分别对鸡及火鸡毒力更强。近年来分离的H5亚型高致病力毒株对家养的鸭、鹅及野生的雁和天鹅等也具有强致病性。

除HA是否富含碱性氨基酸之外，NA茎部26个氨基酸缺失变短及PB2蛋白第627位氨基酸由谷氨酸突变为赖氨酸，也可以导致病毒的毒力变强。受体的分布影响病毒的细胞嗜性。禽流感病毒偏嗜禽源细胞的α-2,3半乳糖苷（SAα-2,3 Gal），人的上呼吸道上皮细胞表面没有该受体。禽流感病毒 H5N1 在特殊情况下也可感染人，是因为人的下呼吸道上皮细胞表面存在 SAα-2,3 Gal 受体。也正因为如此，禽流感病毒难以在人群之间传播。

哺乳动物的流感病毒仅在呼吸道和肠道增殖，但禽流感病毒的大多数强毒株感染鸡或火鸡可出现病毒血症，导致胰腺炎、心肌炎、肌炎及脑炎等。大量病毒可通过粪便排出，在环境中长期存活，尤其是在低温的水中。

2.微生物学诊断

禽流感的诊断根据临床症状和病理变化可作出初步判断。确诊需进一步进行实验室诊断。高致病力毒株的分离及进一步鉴定需送国家级的参考实验室完成。

实验室诊断时，应按标准方法进行样品采集：用于病原鉴定。可采集病死禽的气管、肺、肝、肾、脾、泄殖腔等组织样本。活禽可用棉拭子采集病禽的喉头及气管分泌物。样品短时间内(48 h 内)处理可置于 4℃冰箱保存，长时间待检应放于－70℃低温下保存。用于血清学检查时，应采用急性期、恢复期的双份血清，－20℃冷冻保存。

(1)病毒检测　取处理样品接种 9～11 日龄鸡胚尿囊腔，37℃孵化 4～7 d，分离病毒。而后进行血凝试验、电镜检查或琼脂扩散试验、定型试验和致病性试验。

(2)抗体检测　血凝试验(HA)和血凝抑制试验(HI)是亚型鉴定的常用方法，但不能检出新的 HA 亚型的禽流感病毒。

(3)核酸检测　包括 RT-PCR、实时荧光 RT-PCR、生物芯片等。特别是实时荧光 RT-PCR 在流感快速诊断与大规模监测中发挥着重要的作用。WHO 建议了检测 H5N1 亚型高致病性禽流感病毒实时荧光 RT-PCR 检测方法：提取样品中的病毒 RNA，进行反转录。应用 LightCycler®-FastStart™ DNA HyProbes 试剂盒(Roche)进行荧光定量 PCR 检测，当 H5 与 M 基因检测均为阳性时，可判断检测样品中 H5 亚型流感病毒为阳性。

(4)病毒毒力分析　可将分离病毒做空斑试验，检测其毒力。有毒力的毒株能产生空斑，无毒力的毒株则不出现空斑。高致病性禽流感病毒判定标准有 OIE 分类标准和欧盟 IVPI 指数测定标准两种。

OIE 规定的毒株高致病性标准为：将含病毒的鸡胚尿囊液原液用灭菌生理盐水做 1∶10 稀释，静脉内接种 4～8 周龄 SPF 鸡 8 只，每只 0.2 mL，隔离饲养观察 10 d，死亡≥6 只者，判定为 HPAI 病毒。此外，OIE 还规定，不论 H5 或 H7 亚型分离株上述雏鸡致病力结果如何，只要其 HA 裂解点氨基酸序列与高致病力毒株相似，也判为 HPAI 病毒。

欧盟对高致病性禽流感病毒判定标准是：接种 6 周龄 SPF 鸡，其 IVPI 大于 1.2 或者核苷酸序列在血凝素裂解位点处有一系列的连续碱性氨基酸存在的 H5 或 H7 亚型流感病毒均判定为高致病性禽流感病毒。

静脉接种指数(IVPI)的测定方法是：收获接种病毒的 SPF 鸡胚尿囊液，测定其血凝价＞1∶16，将含有病毒的尿囊液用灭菌生理盐水稀释 10 倍(切忌使用抗生素)，将此稀释液以 0.1 mL/羽静脉接种 10 只 6 周龄 SPF 鸡，2 只同样鸡只接种 0.1 mL 稀释液做对照(对照鸡不应发病，也不计入试验鸡)。每隔 24 h 检查鸡群一次，共观察 10 d。用数字方法每天记录每只鸡的症状：正常鸡记为 0，病鸡记为 1，重病记为 2，死鸡记为 3。一般病鸡表现有下述一种症状，而重病鸡表现下述多个症状，如呼吸症状、沉郁、下痢、鸡冠和(或)肉髯发绀、脸和(或)头部肿胀、神经症状。死亡鸡在其死后的每次观察都记为 3。

IVPI 值=每只鸡在 10 d 内所有数字之和/(10 只鸡×10 d)

如指数为 3.00,说明所有鸡 24 h 内死亡;指数为 0,说明 10 d 观察期内没有鸡表现临床症状;当 IVPI 值大于 1.2 时,判定分离株为高致病性禽流感病毒(HPAIV)。

3. 防控

高致病性禽流感被 OIE 列为通报疫病,一旦发生应立即通报。高致病性禽流感的防治措施主要采取免疫、监测、检疫、监管相结合的综合防治措施。养禽场还应侧重防止病毒由野禽传给家禽,要有隔离设施阻挡野禽。

(二)猪流感病毒

猪流感病毒(*Swine influenza virus*, SIV)能引起猪的一种急性、传染性呼吸道疾病,称为猪流感。临床上以突发高热、精神沉郁、食欲废绝、呼吸困难、阵发性咳嗽为特征。猪感染病毒后死亡率不高,可迅速康复。猪流感更多见于和其他疫病,如猪繁殖与呼吸综合征、猪传染性胸膜肺炎、猪链球菌等的并发或继发感染,使病情复杂严重,导致猪只的死亡率升高。

1. 致病性

1918 年,美国中北部人流感大流行时首次报道猪流感。目前流行的 SIV 主要有 H1N1、H3N2 和 H1N2 亚型,系统进化分析又可将其分为猪古典 H1N1、类禽 H1N1、类人 H3N2、基因重配 H3N2 及各种基因型 H1N2 亚型。

猪流感发病率高(100%),死亡率很低(小于 1%),多数死亡是由于并发细菌感染而引发的支气管肺炎所致。患病猪体温高于 42℃,主要为呼吸道症状,如咳嗽、喷嚏、鼻炎、流鼻涕等。常常表现为地方性流行或大流行,同群猪往往多头同时发病;病程较短,如无继发感染,通常 7~10 d 内可康复。如有继发感染,可使病情恶化,导致出血性支气管肺炎或肠炎而死亡。猪流感病毒也感染火鸡,引起呼吸道病及产蛋下降或产异常蛋。

SIV 及人流感病毒对唾液酸 α-2,6 半乳糖苷(SAα-2,6Gal)具有亲嗜性,而 AIV 和马流感病毒(EIV)对唾液酸 α-2,3 半乳糖苷(SAα-2,3Gal)具有亲嗜性。人呼吸道上皮细胞表面主要含 SAα-2,6Gal 受体,马呼吸道和禽肠道上皮细胞主要含 SAα-2,3Gal 受体,而猪呼吸道上皮细胞既有 SAα-2,6Gal 受体,又有 SAα-2,3Gal 受体,所以猪对 AIV 和人流感病毒均易感。鉴于此,猪被认为是人、禽和/或猪流感病毒基因重排产生流感病毒新亚型的“混合器”。

感染模式与一般呼吸道感染相似,病毒经气雾进入体内,然后在数小时之内即迅速感染鼻腔、气管及支气管上皮细胞,引起肺脏局部炎症。由于上皮表层完全脱落,坏死细胞的残屑可堵塞小支气管,从而导致肺泡膨胀不全、慢性纤维性肺炎及气肿。

2. 微生物学诊断

确诊需要进行病毒分离,或采用 RT-PCR、血吸附试验及免疫学手段。

从活体内分离病毒可采用鼻黏膜拭子。采集的拭子放在适当的溶液,如生理盐水、PBS、MEM 中尽快送往实验室。病死猪则采集病变的上呼吸道和肺组织。样品经无菌处理后接种鸡胚或敏感细胞(如 MDCK 细胞),于 33~35℃孵育 48~72 h 后,收集尿囊液或细胞培养液进行 HA 试验以证明是否有流感病毒的存在。若初次分离物无 HA 活性,则再盲传两代。用 HI 试验和神经氨酸酶抑制试验可确定分离到的流感病毒的血凝素及神经氨酸酶亚型。

3. 防控

本病的主要预防措施为严格的生物安全和合适的疫苗免疫。因猪是人与禽流感病毒的

“混合器”，所以应防止猪与其他动物，特别是家禽的接触。猪感染痊愈后，可产生比较坚强持久的免疫力，极少发生二次感染。但康复猪可较长时间排毒，成为传播本病的慢性带毒者。

（三）马流感病毒

二维码 23-1

三、B 型流感病毒属

B 型流感病毒属（*Influenza virus* B）的代表种为 B 型流感病毒（*Influenza B virus*），目前仅此一种病毒。种内病毒按同源性划分成簇，形成不同的谱系。由于病毒的变异和不同谱系病毒之间的基因重组，不断有新的谱系出现。尽管不同谱系之间存在抗原性差异和序列差异，但这些均不足以划分为不同的种。

本属病毒特征包括：基因组分 8 个节段。病毒 RNA 末端 5′保守序列为 AGUAG(A/U)AACAA，3′端保守序列为 UCGUCUUCGC；病毒蛋白大小与 A 型流感病毒相似。

四、C 型流感病毒属

C 型流感病毒属（*Influenza virus* C）代表种为 C 型流感病毒（*Influenza C virus*），目前也仅此一种病毒。种内病毒按同源性划分成簇，形成不同的谱系。

本属病毒特征包括：可自然感染人类；病毒基因组具有 7 个节段；缺少神经氨酸酶；HE 蛋白具有受体结合和融合特性，并具有受体破坏功能的 9-O-乙酰酯酶活性；C 型流感病毒 RNA 的 5′端保守序列为 AGCAG(U/G)AGCAAG，3′端保守序列为 UCGUCUUCGUC。

C 型流感病毒不会由于流行株不断变异而产生一系列变异毒株，大多只感染儿童，有过零星发生的报道，但没有引起过大范围的流行。

五、托高土病毒属

托高土病毒属（*Thogotovirus*）成员包括托高土病毒谱系（THOV）、多里病毒谱系（DHOV）和巴肯特病毒谱系（BATV），其宿主为蚊、虱子和人。病毒经虫媒传播，其致病性目前尚不完全了解。但托高土病毒可对仓鼠造成致死性感染。托高土病毒与多里病毒之间没有可检测到的血清学反应，核蛋白和囊膜蛋白氨基酸序列的差异为 37%和 31%。据此将二者划分为两个不同的谱系。

巴肯特病毒在俄罗斯的蚊和蜱体内分离到，与多里病毒具有血清学交叉反应，两者核蛋白氨基酸序列的同源性为 98%，囊膜蛋白氨基酸序列同源性为 90%。说明巴肯特病毒尽管可以同时从蚊和蜱体内分离到，但与多里病毒具有很近的亲缘关系。

六、鲑传染性贫血病毒属

鲑传染性贫血病毒属(*Isavirus*)唯一的成员是鲑传染性贫血病毒(*Infectious salmon anemia virus*,ISAV)。该病毒可引起鲑传染性贫血病(Infectious salmon anemia);该病对人工养殖的鲑致死率极高,可达100%,是OIE规定必须通报的10种鱼类病毒性疫病之一。

第二节　布尼亚病毒科

一、概述

1975年,布尼亚病毒科(*Bunyaviridae*)正式命名,其原型病毒布尼亚维拉病毒(*Bunyamwera virus*)是从非洲乌干达西部Bunyamwera分离而得名,又称为布尼病毒。本科有350多个成员,是虫媒病毒中成员最多的。除汉坦病毒属外,几乎所有成员都是虫媒病毒(arbovirus),生活史为"昆虫-脊椎动物-昆虫",对昆虫及脊椎动物都有很强的专一性。每种病毒一般只有特定的地理分布,适应一定的生态环境。大多数布尼亚病毒不感染家畜和人类,少数可引起重要疾病,其中人兽共患的有裂谷热病毒、克里米亚/刚果出血热病毒以及内罗毕羊病病毒,这些病毒仅允许在生物安全性4级的实验室从事研究。

(一)分类与命名

由于本病毒核衣壳蛋白的抗原决定簇比较保守,常作为分群的依据。根据囊膜糖蛋白的共同表位及特异性表位,可做进一步的分群及定种。除少数例外,同一个属的病毒有抗原相关性。

相关的布尼亚病毒共同感染某蚊虫或培养的细胞时,易发生基因重配。目前将350多种布尼亚病毒分为正布尼亚病毒属、汉坦病毒属、内罗病毒属、白蛉病毒属和30多个血清群。此外,尚有80多种布尼亚病毒未定属或群。前4个病毒属成员主要感染动物。汉坦病毒主要通过啮齿类动物(野鼠和家鼠)传播给人类,引起肾病综合征出血热,故又称出血热病毒。

1. 正布尼亚病毒属

正布尼亚病毒属(*Orthobunyavirus*)包括18个血清群,至少160种病毒,大多数以蚊,少数以白蛉或库蠓为传播媒介。本属有30多种家畜和人类的致病病毒,包括赤羽病毒等。

2. 白蛉病毒属

白蛉病毒属(*Phlebovirus*)有2个血清群及若干亚群,至少有50种病毒,均由白蛉或蚊传播。重要的病原有裂谷热病毒及白蛉热病毒,后者仅对人有致病性。

3. 汉坦病毒属

汉坦病毒属(*Hantavirus*)有22种病毒,大多是近年发现的,一般认为不存在节肢动物传播媒介。病毒感染啮齿动物但不致病,持续感染的啮齿动物通过尿、粪和唾液气溶胶将病毒传播给人,或在大鼠及实验室啮齿动物之间传播。东半球发现的某些成员引起人类的肾综合征出血热，西半球的汉坦病毒引起人汉坦病毒肺综合征。

4. 内罗病毒属

内罗病毒属（*Nairovirus*）含 7 个血清群，至少 33 种病毒，几乎均以蜱为媒介，重要病毒有杜拜病毒（内罗毕羊病病毒）及克里米亚/刚果出血热病毒。

（二）形态与结构

不同属的布尼亚病毒形态差异较大，但病毒颗粒基本形态为球状（图 23-3），直径 80～120 nm。有囊膜及糖蛋白纤突，长 5～10 nm；其囊膜通常来自细胞高尔基体膜，有的来源于细胞外膜。病毒核衣壳直径 2～2.5 nm，长 200～300 nm，呈螺旋形对称。

病毒基因组由 3 个独特的负链或双义单股 RNA 组成，分别为大（L）、中（M）和小（S）3 个节段，总长 11～19 kb。各个属的节段大小不同，L 为 6 300～12 000 nt，M 为 3 500～6 000 nt，S 为 1 000～2 200 nt。基因组的每个节段通过其 3′端的回文序列非共价结合呈环状（图 23-4）。每个属成员的所有 3 个 RNA 节段的末端序列相同，但属之间不同。L 节段编码 RNA 依赖的 RNA 聚合酶（转录酶）。M 节段编码一个聚合蛋白，经加工形成个糖蛋白（G1 与 G2）以及一个非结构蛋白（NSm）。S 节段编码核衣壳蛋白（N）及一个非结构蛋白（NSs）。

白蛉病毒属的 S 节段与其他负链 RNA 病毒编码方式不同，采用所谓双向编码方式，即 S 节段由各自的亚基因组 mRNA 分别翻译 N 及 NSs。S RNA 的 3′端的一半如同通常的 mRNA，以基因组 RNA 为模板，编码 N 蛋白，但是 NSs 蛋白却是由同样的 S RNA 的 5′端的一半的互补链编码，在这之前先要合成全长的 RNA 中间体。

有 4 种主要的病毒蛋白：转录酶（L）分子质量 150 000～200 000 u，核衣壳蛋白（N）为 25 000～50 000 u，糖蛋白 G1 与 G2 分别为 40 000 u 及 120 000 u。所含类脂来自宿主细胞膜，糖则构成糖蛋白的侧链。病毒在细胞质内复制，通过高尔基体空泡出芽释放。对脊椎动物细胞一般有杀细胞作用，在无脊椎动物细胞上则为无细胞病变的持续性感染。

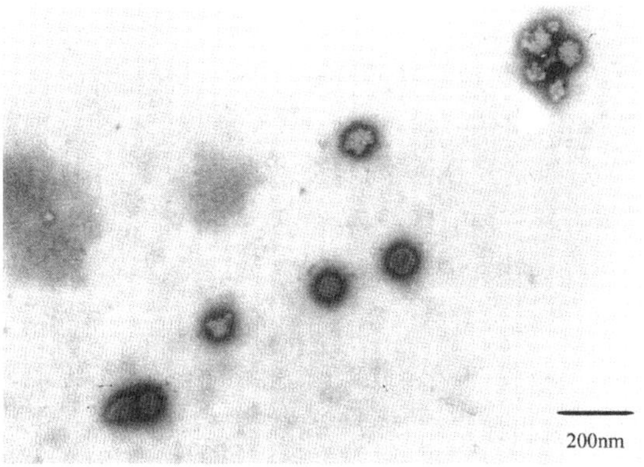

图 23-3　布尼亚病毒电镜照片

体外细胞培养的流行性出血热病毒

（引自：邹啸环主编《动物病毒图谱》）

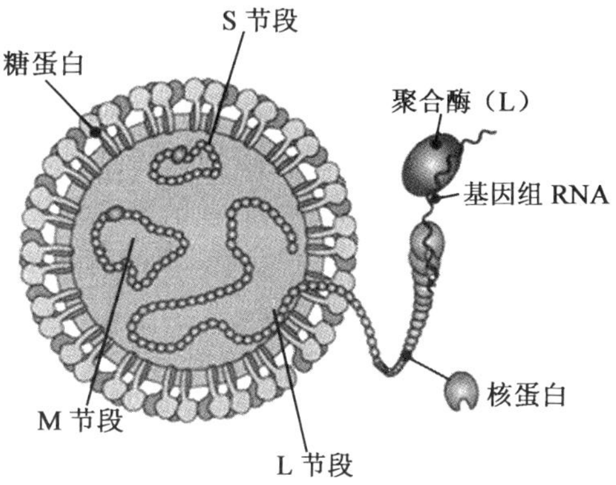

图 23-4　布尼亚病毒结构模式图

(三)主要生物学特性

病毒对热、酸极为敏感,消毒剂、脂溶剂及去垢剂可将其灭活。

布尼亚病毒、内罗病毒和白蛉病毒属的病毒均能交互在脊椎动物和节肢动物中复制。通常在脊椎动物宿主中为杀细胞感染,在非脊椎动物中很少或没有致细胞病变的作用。传播宿主包括蚊、蜱、白蛉蛾及其他节肢动物。

汉坦病毒未发现与节肢动物有关。某些蚊传播病毒可经卵巢和性传播。气溶胶传播可在某些情况下发生,或许是一些病毒尤其是汉坦病毒的主要传播方式。在某些情况下,禽类宿主和(或)媒介宿主的移动可导致病毒散播。汉坦病毒对宿主大分子的合成影响不大,通常在易感哺乳动物宿主细胞中建立持续性感染或非细胞溶解性感染,这与它们在自然宿主,即啮齿动物中的非致病性感染相一致。

二、裂谷热病毒

裂谷热病毒(*Rift Valley fever virus*,RVFV)是白蛉病毒属(*Phlebovirus*)的代表种,主要和伊蚊有关。白蛉病毒属大部分成员与吸血白蛉有关。裂谷热病毒是引致非洲地区牛、羊等母畜流产,幼畜死亡的一种传染病病原。人感染可引致发热,甚至死亡。

(一)病毒特性

裂谷热病毒能在Vero细胞、BHK-21细胞、蚊的C6/36细胞上增殖,并形成细胞病变和蚀斑,能在鸡胚、大鼠、小鼠、仓鼠、猴等许多实验动物和家禽体内增殖,且产生高滴度病毒。在鸡胚上生长时,常在卵黄囊和绒毛尿囊膜上增殖,并使膜变厚。鸡胚或鼠脑适应毒株对绵羊的毒力降低。本病毒只有一个血清型,能凝集小鼠等动物的红细胞。

(二)致病性

裂谷热因1912年首先报道于肯尼亚的东非大裂谷地区而得名。1930年由Daubney等从流产和高死亡率的绵羊中首次分离到裂谷热病毒。1950年后,沿撒哈拉沙漠周边国家传播到苏丹,继而于1977—1978年在埃及暴发,导致尼罗河流域25%～50%的牛和绵羊感染。同时有20万人感染,600多人死亡,有的地区人的感染率达35%。此外,山羊、骆驼、水牛、猴、鼠、白鼬等也能感染,其他种类动物多呈隐性感染。

裂谷热病毒可通过多种蚊传播,在蚊虫活动季节尤其是大雨和洪涝后容易流行,疫情随特大暴雨呈周期性循环。半干旱地区每25～35年循环1次;多雨的热带草原流行频繁,每5～15年循环1次。病羊与健康羊同居饲养也可传播感染;食肉动物通过撕咬,经口腔黏膜感染。胎儿可在子宫内感染。

裂谷热潜伏期很短,羔羊仅12～36 h。可出现高达41℃的双相热,常稽留高热直到死亡。绵羊表现为发热、血性腹泻等症状。怀孕母羊90%～100%流产,出现所谓"流产旋风"。羔羊出现症状后,很少能活过36 h,死亡率90%。成年羊死亡率20%～60%。山羊症状比较温和。牛的病情一般不如绵羊严重,死亡率10%～30%,但怀孕母牛90%～100%流产。

RVFV是目前已知增殖能力最强的病毒之一,在靶器官内复制极快,并能达到很高的滴度。绵羊几乎所有肝细胞受损,脾肿大,胃肠道及浆膜下出血。少数耐过肝脏感染的绵羊则由于神经元坏死及炎性渗出造成脑炎。感染的绵羊及牛出现高滴度的病毒血症,可维持3～5 d,使大量的新一代幼蚊通过吸血感染。除伊蚊外,库蚊及大多数其他蚊虫也能作为传播的媒介。

耐过的绵羊可迅速康复，长期具有免疫力。

(三)微生物学诊断

RVFV 的检测和研究只能在生物安全 4 级实验室进行。主要用小鼠或 Vero E6、BHK-21 细胞分离病毒。病毒可致 CPE 并产生空斑，用免疫学方法鉴定。血清学诊断可检测急性期血清样本中特异的 IgM，或做中和试验、HI 检测发病期及康复期的双份血清的抗体。

(四)防控

裂谷热是 OIE 规定通报的最重要的动物疫病之一。消灭从疫区逃出的蚊虫媒介是重要的防控措施。接触病畜或病料的工作人员及与之接触的兽医，感染的风险极大，必须接种疫苗。目前已有市售的动物和人用疫苗。动物疫苗有灭活苗和活疫苗两种，人只有灭活疫苗。

三、赤羽病毒

二维码 23-2

四、汉坦病毒

汉坦病毒(*Hantaan virus*)是汉坦病毒属(*Hantavirus*)的代表种。汉坦病毒属有的成员能引起人类出血热，包括引起的肾综合征出血热及人的汉坦病毒肺综合征。目前汉坦病毒属确认有 22 种，这些病毒由不同种类的鼠或啮齿类动物所携带。

根据中和试验可将世界各地的汉坦病毒分为 5 个血清型，分别为：Ⅰ型(姬鼠型)、Ⅱ型(家鼠型或大鼠型)、Ⅲ型(棕背鼠平型)、Ⅳ型(黄颈姬鼠型)、Ⅵ型(小鼠型或小家鼠型)。我国流行的是Ⅰ型和Ⅱ型。

包括黑线姬鼠在内的多种野生啮齿动物为病毒的天然宿主，本身无任何临床症状，但其排泄物及分泌物通过气溶胶传染人类。

五、内罗毕羊病病毒

二维码 23-3

六、克里米亚/刚果出血热病毒

克里米亚/刚果出血热病毒(*Crimean-Congo hemorrhagic fever virus*)是流行于亚洲、非洲和东欧的一种人兽共患病毒,我国新疆、印度、中东、撒哈拉及其南部的非洲国家均有发生。

动物感染后无症状,但反刍动物会出现高滴度的病毒血症。璃眼蜱(*Hyalomma* spp.)等为传播媒介,叮咬人导致高热、全身疼痛、中毒症状及出血,死亡率15%～40%,是人类最严重的出血热之一。

本病毒属于国家法定严格控制的传染病病原,只能在生物安全性4级的实验室操作。诊断可用RT-PCR。本病毒极不稳定,分离培养困难。

第三节　砂粒病毒科

二维码 23-4

复习思考题

1. 单股负链分节段的RNA病毒主要包括哪些病毒科?
2. 分析禽流感病毒容易变异的原因。
3. A型、B型、C型流感病毒属成员结构有何异同?
4. A型流感病毒有各种基因重组的可能,但是哪几种组合的结果往往会导致重要病原出现?
5. 高致病性禽流感病毒判定的标准有哪两种?
6. 布尼亚病毒科的病毒有哪些特点?

第二十四章　单股正链 RNA 病毒

【内容提要】本章中介绍的单股正链 RNA 病毒包括对人及动物都具有较强致病性的套式病毒目、感染动物宿主范围较广泛的微 RNA 病毒目及黄病毒科等。套式病毒目各科成员间虽形态差异明显，但均采用套式转录的方式进行基因表达。微 RNA 病毒科中的口蹄疫病毒是全球性最重要的动物病毒之一，所致疫病有高度传染性，至今仍难以有效控制。黄病毒科包括重要的动物病毒——猪瘟病毒、牛病毒性腹泻病毒及人兽共患病病毒日本脑炎病毒等。嵌杯病毒科中的猫嵌杯病毒及兔出血症病毒具有重要的临床意义。除此之外，还有披膜病毒科、星状病毒科及戊肝病毒科等。

第一节　套式病毒目

套式病毒目(*Nidovirales*)的名称来源于拉丁文的“nidus”，意指病毒均采用套式系列的转录方式，也就是基因表达通过一系列 3′端相同的亚基因组 mRNA 完成。套式病毒目是在 ICTV 第 7 次分类报告中新设立的病毒目。本目包括冠状病毒科(*Coronaviridae*)、动脉炎病毒科(*Arteriviridae*)及第 8 次分类报告确定的杆套病毒科。它们基因组大小悬殊，病毒形态差异较大，但基因结构与复制方式有明显的共同之处，且编码 RNA 依赖的 RNA 聚合酶的基因序列同源性很高。

一、冠状病毒科

(一)概述

1. 分类

冠状病毒科分 2 个亚科：冠状病毒亚科(*Coronavirinae*)及环曲病毒亚科(*Torovirinae*)。冠状病毒亚科又分为 4 个属：甲型冠状病毒属、乙型冠状病毒属、丙型冠状病毒属及丁型冠状病毒属。环曲病毒亚科有 3 个属：鱼杆菌样套式病毒属(*Bafinivirus*)、环曲病毒属(*Torovirus*)以及一个未命名的新属。

2. 主要特性

冠状病毒颗粒为球状，直径 80～220 nm。环曲病毒为盘状、肾状或杆状，直径 120～140 nm。均有囊膜，棒状纤突长 20 nm，有的还有长约 5 nm 的第二层纤突。核衣壳呈螺旋对称。病毒基因组为单分子线状单股正链 RNA，大小 27 000～32 000 nt。基因组在已知的 RNA 病毒中是最大的。基因组 5′端加帽，3′端为聚 A 尾。RNA 具有感染性。冠状病毒可编码 3 种或 4 种主要结构蛋白，包括核衣壳蛋白(N，分子质量 500 000 u)、主要纤突糖蛋白(S，分子质量 180 000～200 000 u)、主要嵌膜蛋白(M,分子质量 25 000～30 000 u)以及次要嵌膜蛋白(E,分子质量 9 000 u)。大部分冠状病毒的 S 蛋白可裂解,产生 S1 和 S2 两个亚单位。S 蛋白的球状部富含诱导体液免疫及细胞毒性 T 细胞的表位,可诱导机体产生中和抗体,是病毒中和抗体的主要诱导抗原。M 蛋白可诱导细胞产生 α-干扰素,其抗体与补体可一同发挥抗感染作用。N 蛋白也能激发机体的细胞免疫应答。

病毒在细胞浆中复制。基因组复制时会转录形成一组亚基因 mRNA,成为 3′端共有的套式系列,各亚基因组 mRNA 以其特有的序列编码蛋白质。病毒以出芽方式进入内质网,通过胞吐释放。

(二)猪传染性胃肠炎病毒

猪血凝性脑脊髓炎病毒(*Porcine haegglutinating encephalomyelitis virus*,HEV)、猪流行性腹泻病毒(*Porcine epidemic diarrhea virus*,PEDV)、猪传染性胃肠炎病毒(*Transmissible gastroenteritis virus of swine*,TGEV)及猪呼吸道冠状病毒(*Porcine respiratory coronavirus*,PRCV)均为冠状病毒,都能够感染猪。已证明 PRCV 是由 TGEV 缺失突变而来。病毒因突变丧失了肠道嗜性而获得了呼吸道嗜性,是冠状病毒变异与进化的一个例证。ICTV 第 9 次分类报告将 TGEV 和 PRCV 都列入新命名的甲型冠状病毒 1 型。

1. 致病性

病毒经消化道侵入机体,幼龄仔猪因其胃分泌物酸度低,使得不耐酸的 TGEV 能够到达并感染小肠绒毛上皮细胞,导致绒毛变短,绒毛上皮细胞分泌的乳糖酶等减少,肠道内渗透压升高,水从组织进入肠腔,最终引致腹泻。仔猪可通过吸吮初乳获得母源抗体,产生被动免疫。血清中的 IgG 抗体不能提供有效保护。

TGEV 可导致仔猪腹泻及呕吐,3 周龄以下仔猪感染死亡率较高,世界各地均有发生。成年猪感染也出现高死亡率。母猪感染表现厌食、发热、腹泻、无乳等,也可能无症状。病毒能在某些猪体内持续存在。所有日龄的易感猪均可能发病,流行通常持续数周。集约化养殖场因常年产仔,导致病毒在断奶仔猪群中呈区域性流行。

2. 微生物学诊断

疾病早期阶段取仔猪肠黏膜做涂片或冰冻切片,利用荧光抗体或 ELISA 可快速检测抗原。病毒分离可将病料接种猪甲状腺原代细胞、猪甲状腺细胞系 PD5 或睾丸细胞,出现 CPE 后再用免疫学方法或 RT-PCR 进行鉴定。采集发病期及康复期血清做中和试验,具有流行病学诊断价值。

3. 防控

猪传染性胃肠炎是 OIE 规定通报的疫病。弱毒疫苗效果不佳。灭活疫苗接种怀孕母猪可使仔猪获得母源抗体。应着重改善猪舍卫生条件,并加强管理。

(三)猪流行性腹泻病毒

猪流行性腹泻病毒属于冠状病毒科甲型冠状病毒属。该病毒于 1978 年在欧洲首次报道,目前已遍布全球主要养猪区域。PEDV 感染主要导致仔猪严重腹泻、呕吐和脱水,哺乳仔猪死亡率最高。日龄大的猪仅表现轻微的临床症状,死亡率较低。2010 年秋,全球养猪场相继暴发了由 PEDV 变异株导致的猪流行性腹泻。该毒株的致病性明显增强,给养猪业造成了严重危害。

1. 致病性

PEDV 在猪群间的传播主要通过直接或者间接的粪-口传播途径。病毒可通过感染猪的粪便、呕吐物或者被污染的其他器械(货车等)以及材料(奶或者饲料等)进行传播。各年龄猪均易感。新生仔猪因不能得到足够的母源抗体保护更易暴发该病,发病率接近 100%。

PEDV 感染可引起严重的水样腹泻和呕吐,精神沉郁和食欲下降。潜伏期约 2 d,发病周期 3~4 周。1 周龄以下的仔猪感染后水样腹泻和呕吐严重,持续 3~4 d,因脱水和电解质紊乱而死亡。感染仔猪有不同程度的肠壁变薄、透明,盲肠、结肠扩张并伴有大量的黄色液体,胃和小肠内有未消化的凝乳块。

本病毒主要在小肠上皮细胞内复制,造成小肠上皮细胞坏死和凋亡,小肠绒毛萎缩和空泡化,同时严重影响胃肠道的酶活性,最终导致仔猪的腹泻和严重的脱水症状。肠道干细胞的分化会使小肠上皮细胞进行更新,但哺乳仔猪小肠上皮的恢复速度明显低于断奶仔猪,这可能是导致哺乳仔猪临床症状更为严重的一个原因。

2. 微生物学诊断

由于 PEDV 与 TGEV 等其他猪肠道冠状病毒感染引起的临床症状非常相似,因此建立快速准确的实验室检测方法对于该病的控制至关重要。目前,可用于 PEDV 抗原检测的方法有 RT-PCR、荧光定量 RT-PCR 和 ELISA 等。

3. 防控

做好生物安全措施是预防该病发生的重要手段。接种疫苗可避免该病的暴发。已有商品化 PEDV 弱毒苗和灭活苗。

(四)牛冠状病毒

二维码 24-1

(五)禽传染性支气管炎病毒

禽传染性支气管炎于 1931 年在美国首次报道,1936 年被证实为病毒病,1937 年病毒在鸡胚上增殖传代成功。目前该病在世界各国均有发现,是鸡的最重要疫病之一。本病毒基因组大,易发生突变,变异株间的抗原性及致病性可能不同。通过中和试验可分为 8~10 个血清型。被列入新命名的禽冠状病毒名下。

1. 致病性

禽传染性支气管炎病毒(*Avian infectious bronchitis virus*,AIBV)主要感染鸡,对雉、鸽、珍珠鸡也有一定的致病性。发病情况取决于易感鸡日龄、感染途径、鸡的免疫状况及毒株毒力。急性暴发时,1~4 周龄雏鸡最易感,表现气喘、咳嗽及呼吸抑制,会突然死亡。青年鸡的感染率通常为 25%~30%,高者可达 75%。弱毒株感染几乎无临床症状,但可致生长迟缓。

对产蛋鸡影响较大，可表现产蛋量下降乃至停止，或产畸形蛋。目前已有分别以肾、肠或腺胃病变为主的不同致病型。

病毒通过气雾及污染的饲料在鸡群中迅速传播。正常环境中的病毒粒子可存活数天，低温条件下可持续存活数周。可造成鸡群的持续性感染。

病毒先在呼吸道纤毛上皮细胞或肠道中复制。感染 1～2 d 后出现病毒血症，病毒散布至许多器官，最终导致生殖系统及肾脏严重损伤。感染 10 d 后已很难从发病鸡体内分离到病毒。肾脏及法氏囊等多种器官中可分离到病毒。有些毒株对未成熟的输卵管可造成永久性的结构损伤。

2. 微生物学诊断

早期诊断可取器官组织制成切片进行直接免疫荧光染色。分离病毒可取病料匀浆上清液接种鸡胚尿囊腔。阳性病料可观察到鸡胚的蜷缩及矮小化。进一步鉴定可用免疫荧光、凝胶扩散或免疫电镜，也可用 RT-PCR 或 cDNA 探针方法。

3. 防控

建立无病鸡群是最根本的预防措施。弱毒苗被广泛应用。通常在 7～10 日龄接种疫苗，4 周龄时再次免疫，因为病毒易发生突变，免疫效果不确实。

(六)猫冠状病毒

二维码 24-2

(七)其他冠状病毒

二维码 24-3

(八)环曲病毒属

二维码 24-4

二、动脉炎病毒科

(一)概述

本科的代表种为马动脉炎病毒，并因此得名。本科成员往往在其天然宿主体内形成无症状的持续感染，一定条件下可致严重疾病。

1. 分类

本科只有动脉炎病毒属(*Arterivirus*)一个属。1986 年，ICTV 第 3 次报告中动脉炎病毒属被划入披膜病毒科。后因其基因组结构和复制方式与冠状病毒更相似，1995 年 ICTV 第 5 次报告中将动脉炎病毒属归入冠状病毒科。但动脉炎病毒的基因组大小、病毒粒子大小及外形与冠状病毒仍有明显不同。因此，1999 年被单独列科，与冠状病毒科一同归入套式病毒目。目前，列入本科的成员还有猪繁殖与呼吸综合征病毒(PRRSV)、小鼠乳酸脱氢酶病毒(LDV)、猴出血热病毒(SHFV)等。

2. 主要特征

病毒颗粒直径为 50～70 nm。核衣壳立体对称，直径 35 nm。有囊膜，表面蜂窝样。基因组为单分子线状单股正链 RNA，大小为 13 000～15 000 nt，具有 5′端帽子以及 3′端聚 A 尾，有感染性。5′端约 75%为 RNA 聚合酶基因，编码病毒结构蛋白的基因位于基因组的 3′端。病毒蛋白有核衣壳蛋白 N(分子质量 120 000 u)和两种主要囊膜蛋白 M 和 GP5。M 是非糖基化的嵌膜蛋白，分子质量 160 000 u；GP5 为糖蛋白，分子质量约 25 000 u。GP5 与 M 通过二硫键形成二聚体，对病毒的感染及中和作用至关重要。此外，还有 4 种次要囊膜蛋白(GP2、GP3、GP4 及 E 蛋白)及两种大分子非结构蛋白(NSP1、NSP2)。近期研究发现，PRRSV 非结构蛋白 NSP2 也是病毒粒子的组成成分，有着很强的免疫原性。病毒的复制方式及出芽释放的过程均与冠状病毒相似。

动脉炎病毒对人无致病性，只引起特定动物发病，并且具有较强的宿主特异性。在感染动物体内对细胞有很强的专嗜性，主要或者只在宿主巨噬细胞中增殖，并且可以建立持续性感染状态。可以在多数哺乳动物细胞的传代细胞系上生长良好。各病毒抗原没有交叉性。

病毒对酸、脂溶剂和变性剂敏感，对胰酶抵抗力强。马动脉炎病毒和猪繁殖与呼吸综合征病毒易被脂溶剂(乙醚或者氯仿)、常用的消毒剂及去污剂灭活。在 pH 低于 6.0 和高于 7.5 时，病毒很快被灭活。含有马动脉炎病毒的细胞培养物或者组织样品在－70℃可以存放数年而病毒的感染性不会降低。马动脉炎病毒在 4℃可存活 75 d，37℃可存活 2～3 d，56℃存活 20～30 min。猪繁殖与呼吸综合征病毒感染性在 4℃可维持至少 1 个月，在－20℃或者－70℃ 时可稳定数月到数年。小鼠乳酸脱氢酶病毒在 20℃不稳定，会很快丧失感染性。

(二)马动脉炎病毒

二维码 24-5

(三)猪繁殖与呼吸综合征病毒

猪繁殖与呼吸综合征(Porcine reproductive and respiratory syndrome,PRRS)于 20 世纪 80 年代末出现。1987—1991 年是该病在北美(美国、加拿大)暴发和流行的高峰期,1990—1992 年在欧洲暴发并流行。除了瑞典、瑞士、新西兰、澳大利亚等少数国家无疫情外,目前该病在全球范围内仍未得到实质性控制。PRRS 引发的“流产风暴”给世界养猪业造成了巨大的经济损失。

1. 主要特征

猪繁殖与呼吸综合征病毒(*Porcine reproductive and respiratory syndrome virus*,PRRSV)粒子呈球形,有囊膜,直径 45～65 nm。核衣壳直径 25～35 nm,呈 20 面体对称。在蔗糖和氯化铯中的浮密度分别为 1.14 g/cm^3 和 1.19 g/cm^3,对乙醚和氯仿等有机溶剂敏感。

PRRSV 分两个基因型:基因 1 型以欧洲型毒株 Lelystad virus 为代表毒株;基因 2 型以北美型毒株 VR2332 为代表毒株。二者之间全基因组同源性大约 60%,同一基因的核苷酸同源性也仅有 50%～80%。两个毒株的抗原性也存在明显差异。基因组中的易变区域包括 nsp2、ORF3 和 ORF5。

2006 年初夏,高致病性 PRRSV(highly pathogenic PRRSV,HP-PRRSV)在我国出现并流行,发病猪以高热、高发病率、高死亡率及妊娠母猪严重繁殖障碍为特征。病毒 nsp2 基因中第 481 位和第 531～561 位 30 个氨基酸的不连续缺失一度成为 HP-PRRSV 基因组的分子特征及重要的检测标识。随着传代致弱疫苗的应用,30 个氨基酸的不连续缺失已不能用作 HP-PRRSV 快速诊断的分子标识。遗传演化关系分析结果显示,HP-PRRSV 是由早期毒株经历了基因组的变异和逐渐积累过程演变而来。

2. 致病性

感染猪在抗体存在的同时出现病毒血症。已经证实亚中和水平抗体的存在可诱发抗体依赖性增强作用(antibody-dependent enhancement,ADE)。ADE 作用是由抗体介导的表现为体内病毒增殖能力增强的现象。在抗体水平较低时,动物体内的病毒不能被有效清除,会出现病毒滴度反而升高的现象。该现象多发生在以巨噬细胞及其细胞系为靶细胞的病毒的感染过程中。巨噬细胞及其细胞系的细胞表面携带有 IgG Fc 受体,病毒可通过抗体介导直接入侵靶细胞。病毒可以越过胎盘屏障感染仔猪。猪肺泡巨噬细胞(PAM)为病毒的靶细胞。病毒感染 PAM 可造成免疫抑制。PAM 的病毒受体为唾液酸黏附素、硫酸乙酰肝素及 CD163。

感染猪表现为厌食、发热、双耳发绀(因此曾称为蓝耳病)、流涕等。母猪在怀孕 110 d 左右流产，可见早产、死产或产木乃伊胎。产出的仔猪十分衰弱，呼吸困难，出生 1 周内半数死亡。病毒可经直接接触、气溶胶及精液传播。在猪群中的传播极快，2～3 个月内 95%以上的猪均可变为血清学阳性。持续感染但外观健康的猪为该病的主要传染源，5 个月后仍然能从感染猪喉部分离到病毒。在持续性感染的猪体内，PRRSV 可出现准种或病毒亚群。

3. 微生物学诊断

流产仔猪体内的病毒会很快失活，因此应尽快采样。分离病毒可采集发病猪肺脏、淋巴结及高热期的血液。病毒初次培养较困难，仅在猪肺泡巨噬细胞、MARC-145 细胞上生长良好。RT-PCR 和 ELISA 等均可用于该病的诊断。

4. 防控

猪繁殖与呼吸综合征是 OIE 规定通报的疫病。灭活疫苗的效力并不确实或基本无效，减毒活疫苗可用于发病后的紧急接种。因 PRRSV 的高变异性和致病及免疫机理的复杂性，过分依靠活疫苗接种不利于该病的控制，有弱毒疫苗株与流行野毒株重组的报道。感染猪场应加强饲养管理，控制继发或混合感染，加强对种猪的常规检疫，建立无病猪场是该病净化的根本措施。

三、杆套病毒科

杆套病毒科(*Roniviridae*)是 2005 年新建的科。本科只有头甲病毒属(*Okavirus*)1 个属。目前，该属主要包括两种无脊椎动物病毒：黄头病毒(*Yellow head virus*，YHV)和鳃相关病毒(*Gill-associated virus*，GAV)。

黄头病毒是引起对虾黄头病的病原，也是 OIE 规定通报的虾病病原。鳃相关病毒是杆套病毒科头甲病毒属的代表种。GAV 引起的临床症状与 YHV 类似，在形态学上也不易区别。目前，用多重 RT-nested PCR 方法可以将 GAV 与 YHV 区别开。

第二节　微 RNA 病毒目

一、微 RNA 病毒科

微 RNA 病毒科(*Picornaviridae*)归于微 RNA 病毒目，包括 46 个种，分属于 26 个属。2014 年又向国际病毒分类委员会推荐了 3 个属。本科有许多重要的病毒，如 1898 年发现的口蹄疫病毒。它是人类确认的第一个动物病毒，也是目前研究最为深入的动物病毒之一，开创了病毒学的新纪元。

(一)概述

1. 分类

微 RNA 病毒科包括口蹄疫病毒属、肠病毒属、心病毒属、肝病毒属、呼肠孤病毒属、马鼻病毒属、嵴病毒属、捷申病毒属、猴禽猪病毒属、塞内卡病毒属、震颤病毒属及禽肝炎病毒属等。

各属之间的区别在于在低 pH 时的稳定性及基因组的 5′端非翻译区。肠道病毒、心病毒和甲型肝炎病毒在酸性条件下具有很高的稳定性，在 pH 3 或更低的 pH 下仍能存活；口蹄疫病毒属在 pH 7 以下不稳定，在 pH 6 以下失活；鼻病毒属在 pH 5 以下失活。心病毒属及口蹄疫病毒属在 5′端非翻译区有一个长的聚 C 尾，其他几个属则无。而心病毒属与口蹄疫病毒属编码衣壳蛋白的上游先导蛋白又有区别。

2. 主要特性

微 RNA 病毒呈圆球状，病毒颗粒无囊膜，直径 22～30 nm，核衣壳呈 20 面体对称，大部分病毒表面光滑。核衣壳由 60 个亚单位组成，每个亚单位含有 4 种衣壳蛋白 VP1、VP2、VP3（分子量均为 25 000 u 左右）及 VP4。此外还有基因组结合蛋白 *VPg*（分子质量约 2 400 u）。

口蹄疫病毒颗粒表面光滑，无沟槽结构，其表面隆起的顶部是与宿主细胞受体的结合位点，具有较强的抗原性，有型及亚型特异性。基因组为单分子线状单股正链 RNA，大小为 7 000～8 800 nt，3′端有 Poly A 尾，不同的毒株长度不一，在 5′末端有一个共价连接的 *VPg* 蛋白。基因组末端的非翻译区（UTR）含有二级结构区，为基因组功能所必需。RNA 有感染性。复制时病毒 RNA 直接作为 mRNA 使用，基因组的单一 ORF 翻译后产生一个多聚蛋白前体，进而裂解成 11 个蛋白。病毒复制发生在胞浆，往往可见晶格样排列的大量病毒颗粒。

大多数微 RNA 病毒只有单一的特异性宿主，少数成员有多种宿主。其传播途径为水平传播，主要是粪-口、污染物和气溶胶等途径。微 RNA 病毒在环境中的稳定性影响其流行病学及相应消毒剂的选择。例如被黏膜或粪便包裹的病毒在通常的环境温度下对热稳定，此种状态的肠病毒通常可存活数周。鼻病毒及口蹄疫病毒的气溶胶稳定性较差，在高湿度的条件下可存活数小时。

（二）口蹄疫病毒

口蹄疫在全球范围内广泛存在，至今难以得到有效控制，造成了巨大的经济损失和社会影响。OIE 将该病列在 15 个必须通报的动物疫病之首，我国政府也将其排在 Ⅰ 类动物传染病的第一位。2014 年，OIE 公布全世界无口蹄疫的国家和地区共 80 多个。近年来，口蹄疫暴发较多，甚至有些无口蹄疫国家和地区又再次发生口蹄疫。

口蹄疫病毒（*Foot and mouth disease virus*，FMDV）有 O、A、C、Asia1（亚洲 1 型）、SAT1（南非 1 型）、SAT2（南非 2 型）和 SAT3（南非 3 型）7 个血清型，相互之间没有交叉保护力。每个型又可进一步划分亚型，由于抗原漂移的不断发生，不能严格区分各亚型。我国流行的有 O、A 及亚洲 1 型。

O 型 FMDV 分为 10 个拓扑型，即古典中国型（Cathay）、中东南亚型（ME-SA）、东南亚型（SEA）、欧洲南美型（EUro-SA）、印度尼西亚 1 型（ISA-1）、印度尼西亚 2 型（ISA-2）、东非 1 型（EA-1）、东非 2 型（EA-2）、东非 3 型（EA-3）和西非型（WA）。其中印度尼西亚的 1 型和 2 型被认为已经灭绝。拓扑型又进一步分为若干谱系（lineage）。近年来，在东南亚和我国流行的主要属于 SEA、ME-SA 及 Cathay 3 个型。ME-SA 型的泛亚系（Pan Asia）及 SEA 型缅甸 98 系（Mya 98）主要致猪、牛发病，偶见羊发病，Cathay 型的台湾 97 系（TW97）可致猪发病。

1. 致病性

病毒可感染猪、牛、羊等主要畜种及其他家养和野生偶蹄动物，易感动物多达 70 余种。病畜口、鼻、蹄和母畜乳头等无毛部位出现水疱，或水疱破损后形成溃疡或斑痂。不同动物的症状稍有不同，怀孕母牛可能流产，导致繁殖力降低。犊牛主要表现为出血性胃肠炎和心肌炎，死亡率极高。猪则以蹄部水疱为主要特征。山羊和绵羊的症状通常比牛温和。

口蹄疫传播迅速，无明显的季节性，但春秋两季多发，常在牛群及猪群大范围流行。除马以外，羊及多种偶蹄动物都易感。人类偶能感染，与患畜密切接触或实验室工作人员多发，表现发热、食欲差，口、手指、脚趾出现水疱。

吸入或摄入病毒是主要的感染途径，也可通过采食或接触污染物感染。病毒经呼吸道侵入后最初在咽部复制，通过淋巴流传播到全身其他组织。在临床症状出现前的 24 h，患畜排出病毒，奶中也带有大量病毒，可持续数天。感染猪喷出的飞沫中含有大量病毒，可快速远距离传播。空气中的相对湿度对口蹄疫病毒气溶胶的传播影响较大。

本病毒可在某些康复动物的咽部长时间存在，牛长达 2 年，绵羊可达 6 个月。猪未发现病毒的持续感染。野生动物如非洲水牛甚至携带不止一种 SAT 亚型。早期 IgM 抗体既能中和同型病毒，也可抗异型病毒。康复期产生的 IgG 具有型特异性或亚型特异性。康复牛对同型病毒感染的免疫力可维持 1 年或稍长。细胞免疫的作用意义不大。

2. 微生物学诊断

口蹄疫的临床症状主要是口、鼻、蹄、乳头等部位出现水疱，结合流行病学调查不难做出初步诊断。实验室诊断只能在指定的实验室进行。送检样品包括水疱液、剥落的水疱皮(液)、咽喉拭子、抗凝血等。死亡动物还可采脊髓、扁桃体、淋巴结等。样品冰冻保存或置 pH 7.6 的甘油缓冲液中。OIE 推荐使用商品化及标准化 ELISA 试剂盒进行抗原或者抗体检测。样品中病毒滴度较低时可用 BHK-21 细胞分离病毒。可以通过检测 3ABC 抗体区分野毒感染动物与疫苗接种动物。

3. 防控

本病毒传播速度快，感染力强，必须做好严格控制。平时要加强检疫，尤其是口岸检疫，不从口蹄疫疫区引进动物。从外地引进偶蹄动物时，必须查验检疫证明，隔离饲养至少两周，确认动物是否健康。无病地区严禁从疫区调运牲畜及有关畜产品，如乳制品、皮毛等。一旦发现口蹄疫患病动物，应及时报告疫情，立即封锁现场，焚毁或深埋病畜。疫区周边的畜群应接种疫苗，建立免疫防护带。弱毒疫苗可能散毒，并对其他动物不安全，如用于牛的弱毒疫苗误给猪接种时，可使猪发病。

(三)猪水疱病病毒

猪水疱病病毒(*Swine vesicular disease virus*，SVDV)属于肠病毒属。1966 年在意大利最先发现，血清学检测及 RNA 杂交均证实是人肠病毒乙型(*Human enterovirus* B)柯赛奇病毒 B5 血清型感染猪后的变异株。

1. 致病性

病毒经破损的皮肤、消化道、呼吸道侵入猪体内。被病毒污染的饲料、垫草、运动场、用具、屠宰下脚料、运输工具等均可造成本病的传播。较高滴度的病毒可经消化道感染。病猪可从直肠大量排毒，但未发现持续感染及无症状的潜伏感染猪。病毒对低 pH 及温度变化有抵抗力，因此带毒猪肉及其制品往往成为传染源。病毒在低 pH 及 4℃能存活160 d，滴度不下降。在污染的猪场土壤中生活的蚯蚓的体表及肠管中可分离到病毒。症状与口蹄疫相似，发热、蹄冠部水疱，10%病猪的嘴、唇、舌出现水疱，偶有脑脊髓炎。家畜中仅猪感染发病，人偶可感染。

2. 诊断

要注意与口蹄疫的鉴别诊断。ELISA 用于检测水疱液或水疱皮中的病毒抗原。也可用 RT-PCR 做快速鉴别诊断。本病毒在猪肾细胞生长良好。也可用乳鼠脑内接种分离病毒。

3. 防控

猪水疱病属于 OIE 通报疫病，控制措施可参照防控口蹄疫的办法。

(四)禽脑脊髓炎病毒

二维码 24-6

(五)鸭甲型肝炎病毒

鸭甲型肝炎病毒(*Duck hepatitis A virus*，DHAV)主要侵害 3 周龄以内雏鸭，死亡率高达 90%～95%。该病无明显季节性。可引致鸭肝炎的病毒有 3 种，分别为鸭甲型肝炎病毒(鸭肝炎病毒 1 型)、鸭肝炎病毒 2 型及鸭肝炎病毒 3 型，其中 1 型为微 RNA 病毒科禽肝炎病毒属成员，有 3 个血清型。2 型及 3 型为星状病毒，应称为鸭星状病毒。1 型抗血清不能中和 2 型及 3 型病毒。属于嗜肝 DNA 病毒科的鸭乙型肝炎病毒对鸭没有明显致病性。

1. 致病性

鸭甲型肝炎病毒的分布遍及全世界，可引致 28 日龄以下雏鸭急性肝炎，死亡率可达 100%。易感鸭品种主要有樱桃谷、北京鸭、樱桃谷-北京杂交鸭、樱桃谷与其他品种鸭的杂交鸭、番鸭、半番鸭、浙江麻鸭、美国水鸭等。组织学检查可见严重肝坏死、炎性细胞渗出以及胆管上皮细胞增生，还有脑炎的病变。病鸭和带毒鸭是主要传染源，主要经接触传播，不垂直传播。雏鹅、雏火鸡、鹌鹑、雉及雏珍珠鸡等对人工接种易感，但鸡不易感。

2. 微生物学诊断

取病鸭肝、胆等制作组织冰冻切片后做荧光抗体染色，可进行快速诊断。分离病毒可接种 10 日龄鸡胚尿囊腔，鸡胚多在 4 d 内死亡，胚液发绿。也可用鸭胚细胞等分离病毒。应注意与鸭瘟病毒等鉴别。以纯化的重组蛋白为抗原建立的鸭甲型病毒性肝炎抗体检测 ELISA 方法，简便、快速、特异性强、敏感性高。

3. 防控

鸭病毒性肝炎是 OIE 规定通报的疫病。康复鸭具有坚强的免疫力。目前该病的防治以高免卵黄抗体、高免血清、灭活苗、鸡胚化弱毒疫苗为主。疫苗的使用原则可参照禽脑脊髓炎病毒。

(六)其他微 RNA 病毒

二维码 24-7

二、双顺反子病毒科

二维码 24-8

第三节　其他单股正链 RNA 病毒

一、嵌杯病毒科

(一)概述

嵌杯病毒科(*Caliciviridae*)因病毒核衣壳上排列有暗色中空的杯状结构而得名。

1. 分类

2008 年,本科由 4 个属增加为 5 个属:水疱疹病毒属(*Vesivirus*)、兔病毒属(*Lagovirus*)、诺如病毒属(*Norovirus*)、札幌病毒属(*Sappovirus*)及纽步病毒属(*Nebovirus*)。前两个属对兽医学很重要;中间两个属目前主要发现于人类;纽步病毒属是新建立的属,可致犊牛腹泻。戊型肝炎病毒属曾列在嵌杯病毒科之内,目前已经单独立科。此外,在牛、貂、海象、海豚、鸡、爬行动物、两栖动物和昆虫中还发现了多种具有典型杯状病毒形态的病毒粒子,但大多未被全面鉴定。

2. 主要特性

病毒颗粒无囊膜,直径 40 nm,核衣壳 20 面体对称。病毒衣壳由 90 个相同的拱形双体蛋白亚单位组成,在表面形成 32 个特征性杯状凹陷结构。病毒基因组为单分子线状单股正链 RNA,大小在 74 000~77 000 nt 之间。其 3′末端为 Poly(A)结构,5′端无帽结构,仅与一个小分子量的蛋白(*VPg*)共价连接。基因组中包含 2~4 个 ORF。猫嵌杯病毒(FCV)和人诺瓦克病毒(NV)近 3′端的 ORF 编码非结构蛋白前体,中间的 ORF 编码衣壳蛋白,3′末端 ORF 很短，推测其编码一个小蛋白。兔出血症病毒(RHDV)的非结构蛋白和衣壳蛋白由两个ORF分别编码。衣壳蛋白VP1为主要结构蛋白，分子质量58 000～60 000 u；次要结构蛋白VP2分子质量为8 500～23 000 u；非结构蛋白与微RNA病毒同源，如2C(核苷三磷酸酶)、3C(半胱氨酸蛋白酶)及3D(RNA聚合酶)。*VPg*(基因组结合蛋白)分子质量10 000～15 000 u，与病毒RNA共价结合。目前已完成了FCV、RHDV、HEV、NV、SHV等的基因组序列测定。

嵌杯病毒的分子量大约为1.5×10^{6} u，沉降系数为170～187 S。在氯化铯中的浮密度为1.33～1.39 g/cm^{3}，在甘油酒石酸钾中的浮密度为1.29 g/cm^{3}。对乙醚、氯仿和温和性去垢剂不敏感。pH 3～5时可被灭活。高浓度Mg^{2+}能够加快热对嵌杯病毒的灭活作用。胰酶作用能够灭活某些嵌杯病毒，但也可以加速另一些病毒的复制。

(二)猫嵌杯病毒

猫嵌杯病毒(*Feline calicivirus*，FCV)感染是猫的一种多发性口腔和呼吸道传染病，又称为猫传染性鼻结膜炎。病毒于1957年首次分离。猎豹中也可以分离到该病毒。目前FCV呈世界性分布。我国猫群中亦存在FCV抗体。用兔源抗血清做中和实验可将病毒分为不同的血清型，但用SPF猫源抗血清分析只有1个血清型。不同毒株的毒力有较大差异，低毒力株引起亚临床感染，高毒力株可导致肺炎。近年来，由于FCV高度变异，导致了可引起严重、急性、致死性、全身性疾病(virulent systemic disease，VSD)毒株的出现，严重威胁猫群的健康。

1.致病性

经气雾及接触传播。排毒时间可持续数年甚至终生。因毒株和动物的抵抗力不同，症状差别很大。口腔溃疡是常见的特征性症状，感染通常局限于口腔和上呼吸道。毒力强大者也可波及肺部，造成肺水肿和间质性肺炎，表现出呼吸困难等症状。所有猫科动物对FCV均有易感性。1岁以下的猫最易感，死亡率可达30%，1岁以上的猫感染后常呈温和型或隐性经过。自然条件下FCV也感染犬。

2.微生物学诊断

嵌杯病毒感染引起的上呼吸道症状与猫鼻气管炎难以区分，应结合临床症状、病理变化、病毒分离鉴定和血清学试验结果综合判定。可采集呼吸道黏膜或鼻分泌液接种猫原代或传代细胞进行病毒分离。嵌杯病毒的细胞病变特征为核固缩，而猫鼻气管炎病毒引起的细胞病变为合胞体；再做病毒中和试验、琼脂扩散试验、免疫荧光试验或补体结合试验进一步鉴定。亦可取眼结膜组织进行荧光抗体染色。

3.防控

普遍使用弱毒疫苗及灭活疫苗。通常与猫疱疹病毒1型和猫细小病毒组成联苗使用。

(三)兔出血症病毒

兔出血症(rabbit hemorrhagic disease)又称兔瘟，是由兔出血症病毒(*Rabbit hemorrhagic disease virus*，RHDV)引起的一种急性、烈性、高度接触性传染病，其特征是呼吸系统出血、实质器官瘀血、肿大和点状出血。潜伏期短，发病迅速，发病率和死亡率均较高。1984年初，我国江苏首次报道该病，随即蔓延至全国。目前，世界多个国家均有报道。目前本病毒尚未用细胞培养成功。

1.致病性

病毒可经粪-口途径传播，2月龄以上兔较易感。急性病例一般在症状出现后12～48 h内死亡。最急性病例和急性病例死亡率可达 100%。死亡兔剖检可见各组织器官弥漫性的点状出血和实质器官的瘀血、水肿和变性。蚊、蝇及乌鸦、鹰等可作为本病的传播媒介。

2. 微生物学诊断

可根据临床剖检特征作出初步诊断。确诊需做病毒分离和血清学诊断。病毒分离可先取病兔肝、脾等组织制成悬液，超速离心后，接种成年未免疫家兔以分离病毒。分离的病毒可通过电镜负染观察其形态特征。血清学方法常用血凝和血凝抑制试验、间接血凝试验、琼脂扩散试验、双抗体夹心 ELISA、间接荧光抗体技术等。还可以应用 RT-PCR 方法等分子生物学手段检测病毒核酸。

3. 防控

兔出血症是 OIE 规定的通报疫病，免疫接种是有效的防控手段。灭活疫苗具有良好的免疫效果。被动免疫也有良好的预防和治疗效果。肌肉注射 0.2 mL 高免血清即可抵抗强毒攻击。体温升高时，立即用 1 mL 高免血清治疗，大部分病兔可被治愈。

二、戊肝病毒科

因病毒形态及基因组结构与嵌杯病毒科相似，戊肝病毒属（*Hepevirus*）曾被列入嵌杯病毒科。但其复制酶又与风疹病毒等有较高同源性，其加帽酶（Capping enzyme）的性质与甲病毒相似。ICTV 第 8 次分类报告未确定其科，2006 年病毒性肝炎国际会议将其定为戊肝病毒科（*Hepeviridae*），又译为戊型肝炎病毒科。2012 年，ICTV 第 9 次病毒分类报告予以确认。

戊肝病毒科只有戊肝病毒属 1 个属，戊型肝炎病毒（*Hepatitis E virus*，HEV）是目前确认的该属唯一成员。病毒基因组为正链 RNA，大小约为 7 200 nt，含 3 个开放阅读框。ORF1 编码非结构蛋白，ORF2 编码主要衣壳蛋白。ORF3 与 ORF1 及 ORF2 重叠，编码 113～114 个氨基酸的小分子磷蛋白，功能不明。

HEV 可分为 5 个基因型，1 型及 2 型仅感染人，3 型和 4 型感染人和动物，1～4 型具有交叉抗原性。猪源 HEV 属于基因 3 型和 4 型。禽戊肝病毒（*Avian hepatitis virus*）是鸡大肝大脾病（big liver and spleen disease，BLS）的主要病原，又称基因 5 型，与其他 4 个型的基因组构架相似，但序列同源性仅约 50%，分类地位待定。HEV 不能适应细胞培养。

猪源 HEV 可经人工感染非人灵长动物，并表现出急性肝炎的症状。猪源株 SWCH25 的全基因序列与我国人源 T1 株的同源性高达 89.8%。血清流行病学调查显示，我国猪群中的 HEV 抗体阳性率多高于 50%。自然条件下，猪一般呈亚临床感染。病毒检测可用 RT-PCR 方法。

三、星状病毒科

二维码 24-9

四、披膜病毒科

二维码 24-10

五、黄病毒科

(一)概述

黄病毒科(*Flaviviridae*)包括猪瘟病毒、牛病毒性腹泻病毒及日本脑炎病毒等重要的动物病毒及人兽共患病病毒。1900 年发现的人的黄热病是由黄热病毒引起,本科因此而得名。

1. 分类

本科有 3 个属:黄病毒属(*Flavivirus*)、瘟病毒属(*Pestivirus*)及丙肝病毒属(*Hepacivirus*)。黄病毒属成员大多是人兽共患病病原。按其基因组的相似性及中和表位的分布,可分为 3 大复合群:蚊媒复合群、蜱媒复合群以及未知媒介群,尚有一些成员未能分群。蚊媒复合群的日本脑炎病毒及西尼罗河病毒均为比较重要的人兽共患病病原。鸭坦布苏病毒是我国新近发现的水禽的致病病毒。

瘟病毒属曾被划分于披膜病毒科,1991 年正式成为黄病毒科的一员。该属包括猪瘟病毒、牛病毒性腹泻病毒 1 型(BVDV1)和 2 型(BVDV2)以及边区病病毒等,均为重要的兽医学研究对象。各成员的自然感染有明显的宿主特异性,但是猪瘟病毒也可感染牛,BVDV 也可感染猪、绵羊及其他反刍动物。最新报道的瘟病毒属分类地位待定的成员有:布弓瓦那病毒、叉角羚瘟病毒(*Pronghorn antelope pestvirus*)、长颈鹿瘟病毒(*Giraffe pestvirus*)和非典型瘟病毒(*Atypical pestvirus*)。赫比病毒(*Hobivirus*)是 2004 年在南美洲发现的一种非典型瘟病毒,抗原性有别于 BVDV1 及 BVDV2,专家建议称为 BVDV3。

丙肝病毒属目前仅有人的丙型肝炎病毒(HCV)1 种。1989 年发现的人庚型肝炎病毒(HGV)暂列为本属成员。HCV 和 HGV 均与人肝炎有关,经血液传播。HCV 不适应体外细胞培养,其重组毒可以感染黑猩猩并能在 Huh7 人肝癌细胞系上生长。

2. 主要特性

病毒粒子呈球形,直径 50 nm,有一层类脂囊膜及不明显的膜粒。核衣壳呈 20 面体对称,基因组为单分子线状单股正链 RNA,大小为 10 600～10 900 nt(黄病毒属)、12 500 nt(瘟病毒属)或 9 500 nt(丙肝病毒属),5′端有帽,3′端为发卡样结构。RNA 有感染性。

病毒基因组仅有 1 个开放阅读框,编码产物经裂解加工形成约 10 个蛋白,3′端编码非结构蛋白。结构蛋白包括核衣壳蛋白 C(分子质量为 14 000 u)、跨膜蛋白 M 及主要膜粒糖蛋白 E。瘟病毒属的 E 蛋白为 E^{rns}(gp44/48)、E1 (gp33)及 E2(gp55)。E^{rns}及 E2 可诱导产生中和抗体,E2 存在抗原高变区。非结构蛋白 NS5B 具有 RNA 依赖的 RNA 聚合酶(分子质量

75 000 u)活性;NS2-3 具有多种功能(分子质量 120 000 u)。病毒在内质网的贮泡内成熟,不出芽,通过胞吐或细胞裂解释放。

黄病毒属的成员可在许多肾细胞系,如 Vero、BHK-21 细胞中增殖并产生明显的 CPE。有的还可在有 IgG Fc 受体的巨噬细胞或其细胞系增殖,存在抗体依赖性增强作用。在蚊细胞如 C6/36、AP61 中也可增殖,但无 CPE。病毒感染可致死新生乳鼠,常用乳鼠分离本病毒属成员。

瘟病毒属成员在原始宿主的原代或传代细胞上增殖良好。BVDV 可用牛胚成纤维细胞或肾细胞培养,猪瘟病毒可用猪淋巴细胞或肾细胞培养。BVDV 许多毒株不产生 CPE,猪瘟病毒均不产生 CPE。瘟病毒属成员之间存在一定的抗原交叉性,故诊断时不能仅仅依靠血清学诊断方法。

病毒在环境中不太稳定,热、普通消毒剂极易使之灭活。在猪肉制品内的猪瘟病毒可存活数周至数月。

(二)牛病毒性腹泻病毒

牛病毒性腹泻病毒(*Bovine viral diarrhea virus*,BVDV)引致的急性疾病称为牛病毒性腹泻,引致的慢性持续性感染称为黏膜病。各种年龄的奶牛、肉牛都易感,8～24 月龄最常见。潜伏期为 5～7 d,病牛表现体温升高及白细胞减少、奶牛产奶量下降等症状。病毒感染可造成免疫抑制,犊牛易发生继发感染。非洲水牛及印度水牛、某些种类的羚羊、羊驼也可发病,表现为呼吸道疾病、流产、腹泻等。

根据致病性、抗原性及基因序列的差异,BVDV 被分为 BVDV1 和 BVDV2 两个种。二者均可导致牛病毒性腹泻和黏膜病。BVDV2 毒力更强,还可引起成年牛急性发病,导致严重的血小板减少及出血综合征。BVDV2 与猪瘟病毒无抗原交叉性,BVDV1 则有之。后者还可以自然感染猪。瘟病毒属基因组 5′非编码区(NCR)的序列差异>15%,BVDV1 与 BVDV2 也是如此。

BVDV1 还可根据 E2 及 N^{pro}(瘟病毒属独有的非结构蛋白)等基因的序列差异进一步分为至少 12 个基因型。而 BVDV2 目前只有两个基因型。BVDV1 的代表毒株有 NADL、Osloss、CP7 等,而 BVDV2 的代表毒株有 C413、New York’93、Strain 890 等。

1. 致病性

本病毒可通过胎盘感染胎儿。怀孕早期可致胎牛死亡,妊娠 80～125 d 后感染可致胎牛死亡或产瘦小犊牛。幸存的犊牛终生感染,因免疫耐受,这些犊牛对病毒不会产生有效的免疫应答。通过分泌物排毒成为危险的传染源,也可能发展为临床上可见的黏膜病。超过 125 日龄的胎牛具有一定的免疫力,感染后通常能存活。猪、绵羊、山羊也可以感染。

感染牛群在下一次产犊期所生犊牛有很高比例成为持续感染。第一年发生黏膜病的死亡率高达 50%。黏膜病可突然发病,也可延续数周或在数月内反复发生,表现为发热、厌食、腹泻、流鼻涕,糜烂性或溃疡性胃炎、脱水等,数周或数月死亡。急性病毒性腹泻患牛的特征性表现为从口腔至肠道整个消化道出现糜烂性或溃疡性病灶,肠系膜淋巴结出血坏死。

BVDV1 及 BVDV2 均有致 CPE 及无 CPE 两种生物型。感染早期及持续性感染的犊牛分离的是无 CPE 型,发生黏膜病的病牛两种均可以分离到。CPE 型可来自双重感染,也可能是从无 CPE 型突变而来。CPE 型可导致感染细胞凋亡。CPE 型的非结构蛋白基因 NS2-3

(旧称 P125)编码 NS2 及 NS3 两种产物,NS3(P80)具有丝氨酸蛋白酶活性,与产生 CPE 相关。非 CPE 型的 NS2-3 编码分子量为 120 000 u 的蛋白,只有少量裂解成 NS2 和 NS3。

2. 微生物学诊断

根据临床症状进行初步诊断,确诊可取鼻分泌物、全血或流产胎儿进行病毒分离,或用免疫学方法及 RT-PCR 检测病毒。

3. 防控

牛病毒性腹泻是 OIE 规定通报的疫病。除持续性感染的牛外,绵羊、山羊、猪以及鹿等野生反刍动物也可成为病毒的传染源。主要控制措施是检出并淘汰持续感染牛,可通过血清学监测检测出阳性牛,再用分子生物学方法检测血清学为阴性的带毒牛,逐步净化牛群。灭活疫苗效果欠佳,弱毒疫苗已普遍使用。但某些免疫耐受的动物仍可诱发严重的黏膜病。

(三)猪瘟病毒

猪瘟病毒(*Classical swine fever virus*,CSFV)是世界范围内最重要的猪病病原。目前在亚洲、非洲及中南美洲猪瘟仍然不断发生。美国、加拿大、澳大利亚及欧洲的若干国家已宣布消灭了猪瘟,但欧洲某些国家近年来仍时有再次发病的报道。

E^{rns}、E1 及 E2 是 CSFV 的主要结构蛋白。E^{rns}是仅次于 E2 的免疫原性糖蛋白,是标记疫苗用于鉴别感染与免疫抗体的靶抗原。E2 主要参与病毒的感染过程,是病毒最不保守的蛋白。E^{rns}和 E2 均可诱导机体产生中和抗体。E1 常与 E2 以异源二聚体的形式存在。根据病毒膜粒糖蛋白 E2 基因的序列差异,可将猪瘟流行毒株分为 3 个基因型,11 个基因亚型。目前,基因 2.1 亚型在我国占主导地位。

1. 致病性

病毒主要通过动物采食侵入机体,最先定居于扁桃体,然后在内皮细胞、淋巴器官及骨髓增殖,导致出血症及白细胞和血小板减少。组织器官的出血性病灶和脾梗死为其特征性病变。亚急性或慢性病例可见肠黏膜的坏死性溃疡。慢性病猪胸腺、脾及淋巴结生发中心完全萎缩。健康猪对病毒可迅速产生坚强的免疫力。

典型的猪瘟为急性感染,伴有高热、厌食、委顿及结膜炎。潜伏期 2～4 d。病猪白细胞严重减少,低于任何其他猪病的水平。仔猪可无症状死亡,成年猪往往因细菌继发感染在 1 周内死亡,死亡率高达 100%。亚急性型及慢性型的潜伏期及病程均延长,病毒毒力减弱。此种毒株感染怀孕母猪可导致死胎、流产或木乃伊胎。所产仔猪不死者产生免疫耐受,表现为颤抖、矮小并终身排毒,多在数月内死亡。病猪或无症状的持续感染家猪(主要是种猪)以及野猪是直接接触的传染源。各种用具如车辆、猪场人员的鞋等也可间接传播病毒。

2. 微生物学诊断

诊断应在国家认可的实验室进行。病料可取扁桃体、淋巴结、脾脏及血液。荧光抗体染色法、免疫组化法或抗原捕捉 ELISA 可快速检出组织中的病毒抗原,RT-PCR 可检测病料中的病毒核酸。病毒可经细胞培养分离获得,但不产生 CPE,需用免疫学方法进一步检测。

3. 防控

猪瘟是 OIE 规定通报的疫病。餐厅、食堂或屠宰场的废弃泔水等应加热处理后喂猪,以杀死可能存在的猪瘟病毒。冻肉及猪肉制品中的病毒可存活数年,运输检疫应予注意。我国用猪瘟病毒 C 株制成的猪瘟兔化弱毒疫苗是国际公认的有效疫苗，目前仍然发挥着可靠的作用。

一些发达国家消灭猪瘟采取的措施是“检测加屠宰”，即检出阳性猪则全群扑杀，费用高昂，但十分成功。其技术的先决条件为：第一，猪瘟病毒仅限于家猪传播，某些欧洲国家由于野猪普遍感染，已成为家猪感染源，此法难以奏效；第二，利用有效的疫苗接种，将需淘汰猪的数量降至最低以减少经济损失；第三，有适当的诊断技术对猪群进行监测；第四，尽可能消除持续感染猪不断排毒的危险性。

（四）日本脑炎病毒

日本脑炎病毒（*Japanese encephalitis virus*，JEV）可分为 4 个基因型，中国主要为 3 型，近年来发现有 1 型。JEV 又名流行性乙型脑炎病毒，与圣路易斯脑炎病毒、墨累河谷脑炎病毒及西尼罗病毒同属一个复合群，均为人兽共患病病原。只有本病毒对家畜有明显致病性。猪、马、犬、鸡、鸭及爬行类动物均可自然感染。一般无症状，可致孕猪流产或死产。从蝙蝠、候鸟也已分离出该病毒。

本病常见于中国、韩国及东南亚国家。三喙库蚊是最常见的传播媒介，通过蚊-猪-蚊的传播循环使病毒得以传代。弱毒疫苗或灭活疫苗接种可有效预防和控制本病。日本脑炎是 OIE 规定通报的疫病。

（五）鸭坦布苏病毒

2010 年以来，鸭坦布苏病毒（*Duck tembusu virus*，DTMUV）感染造成了我国蛋鸭、种鸭及鹅的发病，表现为突发性产蛋急剧下降，卵泡变性、变形，卵泡膜充血、出血。该病曾被称为鸭出血性卵巢炎，发病率超过 90%，死亡率 5%～30%。

病毒基因组全长 10 990 nt，与黄病毒的恩塔亚病毒群（Ntaya virus group）有一定的相似性。病毒无血凝性，可用 SPF 鸡胚或鸭胚进行培养，能适应 DF-1、BHK-21 以及蚊细胞系 C6/36 等，产生细胞病变。人工感染 1 日龄雏鸭可致病，表现为神经症状、体重减轻、死亡。剖检可见肝出血性坏死，脑水肿、充血及出血。泄殖腔可排毒，可能经消化道及呼吸道传播。

复习思考题

1. 冠状病毒科的主要成员有哪些？
2. 禽传染性支气管炎病毒分型的依据及主要的血清型有哪些？
3. 试分析我国 PEDV 流行毒株的变异情况。
4. 试述近年来猪 δ 冠状病毒在中国的流行情况及病毒的分子特征。
5. 猪繁殖与呼吸道综合征病毒致病性表现在哪些方面？
6. 如何区分口蹄疫野毒感染猪与疫苗接种猪？
7. 牛病毒性腹泻病毒有几种生物型？其致病性及基因结构有何差异？
8. 试述猪瘟病毒的诊断特点及净化措施。

第二十五章　具有反转录过程的病毒

【内容提要】具有反转录过程的病毒有逆转录病毒科和嗜肝病毒科，前者为RNA病毒，后者为DNA病毒。逆转录病毒科包括正逆转录病毒亚科和泡沫逆转录病毒亚科，前者包括6个属：甲型逆转录病毒属、乙型逆转录病毒属、丙型逆转录病毒属、丁型逆转录病毒属、戊型逆转录病毒属和慢病毒属，后者仅有泡沫病毒属。逆转录病毒科病毒的基因组为二倍体正链单股RNA，非缺损的逆转录病毒基因组含*gag*、*pol*和*env*等基因。但Rous肉瘤病毒例外，其基因组含病毒肿瘤基因v-src，同时含有*gag*、*pol*以及*env*基因，因此自身即能完成复制。慢病毒属的成员还普遍具有*tat*、*rev*、*nef*及*vif*基因。此外，灵长类动物的慢病毒还具有*vpu*、*vpr*及*vpx*基因。对动物而言，嗜肝病毒不具有重要的致病意义。

第一节　逆转录病毒科

逆转录病毒科(*Retroviridae*)包括正逆转录病毒亚科(*Orthoretrovirinae*)和泡沫逆转录病毒亚科(*Spumaretrovirinae*)(表25-1)。正逆转录病毒亚科含6个属：①甲型逆转录病毒属，旧称禽C型逆转录病毒，如禽白血病/肉瘤病毒；②乙型逆转录病毒属，旧称哺乳动物B型及D型逆转录病毒，如小鼠乳腺瘤病毒及马非猴病毒；③丙型逆转录病毒属，旧称哺乳动物与爬行动物C型逆转录病毒，如鼠白血病病毒；④丁型逆转录病毒属，包括牛白血病及人嗜T细胞病毒；⑤戊型逆转录病毒属，包括鱼类逆转录病毒，如大眼鲈肉瘤病毒；⑥慢病毒属，包括人免疫缺陷病毒1型和2型、马传染性贫血病毒、维士纳/梅迪病毒等若干重要的动物及人类致病病毒。泡沫逆转录病毒亚科仅有泡沫病毒属，包括各种动物及人的泡沫病毒。泡沫病毒见于培养的细胞中，未发现其致病性。嗜肝病毒科(*Hepad naviridae*)病毒的原型是人乙型肝炎病毒(*Hepatitis B virus*，HBV)，引致急、慢性肝炎、腹水及原发性肝癌，是人的重要致病病毒。在动物也发现一些嗜肝病毒，如鸭乙型肝炎病毒，但均无重要的临床意义。

一、概述

逆转录病毒颗粒基本呈球状，直径80～100 nm，有囊膜，囊膜表面糖蛋白突起长约8 nm，基质蛋白位于囊膜内表面。病毒颗粒具有独特的3层结构：外膜为源于宿主细胞膜的囊膜；中层膜由衣壳蛋白组成，呈20面体对称，直径约60 nm；最内层为基因组核衣壳蛋白复合物，包含反转录酶，螺旋对称(图25-1)。

表 25-1　逆转录病毒科的病毒

病毒属名	病毒名称
正逆转录病毒亚科 (*Orthoretrovirinae*)	
甲型逆转录病毒属 (*Alpharetrovirus*)	禽白血病病毒(*Avian leukosis virus*)、禽肉瘤病毒(*Avian sarcoma virus*)、禽成髓细胞性白血病病毒(*Avian myeloblastosis virus*)、禽肿瘤病毒(*Avian carcinoma virus*)、*Rous* 肉瘤病毒(*Rous sarcoma virus*)
乙型反录病毒属 (*Betaretrovirus*)	小鼠乳腺瘤病毒(*Mouse mammary tumor virus*)、绵羊肺腺瘤病毒(*Ovine pulmonary adenomatosis virus*)、马非猴病毒(*Mason-Pfizer monkey virus*)、松鼠猴逆转录病毒(*Squirrel monkey retrovirus*)、叶猴病毒(*Langur virus*)
丙型反录病毒属 (*Gamma retrovirus*)	猫白血病病毒(*Feline leukemia virus*)、猫肉瘤病毒(*Gardner-arnstein feline sarcoma virus*)、猪 C 型肿瘤病毒(*Porcine ctype concovirus*)、小鼠白血病病毒(*Murine leukemia virus*)、鼠肉瘤病毒(*Murine sarcoma virus*)、长臂猿白血病病毒(*Gibbon ape leukemia virus*)、卷毛猴肉瘤病毒(*Woolly monkey sarcoma virus*)、豚鼠 C 型肿瘤病毒(*Guinea pig ctype concovirus*)、蝮蛇逆转录病毒(*Viper retroviruses*)、网状内皮组织增殖病病毒(*Reticuloendotheliosis virus*)、*Trager* 鸭脾坏死病病毒(*Trager's duck spleen necrosis virus*)、鸡合胞体病毒(*Chick syncytial virus*)
丁型反录病毒属 (*Delta retrovirus*)	牛白血病病毒(*Bovine leukemia virus*)、灵长类嗜 T 细胞病毒 1～3 型(*Primate T-lymphotropic virus* 1～3)
戊型反录病毒属 (*Epsilan retrovirus*)	大眼鲈皮肤肉瘤病毒(*Walleye dermal sarcoma virus*)、大眼鲈皮肤增生病毒 1 型和 2 型(*Walleye epidermal hyperplasia viruses type* 1 *and type* 2)
慢病毒属(*Lentivirus*)	人免疫缺陷病毒 1 型及 2 型(*Human immunodeficiency viruses type* 1 *and type* 2)、猴免疫缺陷病毒(*Simian immunodeficiency virus*)、梅迪-维斯纳病毒(*Maedi-Visna virus*)、山羊关节炎-脑炎病毒(*Caprine Arthritis-encephalitis virus*)、猫免疫缺陷病毒(*Feline immunodeficiency virus*)、马传染性贫血病毒(*Equine infectious anemia virus*)、牛免疫缺陷病毒(*Bovine immunodeficiency virus*)、美洲狮慢性病毒(*Puma lentivirus*)
泡沫逆转录病毒亚科 (*Spum-aretrovirinae*)	
泡沫病毒属 (*Spumavirus*)	非洲绿猴泡沫病毒(*Africangreen monkeysimian foam*)

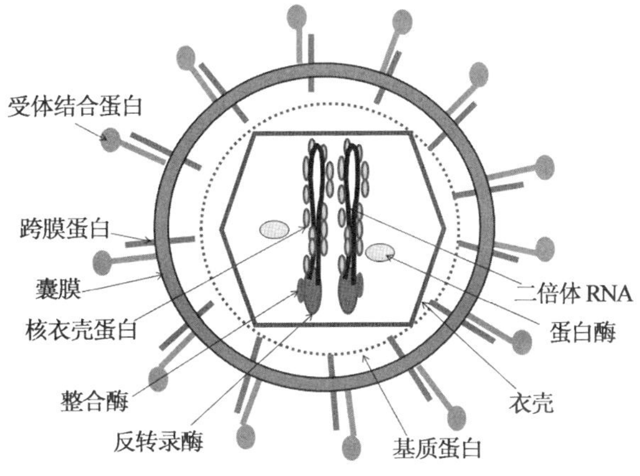

图 25-1　逆转录病毒结构模式图(引自：Murphy)

基因组为二倍体，由 2 条线状单股正链 RNA 组成，每个单体大小为 7 000～11 000 nt，具有 3′端聚 A 尾及 5′端帽。不同逆转录病毒的基因组细微结构有很大差异。所有成员均具有编码反转录酶的基因。反转录酶同时具有 RNA 依赖的 DNA 聚合酶、DNA 依赖的 DNA 聚合酶及 RNA 酶 H 功能，由一个分子的不同部位执行不同酶的功能。

非缺损的逆转录病毒基因组含有 3 个主要基因，即 *gag*、*pol* 和 *env*。*gag* 基因编码 3～6 种非糖基化的病毒结构蛋白，包括基质蛋白(MA)、衣壳蛋白(CA)及核衣壳蛋白(NC)。*pol* 基因编码反转录酶(RT)及整合酶(IN)。*env* 基因编码两种囊膜蛋白：受体结合蛋白(SU)及嵌膜蛋白(TM)。基因组末端的某些结构，如长末端重复子(long terminal repeat，LTR)，作为启动子与转录活性有关。

急性转化性的逆转录病毒还具有第 4 个基因即肿瘤基因(*v-onc*)，但通常其他基因(如 *env* 基因)缺失。因此，大多含 *v-onc* 基因的病毒不能合成完整的囊膜，是复制缺陷型。它们总是与非缺陷的病毒同时存在，后者作为辅助病毒协助其完成复制。但 Rous 肉瘤病毒例外，其基因组含病毒肿瘤基因 *v-src*，同时含有 *gag*、*pol* 以及 *env* 基因，因此自身即能完成复制。

慢病毒属的成员还普遍具有 *tat*、*rev*、*nef* 及 *vif* 基因。*tat* 编码产物能增强细胞 RNA 聚合酶转录活性 1 000 倍。*rev* 编码蛋白与病毒 RNA 转录产物的剪接有关。*nef* 对病毒在培养的淋巴细胞中复制并不重要，但对其在巨噬细胞中复制必不可少，其编码的蛋白质能影响靶细胞在体内活化的状态。*vif* 编码的蛋白质名为病毒传染性因子(viral infectivity factor)，决定获得感染性的病毒形态发生的某些步骤。此外，灵长类动物的慢病毒还具有 *vpu*、*vpr* 及 *vpx* 基因。*vpu* 蛋白启动病毒糖蛋白成熟及病毒颗粒出芽释放，*vpr* 蛋白是弱的转录激活因子，*vpx* 蛋白可能为病毒在 T 淋巴细胞及巨噬细胞中复制所需。

脂溶剂、去垢剂及 56℃加热 30 min 均能灭活逆转录病毒，但对紫外线及 X 射线照射的抵抗力较其他病毒强，可能与其具有二倍体 RNA 有关。

二、甲型逆转录病毒属

(一)概述

禽的甲型逆转录病毒有 3 种：一是复制完全型、不含肿瘤基因的，如禽白血病病毒；二是复制完全型、含肿瘤基因的，如 Rous 肉瘤病毒；三是复制缺陷型的，如禽成髓细胞性白血病病毒、禽肿瘤病毒。

甲型逆转录病毒既有外源性病毒，也有内源性病毒。外源性病毒可以是全基因型的病毒粒子，也可以是缺陷型病毒基因组和辅助病毒(helper virus)囊膜组成的伪型。外源病毒可以通过垂直和水平两种方式传播。内源性病毒即整合于宿主细胞染色体中的完全或缺失的前病毒 DNA 序列，只能以垂直方式传播。所有的鸡都携带内源性病毒，染色体上整合病毒基因的位置称为内源性病毒性(ev)位点，每只鸡平均携带有 5 个 ev 位点。

(二)禽白血病/肉瘤病毒

禽白血病病毒(*Avian leukosis virus*，ALV)的形态、理化特性以及致病性等与禽肉瘤病毒(*Avian sarcoma virus*)相似，故常统称为禽白血病/肉瘤病毒。禽白血病病毒分为内源性和外源性两类，内源性禽白血病病毒以前病毒的形式存在于鸡体的基因组，很少表达。外源性能完全复制的禽白血病病毒具有 *gag*、*pol* 及 *env* 基因，对大多数鸡无致病性，但小部分鸡终生感染并产生白血病淋巴细胞瘤。某些外源性的白血病病毒从细胞的肿瘤基因(*c-onc*)获得 *v-onc*，能致急性、亚急性肿瘤。在获得 *v-onc* 基因的同时失去了某些基因，如 *env*，因此变为复制缺陷型，需要具有 *env* 基因的禽白血病病毒作为其辅助病毒。

1. 分类

根据宿主范围、病毒中和试验及分子特性等，可将本群病毒分为 A～J 10 个亚群，其中从鸡体内分离的包括 A、B、C、D、E 和 J 6 个亚群，A～D 亚群为外源性，E 亚群为内源性，J 亚群禽白血病病毒是 1988 年从肉鸡中分离鉴定出来的新的致病性禽白血病病毒。另外 F、G、H 和 I 亚群的 ALV 分别是分离自环颈稚、金黄稚、鹧鸪以及鹌鹑的内源性病毒亚群。2012 年，崔治中等专家从我国芦花鸡中分离到几个毒株与已知的 ALV 不同，经鉴定属于一个新的亚群，命名为 K 亚群禽白血病病毒。

2. 致病性

本群病毒可引致各种传染性肿瘤，如淋巴细胞增多症、成红细胞增多症、成髓细胞增多症、髓细胞瘤、内皮瘤、肾胚细胞瘤等，其中以淋巴细胞增多症最为常见。

不同遗传背景的鸡群对外源性 ALV 的易感性表现不同。其中 A 亚群被认为是商品蛋鸡中最常见的致病性外源性病毒亚群；其次是 B 亚群，该亚群病毒可导致淋巴细胞性白血病；C、D 亚群的感染则比较少见。J 亚群对所有品系的鸡都易感，但不同品系的鸡对于肿瘤的抵抗性不同，其中肉鸡显著易感。目前还未发现遗传上能够抵抗 J 亚群感染的品系鸡的报道。J 亚群在我国产蛋鸡群以及地方品系鸡群中发病率呈逐渐上升趋势，给我国的养鸡业带来了前所未有的经济损失。

病毒所致的白血病在鸡出壳后数月即可传遍鸡群，如不存在急性转化性的毒株，则在 14 周龄以上的鸡散发，发病率为 3%～20%。雏鸡先天性感染外源性非缺陷型白血病病毒时，可发生肿瘤，并产生病毒血症。整合到鸡的不同体细胞基因组内的前病毒在某种情况下 *c-onc* 基因被激活，产生肿瘤。由于淋巴细胞在初生数周内有活跃的细胞分裂，具有病毒受体的淋巴细胞就比其他细胞更易感、更易传递病毒。

缺陷型的白血病病毒在外源性非缺陷型的白血病病毒共同感染鸡时，可复制并致病，引致成红细胞增多症、成髓细胞增多症以及髓细胞瘤，所致肿瘤的不同是由于病毒的 *v-onc* 基因不同。病毒可水平或垂直传递。先天性感染鸡对病毒产生免疫耐受，发生病毒血症，血液含毒量可高达 10^9 ID_{50}/mL，经唾液及粪排毒，但大多外观健康。水平传播需要长期密切接触，垂直传播更为重要。在鸡胚发育过程中，增殖的病毒大量蓄积在白蛋白中，污染孵化环境。

3. 诊断

根据病史、临床症状及剖检发现肿瘤通常可做出诊断，但应与马立克病相鉴别。可用 ELISA 等检测病毒抗原。必要时可送专业实验室做病毒分离鉴定。像 Rous 肉瘤这类急性转化的复制完全的病毒，可在培养的鸡胚成纤维细胞上形成多层圆形细胞的斑点(focus)。

4. 防控

卫生消毒措施十分重要，尤其是孵化的后期。鸡群应采取全进全出饲养体系。检测并淘汰带毒鸡及培育抗病品系是目前推荐的措施。用于制备疫苗的鸡胚，尤其要加强病毒的检测。

三、乙型逆转录病毒属

二维码 25-1

四、丙型逆转录病毒属

二维码 25-2

五、丁型逆转录病毒属

二维码 25-3

六、戊型逆转录病毒属

本属有致病性的为鱼的逆转录病毒，导致大眼鲈（*Stigstedium vitreum*）多发性皮肤肿瘤，发生于北美，肿瘤发生率为1%～27%。遗传学分析表明，北美的分离株可分为3个基因群，地区来源有别，分别命名为大眼鲈皮肤肉瘤病毒（*Walleye dermal sarcoma virus*）及大眼鲈上皮增生病毒1型和2型（*Walleye epidermal hyperplasia viruses* 1 and 2）。另有鲈增生病毒（*Perch hyperplasia virus*）及鳢反录病毒（*Snakehead retrovirus*），后者暂列为本属的成员，与东南亚的患鳢皮肤溃疡综合征有关。

七、慢病毒属

自从1983年发现人免疫缺陷病毒（HIV）以来，动物的慢病毒受到重视，有关研究取得了空前进展。根据慢病毒感染宿主范围不同，可将慢病毒分为5个群9个种：牛慢病毒群（牛免疫缺陷病毒)、马慢病毒群(马传染性贫血病毒)、猫慢病毒群(猫免疫缺陷病毒及美洲狮慢病毒)、羊慢病毒群(维士纳-梅迪病毒及山羊关节炎-脑炎病毒)及灵长类慢病毒群(人免疫缺陷病毒 1 型和 2 型及猴免疫缺陷病毒)。

(一)梅迪-维斯纳病毒

梅迪-维斯纳病毒(*Maedi/Visna virus*,VMV)也称为绵羊进行性肺炎病毒(*Ovine progressive pneumonia virus*,OPPV),引起绵羊的梅迪-维斯纳病或绵羊进行性肺炎。梅迪-维斯纳病毒自发现至今已在世界多个国家流行,造成不同程度的经济损失。其主要感染绵羊,潜伏期长达 2～6 年,羊感染后表现为呼吸困难、乳腺炎、衰弱和关节炎、脑炎等不同症状,还会造成产羔数减少、羔羊初生重降低以及早期死亡等繁殖性能障碍。感染羊的各种体液及分泌液中均有病毒,最主要的传播途径是呼吸道,但也可通过乳汁传给羔羊。精液可携带大量病毒。呈现病毒血症的羊血液及淋巴细胞中含毒,吸血昆虫叮咬或手术处理等可造成机械传播。

慢病毒特别能抗干扰素。尽管能产生不同程度的中和抗体及细胞免疫,但不能杀灭病毒和感染细胞。在感染的全过程中,病毒囊膜的抗原性不断变化,导致免疫逃逸。

最通用的诊断方法是用琼脂凝胶免疫扩散试验,检测血清中病毒核芯抗原 p28 或囊膜抗原 gp135 的抗体。免疫转印比其更敏感,可用于确诊。也可取外周血淋巴细胞用 ELISA 或 RT- PCR 原位杂交检测病毒。分离病毒则要将外周血梯度离心,取淋巴细胞加入白细胞介素-2,与经丝裂原处理的健康绵羊外周血淋巴细胞共同培养。

梅迪-维斯纳病是 OIE 规定通报的疫病,冰岛采取严格的宰杀政策消灭了本病。其他国家多采取检测加淘汰的措施。检测抗体的方法可用琼脂凝胶免疫扩散试验或合胞体空斑减数试验等。病毒可在绵羊脉络丛细胞生长,形成合胞体。

(二)山羊关节炎-脑炎病毒

山羊关节炎-脑炎病毒(*Caprine arthritis-encephalitis virus*,CAEV)是引起山羊的慢性进行性传染病的病原,1974 年在美国首先发现,目前已是全世界山羊病中最重要的羊病之一,在某些羊群的感染率高达 80%。本病毒与梅迪-维斯纳病毒的北美株关系最为相近。临床症状以山羊羔脑炎和成年山羊多发性关节炎、硬结性乳房炎以及间质性肺炎为特征。病毒可人工感染绵羊,但自然感染仅限于山羊。初生羔羊通过初乳及乳感染。

诊断常用琼脂凝胶免疫扩散试验检测抗体,此法亦用于羊群的免疫监测。带毒羊的乳汁是传染源,可将新生羔羊隔离,用消毒奶饲养,建立无病毒羊群。山羊关节炎-脑炎是 OIE 规定通报的疫病。

(三)马传染性贫血病毒

马传染性贫血病毒(*Equine infectious anemia virus*,EIAV)感染马属动物,马最易感,骡、驴次之,在世界各地的马均有发现。该病临床表现为急性、亚急性、慢性及亚临床性 4 种类型。急性型症状最为典型,出现发热、严重贫血、黄疸等,80%患马死亡。急性或亚急性耐过的马可终身持续感染。

马传染性贫血病毒对冷、热、干燥等外环境条件有很强的抵抗力。能凝集鸡、蛙、豚鼠和人 O 型红细胞,可在马白细胞培养中生长,出现 CPE,还可导致马、犬、猫的细胞系的持续性感染。

病毒首先感染巨噬细胞,然后是淋巴细胞。所有感染马终身出现细胞结合的病毒血症。

发生贫血是由于病毒感染导致骨髓细胞抑制，还是由于红细胞被自身免疫破坏，目前尚不清楚。形成的免疫复合物可致肾小球肾炎。病毒的变异区主要在 LTR 和病毒复制调控蛋白基因及囊膜基因，囊膜蛋白 gp90 的主要中和表位的变异或缺失的影响病程的发展及康复。

吸血昆虫包括厩蝇、蚊可能还有库蠓能机械性传播病毒。污染的诊疗器械也是不可忽视的传播媒介。已证实病毒可通过胎盘，病马的血液及各种分泌物、排泄物，如乳、唾液、尿、精液等可传递病毒。

国际上通用琼脂凝胶免疫扩散试验检测血清中的抗体，诊断抗原用未发现株间变异的 p26。但感染 2～3 周内的马血清尚为阴性。

马传染性贫血是 OIE 规定通报的疫病。我国已有效控制了本病流行。沈荣显院士等研制成功的驴白细胞弱毒疫苗，马接种后产生良好的免疫力，国外一般采用检测加淘汰的手段。

(四)牛免疫缺陷病毒

二维码 25-4

第二节　嗜肝病毒科

二维码 25-5

复习思考题

1. 试述逆转录病毒及反转录酶的结构。
2. 试述禽白血病病毒的亚型及致病性。
3. 牛白血病病毒如何传播？用什么方法检测？
4. 比较绵羊、山羊、马等动物慢病毒的传播途径及致病特点。
5. 举例说明动物慢病毒的检测手段和预防措施。

第二十六章 朊 病 毒

【内容提要】朊病毒是动物和人传染性海绵状脑病的病原,是具有传染性的蛋白质。朊病毒的基本组成单位为 PrP^{sc},其与正常细胞的 PrP^{c} 的区别在于构象的不同。PrP^{sc} 凝聚成电镜下可见的 SAF。SAF 在脑组织内形成神经元空斑,导致海绵状损害及神经元功能丧失。朊病毒对理化因素具有异乎寻常的抵抗力。PrP^{sc} 无法有效激活免疫应答。朊病毒导致的特征性病变是中枢神经系统出现海绵样空泡、PrP^{sc} 聚集、神经元丢失、小胶质细胞激活、星形胶质细胞增生。牛海绵状脑病和绵羊痒病是两种重要的朊病毒病。基于朊病毒的特点以及致病特点,建立了多种检测方法用于该病的诊断。目前预防措施主要是消灭传染源和切断传播途径。

朊病毒(Prion)是动物和人传染性海绵状脑病(tansmissible spongiform encephalopathy, TSE)的病原。TSE 是以中枢神经系统退行性病变为主要特征的一种慢性消耗性传染病,患病动物或人均以死亡转归。朊病毒是不含核酸的蛋白质侵染颗粒,其特点包括无核酸、无免疫原性、对外界环境的抵抗力强、传染性极强、可在多物种间传播等,可造成人和动物的神经元、脑组织、胶质细胞一系列损伤。1986 年在英国发现的"疯牛病"(牛海绵状脑病),严重打击了养牛业,并危及人类健康,震惊全世界,至今余波未平。美国科学家 Prusiner 获得 1997 年诺贝尔生理学或医学奖,以彰其在研究朊病毒的性质及其所致 TSE 的致病机理方面所取得的突破性进展。

近年来,在酵母及丝状真菌发现并鉴定了 8 种朊病毒,其复制过程起始于最初错误折叠的蛋白质,通过分子伴侣使之扩大,具有传染性质,与哺乳动物的朊病毒病相似。未发现其对人类及动物具有致病性。

第一节 朊病毒的生物学性状

一、PrP^{c} 与 PrP^{sc}

朊病毒是所谓的构象病原,即由细胞正常蛋白经变构后而获得致病性。正常的细胞蛋白名为 PrP^{c},是正常细胞的一种糖蛋白,分子质量 33 000～35 000 u,又称 PrP 33～35,以其 C 端的糖基磷脂酰肌醇(GPI)锚定在细胞膜上。PrP^{c} 在胚胎发生的早期表达,在中枢神经系统表达量高,特别是与突触膜相关、可能作为某种神经元结构的营养成分,对突触的正常功能有意义;其次,PrP^{c} 在免疫系统中也广泛表达,可能参与了淋巴细胞的活化。大量研究证实,PrP^{c} 具有免疫调节、信号转导、铜离子结合、突触传递及诱导或阻止细胞凋亡的作用。此外,PrP^{c}

还有超氧化物歧化酶(SOD)的活性,对细胞抗氧化逆境有直接作用。PrP^{c} 在造血干细胞中也可以表达,具有促进哺乳动物的神经发育和成熟过程中神经前体细胞增殖的作用。PrP^{c} 对蛋白酶敏感,能在非变性去污剂中溶解。

PrP^{sc}中的"sc"来源于"Scrapie"。Scrapie 即痒疫,是朊病毒疾病的代表型,是正常细胞蛋白(PrP^{c})进行的翻译后加工转化成致病性的异构体 PrP^{sc}。PrP^{c} 和 PrP^{sc}的一级结构完全相同,空间结构存在明显的差异。PrP^{c} 是 4 个 α 螺旋(H1～H4)的球形蛋白,含 43%的 α 螺旋,很少或几乎不含 β 片层。PrP^{sc}则相反,含两个 α 螺旋(H1 和 H2),形成 4 个 β 片层,含 43%的 β 片层和 30%的 α 螺旋(图 26-1)。PrP^{sc}富含 β 片层,不易被蛋白酶水解。已筛选到区分二者的单克隆抗体,人和不同动物的 PrP^{sc}具有可被单克隆抗体识别的共同表位。朊病毒也存在不同的变异型或亚型,或叫朊病毒毒株。

用蛋白酶 K 消化 PrP^{sc},可通过水解 N 末端产生 $PrP^{27\sim30}$,在相同的条件下 PrP^{c} 则完全水解。在富集的具有朊病毒感染性的组分中,只有 PrP^{sc}存在。

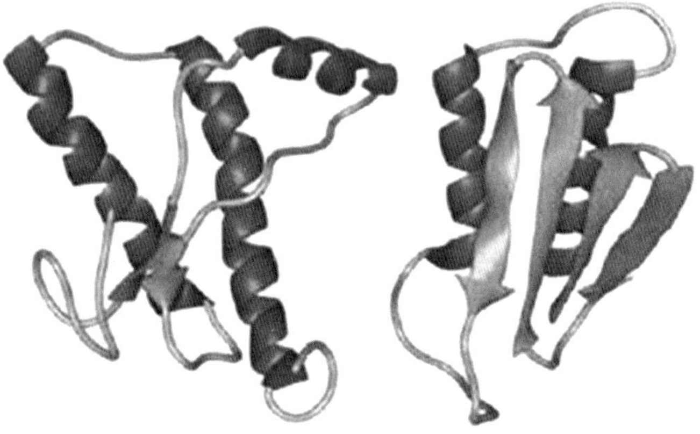

图 26-1 PrP 分子构象模式(引自:http://jpkc.yzu.edu.cn/course2/symyx/index.html)

二、朊病毒的特性

用超滤法测量,PrP^{sc}的大小约为 30 nm。PrP^{sc}可抵抗内切酶的消化,后者导致其凝聚,形成直径 4～6 nm 的螺旋形杆状纤维,即所谓的痒病相关纤维(scrapie associated fibrils,SAF)。SAF 在脑组织内形成神经元空斑(neuronal plaque),即 PrP 斑,引致海绵状损害及神经元功能丧失。最小的朊病毒感染性颗粒可能是 PrP^{sc}的二聚体,朊病毒聚集形成大小不一的颗粒,这些颗粒不能被去污剂溶解。朊病毒对核酸酶、紫外线辐射(254 nm)、补骨脂素、羟基野芝麻碱、金属离子螯合剂、pH 3～7 环境、福尔马林、煮沸、蛋白酶等的灭活作用均有抗性。

许多足以杀灭病毒及其他微生物的化学药物及环境、物理因素(紫外线或 γ 射线)对 PrP^{sc} 无效(表 26-1)。

表 26-1　理化因素对痒病朊病毒的影响

处理手段	感染性的降低程度	处理手段	感染性的降低程度
1 mol/L NaOH	$>10^6\sim10^8$	乙醚浸出	10^2
苯酚抽提	$>10^6$	132℃经 90 min	$>10^{7.4}$
0.5%次氯酸钠	$>10^4$	132℃经 60 min	$10^{6.5}$
组织病理学操作	$10^{2.6}$	100℃经 60 min	$10^{3.4}$
3%福尔马林	10^2	80℃经 60 min	10^1
1%β丙内酯	10^1		

三、PrP^c 和 PrP^{sc} 与免疫系统的关系

PrP^c 可高水平表达于人 T、B 淋巴细胞、单核细胞及树突状细胞，它们的构型和表达与神经元表面的 PrP^c 有区别。随着人 T 淋巴细胞的活化，细胞表面 PrP^c 的表达上调，记忆 T 淋巴细胞比天然 T 淋巴细胞的 PrP^c 表达水平高。研究表明，PrP^c 可能参与了人 T 淋巴细胞的信号转导。

一般情况下，机体对 PrP^c 呈免疫耐受状态，机体内大部分细胞表面都表达这种分子。T 淋巴细胞在早期的阳性选择时，表达针对 PrP^c 的 T 淋巴细胞已被克隆清除。在传染性朊病毒性疾病中，免疫系统起着帮助 PrP^{sc} 分子复制、扩散和侵袭神经系统的作用。滤泡树突状细胞(follicular dendritic cell，FDC)是免疫细胞中对 PrP^{sc} 复制和扩散帮助最大的细胞。FDC 表面大量表达 PrP^c，有捕获 PrP^{sc} 的能力，在传染性朊病毒相关疾病症状出现前的极早期，就能在淋巴组织的次级生发中心内观察到 FDC 表面 PrP^{sc} 的大量复制和累积。

第二节　朊病毒的致病性

感染朊病毒有 3 种可能的途径：遗传突变、医源性感染和食源性感染。遗传突变可导致朊病毒蛋白失去细胞型而易于折叠成致病型，FCDD、GSS 和 FFI 均为显性遗传性朊病毒病。PrP 基因上的 5 个不同突变与这些遗传性朊病毒病的发展均有遗传关联性。医源性感染是通过角膜移植手术、硬脑膜移植术、脑电极植入及注射入人垂体源性的生长激素等医学途径感染朊病毒；食源性感染是通过消化道传染的，人的克雅病就是食用了牛海绵状脑病污染的牛肉所导致。传染性水貂脑病、牛海绵状脑病和外来偶蹄动物脑病，据认为都是因摄入羊朊病毒污染的物质而引起。新几内亚 Fore 部落人的库鲁病，系因吃人脑习俗而引起。

动物源及人源朊病毒经接种均可传染其他动物，如仓鼠、大鼠、雪貂、貂、绵羊、山羊、猪、牛、猴及黑猩猩，并可再现各种毒株的差异，只是潜伏期可能比原先的天然宿主缩短或延长，但有的经盲传也不发病。动物和人的朊病毒病见表 26-2。

表 26-2　动物和人的朊病毒病

病名	确认年份	易感实验动物	病理发生机制
动物的朊病毒病			
痒病（绵羊、山羊）(Scrapie)	1936	小鼠、大鼠、仓鼠、沙鼠、水貂、猴、黑猩猩	绵羊具有遗传性易感染性
牛海绵状脑病（牛）(Bovine spongiform encephalopathy, BSE)	1988	小鼠、水貂、绵羊、山羊、猪、猴、狨	喂饲朊病毒污染的肉骨粉而感染
猫海绵状脑病（家猫）(Feline spongiform encephalopathy, TME)	1994	小鼠	喂饲朊病毒污染的肉骨粉而感染
传染性貂脑病（水貂）(Transmissible mink encephalopathy,TME)	1965	仓鼠、雪貂、绵羊、山羊、黑猩猩、猴、浣熊、臭鼬	被绵羊或牛的朊病毒感染
慢性消瘦病（黑尾鹿、驼鹿）(Chronic wasting disease,CWD)	1982	猩猩、猴、雪貂	不明
外来有蹄兽海绵状脑病（东非条纹羚、大牛教条羚等）(Exotiy ungulate encephalopathies, EUE)	1992	小鼠	喂饲朊病毒污染的肉骨粉或饲料感染，也可能在种间垂直或水平传播
人类的朊病毒病			
克雅病(Creutzfeldt-Jacob disease,CJD)			
散发性克雅病(sCJD)	1966	黑猩猩、猴、水貂、家猫、仓鼠、小鼠、豚鼠	体细胞突变或 PrP^{c} 自发转变为 PrP^{sc}
家族性克雅病(fCJD)	1966	黑猩猩、猴、水貂、家猫、仓鼠、小鼠、豚鼠	PrP 基因种系突变
医源性克雅病(iCJD)	1966	黑猩猩、猴、水貂、家猫、仓鼠、小鼠、豚鼠	因朊病毒污染的手术感染
新型克雅病 (New Variant Creutzfeldt-jacob disease,vCJD)	1995	猴	BSE 朊病毒感染
库鲁病(kuru)	1965	黑猩猩、猴、水貂、雪貂、山羊	因食入库鲁病死者脑而感染
格施向综合征 (Grestmann Straussler Scheinker disease,GSS)	1981	猩猩、猴	PrP 基因种系突变
致死性家族性失眠症 (Fatal familial insomnia,FFI)	1995	小鼠	PrP 基因种系突变
散发性家族性失眠症(sFFI)			
家族性家族性失眠症(fFFI)			

朊病毒导致的特征性病变是中枢神经系统出现海绵样空泡、PrP^{sc}聚集、神经元丢失、小胶质细胞激活、星形胶质细胞增生。此外，朊病毒还可以感染机体的淋巴组织。更有研究结果显示，朊病毒也可能感染动物的心脏，引发类似于人类的淀粉样心脏病。

当人或动物受到PrP^{sc}感染后，PrP^{sc}便由淋巴细胞带入中枢神经系统，或者直接进入中枢神经系统（如脑内注射PrP^{sc}时），使得进入的PrP^{sc}影响正常组织中的PrP^{c}。朊病毒PrP^{sc}由正常的细胞蛋白PrP^{c}通过构象转换形成。PrP^{c}由正常细胞染色体基因编码，存在于正常脑组织及其他组织的细胞膜上，对蛋白酶敏感，但不对神经细胞等产生损害。在某种未明机制（有人认为是在X蛋白伴侣分子）的作用下，PrP^{c}产生翻译后转化，从其原有的α螺旋构象转化成β折叠构象。第一个PrP^{sc}产生后，PrP^{sc}就可与另一个PrP^{c}分子结合，形成PrP^{c}-PrP^{sc}二聚体或三聚体。PrP^{c}不经任何修饰，直接转化成PrP^{sc}分子，新产生的PrP^{sc}可催化愈来愈多的PrP^{c}分子变为PrP^{sc}。在神经元等靶细胞内，大量PrP^{sc}聚合形成SAF，变为可见的空斑。

PrP基因在某些位点上具有多态性，多态性的差异影响着朊病毒病发生的频率、发病年龄或宿主对本病发生的抵抗力。129位密码子M/V（蛋氨酸/缬氨酸）的多态性影响克雅病的发病率和发病年龄。当M或V为纯合子时，朊病毒病的发病率很高，反之则较低。具有D178N突变的PrP个体，如果在129位编码M，则发生致死性家族失眠症的个体以失眠症和家族性自主神经机能异常为特征。如果在129位编码V，则发生FFI的个体以发生痴呆为特征。

绵羊PrP基因171位密码子Q/R的多态性似乎控制着绵羊对自然痒疫的抵抗性。野生型绵羊PrP的氨基酸序列在171位为R杂合子时，对痒疫感染似乎具有抵抗力，但在接种后可以传播给某些其他的动物。136位密码子的多态性也影响某些品种的绵羊对痒疫的敏感性。

第三节 微生物学检查与防控

一、微生物检测方法

传染性海绵状脑病（TSE）在临床上表现为进行性共济失调、震颤、姿势不稳、痴呆、知觉过敏、行为反常等神经症状，病程发展缓慢，但全部以死亡告终。组织病理学病变局限于神经系统，以神经元空泡化、灰质海绵状病变、神经元丧失、神经胶质和星状细胞增生、病原因子PrP^{sc}蓄积和淀粉样蛋白斑块形成为特征，病变通常两侧对称。PrP^{sc}具有抵抗蛋白酶K消化的特性，而PrP^{c}没有。基于上述朊病毒的特点以及致病特点，建立了多种检测方法用于该病的诊断。

1. 动物接种试验

目前常用的朊病毒试验动物包括小鼠、大鼠和仓鼠，不同的毒株类型所适宜的试验动物也不尽相同，如羊痒病的理想试验动物是仓鼠。

2. 组织病理学检测

组织病理学检测是通过检测羊痒病相关纤维（SAF）和神经元空泡化变性来诊断朊病毒病的一种方法，也是检测朊病毒的“金标准”方法之一。

3.免疫学检测方法

(1)免疫组织化学法(immunohistochemistry) 是指经蛋白酶K消化以及特异性抗体检测后,观察是否有大小颗粒不等的棕黄色淀粉样物质堆积即PrP^{sc}沉积。使用蚁酸对标本进行预处理,可提高免疫组化的灵敏度,染色效果也得到改善。也有科学家建议,将蚁酸、硫氰酸胍、水解高压蒸汽法和抗PrP^{sc}单抗联合使用,可获得最清晰的染色结果。

(2)组织印迹法(issue blotting) 可检测组织中微量PrP^{sc}。Schulz-Schaeffer等建立了一种石蜡包埋的组织印迹技术(PET-blot)。该法可以检测福尔马林固定、石蜡包埋过的组织标本,在形态学分析方面优于普通组织印迹,但在细胞、亚细胞水平上的微观分析方面不如传统的免疫组化。

(3)免疫印迹法(western blotting) 是目前OIE公认的用于确诊疯牛病的方法之一。PrP^{sc}具有部分抵抗蛋白酶K消化的能力,PrP^{c}又可被蛋白酶K消化,免疫印迹法就是利用PrP^{sc}的这一特性对其进行检测的。该法可以显示不同的PrP^{sc}类型,还可以从临床前期的淋巴组织器官提取物中检测到PrP^{sc},从而进行早期诊断,但操作较困难,样本用量较大,离心时间长。所以,该方法不适合常规的朊病毒检测,更不适合大批量样本的筛查。

4.蛋白质错误折叠循环扩增

蛋白质错误折叠循环扩增(protein misfolding cyclic amplification,PMCA)方法是一种模拟体内PrP^{c}转为PrP^{sc}的体外试验方法。PMCA技术通过将PrP^{sc}和PrP^{c}混合物在体外试管内进行大量的超声循环和孵育,使得PrP^{sc}通过与正常的PrP^{c}相互作用,促使PrP^{c}通过构象改变转变成PrP^{sc},实现自身的扩增和复制。由于朊病毒感染动物的外周组织和体液中PrP^{sc}的含量通常很低,利用PMCA技术可以将样品(如血液)中微量的PrP^{sc}扩增到使用常规免疫印迹法便可以检出的水平。该法对PrP^{sc}的早期检测具有重要意义。

5.毛细管电泳法

毛细管电泳法(capillary electrophoresis,CE)是以毛细管为分离通道,以高压直流电场为驱动力,根据样品中各组分之间迁移速度和分配行为上的差异,实现分离的一类液相分离技术。可以通过检测血液中PrP^{sc},实现活体检测,避免屠宰大量健康动物和疾病传播,节约大量资金和防止与人类之间的交叉感染。与免疫荧光技术相结合,可检测标本中的微量PrP^{sc}。

6.双色强荧光目标扫描法

可用来检测极微量的朊病毒,基本原理是运用共聚焦双色荧光相关分光镜技术。致病性PrP^{sc}在适当条件下可自我复制和自发聚集,将重组PrP^{c}标记上绿色荧光,PrP^{sc}与正常构象的PrP^{c}结合,通过变构复制出大量异常构象的PrP^{sc}。由于PrP^{sc}在一定条件下可自发聚集,从而使PrP^{sc}周围聚集大量的PrP^{c},使其荧光强度大大增加,同时又加入了能增强试验特异性的标记上红色荧光的特异性单抗,使聚集体又标记上红色荧光。只有同时发出高强度红、绿荧光的颗粒,才能被检测仪器检测到。

二、预防和控制

朊病毒引起动物和人疾病,以中枢神经系统退行性病变为主要特征,其为一种慢性消耗性传染病,无炎症反应,无免疫应答,最终不治而亡。朊病毒是一种具有极强抵抗力的蛋白质颗粒,灭活条件比已知病原微生物更为严格。基于朊病毒的特点以及致病特征,目前预防措施主要是消灭传染源和切断传播途径。

1. 已发生海绵状脑病的国家

尽早发现感染个体，及早淘汰，对确诊的动物及时扑杀，同时做好尸体处理，隔离未染病的易感动物，减少传染性海绵状脑病病原在动物中的传播，降低人类对海绵状脑病病原因子的暴露。表现传染性海绵状脑病症状的动物的任何部分或其产品，不得进入人和动物的食物链。必须捕杀传染性海绵状脑病病畜，并稳妥安全地处理动物尸体。根据 OIE《国际动物卫生法典》的建议，建立海绵状脑病持续监测和强制报告制度。如无监测资料，应认为该国海绵状脑病状况不明。

2. 未发生海绵状脑病的国家

禁止从海绵状脑病发生的国家进口活畜、胚胎和精液、脂肪、肉骨粉(meat and bone meal，MBM)(或含 MBM 的饲料)、肉、内脏及有关制品，禁止用反刍动物产品饲养反刍动物。有计划地对过去从海绵状脑病发病国进口的牛和进口胚胎、精液生产的牛进行兽医卫生监控。具有神经症状的病牛，必须取其脑组织送指定的兽医诊断室作组织病理学检查。建立海绵状脑病检测体系，将海绵状脑病列为法定报告的疾病。一旦发现可疑病畜，立即隔离，消毒并报告上级兽医机构，力争尽早确诊。确诊后扑杀所有病畜和可疑病畜甚至整个畜群，并根据流行病调查结果进一步采取措施。

3. 消毒措施

(1)海绵状脑病病畜和可疑病畜必须焚烧　剖检时，应尽一切可能减少血液和其他污物对牧场、畜舍或解剖室的污染，并及时进行消毒处理。日常分娩时，不要让血液、胎盘等污物污染畜舍，及时焚烧这些污物。

(2)实验室内操作　尽可能在专用的有限区域内，在一次性防水材料上、用一次性器材进行尸检和其他污染材料的处理。剖检后，应尽快焚烧病畜和实验动物的尸体，勿使污水流入下水道，并予以妥善消毒。

将不要的体液、组织和一次性物品等分别置于防水的适当容器内焚烧；场地、工作台及周围的表面用有效消毒液进行消毒。对非一次性物品进行 136℃ 30～60 min 高压蒸汽灭菌。玻璃器皿妥善消毒。

固定组织的福尔马林溶液在宽大容器内将其吸附于锯屑上焚烧，或使用高浓度氢氧化钠处理。石蜡应予以焚烧，将经 10%福尔马林固定的组织，再在 96%乙酸溶液内浸泡 60 min，以进一步降低其感染性。处理可疑感染组织的过程中，如手不慎被割破或刺伤，应立即用次氯酸钠溶液充分洗涤消毒。

我国至今未发现牛海绵状脑病，但传入我国的危险仍然存在，应保持高度警惕。

复习思考题

1. 朊病毒为什么不是传统意义上的病毒？
2. 朊病毒有哪些主要的生物学特性？
3. 比较分析 PrP^{c} 及 PrP^{sc} 的主要异同点。
4. 朊病毒如何复制？如何理解“构象病原”？
5. 试述朊病毒病的预防和控制措施。

第三篇　真　菌　学

第二十七章　真菌概述

【内容提要】真菌是一类细胞壁含几丁质，能产生孢子的真核细胞型微生物，分类系统相当复杂，至少分为5个门。依据个体形态，习惯将其分为酵母菌、霉菌和担子菌。酵母菌为单细胞真菌，多行芽殖为主的无性繁殖，但也可形成接合子而行有性繁殖。霉菌为多细胞丝状真菌，嗜湿性强，其孢子的形态特征及产生方式存在种属差异，是鉴定的重要依据。担子菌俗称蘑菇，其子实体顶端的菌盖负责产生担孢子。酵母菌和霉菌在发酵工业有重要的应用价值，但有一些成员对动物有致病性，如双相性真菌、烟曲霉和黄曲霉。真菌感染常见于免疫力低下的人和动物，其微生物学诊断可借助病原分离培养及鉴定。霉菌毒素中毒对动物健康和生长的危害不容忽视，诊断重点为检测饲料或动物组织中的霉菌毒素，预防关键则是禁止饲喂霉变饲料。

第一节　真菌的生物学特性

真菌(fungi)是一类有坚硬细胞壁并能产生孢子(spore)以繁殖后代的单细胞或多细胞真核细胞型微生物。与细菌和植物不同，真菌的细胞壁通常含有几丁质(壳聚糖)，即N-乙酰葡萄糖胺(NAG)的长链聚合物，以及其他糖类。真菌的个体大小差异可以很大，都能产生孢子。孢子是真菌的繁殖器官或生殖细胞，多数为外生孢子，少数为内生孢子。真菌行无性或有性繁殖。18S rRNA系统发育研究表明，真核生物域(Eukarya)在分化出植物之后，很快向前分化形成真菌与动物。换言之，真菌距离动物较近，以致有时难以从形态结构和繁殖方式区分真菌与原虫。例如，以前归为原虫(*protozoa*)的微孢子虫(*microsporidia*)，因不含线粒体，能产生单细胞孢子，现被归为动物组织内厌氧性寄生真菌。由此可见，产生孢子是真菌的主要特征之一。

真菌种类众多，已知超过7.5万种，因亲缘关系密切，独成一界，分类系统相当复杂。真菌界包括壶菌门(*Chytridiomycota*)、接合菌门(*Zygomycota*)、子囊菌门(*Ascomycota*)、担子菌门(*Basidiomycota*)和半知菌门(*Deuteromycota*)，其中前二者较低等。子囊菌和担子菌等高等真菌，能形成肉眼可见的产孢菌丝组织——子实体(sporocarp)。半知菌门因其产生有性孢子类型的情况尚不清楚而得名，但能产生多种有用的抗生素。习惯将真菌分为酵母菌(yeast)、霉菌(mold)和担子菌(basidiomycete)3个形态类群，但这不是严格意义上的分类，也不与上述分类存在一一对应关系。然而，各类真菌的形态并非固定不变。有多种酵母样真菌可随环境或培养条件变化而改变个体形态，即室温(25℃)下培养呈菌丝形态，但在动物体内(37℃)呈酵母形态，或者有时这两种形态并存，它们被称作双相性真菌(dimorphic fungi)。事实上，酵母菌和霉菌具有不同的生活史形式以及产生不同的有性孢子，才是划分二者的主要依据。

真菌分布非常广泛，在陆地、水体及动植物体表乃至人和动物消化道（如瘤胃）内都有分布，营腐生或寄生生活。已知真菌的最高生长温度为62℃（嗜热真菌），最强酸性环境为pH 2（胃内真菌）。多数真菌嗜温（5～40℃）、嗜湿、嗜光、嗜糖、耐酸（pH 4～6）和需氧，并对常规抗生素不敏感。60℃处理10 min通常可杀死霉菌细胞和酵母菌细胞。可见光对真菌的生长没有影响，但对孢子的形成及释放有重要的促进作用。紫外线可损伤真菌，但含暗色色素的菌丝或孢子不受影响。孢子抗干燥能力强，但耐热性不如细菌芽胞，60～70℃数十分钟内即被杀灭。pH升高会使镁离子、铁离子等金属离子形成不能供真菌利用的难溶复合物，是真菌不能在高pH环境中生长的原因。

真菌的营养要求简单，用孢子、菌丝或组织均可人工培养。孢子萌发形成芽管并延伸成单个的丝状体，叫作菌丝（hypha）。菌丝可分为深入到培养基或寄生组织内部的营养菌丝（substrate hypha）和兼有产生孢子功能的气生菌丝（aerial hypha）。与一个细菌细胞只能产生一个内生孢子（芽胞）不同，真菌的一根菌丝就可产生多个孢子。由很多菌丝（hyphae）及其分枝相互交织形成肉眼就能看到的团状结构，叫作菌丝体（mycelium）。

一、酵母菌（单细胞真菌）

酵母菌属于子囊菌门或担子菌门的单细胞真菌，多呈椭圆形，但有时呈丝状，即存在双相性。酵母细胞直径5～30 μm，含多条染色体以及周长约2 μm（6 kb）的对宿主细胞表型无影响的隐秘型质粒（cryptic plasmid），生长增殖规律类似细菌。这些特征表明，酵母菌是最接近细菌的单细胞真核微生物。在生长旺盛时，因芽体未能及时断开，许多酵母细胞首尾相连形成显微镜下可见的假菌丝（pseudohypha）。细胞壁由甘露聚糖、葡聚糖、几丁质（甲壳素）及麦角甾醇构成，可用蜗牛消化酶（含甘露聚糖酶等多种酶）水解制成原生质体。在自然条件下，酵母菌通常在水果、果汁等含糖丰富的环境中繁殖。在麦芽汁培养基、马铃薯葡萄糖培养基或察氏（Czapek Dox）培养基表面，酵母菌形成较大、较厚、较稠、光滑、不透明、柔软而湿润的奶油状菌落，多数呈乳白色或矿浊色，少数呈红色即红酵母属（*Rhodotorula*）。对于致病性酵母菌，还可用血琼脂培养基培养。

酵母菌以单倍体（haploid）或二倍体（diploid）形式存在，以芽殖（budding）为主，偶见裂殖（fission）和产生无性孢子，如掷孢子（ballistospore）的无性生殖。芽殖实际为不对称分裂，有单极、双极和多极芽殖之分，并且新细胞离开母细胞时会在母细胞表面留下芽痕，其数量可作为估计酵母细胞菌龄的依据。正处于芽殖状态的酵母菌，在高倍镜下可观察到其形成的纺锤体（spindle）和细胞内部的液泡（vacuole）、线粒体（mitochondria）等细胞器（图27-1）。酵母菌的生长规律类似细菌，其细胞周期也可分为DNA合成前期（G1期）、DNA合成期（S期）、DNA合成后期（G2期）和分裂期（M期）。个别种的酵母菌，如出芽酵母（*Saccharomyces cerevisiae*）和温齐汉逊酵母（*Hansenula wingei*），可由最初的1个单倍体酵母细胞通过特殊机制形成性质有差异的2个酵母细胞，经接合方式融合为被称作接合子（zygote）的二倍体细胞，再产生单倍体的子囊孢子（ascospore）进行有性生殖。

出芽酵母有独特的遗传学特性和生活史，因为它能以单倍体或二倍体状态同时存在。单倍体出芽酵母细胞（有8对染色体，单个细胞直径约为8 μm）分为a和α两种接合型，并且在野生型酵母菌可发生相互转化，称作接合型转换（mating type switching）（图27-2a）。当a细

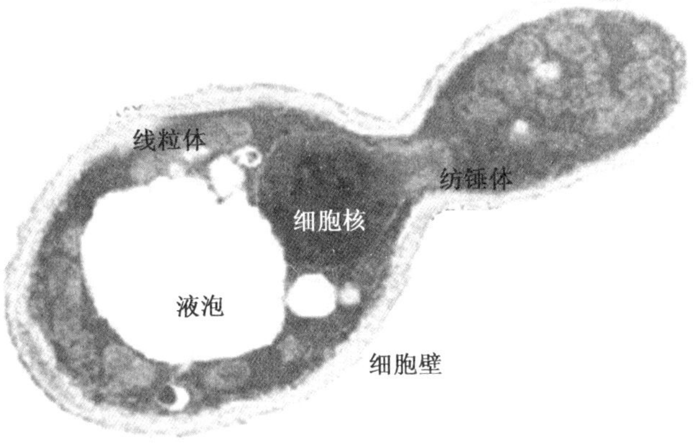

图 27-1　酵母菌的芽殖(引自:TypePad.com)

胞和 α 细胞融合,便形成二倍体细胞(a/α),即接合子,后者又可经减数分裂产生 4 个单倍体子囊孢子(图 27-2c)。单倍体细胞处于接合型 a 或 α,取决于插入 MAT(mating type)座位的接合型调节基因拷贝,因为只有插入到该 MAT 座位的基因将来才得以表达。当基因拷贝来自基因组第 3 号染色体左侧隐藏 MAT(hidden MAT left,HML)座位上的沉默型 α 等位基因,单倍体细胞就为接合型 α;当基因拷贝来自右侧隐藏 MAT(hidden MAT right,HMR)座位上的沉默型 a 等位基因,单倍体细胞则为接合型 a(图 27-2b)。有趣的是,酵母菌的线粒体 DNA(mitochondria DNA,mtDNA)是一种细胞质遗传(非孟德尔遗传)成分,也是最先发现密码子非通用性(如起始密码子为 GUG 而非 AUG)的遗传成分。

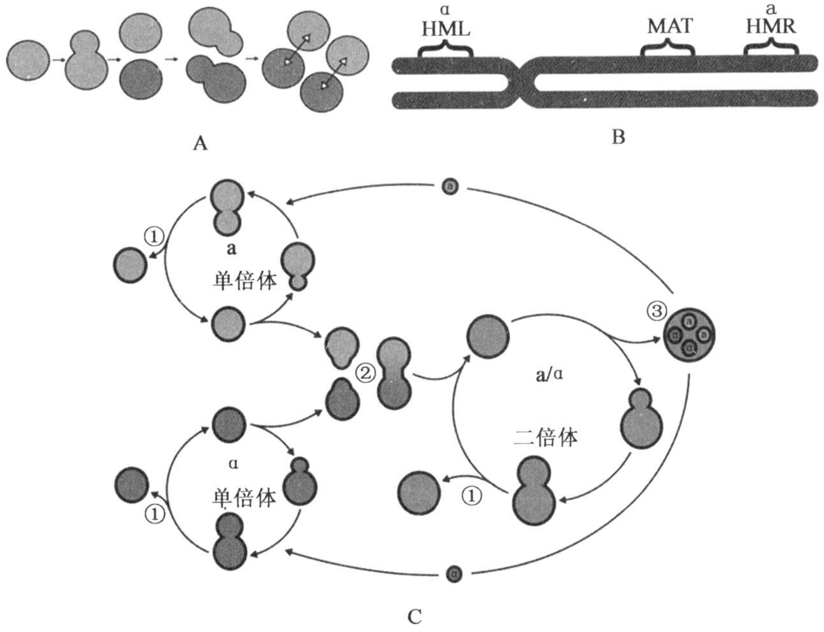

图 27-2　出芽酵母的接合型转换和生活史

A. 一个单倍体酵母细胞分裂过程发生接合型转换并最终产生二倍体;B. 沉默型与活性型 α/a 等位基因的座位分别为 HML/HMR 和 MAT;C. 酵母细胞可以单倍体形式芽殖,也可形成接合子并产生子囊孢子以完成有性生殖。

酵母菌为兼性需氧菌。在无氧条件下，酵母菌能发酵单糖或双糖产生乙醇。酵母菌在酿酒、食品加工、饲料生产等领域有重要的应用价值，其中以出芽酵母应用最广。依据菌株的特性差异，活性酿酒酵母用于酿造啤酒、葡萄酒及蒸馏酒精（含生物柴油），或制备药用酵母片，非活性面包酵母用于发酵面粉及农副产品制作食品，或制成蛋白含量占细胞干重50%以上的单细胞蛋白饲料（single cell protein feed）。产朊假丝酵母（*Candida utilis*）能利用造纸工业的亚硫酸废液，热带假丝酵母（*Candida tropicalis*）能利用石油废品，乳酒假丝酵母（*Candida kefyr*）能发酵糖类，红酵母属能分解多氯联苯等毒性有机物。酵母菌是第一个完成全基因组测序的模式真核生物。多形汉逊酵母（*Hansenula polymorpha*）和毕赤酵母（*Pichia pastoris*）常用作基因工程菌（如用于生产重组 HBsAg 亚单位疫苗）以及用于酵母双杂交研究（验证蛋白质之间相互作用）或酵母表面展示研究（外源蛋白与 α 或 a 凝集素融合表达）。毕赤酵母能以甲醇为唯一的碳源和能源生长，但表达载体必须与染色体同源重组才能表达。

二、霉菌（丝状真菌）

霉菌为一类数量众多、适应性强、分布广泛的多细胞丝状真菌，分属于壶菌门、接合菌门或子囊菌门。其菌丝体即为肉眼可见的菌落，大而蓬松，呈棉絮状或绒毛状，在成熟期常因孢子含色素呈灰尘粉末状。菌丝分为无隔菌丝（nonseptate hyphae）和有隔菌丝（septate hyphae）2种，前者可视为一个长管状的多核巨细胞，如根霉属（*Rhizopus*）和毛霉属（*Mucor*），后者在横隔中央有小孔，允许细胞核及原生质通过，如青霉属（*Penicillium*）和曲霉属（*Aspergillus*）。菌丝的顶端是其生长点，此处聚集有大量的原生质囊泡，用来运输与细胞壁溶解、合成等过程有关的物质及酶。霉菌通过产生分生孢子（conidiospore）、厚垣孢子（chlamydospore）、节孢子（arthrospore）、孢子囊孢子（sporangiospore）、芽（生）孢子（blastospore）等无性孢子（图 27-3），或卵孢子（oospore）、接合孢子（zygospore）、子囊孢子（ascospore）等有性孢子进行繁殖，还可借菌丝接触进行准性生殖。孢子在环境中很易随空气流动散播，且耐热能力较菌丝高出 5～10℃。孢子的形态特征及产生方式是分类霉菌及其他真菌的重要依据（表 27-1）。譬如，水霉属可产生卵孢子，根霉属和毛霉属可产生接合孢子，脉孢菌属（*Neurospora*）可产生子囊孢子。

表 27-1　霉菌孢子的种类、形态特征及产生机制

孢子类型	是否有性	形态特征	产生机制
芽孢子	无性孢子	呈枝叶状	由母细胞出芽而成
节孢子	无性孢子	呈圆柱状	由菌丝形成横隔并断裂而成
分生孢子	无性孢子	多呈圆形，成串排列	在分生孢子梗（座）顶端形成
厚垣孢子	无性孢子	外细胞壁明显增厚	在菌丝顶端或中间膨大而成
孢子囊孢子	无性孢子	为量大密集内生孢子	由菌丝顶端膨大形成的圆形囊状物产生
卵孢子	有性孢子	细胞壁增厚	大小配子囊结合使卵球受精发育而成
接合孢子	有性孢子	厚壁深色球状	由两个相邻菌丝顶端的配子囊融合产生
子囊孢子	有性孢子	多呈圆形，排成一列（2^n 个）	由二倍体子囊母细胞经减数分裂而成

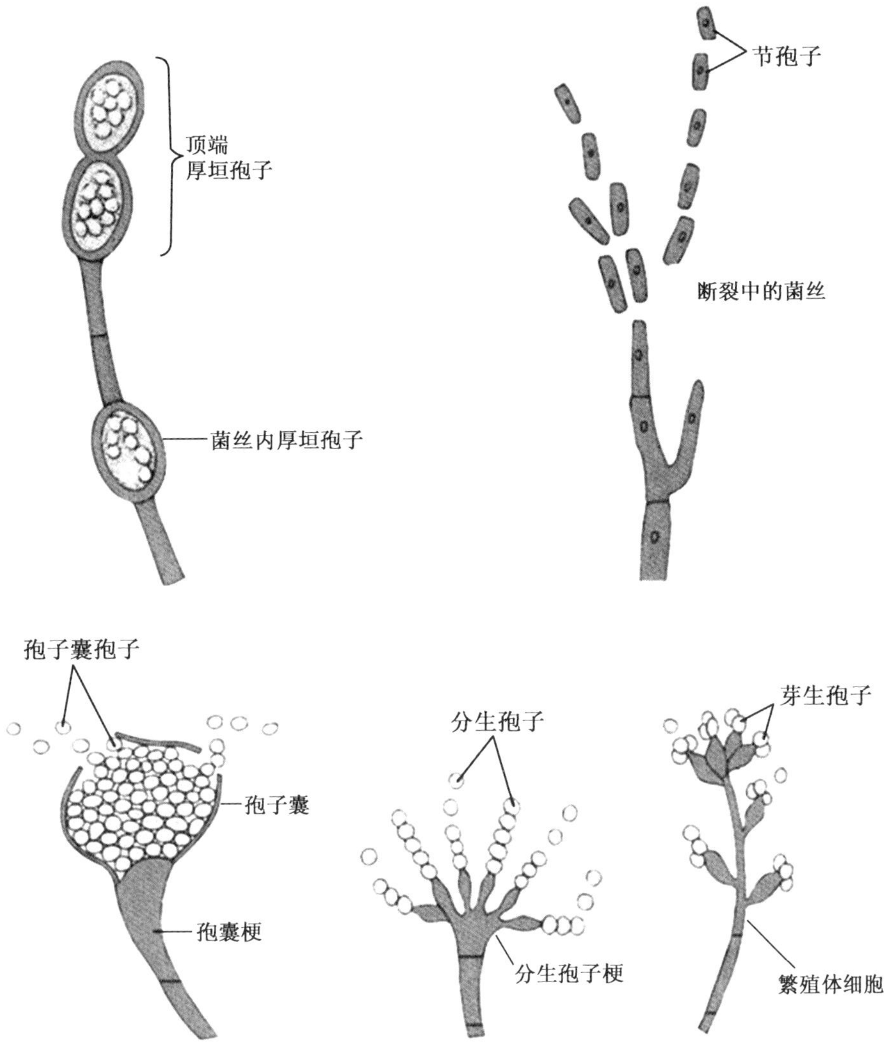

图 27-3　霉菌无性孢子的种类(引自:McGraw-Hill)

霉菌广泛用于发酵生产酒精、有机酸、酶制剂(如淀粉酶、果胶酶和纤维素酶)、抗生素、维生素(如维生素 C、维生素 B_2 和维生素 B_{12})、甾体激素和植物生长刺激素(赤霉素)。根霉因对淀粉、果胶和蛋白质分解能力极强,在酿酒工业用作糖化菌,在饲料工业则用于生产单细胞蛋白饲料。使用米曲霉(*A. oryzae*)及酱油曲霉(*A. sojae*)发酵大豆蛋白及小麦淀粉便可酿成酱油。腐乳毛霉(*M. sufu*)能强烈分解蛋白质,用于制作豆腐乳。以红曲霉属(*Monascus*)发酵籼米制成的红曲,是天然的食品着色剂。木霉属(*Trichoderma*)是纤维素酶的主要产生菌。黑曲霉(*A. niger*)是柠檬酸、葡萄糖酸和没食子酸的主要产生菌。青霉属能产生青霉素、灰黄霉素、柠檬酸、葡萄糖酸等有机物。工业生产青霉素常用点青霉(*P. notatum*)或产黄青霉(*P. chrysogenum*),生产灰黄霉素则用灰黄青霉(*P. griseofulvum*)。顶头孢(*Cephalosporium acremonium*)产生的头孢菌素 C 是合成头孢菌素类抗生素的原料。

然而，霉菌也有很多害处。霉菌是引起农作物病害和谷物、食品及农副产品霉变的主要因素。人及动物食入霉菌毒素会发生急性或慢性中毒，尤以黄曲霉毒素毒性最强，小剂量就有致癌作用。霉菌还常由其孢子引起动物哮喘等过敏反应或肺部感染等呼吸道疾病，如曲霉属（*Aspergillus*）和交链孢霉属（*Alternaria*）是常见的过敏原，其中烟曲霉（*A. fumigatus*）还常引起动物呼吸系统感染。

三、担子菌（蕈菌）

二维码 27-1

第二节　真菌的致病性

半知菌门、子囊菌门和接合菌门的某些成员对人和动物有致病性。例如，假丝酵母可引起表皮或深层组织的感染。感染性真菌可分为嗜土性、嗜人性和嗜动物性 3 类。由于病原真菌多数为兼性寄生，通常把感染性真菌视为机会致病菌，其重要性不如其他病原微生物。然而，鉴于霉菌分布广泛，在潮湿环境中（特别是夏季）生长迅速，孢子数量大且易扩散，它们对动物，尤其是规模化养殖的畜禽的健康危害和经济损失可能长期被低估。已知吸入或接触空气中的霉菌孢子可导致呼吸系统感染或接触性皮炎等过敏反应；食入霉变饲料的动物易发生霉菌毒素中毒，是造成腹泻、生长减缓、流产、组织器官（肝、肾、脑、骨髓和心血管）功能受损、继发性感染、疫苗接种效果不理想乃至形成各种肿瘤的常见因素。

成年动物通常对真菌感染有抵抗力，若发生真菌感染，则提示该动物免疫力低下。受感染动物仅靠其自身免疫力不能有效清除病原真菌，以致在发生感染的部位常形成肉芽肿（结节）和溃疡。若病原真菌扩散到全身，感染就会致命。通常认为，非特异性免疫对阻止真菌病发生起重要作用，而特异性免疫与真菌病的恢复密切相关。体表屏障（皮肤或黏膜）和吞噬细胞（巨噬细胞与嗜中性粒细胞）是抗真菌感染的主要非特异性免疫因素。体外试验表明，嗜中性粒细胞可杀死白色假丝酵母和烟曲霉。对原发性和继发性免疫缺陷病（如 AIDS）的研究表明，T 淋巴细胞具有重要的抗真菌功能，机体从真菌感染中康复主要依靠细胞免疫。Th1 型免疫应答在抗深部真菌（如白色假丝酵母和隐球菌）感染中起保护作用，同时可诱发Ⅳ型超敏反应，如癣菌疹。尽管深部真菌感染可刺激机体产生特异性抗体，但抗体（Th2 型免疫应答）的抗真菌作用尚有争议。一般认为抗体无保护作用或者对机体有害（引起过敏反应），但其可用于真菌感染的血清学诊断。

一、皮肤真菌感染

皮肤真菌亦作癣菌，有嗜角质特性，能感染皮肤、毛发（毛外表面和毛干内部）、指（趾）甲等角质化组织。但动物接触癣菌并不一定发生感染，表明感染与否取决于真菌的种类和宿主的状态。小孢子菌属（*Microsporum*）、毛癣菌属（*Trichophyton*）及表皮癣菌属（*Epidermophyton*）是最常见的动物皮肤真菌，也能感染人。病原真菌凭借菌丝和自身分泌的蛋白酶对动物活组织具有较强的侵入性，积累于皮肤内部的真菌代谢产物会刺激产生炎症和病变。癣菌感染常有自限性，但双相性真菌可凭借菌丝引起深部或全身性感染。常见的双相性真菌包括白色假丝酵母（*Candida albicans*）、荚膜组织胞质菌（*Histoplasma capsulatum*）及假皮疽变种（*H. capsulatum* var. *farciminosum*）、粗球孢子菌（*Coccidioides immitis*）、巴西副球孢子菌（*Paracoccidioides brasiliensis*）、马尔尼菲青霉（*Penicillium marneffei*）、申克孢子丝菌（*Sporothrix schenckii*）和皮炎芽生菌（*Blastomyces dermatitidis*）。

源自宿主方面的癣菌感染诱因很多。人及动物长期营养不良，或发生较大面积的烧伤、烫伤或创伤，都会伴随出现真菌感染。新生动物对真菌感染还未建立起足够的免疫力，可能较成年动物易发生感染，如犊牛易患疣状癣，幼猫易感染犬小孢子菌。皮肤对脂、汗的分泌状态与真菌感染的发生有关。总之，癣菌感染常见于皮肤完整性或正常菌群平衡遭到破坏的个体以及免疫力下降或不全的个体。

皮肤真菌病的临床表现差异可以很大，与被感染的动物种类、年龄、部位、病情等因素有关。多数动物面部或其他受感染部位出现脱毛斑、红斑、鳞屑和结痂等临床病理变化以及皮肤瘙痒，严重者会形成脓疱，但通常为自限性疾病。也会出现无症状感染，如携带犬小孢子菌的猫，它们是重要的传染源。须注意，皮肤病并不都是真菌感染所致，因为许多全身性疾病或其他微生物感染都会引起皮肤病理变化，应予以鉴别诊断。除营养缺乏或过敏反应（如变应性皮炎），内分泌异常也会引起皮肤病。犬垂体激素分泌缺陷会引起脱毛，但不会导致皮炎；雄猫阉割后也会脱毛，但补充性激素有效。痘病毒或球菌感染也常引起皮肤病变，但疾病特征有差异，分离培养病原体也易于区别真菌感染。

二、全身性真菌感染

常见的全身性霉菌感染主要由组织胞质菌、粗球孢子菌、芽生菌或隐球菌引起。出现长期代谢性酸中毒、生活于氨气浓度过高的圈舍、患白血病、长期应用广谱抗生素或糖皮质激素类药物治疗的动物因免疫力下降更易发生曲霉和念珠菌机会性局部或全身感染。动物经吸入、食入或伤口接触来自土壤等环境中的真菌或其孢子发生感染。但也有一些感染是由专性寄生性真菌感染引起的，如鱼类的鳃霉病、两栖类的箭毒蛙壶菌病、家蚕及蜜蜂的微孢子虫病等。有趣的是，镰刀菌对家畜是中毒性真菌，对虾类则是感染性真菌。

发生全身性真菌感染的动物多数先出现呼吸道或消化道症状，然后逐渐出现其他组织器官被侵害的症状，并在被感染部位形成脓性肉芽肿或溃疡。某些情况下，病原真菌会扩散到淋巴结（如球孢子菌、组织胞质菌和虫霉菌）、生殖系统（如烟曲霉和毛霉菌）乃至中枢神经系统

（如曲霉菌和隐球菌）。少数霉菌，如毛霉和腮霉，可凭借其菌丝生长，破坏动物的血管，引起出血，形成血栓并导致相关组织坏死。各种病原真菌的宿主动物、组织细胞嗜性和疾病特征存在一定的差异（表 27-2），可作为初诊的基本依据。

表 27-2 常见真菌感染的比较

真菌病名称	病原真菌种类	宿主动物	疾病特征
癣菌病	犬小孢子菌	犬、猫	脱毛、鳞屑、（犬）皮炎及脓疱
	疣状毛癣菌	牛	头颈部及会阴掉毛、断毛、凸起痂斑
	马毛癣菌为主	马	类荨麻疹、脱毛斑、红斑、结痂
	猪小孢子菌	猪	炎症环中心脱毛并有红色结痂
曲霉菌病	烟曲霉菌为主	禽类	支气管肺炎、串珠样黄色结节、神经症状
		反刍动物	肺炎、（牛）胎盘炎和流产、肺部肉芽肿
		马	流鼻血、吞咽困难、运动障碍
		犬	鼻炎、眼炎
念珠菌病	白色念珠菌为主	家禽	消化道伪膜
		黄牛	乳房炎、流产
隐球菌病	新型隐球菌	犬、猫	皮肤结节、肺炎、失明、神经症状
		黄牛	乳房炎
球孢子菌病	粗球孢子菌	犬	慢性呼吸道疾病、肺部结节及淋巴结肿大
虫霉菌病	冠状耳霉菌等	马	口鼻黏膜溃疡或肉芽肿
卵菌病	水霉菌、绵霉菌	鱼类	表皮坏死或溃疡、鱼卵表面生长菌丝
	腐霉菌	马	皮肤结节
烂鳃病	腮霉菌	淡水鱼类	腮组织梗塞性坏死
黑鳃病	镰刀菌	虾	腮、附肢及体表出现褐色或黑色色斑
组织胞质菌病	荚膜组织胞质菌	犬、猫、人	肺部结节、肝脏结节、支气管淋巴结肿大
流行性淋巴管炎	假皮疽组织胞质菌	马属动物	皮肤脓性肉芽肿及溃疡
毛霉病	根霉菌	各种动物	无症状、（牛）胎盘炎和流产
拟青霉病	拟青霉菌属成员	爬行类、两栖类	肺炎
		犬、猫、马	鼻腔息肉
		山羊	乳房炎
着色真菌病	暗色丝孢霉菌	牛、马、犬、猫	皮肤结节
北美芽生菌病	皮炎芽生菌	人、犬、猫、马	消耗性进展、（犬）皮肤结节和呼吸道症状
分枝孢子菌病	申克分枝孢子菌	人、各种家畜	皮肤结节

第三节 真菌病的实验室诊断、预防和治疗

真菌病主要分为感染性和中毒性两类，诊断方法和控制措施也明显不同。真菌感染的诊断可检查病原真菌形态和运用免疫学方法检测动物特异性免疫应答，但确诊往往需采样、进行病原真菌的分离培养及基因鉴定。预防则主要靠提高动物免疫力。真菌毒素中毒无特效治疗方法，诊断上要注意，其发生与食入特定含霉菌毒素的饲料有必然联系，预防的关键在于防止饲料霉变并避免饲喂霉变饲料。

一、感染性真菌病的诊断

感染性真菌疾病的诊断方法有多种，其中以染色镜检最为常用。一般采集病变组织或其渗出物，制成氢氧化钾片(取皮屑等材料置于洁净玻片上，滴加10%～20%的KOH溶液，略微加温消化，加盖玻片)，或兼有着色、杀真菌及防腐作用的乳酸石炭酸棉蓝液压片，直接镜检菌丝和孢子，或观察肉芽肿样品中巨噬细胞内部是否存在酵母样真菌。对新型隐球菌感染，用革兰染色或印度墨汁染色镜检酵母样细胞形态和特征性荚膜，即可做出快速诊断。疑似犬小孢子菌引起的皮肤感染，可采集病变部位的毛发，用伍德灯(360 nm波长的紫外灯)照射，观察是否有黄绿色荧光。应用该法检查，只有50%的菌株会发光，但可用作普查犬小孢子菌感染的基本工具，或配合其他诊断方法使用。

许多感染性真菌疾病可用免疫学方法做出诊断，具体可分为血清学方法和皮内试验法。酶联免疫吸附试验(ELISA)可用来诊断曲霉菌病和芽生菌病。但应用ELISA难以排除血清学交叉反应，如荚膜组织胞质菌与芽生菌就存在交叉反应，这对确定病原真菌的种类不利。若对组织切片做免疫荧光分析(IFA)，可用来诊断曲霉菌病、着色真菌病、新型隐球菌病、毛霉菌病和分子孢子菌病。针对新型隐球菌感染，诊断可用乳胶凝集试验检测该菌的荚膜多糖抗原。针对荚膜组织胞质菌假皮疽变种、粗球孢子菌等真菌感染，诊断可用相应的特异性真菌抗原做迟缓型超敏反应皮试(delayed-type hypersensitivity skin testing)。

真菌感染最有效的确诊方法是做真菌培养，这样既可避免其他方法造成的漏检，又可鉴定病原真菌的具体种类。分离培养真菌时，可将刮取或收集的皮屑、渗出物(脓汁)或病变组织接种沙堡若(Sabouraud)葡萄糖、察氏(Czapek Dox)、改良马丁(Martin)琼脂或血琼脂培养基，随后视需要以平板正置方式分别在室温和37℃培养3 d至3周。若要分离培养皮肤真菌，还可使用皮肤真菌检测培养基(dermatophyte test medium，DTM)，但必须先局部除毛并用酒精清洗，以减少腐生真菌的污染。分离培养也可结合染色镜检使用。如检查白色念珠菌感染，可用含台盼蓝(trypan blue)的玉米粉琼脂培养并染色观察处于培养状态的假菌丝及其顶端的球形厚壁芽生孢子(blastoconidium)。

许多真菌感染的快速诊断可用PCR方法。在发生腐霉、壶菌或暗色丝孢霉菌感染时，仅靠细胞形态学检查不能鉴别病原真菌，此时也可取纯培养物做基于18S rRNA基因扩增的PCR鉴定。

二、感染性真菌病的防治

因癣菌有传染性，隔离感染动物，消毒生存环境、用具及体表，乃至及时进行体表治疗，是控制癣菌病的基本措施。常用的杀真菌消毒剂有0.5%次氯酸钠、0.5%洗必泰和1%吡咯烷酮碘。人患皮癣与接触宠物有关，故应注意个人卫生。而增强免疫力、保持免疫功能健全和防止皮肤破损才是预防和控制真菌感染的基本原则。动物依赖细胞免疫清除真菌感染，但绝大多数无特异性防制措施。适当补充叶酸(维生素 B_9)及亚硒酸钠，注射胸腺肽或白细胞介素-2，有助于提高动物的免疫力。国外已有一种用于控制牛癣的疣状毛癣菌(*T. verrucosum*)减毒疫苗(Bovilis Ringvac LTF-130)，能提供长时间的免疫力，并能阻止临床损伤出现和病菌扩散，若结合卫生消毒措施，可从牛群中根除该病。

能用于治疗真菌感染的药物种类不多。碘化物、硫酸铜、达克宁（硝酸咪康唑）、克霉唑、酮康唑、氟康唑、氟胞嘧啶、制霉菌素、灰黄霉素和两性霉素 B 或其脂质体对真菌有一定抑制作用，但应注意其可能对肝、肾等有毒副作用。联合用药（如两性霉素 B 配合氟胞嘧啶或酮康唑）效果较单独用药好，全身治疗效果较局部治疗好。应用药物治疗皮肤真菌病，即使真菌培养呈阴性，还应继续用药 2～4 周，以巩固疗效。液氮也可用来治疗皮肤真菌病。在发生曲霉菌病和酵母样真菌病的动物，如有治疗价值，往往需要手术摘（刮）除病变组织，再使用药物治疗。

三、中毒性真菌病的诊断和控制

动物发生中毒性真菌病是由于摄入霉菌毒素含量超标的饲料所致。感官检查有助于确定饲料是否霉变。由于霉菌的产毒状态受菌株和生产或储藏的环境因素（基质、湿度、温度及空气）影响很大而难以确定。镜检饲料中的霉菌菌丝及孢子或分离培养其中的霉菌对诊断霉菌毒素中毒无实际意义。测定饲料中的霉菌总数或对产毒素真菌进行 18 S rRNA 基因的检查与种属鉴定可作为诊断霉菌毒素中毒的辅助依据。采集最近饲喂的同一批次饲料或患病动物的尿液、血液、肝脏等组织样品，定性或定量检测其中的真菌毒素，才是诊断霉菌毒素中毒的根本办法。采集饲料样品必须遵循合理的采样原则，一般推荐分阶段、多位点、周期性采样，每次采样约需 4.5 kg，且不能用塑料袋保存。最好能在饲料生产、加工和储藏的每个阶段都留样备检，这样利于查明霉菌毒素污染的环节及来源。

霉菌毒素的测定可采用色谱法（薄层层析、气相或液相色谱、色谱-质谱联用等）、血清学方法（如 ELISA）或动物接种试验。单向或双向展开法薄层层析对设备要求低，但灵敏度也低。高效液相色谱（HPLC）测定霉菌毒素准确、灵敏，应用较多，可作为实验室确诊方法。基于单克隆抗体的 ELISA 可检出低至 5 ng/mL 的霉菌毒素，非常适合批量样品检测。用胶体金标记抗体制成的检测试纸条因简便、快速而越来越受欢迎。小鼠或雏鸭是最敏感的实验动物，饲喂或接种一定时间后，通过观察特征性的病理学变化可帮助判定毒素种类。

中毒性真菌病一般有一定的地区性和季节性，但无传染性，用抗生素治疗也无效。与发生有机磷农药、重金属或氰化物中毒明显不同，霉菌毒素中毒没有特效的解毒剂或方法。在实际工作中，有些情况下用铝硅酸盐或膨润土吸附法去除饲料中的毒素，对预防霉菌毒素中毒有一定效果。按 5 kg/t 的比例添加硅酸铝钠钙水合物（HSCAS）可预防黄曲霉毒素中毒。由于高湿环境非常利于真菌生长，采取干燥、抑菌（如丙酸或高温处理）等措施防止粮食霉变，不用霉变饲料喂养动物（及时更换饲料），是预防真菌毒素中毒的关键措施。

复习思考题

1. 真菌如何分类？
2. 真菌孢子与细菌芽胞有哪些区别？
3. 一个单倍体酵母细胞是如何最终产生二倍体细胞的？
4. 请描述双相性真菌的形态特点和致病特性。
5. 真菌感染的诊断方法有哪些？怎样做到确诊？
6. 霉菌毒素的测定方法有哪几种？适用性如何？

第二十八章　病原性真菌

【内容提要】病原真菌分为感染性和中毒性两类，但烟曲霉二者兼有。真菌感染呈慢性过程，易形成脓性肉芽肿。酵母样或双相性真菌常见机会性感染免疫力低下或受抑制的动物，引起肺炎或淋巴管（结）炎，重症者可出现神经症状。白色念珠菌和烟曲霉菌常分别侵害雏鸡的消化道黏膜和肺组织。镜检厚壁芽生孢子和荚膜对白色念珠菌和新型隐球菌感染分别有诊断价值。犬小孢子菌是引起犬、猫皮癣的重要致病菌。多数霉菌能侵染鱼类体表、腮或卵。微孢子虫危害家蚕和蜜蜂。治疗畜禽真菌感染常用两性霉素B。青霉菌属、镰刀菌属、曲霉菌属和麦角菌属是常见的产毒真菌。真菌毒素可分为肝脏毒素、肾脏毒素、神经毒素、造血组织毒素、生殖毒素等多种。黄曲霉毒素毒性极强，能引起急性或慢性肝中毒及肝癌。

第一节　感染性真菌

一、荚膜组织胞质菌

荚膜组织胞质菌（*Histoplasma capsulatum*）有3个变种，此处重点介绍荚膜变种（*H. capsulatum* var. *capsulatum*）。该菌为典型的双相性真菌，在动物组织中（37℃）呈酵母样细胞，但在25℃体外培养即呈菌丝体，并可产生特征性的棘状厚壁大孢子（直径8～15 μm）。该菌平时见于鸟和蝙蝠的粪便。人、犬、猫等动物吸入该菌孢子到肺部，孢子萌发后感染网状内皮细胞，形成肉芽肿。该菌最先感染犬的胃肠道，引起大肠性腹泻，并可沿血流扩散至全身，引起肠系膜淋巴结和胸部淋巴结肿大。猫会出现骨髓感染。过碘酸希夫染色（PAS）可见巨噬细胞内有红色酵母样真菌。小鼠是敏感实验动物，接种后会发病死亡。给犬、猫静脉注射含0.1%两性霉素B的葡萄糖生理盐水，或10 mg/(kg・d)伊曲康唑，或联合用药，均有一定疗效。

二、荚膜组织胞质菌假皮疽变种

荚膜组织胞质菌假皮疽变种（*Histoplasma capsulatum* var. *farciminosum*）引起马属动物流行性淋巴管炎。人工感染家兔或豚鼠，可引起局部脓肿。取脓汁制成氢氧化钾透明玻片，镜检可见具有双层细胞壁的卵圆形或瓜子形酵母样细胞（直径3～4 μm），细胞质内有2～4个呈回旋运动的小颗粒。镜检体外培养物则可看到有隔菌丝。用该菌培养物制成抗原，经颈部皮内注射进行迟缓型变态反应诊断，阳性检出率高于80%。应用直接凝集试验检测血清抗体，效价高于80可判定为阳性。治疗主要靠手术切除病变组织，并使用两性霉素B治疗。

三、白色念珠菌

白色念珠菌(*Candida albicans*)即白色假丝酵母,为半知菌纲(Deuteromycetes)假丝酵母菌属(*Candida*)的一种机会致病菌,通常定居在人及动物的消化道(口腔)、呼吸道和泌尿生殖道。在玉米粉培养基上不仅长出营养假菌丝,还产生厚壁芽生孢子,是鉴定本菌和做出诊断的重要依据(图 28-1)。菌体呈圆形,直径 2~4 μm,偶尔也会形成真菌丝,革兰染色呈阳性,丝状体对其发挥致病性非常重要。该菌可感染皮肤、黏膜、内脏乃至中枢神经系统。黏膜完整性受破坏、长期使用抗生素或糖皮质类激素等免疫抑制性药物是动物发生该菌局部或全身性感染的重要诱因。该菌最常侵害禽类,尤其是雏(火)鸡,可在消化道黏膜形成乳白色伪膜斑坏死物,死亡率较高,俗称鹅口疮或酸嗉症。牛、羊、驹和猪也会出现消化道乃至全身性感染,表现腹泻等症状。假丝酵母(*Candida* spp.)感染被视为牛乳房炎和流产的病因之一。犬、猫及马罕见感染。另可致女性霉菌性阴道炎,推测与阴道潮湿、偏酸的环境有关。艾滋病患者易继发口腔念珠菌病及肺炎。刮取增生的黏膜上皮组织做镜检,观察到正在芽殖的卵圆形细胞即可确诊。美国已有商业化的人用白色念珠菌Ⅳ型超敏反应皮试抗原。减少使用抗生素,改善环境卫生,提高动物免疫力,有助于减少本病发生。外用制霉菌素软膏,或隔日静脉滴注两性霉素 B 有一些疗效。饲料中添加 220 mg/kg 制霉菌素,治疗鹅口疮有效。

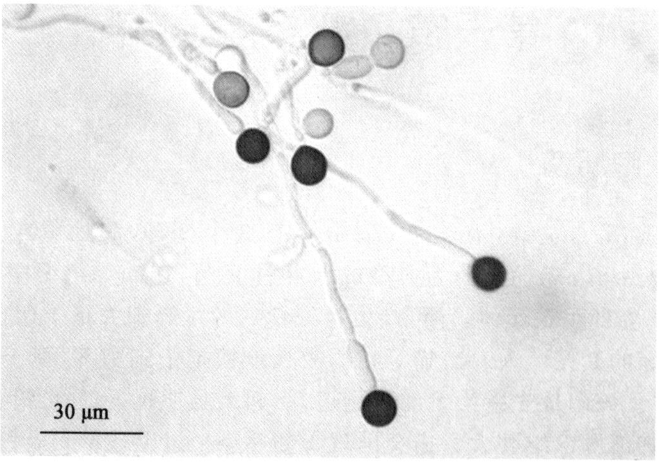

图 28-1　白色念珠菌在含台盼蓝的玉米粉琼脂上形成大量的假菌丝和厚壁芽生孢子

(引自:*Kaminski's Digital Image Library of Medical Mycology*)

四、新型隐球菌

新型隐球菌(*Cryptococcus neoformans*)有 3 个血清型。细胞形态类似酵母菌,可形成芽生孢子,荚膜较厚,比菌体大 1~3 倍,能分解氨基酸产碱。在沙堡若或血琼脂培养基需生长近 2 周才能形成淡黄色菌落,辐射可促进生长。鸽子是无症状自然宿主,其粪便常含此菌。人及动物吸入该菌,可发生急性、亚急性或慢性的肺炎或脑膜炎。革兰染色可见菌体呈紫色,荚膜呈淡红色。也常用印度墨汁染色,镜检其黏多糖荚膜,但应同时观察到出芽状态才有诊断价值。取血清、尿液或脑脊液，应用血清学试验检测荚膜抗原，特异性和灵敏性都高，可用于诊断该病。治疗可用两性霉素 B。

五、卡氏肺孢菌

卡氏肺孢菌(*Pneumocystis carinii*)旧称肺孢子虫，现确认为子囊菌门肺孢菌科(Pneumocystidaceae)成员。能机会性感染牛、马、羊、猪、犬等多种家畜，引起免疫功能低下动物的严重肺炎。取病畜肺组织做姬姆萨染色或荧光抗体染色，镜检可见肺泡内充满孢子(该菌有包囊与滋养体 2 种并存形态)。PCR 可用于快速诊断。该菌对常见抗真菌药物不敏感，但磺胺甲基异恶唑与甲氧苄氨嘧啶联合治疗有效。

六、皮肤真菌

皮肤真菌(*dermatophytes*)属于半知菌纲。类似新型隐球菌，通常能分解氨基酸并产碱。对人、犬、猫等动物有致病性的皮肤真菌主要包括毛癣菌属(*Trichophyton*)、小孢子菌属(*Microsporum*)和表皮癣菌属(*Epidermophyton*)，引起皮肤瘙痒、脱毛、渗出、鳞屑或脓疱。犬和猫的癣菌感染大多数病例由犬小孢子菌(*M. canis*)引起，但石膏样小孢子菌(*M. gypseum*)和毛疮毛癣菌(*T. mentagrophytes*)也会感染犬。疣状毛癣菌(*T. verrucosum*)是引起犊牛掉毛的常见病原真菌。猪可发生矮小孢子菌(*M. nanum*)感染。癣菌在沙堡若培养基上生长非常缓慢。分离培养疣状毛癣菌须在 37℃，并可能需向培养基中添加硫胺素(维生素 B_1)。传代培养马毛癣菌(*T. equinum*)则需添加烟酸。若发现动物感染癣菌，应及时将其隔离并对相关环境进行消毒。轻症感染者用膏剂做局部治疗，重症感染者还应配合两性霉素 B 或灰黄霉素进行全身治疗。牛疣状毛癣菌感染可用疫苗预防。

七、烟曲霉菌

烟曲霉(*Aspergillus fumigatus*)菌分布广泛，产孢能力强，是致病性最强的曲霉菌。孢子对常规消毒剂抵抗力强，需 1～3 h 才被杀死。菌落呈暗绿色至黑褐色。分生孢子梗由下向上逐渐膨大形成倒烧瓶样顶囊结构，是该菌的鉴别特征(图 28-2)。动物吸入菌丝或孢子后导致支气管及肺部感染。该菌在体内产生胶霉毒素(gliotoxin)等多种免疫抑制性毒素，主要引起 7～40 日龄家禽的曲霉性肺炎及肺部黄白色肉芽肿，也可引起牛真菌性流产，马咽鼓管囊病变以及犬、猫鼻腔部位的炎症。在湿热地区，处于保温期的雏鸡易发生呼吸系统烟曲霉感染，可见伸颈哀鸣，死亡率相当高。肉眼可见患犬鼻腔和鼻旁窦黏膜表面覆盖有坏死物和灰白色真菌生长，并可伴随鼻骨坏死，放射影像检查通常显示额窦骨髓炎。对发生全身性感染的犬做实验室检查，常见嗜中性粒细胞增多、氮质血症、高球蛋白血症、高钙血症及低白蛋白血症。诊断可用 ELISA 检测血液或尿液中的半乳甘露聚糖抗原，或从全身性感染病例尿液中分离培养烟曲霉。可对感染的犬或马的病变组织实施局部刮除手术，联合克霉唑、伏立康唑等药物治疗效果较好。

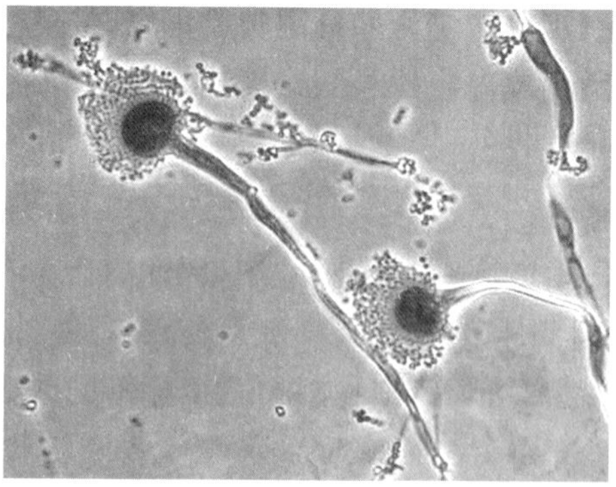

图 28-2　烟曲霉的镜下形态(PAS 染色,1 500×)(引自:美国 CDC)

八、马尔尼菲青霉菌

马尔尼菲青霉(*Penicillium marneffei*)是人及动物的一种机会致病菌。在东南亚,该菌的自然宿主动物为竹鼠。可引起人类散播性和进行性感染。主要引起犬鼻腔感染,症状类似曲霉菌感染,但也可见肺脏、淋巴结和骨组织的感染。在动物组织内,该菌呈现酵母样细胞形态。氟康唑可用于治疗犬鼻腔青霉病,但需 2 个月。

九、申克分枝孢子菌

申克分枝孢子菌(*Sporothrix schenckii*)广泛分布于土壤和植物中。人、家养动物及实验动物经伤口接触病菌而发生感染,在皮肤、淋巴管等部位形成散在的慢性肉芽肿。猫是人申克分枝孢子菌感染的重要传染源。人即便没有皮肤伤口,也可被猫传染。提示,应重视这种人兽共患真菌病。感染猫病变主要在鼻梁、耳廓等头部位置。伊曲康唑可用于治疗,也可小心喂碘化钾饱和溶液。

十、暗色丝孢霉菌科

在接受免疫抑制剂治疗的牛、马、猫和犬中,暗色丝孢霉菌科(Dematiaceae)霉菌可引起皮肤、皮下、黏膜、脑部或全身性的慢性感染。猫最常见的临床表现是在足趾、耳廓和鼻部形成溃疡性皮肤结节,其内可见着色有隔菌丝(直径 2～6 μm)及酵母样真菌。单独药物治疗效果不佳,一般用于手术切除病变组织之后。

十一、鱼类病原性霉菌

二维码 28-1

第二节　中毒性真菌

真菌产毒菌株均为腐生真菌，主要生长于粮食和饲料。若谷物或饲料生产、储藏不当，很易发生霉变，再用于饲喂动物，就会引起霉菌毒素中毒。依据污染途径，可将霉菌分为田间型霉菌和仓储型霉菌。前者主要是青霉菌属和镰刀菌属，均为野外菌株；后者主要是曲霉菌属。真菌毒素的产生无种属特异性，已知有300多种。霉菌毒素往往具有很强的耐热性，因此即便在加工成型的颗粒饲料中未检出霉菌，也不能排除饲料已被霉菌毒素污染的可能。为尽快做出诊断，在从饲料中检测霉菌毒素比较困难时，可采集病死动物的肝脏、血液、尿液或乳汁进行毒素检测。

真菌毒素多为耐热、难溶于水、无抗原性的小分子物质，可分为肝脏毒素、肾脏毒素、神经毒素、造血组织毒素、生殖毒素等多种。少数真菌毒素具有多重组织毒性，如伏马毒素（fumonisin）兼有神经毒性和肝毒性，赭曲霉毒素即棕曲霉毒素（ochratoxin）兼有肝、肾毒性。若发生中毒的动物未出现单一毒素中毒的临床表现和病理损伤，应怀疑是多种毒素中毒。动物发生中毒的潜伏期主要取决于最近一段时间摄入特定毒素的数量，临床表现存在毒素类型和宿主种类的差异（表28-1）。神经毒素中毒会导致动物很快死亡，而慢性中毒的最常见结果是发展成肝癌。同一真菌毒素对动物的 LD_{50} 大小依次为静脉注射＜皮下注射＜口服。

一、青霉菌属

青霉菌属（*Penicillium*）成员在琼脂培养基上形成表面有皱纹的有色菌落，产生有隔菌丝和带绿色的分生孢子，是该属的基本特征。产毒青霉主要包括黄绿青霉（*P. citreoviride*）、桔青霉（*P. citrinum*）和岛青霉（*P. islandicum*），分别产生耐热神经毒素、肾脏毒素和耐热肝脏毒素，即黄绿青霉素（citreoviridin）、桔青霉素（citrinin）和岛青霉素（islandicum），常见于霉变大米。岛青霉素还见于霉变的玉米和大麦，又可分为黄天精和环氯素2种。国家食品药品监督管理局规定，以红曲为原料的保健食品中的桔青霉素含量不准超过50 μg/kg。

二、镰刀菌属

镰刀菌属（*Fusarium*）有约50个种，能产生大、小2类分生孢子。其中大多数种能产生毒素，包括呕吐毒素（vomitoxin）即脱氧雪腐镰刀菌烯醇（deoxynivalenol，DON）、F2毒素即玉米赤霉烯酮（zearalenone）、T2毒素即单端孢霉烯（trichothecene）、伏马毒素、丁烯酸内酯（butenolide）、二乙酸基蔗草镰孢烯醇（diacetoxyscripenol，DAS）等。DON易引起猪呕吐综合征。F2毒素引起母猪生殖系统异常，如内外生殖器肿大、流产或缺乏发情，故亦称作雌性发情毒素，但牛对其有抵抗力。T2毒素是动物蛋白质合成的强抑制剂，引起消化道上皮坏死、白细胞减少及免疫功能抑制。伏马毒素由轮枝镰刀菌（*F. verticillioides*）产生，当马属动物食入含伏马毒素B1的霉玉米，会发生脑白质软化症。伏马霉素B1和B2还可引起猪急性肺水肿及胸腔积水。丁烯酸内酯主要引起水牛的蹄、腿腐烂病。检测镰刀菌毒素可经腹腔接种小鼠，应能观察到腹泻、胃肠出血及死亡。多聚葡甘露聚糖可用于吸附F2毒素和T2毒素，消胆胺（考来烯胺)则能吸附伏马霉素及F2毒素。

三、曲霉菌属

曲霉菌属(*Aspergillus*)分很多种,其中烟曲霉菌(*A. fumigatus*)以感染致病为主,其他曲霉菌以产生毒素为主。已知部分黄曲霉菌(*A. flavus*)和所有寄生曲霉菌(*A. parasiticus*)能产生黄曲霉毒素(aflatoxin,AFT)。杂色曲霉菌(*A. versicolor*)和构巢曲霉菌(*A. nidulans*)主要产生化学结构相似的一类毒素即杂色曲霉素(sterigmatocystin)。赭曲霉菌(*A. ochraceus*)则产生以肾脏毒性为主的赭曲霉毒素。AFT常见于发霉的花生、玉米、大豆及其他谷物或种子,是二氢呋喃氧杂萘邻酮的衍生物,分子量312～346 Da,裂解温度280℃,有强烈毒性作用和强烈致癌作用,对畜禽LD_{50}为0.1～0.65 mg/kg BW,可致急性、亚急性或慢性中毒和多种癌症。依据AFT的化学结构以及紫外线照射下所发荧光的性质,可将其分为B1、B2、G1、G2、M1、M2等18种(图28-3)。其中AFT B1毒性最强,仅次于肉毒毒素,约为砒霜毒性的68倍,为KCN毒性的100倍,对雏鸭LD_{50}为0.33 mg/kg BW,并可穿透皮肤。AFT G1毒性仅次于AFT B1。AFT B1在动物体内代谢为毒性略低的AFT M1,可残留于肉、蛋、奶等动物性产品。为避免AFT对动物的毒害,对供给幼龄、怀孕及泌乳动物的饲料,应给予特别关注。常用1日龄雏鸭作为实验动物,AFT引起的特征性病变包括肝组织变性、坏死、出血及胆管上皮细胞增生,肉眼可见肝脏肿大以及因脂肪沉积呈现淡黄色。AFT还是强烈致人畜肝癌、胃癌等癌症的真菌毒素,这归于其结合并损伤DNA的能力。坚果、牛奶等食品中难免AFT的污染,食入后会产生体内毒性积累效应,小孩会表现生长发育迟缓。欧盟规定,牛奶AFT M1含量须低于0.05 mg/kg。杂色曲霉素结构类似AFT B1,具有肝、肾毒性,主要对马致病,引起“黄肝病”,也有致癌性。赭曲霉毒素可见于玉米和麦类,也主要侵害肝脏和肾脏,受影响的动物主要是猪、火鸡和鸡。用硅酸铝钠钙水合物(添加量5 kg/t饲料)或钠基膨润土(蒙脱石)处理霉变饲料,可有效吸附AFT;多聚葡甘露聚糖则能适度吸附AFT和赭曲霉毒素。如需破坏及清除环境中的AFT,可喷洒5%次氯酸钠溶液。

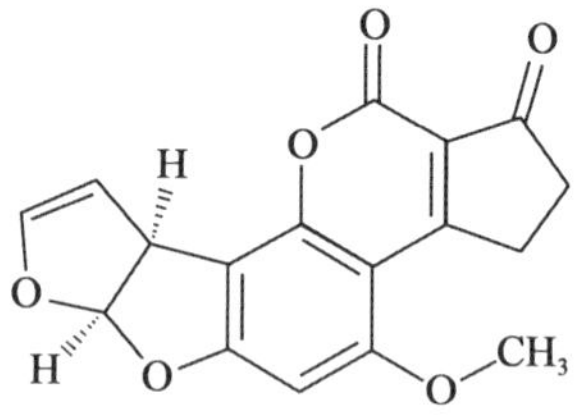

黄曲霉毒素B1

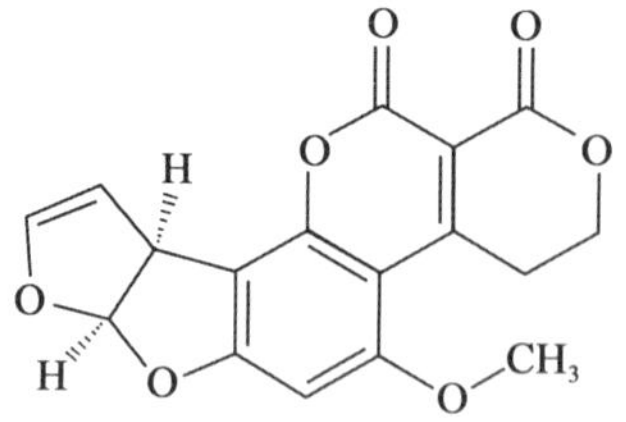

黄曲霉毒素G1

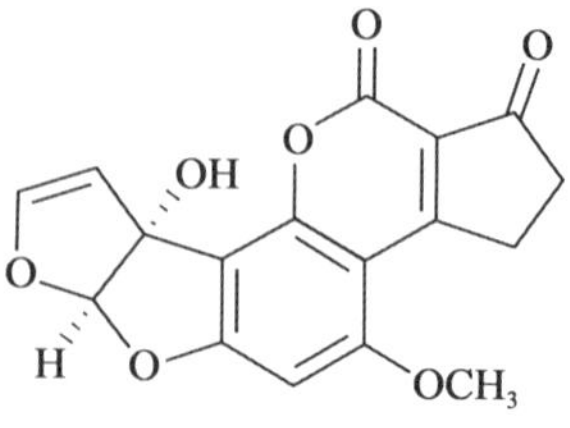

黄曲霉毒素M1

图28-3 黄曲霉毒素的化学结构

四、麦角菌属

麦角菌属(*Claviceps*)的代表种黑麦麦角菌(*C. purpurea*)是麦类植物的病原菌。当孢子寄生于花,在子房内形成充满菌丝团的菌核,称为麦角。麦角毒素(ergotoxin)是多种生物碱的总称,误食可引起呕吐、腹泻乃至死亡,但猪有明显的抵抗力。麦角碱能损害血管,引起牛、马等动物跛行和肢体末端坏疽，还能抑制垂体分泌催乳素。

表 28-1　部分常见的霉菌毒素中毒

病名	毒素	产毒霉菌	受害动物	中毒特征
黄曲霉毒素中毒	黄曲霉毒素	黄曲霉菌、寄生曲霉菌	禽、猪、牛、羊、犬	生长缓慢、肝脏毒性
麦角中毒	麦角碱	黑麦麦角菌	牛、马、猪、禽	坏疽、孕后期泌乳推迟
	雀稗麦角碱	雀稗麦角菌	牛、马、羊	急性震颤和共济失调
羊茅草中毒	麦角缬碱	高羊茅内生真菌	牛、马	跛行、发热、肢端坏疽
发情毒素中毒	F2 毒素	禾谷镰刀菌	猪、牛、羊、禽	流产、乏情、产蛋减少
猪呕吐综合征	DON/DAS/T2	镰刀菌属	猪、牛、马、禽	呕吐、拒食、免疫抑制
马脑白质软化症	伏马毒素 B1	轮枝镰刀菌	马属动物、猪	马神经症状、猪肺水肿
赭曲霉毒素中毒	赭曲霉毒素	赭曲霉菌	猪、禽	肾周水肿、多尿、烦渴
面部湿疹	葚孢菌素	纸皮思霉菌	羊、牛、鹿	光过敏、肝胆毒性
羽扇豆中毒	拟茎点霉毒素	半壳孢样拟茎点霉菌	羊、牛、马、猪	困乏、肝脏毒性
青霉震颤病	青霉震颤素 A	青霉属	犬、牛、马、羊	神经症状

复习思考题

1. 真菌对动物的致病作用有哪些方面？
2. 皮肤真菌感染如何诊治？
3. 白色念珠菌、烟曲霉菌、镰刀菌、黄曲霉菌及寄生曲霉菌分别引起动物哪些疾病？
4. 鱼类的真菌感染主要由哪些病原引起？如何防制？
5. 家蚕和蜜蜂常见哪几种真菌感染？
6. 怎样预防和诊断黄曲霉毒素中毒？

参 考 文 献

[1] B. K. Markey, F. C. Leonard. 兽医微生物及所致传染病[M]. 陈继明,马洪超,陆承平,译. 北京:中国农业出版社,2015.

[2] Jeffrey J. Zimmerman, Locke A. Karriker, Alejandro Ramirez,等. 猪病学[M]. 10 版. 赵德明,张仲秋,周向梅,等主译. 北京:中国农业大学出版社,2014.

[3] Y. M. Saif, A. M. Fadly. 禽病学[M]. 12 版. 苏敬良,高福,索勋,主译. 北京:中国农业出版社,2012.

[4] 王伟东,洪坚平. 微生物学[M]. 北京:中国农业大学出版社,2015.

[5] 刘湘涛. 口蹄疫[M]. 北京:中国农业出版社,2015.

[6] 张晓玲. 病原生物与免疫学[M]. 北京:北京理工大学出版社,2015.

[7] 李一经. 兽医微生物学[M]. 北京:高等教育出版社,2011.

[8] 李明远,徐志凯. 医学微生物学[M]. 3 版. 北京:人民卫生出版社,2015.

[9] 杨汉春. 猪繁殖与呼吸综合征[M]. 北京:中国农业出版社,2015.

[10] 邹啸环,夏志平. 动物病毒学图谱[M]. 北京:科学出版社,2013.

[11] 陆承平. 兽医微生物学[M]. 5 版. 北京:中国农业出版社,2013.

[12] 陈培富. 动物微生物学与免疫学. 昆明:云南科技出版社,2015.

[13] 周庭银. 临床微生物学诊断与图解 [M]. 2 版. 上海:上海科学技术出版社,2012.

[14] 周德庆. 微生物学教程[M]. 北京:高等教育出版社,2011.

[15] 郑世军. 动物分子免疫学[M]. 北京:中国农业出版社,2015.

[16] 殷震,刘景华. 动物病毒学[M]. 2 版. 北京:科学出版社,1997.

[17] 扈荣良. 现代动物病毒学[M]. 北京:中国农业出版社,2014.

[18] 曹雪涛. 免疫学前沿进展[M]. 3 版. 北京:人民卫生出版社,2014.

[19] 黄汉菊. 医学微生物学[M]. 3 版. 北京:高等教育出版社,2015.

[20] 邓小芸,祁小乐,张久丽,等. J 亚群禽白血病流行病学研究新进展[J]. 中国家禽,2014,36(14):38-40.

[21] 加依那,布鲁氏菌病的流行病学及防控措施[J]. 中国畜牧兽医文摘,2017,33(2):103.

[22] 史青竹,赵智,石新慧,等. Ⅰ型干扰素的抗病毒机制研究进展[J]. 军事医学,2015(7):557-560.

[23] 刘兴,刘瑞瑞. 非洲猪瘟的诊断与防治[J]. 中国农业信息,2016,(20):145-146.

[24] 向骏,程安春,汪铭书. 疱疹病毒衣壳蛋白及其组装研究进展[J]. 中国农业科学,2010,43(22):4739-4745.

[25] 张艳,胡顺勇,杨选英,等. 布鲁氏菌病的实验室特征与临床分析[J]. 昆明医科大学学报,2017,38(1):36-40.

[26] 陈杨久齐,胡春雨,方瑶,等. 中国类鼻疽菌的耐药谱调查及耐药机制分析[J]. 第三军医

大学学报，2016，38(11)：1220-1223.
[27] 周伟，田婵琦. 朊病毒病实验室生物安全风险控制特点分析[J]. 中华实验和临床病毒学杂志，2014，28(1)：70-72.
[28] 施慈，刘洪斌，张风强. 猪支原体肺炎及其检测和防治的研究进展[J]. 中国农学通报，2014，30(17)：14-20.
[29] 诸葛宝忠，朱德全，邱晓丽，等. 类鼻疽伯克霍尔德菌感染临床诊断与治疗研究进展[J]. 国际检验医学杂志，2012，33(15)：1853-1856.
[30] 韩娥，张强，褚军. 禽鹦鹉热衣原体实验室诊断技术的研究进展[J]. 实验动物科学，2014，31(5)：50-55.
[31] Masato tashiro. 病毒感染症的检测与诊断[M]. 东京：羊土社，2011.
[32] Takeshi Mikami. 兽医微生物学[M]. 东京：文永堂出版株式会社，2014.
[33] Alan J Cann. Principles of Molecular Virology[M]. Holland：Elsevier，2016.
[34] Andrea Santoro. Clinical Veterinary Microbiology[M]. England：Syrawood Publishing House，2016.
[35] Bryan Markey，Finola Leonard，Marie Archambault. Clinical Veterinary Microbiology [M]. 2nd ed. America：Mosby，2013.
[36] D. Scott Mcvey，Melissa Kennedy，M. M. Chengoppa. Veterinary Microbiology[M]. 3rd ed. Wiley-blackwell，2013.
[37] D C Hirsh，N J Maclachlan，R L Walker. Veterinary Microbiology[M]. 2nd ed. New Jersey：Wiley-Blackwell Press，2004.
[38] Fetsch A. Staphylococcus aureus[M]. St. Louis：Elsevier Academic Press，2017.
[39] Gustave Mosselman. Manual of Veterinary Microbiology [M]. America：Forgotten Books，2015.
[40] Gustave，Mosselman. Manual of veterinary microbiology[M]. Andesite Press Publisher，2015.
[41] King A M Q，Adams M J，Carstens E B，et al. Virus Taxonomy[M]. 9th Report of IC-TV. Amsterdam：Elsevier Academic Press，2012.
[42] Mackay I R，Rose N R，Ledford D K，et al. Encyclopedia of Medical Immunology[M]. Berlin，Springer Press，2015.
[43] Maclachlan N J，Dubovi E J. Fenner's Veterinary Virology[M]. 4th ed. Amsterdan：Academic Press，2011.
[44] Susan E A，Michael A M. The Merck Veterinary Manual[M]. 11th ed. Merck & Co.，Inc.，NJ，USA，2016.
[45] Barash J R，Arnon S S. A novel strain of Clostridium botulinum that produces type B and type H botulinum toxins[J]. J Infect Dis，2014，209：183-191.
[46] Biondi E，Lane J D ，Das D，et al. Laboratory evolution of artificially expanded DNA gives redesignable aptamers that target the toxic form of anthrax protective antigen[J]. Nucleic Acids Res，2016，44(20)：9565-9577.
[47] Boonham N，Kreuze J，Winter S，et al. Methods in virus diagnostics：from ELISA to next

generation sequencing[J]. Virus Res,2014,186:20-31.
[48] Cao Z Z,Zhang C,Liu Y H,et al. Tembusu Virus in duck,China[J]. Emerging Infectious Diseases,2011,17(10):1873-1875.
[49] Chen L,Zhu L,Zhou Y C,et al. A review of porcine torovirus research:etiology and epidemiology[J]. Bing du xue bao,2013,29(6):667-672.
[50] Dorca-Arevalo J,Martin-Satue M,Blasi J. Characterization of the high affinity binding of ε toxin from Clostridium perfringens to the renal system[J]. Vet Microbiol,2012,157:179-189.
[51] Fernández-Pinero J,Pezzoni G,Cano-Gómez C,et al. 11 Swine Vesicular Disease Virus [J]. Molecular Detection of Animal Viral Pathogens,2016:89.
[52] Hu D L,Omoe K,Sashinami H,et al. Immunization with nontoxic mutant staphylococcal enterotoxin A,D227A,protects against enterotoxin-induced emesis in house musk shrews[J]. J. Infect. Dis,2009,199 (3):302-310.
[53] Hu D L,Zhu G,Mori F,et al. Staphylococcal enterotoxin induces emesis through increasing serotonin release in intestine and it is down-regulated by cannabinoid receptor 1 [J]. Cell. Microbiol,2007,9(9):2267-2277.
[54] Jackwood M W. Review of infectious bronchitis virus around the world[J]. Avian diseases,2012,56(4):634-641.
[55] Lanyon S R,Hill F I,Reichel M P,et al. Bovine viral diarrhoea:pathogenesis and diagnosis[J]. Veterinary Journal,2014,199(2):201-209.
[56] Lasfar A,Zloza A,Cohen-Solal K A. IFN-lambda therapy:current status and future perspectives[J]. Drug Discovery Today,2015,21(1):167-171.
[57] Lee C. Porcine epidemic diarrhea virus:an emerging and re-emerging epizootic swine virus[J]. Virology Journal,2015,12(1):1.
[58] Licitra B N,Duhamel G E,Whittaker G R. Canine enteric coronaviruses:emerging viral pathogens with distinct recombinant spike proteins[J]. Viruses,2014,6(8):3363-3376.
[59] Malik M,Elkholy A A,Khan W,et al. Middle East respiratory syndrome coronavirus:current knowledge and future considerations[J]. Eastern Mediterranean Health Journal,2016,22(7):537.
[60] Miller R A,Kent D J,Watterson M J,et al. Spore populations among bulk tank raw milk and dairy powders are significantly different [J]. J Dairy Sci,2015,98(12):8492-8504.
[61] Omoe K,Hu D L,Ono H K,et al. Emetic potential of newly identified staphylococcal enterotoxin-like toxins[J]. Infect. Immun,2013,81(10):3627-3631.
[62] Robert M. Centor T,Prescott Atkinson. The Clinical Presentation of Fusobacterium-Positive and Streptococcal-Positive Pharyngitis in a University Health Clinic:A Cross-sectional Study[J]. Ann Intern Med,2015,162(4):241-247.
[63] Silva R O,Santos R L,Pires P S,et al. Detection of toxins A/B and isolation of Clostridium difficile and Clostridium perfringens from dogs in Minas Gerais,Brazil[J]. Braz J